Einführung in die Physik und Chemie der Grenzflächen und Kolloide

Günter Jakob Lauth · Jürgen Kowalczyk

Einführung in die Physik und Chemie der Grenzflächen und Kolloide

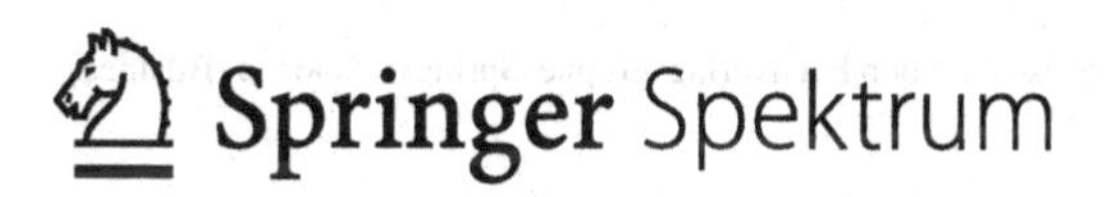

Prof. Günter Jakob Lauth
FH Aachen
Jülich, Deutschland

Dr. Jürgen Kowalczyk
FH Aachen
Eschweiler, Deutschland

ISBN 978-3-662-47017-6
ISBN 978-3-662-47018-3 (eBook)
DOI 10.1007/978-3-662-47018-3

Die Deutsche Nationalbibliothek verzeichnet diese Publikation in der Deutschen Nationalbibliografie; detaillierte bibliografische Daten sind im Internet über http://dnb.d-nb.de abrufbar.

Springer Spektrum

Planung: Dr. Rainer Münz

Gedruckt auf säurefreiem und chlorfrei gebleichtem Papier.

Springer-Verlag GmbH Berlin Heidelberg ist Teil der Fachverlagsgruppe Springer Science+Business Media
(www.springer.com)

Vorwort

Die Chemie und Physik der Grenzflächen und Kolloide gehört klassisch in das Gebiet der Festkörperphysik einerseits und der Thermodynamik andererseits. Erst seit Ende der 1990er Jahre werden in den Hochschulen separate Vorlesungen zu diesem Themengebiet angeboten, und die Zahl der Institute, an denen dieses Fach als eigene Vorlesung gelesen wird, hat sich deutlich erhöht!

Da die Chemie und Physik der Grenzflächen und Kolloide bislang kein eigenes Fachgebiet war, ist das Literaturangebot an einführenden Büchern zu diesem Themengebiet ausgesprochen rar. Zwar existiert eine geradezu unüberschaubare Vielzahl an Veröffentlichungen zu diesem Thema, diese Literatur stammt aber neben der großen Anzahl an Einzelveröffentlichungen vornehmlich aus Beiträgen zu Seminaren und Workshops, deren Einzelbeiträge zu Buchform zusammengefasst wurden. Der Student ist mit dieser Art Literatur in der Regel überfordert.

Die Schwierigkeit bei der Beschäftigung mit Grenzflächen und Kolloiden liegt oftmals darin, dass der Student eine Menge an Vorwissen mitbringen muss. Auf jeden Fall sollte man Vorlesungen aus den Bereichen Allgemeine Chemie, Anorganische Chemie, Organische Chemie, Polymerchemie, Thermodynamik, Spektroskopie, Experimentalphysik, Mathematik und anderen gehört haben; ohne ein gewisses Verständnis dieser Grundlagen wird man Schwierigkeiten haben, selbst einfacheren Texten zu folgen.

Die Kolloidchemie betrifft zudem eine Vielzahl an verschiedenen Bereichen aus Industrie und Technik: Medizin, Pharmazeutische Chemie, Farbenchemie, Kosmetische Chemie, Technische Chemie, heterogene Katalyse, Nanotechnologie und andere. Je nach Anwendung ist auch hier entsprechendes Vorwissen erforderlich!

Wie aus der Auflistung erforderlicher Grundkenntnisse ersichtlich, kann ein einführendes Buch unmöglich das Themengebiet Kolloide und Grenzflächen umfassend behandeln! Wie kompliziert die Verhältnisse werden, wenn man die Behandlung der Oberflächen mit in eine Theorie einschließt, erkennt man bereits aus den einschlägigen Lehrbüchern zur Festkörperphysik. So ist auch der Ausspruch von Wolfgang Pauli zu verstehen, der auf dem Cover abgedruckt ist.

Somit gehört eine Vorlesung zur Chemie und Physik der Grenzflächen und Kolloide in einen Masterstudiengang. Das Buch ist auch im Rahmen einer Vorlesung zu diesem Thema entstanden, geht aber an verschiedenen Stellen über das in der Vorlesung vermittelte Wissen hinaus. Einführende Begriffe werden kurz erläutert; einiges wird dem Leser aus anderen Vorlesungen bereits bekannt sein und dient lediglich der Wiederholung, insbesondere wenn es für das weitere Verständnis erforderlich ist. Vor allem was die Thermodynamik betrifft, sollte der Leser ein gewisses Vorwissen mitbringen.

Dieses Buch ist vornehmlich für Chemiker als vorlesungsbegleitende Lektüre gedacht. Während unserer Vorlesungen haben wir festgestellt, dass oftmals die Kenntnisse in der Mathematik recht dürftig sind, und die Herleitung von Gesetzen, Formeln und Gleichungen Schwierigkeiten bereitet. Aus diesem Grund sind die meisten Gleichungen ausführlicher abgeleitet, als es in Lehrbüchern üblich ist. Wenn möglich, wurde so gut wie kein Wissen vorausgesetzt. Auch die für das Verständnis wichtigen thermodynamischen Grundlagen sind im Text noch einmal hergeleitet. Die thermodynamischen Potenziale werden dabei rein theoretisch über die Legendre-Transformation aus der inneren Energie abgeleitet, zum einen weil es kürzer ist als die Begründung einer entsprechenden experimentell begründeten Definition, zum anderen weil dadurch der Zusammenhang der thermodynamischen Potenziale über eine Variablentransformation deutlich wird. Zu einem tieferen Verständnis sind jedoch Grundkenntnisse der Thermodynamik als Vorwissen dringend erforderlich!

Sicherlich sind auch für den Physiker die chemischen Aspekte bei der Behandlung der Oberflächen interessant, Elektronentheorie zu den Vorgängen an Grenzflächen, wie sie in einer Vorlesung zur Festkörperphysik besprochen werden, fehlen in dieser Einführung. Auch biologische Aspekte der Kolloidforschung und damit die medizinischen Fragestellungen bleiben unberücksichtigt. Der Stoffumfang reicht aber dennoch für eine zweisemestrige, jeweils zwei Semesterwochenstunden umfassende Vorlesung aus.

Ein Hinweis zu der in dem Buch aufgeführten Literatur sei gestattet! Das vorliegende Buch ist für Anfänger gedacht! In Veröffentlichungen wird andererseits vorausgesetzt, dass sich der Leser mit der Materie auskennt! Ohne Vorkenntnisse wird es dem Leser daher meist schwer fallen, die Artikel aus den Fachzeitschriften zu verstehen. Somit dient das Buch in gewisser Weise auch dazu, dass der Leser nach dessen Studium in der Lage ist, die Veröffentlichungen verstehen zu können!

Die aufgeführte Literatur geht in der Regel über den in dem Buch vermittelten Stoff zum Teil weit hinaus! Andererseits kann der interessierte Leser anhand der Literatur erfassen, in welche Richtungen die Forschung im Bereich der Kolloide und Grenzflächen zurzeit betrieben wird, wie die aktuellen Fragestellungen lauten und welches die verschiedenen Forschergruppen sind, die sich mit den entsprechenden Themengebieten beschäftigen. Insofern dient die aufgeführte Literatur vor allem dazu, sich einen Überblick über die Forschungsthemen zu verschaffen. Sollte der Leser sich dazu entschließen, eine Forschungsarbeit auf diesem Gebiet durchführen zu wollen, kann er sich durch das Studium der jeweiligen Literatur über die speziellen Themen informieren.

Vorwiegend ist neuere Literatur aufgeführt! Neben einer Darstellung der aktuellen Forschung ermöglicht die Beschäftigung mit den Artikeln eine Vertiefung der Theorie. Man findet Anwendungsbeispiele, historisch interessante Veröffentlichungen, Originalarbeiten, interessante neue Fragestellungen, und auch kontrovers geführte Darstellungen sind aufgenommen. Forschung ist ein lebendes, sich ständig entwickelndes und zum Teil eben auch veränderndes Gebiet! Und nicht jede These stellt sich später als richtig heraus!

Viele Aspekte zum Thema Kolloide und Grenzflächen werden in diesem Buch fehlen, und auch die behandelten Gebiete lassen sich sicher ausführlicher und unter anderen Gesichtspunkten darstellen. Es sei daher nochmals darauf hingewiesen, dass es sich bei dem vorliegenden Buch um ein *einführendes* Lehrbuch handelt! Für Hinweise zu Ergänzungen und Verbesserungen bin ich stets dankbar (juergen.kowalczyk@web.de)!

Frau Alton und ihrem Team vom Verlag Springer danken die Autoren ganz herzlich für die intensive Überarbeitung des Manuskripts.

Jürgen Kowalczyk
April 2015

Das Volumen des Festkörpers wurde von Gott geschaffen, seine Oberfläche aber wurde vom Teufel gemacht!

Wolfgang Pauli

Symbolverzeichnis

a	van der Waals-Konstante
a	allgemeine Konstante
a_i	Aktivität der Komponente i
A	Arbeit
A	Helmholtz-Energie
A	allgemeine Konstante
b	van der Waals-Konstante
b	allgemeine Konstante
b	Stoßparameter
B	allgemeine Konstante
B	magnetische Feldstärke
c	allgemeine Variable i
c_i	Konzentration der Komponente i
c	Strömungsgeschwindigkeit
C	Fluktuationskonstante
C	Kapazität
C	London-Konstante
C	Wärmekapazität
C_V	Wärmekapazität bei konstantem Volumen
C_p	Wärmekapazität bei konstantem Druck
C	allgemeine Konstante
d	Durchmesser
d	Abstand
D	allgemeine Konstante
D	Abstand
D_i	Diffusionskonstante der Komponente i
E	Energie
E	elektrische Feldstärke
f	allgemeine Funktion
f	Flächenvariable

F	Kraft
F	allgemeine Funktion
g	allgemeine Funktion
g	Erdbeschleunigung
G	Gibbs-Energie
G	Magnetfeldgradient
$\overline{G}$	molare Gibbs-Energie
h	Höhe
$\hbar$	Planck'sche Konstante
H	Enthalpie
$\overline{H}$	molare Enthalpie
I	allgemeine Variable
I	Drehimpuls
I	elektrische Stromstärke
I	Intensität
I	Kernspinpolarisation
j	Stromdichte
k	allgemeine Konstante
k	Reaktionsgeschwindigkeitskonstante
k	Wellenvektor
k_B	Boltzmann-Konstante
K	Gleichgewichtskonstante
K	Streuvektor
K_c	Gleichgewichtskonstante bezogen auf das Konzentrationsgleichgewicht
K_p	Gleichgewichtskonstante bezogen auf das Druckgleichgewicht
K_x	Gleichgewichtskonstante bezogen auf den Molenbruch
l	Abstand
l	Länge
L	Länge
m	Masse
m_i	Molalität der Komponente i
M	Molmasse
M	Magnetisierung
M_i	molare Konzentration der Komponente i
n	allgemeine Variable
n	Stoffmenge
n	Polytropenexponent
N	Teilchenzahl
N_A	Avogadro-Konstante
O	Oberfläche
p	Besetzungswahrscheinlichkeit
p	Druck
p_i	Partialdruck der Komponente i
P	Anzahl der Phasen eines Systems
P	Ordnungsparameter

P	Wahrscheinlichkeit
P	Polarisation
q	allgemeine Konstante
q	Beladung
q	Wärmemenge
q	elektrische Ladung
q	Stoffmengenfluss
Q	Reaktionsquotient
r	Radius
R	Radius
R	elektrischer Widerstand
R	Autokorrelationsfunktion
R_M	Molrefraktion
s	Spinquantenzahl
s	Geschwindigkeit
s_{av}	mittlere Clustergröße
S	Clustergröße
S	Entropie
$\overline{S}$	molare Entropie
t	Zeit
T	Temperatur
T_{kl}	Übergangsmatrix
u	allgemeine Variable
u	x-Komponente der Geschwindigkeit
u	Ionenbeweglichkeit, Mobilität
U	elektrische Spannung
U	innere Energie
$\overline{U}$	molare innere Energie
v	Geschwindigkeit
v_y	y-Komponente der Geschwindigkeit
V	Energie
$\underline{V}$	Geschwindigkeit
V	Volumen
$\overline{V}$	molares Volumen
w	z-Komponente der Geschwindigkeit
w	mechanische Arbeit
w	Wahrscheinlichkeit
$W_t(x\|x')$	Übergangsrate
W_{ij}	Übergangswahrscheinlichkeit
x	Ortskoordinate
x_{DL}	Debye-Hückel-Parameter
x_i	Molenbruch der Komponente i
y	Ortskoordinate
z	Anzahl Valenzen
z	Ortskoordinate

z	Ladungszahl
z_+, z_-	vorzeichenbehaftete Ladungszahl
α	allgemeine Konstante
α	Polarisierbarkeit
γ	allgemeine Konstante
γ	Grenzflächenspannung, Festkörper
γ	gyromagnetisches Verhältnis
γ	kritischer Exponent
Γ	Flächendichte
Γ	Langevin-Kraft
$\dot{\Gamma}$	Schergeschwindigkeit
δ	Massendichte
ϵ	Energie eines Teilchens
ϵ	Dielektrizitätszahl
η	dynamische Viskosität
η	Wirkungsgrad
θ	Bedeckungsgrad
Θ	Gesamtdipolmoment
κ	Adiabatenexponent
κ	Leitfähigkeit
λ	allgemeine Konstante
λ	mittlere freie Weglänge
λ	Wellenlänge
Λ_m	molare Leitfähigkeit
Λ^+	Äquivalent-Ionenleitfähigkeit
μ	reduzierte Masse
μ_i	chemisches Potenzial der Komponente i
μ_i	Dipolmoment der Komponente i
ν_i	stöchiometrischer Koeffizient der Komponente i
ρ	Ladungsdichte
ρ	Massendichte
σ	Grenzflächenspannung, Fluide
σ	Flächenladungsdichte
σ	Normalspannung
τ	Scherspannung
τ	Zeitvariable
ϕ	allgemeine Funktion
ϕ	Volumenbruch
φ	Potenzial
χ	Potenzial
Ψ	Potenzial
ω	Kreisfrequenz

Indices und ähnliche Bezeichnungen

$< X >$	Mittelwert der Größe X
$\overline{X}$	molare Größe X
$\overline{X}_i$	partielle molare Größe
X^0	Größe im Standardzustand
X^∞	Größe bei idealer Verdünnung
$\mathrm{d}X$	reversible Zustandsänderung
δX	nichtreversible Zustandsänderung
$\Delta_c X$	Verbrennungsgröße (*combustion*)
$\Delta_f X$	Bildungsgröße (*formation*)
$\Delta_r X$	Reaktionsgröße (*reaction*)
$\Delta_{\mathrm{fus}} X$	Schmelzgröße (*fusion*)
$\Delta_{\mathrm{Vap}} X$	Verdampfungsgröße (*vaporization*)
$\Delta_{\mathrm{subl}} X$	Sublimationsgröße (*sublimation*)

Inhaltsverzeichnis

Teil I
Einführung und Grundlagen

Einführung

1

Kolloide sind kleine feste oder flüssige Teilchen, die in einer anderen Phase homogen verteilt sind. Beispiele sind:

- Rauch: Verteilung von Feststoffpartikeln in einer Gasphase
- Nebel: Verteilung von Flüssigkeitströpfchen in einer Gasphase
- Milch: Verteilung einer Flüssigkeit in einer anderen Flüssigkeit.

Die Phase, in welcher die Kolloidteilchen verteilt sind, bezeichnet man als *Dispersionsmedium* oder *Dispersionsphase*.

Der Begriff „Kolloid" wurde erstmals 1861 von Thomas Graham[1] (Abb. 1.1) verwendet und wurde aus dem griechischen kolla „Leim" und eios „Aussehen" abgeleitet.

Zur gleichen Zeit fand Michael Faraday, dass kolloide Lösungen ein anderes Verhalten zeigen als Lösungen „gewöhnlicher" Salze: Die Lösung ist durchsichtig, allerdings streut sie das Licht in besonderer Weise, und der Lichtstrahl hinterlässt eine leuchtende Spur beim Durchtritt durch das Medium. Dieser Effekt wurde von seinem Entdecker John Tyndall[2] an Kolloiden näher untersucht und wird nach ihm als Tyndall-Effekt (Abb. 1.2) bezeichnet.

---

[1] Thomas Graham (* 21. Dezember 1805 in Glasgow; † 11. September 1869 in London) war ein britischer Chemiker und Physikochemiker. Seit 1826 studierte er die Diffusion von Gasen und fand dabei das berühmte Grahamsche Gesetz der Effusion. Später erforschte er die Strukturen von Phosphaten und Arsenaten. Die chemische Verbindung Natriumpolyphosphat wird auch heute noch als Graham'sches Salz bezeichnet. Während seiner Studien der Dialyse entdeckte Graham, dass einige Substanzen schnell durch Membranfilter diffundieren und Kristalle bilden, wenn sie getrocknet werden, während andere nur sehr langsam diffundieren und keine Kristalle im trockenen Zustand bilden (Kolloide). Graham bezeichnete Kolloide danach als Substanzen, die *nicht* durch semipermeable Membranen hindurchtreten konnten. Graham definierte auch die Begriffe „Sol" und „Gel". Im Jahr 1837 wurde Graham Ordinarius im Fach Chemie am Universitätskolleg in London, und 1841 wurde er zum ersten Präsidenten der Chemischen Gesellschaft in London berufen.

Quelle: http://www.kolloid-gesellschaft.de/de/auszeichnungen/thomas-graham-preis

[2] John Tyndall (* 2. August 1820 in Leighlin Bridge, County Carlow, Irland; † 4. Dezember 1893 in Hindhead) war ein britischer Physiker.

Quelle: http://de.wikipedia.org/wiki/John_Tyndall

G.J. Lauth, J. Kowalczyk, *Einführung in die Physik und Chemie der Grenzflächen und Kolloide*, DOI 10.1007/978-3-662-47018-3_1

Abb. 1.1 Thomas Graham

Heute wissen wir, dass alle Substanzen das Licht in gleicher Weise streuen und kolloide Lösungen in dieser Hinsicht keine Besonderheit darstellen. Allerdings erfordert die Größe der streuenden Teilchen zuweilen – wenn die Teilchen groß sind im Vergleich zur Wellenlänge der elektromagnetischen Strahlung – eine besondere Betrachtungsweise des Streumechanismus, worauf wir später genauer zurückkommen werden.

In den folgenden Jahren wurde verstärkt an kolloiden Systemen geforscht. Die ursprüngliche Definition dieser Stoffklasse nach Graham erwies sich als wenig zweckmäßig, die neue und heute gebräuchliche Definition stammt von Wolfgang Ostwald[3] und lautet:

► Kolloide Systeme sind solche Systeme, bei denen Teilchen der Größenordnung 1 nm–500 nm in einer homogenen Phase dispergiert sind.

Liest man diese Definition, dann ergibt sich sofort die Frage:

Abb. 1.2 Tyndall-Effekt

[3] Carl Wilhelm Wolfgang Ostwald (* 27. Mai 1883 in Riga; † 22. November 1943 in Dresden), Sohn des Chemikers Wilhelm Ostwald, war ein deutsch-baltischer Biologe und Physikochemiker und gilt als einer der Begründer der Kolloidchemie. Von 1904 bis 1906 war er unter Jacques Loeb, einem Wegbereiter der Kolloidchemie, wissenschaftlicher Mitarbeiter (*research assistant*) an der University of California in Berkeley. Er kehrte nach Leipzig zurück, wo er seinen Interessenschwerpunkt auf kolloidchemische Untersuchungen legte.
Quelle: http://de.wikipedia.org/wiki/Wolfgang_Ostwald

Warum soll man sich überhaupt gesondert mit kleinen Teilchen beschäftigen? Und lohnt sich die Beschäftigung mit derartigen Systemen überhaupt? Worin liegt die wissenschaftliche Erkenntnis, worin der wirtschaftliche Nutzen?

Die Molekülchemie erforscht die Eigenschaften und das Verhalten einzelner, isolierter Moleküle, die Festkörperchemie beschäftigt sich mit Objekten aus größenordnungsmäßig 10^{23} Formeleinheiten. Was also ist das Besondere an Systemen, die aus nur einigen Hundert, Tausend oder auch einigen Milliarden Formeleinheiten zusammengesetzt sind?

Bei der Behandlung einzelner Moleküle wird meist die Wechselwirkung mit der Umgebung vernachlässigt bzw. gegebenenfalls als Hintergrundfeld gewertet. Auch in der Spektroskopie findet Wechselwirkung häufig nur mit einem äußeren Feld – dem elektromagnetischen Strahlungsfeld – statt, während über alle anderen Einflüsse gemittelt wird. Diese Mittelung der Wechselwirkung ist – von Kristallbaufehlern abgesehen – im Festkörper ideal realisiert, sofern man auch von Oberflächeneffekten absieht. Insofern sind diese beiden Grenzfälle – das einzelne Molekül und der unendlich ausgedehnte ideale Festkörper – einfach zu beschreiben, jedenfalls sofern es die makroskopische Beschreibung der physikalischen und chemischen Eigenschaften betrifft.

Bei kleinen Teilchen lassen sich diese Idealisierungen nicht mehr anwenden! Einige Leser erinnern sich vielleicht noch an die Schulzeit oder auch an das Grundpraktikum in anorganischer und analytischer Chemie! Bei der gravimetrischen Analyse von SO_4^{2-} wird Sulfat als Bariumsulfat gefällt und die Lösung anschließend über ca. 20 min gekocht.

Wozu dient das Kochen der Lösung?

In der Hitze lösen sich die Feststoffe besser als in der Kälte, da dem System Energie zugeführt wird und die Wahrscheinlichkeit steigt, dass sich Teilchen von der Oberfläche des Feststoffs ablösen und in Lösung gehen. Ist die Lösung gesättigt, dann kristallisieren genauso viele Teilchen aus der Lösung an Oberflächen aus, wie umgekehrt Teilchen von der Oberfläche wieder in Lösung gehen. Ein solches Gleichgewicht bezeichnet man als *dynamisches Gleichgewicht*!

Beim Kochen lösen sich aber vorwiegend die kleinen Kristalle auf, während die großen immer größer werden. Der Grund hierfür ist, dass die in Relation zum Volumen relative Größe der Oberfläche bei kleinen Kristallen größer ist als bei großen (die Oberfläche ist proportional zu r^2, das Volumen ist proportional zu r^3). Teilchen an der Oberfläche haben eine höhere Energie, da die außerhalb des Kristalls liegenden Valenzen der Atome nicht abgesättigt sind, wodurch die Energie des Kristalls steigt. Die Energie des Kristalls ist somit umso niedriger, je weniger Teilchen bezogen auf die Gesamtzahl der Teilchen des Kristalls an der Oberfläche liegen! Dies ist aber gerade bei großen Kristallen der Fall, wenn man jeweils identischen Habitus der Kristalle voraussetzt. In der Folge lösen sich bevorzugt die kleinen Kristalle auf, während die großen Kristalle wachsen. Das Kochen beschleunigt lediglich diesen Vorgang, da zusätzlich Energie zur Verfügung gestellt wird. Nach dem Abkühlen wird filtriert, wobei die größeren Kristalle besser filtrierbar sind.

Überdenkt man das oben Gesagte, dann ergeben sich sofort neue Fragen:

- Warum sind kolloide Systeme überhaupt stabil? Größere Agglomerate haben i.a. eine niedrigere Energie, sodass über die Zeit gesehen die Systeme koagulieren sollten.
- Was beeinflusst die Stabilität kolloider Systeme, und wie lässt sich diese Stabilität gegebenenfalls beeinflussen?
- Gibt es überhaupt Anwendungen kolloider Systeme, oder ist die Beschäftigung mit diesen Fragen rein wissenschaftlicher Natur?

Alle Lebewesen bestehen aus kolloiden Systemen: Blut, Zellen, biologische Membranen sind Systeme aus vergleichsweise wenigen Molekülen mit verhältnismäßig großer Oberfläche, dispergiert in einem kontinuierlichen Medium, in diesem Fall einer wässrigen Phase. Die einzelnen Teilchen existieren zum Teil in dichter Packung, bleiben aber trotzdem als Teilchen selbstständig, ohne zu agglomerieren. Organisches Leben ist überhaupt nur möglich, weil kolloide Systeme unter gewissen Bedingungen stabil sind!

Kolloide Systeme finden wir auch in unserer Umwelt wie beispielsweise bei den Aerosolen und Tonen. Technische Systeme sind zum Beispiel Sprays und Nanosysteme. Die Produktion von Tonen für Ionenaustauscher liegt bei jährlich ca. 60 Mio. Tonnen, Systeme mit möglichst großer Oberfläche finden Anwendung bei der heterogenen Katalyse, bei der Emulsionspolymerisation sowie auch bei der Herstellung oben genannter Nanosysteme. Weitere Beispiele sind Tenside, Farben und Lacke, Pasten und Cremes, die in den Bereichen der Technik und Pharmazie sowie im privaten Bereich täglich Anwendung finden. Somit ist auch aus ökonomischer Sicht eine Beschäftigung mit kolloiden Systemen und Oberflächen sicher gerechtfertigt! All diesen Systemen ist gemeinsam, dass die Oberfläche die chemischen und physikalischen Eigenschaften der Teilchen maßgeblich beeinflusst.

► Bei kolloid-dispersen Systemen ist es nicht nur die Größe der Teilchen, die eine Beschäftigung mit diesen Systemen rechtfertigt, sondern es sind insbesondere die damit zusammenhängenden physikalischen und chemischen Eigenschaften solcher Systeme.

Sei ϕ der Volumenanteil einer kolloidal dispersen Phase. Sei ferner der Radius r der dispergierten Teilchen $r = 20\,\text{nm}$ und $\phi = 0{,}4$ (40 %). Wir fragen nach der Oberfläche der dispergierten Teilchen in 1 cm^3 Lösung.

Für die Anzahl der Teilchen pro Kubikzentimeter Lösung gilt:

$$N = \frac{\phi}{V_{\text{Tropfen}}} = \frac{\phi}{\frac{4\pi}{3}r^3} = \frac{0{,}4}{\frac{4\pi}{3}\cdot(20\cdot 10^{-7})^3\,\text{cm}^3} = 1{,}2\cdot 10^{16}\,\frac{\text{Teilchen}}{\text{cm}^3} \tag{1.1}$$

Sei O_{Teilchen} die Oberfläche eines Teilchens, dann ist:

$$N\cdot O_{\text{Teilchen}} = N\cdot 4\pi r^2 = 1{,}2\cdot 10^{16}\,\frac{1}{\text{cm}^3}\cdot 4\pi\cdot(20\cdot 10^{-9}\,\text{m})^2 = 60\,\frac{\text{m}^2}{\text{cm}^3} \tag{1.2}$$

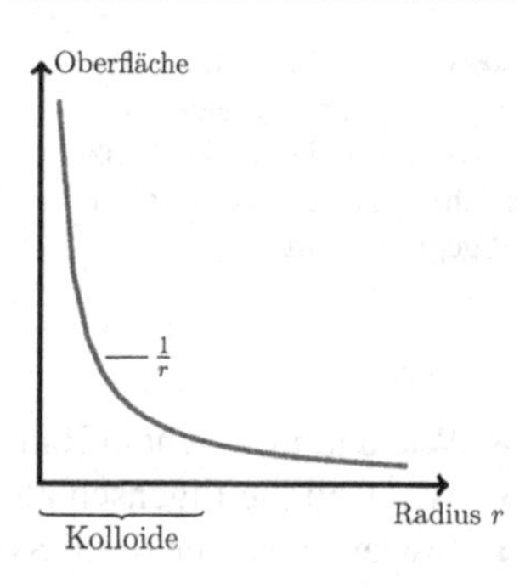

Abb. 1.3 Anteil der Oberfläche als Funktion des (kugelförmigen) Teilchenvolumens

Betrachten wir noch den Verlauf der Funktion selbst. Sei O_{Teilchen} wieder die Oberfläche eines Teilchens, dann ist:

$$N \cdot O_{\text{Teilchen}} = \frac{\phi}{\frac{4\pi}{3}r^3} \cdot 4\pi r^2 = \frac{3\phi}{r} \propto \frac{1}{r} \tag{1.3}$$

Der Verlauf der Kurve ist in Abb. 1.3 gezeigt. Man erkennt an der Grafik, dass der Anteil der Oberfläche am Volumen mit der Teilchengröße schnell abnimmt. Sind die Teilchen nur ausreichend groß, dann können Oberflächeneinflüsse in der Regel vernachlässigt werden! In der Kolloidwissenschaft interessiert man sich daher gerade für den in der Grafik gekennzeichneten Bereich.

Für den Wissenschaftler ist es wichtig, diese Systeme zu verstehen, denn nur dann sind wir in der Lage, die Eigenschaften dieser Substanzklasse so zu beeinflussen und zu verändern, dass sie für die jeweiligen technischen Anwendungen optimiert werden können. Unter diesem Gesichtspunkt fällt die Kolloid- und Grenzflächenforschung unter anderem in den Bereich der Materialforschung und ist ein interdisziplinäres Gebiet insbesondere aus den Bereichen Physik und Chemie.

Welche Fragen sollten in einer Vorlesung zur Kolloid- und Grenzflächenforschung beantwortet werden? Das Schöne und gleichzeitig das Schwierige an der Kolloidforschung ist, dass sie einen sehr großen Bereich der Naturwissenschaft und Technik beinhaltet. Daraus folgt, dass man ein recht großes Wissen aus vielen anderen Gebieten mitbringen muss, um möglichst allen Fragen gerecht werden zu können. Zu den Fragestellungen gehören zum Beispiel:

- Was ist ein kleines Teilchen? Was ist ein dünner Film?
- Was stabilisiert diese Systeme?
- Welche Art von Wechselwirkung liegt vor, und wie groß sind diese Wechselwirkungen
  - zwischen den einzelnen dispergierten Teilchen,
  - zwischen dispergiertem Teilchen und dem Dispersionsmedium an den Phasengrenzen?
- Wodurch kommt es zur Strukturbildung, und wie sehen diese Strukturen aus?
- Wie verlaufen diese Selbstorganisationsprozesse? [Ito92, Ito94]
- Welche experimentellen Verfahren gibt es zur Untersuchung dieser Systeme?

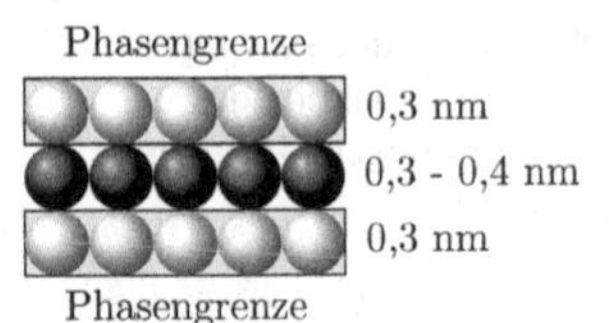

Abb. 1.4 Kolloide haben stets einen Bereich im Inneren, der durch die Grenzfläche gegen den Außenraum abgegrenzt wird

- Wie und in welchem Rahmen lassen sich die Systeme modifizieren?
- Was sind die Eigenschaften solcher Systeme?
- Inwieweit stellen diese Systeme Probleme für die Umwelt dar?

Diese Liste erhebt keinen Anspruch auf Vollständigkeit! Wir können sicher auch nicht alle genannten Fragen im Rahmen dieses Lehrbuches beantworten. Zum Teil gibt es Spezialliteratur aus anderen Fachgebieten, die sich mit speziellen Problemen dieses Fachgebietes beschäftigen, zum Beispiel mit der Stabilität von Aerosolen und deren Auswirkungen auf Umwelt und Atmosphäre!

Wir werden uns im Folgenden vorwiegend mit den grundlegenden Fragen beschäftigen, für alles andere muss auf die Spezialliteratur verwiesen werden. Wir können aber bereits jetzt eine etwas genauere Definition für die Kolloidwissenschaft aufstellen:

► Die Kolloidwissenschaft umfasst die physikalischen und chemischen Eigenschaften der dispersen Systeme und die Grenzflächenerscheinungen, bei denen der Zustand der Phasengrenze die Eigenschaften maßgebend bestimmt.

Ein kolloides System ist daher immer zweiphasig oder sogar mehrphasig!

Wann sprechen wir von einem dispersen Teilchen? Nach dem Geschilderten interessiert uns der Unterschied in den Eigenschaften zwischen einem Teilchen im Inneren einer Phase zu den Eigenschaften der Teilchen, die sich in der Nähe oder an der Phasengrenzfläche befinden. Ist die Zahl der Teilchen an der Phasengrenze hoch im Vergleich zu der Zahl der Teilchen im Inneren, dann sprechen wir von einem kolloiden Teilchen. Damit muss *mindestens ein* Teilchen im Inneren der betrachteten Phase liegen!

Bei Teilchendurchmessern von ca. 0,3 nm liegt somit die Dimension der kleinsten Teilchen, die in den Bereich der Kolloide fallen, bei einer Ausdehnung von etwa 1 nm (Abb. 1.4). Die Obergrenze ist nicht einheitlich festgelegt und liegt je nach Definition und Autor bei 100 nm bis zu 500 nm.

Ist der Stoff in einem Lösungsmittel molekular verteilt, dann sprechen wir von einer echten Lösung. Bei der Lösung eines makromolekularen Stoffes müssen wir vorsichtig sein! Abhängig vom jeweiligen Lösungsmittel liegt das Molekül mehr oder minder gestreckt oder zumindest als lockeres Knäuel vor (Abb. 1.5). In dem oben genannten Sinn gibt es damit unter Umständen *keine* Phasengrenze und damit *kein* disperses System! Dies ist insbesondere dann der Fall, wenn das Lösungsmittel in die Knäuelstruktur eindringt und damit das Polymermolekül wie im Fall der gestreckten Konfiguration allseitig umgibt.

Abb. 1.5 Polymer in Lösung

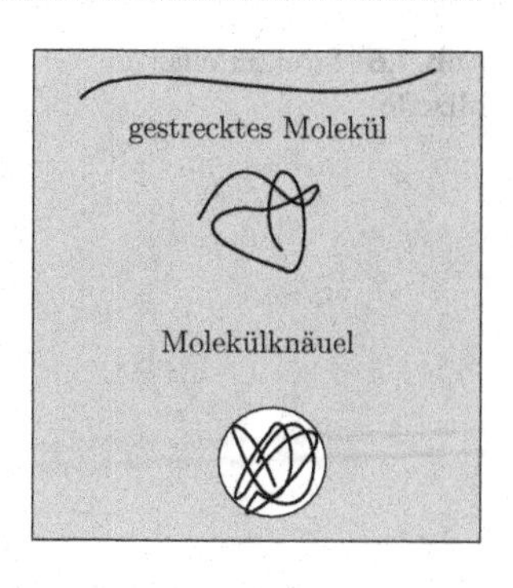

In einem weniger „guten" Lösungsmittel liegt das Molekül vorwiegend als kompakte Kugel vor. Ein solches „weniger gutes" Lösungsmittel zeichnet sich dadurch aus, dass die Wechselwirkungen der Polymerkette mit dem Lösungsmittel schwächer sind als die intramolekularen Wechselwirkungen innerhalb der Polymerkette selbst. Ein solches Lösungsmittel kann nicht in das Innere des Polymerknäuels eindringen und haftet folglich nur an den Außenbereichen der Teilchen. Somit *existiert* in diesem Fall eine Phasengrenze und damit ein disperses System!

Welche Einteilung disperser Systeme lässt sich gegebenenfalls finden? Zum einen lassen sich die dispersen Systeme einteilen nach der Art der Kolloide, zum anderen nach der Art des kolloiden Systems:

► Einteilung der Kolloide nach der Art des Kolloids

- Assoziationskolloide: in Form von Mizellen strukturierte kleine Tröpfchen
- Dispersionskolloide: fein verteilte homogen aufgebaute Teilchen
- Molekülkolloide: einzelne Makromoleküle (Polymere, Eiweiße)

Bei den Molekülkolloiden handelt es sich um die in Abb. 1.5 dargestellten Systeme einzelner Moleküle *mit Phasengrenze*. Diese Moleküle sind sicherlich fein verteilt und in sich homogen, wenn auch – insbesondere bei künstlich hergestellten Makromolekülen – die Molekulargewichte der Teilchen unterschiedlich sind.

Auch die Dispersionskolloide sind homogen aufgebaut und bestehen meist aus unterschiedlich großen Teilchen, wobei eine Art Membrane wie im Fall der Mizellen nicht vorhanden ist. Solche Dispersionskolloide lassen sich zum Beispiel durch feines Aufmahlen von festen Substanzen erzeugen.

Mizellen besitzen eine gewisse Struktur (Abb. 1.6). Sie bestehen aus einer Hülle und einem Kern, wobei die an der Phasengrenze befindlichen Moleküle eine ausgeprägte Polarität aufweisen, sodass das eine Ende des Moleküls vorwiegend in der Phase im Inneren des Kolloids löslich ist, während das andere Ende in der Dispersionphase löslich ist. Das Innere der Mizelle ist damit gegen das Kontinum abgeschlossen. Solche Systeme finden sich vorwiegend in biologischen Systemen und sind Grundlage allen Lebens [Chou02].

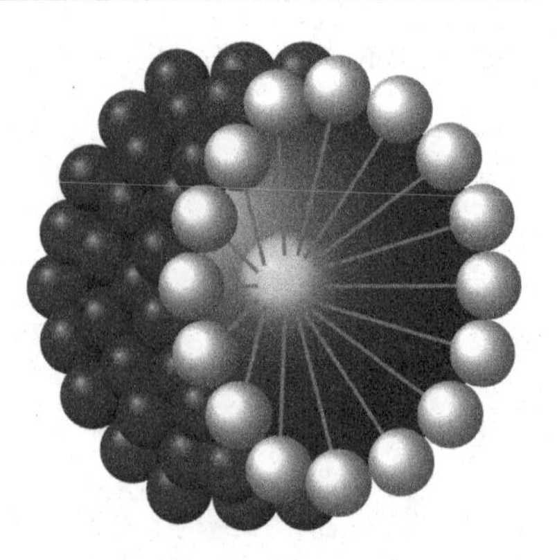

Abb. 1.6 Struktur einer Mizelle

Tab. 1.1 Einteilung kolloider Systeme nach der Art des Systems

Kontinuierliche Phase	Teilchenphase	Systembezeichnung	Beispiel
Fest	Fest	Feste Suspension	Verbundwerkstoffe
Fest	Flüssig	–	Öllagerstätten, Perlen
Fest	Gasförmig	Festschäume	Bimsstein, Lava
Flüssig	Fest	Feststoffdispersion	Farben, Salben, Tinte
Flüssig	Flüssig	Emulsion	Milch
Flüssig	Gasförmig	Schaum	Bierschaum
Gasförmig	Fest	Aerosol	Rauch
Gasförmig	Flüssig	Aerosol	Nebel, Wolken
Gasförmig	Gasförmig	–	–

Vor allem die Eigenschaften der Membranmoleküle bestimmen die möglichen Stoffwechselprozesse und den Austausch von Molekülen zwischen dem Mizellinneren und der kontinuierlichen, im Fall organischer Lebewesen wässrigen Phase.

Wie bereits erwähnt, lassen sich kolloide Systeme auch anhand des Systems selbst klassifizieren (Tab. 1.1).

Die Anwendungen der Ergebnisse der Kolloidforschung in Industrie und Technik sind zahlreich! Beispiele hierfür sind:

- *Pharmaindustrie:* Salben und Gele, Sprays, neuartige Medikamente [Jee12, Amir13, An09, Siri93, Faet95]
- *Medizin:* Zellmembranen, Blut, Stabilität der dispersen Systeme und damit verbundene Krankheitsbilder [Das13, Zhao13, Haqu13, Kari13, Nich12, Chat14, Ito05]
- *Chemie:* Farben und Lacke, heterogene Katalyse, Waschmittel, Abwasserreinigung, Emulsionspolymerisation [Roze13, Male12, Carb10]
- *Technik:* Flotation, Schaumstoffe, Baustoffe, Sprühtrocknung, Drucken, Färben, Reinigung, Rheologie [Este14, Bergh11, Labi07, Sen05, Bai12, Murr07, Bhak97, Anga01, Maly95]
- *Landwirtschaft:* Bodenverbesserer [Tang13]

Die Beschäftigung mit kolloiden Systemen eröffnet damit ein äußerst weit gefächertes Tätigkeitsfeld, und Anwendungen finden sich in nahezu allen Bereichen des Lebens.

Eine erste sich ergebende Frage lautet: Wodurch werden kolloide Systeme zusammengehalten? Wir werden uns daher zunächst mit den Kräften zwischen einzelnen Molekülen beschäftigen. Worauf beruht deren Anziehung? Gibt es auch abstoßende Wechselwirkungen zwischen den Teilchen? Und wenn ja, wodurch wird die Abstoßung bewirkt?

Sind die Wechselwirkungen zwischen einzelnen (wenigen) Molekülen bekannt, dann gilt es zu überlegen wie sich die Verhältnisse ändern, wenn man zu größeren Agglomeraten von der Größe eines Kolloids übergeht. Sind zudem anziehende und abstoßende Kräfte vorhanden, dann muss man schließlich Gleichgewichte zwischen den verschiedenen Kräften betrachten, die letztlich für die Stabilität bzw. Instabilität solcher Systeme verantwortlich sind.

Die Dynamik molekularer bzw. mikroskopischer Systeme ist bestimmt durch die Brown'sche Molekularbewegung, der sich gegebenenfalls weitere Effekte überlagern. Daher werden wir uns mit den Grundzügen der Theorie der Diffusion beschäftigen und einige Überlegungen anführen, wie diese Bewegung gemessen werden kann bzw. gemessen wird. Anschließend werden wir einige Anwendungen betrachten.

2 Betrachtungen zur Thermodynamik

2.1 Innere Energie und Oberflächenenergie

Wir wollen und können uns in dieser Einführung nicht ausführlich mit Thermodynamik beschäftigen, sondern nur die für uns wesentlichen Ergebnisse aus diesem Gebiet kurz wiederholen. Für eine tiefer gehende Beschäftigung mit der Thermodynamik sei auf die spezielle Literatur verwiesen.

Wechselwirkungen zwischen den Teilchen werden gewöhnlich beschrieben durch die Summe aller auftretenden zwischenmolekularen Kräfte. Im einfachsten Fall ist dabei lineares Verhalten zwischen den Wechselwirkungen vorausgesetzt, was wir auch hier ansetzen. So lassen sich die einzelnen Beträge zur Gesamtenergie des Systems addieren, und wir müssen lediglich überlegen, aus welchen verschiedenen Beiträgen bzw. Wechselwirkungen sich diese Gesamtenergie der Systeme im Einzelfall zusammensetzt bzw. welche Beiträge in Abhängigkeit der jeweiligen Fragestellung betrachtet werden müssen.

Die Gesamtenergie des Systems setzt sich aus den folgenden Einzelbeiträgen zusammen:

$$E_{\text{ges.}} = E_{\text{thermisch}} + E_{\text{mech.}} + E_{\text{elektr.}} + E_{\text{mag.}} + E_{\text{grav.}} + \ldots \tag{2.1}$$

Gleichung (2.1) berücksichtigt die absoluten verschiedenen Energiebeiträge, die sich in Summe zur Gesamtenergie des Systems zusammensetzen. Allerdings ist es grundsätzlich nicht möglich, die „absoluten" Energiebeiträge anzugeben! Dies ist auch einer der Gründe, warum man in der Thermodynamik stets mit differentiellen Größen rechnet: Man interessiert sich nur für die „Änderung" der jeweiligen Größe, nicht für deren absoluten Wert, da dieser nur angegeben kann, wenn man vorher einen Nullpunkt definiert hat, der aber in der Regel „beliebig" vorgegeben werden kann!

G.J. Lauth, J. Kowalczyk, *Einführung in die Physik und Chemie der Grenzflächen und Kolloide*, DOI 10.1007/978-3-662-47018-3_2

Aus diesem Grund verwendet man anstelle (2.1) im Allgemeinen die differentielle Notation

$$:\mathrm{d}E_{\text{ges.}} = \mathrm{d}U = \mathrm{d}q + \mathrm{d}w + \mathrm{d}E_{\text{chem.}} + \mathrm{d}E_{\text{elektr.}} + \mathrm{d}E_{\text{mag.}} + \mathrm{d}E_{\text{grav.}} + \dots \quad (2.2)$$

$$\mathrm{d}E_{\text{ges.}} = T\mathrm{d}S - p\mathrm{d}V + \Sigma\mu_i \mathrm{d}n_i + q\mathrm{d}\phi + H\mathrm{d}M + mg\,\mathrm{d}h + \dots \quad (2.3)$$

Betrachten wir „kleine" Teilchen, dann ist die Energie der Oberfläche mit zu berücksichtigen, da diese einen wesentlichen Anteil am Gesamtenergiebetrag besitzt. Der Term für die mechanische Arbeit muss daher erweitert werden! Wir setzen für den mechanischen Energiebeitrag an:

$$\mathrm{d}w = \mathrm{d}(\text{Volumenarbeit}) + \mathrm{d}(\text{Oberflächenenergie}) = -p\mathrm{d}V + \sigma\mathrm{d}O \quad (2.4)$$

Dabei ist σ die spezifische Grenzflächenenergie und O die Oberfläche.

Lassen wir bei unserer Betrachtung die nicht interessierenden Terme außer Acht (wobei wir zunächst auch den elektrischen und magnetischen Anteil unberücksichtigt lassen), dann ergibt sich für die innere Energie:

$$\boxed{\mathrm{d}U = T\mathrm{d}S - p\mathrm{d}V + \sigma\mathrm{d}O + \Sigma\mu_i\mathrm{d}n_i} \quad (2.5)$$

Zu berücksichtigen und wichtig anzumerken ist, dass die innere Energie eine *Zustandsfunktion* ist, das heißt, die Zustandsänderung selbst ist unabhängig vom Weg, auf dem diese Änderung bewirkt wird; das Ergebnis hängt lediglich vom Anfangs- und vom Endzustand des Systems ab!

Aus der Thermodynamik wissen wir auch, dass die innere Energie für Berechnungen häufig weniger geeignet ist. Man generiert daher weitere sogenannte thermodynamische Potenziale, die durch eine *eindeutig umkehrbare* Transformation aus der inneren Energie gewonnen werden. Diese Transformation ist die *Legendre-Transformation*, die im Folgenden kurz erörtert werden soll.

2.2 Die Legendre-Transformation

Wir suchen eine *eindeutig umkehrbare* Funktion, mit welcher wir eine Variable in eine andere transformieren können, das heißt, wir suchen eine Transformation:

$$f(x) \to F(u) \quad (2.6)$$

In unserem speziellen Fall sei:

$$u = \frac{\partial f}{\partial x} \quad (2.7)$$

Die neue Variable u ist damit die Ableitung der alten Funktion f nach ihrer alten Variablen x. Eine solche Transformation bezeichnet man als *Berührtransformation*,

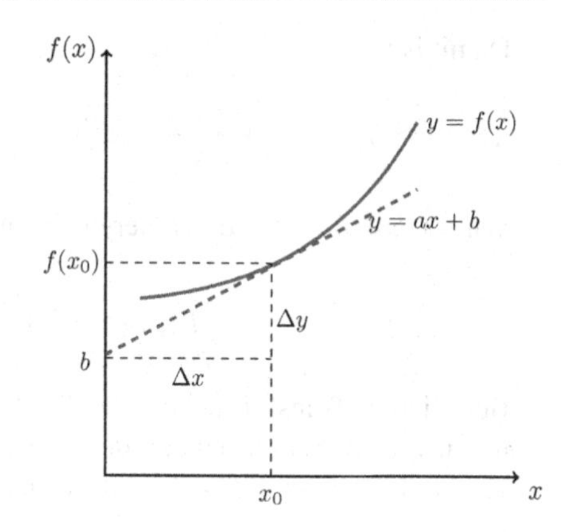

Abb. 2.1 Erläuterung zur Legendre-Transformation. Die Transformierte $g(u)$ ordnet der Steigung u jeder Tangente deren y-Achsenabschnitt zu.

denn die ursprüngliche Kurve $f(x)$ bzw. die ursprüngliche Punktmenge wird damit angegeben durch die Menge aller Tangenten an die ursprüngliche Kurve.

Bleibt noch die Forderung nach der Eindeutigkeit! Zunächst muss die Funktion streng monoton sein (Abb. 2.1), denn andernfalls haben verschiedene x-Werte der Ursprungsfunktion die gleiche Steigung, das heißt, für diese x-Werte erhalten wir die gleiche Bildfunktion. Gegebenenfalls muss die Ursprungsfunktion auf streng monotone Bereiche beschränkt werden, damit die Forderung nach Eindeutigkeit erfüllt werden kann.

Zudem haben parallele, das heißt in Richtung der y-Achse verschobene Kurven, alle am gleichen x-Wert die gleiche Steigung; eine Spezifizierung nach der Steigung an einer bestimmten Stelle x reicht damit nicht aus, denn bei der Rücktransformation lassen sich beliebig viele Kurven widerspruchsfrei erzeugen! Wir benötigen somit noch ein weiteres Merkmal, um *umkehrbare* Eindeutigkeit zu erreichen.

Jede Tangente schneidet die y-Achse in einem Punkt. Parallel verschobene Kurven zeigen zwar für gleiche x-Werte die identische Steigung, der y-Abschnitt der Tangentengeraden ist jedoch für parallel verschobene Kurven unterschiedlich.

Insgesamt erreichen wir umkehrbare Eindeutigkeit somit genau dann, wenn wir fordern:

1. Die Ursprungsfunktion ist (zumindest in dem interessierenden Bereich) streng monoton.
2. Das Bild der Ursprungsfunktion ist charakterisiert durch die Steigung der Ursprungsfunktion in jedem Punkt x sowie durch den Schnittpunkt der Tangente an dem betrachteten Punkt x mit der y-Achse.

Gesucht ist nun eine Funktion:

$$f(x, y) \rightarrow f(u, y) = f\left(\frac{\partial f}{\partial x}, y\right) \tag{2.8}$$

Damit ist:

$$f(x,y) \approx f(x_0,y) + \frac{\partial f}{\partial x}(x - x_0) \Rightarrow f(x_0,y) \approx f(x,y) - \frac{\partial f}{\partial x}(x - x_0) \quad (2.9)$$

Wir setzen $x_0 = 0$ und definieren eine neue Funktion $F(u, y)$ mit: $u = \frac{\partial f}{\partial x}$

$$F(u,y) = f(x,y) - \frac{\partial f}{\partial x}(x) \quad (2.10)$$

Bei dieser Transformation ist die Legendre-Transformierte gerade die y-Komponente des Schnittpunktes der Tangentenebene an die ursprüngliche Funktion $f(x, y)$ mit der Ebene $x = 0$ – ganz analog wie bei einer Geradengleichung:

$$\boxed{\begin{aligned} F(u,y) &= -\frac{\partial f}{\partial x}(x) + f(x,y) \\ y &= ax + b \end{aligned}} \quad (2.11)$$

Mit $u = \frac{\partial f}{\partial x}$ ist:

$$F(u,y) = f(x,y) - ux \quad (2.12)$$

Bildet man das totale Differenzial, dann ist mit $u = \frac{\partial f}{\partial x}$ wie oben definiert:

$$\mathrm{d}F(u,y) = \mathrm{d}f(x,y) - x\mathrm{d}u - u\mathrm{d}x = \frac{\partial f}{\partial x}\mathrm{d}x + \frac{\partial f}{\partial y}\mathrm{d}y - x\mathrm{d}u - u\mathrm{d}x = \frac{\partial f}{\partial y}\mathrm{d}y - x\mathrm{d}u \quad (2.13)$$

Wie gewünscht haben wir mittels der Legendre-Transformation aus der Funktion $f(x, y)$ eine Funktion $F(u, y)$ mit einer neuen Variablen erzeugt [Zia09].

Mittels der Legendre-Transformation lassen sich aus der Gleichung für die innere Energie alle anderen thermodynamischen Potenziale ableiten. Zum Beispiel ist:

$$\begin{aligned} \mathrm{d}U &= T\mathrm{d}S - p\mathrm{d}V + \sigma\mathrm{d}O + \Sigma\mu_i\mathrm{d}n_i \\ \mathrm{d}H &= T\mathrm{d}S + V\mathrm{d}p + \sigma\mathrm{d}O + \Sigma\mu_i\mathrm{d}n_i \\ \mathrm{d}G &= -S\mathrm{d}T + V\mathrm{d}p + \sigma\mathrm{d}O + \Sigma\mu_i\mathrm{d}n_i \\ \mathrm{d}A &= -S\mathrm{d}T - p\mathrm{d}V + \sigma\mathrm{d}O + \Sigma\mu_i\mathrm{d}n_i \end{aligned}$$

Mit:

U	innere Energie
$H = U + pV$	Enthalpie
$G = H - TS = U + pV - TS$	Gibbs-Energie
$A = U - TS$	Helmholtz-Energie

Es sei noch einmal betont, dass zusammengehörige Variablen immer gemeinsam auftreten! p und V beispielsweise oder T und S sind stets miteinander verknüpft!

Dies ist auch leicht zu verstehen! Denn wenn wir die Energie eines Systems berechnen wollen, dann muss jeder additive Term in der Gleichung die richtige

Dimension, nämlich die einer Energie besitzen! Dies ist aber nur erfüllt, wenn das Produkt der beiden Variablen in jedem Term die Dimension der Energie ergibt! Daher dürfen die Variablen auf keinen Fall vermischt werden. Die jeweils zusammengehörigen Variablen bezeichnet man in der Thermodynamik auch als *konjugierte Variablen.*

Insbesondere die Legendre-Transformationen für die Variablen p und V sowie T und S lassen sich leicht mithilfe des *Guggenheim-Schemas* erledigen:

$$\begin{array}{ccccc} & S & U & V & \\ \oplus & H & & A & \ominus \\ & p & G & T & \end{array}$$

Das Guggenheim-Schema ermöglicht es, die Potenziale mit den „richtigen" Variablen schnell zu notieren. Die Variablen sind jeweils in den Ecken des Diagramms aufgeführt, die thermodynamischen Potenziale jeweils in der Mitte. Die Vorzeichen der zu den Potenzialen gehörigen Variablen sind links und rechts bzw. oben und unten von den jeweiligen Potenzialen angegeben; die jeweils mit diesen Variablen konjugierten Variablen befinden sich in der jeweiligen diagonalen Ecke.

Beispielsweise besitzt das Potenzial H, die Enthalpie, die Variablen ober- und unterhalb des Buchstabens H, in diesem Fall S und p, und beide haben positives Vorzeichen. Die konjugierten Variablen sind T und V. Es ergeben sich die in dem Schema aufgeführten Potenziale in der richtigen Notation.

Mittels des Guggenheim-Schemas lassen sich noch weitere mathematische Beziehungen zwischen den verschiedenen Variablen und Potenzialen ableiten, beispielsweise die Maxwell-Beziehungen wie $\left(\frac{\partial S}{\partial V}\right)_T = \left(\frac{\partial p}{\partial T}\right)_V$. Hierauf soll nicht weiter eingegangen werden, es wird abermals auf die einschlägige Literatur der klassischen Thermodynamik verwiesen [Vakili, Ever98, Hill01].

3 Kräfte zwischen Molekülen

3.1 Allgemeine Betrachtung der Wechselwirkung

Welches Kraftgesetz gilt zwischen den Teilchen [Liang07, French00]?

Wir setzen voraus, dass stets das dritte Newton'sche Axiom gilt: In allgemeinster Form gehen wir davon aus, dass bei einer Wechselwirkung eines Körpers 1 auf einen Körper 2 dieser Körper 2 auch auf den Körper 1 wirkt. Eine typische Wechselwirkung wird dann beschrieben durch einen Ansatz folgender Form:

$$w(r) = -C \cdot \frac{a_1 \cdot a_2}{r^n} \tag{3.1}$$

Dabei sind r der Abstand zwischen den Teilchen und a irgendwelche Eigenschaften dieser Teilchen. a kann beispielsweise die Masse im Fall der gravitativen Wechselwirkung sein oder die Ladung im Fall der elektrostatischen Wechselwirkung.

Wir gehen ferner davon aus, dass die Wechselwirkung anziehend ist, denn nur dies erklärt, warum kondensierte Phasen existieren. Setzen wir für diesen Fall $C > 0$ voraus, dann muss in den Ansatz ein Minuszeichen aufgenommen werden. Für das Kraftgesetz gilt bei dem oben genannten Ansatz (3.1) für die Wechselwirkungsenergie:

$$F(r) = -\frac{\mathrm{d}w(r)}{\mathrm{d}r} = -nC \cdot \frac{a_1 \cdot a_2}{r^{n+1}} \tag{3.2}$$

Auch die Kraft ist somit anziehend!

Wir betrachten im Weiteren den folgenden einfacheren Ansatz:

$$w(r) = -\frac{C}{r^n} \quad \text{mit } n \in \mathbb{N} \tag{3.3}$$

Wir untersuchen die Wechselwirkung von einem einzelnen Teilchen mit allen anderen im System. Die Teilchen seien homogen im System verteilt, und deren Konzentration sei beschrieben durch deren Dichte ρ.

G.J. Lauth, J. Kowalczyk, *Einführung in die Physik und Chemie der Grenzflächen und Kolloide*, DOI 10.1007/978-3-662-47018-3_3

Da die Stärke der Wechselwirkung eine Funktion des Abstands ist, müssen wir die Zahl der Teilchen bestimmen, die sich in einem gegebenen Abstand r von unserem Teilchen befinden. Dazu zerlegen wir den Raum um das Teilchen in infinitesimal dünne Kugelschalen der Dicke dr. Wie viele Teilchen befinden sich dann in einer solchen Kugelschale?

Die Oberfläche der Kugelschale ist gegeben durch $4\pi r^2$, das Volumen der Kugelschale damit durch die Beziehung $\mathrm{d}V = 4\pi r^2 \cdot \mathrm{d}r$. Mit der gegebenen Teilchendichte ρ beträgt die Anzahl an Teilchen in diesem Volumen somit $\mathrm{d}V \cdot \rho = 4\pi r^2 \cdot \rho \cdot \mathrm{d}r$. Die Gesamtwechselwirkungsenergie des Teilchens mit allen anderen Teilchen des Systems ergibt sich somit aus der Summe der Wechselwirkungen des Teilchens mit allen anderen bis zur Systemgrenze im Abstand L. Ist σ der Radius des (starren) Teilchens, dann ist mit $w(r) = -\frac{C}{r^n}$:

$$\begin{aligned} E_{\text{ges.}} &= \int_\sigma^L w(r) \cdot \rho \cdot 4\pi r^2 \cdot \mathrm{d}r = -4\pi\rho \cdot C \cdot \int_\sigma^L r^{2-n} \mathrm{d}r \\ &= -4\pi\rho \cdot C \cdot \left[\frac{1}{3-n} \cdot r^{3-n}\right]_\sigma^L \\ &= -4\pi\rho \cdot C \cdot \left[\frac{1}{3-n} \cdot \left(L^{3-n} - \sigma^{3-n}\right)\right] \\ &= -4\pi\rho \cdot C \cdot \left[\frac{1}{3-n} \cdot \sigma^{3-n} \cdot \left(\left(\frac{L}{\sigma}\right)^{3-n} - 1\right)\right] \\ &= -\frac{4\pi\rho C}{(3-n) \cdot \sigma^{n-3}} \cdot \left[\left(\frac{\sigma}{L}\right)^{n-3} - 1\right] \end{aligned} \tag{3.4}$$

Für $L \gg \sigma$ und $n > 3$ kann der erste Term in der Klammer vernachlässigt werden, und es ist:

$$E_{\text{ges.}} = -\frac{4\pi\rho C}{(n-3) \cdot \sigma^{n-3}} \tag{3.5}$$

In der Rechnung war L die Systemgröße, also zum Beispiel die Größe eines Kristalls oder die Größe des Gasvolumens, während σ der Radius eines Atoms bzw. eines Moleküls im Festkörper bzw. im Gas bedeutet. Es ist somit $\frac{\sigma}{L} \ll 1$. Beiträge zum Potenzial entfallen daher, wenn nur $n > 3$ gilt!

Ist diese Annahme gerechtfertigt? Wäre $n < 3$, dann würde die Wechselwirkung zunehmen, wenn die Teilchen weiter von dem betrachteten Teilchen entfernt sind! Dies liegt nicht (unbedingt) an einer Zunahme der Wechselwirkung des betrachteten Teilchens mit einem einzelnen anderen Teilchen mit größer werdendem Abstand, sondern daran, dass in dem mit dem Abstand zunehmenden Volumen überproportional mehr Teilchen enthalten sind! In diesem Fall hängt aber die Wechselwirkungsenergie von der Systemgröße ab, und es müsste zum Beispiel die Schmelztemperatur oder auch der Siedepunkt mit der Systemgröße zunehmen! Da dies nach unserer Erfahrung nicht der Fall ist, können wir von der Richtigkeit unserer Annahme $n > 3$ ausgehen.

Im Fall der Gravitation ist $n = 1$, und auch weit entfernte Massen wirken auf die Erde. Im Bereich des Mikrokosmos fällt die Wechselwirkungsenergie – teils durch die Art der Wechselwirkung selbst, teils durch Abschirmeffekte – in der Regel sehr schnell ab, und die Systemgröße muss nur berücksichtigt werden, wenn die Systeme sehr klein sind.

Zu beachten ist aber das Folgende: Bereits die identischen Eigenschaften kleiner und großer Kristalle oder kleiner und großer Gasvolumina zeigen, dass die molekularen Wechselwirkungen nur kurzreichweitig sind! Dies bedeutet aber nicht, dass damit keine makroskopischen Effekte beobachtet werden können! Kapillarkräfte, die Form makroskopischer Tropfen, der Kontaktwinkel von Tropfen auf flüssigen und festen Oberflächen oder auch der Zerfall eines Flüssigkeitsstrahles in einzelne Tropfen, dies alles kann erklärt werden durch die kurzreichweitigen Kräfte zwischen den Teilchen.

Welche Kräfte kennen wir in der Natur? Grundsätzlich kennt die Physik nur vier verschiedene Wechselwirkungen [Godb10, Raja06, Shar10, Bran12, Lopez94, Dragon87]:

- Die starke Wechselwirkung und
- die schwache Wechselwirkung, die beide nur (äußerst) kurzreichweitig sind und nur im Bereich der Atomkerne wirken.
- Die elektromagnetische Wechselwirkung.
- Die Gravitation.

Die gravitative Wechselwirkung zwischen den Atomen und Molekülen ist äußerst schwach, so schwach, dass sie mit den heutigen Methoden messtechnisch nicht erfasst werden kann. Somit braucht sie bei unseren Betrachtungen auch nicht berücksichtigt zu werden!

Die starke und die schwache Wechselwirkung sind beide äußerst kurzreichweitig (10^{-15} m bzw. 10^{-18} m), sodass auch diese Kräfte aus unserer Betrachtung ausscheiden.

Einzig die elektromagnetische Wechselwirkung kommt als Erklärung für den Zusammenhalt der Teilchen in Betracht, und wir müssen eine Erklärung dafür finden, wie die elektromagnetischen Wechselwirkungen dazu führen können, dass auch elektrisch neutrale Atome und Moleküle größere Aggregate wie die kolloiden Teilchen bilden!

Hinsichtlich einzelner Ionen liegt der Fall vergleichsweise einfach! Jedes Ion besitzt eine Ladung in der Größe einer Elementarladung oder einem Vielfachen davon. Zwischen den Teilchen wirkt dann die Coulomb-Kraft:

$$F(r) = \frac{1}{4\pi\epsilon\epsilon_0}\frac{q_1 q_2}{r^2} \tag{3.6}$$

Dabei ist die Konstante ϵ_0 die Dielektrizitätskonstante des Vakuums, ϵ die (dimensionslose) dielektrische Konstante des jeweiligen umgebenden Mediums.

In der Regel ist jede Lösung einer Verbindung in einem Lösungsmittel, zum Beispiel Wasser, elektrisch neutral, eine Überschussladung durch eine Ionensorte ist nicht vorhanden. Um ein Ion herum wird sich das Lösungsmittel so anordnen, dass die Ladung der Ionen möglichst abgeschirmt ist, das heißt, die Ionen „sehen" um sich herum lediglich Wasser. Weiterhin wird sich eine Nahordnung der Teilchen auch zwischen den Ionen einstellen, sodass Ionen mit jeweils gegensinnigem Ladungsvorzeichen sich um die Gegenionen herum gruppieren, wodurch das Feld der Ionen nochmals weiter abgeschirmt wird. Die Verhältnisse werden durch die Debye-Hückel-Theorie näher beschrieben (siehe Anhang), und es wird nochmals auf die entsprechende Fachliteratur verwiesen.

3.2 Dipol-Dipol-Wechselwirkungen

Wir betrachten im Weiteren nichtgeladene Teilchen. Auch diese haben eine interne Ladungsverteilung, die im einfachsten Fall – bei einem einzelnen Atom – aus dem positiv geladenen Atomkern und der negativ geladenen Atomhülle besteht. Auch zwischen diesen Teilchen existiert eine Wechselwirkung, was man allein daran erkennt, dass sich auch solche Teilchen zu Flüssigkeiten kondensieren lassen.

In jedem Fall gibt es zwischen den Teilchen sowohl anziehende als auch abstoßende Kräfte, andernfalls gäbe es keinen Gleichgewichtsabstand, und die Teilchen würden sich auf einen infinitesimal kleinen Raumpunkt zusammenziehen können; ein Volumen der Materie gäbe es nicht.

Auch im Fall der Neutralteilchen lassen sich die Wechselwirkungen nach unseren obigen Überlegungen grundsätzlich auf elektrische Kräfte zurückführen, die Frage ist nur: Was sind dies für (elektrische) Kräfte, und wie kommen sie zustande?

Diese Fragen wurden insbesondere von Johannes Diederik van der Waals[1] (siehe Abb. 3.1) untersucht und nach ihm benannt. Die Kräfte zwischen den Teilchen lassen sich in die folgenden drei Wechselwirkungen unterteilen:

- Keesom-Wechselwirkungen zwischen zwei Dipolen (Dipol-Dipol-Kräfte)
- Debye-Wechselwirkungen, benannt nach Peter Debye[2], zwischen einem Dipol und einem polarisierbaren Molekül (Dipol – induzierter Dipol – Kräfte)
- London'sche Dispersionswechselwirkungen, benannt nach Fritz Wolfgang London[3] (London-Kräfte), zwischen zwei polarisierbaren Molekülen (induzierter Dipol – induzierter Dipol – Kräfte). Die *London-Kräfte* werden oft auch als *van der Waals-Kraft* im engeren Sinne bezeichnet.

[1] Johannes Diderik van der Waals (* 23. November 1837 in Leiden; † 8. März 1923 in Amsterdam) war ein niederländischer Physiker. 1910 erhielt er den Nobelpreis für Physik für seine Arbeiten über die Zustandsgleichung der Gase und Flüssigkeiten.
Quelle: http://de.wikipedia.org/wiki/Johannes_Diderik_van_der_Waals

[2] Peter Debye (Taufname Petrus Josephus Wilhelmus, * 24. März 1884 in Maastricht, Niederlande; † 2. November 1966 in Ithaca, New York) war ein niederländischer Physiker und Chemiker. Er studierte an der RWTH Aachen Elektrotechnik und arbeitete dort nach Beendigung seines Studiums 1905 als Asistent für Technische Mechanik. Quelle: http://de.wikipedia.org/wiki/Peter_Debye

[3] Fritz Wolfgang London (* 7. März 1900 in Breslau; † 30. März 1954 in Durham, North Carolina, USA) war ein deutsch-amerikanischer Physiker.
Quelle: http://de.wikipedia.org/wiki/Fritz_London

Abb. 3.1 Johannes Diderik van der Waals

Wir betrachten Kräfte zwischen zwei Dipolen, das heißt, zwischen zwei gleich großen Ladungen mit entgegengesetztem Vorzeichen, die sich im Abstand l voneinander befinden. Diese beiden Ladungen bilden einen *elektrischen Dipol* mit dem Dipolmoment μ. Das Dipolmoment μ ist dann definiert gemäß:

$$\mu = q \cdot l \tag{3.7}$$

Betrachten wir als Beispiel das Dipolmoment des HCl. Messungen ergeben:

- Bindungsabstand d: $d = 1{,}27 \cdot 10^{-10}\,\mathrm{m}$
- Dipolmoment μ: $\mu = 3{,}43 \cdot 10^{-30}\,\mathrm{Cm}$.

Wir fragen nach dem Betrag δ, um den das Elektron (Ladung $e^- = -1{,}6022 \cdot 10^{-19}\,\mathrm{C}$) vom Wasserstoff weg in Richtung zum Chlor verschoben wurde sowie nach der relativen Verschiebung δ/d bezogen auf den Bindungsabstand d des HCl-Moleküls. Es ist:

$$\mu = |e^-| \cdot \delta \quad \Rightarrow \quad \delta = 2{,}14 \cdot 10^{-11}\,\mathrm{m} \quad \delta/d = 0{,}17$$

Das Elektron befindet sich also selbst im Fall des stark polaren HCl immer noch beim Wasserstoff! Alle unsymmetrischen Moleküle bilden solche (permanenten) Dipole.

Betrachten wir eine Ladung $-q$ am Ort r_1 und eine Ladung $+q$ am Ort $r_{1+\mathrm{dr}}$. In diesem Fall hat das Dipolmoment folgende Größe:

$$\mu = q \cdot \mathrm{d}r \tag{3.8}$$

Wir entfernen uns nun sehr weit von dem Dipol oder lassen alternativ q sehr groß und entsprechend $\mathrm{d}r$ sehr klein werden, sodass das Dipolmoment $\mu = q \cdot \mathrm{d}r$

konstant bleibt. Für das Potenzial der Ladung im Feld des Dipols gilt in diesem Fall:

$$\phi = -\frac{q}{4\pi\epsilon\epsilon_0} \cdot \left(\frac{1}{|r - (r_1 + \mathrm{d}r_1)|} - \frac{1}{|r - r_1|} \right) \tag{3.9}$$

Entwickelt man den ersten Term in der Klammer in eine Reihe, erhält man:

$$\begin{aligned} \frac{1}{|r - (r_1 + \mathrm{d}r_1)|} &= \frac{1}{|r - r_1|} + \frac{\partial}{\partial x}\left(\frac{1}{|r - r_1|}\right)\mathrm{d}x + \frac{\partial}{\partial y}\left(\frac{1}{|r - r_1|}\right)\mathrm{d}y \\ &\quad + \frac{\partial}{\partial z}\left(\frac{1}{|r - r_1|}\right)\mathrm{d}z + \ldots \\ &= \frac{1}{|r - r_1|} + \nabla\frac{1}{|r - r_1|}\mathrm{d}r_1 + \ldots \end{aligned} \tag{3.10}$$

Einsetzen in (3.9) liefert:

$$\phi = -\frac{q \cdot \mathrm{d}r_1}{4\pi\epsilon\epsilon_0}\nabla_1\frac{1}{|r - r_1|} = -\frac{1}{4\pi\epsilon\epsilon_0}\mu\nabla_1\frac{1}{|r - r_1|} \tag{3.11}$$

Dabei besagt der Index 1, dass nach der Größe r_1 abzuleiten ist. In Vektorschreibweise findet man somit für das Potenzial im Fernfeld des Dipols:

$$\phi(\underline{r}) = -\frac{1}{4\pi\epsilon\epsilon_0} \cdot \frac{\underline{\mu}}{|\underline{r_1} - \underline{r_2}|^2} \cdot \frac{\underline{r_1} - \underline{r_2}}{|\underline{r_1} - \underline{r_2}|} \tag{3.12}$$

Bringt man in dieses Potenzialfeld einen weiteren Dipol mit dem Dipolmoment μ_2, dann beträgt die Wechselwirkungsenergie zwischen diesen Dipolen:

$$\boxed{U = \underline{\mu_2} \cdot \underline{E_1} = \underline{\mu_2} \cdot \underline{\nabla}\phi_1(\underline{r})} \tag{3.13}$$

Dabei ist ϕ_1 das Potenzial des ersten Dipols.

Liegen die Dipole in einer Ebene (Abb. 3.2), und ist der Abstand r zwischen den Dipolen viel größer als die Länge l der Dipole, dann gilt für die Energie dieser Wechselwirkung:

$$\boxed{U(r) = -\frac{\underline{\mu_A} \cdot \underline{\mu_B}}{4\pi\epsilon\epsilon_0 r^3} \cdot (2\cos\theta_A \cos\theta_B - \sin\theta_A \sin\theta_B \cdot \cos\psi)} \tag{3.14}$$

Dabei bezeichnet ψ den Winkel, um den die beiden Dipole gegeneinander verdreht sind.

Sind die beiden Dipole im Raum frei beweglich und nicht auf die Ebene fixiert, dann kommt zusätzlich ein Faktor $1/3$ in die Rechnung. Da die Dipole zudem frei drehbar sind, werden sie aufgrund der Wärmebewegung gegeneinander rotieren.

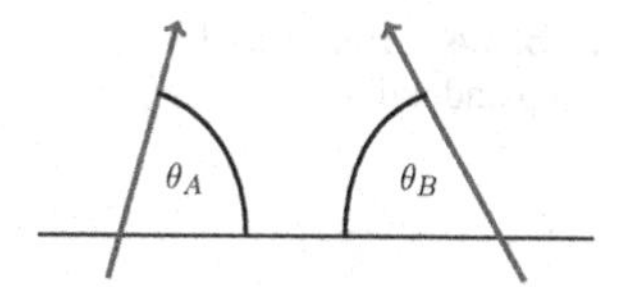

Abb. 3.2 Wechselwirkung zweier Dipole

Dabei werden diejenigen Konfigurationen überwiegen, bei denen bezüglich der gegenseitigen Orientierung der Dipole zueinander ein Energieminimum vorliegt. Für diesen Fall leitete Willem Hendrik Keesom[4] (Abb. 3.3) die folgende Beziehung ab:

$$\boxed{\overline{U(r)}_{\text{Keesom}} = -\frac{1}{3} \cdot \frac{\mu_A^2 \cdot \mu_B^2}{k_B T \cdot (4\pi\epsilon\epsilon_0)^2} \cdot \frac{1}{r^6}} \tag{3.15}$$

Besonders hervorzuheben ist die folgende Proportionalität:

$$\boxed{U(r) \propto \frac{1}{r^6}} \tag{3.16}$$

Sie gilt für alle Dipol-Dipol-Wechselwirkungen und wird später genauer am Beispiel der Wechselwirkung Dipol-induzierter Dipol hergeleitet.

Abb. 3.3 Willem Hendrik Keesom

[4] Willem Hendrik Keesom; (* 21. Juni 1876 auf Texel, Niederlande; † 24. März 1956 in Oegstgeest) war ein niederländischer Physiker, und sein Hauptarbeitsgebiet war die Tieftemperaturphysik.

Quelle: http://de.wikipedia.org/wiki/Willem_Hendrik_Keesom

Bildquelle: http://photos.aip.org/history/Thumbnails/keesom_willem_a1.jpg

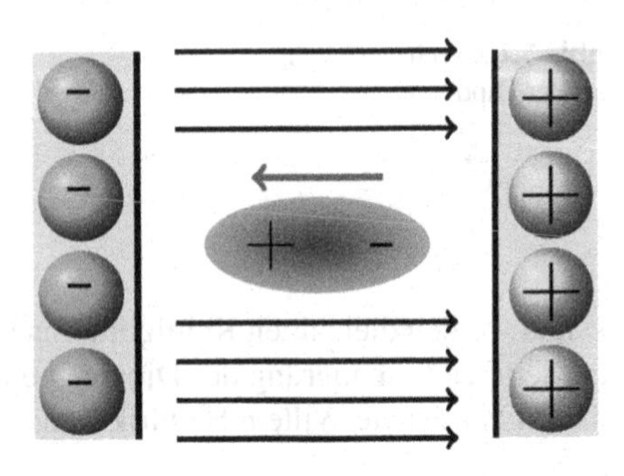

Abb. 3.4 Prinzip der Ladungsinduktion

3.2.1 Induzierte Dipole

Wir haben bereits erwähnt, dass Wechselwirkungen auch zwischen Teilchen bestehen, die weder eine Nettoladung tragen noch von vornherein Dipolcharakter besitzen. Wir wollen nun den Mechanismus untersuchen, nach dem eine solche Wechselwirkung verläuft.

Bringt man ein symmetrisches Molekül in ein elektrisches Feld E, dann werden die Ladungen auch in diesem Fall in dem Molekül so verschoben, dass die Ladungsschwerpunkte von positiver und negativer Ladung nicht mehr aufeinander fallen (Abb. 3.4). Es entsteht ein *Dipol*, und man spricht von *induzierten Dipolen*.

Das entstehende Dipolmoment μ_{ind} ist dabei dem äußeren Feld proportional:

$$\boxed{\underline{\mu_{\text{ind}}} = \alpha \cdot \underline{E}} \tag{3.17}$$

α ist die sogenannte *Polarisierbarkeit*, und diese gibt an, wie „effektiv" das Teilchen auf das äußere Feld reagiert, das heißt, wie weit positive und negative Ladungen durch das Feld gegeneinander verschoben werden. Damit ist α eine Materialkonstante und hängt ab von der Art der Atome bzw. Moleküle. Die Polarisierbarkeit gibt somit Auskunft über die Größe des elektrischen Dipolmoments, welches das Feld E induziert. Dabei tragen mehrere Effekte zur Polarisierbarkeit bei:

- Elektronischer Beitrag α_{el}: Verschiebung der Elektronenhülle eines Atoms gegenüber dem Kern (Anregung im UV-Bereich)
- Ionischer Beitrag α_{Ion}: Bei ionischen Substanzen Verschiebung der positiven und negativen Ionen aus den Gleichgewichtslagen (Anregung im Infrarotbereich)
- Dipolbeitrag α_{Dipol}: Bei permanenten Dipolen Änderung der Orientierung der Dipole im Feld (Anregung im Mikrowellenbereich).

Ein solches elektrisches Feld ist zum Beispiel durch eine elektromagnetische Welle gegeben, das heißt, auch durch elektromagnetische Strahlung werden Dipole erzeugt und in einem Wechselfeld zu Schwingungen angeregt. Sind die Frequenzen des Feldes zu hoch, kann bei zu großen Massen das System der Störung nicht mehr folgen. Je niedriger somit die Masse und je stärker die Kopplung an das Feld ist, desto höher sind die Anregungsfrequenzen, bei denen das System dem erregenden Feld gerade noch folgen kann. Auf diese Weise kann durch das Experiment zwischen den unterschiedlichen Beiträgen unterschieden werden, und die Anregungsfrequenzen sind in der obigen Aufzählung mit aufgeführt.

Die Verschiebung der Ladungsschwerpunkte in einem Ionenkristall liegt bei einem äußeren Feld von $10^6\,\mathrm{V/m}$ bei $10^{-14}\,\mathrm{m}$, also um Größenordnungen unter der Teilchenabmessung.

Wegen Beziehung (3.17) beträgt die Wechselwirkungsenergie eines induzierten Dipols in einem äußeren Feld:

$$\boxed{U = -\mu_{\mathrm{ind}} \cdot E = -\alpha \cdot E^2} \tag{3.18}$$

Man findet für

- die Wechselwirkung zwischen einem Ion und einem Molekül (induzierter Dipol):

$$\boxed{U(r) \propto -\alpha \cdot \frac{(zE)^2}{r^4}} \tag{3.19}$$

- die Wechselwirkung zwischen einem permanenten Dipol und einem Molekül (Wechselwirkung Dipol-induzierter Dipol):

$$\boxed{U(r) \propto -\alpha \cdot \frac{\mu_B^2}{r^6}} \tag{3.20}$$

- die Wechselwirkung zwischen zwei polarisierten Molekülen (Wechselwirkung induzierter Dipol-induzierter Dipol):

$$\boxed{U(r) \propto -\frac{\alpha_A \mu_A^2 + \alpha_B \mu_B^2}{r^6}} \tag{3.21}$$

Dabei sind die Wechselwirkungskräfte (Dispersionskräfte) bei zwei neutralen Molekülen auf Ladungsfluktuationen durch Elektronenbewegung zurückzuführen, die einen zeitlich veränderlichen Dipol bewirken.

Diejenigen Kräfte, die eine Proportionalität

$$\boxed{U(r) \propto -\frac{C}{r^6}} \tag{3.22}$$

zeigen, werden zusammen auch als van der Waals-Kräfte bezeichnet.

Abb. 3.5 **a** Max Born; **b** Wolfgang Pauli

3.2.2 Das Lennard-Jones-Potenzial

Es ist sofort einsichtig, dass nicht nur anziehende Kräfte zwischen den Teilchen wirken können, denn in diesem Fall würden sich die Teilchen unendlich annähern, und eine Masse hätte kein Volumen. Damit ein Gleichgewichtsabstand zwischen den Teilchen zustande kommt, müssen auch abstoßende Kräfte wirksam sein.

Für große Entfernungen zwischen zwei Teilchen überwiegen die anziehenden Kräfte, wobei es sich bei diesen wie im Vorhergehenden dargelegt vorwiegend um van der Waals-Kräfte bzw. um Dipol-Dipol-Kräfte handelt. Kommen sich die Teilchen zu nahe, dann überwiegt die Abstoßungskraft zwischen den Teilchen. Diese Abstoßungskräfte sind nach Max Born[5] (Abb. 3.5a) $\propto e^{-\frac{r}{\rho}}$. Diese repulsiven Kräfte beruhen auf der Pauli-Repulsion, auch *Austauschwechselwirkung* genannt. Hierbei handelt es sich *nicht um eine Wechselwirkung im klassischen Sinn*, die durch eine *Kraft* vermittelt wird, sondern vielmehr um einen quantenmechanischen Effekt, der auf dem *Pauli'schen Ausschließungsprinzip*, benannt nach Wolfgang Pauli[6] (Abb. 3.5b) beruht und sich klassisch lediglich wie eine Kraft bemerkbar macht.

Es zeigt sich, dass die Gesamtwellenfunktion $\Psi(\underline{r_i}, s_i)$ eines Systems aus Fermionen (Fermionen sind gerade diejenigen Teilchen, aus denen die Natur aufgebaut ist, während die Wechselwirkung zwischen diesen Fermionen durch sogenannte Bo-

[5] Max Born (* 11. Dezember 1882 in Breslau; † 5. Januar 1970 in Göttingen) war ein deutscher Mathematiker und Physiker. Für seine grundlegenden Forschungen in der Quantenmechanik wurde er 1954 mit dem Nobelpreis für Physik ausgezeichnet.

Quelle: http://de.wikipedia.org/wiki/Max_Born

[6] Wolfgang Ernst Pauli (* 25. April 1900 in Wien; † 15. Dezember 1958 in Zürich) lieferte als einer der bedeutendsten Physiker des 20. Jahrhunderts wesentliche Beiträge zur modernen Physik, speziell auf dem Gebiet der Quantenmechanik.

Quelle: http://de.wikipedia.org/wiki/Wolfgang_Pauli

Abb. 3.6 Friedrich Hund

sonen bewirkt wird) durch antisymmetrische Wellenfunktionen beschrieben wird. r_i beschreibt dabei den Ortsanteil dieser Wellenfunktion, s_i den Spinanteil. Wichtig in diesem Zusammenhang ist, dass bei paarweisem Austausch von zwei identischen Teilchen die Wellenfunktion ihr Vorzeichen wechselt:

$$\Psi(\underline{r_1}, s_1; \underline{r_2}, s_2) = -\Psi(\underline{r_2}, s_2; \underline{r_1}, s_1) \tag{3.23}$$

Physikalisch hat dies zur Folge, dass zwei Teilchen niemals den gleichen Quantenzustand besetzen können, denn aus $\Psi(\underline{r_1}, s_1; \underline{r_2}, s_2) = -\Psi(\underline{r_2}, s_2; \underline{r_1}, s_1)$ und $\underline{r_1} = \underline{r_2}$ folgt: $\Psi(\underline{r_1}, s_1; \underline{r_2}, s_2) = \Psi(\underline{r_2}, s_2; \underline{r_1}, s_1) = 0$.

Man kann zeigen, dass der durchschnittliche Abstand der beiden Teilchen bei einer antisymmetrischen Ortswellenfunktion größer ist als bei einer symmetrischen. Bei gleichsinnig geladenen Teilchen ist daher eine antisymmetrische Ortswellenfunktion günstiger. Zudem zeigt sich, dass wegen des Pauli-Prinzips eine symmetrische Spinwellenfunktion und damit eine parallele Anordnung der Spins energetisch günstiger ist. Hieraus wiederum folgt unmittelbar die Hund'sche Regel, benannt nach Friedrich Hund[7] (Abb. 3.6).

Bei geringen Atomabständen ist es somit energetisch günstiger, wenn sich die Elektronen mit hoher Wahrscheinlichkeit zwischen den Atomrümpfen aufhalten. Durch die negative Ladung wird so die Abstoßung zwischen den positiven Kernen verringert. Gemäß des Pauli-Prinzips haben eng benachbarte Elektronen entgegengesetzte Spins.

Bei großen Atomabständen ist diese abschirmende Wirkung der Elektronen vernachlässigbar. Dafür stoßen sich dann aber die Elektronen gegenseitig ab, und bei

[7] Friedrich Hund (* 4. Februar 1896 in Karlsruhe; † 31. März 1997 in Göttingen) war ein deutscher Physiker. Auf Basis der Quantenmechanik trug er zur Theorie der Molekülspektren und der Aufklärung des Zusammenhangs von Termstruktur und Symmetrie quantenmechanischer Systeme bei.

Quelle: http://de.wikipedia.org/wiki/Friedrich_Hund

Abb. 3.7 Sir John Edward Lennard-Jones

ausreichend großem Abstand weisen die Spins aufgrund der dann energetisch günstigeren Konfiguration in die gleiche Richtung.

Die repulsiven Kräfte zwischen den Teilchen kommen gerade durch Pauli-Repulsion zustande, sind also dadurch bedingt, dass sich Elektronen mit gleichem Spin abstoßen (falls alle anderen Quantenzahlen gleich sind), wenn die Orbitale bei größerer Annäherung übereinandergeschoben werden.

Wie in (3.22) gezeigt, ist der anziehende Anteil nach London $U(r) \propto -\frac{C}{r^6}$, wobei die Konstante C ein relativ komplizierter Term ist, der stoffspezifische Konstanten wie die Ionisierungsenergie für die beiden wechselwirkenden Teilchen enthält. Die Gleichung ist jedoch nur eine Näherung.

Der repulsive Anteil wird durch eine ähnliche Gleichung beschrieben:

$$\boxed{U(r) \propto \frac{C_n}{r^n}} \tag{3.24}$$

Dabei ist $9 \leq n \leq 12$ eine hohe Potenz.

Für n wird aus praktischen Gründen oft 12 ausgewählt, weil dann bei der Berechnung der Wert $1/r^6$ nur quadriert werden muss. Man erhält das Lennard-Jones-(12,6)-Potenzial, benannt nach Edward Lennard-Jones[8] (Abb. 3.7), das typischerweise in einer der beiden folgenden Schreibweisen notiert wird:

$$\boxed{U(r) = 4\epsilon \cdot \left[\left(\frac{\sigma}{r}\right)^{12} - \left(\frac{\sigma}{r}\right)^{6}\right] = \epsilon \cdot \left[\left(\frac{r_m}{r}\right)^{12} - 2 \cdot \left(\frac{r_m}{r}\right)^{6}\right]} \tag{3.25}$$

ϵ beschreibt die „Tiefe" der Potenzialmulde, die bei der Überlagerung von anziehendem und abstoßendem Term entsteht (Abb. 3.8). σ ist der Abstand, an dem

[8] Sir John Edward Lennard-Jones (* 27. Oktober 1894 in Leigh, Lancashire; † 1. November 1954 in Stoke-on-Trent) war ein britischer Mathematiker und theoretischer Physiker.
Quelle: http://de.wikipedia.org/wiki/John_Lennard-Jones

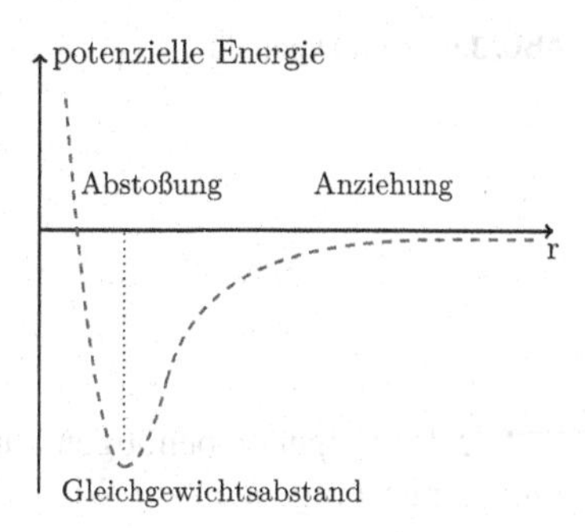

Abb. 3.8 Lennard-Jones-Potenzial

das Lennard-Jones-Potenzial eine Nullstelle besitzt, bei dem somit $U = 0$ ist. Der Abstand $r_m = 2^{1/6}\sigma$ ist der Abstand des Energieminimums vom Ursprung. Für große Abstände ($r \to \infty$) nähert sich das Potenzial von unten der Nulllinie an, das heißt, in diesem Fall „wissen" die Teilchen nichts voneinander, und das Potenzial ist hier zu Null *normiert* [Prak13] [Iwam98] [Kudr09] [Papa09].

Das Lennard-Jones-(12,6)-Potenzial ist ungenauer als der Ansatz von Born, bei welchem der abstoßende Term exponentiell angesetzt ist:

$$\boxed{U(r) = \gamma \cdot \left[e^{-\frac{r}{r_0}} - \left(\frac{r_0}{r}\right)^6 \right]} \tag{3.26}$$

Aufgrund der Bedeutung der Dipol-Dipol-Wechselwirkungen für die Kolloidchemie soll im folgenden die $1/r^6$-Abhängigkeit der London-Kräfte an einem Beispiel noch einmal im Detail abgeleitet werden. Damit werden wir uns im folgenden Abschnitt beschäftigen.

3.2.3 $1/r^6$-Abhängigkeit bei Dipol-Dipol-Wechselwirkungen

Wir fragen nach der Stärke der Wechselwirkung zwischen zwei Dipolen. Die Antwort auf diese Frage finden wir in zwei Schritten, und wir gehen wie folgt vor:

- Wir fragen zunächst danach, wie stark das Feld ist, welches ein Dipol an einem Ort x im Abstand R von dem Dipol erzeugt.
- Anschließend fragen wir danach, welche Wirkung das Feld des ersten Dipols auf den zweiten Dipol besitzt, das heißt welches Feld in dem zweiten (induzierten) Dipol erzeugt wird, wie groß somit das induzierte Dipolmoment ist.

1. Schritt: Die Stärke des durch einen Dipol erzeugten Feldes im Abstand R von diesem Dipol

Wir betrachten einen Dipol mit einem Abstand d der beiden Ladungsschwerpunkte und fragen nach dem Potenzialfeld ϕ_{Dipol} in einem (im Vergleich zu d großen) Abstand R (Abb. 3.9). Für das Dipolmoment gilt $\mu = q \cdot d$.

Abb. 3.9 Zum Dipolfeld

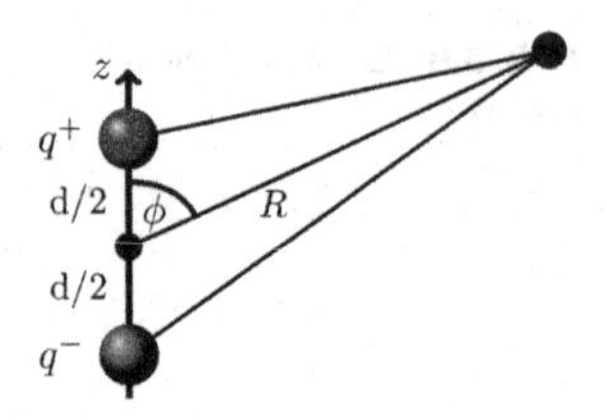

Für das Folgende benötigen wir einige Grundgleichungen aus der Elektrodynamik, die im Folgenden zur Wiederholung zusammengestellt sind:

$$\begin{array}{ll}
\text{Coulomb-Kraft:} & \underline{F} = \frac{1}{4\pi\epsilon\epsilon_0} \cdot \frac{q_1 q_2}{r^2} \cdot \frac{\underline{r}}{r} \\
\text{Arbeit im E-Feld:} & W_{\text{el.}} = \int \underline{F}\, \mathrm{d}\underline{s} \\
\text{Potenzielle Energie:} & U_{\text{pot.}} = -\int \underline{F}\, \mathrm{d}\underline{s} = \frac{1}{4\pi\epsilon\epsilon_0} \cdot \frac{q_1 q_2}{r} \\
\text{Elektrische Feldstärke:} & \underline{E} = \frac{\underline{F}}{q} (= \text{Kraft pro Einheitsladung}) \\
\text{Elektrostatisches Potenzial:} & \phi(r_0) = -\int_{\infty}^{r_0} \underline{E}(\underline{r}) \cdot \mathrm{d}\underline{r} = \frac{1}{4\pi\epsilon\epsilon_0} \cdot \frac{q_1}{r_{01}} \\
\text{Spannung:} & U = \phi(r_1) - \phi(r_0)
\end{array} \tag{3.27}$$

Dabei ist beim elektrostatischen Potenzial r_{01} der Abstand der Ladung q_1 von der Quelle des Feldes.

Für das Dipolfeld im Abstand R gilt damit:

$$\boxed{\phi_{\text{Dipol}} = \frac{1}{4\pi\epsilon\epsilon_0} \cdot d \cdot \left(\frac{1}{\left|\underline{R} - \frac{d}{2}\right|} - \frac{1}{\left|\underline{R} + \frac{d}{2}\right|} \right)} \tag{3.28}$$

Weiter lässt sich schreiben:

$$\begin{aligned}
\frac{1}{\left|\underline{R} \pm \frac{d}{2}\right|} &= \frac{1}{\sqrt{R^2 \pm \underline{Rd} + \frac{d^2}{4}}} \\
&= \frac{1}{R} \cdot \frac{1}{\sqrt{1 \pm \frac{\underline{Rd}}{R^2} + \frac{d^2}{4R^2}}} \approx \frac{1}{R} \cdot \frac{1}{\sqrt{1 \pm \frac{\underline{Rd}}{R^2}}} (\text{für } R \gg d)
\end{aligned} \tag{3.29}$$

Mit der Taylor-Formel ist:

$$\begin{aligned} f(x) &= \sum_{n=0}^{\infty} \frac{x^n}{n!} f^{(n)}(x = x_0) \\ \rightarrow (1+x)^a &= 1 + \frac{1}{1!}x + \frac{a(a-1)}{2!}x^2 + \frac{a(a-1)(a-2)}{3!}x^3 + \dots \end{aligned} \tag{3.30}$$

Und damit:

$$\frac{1}{\sqrt{1 \pm \frac{Rd}{R^2}}} = 1 \mp \frac{1}{2} \cdot \frac{\underline{R} \cdot \underline{d}}{R^2} \pm O\left(\frac{\underline{R} \cdot \underline{d}}{R^2}\right)^2 \tag{3.31}$$

Damit ist:

$$\phi_{\text{Dipol}} = \frac{1}{4\pi\epsilon\epsilon_0} \cdot q \cdot \frac{1}{R} \cdot \frac{\underline{R} \cdot \underline{d}}{R^2} = \frac{1}{4\pi\epsilon\epsilon_0} \cdot \frac{\underline{R} \cdot \underline{\mu}}{R^3} = \frac{1}{4\pi\epsilon\epsilon_0} \cdot \frac{\underline{\mu} \cdot \cos\theta}{R^2} \tag{3.32}$$

Damit ergibt sich für das Potenzial eines Dipols (bei großen Abständen):

$$\boxed{\phi_{\text{Dipol}} = \frac{1}{4\pi\epsilon\epsilon_0} \cdot \frac{\underline{\mu} \cdot \cos\theta}{R^2} \Rightarrow \phi_{\text{Dipol}} = \frac{1}{4\pi\epsilon\epsilon_0} \cdot \frac{\underline{R} \cdot \underline{\mu}}{R^3}} \tag{3.33}$$

Das elektrische Feld E erhält man aus dem Potenzial durch Gradientenbildung. Wir gehen nach wie vor davon aus, dass der Dipol in z-Richtung ausgerichtet ist (Abb. 3.10). Damit ergibt sich für die Feldkomponenten:

$$\begin{aligned} E_x &= -\frac{\partial \phi}{\partial x} = -\frac{\mu}{4\pi\epsilon\epsilon_0} \cdot \frac{\partial}{\partial x}\left(\frac{z}{(x^2+y^2+z^2)^{\frac{3}{2}}}\right) = \frac{\mu}{4\pi\epsilon\epsilon_0} \cdot \frac{3zx}{R^5} \\ E_y &= -\frac{\partial \phi}{\partial y} = -\frac{\mu}{4\pi\epsilon\epsilon_0} \cdot \frac{\partial}{\partial y}\left(\frac{z}{(x^2+y^2+z^2)^{\frac{3}{2}}}\right) = \frac{\mu}{4\pi\epsilon\epsilon_0} \cdot \frac{3zy}{R^5} \\ E_z &= -\frac{\partial \phi}{\partial z} = -\frac{\mu}{4\pi\epsilon\epsilon_0} \cdot \frac{\partial}{\partial z}\left(\frac{z}{(x^2+y^2+z^2)^{\frac{3}{2}}}\right) = \frac{\mu}{4\pi\epsilon\epsilon_0} \cdot \left(\frac{1}{R^3} - \frac{3z^2}{R^5}\right) \\ E_z &= \qquad = \frac{\mu}{4\pi\epsilon\epsilon_0} \cdot \frac{3\cos^2\theta - 1}{R^3} \end{aligned} \tag{3.34}$$

Zerlegt man das Feld in seine Anteile parallel und senkrecht zum Dipol (Abb. 3.10), dann ist:

$$\begin{aligned} E_{\perp} = \sqrt{E_x^2 + E_y^2} &= \frac{\mu}{4\pi\epsilon\epsilon_0} \cdot \frac{3z}{R^5} \cdot \sqrt{x^2+y^2} = \frac{\mu}{4\pi\epsilon\epsilon_0} \cdot \frac{3\cos\theta \cdot \sin\theta}{R^3} \\ E_{\parallel} = E_z &= \frac{\mu}{4\pi\epsilon\epsilon_0} \cdot \frac{3\cos\theta - 1}{R^3} \end{aligned} \tag{3.35}$$

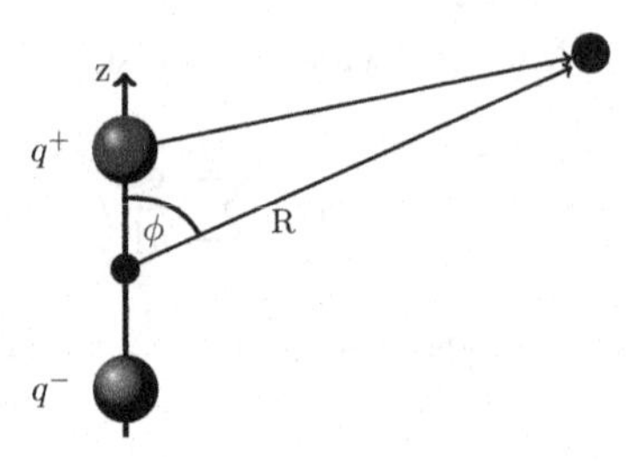

Abb. 3.10 Erläuterung zur Herleitung der Gleichungen

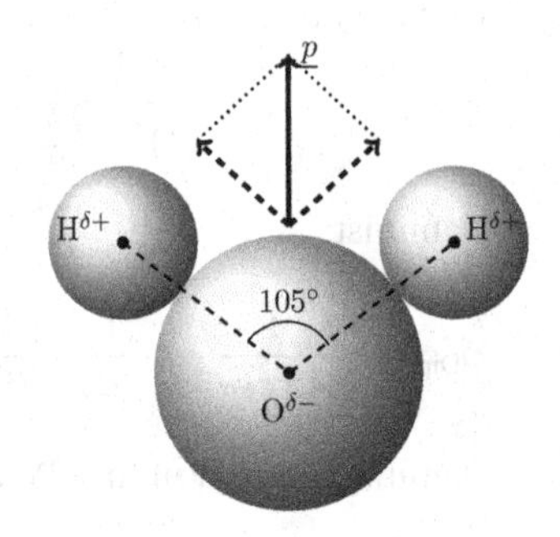

Abb. 3.11 Dipole gewinkelter Moleküle

Als wichtiges Ergebnis halten wir fest:

$$\boxed{E \propto \frac{1}{R^3}} \tag{3.36}$$

Anmerkung: Generell geht man in den Naturwissenschaften wann immer möglich von einer Linearität der die Natur beschreibenden Gleichungen aus, und dies ist auch in der Elektrodynamik der Fall. Die Linearität der elektromagnetischen Feldgleichungen bringt zum Ausdruck, dass die elektromagnetischen Felder ebenfalls additiv sind. Auch gewinkelte, ansonsten aber symmetrische Moleküle besitzen daher ein Dipolmoment, zum Beispiel das H_2O-Molekül, und die Dipolmomente lassen sich vektoriell addieren (Abb. 3.11):

$$\begin{aligned} \phi &= \phi_1 + \phi_2 = \frac{1}{4\pi\epsilon\epsilon_0} \cdot \left(\frac{\underline{P_1} \cdot \underline{r}}{r^3} + \frac{\underline{P_2} \cdot \underline{r}}{r^3} \right) \\ \phi &= \frac{1}{4\pi\epsilon\epsilon_0} \cdot \left(\underline{P_1} + \underline{P_2} \right) = \frac{1}{4\pi\epsilon\epsilon_0} \cdot \frac{1}{r^3} \cdot \underline{P} \cdot \underline{r} \end{aligned} \tag{3.37}$$

Bei CO_2 beispielsweise handelt es sich um ein lineares symmetrisches Molekül. Addiert man die intramolekularen Dipolmomente, dann addieren sich diese zu Null. Damit folgt:

► Symmetrisch aufgebaute lineare Moleküle besitzen kein Dipolmoment!

Lineare Moleküle besitzen aber sehr wohl ein *Quadrupolmoment*! Das Quadrupolmoment erhält man aus der Taylor-Entwicklung, indem man die Reihe bis zum

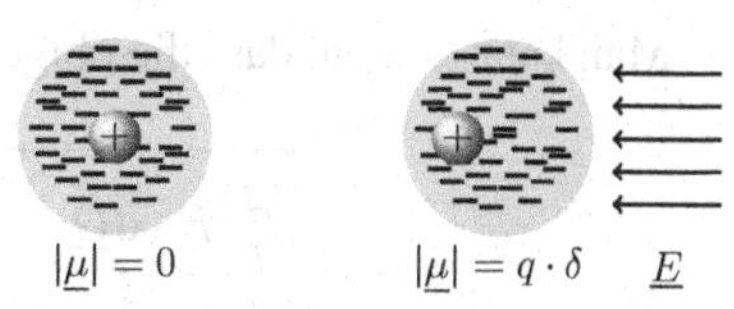

Abb. 3.12 Zur Ladungsinduktion

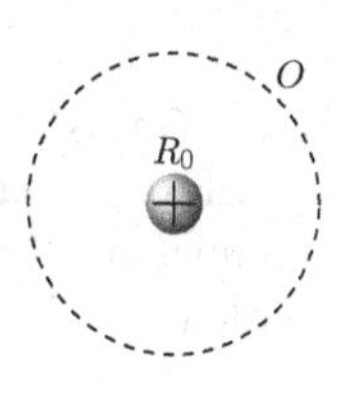

Abb. 3.13 Symmetrische Ladungsverteilung

quadratischen Glied weiterführt. Analog erhält man die höheren Entwicklungsterme. Eine solche Reihenentwicklung bezeichnet man auch als *Multipolentwicklung*!

Für das Quadrupolmoment eines linearen Moleküls erhält man beispielsweise:

$$\boxed{\phi_{\text{Quadrupol}} = \frac{1}{4\pi\epsilon\epsilon_0} \cdot \frac{1}{r^3} \cdot qd^2 \cdot \left(3\cos^2\theta - 1\right)} \tag{3.38}$$

2. Schritt: Die Wirkung des Feldes auf ein weiteres Teilchen

Wir betrachten nun ein Atom oder ein (kugelsymmetrisches) nichtpolares Molekül. In einem elektrischen Feld werden sich die Ladungsschwerpunkte von positiver und negativer Ladung gegeneinander verschieben, sodass ein Dipolmoment induziert wird (Abb. 3.12). Dabei werden die Ladungsschwerpunkte so weit gegeneinander verschoben, bis bei einem Abstand δ das äußere Feld gerade durch das durch die Ladungsverschiebung im Inneren des Teilchens entstehende Feld kompensiert wird.

Wie groß ist das Feld im Inneren einer homogenen Kugel? Ein solches Feld entsteht durch den Einfluss eines äußeren Feldes in einem Molekül bedingt durch die Verschiebung der Ladungen, und es resultiert ein Dipolmoment μ.

Um diese Frage zu beantworten, betrachten wir eine Kugelfläche O, welche eine in ihrem Inneren befindliche Ladung umschließt (Abb. 3.13). Wir betrachten den Fluss des elektrischen Feldes $\underline{E}$ durch die Fläche O. Aus Symmetriegründen kann der Fluss nur radialsymmetrisch sein, und damit steht er senkrecht auf der Kugelfläche. Für den Fluss gilt damit:

$$\oint_O \underline{E} \cdot \mathrm{d}\underline{O} = E \cdot 4\pi R^2 \tag{3.39}$$

Betrachten wir eine Punktladung q, dann kennen wir die Gleichung, welche die elektrische Feldstärke $\underline{E}$ in diesem Fall beschreibt, und es ist:

$$\oint_O \underline{E} \cdot \mathrm{d}\underline{O} = E \cdot 4\pi R^2 = \frac{1}{4\pi\epsilon\epsilon_0} \cdot \frac{q \cdot \epsilon}{R^2} \cdot 4\pi R^2 = \frac{q}{\epsilon_0} \tag{3.40}$$

Man kann zeigen, dass die obige Beziehung ganz allgemein gilt. Die Beziehung

$$\boxed{\oint_O \underline{E} \cdot \mathrm{d}\underline{O} = \frac{1}{\epsilon_0} \sum q_i = \frac{1}{\epsilon_0} \int_V \rho \cdot \mathrm{d}V} \tag{3.41}$$

ist das *Gauss'sche Gesetz der Elektrostatik* und eine der vier Maxwell-Gleichungen der Elektrodynamik, wobei im diskreten Fall über die einzelnen Ladungen q_i zu summieren ist; im kontinuierlichen Fall muss über die Ladungsdichte ρ integriert werden.

Mithilfe des Gauss'schen Gesetzes lässt sich nun unsere ursprüngliche Frage beantworten und das Feld im Inneren einer homogenen Kugel berechnen. Nach dem Gauss'schen Gesetz gilt für einen Punkt R innerhalb der homogenen Ladungsverteilung:

$$E \cdot 4\pi R^2 = \frac{q}{\epsilon_0} \cdot \frac{\frac{4\pi}{3} R^3}{\frac{4\pi}{3} R_0^3} \quad \text{mit } R < R_0 \tag{3.42}$$

Damit folgt

$$E = \frac{1}{4\pi\epsilon_0} \cdot \frac{q \cdot R}{R_0^3} \equiv \frac{1}{4\pi\epsilon_0} \cdot \frac{q \cdot \delta}{R_0^3} = \frac{1}{4\pi\epsilon_0} \cdot \frac{\mu}{R_0^3} \tag{3.43}$$

Umordnen der Gleichung liefert das induzierte Dipolmoment, welches damit proportional zum äußeren Feld ist und folgenden Wert hat:

$$\boxed{\underline{\mu} = \epsilon_0 \cdot 4\pi R_0^3 \cdot \underline{E} = \epsilon_0 \cdot \alpha \cdot \underline{E}} \tag{3.44}$$

α ist die (atomare) Polarisierbarkeit. Gleichung (3.44) liefert das Ergebnis, dass die Polarisierbarkeit proportional zu R^3 und damit proportional zum Volumen V ist, das heißt, je größer das Teilchen ist, desto leichter ist es polarisierbar! Dies ist eine aus der Chemie bekannte Tatsache: Große Atome mit voluminösen Elektronenhüllen neigen leichter zur Bildung von Komplexverbindungen als kleine Atome!

In den beiden Schritten haben wir bisher Folgendes hergeleitet:

- Ein Dipol erzeugt im Fernfeld ein elektrisches Feld $\propto \frac{1}{R^3}$.
- Ein solches Feld erzeugt in einem anderen Molekül ein induziertes Dipolmoment μ_{ind}, welches proportional zum erzeugenden Feld $\underline{E}$ ist.

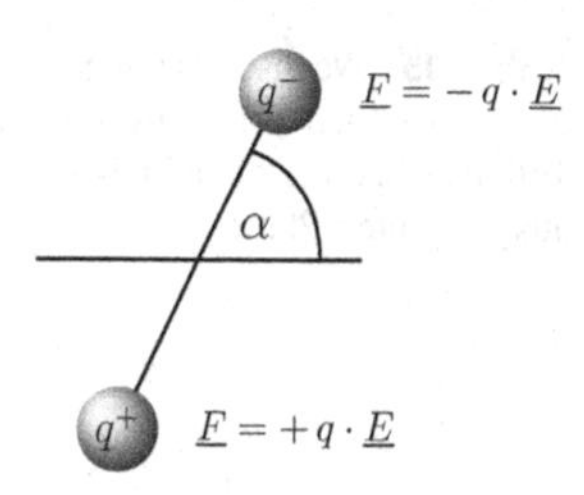

Abb. 3.14 Zum Drehmoment eines Dipols im elektrischen Feld

Wir gehen davon aus, dass die beiden betrachteten Teilchen an ihrem Ort bleiben, das heißt, diesen nicht verlassen. Dies ist vernünftig, da sich ansonsten Material an einer Stelle im Volumen anhäufen müsste! Auf beide Teilchen wirkt dann nur ein Drehmoment aufgrund des Dipolcharakters (Abb. 3.14). Für das Drehmoment $\underline{M}$ unter der Wirkung einer Kraft $\underline{F}$ gilt

$$\underline{M} = \underline{d} \times \underline{F} = q \cdot \underline{d} \times \underline{E} = \underline{\mu} \times \underline{E} \tag{3.45}$$

mit dem Betrag

$$|\underline{M}| = \mu \cdot E \cdot \sin\alpha \tag{3.46}$$

Für die potenzielle Energie des Dipols gilt:

$$U_{\text{pot}}(\alpha) = \int M \, \mathrm{d}\alpha = -\mu \cdot E \cdot \cos\alpha + \text{const}\,. \tag{3.47}$$

Mit der Normierung $U_{\text{pot}}(\alpha = \frac{\pi}{2}) \equiv 0$ folgt damit:

$$\boxed{U_{\text{pot}} = -\underline{\mu} \cdot \underline{E}} \tag{3.48}$$

Damit ist aber:

$$\boxed{E \propto \frac{1}{r^3}\mu \propto E \propto \frac{1}{r^3}U_{\text{pot}} = -\underline{\mu} \cdot \underline{E} \propto \frac{1}{r^3} \cdot \frac{1}{r^3} = \frac{1}{r^6}} \tag{3.49}$$

Also folgt der Ansatz von London für die Wechselwirkung zwischen Dipolen:

$$\boxed{U = -\frac{C}{r^6}} \tag{3.50}$$

3.3 Wechselwirkung vieler Teilchen

3.3.1 Die Hamaker-Theorie

Bisher haben wir Kräfte nur zwischen einzelnen Molekülen betrachtet. Wir fragen nun danach, wie sich diese Kräfte in einem größeren Ensemble von Molekülen wie im Fall kolloider Teilchen aufaddieren.

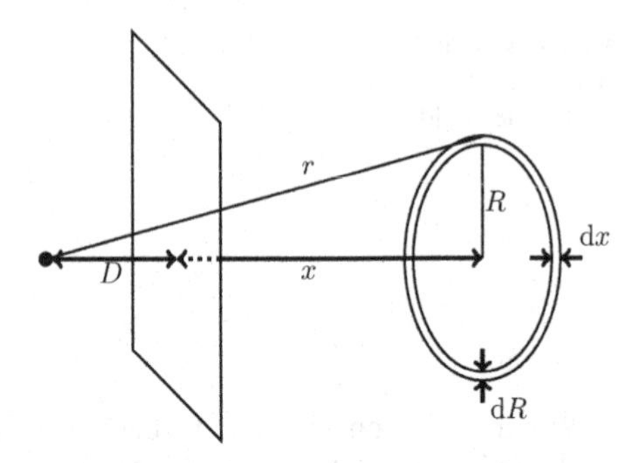

Abb. 3.15 Wechselwirkung eines einzelnen Teilchens mit Teilchen in einer unendlich ausgedehnten Platte

Wesentliches Ergebnis des vorhergehenden Abschnitts war die Gleichung (3.50), nach der $U = \frac{C}{r^6}$ gilt. Danach fällt die Wechselwirkungsenergie und damit auch die Kraft sehr schnell mit dem Abstand ab. Wechselwirkungen aufgrund der Dipol-Dipol-Wechselwirkung müssen danach nur im Fall unmittelbar benachbarter Teilchen berücksichtigt werden, die Wechselwirkung mit übernächsten Nachbarn kann in der Regel bereits vernachlässigt werden!

Wir betrachten zunächst die Wechselwirkung eines einzelnen Teilchens (Moleküls) mit einer (planaren) Wand, die sich im Abstand r von diesem Teilchen befindet. D sei der Abstand des Teilchens bis zur Wand (Abb. 3.15).

Wir betrachten die Wechselwirkung des Teilchens mit einem Ringsegment, welches sich im Abstand x hinter der vorderen Wandfläche *in* der Wand befindet. Der betrachtete Ring hat den Radius R und die Dicke $\mathrm{d}R$ bzw. $\mathrm{d}x$.

Die Anzahl an Teilchen in dem Ringsegment beträgt:

$$n = \rho \cdot 2\pi R \cdot \mathrm{d}R\,\mathrm{d}x \tag{3.51}$$

Dabei bedeutet ρ die Teilchendichte. Unter dieser Annahme ist die Dissipationsenergie $V(D)$ der Wechselwirkung eines einzelnen Moleküls mit der Wand:

$$V(D) = \iint \underbrace{U(R)}_{\text{London-Potenzial}} \cdot \rho \cdot \underbrace{2\pi R \cdot \mathrm{d}R\,\mathrm{d}x}_{\text{Ringvolumen}} \tag{3.52}$$

Mit dem London-Ansatz folgt daraus:

$$U(r) = -\frac{C}{r^6} \quad \rightarrow \quad V(D) = -C\pi\rho \cdot \int\limits_{x=D}^{\infty} \int\limits_{R=0}^{\infty} \frac{2R\,\mathrm{d}R}{r^6}\,\mathrm{d}x \tag{3.53}$$

Aus Abb. 3.15 folgt $r^2 = (D + x)^2 + R^2$ und damit:

$$V(D) = -C\pi\rho \cdot \int\limits_{x=D}^{\infty} \int\limits_{R=0}^{\infty} \frac{2R\,\mathrm{d}R}{\left[(D + x)^2 + R^2\right]^3}\,\mathrm{d}x \tag{3.54}$$

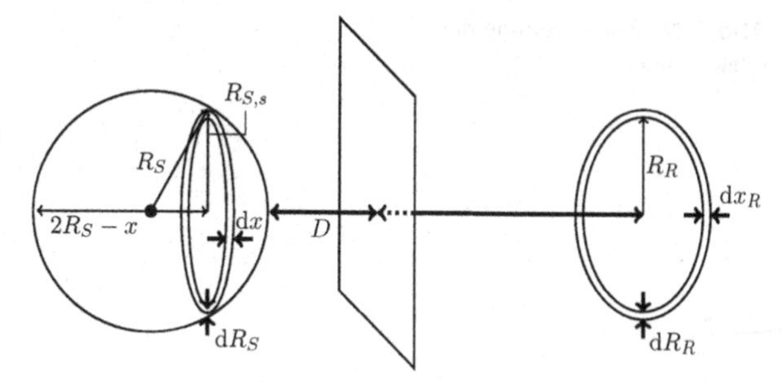

Abb. 3.16 Wechselwirkung eines kolloiden Teilchens mit Teilchen in einer unendlich ausgedehnten Platte. Die Vorderseite bzw. die Grenzfläche der Platte ist durch das eingezeichnete Rechteck beschrieben

Weiter ist $2R \cdot \mathrm{d}R = \mathrm{d}R^2$ und damit:

$$\begin{aligned} V(D) &= -C\pi\rho \cdot \int\limits_{x=D}^{\infty} \int\limits_{R=0}^{\infty} \frac{\mathrm{d}R^2}{[(D+x)^2 + R^2]^3} \,\mathrm{d}x \\ &= -C\pi\rho \cdot \int\limits_{x=D}^{\infty} \left[-\frac{1}{2 \cdot [(D+x)^2 + R^2]^2} \right]_{R=0}^{R=\infty} \mathrm{d}x \\ &= -\frac{C\pi\rho}{2} \cdot \int\limits_{x=D}^{\infty} \frac{\mathrm{d}x}{(D+x)^4} = -\frac{C\pi\rho}{2} \cdot \left[-\frac{1}{3 \cdot (D+x)^3} \right]_{x=0}^{x=\infty} \end{aligned} \tag{3.55}$$

Damit ist endgültig:

$$\boxed{V(D) = -\frac{C\pi\rho}{6D^3}} \tag{3.56}$$

Wir erhalten somit das interessante Ergebnis, dass die Wechselwirkung eines einzelnen Moleküls mit einem anderen proportional zu $1/r^6$ und die London-Wechselwirkungsenergie eines einzelnen Teilchens mit einer Wand proportional $1/D^3$ ist!

Aus dem Potenzial lässt sich sofort die Kraft zwischen dem Teilchen und der Wand berechnen:

$$\mathrm{d}V(\underline{r}) = -F(\underline{r})\,\mathrm{d}\underline{r} \quad \Rightarrow \quad F = -\frac{C\pi\rho}{2D^4} \tag{3.57}$$

$V(D)$ ist die Energie, die frei wird, wenn man das einzelne Teilchen aus dem Unendlichen bis zum Abstand D an die Wand bringt. Im Fall eines Kolloids haben wir es nicht mit einem einzelnen (punktförmigen) Teilchen zu tun, sondern mit „größeren" Teilchen. Die gleiche Rechnung wie oben wiederholen wir nun noch einmal für ausgedehnte Partikel und gehen dabei wieder von einem (großen) kugelförmigen Teilchen aus. Wir orientieren uns dabei an Abb. 3.16.

Betrachten wir zunächst die gezeichnete Kreisscheibe in der Kugel. Die Fläche dieser Kreisscheibe beträgt:

$$O_{S,s} = R_{S,s}^2 \cdot \pi \tag{3.58}$$

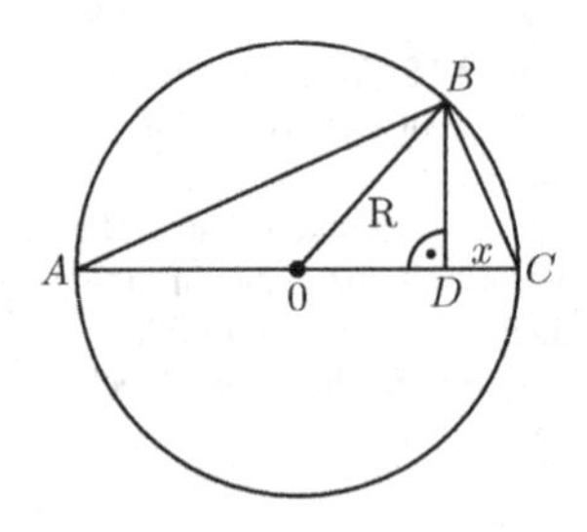

Abb. 3.17 Zur Ableitung der Gleichungen

Daraus ergibt sich ein infinitesimales Volumen dieser Kreisscheibe von:

$$\mathrm{d}V = O_{S,s}\,\mathrm{d}x = R_{S,s}^2\pi \cdot \mathrm{d}x \tag{3.59}$$

Im nächsten Schritt drücken wir den Radius der Kreisscheibe $R_{S,s}$ aus durch den Radius der Kugel R_S. Betrachten wir dazu Abb. 3.17. Danach gilt:

$$\begin{aligned} (\overline{AC})^2 &= (\overline{AB})^2 + (\overline{BC})^2 \\ &= (\overline{AD})^2 + (\overline{BD})^2 + (\overline{BD})^2 + (\overline{CD})^2 \end{aligned} \tag{3.60}$$

Damit ist:

$$\underbrace{(2R)^2}_{\overline{AC}} = \underbrace{(2R-x)^2}_{\overline{AD}} + \underbrace{2h^2}_{\overline{BD}} + \underbrace{x^2}_{\overline{CD}} \tag{3.61}$$

Und damit:

$$h^2 = x \cdot (2R - x) \rightarrow R_{S,s^2} = x \cdot (2R - x) \tag{3.62}$$

Damit ergibt sich das Volumen der Kreisscheibe zu:

$$\mathrm{d}V_{S,s} = R_{S,s}^2\pi \cdot \mathrm{d}x = \pi \cdot (2R_S - x) \cdot x\,\mathrm{d}x \tag{3.63}$$

Die Gesamtzahl der Teilchen in der Kreisscheibe beträgt:

$$\boxed{\mathrm{d}n_{S,s} = \rho \cdot \pi \cdot (2R_S - x) \cdot x\,\mathrm{d}x} \tag{3.64}$$

Alle Moleküle in der Kreisscheibe haben einen Abstand $(D + x)$ von der planen Oberfläche. Wir nehmen wieder an, dass die Wechselwirkung der Teilchen additiv ist. Die Wechselwirkung eines einzelnen Teilchens mit der Wand haben wir aber bereits berechnet! Das Ergebnis war nach (3.56) $V(D) = -\frac{C\pi\rho}{6D^3}$. Die Wechselwirkung des Kolloids ergibt sich damit durch Multiplikation von $V(D)$ mit der Teilchenzahl $\mathrm{d}n_{S,s}$ in der Kreisscheibe und Integration über alle Kreisscheiben:

$$V(D) = \int -\frac{C\pi\rho}{6(D+x)^3} \cdot \pi\rho \cdot (2R_S - x) \cdot x\,\mathrm{d}x = -\frac{C\pi^2\rho^2}{6} \cdot \int\limits_{x=0}^{2R_S} \frac{(2R_S - x) \cdot x}{(D+x)^3}\,\mathrm{d}x \tag{3.65}$$

Betrachten wir den Fall $R_S \gg D$ (das Teilchen ist sehr nahe an der Wand). Dann kann der kleine Term mit x^2 im Zähler des Integranden vernachlässigt werden, und wir erhalten:

$$V(D) = -\frac{C\pi^2\rho^2}{6} \cdot \int_{x=0}^{\infty} \frac{2R_S \cdot x}{(D+x)^3}\,\mathrm{d}x = -\frac{C\pi^2\rho^2 R_S}{6} \cdot 2 \cdot \int_{x=0}^{\infty} \frac{x\,\mathrm{d}x}{(D+x)^3} \tag{3.66}$$

Betrachten wir das folgende Integral:

$$\int_{x=0}^{\infty} \frac{x\,\mathrm{d}x}{(D+x)^3} \tag{3.67}$$

Partielle Integration liefert:

$$\begin{aligned} &\int uv' = uv - \int u'v \\ &\qquad u = x \qquad\qquad\qquad \Rightarrow \quad u' = 1 \\ &\qquad v = -\frac{1}{2\cdot(D+2)^2} \quad \Leftarrow \quad v' = \frac{1}{(D+x)^3} \end{aligned} \tag{3.68}$$

$$\begin{aligned} \int_{x=0}^{\infty} \frac{x\,\mathrm{d}x}{(D+x)^3} &= \left[-\frac{x}{2(D+x)^2}\right]_{x=0}^{x=\infty} + \frac{1}{2}\int_{x=0}^{\infty} \frac{\mathrm{d}x}{(D+x)^2} \\ &= \left[\frac{-1}{2(D+x)}\right]_{x=0}^{x=\infty} = \frac{1}{2D} \end{aligned} \tag{3.69}$$

Damit hat man als endgültiges Ergebnis für die Wechselwirkung des ausgedehnten Teilchens mit der Wand:

$$\boxed{V(D) = -\frac{C\pi^2\rho^2 R_S}{6D}} \tag{3.70}$$

Durch die Summation der Kräfte ist die Wechselwirkung somit proportional zu $1/D$ (anstelle proportional zu $1/r^6$ im Fall der einzelnen Moleküle!).

Ist umgekehrt das Teilchen weit von der Wand entfernt, das heißt, ist $D \gg R_S$, dann ist $(x + D) \approx D$, und wir erhalten:

$$V(D) = -\frac{C\pi^2\rho^2}{6} \int_{x=0}^{2R_S} \frac{(2R_S - x)\cdot x}{D^3}\,\mathrm{d}x \tag{3.71}$$

Zu berechnen bleibt somit das folgende Integral:

$$\int_{x=0}^{2R_S} (2R_S x - x^2)\,\mathrm{d}x = \left[R_S x^2 - \frac{1}{3}x^3 \right]_{x=0}^{x=2R_S} = 4R_S^3 - \frac{8}{3}R_S^3 = \frac{4}{3}R_S^3 \quad (3.72)$$

Damit ist:

$$V(D) = -\frac{2C\pi^2\rho^2 R_S^3}{9D^3} \quad (3.73)$$

Das gleiche Ergebnis erhält man, wenn man das Kolloid als Punktteilchen betrachtet und das Kolloidvolumen mit der Wechselwirkungsenergie $V(D)$ eines einzelnen Teilchens sowie mit der Teilchendichte ρ multipliziert:

$$V(D) = \underbrace{-\frac{C\pi\rho}{6D^3}}_{V(D)} \cdot \underbrace{\rho}_{\text{Teilchendichte}} \cdot \underbrace{\frac{4\pi}{3}R_S^3}_{\text{Kolloidvolumen}} \quad (3.74)$$

Die Rechenergebnisse sind somit konsistent.

In der Gleichung für $V(D)$ sind die Konstanten C und ρ materialbezogene Größen, wobei die London-Konstante C die Wechselwirkung zwischen den Teilchen beschreibt. Fasst man diese Materialgrößen zu einer Konstanten zusammen, dann erhält man die sogenannte *Hamaker-Wechselwirkungskonstante* A, benannt nach Hugo Christiaan Hamaker[9]. Diese Konstante ist definiert gemäß:

$\boxed{A_{ii} = \pi^2 C^{ii} \rho_i^2}$ Hamaker-Konstante für die Wechselwirkung zwischen gleichen Teilchen

$\boxed{A_{12} = \pi^2 C^{12} \rho_1 \rho_2}$ Hamaker-Konstante für die Wechselwirkung zwischen unterschiedlichen Teilchen

Die Hamaker-Konstante A ist eine Größe für die Beschreibung der Stärke der Wechselwirkung zwischen zwei Teilchen, zwischen denen van der Waals-Kräfte wirken. ρ_1 und ρ_2 bezeichnen die Anzahl von Atomen pro Volumeneinheit in den wechselwirkenden Kolloiden. C ist ein Parameter für die Partikel-Partikel-Wechselwirkung. Die SI-Einheit der Hamaker-Konstanten ist das Joule. Die Werte der Konstanten sind klein und liegen im Bereich von 10^{-19} bis 10^{-20} J.

Die Hamaker-Konstante und die Hamaker-Theorie werden häufig bei der Beschreibung von Dispersionen verwendet. Nimmt die Hamaker-Konstante ab, führt dies zu einer Abnahme der stets anziehend wirkenden van der Waals-Wechselwirkungsenergie und dies wiederum zu einer relativen Zunahme der abstoßenden

[9] Hugo Christiaan Hamaker (*23. März 1905, Broek op Langedijk, North Holland, † 7. September 1993, Eindhoven) war ein niederländischer Wissenschaftler. Er promovierte 1934 an der Universität Utrecht. Von 1960 bis 1972 war er Professor an der University of Technology in Eindhoven. Quelle: http://en.wikipedia.org/wiki/Hugo_Christiaan_Hamaker

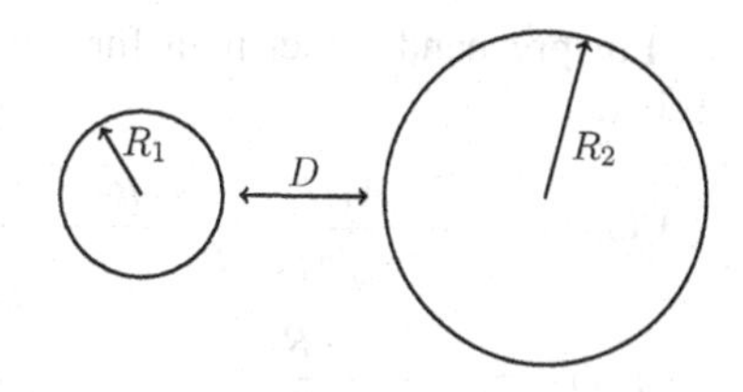

Abb. 3.18 Wechselwirkung zwischen zwei sphärischen Kolloidteilchen

Wechselwirkung der Partikel in der Suspension, wodurch das System stabiler wird. Die Konstante selbst kann durch das verwendete Lösungsmittel beeinflusst werden, denn die Wechselwirkung zwischen den Teilchen hängt sicher von der Abschirmung durch die Lösungsmittelmoleküle ab.

Unter Einbeziehung der Hamaker-Konstanten erhält man als Lösung für unser oben durchgerechnetes Problem (bezogen auf die Einheitsfläche):

$$\begin{aligned} D \ll R_S \rightarrow V(D)_{\text{Kugel–Fläche}} &= -\frac{2A_{11}R_S}{6D} \\ R_S \ll D \rightarrow V(D)_{\text{Kugel–Fläche}} &= -\frac{A_{11}R_S^3}{9D^3} \end{aligned} \tag{3.75}$$

Die Wechselwirkung hängt danach nur noch vom Abstand D und von der Teilchengröße R_S ab, die anderen Einflüsse sind in den Hamaker-Konstanten A_{ij} berücksichtigt. Viele Hamaker-Konstanten sind tabelliert, und diese werden für die Berechnung von Wechselwirkungsenergien benutzt. Die Notation A_{12} bezeichnet wie oben beschrieben die Wechselwirkung zwischen zwei verschiedenen Teilchen (der Sorten 1 und 2). Da in die Hamaker-Konstante (über die London-Konstante C) die atomaren bzw. molekularen Eigenschaften eingehen, lassen sich die Hamaker-Konstanten unter anderem über die atomaren Eigenschaften bestimmen.

Die oben für den Fall der Wechselwirkung eines sphärischen Teilchens mit einer Wand durchgeführte Rechnung lässt sich analog auch für die Wechselwirkung zwischen zwei sphärischen Kolloidteilchen durchführen (Abb. 3.18). Man erhält als Ergebnis [Hama37, Chen96]:

$$\begin{aligned} D \ll R \rightarrow V(D) &= -\frac{A_{12}}{6D}\frac{R_1R_2}{R_1+R_2} \\ R \ll D \rightarrow V(D) &= -\frac{16A_{12}R_S^6}{9D^6} \end{aligned} \tag{3.76}$$

Bei großem Abstand zwischen den Teilchen erhält man somit wieder die Proportionalität $V \propto D^6$, wie es auch erwartet wird; denn sind die Teilchen weit voneinander entfernt, sieht jedes Teilchen nur ein mehr oder minder punktförmiges anderes Teilchen, und wir finden die bereits errechnete Dipol-Dipol-Wechselwirkung.

Auf gleiche Weise findet man für die Wechselwirkung zwischen zwei parallelen Platten:

$$V(D) = -\frac{A_{11}}{12\pi D^2} \quad (D \ll \text{Länge der Platten}) \tag{3.77}$$

Entsprechend findet man für die Wechselwirkung zwischen zylinderförmigen Teilchen:

$$V(D)_{\parallel} = -\frac{A_{12}L}{12\sqrt{2}D^{\frac{3}{2}}}\frac{R_1R_2}{R_1+R_2} \quad \text{(parallel angeordnete Zylinder)}$$

$$V(D)_{\perp} = -\frac{A_{12}\sqrt{R_1R_2}}{6D} \quad \text{(senkrecht zueinander angeordnete Zylinder)} \tag{3.78}$$

Wie beschrieben sind die Hamaker-Konstanten für die Wechselwirkung zwischen verschiedenartigen Teilchen definiert gemäß $A_{12} = \pi^2 C^{12}\rho_1\rho_2$, die Unterschiede in den Werten A sind allerdings gering, was bereits der Wertebereich für die Wechselwirkungsenergie $10^{-20}\,\mathrm{J} < 10^{-19}\,\mathrm{J}$ erkennen lässt. Der Grund hierfür ist leicht einzusehen!

Wir haben bereits gesehen, dass die London-Wechselwirkung, zum Beispiel (3.50), $U(r) \propto C \propto \alpha^2$ ist (denn die Wechselwirkungsenergie hängt von der Polarisierbarkeit beider wechselwirkender Partner ab). Ferner ist $\alpha \propto \overline{V}$ und $\rho \propto \frac{1}{\overline{V}}$.

Setzt man diese Relationen in die Gleichung für die Hamaker-Konstante ein, dann ergibt sich:

$$A = C\pi^2\rho_1\rho_2 \propto \alpha^2\rho_1\rho_2 \propto \overline{V}^2 \cdot \frac{1}{\overline{V}} \cdot \frac{1}{\overline{V}} = \text{const}\,. \tag{3.79}$$

Der Wert der Hamaker-Konstante bzw. der Hamaker-Theorie liegt darin, dass die Dissipationsenergie berechnet werden kann durch Integration über die entsprechenden Volumina:

$$\boxed{U_{\text{Hamaker}} = -\frac{A_{12}}{\pi^2}\int \mathrm{d}V_1 \int \mathrm{d}V_2 \frac{1}{r_{12}^6}} \tag{3.80}$$

Dabei ist r_{12} der Abstand zwischen den beiden Teilchen, und $\mathrm{d}V_1$ und $\mathrm{d}V_2$ sind die entsprechenden Volumenelemente dieser Teilchen.

Genau genommen ist die Hamaker-Konstante keine Konstante (siehe dazu den Abschnitt über die Lifshitz-Theorie); sie hängt ab von verschiedenen Parametern, unter anderem auch vom Abstand D zwischen den Teilchen!

Für eine genauere Rechnung bedarf es der Lifshitz-Theorie, benannt nach Jewgeni Michailowitsch Lifschitz, einer Feldtheorie, die in diesem einführenden Buch nicht behandelt werden soll.

Wir haben zudem bisher angenommen, dass die Wechselwirkung über das Vakuum stattfindet. Befindet sich ein anderes Medium zwischen den Teilchen, dann nimmt die Wechselwirkungsenergie um etwa eine Größenordnung ab. Das Medium kann sogar bewirken, dass die Wechselwirkung zwischen den Teilchen abstoßend wird! Dies wiederum hängt ab von den Wechselwirkungen zwischen den verschiedenen an der Wechselwirkung beteiligten Substanzen (verschiedene Teilchen und Lösungsmittel).

Ferner gilt die Hamaker-Theorie nur bei kurzen Abständen, das heißt, wenn die Teilchen nicht weit voneinander entfernt sind. Bei größeren Abständen müssen die

Fluktuationen bei den Dipolen berücksichtigt werden, wodurch die Wechselwirkungsenergie $U(r) \propto \frac{1}{r^7}$ wird.

Betrachten wir hierzu ein kurzes Beispiel! Ein kugelförmiges Kalzitteilchen ($\rho_S = 2{,}6\,\text{g/cm}^3$) haftet aufgrund von van der Waals-Wechselwirkungen auf der Unterseite einer ebenen Platte. Wie groß darf der Durchmesser des Teilchens maximal sein, damit es nicht unter dem Einfluss der Schwerkraft herunterfällt? Die Hamaker-Konstante beträgt $A = 1{,}6 \cdot 10^{-19}\,\text{J}$, und der Kontaktabstand sei 0,4 nm.

Nach den abgeleiteten Ergebnissen gilt:

$$V(D)_{\text{Kugel–Fläche}} = -\frac{A_{11} R_S}{6D} \Rightarrow F = -\frac{\partial V(D)}{\partial D} = -\frac{A_{11} R_S}{6D^2} = \frac{A\, d_S}{12D^2} \tag{3.81}$$

Dabei ist R_S der Teilchenradius und D der Teilchenabstand von der Wand. Für die Gewichtskraft des Teilchens gilt:

$$F_G = m \cdot g = V \cdot \rho_S \cdot g = \frac{4\pi}{3} R_S^3 \rho_S \cdot g = \frac{\pi}{6} d_S^3 \rho_S \cdot g \tag{3.82}$$

Hier ist d_S der Teilchendurchmesser.
Im Gleichgewicht ist die Haftkraft F_H gerade gleich der Gewichtskraft F_G:

$$F_H = F_G = \frac{\pi}{6} d_S^3 \rho_S \cdot g = \frac{A\, d_S}{12D^2} \tag{3.83}$$

Damit ist:

$$d_S = \sqrt{\frac{A}{2\pi \cdot D^2 \cdot \rho_S \cdot g}} = \sqrt{\frac{1{,}6 \cdot 10^{-19}\,\text{Nm}}{2\pi \cdot 0{,}4^2 \cdot 10^{-18}\,\text{m}^2 \cdot 2600\,\frac{\text{kg}}{\text{m}^3} \cdot 9{,}81\,\frac{\text{m}}{\text{s}^2}}} = 2{,}5\,\text{mm} \tag{3.84}$$

Im nächsten Beispiel gehen wir von einem Mittelwert $A = 10^{-19}\,\text{J}$ der Hamaker-Konstante aus. Wir betrachten zwei identische kugelförmige Teilchen mit Radius $R = 1\,\text{cm} = 10^{-2}\,\text{m}$ im Abstand $D = 0{,}2\,\text{nm}$ und fragen nach der Kraft, mit der sich die beiden Teilchen anziehen.

Aus (3.76) folgt für die Wechselwirkungskraft F:

$$\begin{aligned} F =< -\frac{\mathrm{d}w}{\mathrm{d}r} &= -\frac{\mathrm{d}}{\mathrm{d}r}\left(-\frac{A}{6D} \cdot \frac{R \cdot R}{R + R}\right) = -\frac{A}{6D^2} \cdot \frac{R}{2} \\ &= -\frac{10^{-19}\,\text{J} \cdot 10^{-2}\,\text{m}}{12 \cdot (2 \cdot 10^{-10}\,\text{m})^2} = -2 \cdot 10^{-3}\,\text{N} \end{aligned} \tag{3.85}$$

Vergrößert sich der Abstand der Teilchen auf 10 nm, dann ist:

$$F = -\frac{10^{-19}\,\text{J} \cdot 10^{-2}\,\text{m}}{12 \cdot (10^{-8}\,\text{m})^2} = -8{,}3 \cdot 10^{-7}\,\text{N} \tag{3.86}$$

Das heißt, die Wechselwirkung ist um einen Faktor 2410 schwächer geworden! Die Wechselwirkungsenergie w beträgt bei dem Abstand 10 nm:

$$w = -\frac{A \cdot R}{12D} = -\frac{10^{-19}\,\mathrm{J} \cdot 10^{-2}\,\mathrm{m}}{12 \cdot 10^{-8}\,\mathrm{m}} = -8{,}3 \cdot 10^{-15}\,\mathrm{J} \tag{3.87}$$

Wie groß ist die spezifische Kraft auf zwei planparallele Platten im Abstand $D = 0{,}2\,\mathrm{nm}$?

Aus (3.77) folgt für die Kraft:

$$\begin{aligned} F = -\frac{\mathrm{d}w}{\mathrm{d}r} = -\frac{\mathrm{d}}{\mathrm{d}r}\left(\frac{-A}{12\pi D^2}\right) = -\frac{A}{6\pi D^3} &= -\frac{10^{-19}\,\mathrm{J}}{6\pi \cdot (2 \cdot 10^{-10}\,\mathrm{m})^3} \\ &= -6{,}6 \cdot 10^{8}\,\frac{\mathrm{N}}{\mathrm{m}^2} \end{aligned} \tag{3.88}$$

Bei einem Abstand von 10 nm fällt der Wert auf

$$F = -\frac{10^{-19}\,\mathrm{J}}{6\pi \cdot 10^{-24}\,\mathrm{m}^3} = -5{,}3 \cdot 10^{3}\,\frac{\mathrm{N}}{\mathrm{m}^2} \tag{3.89}$$

und ist damit um den Faktor 10^5 schwächer.

Für die Wechselwirkungsenergie der Platten im Abstand 0,2 nm ergibt sich:

$$w = -\frac{A}{12\pi D^2} = -\frac{10^{-19}\,\mathrm{J}}{12\pi \cdot (2 \cdot 10^{-10}\,\mathrm{m})^2} = -6{,}6 \cdot 10^{-2}\,\frac{\mathrm{J}}{\mathrm{m}^2} \tag{3.90}$$

Dies entspricht einer Oberflächenenergie von $\gamma = 3{,}3 \cdot 10^{-2}\,\frac{\mathrm{J}}{\mathrm{m}^2}$. Werte dieser Größenordnung findet man auch im Experiment bei Flüssigkeiten und Feststoffen, die von van der Waals-Kräften zusammengehalten werden [Medo00, Xie97, Sevi00].

3.3.2 Näherungsweise Berechnung von Hamaker-Konstanten

Wir haben gesehen, dass für die Hamaker-Konstante $A = \pi^2 C \cdot \rho_1 \rho_2 \approx 10^{-19}\,\mathrm{J}$ gilt. Dabei ist ρ_i die Anzahl Teilchen pro Volumeneinheit und C die London-Konstante, eine stoffspezifische Größe. Mit der London-Konstante und der Teilchendichte lässt sich die Hamaker-Konstante A damit im Einzelfall berechnen.

Unter der Voraussetzung der (näherungsweisen) Linearität der Wechselwirkung lassen sich unbekannte Hamaker-Konstanten auch näherungsweise aus bekannten Hamaker-Konstanten berechnen. Beispielsweise lässt sich ansetzen:

$$\begin{aligned} A_{12} &\approx \sqrt{A_{11} \cdot A_{22}} \\ A_{132} &\approx \sqrt{A_{131} \cdot A_{232}} \end{aligned} \tag{3.91}$$

Abb. 3.19 Dichte Kugelpackung

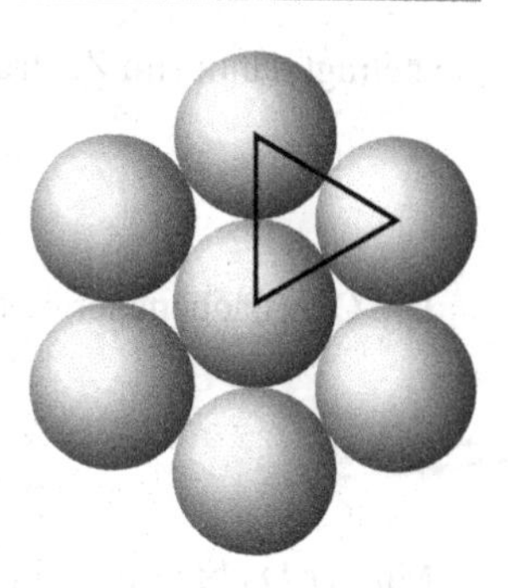

Dabei ist A_{132} diejenige Hamaker-Konstante, welche die Wechselwirkung einer Phase 1 mit einer Phase 2 über eine dazwischen befindliche Phase 3 beschreibt, also zum Beispiel die Wechselwirkung eines Teilchens einer Substanz 1 mit einem Teilchen bestehend aus einer Substanz 2, die beide in einem Lösungsmittel 3 suspendiert sind.

Weiter gilt:

$$\begin{aligned} A_{131} &\approx A_{313} \approx A_{11} + A_{33} - 2A_{13} \\ A_{132} &\approx \left(\sqrt{A_{11}} - \sqrt{A_{33}}\right) \cdot \left(\sqrt{A_{22}} - \sqrt{A_{33}}\right) \end{aligned} \tag{3.92}$$

Diese Näherungsgleichungen lassen sich dann anwenden, wenn ausschließlich Dispersionswechselwirkungen dominieren. Bei Medien mit großer Dielektrizitätszahl wird die Näherung schlecht.

Es sei noch einmal daran erinnert, dass bei der Trennung zweier ebener Platten, die vorher in engem Kontakt standen ($D = D_0$), gerade die Oberflächenenergie bzw. Grenzflächenspannung aufgebracht werden muss. Damit ist:

$$|w| = \frac{A}{12\pi D_0^2} = 2\sigma \quad \rightarrow \quad \sigma = \frac{A}{24\pi D_0^2} \tag{3.93}$$

Somit lässt sich die Hamaker-Konstante auch aus der Messung der Grenzflächenspannung ermitteln! Die Frage lautet dann: Welcher Wert muss für D_0 angenommen werden?

Betrachten wir dazu ein Atom auf der Oberfläche! Wir gehen ferner davon aus, dass die Teilchen selbst eine dichteste Kugelpackung bilden. Innerhalb der Ebene ist das betrachtete Teilchen damit von sechs weiteren Teilchen unmittelbar umgeben, die sich im Abstand r von diesem Teilchen befinden; in der darunterliegenden Ebene befinden sich drei weitere Teilchen in gleichem Abstand von diesem Teilchen. Jedes Teilchen auf der Oberfläche besitzt damit neun nächste Nachbarn in gleichem Abstand!

Jedes Oberflächenatom belegt eine Fläche von $r^2 \cdot \sin 60°$, die Dichte der Teilchen im Volumen beträgt $\rho = \frac{\sqrt{2}}{r^3}$.

Gelangt eine neues Atom auf die Oberfläche, dann wird es sich in eine der Lücken begeben und hat damit drei nächste Nachbarn. Die Wechselwirkungsenergie beträgt damit (im Zentrum des Dreiecks in Abb. 3.19):

$$3w = -3 \cdot \frac{C}{r^6} \tag{3.94}$$

Die Oberflächenenergie beträgt:

$$\sigma \approx \frac{1}{2} \cdot \frac{3w}{r^2 \cdot \sin 60°} = \frac{\sqrt{3}}{r^2} \cdot w = \frac{\sqrt{3}}{r^2} \cdot \frac{C}{r^6} \tag{3.95}$$

Mit der Dichte im Volumen $\rho = \frac{\sqrt{2}}{r^3}$ und mit der Definition der Hamaker-Konstante $A = \pi^2 C \rho^2$ erhält man daraus:

$$\sigma \approx \frac{\sqrt{3}}{r^2} \cdot \frac{C}{r^6} = \frac{\sqrt{3} C \rho^2}{2r^2} = \frac{\sqrt{3} \cdot A}{2\pi r^2} = \frac{A}{24\pi \cdot \left(\frac{r}{2{,}5}\right)^2} \tag{3.96}$$

Vergleich mit (3.93) liefert:

$$\sigma = \frac{A}{24\pi D_0^2} = \frac{A}{24\pi \cdot \left(\frac{r}{2{,}5}\right)^2} \quad \rightarrow \quad \boxed{D_0 = \frac{r}{2{,}5}} \tag{3.97}$$

Das heißt, D_0 ist deutlich kleiner als der kürzeste Abstand zwischen den Teilchen. Ist somit der interatomare Abstand $r = 0{,}4\,\text{nm}$ (dies ist ein typischer Abstand), dann ist $D_0 = \frac{0{,}4\,\text{nm}}{2{,}5} = 0{,}16\,\text{nm}$. Daraus ergibt sich ein typischer Wert für die Oberflächenenergie für kondensierte Phasen, die vorwiegend durch van der Waals-Kräfte zusammengehalten werden:

$$\boxed{\sigma = \frac{A}{24\pi \cdot (0{,}165\,\text{nm})^2}} \quad \text{(gültig bei vorwiegender van-der-Waals-Bindung)} \tag{3.98}$$

Man findet mit diesem Ansatz gute Übereinstimmung mit dem Experiment und dies für unterschiedliche flüssige und feste Substanzen! Abweichungen findet man, wenn zum Beispiel H-Brückenbindungen vorhanden sind [French95, Nosk13].

3.3.3 Die Derjaguin-Näherung

Bis hierher haben wir stets idealisierte Formen der wechselwirkenden Teilchen vorausgesetzt. Es ist leicht vorstellbar, dass diese Annahme in der Regel nicht erfüllt sein wird! Es ist ebenso leicht vorstellbar, dass die Integrale für die Berechnung der Wechselwirkungsenergie zwischen den Teilchen bei komplizierterer Symmetrie nicht so einfach zu berechnen sind.

Abweichungen von hoch symmetrischen Molekülformen sind zum Beispiel bei Makromolekülen zu erwarten, etwa bei Kunststoffen oder Proteinen.

Abb. 3.20 Boris Vladimirovich Derjaguin

1934 fand Boris Vladimirovich Derjaguin[10] (Abb. 3.20) eine Näherung, um diese Schwierigkeiten zu umgehen. Voraussetzung für diese Näherung ist, dass die Abstände zwischen den Teilchen klein sind im Vergleich zum Krümmungsradius der wechselwirkenden Flächen.

Im Fall der Wechselwirkung eines kugelförmigen Teilchens mit einer planen Oberfläche in geringem Abstand haben wir gefunden:

$$V(D)_{\text{Kugel–Fläche}} = -\frac{A_{11} R_S}{6D} \quad \Rightarrow \quad F = -\frac{\partial V(D)}{\partial D} = -\frac{A_{11} R_S}{6D^2} \tag{3.99}$$

Im Fall der Wechselwirkung zwischen zwei planparallelen Flächen gilt:

$$V(D)_{\text{Fläche–Fläche}} = -\frac{C\pi\rho^2}{12D^2} = -\frac{A_{11}}{12\pi D^2} \quad \Rightarrow \quad F = -\frac{A_{11}}{6\pi D^3} \tag{3.100}$$

Wir können die Wechselwirkung zwischen einem sphärischen Teilchen und einer Fläche damit auch ausdrücken als Funktion der Wechselwirkung zwischen zwei planparallelen Flächen:

$$\boxed{F(D)_{\text{Kugel–Fläche}} = V(D)_{\text{Fläche–Fläche}} \cdot \frac{R_S}{2\pi} \quad \text{Derjaguin-Näherung}} \tag{3.101}$$

Gleichung (3.101) liefert die Wechselwirkungs*kraft* pro Einheitsfläche.

Die Annahme bzw. Näherung von Derjaguin besagt nun, dass dies auch allgemein die Wechselwirkungskraft zwischen zwei sphärischen Teilchen *pro Einheitsfläche* ist.

[10] Boris Vladimirovich Derjaguin (* 9. August 1902 in Moskau; † 16. Mai 1994) war ein sowjetrussischer Chemiker und einer der Begründer der modernen Kolloid- und Oberflächenforschung sowie Mitbegründer der DLVO-Theorie zur Stabilität von Kolloiden und dünnen Filmen aus Flüssigkeiten.

Quelle: http://de.wikipedia.org/wiki/Boris_Wladimirowitsch_Derjagin

▶ *Die Derjaguin-Näherung gibt die Wechselwirkung zwischen zwei Teilchen in Einheiten der Energie pro Flächeneinheit zweier planarer Oberflächen bei gleichem Abstand D wieder.*

Die Näherung liefert gute Ergebnisse für $D \ll R_S$. Dies wurde experimentell bestätigt. Die Derjaguin-Näherung zeigt aber auch, dass trotz gleicher Wechselwirkung zwischen den einzelnen Teilchen die Abstandsabhängigkeit je nach Form und Krümmung der Teilchen verschieden ist.

3.3.4 Die Lifshitz-Theorie

Einen wichtigen Aspekt haben wir bisher vernachlässigt! In Lösung sind die Teilchen definitionsgemäß nicht alleine! Sie sind umgeben von Lösungsmittelmolekülen; dadurch werden die Teilchen abgeschirmt, und die *effektive Polarisierbarkeit* ändert sich in Abhängigkeit vom Lösungsmittel. Da die Polarisierbarkeit eines jeden wechselwirkenden Teilchens in die Wechselwirkungsenergie eingeht ($P \propto \alpha$), ist das Ergebnis somit wesentlich (quadratisch) durch das Lösungsmittel beeinflusst.

In der Hamaker-Theorie wurde Additivität der Potenziale angenommen, der Einfluss benachbarter Lösungsmittelmoleküle wurde ignoriert. Ist die Annahme der Additivität der Wechselwirkungen überhaupt gerechtfertigt?

In Gasen bei ausreichend geringen Drücken sind die Teilchen weit voneinander entfernt, und die van der Waals-Wechselwirkung fällt sehr schnell mit dem Abstand ab, sodass die Additivität der Wechselwirkung richtig ist! Betrachten wir den Fall, dass drei Teilchen nahe benachbart sind. In diesem Fall wirkt Teilchen 1 auf Teilchen 2 und auf Teilchen 3 und verursacht in beiden Teilchen eine Polarisation. Dadurch wirkt aber auch Teilchen 3 (aufgrund der in diesem Teilchen bewirkten Ladungsverschiebung durch Teilchen 1) auf Teilchen 2, und somit ist die Wechselwirkung *nicht* additiv!

Die Frage ist somit: Wie ist die Hamaker-Konstante in dichten Medien zu berechnen, sodass diese nichtlinearen Effekte berücksichtigt werden?

Jewgeni Michailowitsch Lifshitz[11] führte 1956 eine alternative Theorie ein, die sogenannte *makroskopische Näherung*. In dieser Theorie werden die Teilchen als Kontinuum betrachtet, das heißt, die Größen der Teilchen und der Abstand zu den nächsten Nachbarn sind groß im Vergleich zu den atomaren Dimensionen. Damit können aber auch makroskopische Eigenschaften zur Beschreibung der Systeme verwendet werden wie der Brechungsindex und die dielektrische Konstante, und das Medium wird als strukturloses Kontinuum betrachtet, beschrieben durch die Dichte und die dielektrische Konstante.

Die Dispersionswechselwirkungen stammen von der Wechselwirkung fluktuierender Dipole, wobei die Wirkung über das elektrische Feld vermittelt wird. Dieses

[11] Jewgeni Michailowitsch Lifschitz (* 21. Februar 1915 in Charkiw; † 29. Oktober 1985 in Moskau) war ein sowjetischer Physiker.
Quelle: http://de.wikipedia.org/wiki/Jewgeni_Michailowitsch_Lifschitz

breitet sich mit Lichtgeschwindigkeit aus. Die Frage ist: Wann sind die fluktuierenden Dipole in Phase und wann nicht?

Wenn die fluktuierenden Dipole weit auseinander liegen, kann es passieren, dass die Oszillationen der Dipole schneller verlaufen als die Zeit, die das Signal benötigt, um von einem Dipol zum anderen zu gelangen; die Dipole sind dann nicht in Phase! Die Wechselwirkung dieser Dipole ist dann wegen der fehlenden Phasenbeziehung schwächer. Dieser Retardierungseffekt führt dazu, dass die niedrigfrequenten Dipoloszillationen bei langen Abständen, die hochfrequenten Dipoloszillationen bei kurzen Abständen die Wechselwirkungen unterdrücken. Diese Effekte lassen sich feldtheoretisch mittels der Quantenelektrodynamik erfassen.

Lifshitz kam zu den gleichen Ergebnissen wie Hamaker, wobei allerdings die in der zur Lifshitz-Theorie analoge Hamaker-Konstante *keine* Konstante mehr ist, sondern eine Variable, die vom Abstand der wechselwirkenden Teilchen abhängt. Ferner hängt die Hamaker-Konstante von den Eigenfrequenzen der Teilchen ab.

Die Wechselwirkung zwischen den Teilchen kann nun – je nach Phase der schwingenden Dipole – anziehend oder abstoßend sein!

Betrachten wir einen Film auf einer Flüssigkeit oder auf einem Festkörper! Treten innerhalb des Films abstoßende Kräfte auf, dann führt dies dazu, dass die Dicke des Films zunimmt und die ganze Oberfläche durch den Film benetzt wird, da anfänglich bestehende Tropfen auseinander gedrückt werden und die Oberfläche sich dadurch vergrößert.

Im umgekehrten Fall – bei anziehenden Kräften – wird die Dicke des Films verringert, und es bilden sich Tropfen auf der Fläche.

Im Fall der Wechselwirkung mit einer Metalloberfläche müssen zudem die Plasmafrequenz des Elektronengases sowie die dielektrische Konstante des Metalls berücksichtigt werden, und die Hamaker-Konstanten werden sehr groß.

Die Anwendung der Lifshitz-Theorie wird stark eingeschränkt durch die Komplexität der Gleichungen und durch den Mangel an den für die Berechnungen erforderlichen frequenzabhängigen Messdaten [Pinc12, Faure11, Sten10, Zhao10, Netz01, Berg97, Owens78, Anan95, Berg96, Daga00, Daga02, Drum96, Drum97, Ging72, Vilgis94, Kirsch03, Ninham70, Pars70, Ronveaux80].

Allerdings führte die Lifshitz-Theorie zu neuen Theorien. Dies betrifft insbesondere Theorien zur Stabilität kolloider Lösungen, die von einem Gleichgewicht zwischen anziehend wirkenden London-Kräften und abstoßenden Wechselwirkungen der elektrischen Doppelschicht ausgehen. Diese Theorien wurden im Wesentlichen von Derjaguin und Landau (Abb. 3.21) und unabhängig davon von Verwey[12] und Overbeek[13] entwickelt. Diese allgemeine Theorie der Stabilität kolloider Lösungen

[12] Evert Johannes Willem Verweij (*30 April 1905, Amsterdam, † 13. Februar 1981, Utrecht) war ein niederländischer Chemiker. 1934 ging er an die Philips Laboratorien in Eindhoven, wo er sich insbesondere mit Kolloiden befasste.

Quelle: http://de.wikipedia.org/wiki/Evert_Verwey

[13] Jan Theodoor Gerard Overbeek (* 5. Januar 1911 in Groningen; † 19. Februar 2007) war ein niederländischer Physikochemiker, der vor allem für die Mitentwicklung der DLVO-Theorie bekannt ist. Er war vor allem auf dem Gebiet der Erforschung kolloider Systeme aktiv.

Quelle: http://de.wikipedia.org/wiki/Theodoor_Overbeek

Abb. 3.21 Lew Dawidowitsch Landau

basiert auf der Lifshitz-Theorie und ist heute bekannt unter dem Namen *DLVO-Theorie*.

Die DLVO-Theorie wird in einem späteren Abschnitt besprochen, nachdem wir die elektrischen Wechselwirkungen zwischen den Teilchen genauer untersucht haben. Letztlich sind es die elektrischen Wechselwirkungen, die (neben sterischen Effekten) die Stabilität kolloider Lösungen bestimmen. Und gerade dieses Wechselspiel zwischen anziehenden Dipol-Dipol-Wechselwirkungen und abstoßenden elektrischen Kräften beschreibt die DLVO-Theorie.

Nachdem wir – zumindest in den Grundlagen – die Kräfte verstanden haben, die zur Bildung kolloider Teilchen führen, betrachten wir im nächsten Schritt die Eigenschaften von *Grenzflächen* und die Phänomene, die mit diesen Grenzflächen zusammenhängen. Die dynamischen Vorgänge an diesen Grenzflächen werden durch die molekulare Kinetik bestimmt, sodass auch Transportprozesse berücksichtigt werden müssen. Von diesen werden wir nur die Diffusion betrachten, konvektive Transportprozesse bleiben unberücksichtigt.

Grenzflächenerscheinungen an flüssigen Phasengrenzen

4

4.1 Einführung

Teilchen an der Oberfläche einer flüssigen oder festen Phase besitzen eine höhere Energie als Teilchen im Inneren. Die Valenzen der Teilchen innerhalb der Phase sind durch die engen Wechselwirkungen mit den Nachbarteilchen weit besser abgesättigt als an den Grenzflächen. Kondensation tritt gerade dadurch auf, dass die Systeme bestrebt sind, diese Valenzen abzusättigen und somit in den Zustand einer niedrigeren Gesamtenergie überzugehen.

Dass bei höherer Temperatur die Systeme im gasförmigen Zustand vorliegen, beruht darauf, dass bei hohen Temperaturen der Entropieterm der Energiefunktion dominiert, wodurch die fluiden Zustände gegenüber dem festen Zustand bevorzugt sind. Da die Oberfläche eine höhere spezifische Energie besitzt als das Volumen und da die Systeme stets einen Zustand möglichst niedriger Energie anstreben, ist klar, warum Flüssigkeiten im kräftefreien Zustand Kugelform annehmen: Bei gegebenem Volumen ist die Fläche im Fall der Kugel minimal!

Dieser Zustand höherer Energie an der Phasengrenzfläche ist zudem nicht auf die oberste Molekülage beschränkt: Die Phasengrenze ist keine scharfe mathematische Fläche! Zu untersuchen ist daher eine Grenzschicht, deren Dicke vom System abhängt. Mit diesen Überlegungen können wir die Definition der *Phase* eines Systems wie folgt formulieren:

► Wir sprechen von einer *Phase*, wenn außer den Teilchen in der Grenzschicht weitere Teilchen vorhanden sind, deren Energie gleich der von Molekülen in einer ausgedehnten Volumenphase ist.

Betrachten wir fluide Phasen (flüssig/gasförmig; flüssig/flüssig), dann sind die Verhältnisse einfach:

- Die Größe der Phasengrenzfläche ergibt sich aus den geometrischen Dimensionen.
- Die Phasengrenzfläche ist eine Äquipotenzialfläche.

G.J. Lauth, J. Kowalczyk, *Einführung in die Physik und Chemie der Grenzflächen und Kolloide*, DOI 10.1007/978-3-662-47018-3_4

Abb. 4.1 Phasengrenze

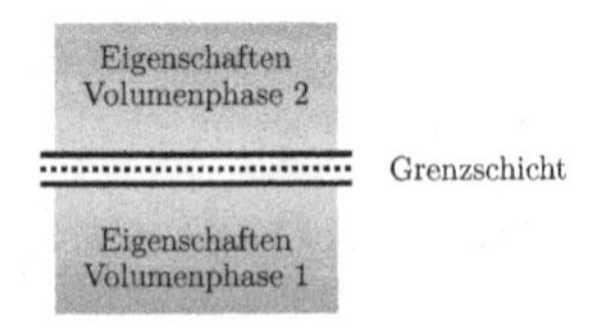

Bei Feststoffen sind die Verhältnisse schwieriger: Die Phasengrenze ist rau und besitzt Kanten und Löcher. Trotz einer *makroskopisch* scharfen Grenzfläche kann die *mikroskopische* Phasengrenzfläche sehr viel größer sein und besitzt im Allgemeinen eine fraktale Struktur. Die Bestimmung dieser Fläche erfordert daher spezielle Methoden.

Wir beginnen mit der Betrachtung zweier fluider Phasen. Nach obiger Definition einer Phase sind die Eigenschaften in jeder der Phasen isotrop. In der Grenzschicht ändern sich dagegen die Eigenschaften von einer Phase in die andere *kontinuierlich.*

Um die Betrachtung zu vereinfachen, wird an der Grenze der beiden Phasen eine *Spannungsfläche* definiert, an der sich die Eigenschaften sprunghaft ändern. Die Lage dieser Spannungsfläche kann in der Grenzschicht willkürlich gewählt werden (Abb. 4.1).

Wir betrachten nun ein Volumenelement, wobei sich das Volumen additiv aus den Phasen V_1 und V_2 zusammensetzt. Nun führen wir an diesem Volumen einen Zweischrittprozess so durch, dass in Summe das Volumen gleich bleibt:

1. Wir verringern das Volumen wie in Abb. 4.2 gezeigt so, dass die Phasengrenzfläche verringert wird. Bei diesem Prozess muss sowohl Volumen- als auch Oberflächenarbeit geleistet werden, wobei diese Arbeit so verrichtet werden soll, dass der gesamte Prozess reversibel ist:

$$\mathrm{d}A^{(1)}_{\mathrm{rev.}} = -p\mathrm{d}V_1 - p\mathrm{d}V_2 + \sigma\mathrm{d}O \tag{4.1}$$

2. Wir verändern das Volumen so, dass das ursprüngliche Volumen wiederhergestellt wird, wobei aber die Phasengrenze von dieser Volumenvergrößerung nicht betroffen ist (Abb. 4.2). Für die Arbeit gilt in diesem Fall:

$$-\,\mathrm{d}A^{(2)}_{\mathrm{rev.}} = -p\,\mathrm{d}V_1 - p\,\mathrm{d}V_2 \tag{4.2}$$

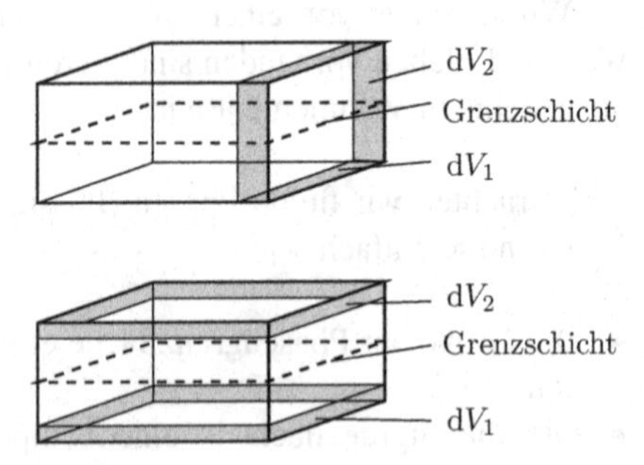

Abb. 4.2 Verkleinerung und Vergrößerung des Volumens um den gleichen Betrag

Addition von (4.1) und (4.2) liefert die reversible Arbeit zur Vergrößerung der Oberfläche bei konstantem Volumen und konstanter Temperatur, das heißt, für $\mathrm{d}V = \mathrm{d}T = 0$. Vergleichen wir diese Bedingungen mit den thermodynamischen Potenzialen, dann ist die auf diese Weise identifizierte Arbeit gleich der freien Energie $\mathrm{d}A$:

$$-\,\mathrm{d}A_{\text{rev.}} = \sigma\,\mathrm{d}O \tag{4.3}$$

Damit ist σ die reversible Arbeit, die bei der Vergrößerung der Grenzfläche um eine Einheitsfläche aufgebracht werden muss.

σ ist somit die *spezifische freie Grenzflächenenergie*.

Bei der obigen Betrachtung haben wir die Verhältnisse betont einfach gewählt! Wir sind zum Beispiel davon ausgegangen, dass bei Vergrößerung der Grenzfläche *sofort* Moleküle aus der kontinuierlichen Phase die durch die Vergrößerung entstandenen Lücken auffüllen und sich die Zusammensetzung der Grenzschicht bei diesem Prozess nicht ändert. Dies ist nicht immer der Fall!

Sprechen wir somit von der spezifischen freien Grenzflächenenergie, dann setzen wir stets unveränderte Zusammensetzung der Grenzfläche voraus!

Bei Festkörpern muss berücksichtigt werden, dass die einzelnen Kristallflächen meist eine unterschiedliche Energie besitzen, und damit werden die Verhältnisse noch einmal komplizierter.

4.2 Grenzflächenenergie und zwischenmolekulare Kräfte

Wir betrachten eine Flüssigkeit, die an eine Gasphase grenzt. Wegen der weit geringeren Konzentration der Teilchen in der Gasphase können wir die Wechselwirkung der Flüssigkeit mit den Gasmolekülen vernachlässigen.

In der Flüssigkeit ist die Kraftwirkung auf die Teilchen isotrop: Die Umgebung ist nach allen Richtungen gleich (Abb. 4.3) [Penf01].

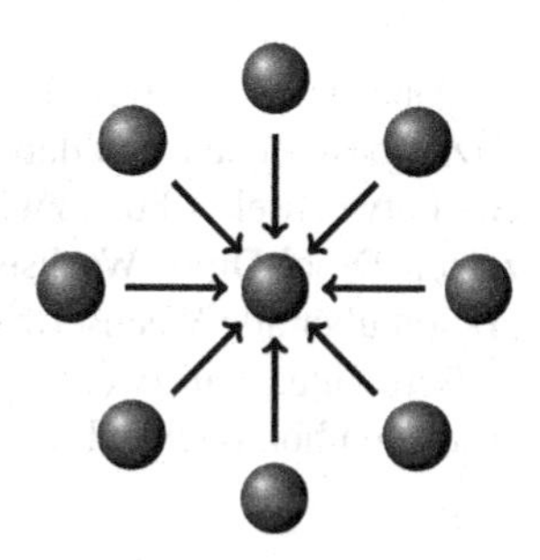

Abb. 4.3 Teilchen im Volumen

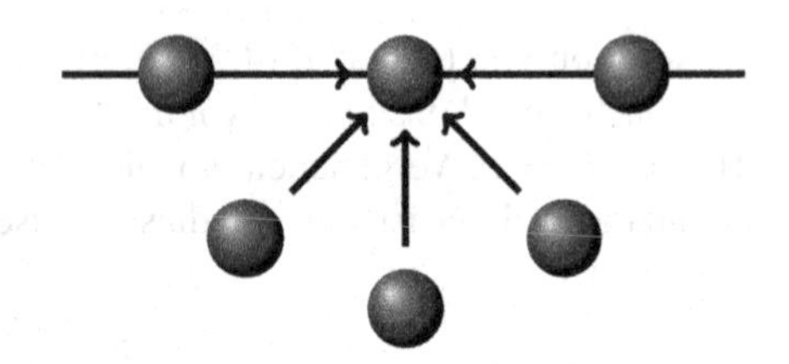

Abb. 4.4 Teilchen an der Grenzfläche

An der Oberfläche wirken auf die Teilchen nur die Kräfte im unteren Halbraum (Abb. 4.4), die Wechselwirkung von Seiten der Gasphase kann aufgrund der niedrigen Teilchendichte im Vergleich zur Flüssigkeit vernachlässigt werden. Daraus folgt, dass Arbeit verrichtet werden muss, um ein Teilchen aus der Flüssigkeit an die Oberfläche zu transportieren.

Bei den thermodynamischen Betrachtungen haben wir bereits abgeleitet, dass für die Änderung der Oberfläche (bei konstantem Volumen und konstanter Temperatur) eine reversible Arbeit $\mathrm{d}A_{\mathrm{rev.}} = \sigma \, \mathrm{d}O$ aufgebracht werden muss, die der freien Grenzflächenenergie entspricht. Daraus folgt aber sofort, dass die Flüssigkeit versuchen wird, ihre Oberfläche zu minimieren, und wie bereits erörtert nimmt das Flüssigkeitsvolumen Kugelform an, falls keine weitere Kraft das Volumen verformt.

Aus der mikroskopischen Betrachtung folgt, dass die Grenzflächenspannung von der Art und Größe der zwischenmolekularen Wechselwirkung abhängt. Daraus folgt wiederum, dass man durch Messung der Grenzflächenspannung Aussagen über die zwischenmolekularen Wechselwirkungen treffen kann, das heißt, die Messung der Grenzflächenspannung öffnet ein weiteres Tor in die molekularen Eigenschaften der Substanzen [Lee93].

Wir wissen bereits, dass die Wechselwirkung nach dem Ansatz von London proportional $-1/r^6$ ist und daher mit dem Abstand sehr rasch abfällt. Der Hauptanteil der Wechselwirkung stammt daher von den unmittelbaren Nachbarn.

Da wir davon ausgehen, dass die einzelnen Energie- und Kraftbeiträge additiv sind, erhält man die Wechselwirkungsenergie pro Flächeneinheit durch Integration über die Beiträge aller im Volumenelement enthaltenen Moleküle, und für die freie Dispersionsenergie $U_{\mathrm{Disp.}}$ einer ausgedehnten Phasengrenze erhält man:

$$U_{\mathrm{Disp.}} = \frac{A}{O} = \sigma \tag{4.4}$$

Dabei ist A die freie Energie. Wir haben zudem die Hamaker-Theorie in Ansätzen besprochen und dabei erörtert, wie man im Fall ausgedehnter Teilchen die Gesamtwechselwirkung zwischen kolloiden Teilchen durch Aufsummieren der einzelnen Dipol-Dipol-Wechselwirkungen in dem betrachteten Volumen durch Integration über alle Wechselwirkungen in dem Volumen berechnen kann.

Betrachten wir zwei kugelförmige Teilchen, die in einer kontinuierlichen und ansonsten homogenen Phase dispergiert sind; dann liefert eine genauere Rechnung

Tab. 4.1 Berechnete und gemessene Grenzflächenspannung von n-Alkanen gegen Luft bei 20° C [Sonntag75]

Kettenlänge	σ_0 in [mN/m]	
	berechnet	gemessen
5	16,4	16,0
6	19,0	18,9
7	20,6	20,4
8	22,5	21,8
9	23,2	22,9
10	24,1	23,9
11	25,3	24,7
12	26,2	25,5
13	26,9	25,9
14	27,5	25,6–26,7
16	28,2	27,6

für die Wechselwirkungsenergie zwischen diesen Teilchen folgenden Wert:

$$U_{\text{Disp.}} = -\frac{Cn^2\pi^2}{6} \cdot \left(\frac{2r_1r_2}{d^2 + 2d(r_1 + r_2)} + \frac{2r_1r_2}{d^2 + 2d(r_1 + r_2) + 4r_1r_2} + \ln \frac{d^2 + 2d(r_1 + r_2)}{d^2 + 2d(r_1 + r_2) + 4r_1r_2} \right) \tag{4.5}$$

Dabei ist d der Abstand zwischen den Teilchen, r_i der Radius der beiden Teilchen, n die Anzahl der Teilchen pro Kubikzentimeter C die London-Konstante.

Für kugelförmige Teilchen, deren Radius sehr viel größer ist als ihr Abstand ($R \gg D$), liefert die Hamaker-Theorie nach (3.76) folgende Näherung:

$$U_{\text{Disp.}} = -\frac{A_{12}}{6D} \frac{R_1 R_2}{R_1 + R_2} \tag{4.6}$$

Das Bemerkenswerte an dem Ergebnis war, dass die Wechselwirkung zwischen einzelnen Molekülen eine Proportionalität $1/D^6$ aufweist, während in dem betrachteten Fall disperser großer kugelförmiger Teilchen, die sich in engem Abstand zueinander befinden, die Wechselwirkungsenergie proportional $1/D$ ist! Damit erhält man für große, kugelförmige Teilchen bei geringem Teilchenabstand die vereinfachte Beziehung:

$$\boxed{U_{\text{Disp.}} = \frac{A}{O} = \sigma = -\frac{\pi^2 C \rho^2 \cdot R}{12D}} \tag{4.7}$$

Diese liefert eine Beziehung zwischen der Grenzflächenspannung σ und den zwischen den Teilchen wirkenden Kräften. Für eine Reihe von n-Alkanen wurde mittels dieser Gleichung die Grenzflächenspannung berechnet und das Resultat mit dem Experiment verglichen. Das Ergebnis ist in Tab. 4.1 gezeigt [Weiss03, Pham98, Ragil98, Bert02, Hark20].

Wir haben somit eine Möglichkeit, die Theorie zu überprüfen! Und ohne eine solche Möglichkeit einer Prüfung hat die Theorie wenig Sinn.

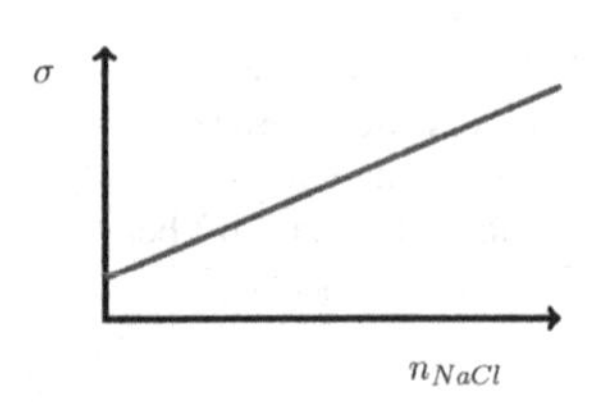

Abb. 4.5 σ als Funktion der NaCl-Konzentration

Bringt man anorganische Elektrolyte in Wasser, wird dann die Grenzflächenspannung des Wassers erhöht oder erniedrigt? Offensichtlich wird die Grenzflächenspannung erhöht! Denn die Elektrolyte binden die H_2O-Moleküle durch Ausbilden einer Hydrathülle. Durch diese zusätzliche elektrostatische Wechselwirkung der Ionen auf die H_2O-Dipole wird eine verstärkte Anziehung in das Phaseninnere bewirkt, und dies bewirkt eine Erhöhung der Grenzflächenspannung (Abb. 4.5) [Para03].

Zu berücksichtigen ist (was später genauer hergeleitet werden wird), dass entgegen der Theorie die Moleküldichte in der Grenzschicht geringer ist als in der Phase, und wegen der Orientierung der Moleküle in der Grenzschicht ist im Allgemeinen auch die London-Konstante eine andere [Danov06]. Berücksichtigt man diese Fehler, dann ist die Übereinstimmung zwischen Theorie und Experiment gemäß Tab. 4.1 sehr gut.

Wir sind davon ausgegangen, dass sich die Grenzflächenenergie additiv aus den verschiedenen Bestandteilen zusammensetzt:

- Dipol-Dipol-Wechselwirkungen
- Polare Wechselwirkungen
- Wasserstoffbrückenbindungen
- Ionische Wechselwirkungen
- Wechselwirkungen zur Gasphase, die bei Annäherung an die kritische Temperatur mehr Einfluss gewinnen, da bei der kritischen Temperatur die Dichte der Teilchen in beiden Phasen gleich und die Grenzflächenspannung null wird.

Bei zwei Flüssigkeiten A und B müssen die Wechselwirkungen über die Phasengrenze hinaus berücksichtigt werden. Für die Energie der Phasengrenzfläche kann dabei näherungsweise angesetzt werden:

$$U = U_{AA} + U_{BB} - 2U_{AB} \tag{4.8}$$

In diesem Fall lassen sich zumindest einige der Energieterme nicht allein auf Dispersionswechselwirkungen zurückführen, und die Berechnungen werden in allen Fällen schwierig und ungenau.

Betrachten wir zum Beispiel das System Wasser/Alkan, dann muss beim Wasser der polare Wechselwirkungsanteil inklusive der Wasserstoffbrücken berücksichtigt werden. Näherungsweise erhält man:

$$U = U_{AA} + U_{BB} - 2U_{AB} \quad \text{mit } U_{AB,\text{Disp.}} \approx \sqrt{U_{AA,\text{Disp.}} \cdot U_{BB,\text{Disp.}}} \tag{4.9}$$

Und damit:

$$\begin{aligned} U &= U_{AA,\text{Disp.}} + U_{AA,\text{polar}} + U_{BB,\text{Disp.}} - 2\sqrt{U_{AA,\text{Disp.}} \cdot U_{BB,\text{Disp.}}} \\ \sigma &= \sigma_{\text{Wasser}} + \sigma_{\text{Alkan}} - 2\sqrt{\sigma_{\text{Wasser,Disp.}} \cdot \sigma_{\text{Alkan}}} \end{aligned} \quad (4.10)$$

4.3 Thermodynamik der Phasengrenzen

4.3.1 Grenzflächenadsorption

Da die Kräfte an der Phasengrenze andere sind als in der Phase selbst, werden sich auch die Verhältnisse an der Phasengrenze von denen in der Phase unterscheiden.

Wir betrachten ein Gemisch zweier flüssiger Substanzen A und B. Für die Gibbs'sche freie Enthalpie gilt für die Oberfläche (Index σ) bzw. für das Phaseninnere (Index V):

$$\begin{aligned} \mathrm{d}G^\sigma &= V^\sigma \mathrm{d}p - S^\sigma \mathrm{d}T + \mu_A^\sigma \mathrm{d}n_A^\sigma + \mu_B^\sigma \mathrm{d}n_B^\sigma + \sigma \mathrm{d}O \\ \mathrm{d}G^V &= V^V \mathrm{d}p - S^V \mathrm{d}T + \mu_A^V \mathrm{d}n_A^V + \mu_B^V \mathrm{d}n_B^V \end{aligned} \quad (4.11)$$

Die Gibbs'sche Enthalpie von Phaseninnerem und Phasengrenze unterscheidet sich somit nur in der Oberflächenenergie.

Gehen wir weiterhin vom Gleichgewicht aus und damit von gleichem Druck und gleicher Temperatur im Volumen und an der Phasengrenze sowie gleichem chemischen Potenzial für alle Komponenten, dann folgt für die Differenz der beiden Größen:

$$\begin{aligned} & \mathrm{d}p = \mathrm{d}T = 0 \quad \mu_A^\sigma = \mu_A^V = \mu_A \quad \mu_B^\sigma = \mu_B^V = \mu_B \\ \Rightarrow \quad & \mathrm{d}G = \mu_A \cdot \left(\mathrm{d}n_A^\sigma - \mathrm{d}n_A^V\right) + \mu_B \cdot \left(\mathrm{d}n_B^\sigma - \mathrm{d}n_B^V\right) + \sigma\, \mathrm{d}O \end{aligned} \quad (4.12)$$

Nun gilt:

$$\mathrm{d}G = -S\mathrm{d}T + V\mathrm{d}p + \Sigma\mu_i \mathrm{d}n_i + \sigma \mathrm{d}O \quad (4.13)$$

$$U = TS - pV + \sigma O + \Sigma\mu_i n_i$$

$$\rightarrow \quad G = U + pV - TS = \sigma O + \Sigma\mu_i n_i \quad (4.14)$$

Das totale Differenzial für die Gibbs'sche Enthalpie G aus (4.14) liefert:

$$\mathrm{d}G = \Sigma n_i \mathrm{d}\mu_i + \Sigma\mu_i \mathrm{d}n_i + \sigma \mathrm{d}O + O\mathrm{d}\sigma \quad (4.15)$$

Subtraktion von (4.13) und (4.15) für dG liefert die *Gibbs-Duhem-Beziehung*:

$$\boxed{S\mathrm{d}T - V\mathrm{d}p + \Sigma n_i \mathrm{d}\mu_i + O\mathrm{d}\sigma = 0} \quad (4.16)$$

Das Ergebnis ist nicht überraschend, denn in (4.16) treten allein *intensive Variablen* auf, dass sind Variablen, die *nicht* von der Größe des Systems abhängen!

Mit $\mathrm{d}T = \mathrm{d}p = 0$ folgt aus der Gibbs-Duhem-Beziehung

$$\Sigma n_i \mathrm{d}\mu_i + O\mathrm{d}\sigma = 0 \quad \Rightarrow \quad \frac{n_A}{O}\,\mathrm{d}\mu_A + \frac{n_B}{O}\,\mathrm{d}\mu_B + \mathrm{d}\sigma = 0 \tag{4.17}$$

bzw. mit der Definition: $\Gamma \equiv \frac{n}{O}$:

$$\boxed{\Gamma_A\,\mathrm{d}\mu_A + \Gamma_B\,\mathrm{d}\mu_b = -\mathrm{d}\sigma} \tag{4.18}$$

Ist das System im Gleichgewicht, dann ist auch die Grenzflächenspannung konstant, das heißt, es gilt $\mathrm{d}\sigma = 0$ und damit:

$$\mathrm{d}\mu_A = -\frac{n_B}{n_A}\,\mathrm{d}\mu_B \tag{4.19}$$

Gleichung (4.19) besagt lediglich, dass die Substanz A bzw. B entweder im Volumen oder in der Grenzfläche ist; es geht nichts verloren!

Wir benötigen noch eine „vernünftige" Definition für das chemische Potenzial. Wir haben diese Größe bereits in der Weise festgelegt, dass mit ihrer Hilfe die Änderung der Energie in Abhängigkeit der Änderung der Substanzmenge in unserem System beschrieben wird (2.5). Dies wollen wir im Weiteren präzisieren.

Dazu betrachten wir folgenden Ausdruck:

$$\mathrm{d}G = V\mathrm{d}p - S\mathrm{d}T + \mu\mathrm{d}n \rightarrow \left(\frac{\partial G}{\partial p}\right)_{T,n} = V \Rightarrow G(p) = G(p') + \int_{p'}^{p} V\mathrm{d}p \tag{4.20}$$

Für das ideale Gas gilt $pV = nRT \rightarrow V = \frac{1}{p} \cdot nRT$ und damit:

$$G(p) = G(p') + \int_{p'}^{p} \frac{1}{p} nRT \cdot \mathrm{d}p = G(p') + nRT \cdot \ln\frac{p}{p'} \tag{4.21}$$

Analog folgt:

$$\left(\frac{\partial G}{\partial n}\right)_{T,n} = \mu\; G(p) = G(p') + nRT \cdot \ln\frac{p}{p'} \Rightarrow \tag{4.22}$$

$$\frac{G(p)}{n} = \frac{G(p')}{n} + \frac{nRT}{n} \cdot \ln\frac{p}{p'} : \Leftrightarrow \boxed{\mu = \mu_0 + RT \cdot \ln\frac{p}{p'}} \tag{4.23}$$

Man erhält so die aus der Thermodynamik bekannte Definition für das *chemische Potenzial*.

Es sei an dieser Stelle erwähnt, dass in der Literatur oftmals anstelle des (korrekten) Ausdrucks $\ln\frac{p}{p'}$ die verkürzte (inkorrekte) Form $\ln p$ verwendet wird. Grundsätzlich müssen in transzendenten Funktionen Terme wie der Logarithmus, trigonometrische oder exponentielle Terme dimensionslos sein! Daher muss – auch wenn dies nicht explizit angegeben ist – grundsätzlich durch die Einheitsgröße dividiert werden! Wir werden uns im Folgenden dieser verkürzten Nomenklatur anschließen!

Setzt man anstelle der Drücke die Aktivitäten ein, dann ist:

$$d\mu = RT \cdot d\ln a \tag{4.24}$$

Mit diesem Ergebnis erhalten wir:

$$\Gamma_A d\mu_A + \Gamma_B d\mu_B + d\sigma = 0 \rightarrow \left(-\Gamma_A \frac{n_B}{n_A} + \Gamma_B\right) \cdot d\mu_B + d\sigma = 0 \tag{4.25}$$

$$\left(-\Gamma_A \frac{n_B}{n_A} + \Gamma_B\right) \cdot RT \cdot d\ln a_B + d\sigma = 0 \tag{4.26}$$

Dabei bezeichnet der Index B den gelösten Stoff.

Im Fall stark verdünnter Lösungen ($n_A \gg n_B$) ist damit:

$$\boxed{-RT \cdot \Gamma_B = \left(\frac{d\sigma}{d\ln a_B}\right)_T} \quad \text{mit } \Gamma_B = \frac{n_B}{O} \tag{4.27}$$

Gleichung (4.27) liefert den Überschuss an gelöster Substanz B in der Grenzschicht gegenüber der Menge der Substanz B (in mol/ml) in einer Schicht gleichen Volumens, die sich im Inneren der Lösung befindet.

Für ideal verdünnte Lösungen kann man die Aktivitäten durch die Konzentrationen c_i oder den Molenbruch x_i ersetzen. Man erhält die *Gibbs'sche Adsorptionsisotherme* in folgender Form:

$$\boxed{\left(\frac{d\sigma}{d\ln x_B}\right)_T = -RT \cdot \Gamma_B} \tag{4.28}$$

Mithilfe von (4.28) berechnet man in Lösungen grenzflächenaktiver Verbindungen aus der Grenzflächenspannungs-Konzentrations-Isotherme die adsorbierte Substanzmenge an grenzflächenaktiven Stoffen. Die Gleichung beschreibt zudem in quantitativer Weise, was wir bereits qualitativ durch Betrachtung der Kräfte im Fluid herausgefunden haben: Die Oberflächenspannung kann durch Zusatz von anderen Teilchen sowohl ansteigen als auch absinken!

- Reichert sich die gelöste Substanz in der Grenzschicht an ($\Gamma_B > 0$), dann wird die Grenzflächenspannung kleiner.
- Wird umgekehrt die gelöste Substanz in der Grenzschicht abgereichert ($\Gamma_B < 0$), dann steigt die Grenzflächenspannung an.

Auf jeden Fall wird bei diesen Prozessen die Gibbs'sche freie Energie des Systems abgesenkt!

Prinzipiell findet man drei unterschiedliche Arten von Gibbs-Adsorptionsisothermen (Abb. 4.6).

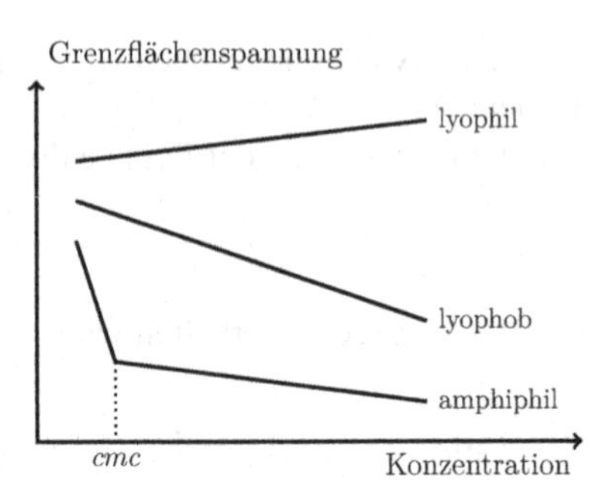

Abb. 4.6 Typen Gibbs'scher Adsorptionsisothermen

- Tenside zeigen typischer Weise ein *amphiphiles Verhalten* (vom altgriechischen *amphi* für „auf beiden Seiten" und *philos* für „liebend"), das heißt lyophiles und gleichzeitig lyophobes Verhalten. Gibt man solche Tenside in Lösung, werden sie zunächst an die Oberfläche gedrängt und senken dabei die Grenzflächenspannung ab. Ab Erreichen einer gewissen Konzentration, der *kritischen Mizellbildungskonzentration* (cmc, *critical micelle concentration*), bilden sich in der Lösung Mizellen aus, das bedeutet, innerhalb der Lösung bilden sich durch diese Mizellen neue Grenzflächen, und die an der Oberfläche der Lösung gemessene Grenzflächenspannung ändert sich durch die weitere Zugabe an Substanz nur noch geringfügig.
- *Lyophobe* Substanzen lösen sich weniger gut in dem Lösungsmittel und werden daher aus der Lösung heraus an die Oberfläche gedrängt, wobei die Grenzflächenspannung mit weiterer Zugabe an gelöster Substanz immer weiter abnimmt. Ein solches Verhalten findet man beispielsweise bei Zugabe von Alkohol zu Wasser als Lösungsmittel, und gleiches Verhalten findet man bei Wasser als Lösungsmittel bei den meisten organischen Substanzen.
- Im Fall *lyophiler* Substanzen liegt gute Löslichkeit in dem Lösungsmittel vor. Solches Verhalten findet man bei Zugabe von Elektrolyten zu Wasser.

Ein solches Grenzflächenverhalten erklärt auch die typische „Tränenbildung" bei Tropfen beispielsweise an einem Weinglas!

Trinkalkohol ist im Wesentlichen eine Mischung aus Wasser und Ethanol. Hängt ein Tropfen einer solchen Lösung an einer senkrechten Wand, wird er durch die Schwerkraft nach unten gezogen und dabei verformt (Abb. 4.7). An der Oberfläche verdampft ein Teil der Flüssigkeit. Da Ethanol einen geringeren Dampfdruck besitzt als Wasser, verdampft das Ethanol schneller. Die Geschwindigkeit, mit welcher die Verdampfung stattfindet, ist umso größer, je größer die Oberfläche ist. Der obere Teil des Tropfens ist wegen der Verformung durch die Schwerkraft dünner, sodass die Verdampfung hier schneller abläuft. Die Konzentration des Ethanols im Wasser sinkt hier schneller ab als im unteren Teil des Tropfens. Damit steigt im oberen Teil des Tropfens aber auch die Grenzflächenspannung schneller an, und dies bedeutet einen anderen Grenzflächenwinkel als im unteren Teil des Tropfens, was letztlich die typische Tränenform bewirkt.

Abb. 4.7 Tränenbildung

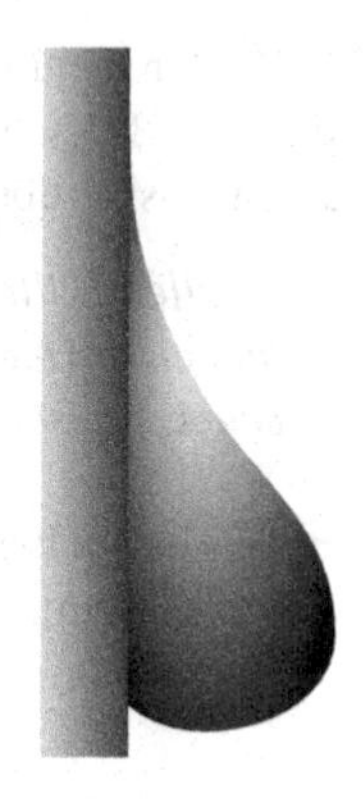

4.3.2 Adsorption an flüssigen Phasengrenzen

Die Grenzflächenspannungen organischer Flüssigkeiten gegen Luft sind in der Regel viel niedriger als die des Wassers gegen Luft. Warum ist das so?

Der Grund liegt in den starken Wechselwirkungen der polaren Wassermoleküle untereinander, was bei den Alkanen fehlt.

Wir betrachten im folgenden *Mischungseffekte*. Bei idealem Verhalten sollte ein *linearer* Zusammenhang zwischen der Grenzflächenspannung und dem Molenbruch der Mischung bestehen (Abb. 4.8). In der Regel liegen die Kurven allerdings weit unter dieser Ideallinie.

Bei hohen Alkoholkonzentrationen misst man die Grenzflächenspannung des reinen Alkohols (Abb. 4.8). Dieser Effekt ist umso stärker, je länger das Alkoholmolekül ist. Daraus folgt, dass sich die Alkoholmoleküle in der Phasengrenzschicht anreichern! Ein solches Verhalten bezeichnet man als *Grenzflächenaktivität.*

Die Ursachen für diese Grenzflächeneffekte sind die starken Wechselwirkungen zwischen den Wassermolekülen untereinander, die weit höher sind als diejenigen zwischen den Wassermolekülen und den Alkoholmolekülen. Dadurch findet eine Phasentrennung statt, und die Alkoholmoleküle werden aus der Volumenphase herausgedrängt [Cala97, Calad97]:

- Die Grenzflächenaktivität ist damit auf die geringe Wechselwirkung zwischen Wasser und Alkohol zurückzuführen.
- Grenzflächenaktive Stoffe sind Verbindungen, die an Phasengrenzen stark angereichert werden.

Abb. 4.8 Mischverhalten Wasser-Alkohol

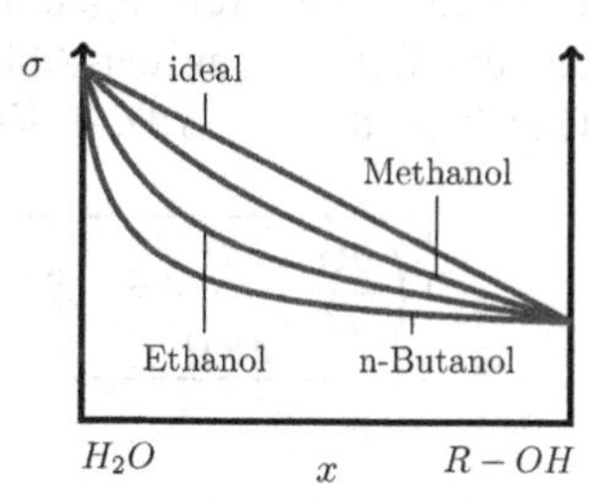

Zu den technisch wichtigsten grenzflächenaktiven Verbindungen zählen die Tenside. Im Bereich der belebten Natur ist ferner die Mizellbildung zu erwähnen, auf deren Basis Leben überhaupt erst möglich ist.

In allen Fällen handelt es sich um die Ausscheidung von unpolaren Molekülen aus einer (meist) wässrigen Phase aufgrund der geringen Wechselwirkung zwischen Wasser und unpolarem Rest.

Wir haben bereits gezeigt (4.27), dass man die Gibbs'sche Adsorptionsisotherme darstellen kann wie folgt:

$$\left(\frac{\mathrm{d}\sigma}{\mathrm{d}\ln x_B}\right)_T = -RT \cdot \Gamma_B \quad \text{mit } \Gamma_B = \frac{n_B}{O} \tag{4.29}$$

Dabei ist x_B der Molenbruch der Komponente B. Es wurde auch darauf hingewiesen, dass mittels dieser Beziehung die adsorbierte Substanzmenge an grenzflächenaktiven Substanzen bestimmt werden kann. Die Anreicherung der Tenside an der Phasengrenze führt dabei zu einer Erniedrigung der Grenzflächenspannung, denn wir haben gezeigt (4.10):

$$\begin{aligned} U &= U_{AA,\text{Disp.}} + U_{AA,\text{polar}} + U_{BB,\text{Disp.}} - 2\sqrt{U_{AA,\text{Disp.}} \cdot U_{BB,\text{Disp.}}} \\ \sigma &= \sigma_{\text{Wasser}} + \sigma_{\text{Tensid}} - 2\sqrt{\sigma_{\text{Wasser,Disp.}} \cdot \sigma_{\text{Tensid}}} \end{aligned} \tag{4.30}$$

Handelt es sich dabei um eine Monoschicht, dann ist $U_{BB} = 0$, und es bleibt:

$$U = U_{AA} - U_{AB} = U_{AA} - 2\sqrt{U_{AA} \cdot U_{BB}} \tag{4.31}$$

Je größer somit die Wechselwirkung A-B, umso stärker wird die Grenzflächenspannung herabgesetzt!

Die Grenzflächenspannung σ_{12} ist ferner immer kleiner als die größere der beiden Grenzflächenspannungen σ_1 bzw. σ_2.

4.3.3 Temperatur- und Druckabhängigkeit der Grenzflächenspannung

Die Druck- und Temperaturabhängigkeit der Grenzflächenspannung erhalten wir aus der Betrachtung der Ableitungen nach den betreffenden Variablen. Aus der Gleichung $\mathrm{d}G = -S\mathrm{d}T + V\mathrm{d}p + \Sigma\mu_i\mathrm{d}n_i + \sigma\mathrm{d}O$ folgt sofort:

$$\boxed{\left(\frac{\partial G}{\partial T}\right)_{p,n,O} = -S \quad \left(\frac{\partial G}{\partial p}\right)_{T,n,O} = V \quad \left(\frac{\partial G}{\partial O}\right)_{T,p,n} = \sigma} \tag{4.32}$$

Nach dem Schwarz'schen Satz gilt:

$$\frac{\partial^2 G}{\partial T\, \partial O} = \frac{\partial^2 G}{\partial O\, \partial T} \quad \Rightarrow \quad \boxed{\left(\frac{\partial \sigma}{\partial T}\right)_{p,n,O} = -\left(\frac{\partial S}{\partial O}\right)_{p,T,n}} \tag{4.33}$$

$$\frac{\partial^2 G}{\partial p\, \partial O} = \frac{\partial^2 G}{\partial O\, \partial p} \quad \Rightarrow \quad \boxed{\left(\frac{\partial \sigma}{\partial p}\right)_{T,n,O} = \left(\frac{\partial V}{\partial O}\right)_{p,T,n}} \tag{4.34}$$

In (4.34) ist nicht berücksichtigt, dass bei steigendem Druck die Moleküldichte in der Gasphase zunimmt, und dadurch wiederum werden vermehrt Gasmoleküle in der flüssigen Phase absorbiert. Daher muss (4.34) korrigiert werden, und man erhält:

$$\boxed{\left(\frac{\partial \sigma}{\partial p}\right)_{T,n,O} = -V\frac{n}{O} + \left(\frac{\partial V}{\partial O}\right)_{p,T,n} = -\frac{\Gamma \cdot RT}{p} + \left(\frac{\partial V}{\partial O}\right)_{p,T,n}} \tag{4.35}$$

Durch zusätzliche Adsorption in der Grenzschicht wird – wie vorher gezeigt – die Grenzflächenspannung σ herabgesetzt, sodass das Minuszeichen in (4.35) verständlich wird. Je nach System überwiegt der erste oder zweite Term, und die Druckabhängigkeit kann sowohl positiv als auch negativ sein. Meist überwiegt der erste (negative) Term.

Vom Druck wird die Grenzflächenspannung nur geringfügig beeinflusst. Nur bei sehr hohen Drücken, zum Beispiel in der erdölfördernden Industrie und in der Geotechnik, können die Drücke so hoch sein, dass die erforderlichen Korrekturen signifikant werden.

Die Grenzflächenspannung verringert sich mit steigender Temperatur. Als ungefährer Richtwert gilt, dass pro 1 K Temperaturanstieg die Grenzflächenspannung um 10^{-5} bis $10^{-4}\,\mathrm{J\,m^{-2}}$ abnimmt. Diese Tendenz setzt sich bis zum kritischen Punkt der Flüssigkeit fort, bei dem die Grenzflächenspannung null wird.

Weit unterhalb der kritischen Temperatur ist die Abnahme weitgehend linear und proportional zur Temperaturerhöhung. Man definiert:

$$\boxed{\overline{\sigma} = \sigma \cdot \overline{O}} \tag{4.36}$$

Dabei ist $\overline{\sigma}$ die freie Oberflächenenthalpie und $\overline{O}$ die Fläche, die 1 mol dicht gepackter Moleküle einnimmt.

Zur Bestimmung von $\overline{O}$ betrachten wir einen Würfel von 1 mol Substanz mit dem Volumen $\overline{V}$. $\overline{V}$ setzen wir zusammen aus N_A gleich großen würfelförmigen Zellen. Jede Zelle hat die Kantenlänge l mit:

$$l = \left(\frac{\overline{V}}{N_A}\right)^{\frac{1}{3}} \tag{4.37}$$

Abb. 4.9 Loránd Eötvös

Das Volumen der so definierten Zelle entspricht damit dem Raumbedarf eines Teilchens unter den gegebenen thermodynamischen Bedingungen. Packt man diese Zellen zu einer lückenlosen Monolage zusammen, dann bedecken sie gerade die Fläche $\overline{O}$:

$$\boxed{\overline{O} = N_A \cdot l^2 = N_A^{1/3} \cdot \overline{V}^{2/3}} \tag{4.38}$$

Damit hat man:

$$\boxed{\overline{\sigma} = \sigma \cdot \overline{O} = \sigma \cdot N_A^{1/3} \cdot \overline{V}^{2/3}} \tag{4.39}$$

Loránd Eötvös[1] fand *empirisch* folgende Beziehung:

$$\overline{\sigma} = k_E \cdot (T_C - T_\theta - T) \tag{4.40}$$

Dabei ist k_E die Eötvös-Konstante, T_C die kritische Temperatur und T_θ eine stoffspezifische konstante Temperatur.

Demnach nimmt die Grenzflächenspannung linear mit steigender Temperatur ab. Kurz vor dem kritischen Punkt (kritische Temperatur T_C) weicht die Grenzflächenspannung von der Eötvös'schen Regel ab und sinkt exponentiell bis auf den Wert null am kritischen Punkt.

In der Nähe des kritischen Punktes kann die Grenzflächenspannung durch die Gleichung

$$\sigma = A_1 \cdot (T_C - T)^{B_1} \tag{4.41}$$

angenähert werden. A_1 und B_1 sind von der Temperatur unabhängige Konstanten. Häufig ist $B_1 = 5/4$.

[1] Loránd Eötvös (* 27. Juli 1848 in Buda; † 8. April 1919 in Budapest) war ein ungarischer Physiker. International bekannt war er als (Baron) Roland von Eötvös (oder: Roland Eötvös).
Quelle: http://de.wikipedia.org/wiki/Loránd_Eötvös

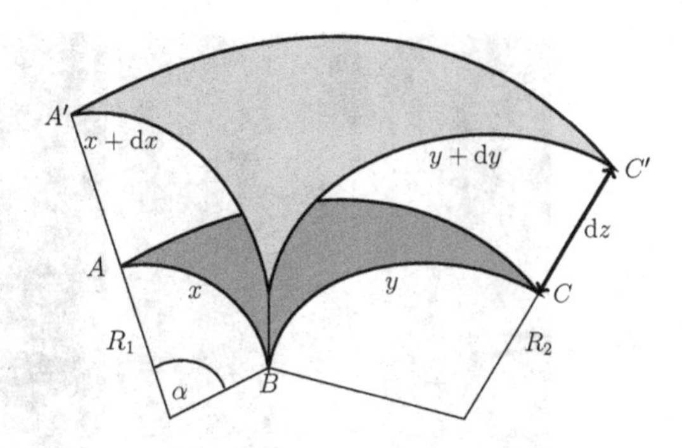

Abb. 4.10 Zur Ableitung der Young-Laplace-Gleichung

4.3.4 Gekrümmte Oberflächen

Die Young-Laplace-Gleichung

Bislang haben wir nur ebene Grenzflächen betrachtet. Nach unseren bisherigen Überlegungen spielt aber die Form der Oberfläche eine wesentliche Rolle bei der Betrachtung der Grenzschicht, und wir müssen uns daher auch mit gekrümmten Oberflächen befassen.

Wir beginnen mit einer Oberfläche ABC, die nicht zwangsweise in alle Richtungen gleichmäßig gekrümmt ist. Daher benötigen wir zu deren Beschreibung zwei Krümmungsradien R_1 und R_2. Die betrachteten Seitenlängen aus dem Ausschnitt der Oberfläche sind x und y.

Wenn wir Arbeit an dem System verrichten und einen Druck ausüben, dann vergrößert sich der Radius, gleichzeitig erfolgt eine Vergrößerung der Seitenlängen um $\mathrm{d}x$ bzw. $\mathrm{d}y$. Für die Änderung der Größe der Oberfläche gilt dann:

$$\mathrm{d}O = (x + \mathrm{d}x)(y + \mathrm{d}y) - xy = x\mathrm{d}y + y\mathrm{d}x + \mathrm{d}x\,\mathrm{d}y \approx x\mathrm{d}y + y\mathrm{d}x \tag{4.42}$$

Für die Änderung der Gibbs'schen freien Enthalpie ist damit:

$$\mathrm{d}G = \sigma\mathrm{d}O = \sigma \cdot (x\mathrm{d}y + y\mathrm{d}x) \tag{4.43}$$

Für die verrichtete Arbeit gilt $w = \int F \cdot \mathrm{d}s$, wobei die Kraft in diesem Fall gleich dem Druckunterschied mal der Fläche ist und die Oberfläche um $\mathrm{d}z$ verschoben wird. Damit ist:

$$\mathrm{d}w = \Delta p \cdot xy \cdot \mathrm{d}z = \sigma \cdot (x\mathrm{d}y + y\mathrm{d}x) \tag{4.44}$$

Gemäß Abb. 4.10 gilt:

$$\begin{array}{lll} x = R_1 \cdot \alpha & x + \mathrm{d}x = (R_1 + \mathrm{d}z) \cdot \alpha & \\ \Downarrow & & \Rightarrow \quad \dfrac{\mathrm{d}x}{x \cdot \mathrm{d}z} = \dfrac{1}{R_1} \\ \alpha = \dfrac{x}{R_1} \quad \rightarrow & \dfrac{x + \mathrm{d}x}{R_1 + \mathrm{d}z} = \alpha = \dfrac{x}{R_1} & \end{array} \tag{4.45}$$

Abb. 4.11 **a** Thomas Young; **b** Pierre-Simon Laplace

Ein analoges Resultat erhält man für die y-Komponente. Damit ist:

$$\boxed{\frac{\mathrm{d}x}{x \cdot \mathrm{d}z} = \frac{1}{R_1} \quad \frac{\mathrm{d}y}{y \cdot \mathrm{d}z} = \frac{1}{R_2}} \tag{4.46}$$

Damit haben wir mit:

$$\begin{aligned} \Delta p \cdot xy \cdot \mathrm{d}z &= \sigma \cdot (x\mathrm{d}y + y\mathrm{d}x) \\ \mathrm{d}x &= \frac{1}{R_1} \cdot x\,\mathrm{d}z \quad \mathrm{d}y = \frac{1}{R_2} \cdot y\,\mathrm{d}z \\ \to \Delta p \cdot xy \cdot \mathrm{d}z &= \sigma \cdot \left(x \cdot \frac{1}{R_2} \cdot y\,\mathrm{d}z + y \cdot \frac{1}{R_1} \cdot x\,\mathrm{d}z \right) \end{aligned} \tag{4.47}$$

Und damit:

$$\boxed{\Delta p = \sigma \cdot \left(\frac{1}{R_1} + \frac{1}{R_2} \right)} \tag{4.48}$$

Gleichung (4.48) ist die *Young-Laplace-Gleichung*, benannt nach Thomas Young[2] und Pierre-Simon Marquis de Laplace[3] (Abb. 4.11b), oftmals auch nur

[2] Thomas Young (* 13. Juni 1773 in Milverton, Somersetshire; † 10. Mai 1829 in London) war ein englischer Augenarzt und Physiker.

Quelle: http://de.wikipedia.org/wiki/Thomas_Young_(Physiker)

[3] Pierre-Simon (Marquis de) Laplace (* 28. März 1749 in Beaumont-en-Auge in der Normandie; † 5. März 1827 in Paris) war ein französischer Mathematiker und Astronom. Er beschäftigte sich unter anderem mit der Wahrscheinlichkeitstheorie und Differenzialgleichungen.

Quelle: http://de.wikipedia.org/wiki/Pierre-Simon_Laplace

als *Laplace-Gleichung* bezeichnet, und diese gilt allgemein. Δp ist der *Krümmungsdruck*.

Aus der Laplace-Gleichung folgt, dass der Krümmungsdruck umso größer ist, je kleiner die Krümmungsradien R_1 und R_2 sind [Barr06] [Kral94] [Pomeau13].

Speziell für kugelförmige Körper wollen wir im Folgenden die Laplace-Gleichung noch auf einem anderen Weg herleiten, und zwar mithilfe der Thermodynamik. Unter Berücksichtigung der Oberflächenenergie lautet die Gibbs'sche Fundamentalgleichung:

$$dG = V dp - S dT + \sigma dO \tag{4.49}$$

Das heißt, es ist $G = G(p, T, O)$. Die Temperatur sei $T = \text{const.}$, das heißt $dT = 0$. Wir verwenden die Maxwell-Relationen, um die Laplace-Gleichung für Flüssigkeitstropfen bei sphärischer Symmetrie abzuleiten. Mit $dT = 0$ folgt:

$$dG = \left(\frac{\partial G}{\partial p}\right)_{O,T} dp + \left(\frac{\partial G}{\partial O}\right)_{p,T} dO \quad \left(\frac{\partial G}{\partial p}\right)_{O,T} = V \quad \left(\frac{\partial G}{\partial O}\right)_{p,T} = \sigma \tag{4.50}$$

Unter Anwendung des Schwarz'schen Satzes gilt:

$$\frac{\partial}{\partial O}\left(\frac{\partial G}{\partial p}\right) = \frac{\partial}{\partial p}\left(\frac{\partial G}{\partial O}\right) \quad \rightarrow \quad \left(\frac{\partial V}{\partial O}\right)_{p,T} = \left(\frac{\partial \sigma}{\partial p}\right)_{O,T} \tag{4.51}$$

Weiter ist:

$$\frac{\partial V}{\partial O} = \frac{\partial V}{\partial r}\frac{\partial r}{\partial O} \tag{4.52}$$

Und damit:

$$V_{\text{Kugel}} = \frac{4\pi}{3}r^3 \quad \rightarrow \quad \frac{\partial V}{\partial r} = 4\pi r^2 \quad O_{\text{Kugel}} = 4\pi r^2 \quad \rightarrow \quad \frac{\partial O}{\partial r} = 8\pi r \tag{4.53}$$

$$\frac{\partial \sigma}{\partial p} = \frac{\partial V}{\partial O} = \frac{\partial V}{\partial r}\frac{\partial r}{\partial O} = \frac{4\pi r^2}{8\pi r} = \frac{r}{2} \quad \rightarrow \quad \sigma = \frac{r}{2} \cdot \Delta p \quad \Leftrightarrow \quad \Delta p = \frac{2\sigma}{r} \tag{4.54}$$

Wir erhalten somit das bereits mittels der Young-Laplace-Gleichung gefundene Resultat!

Wir können uns nun fragen: Was geschieht, wenn man eine kleine Seifenblase mit einer großen zusammenbringen würde? Würde die kleine Seifenblase größer werden oder die größere und warum?

Die Antwort lautet: Die kleine Blase bläst die große auf, da bei der kleinen Blase der Druck gemäß der Laplace-Gleichung durch die Grenzflächenspannung größer ist ($p \propto 1/r$). Analoges findet man auch bei (gleichartigen) kommunizierenden Luftballons: Bei kommunizierenden Luftballons bläst auch der kleinere den größeren auf! Auch in diesem Fall besitzt die Hülle des kleinen Luftballons eine größere Spannung als bei einem stärker aufgeblasenen Luftballon, und durch diese stärke Kraft zieht sich der kleinere Ballon zusammen und bläst den größeren dabei auf.

Was geschieht, wenn eine Flüssigkeit durch ein kleines Loch am Boden eines Behälters ausläuft? Wird sich der Behälter vollständig entleeren?

Die Flüssigkeit wird *nicht* vollständig auslaufen. Das in dem Behälter verbleibende Volumen hängt außer von der Flüssigkeit selbst von der Größe des Loches ab!

Im Gleichgewicht wird der hydrostatische Druck der Flüssigkeitssäule gerade gleich dem Krümmungsdruck des an der Öffnung hängenden halbkugelförmigen Tropfens sein. Das Phänomen ist jedem Chemiker wohl bekannt: Beim Entleeren eine Pipette bleibt stets ein Rest am Auslauf hängen, und die Pipetten sind „auf Auslauf – in der Regel für reines Wasser bei Raumtemperatur – kalibriert".

Wie groß ist der Differenzdruck zwischen dem Inneren und dem Äußeren einer sphärischen Blase in Wasser bei einem Blasendurchmesser von 2 mm ($\sigma_{H_2O} = 0{,}072\,\frac{J}{m^2}$)?

Es ist

$$\Delta p = \sigma \cdot \left(\frac{1}{R_1} + \frac{1}{R_2}\right) = \sigma \cdot \frac{2}{R} = 0{,}072\,\frac{J}{m^2} \cdot \frac{2}{10^{-3}\,m} = 144\,Pa \tag{4.55}$$

Die Grenzflächenspannung von Toluol beträgt bei 293 K 0,0284 N/m und die Dichte 0,866 g/cm^3. Wie groß muss der Radius einer Kapillare sein, damit die Steighöhe bei 293 K gerade 1,75 cm beträgt?

Die Flüssigkeit steigt so lange in der Kapillare hoch, bis sich Krümmungsdruck und Schwerkraft gerade die Waage halten. In diesem Fall gilt nach der Young-Laplace-Gleichung mit $R_2 = R_1$ (zu berücksichtigen ist die Kugelkalotte am Ende des zylinderförmigen Rohres):

$$\Delta p = \sigma \cdot \left(\frac{1}{r_1} + \frac{1}{r_2}\right) = \frac{2\sigma}{r} = (\rho_{\text{Wasser}} - \rho_{\text{Luft}}) \cdot g \cdot h \quad \Leftrightarrow \quad r_1 = \frac{2\sigma}{\Delta\rho \cdot g \cdot h} \tag{4.56}$$

$$r_1 = \frac{2 \cdot 0{,}0284\,\frac{N}{m}}{866\,\frac{kg}{m^3} \cdot 9{,}81\,\frac{m}{s} \cdot 0{,}0175\,m} = 3{,}82 \cdot 10^{-4}\,m = 0{,}382\,mm \tag{4.57}$$

Die Kelvin-Gleichung

Betrachten wir den Dampfdruck über einer gekrümmten Oberfläche. Da in einer solchen Oberfläche ein Molekül mit mehr oder weniger Nachbarn in Wechselwirkung tritt, ist auch der Dampfdruck kleiner oder größer je nach Form der Oberfläche.

Betrachten wir ein geschlossenes System aus einem kugelförmigen Flüssigkeitstropfen II und seinem Dampf I (Abb. 4.12). Wir betrachten den Fall $dT = dp = 0$. Dann lautet die Gleichgewichtsbedingung für unser System:

$$dG = \mu_1 dn_1 + \mu_2 dn_2 + \sigma dO = 0 \tag{4.58}$$

Im Gleichgewicht ist $dn_1 = -dn_2$ und damit:

$$\mu_2 = \mu_1 + \sigma \cdot \left(\frac{\partial O}{\partial n_1}\right)_{T,p} \tag{4.59}$$

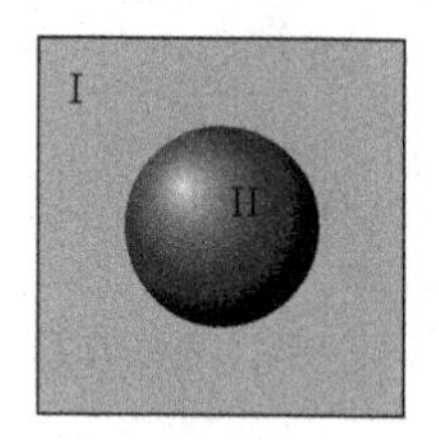

Abb. 4.12 Isoliertes System mit kugelförmigem Tropfen

Für den Tropfen gilt:

$$O = 4\pi r_T^2 \quad V = n_1 V_{\text{mol},1} = \frac{4\pi}{3} r_T^3 \tag{4.60}$$

Dabei ist $V_{\text{mol},1}$ das Molvolumen der flüssigen Phase. Weiter ist:

$$r_T^2 = \frac{3}{4\pi} \cdot \frac{1}{r_T} \cdot n_1 V_{\text{mol},1} \quad \rightarrow \quad O = \frac{3n_1 V_{\text{mol},1}}{r_T} \tag{4.61}$$

Nun gilt (da die Größe der Oberfläche sowohl von der Zahl der Teilchen in dieser Oberfläche als auch von deren Form abhängt):

$$\begin{aligned} \left(\frac{\partial O}{\partial n_1}\right)_{T,p} &= \left(\frac{\partial O}{\partial n_1}\right)_{T,p,r_T} + \left(\frac{\partial O}{\partial r_T}\right)_{T,p,n_1} \left(\frac{\partial r_T}{\partial n_1}\right)_{T,p} \\ &= \frac{3\,V_{\text{mol},1}}{r_T} - \frac{3n_1 V_{\text{mol},1}}{r_T^2} \cdot \left(\frac{\partial r_T}{\partial n_1}\right)_{T,p} \end{aligned} \tag{4.62}$$

Mit $V = n_1 V_{\text{mol},1} = \frac{4\pi}{3} r_T^3$ ist:

$$\left(\frac{\partial n_1}{\partial r_T}\right)_{T,p} = \frac{4\pi r_T^2}{V_{\text{mol},1}} = \frac{4\pi r_T^2 \cdot n_1}{\frac{4\pi}{3} r_T^3} \quad \Rightarrow \quad \left(\frac{\partial r_T}{\partial n_1}\right)_{T,p} = \frac{r_T}{3n_1} \tag{4.63}$$

Setzt man das Ergebnis aus (4.63) in (4.62) ein, erhält man:

$$\left(\frac{\partial O}{\partial n_1}\right)_{T,p} = \frac{3\,V_{\text{mol},1}}{r_T} - \frac{3n_1 V_{\text{mol},1}}{r_T^2} \cdot \frac{r_T}{3n_1} = \frac{2\,V_{\text{mol},1}}{r_T} \tag{4.64}$$

Damit ist mit (4.59)

$$\mu_{\text{II}} - \mu_{\text{I}} = \sigma \cdot \left(\frac{\partial O}{\partial n_1}\right)_{T,p} = \frac{2\sigma V_{\text{mol},1}}{r_T} \tag{4.65}$$

Andererseits gilt: $\mathrm{d}G = \mu_1 \mathrm{d}n_1 + \mu_2 \mathrm{d}n_2 + \sigma \mathrm{d}O = 0$

μ_1 ist das chemische Potenzial der ebenen (reinen) Flüssigkeit beim Gleichgewichtsdruck p_∞ und μ_2 das chemische Potenzial beim Dampfdruck des kugelförmigen Tröpfchens.

Damit gilt:

$$\mu_{\mathrm{II}} - \mu_{\mathrm{I}} = RT \cdot \ln \frac{p}{p_\infty} \tag{4.66}$$

Also folgt:

$$RT \cdot \ln \frac{p}{p_\infty} = \frac{2\sigma V_{\mathrm{mol},1}}{r_T} \quad \Leftrightarrow \quad \boxed{\ln \frac{p}{p_\infty} = \frac{2\sigma V_{\mathrm{mol},1}}{RT \cdot r_T}} \tag{4.67}$$

Gleichung (4.67) ist als *Kelvin-Gleichung* bekannt [Mali12].

Alternative Herleitung der Kelvin-Gleichung

Im Folgenden werden wir die Kelvin-Gleichung auf einem alternativen Weg herleiten. Dazu betrachten wir wieder einen kugelförmigen Tropfen mit Radius r, der sich im Gleichgewicht mit seinem Dampf befindet. Die Energie der Oberfläche pro Flächeneinheit ist gerade σ. Vergrößert man den Radius des Tropfens von r auf $r + \mathrm{d}r$, dann vergrößert sich dessen Oberfläche von $4\pi r^2$ auf $4\pi(r + \mathrm{d}r)^2$. Damit ergibt sich für die Änderung $\mathrm{d}O$ der Fläche:

$$\mathrm{d}O = 4\pi r^2 + 8\pi r \mathrm{d}r + 4\pi(\mathrm{d}r)^2 - 4\pi r^2 \approx 8\pi r \mathrm{d}r \tag{4.68}$$

Damit vergrößert sich die Energie E um:

$$\mathrm{d}E = \sigma \cdot 8\pi r \mathrm{d}r \tag{4.69}$$

Um den Tropfen zu vergrößern, müssen dn mol (reine) Substanz dem Tropfen zugeführt werden. Wir entnehmen diese Menge von einer ebenen Flüssigkeit mit dem Gleichgewichtsdampfdruck p_0 bei der gegebenen Temperatur T und führen sie dem Tropfen zu, der bei gegebenem Radius bei gleicher Temperatur T einen Gleichgewichtsdampfdruck p_T besitzen möge. Die dazu erforderliche Energie (pro mol) beträgt

$$\mathrm{d}E = \mathrm{d}\mu = \mathrm{d}n \cdot RT \cdot \ln \frac{p_T}{p_0} \tag{4.70}$$

Gleichsetzen von (4.69) und (4.70) liefert:

$$\mathrm{d}E = \mathrm{d}\mu = \mathrm{d}n \cdot RT \cdot \ln \frac{p_T}{p_0} = \sigma \cdot 8\pi r \,\mathrm{d}r \tag{4.71}$$

Weiter gilt für die zugeführte Menge Substanz in mol:

$$\mathrm{d}n = \frac{\mathrm{d}m}{M} = \frac{\mathrm{d}V \cdot \rho}{M} = \frac{4\pi r^2 \cdot \mathrm{d}r \cdot \rho}{M} \tag{4.72}$$

Einsetzen in (4.71) liefert:

$$RT \cdot \ln \frac{p_T}{p_0} = \frac{\sigma \cdot 8\pi r \mathrm{d}r \cdot M}{4\pi r^2 \,\mathrm{d}r \cdot \rho} = \frac{2\sigma M}{\rho \cdot r} = \frac{2\sigma \overline{V}}{r} \tag{4.73}$$

Dabei ist M die Molmasse, $\overline{V}$ das Molvolumen und ρ: Dichte.

Wir erhalten somit wieder die *Kelvin-Gleichung* (4.67)!

Betrachten wir noch einmal die Laplace-Gleichung! Danach gilt nach (4.48): $\Delta p = \sigma \cdot \left(\frac{1}{R_1} + \frac{1}{R_2}\right)$. Für eine Kugel gilt $R_1 = R_2$ und damit für den Krümmungsdruck $\Delta p = \frac{2\sigma}{R} \equiv p_K$.

Damit lässt sich die Kelvin-Gleichung notieren in der Form:

$$\boxed{\ln \frac{p}{p_\infty} = \frac{2\sigma \overline{V}}{RT \cdot r_T} = \frac{p_K \cdot \overline{V}}{RT}} \tag{4.74}$$

Aus (4.74) folgt:

Ein System aus Tröpfchen unterschiedlicher Größe kann sich nicht im thermodynamischen Gleichgewicht mit seinem Dampf befinden, da zu jeder Tröpfchengröße ein anderer Gleichgewichtsdampfdruck gehört!

Nach der Kelvin-Gleichung wachsen die großen Tropfen auf Kosten der kleinen, da der Gleichgewichtsdampfdruck der kleinen Tropfen größer ist als derjenige der großen Tropfen. Die Kelvin-Gleichung beschreibt damit den Einfluss der Tröpfchengröße auf die Stabilität von Sprays und Aerosolen.

Betrachten wir als Beispiel die *Wolkenbildung*! Warme, feuchte Luft steigt auf und kühlt sich dabei ab. Bei einer bestimmten Höhe, die gekennzeichnet ist durch die Temperatur, bei welcher der Dampf gesättigt ist, wird der Dampf instabil, und Tropfenbildung findet statt. Die ersten Tröpfchen sind aber so klein, dass deren hoher Dampfdruck dazu führt, dass sie sofort wieder verdunsten!

- Der durch die Kelvin-Gleichung beschriebene Effekt stabilisiert den Dampf, da die Tendenz zur Kondensation durch die Tendenz der kleinen Tropfen zu verdampfen überkompensiert wird.
- *Kinetische Effekte* verhindern die Kondensation, und dies führt dazu, dass der Dampf übersättigt ist.

Die Kelvin-Gleichung erklärt somit, *warum* Dampf übersättigt sein kann! Sie erklärt aber nicht, warum Wolken *überhaupt* existieren!

Andererseits gibt es sehr wohl Wolken, wie jeder aus Erfahrung weiß! Damit gibt es auch einen Mechanismus für deren Entstehung!

- Die Tropfenbildung kann so schnell erfolgen, dass größere Tropfen entstehen, noch bevor diese wieder verdampfen können. Die Wahrscheinlichkeit hierfür ist allerdings gering, und dies ist nicht der dominierende Mechanismus für die Wolkenbildung.
- Es bilden sich Kondensationskeime in Form von geladenen Teilchen oder Staub, an denen die Kondensation stattfindet.

An den Kondensstreifen von Flugzeugen erkennt man, dass es der zweite Mechanismus sein muss, der dominiert. Im Fall der Abgase der Triebwerke sind es kleine

Abb. 4.13 Nebelkammeraufnahme

Rußteilchen sowie ionisierte Gase, an denen das Wasser im übersättigten Zustand der Luft auskondensiert, sodass sich erste Wolken formieren, die – wenn sie sich nicht wieder auflösen – den ganzen Himmel in der mit Wasserdampf übersättigten Luftmasse einnehmen können.

Diese Mechanismen finden auch technische Anwendungen, zum Beispiel bei der *Nebelkammer* (Abb. 4.13). Die Nebelkammer wird zum Nachweis atomarer Teilchen verwendet. Durch den Zusammenstoß mit energiereichen Teilchen werden die Gasmoleküle ionisiert. Durch plötzliches Entspannen des Gases kühlt sich dieses ab, der Taupunkt wird unterschritten, und entlang der Bahn der ionisierten Gasmoleküle kondensiert der Wasserdampf aus, wodurch der Weg der Teilchen, die zum Beispiel aus dem Zerfall von Atomen entstehen, in Form einer Nebelspur sichtbar wird.

Wir betrachten das folgende Beispiel: Wasser hat bei der Temperatur $T = 298\,\text{K}$ die spezifische Grenzflächenspannung $\sigma = 0{,}0715\,\text{N/m}$ und den Gleichgewichts-Dampfdruck $p_\infty = 31{,}7\,\text{mbar}$ ($= 3170\,\text{Pa}$). Die Dichte des Wassers bei 298 K beträgt $997{,}04\,\text{kg/m}^3$.

Welchen Radius muss – zumindest rechnerisch – ein Wassertropfen haben, damit der Dampfdruck oberhalb des Tropfens dreimal so groß ist wie der der ebenen Flüssigkeit? Wie viele Moleküle Wasser befinden sich dann in dem Tropfen? Wie viele Teilchen befinden sich dabei auf der Oberfläche des kugelförmigen Tropfens?

Nach der Kelvin-Gleichung gilt:

$$\ln \frac{p}{p_\infty} = \frac{2\sigma \overline{V}}{RT} \cdot \frac{1}{r_T} \quad \rightarrow \tag{4.75}$$

$$\ln \frac{3p_\infty}{p_\infty} = \ln 3 = 1{,}1 = \frac{2\sigma \overline{V}}{RT} \cdot \frac{1}{r_T} \quad \rightarrow \quad r_T = 1{,}82 \cdot \frac{\sigma \overline{V}}{RT} \tag{4.76}$$

$$V_{\text{mol,H}_2\text{O}} = \frac{1\,\text{m}^3 \cdot 0{,}018\,\frac{\text{kg}}{\text{mol}}}{997{,}08\,\text{kg}} = 18{,}053 \cdot 10^{-10}\,\text{m} \tag{4.77}$$

$$r_T = 1{,}82 \cdot \frac{0{,}0715\,\frac{\text{N}}{\text{m}} \cdot 18{,}053 \cdot 10^{-6}\,\frac{\text{m}^3}{\text{mol}}}{8{,}314\,\frac{\text{Nm}}{\text{mol}\cdot\text{K}} \cdot 298\,\text{K}} = 9{,}5 \cdot 10^{-10}\,\text{m} \tag{4.78}$$

Für das Volumen des Tropfens gilt:

$$r_T = 9{,}5 \cdot 10^{-10}\,\text{m} \quad \rightarrow \quad V_T = \frac{4\pi}{3} r_T^3 = \frac{4\pi}{3} \cdot (9{,}5 \cdot 10^{-10}\,\text{m})^3 = 3{,}57 \cdot 10^{-27}\,\text{m}^3 \tag{4.79}$$

1 m^3 Wasser enthält bei der betrachteten Temperatur

$$\frac{997{,}04\,\frac{\text{kg}}{\text{m}^3}}{18 \cdot 10^{-3}\,\frac{\text{kg}}{\text{mol}}} = 55.391{,}1\,\frac{\text{mol}}{\text{m}^3} \tag{4.80}$$

mol Wasser. Damit sind in dem Tropfen mit dem Ergebnis aus (4.79)

$$55.391{,}1\,\frac{\text{mol}}{\text{m}^3} \cdot 3{,}57 \cdot 10^{-27}\,\text{m}^3 = 1{,}978 \cdot 10^{-22}\,\text{mol} \tag{4.81}$$

Wasser enthalten. Dies entspricht:

$$1{,}978 \cdot 10^{-22}\,\text{mol} \cdot 6{,}022 \cdot 10^{23}\,\frac{\text{Teilchen}}{\text{mol}} = 119\,\text{Teilchen} \tag{4.82}$$

Für das Molvolumen des Wassers gilt mit (4.77)

$$V_{\text{mol,H}_2\text{O}} = 18{,}053 \cdot 10^{-6}\,\frac{\text{m}^3}{\text{mol}} \quad \text{entsprechend } N_A = 6{,}022 \cdot 10^{23}\,\text{Teilchen} \tag{4.83}$$

Für ein einzelnes Teilchen ergibt sich damit ein Volumen von:

$$\frac{V_{\text{mol,H}_2\text{O}}}{N_A} = \frac{18{,}053 \cdot 10^{-6}}{6{,}022 \cdot 10^{23}} = 2{,}998 \cdot 10^{-29}\,\text{m}^3 \tag{4.84}$$

Nehmen wir näherungsweise an, dass jedes Teilchen ein würfelförmiges Volumen beansprucht, dann ergibt sich die Kantenlänge für ein Teilchen und damit für den Flächenbedarf eines Teilchens auf der Oberfläche:

$$l_{\text{Teilchen}} = \sqrt[3]{\frac{V_{\text{mol,H}_2\text{O}}}{N_A}} = \sqrt[3]{2{,}998 \cdot 10^{-29}\,\text{m}^3} = 3{,}1 \cdot 10^{-10} \tag{4.85}$$

$$l_{\text{Teilchen}}^2 = 9{,}65 \cdot 10^{-20}\,\text{m}^2 \tag{4.86}$$

Für die Oberfläche des kugelförmigen Tröpfchens ergibt sich mit dem Resultat aus (4.78):

$$4\pi r_T^2 = 4\pi \cdot (9{,}5 \cdot 10^{-10}\,\mathrm{m})^2 = 1{,}134 \cdot 10^{-17}\,\mathrm{m}^2 \tag{4.87}$$

Damit ergibt sich die Zahl der Wassermoleküle auf der Tropfenoberfläche mit dem Ergebnis aus (4.86) zu:

$$\frac{1{,}134 \cdot 10^{-17}\,\mathrm{m}^2}{9{,}65 \cdot 10^{-20}\,\mathrm{m}^2} = 117{,}5 = 118 \tag{4.88}$$

In diesem extremen Fall befinden sich nahezu alle Moleküle auf der Tropfenoberfläche; die Theorie lässt sich hier nicht mehr anwenden! Bereits der Tropfenradius entspricht größenordnungsmäßig der Ausdehnung eines Wassermoleküls! Insoweit können sich im Inneren des Tropfens auch keine Moleküle mehr befinden!

Schlägt man die Bindungslänge der O–H-Bindungen nach, findet man einen Wert von 95,84 pm und somit den oben berechneten Tropfenradius! Dies zeigt, dass das berechnete Ergebnis sogar noch konsistent ist mit den experimentellen Daten, zumindest was die Anordnung der Teilchen im Tropfen anbetrifft: Im Inneren des Tropfens kann sich kein Teilchen mehr befinden! Verlässliche Aussagen über die Eigenschaften des Tropfens aufgrund der oben durchgeführten Rechnung sollte man aber keinesfalls mehr treffen! Die Bindungsverhältnisse werden in diesem Fall ausschließlich durch die Quantenmechanik des Systems beschrieben, und klassische Mittellungen sind nicht mehr ausreichend.

4.4 Nukleationstheorie

Die Ausführungen im vorhergehenden Abschnitt haben gezeigt, dass die Bildung von Tropfen in einem Dampf oder auch von Kristallen in einer Lösung nicht so einfach erfolgt. In einer sehr reinen kontinuierlichen Phase muss zunächst eine verhältnismäßig hohe Übersättigung entstehen, damit sich die neue Phase überhaupt bilden kann.

Bildet sich eine neue Phase in solch reinen kontinuierlichen Phasen, spricht man von *homogener Nukleation*. Entsteht die neue Phase an feinverteilten Verunreinigungen, an geladenen Teilchen wie im Fall der Bildung der Kondensstreifen an Flugzeugen oder an den Oberflächen der Systemberandung, bezeichnet man die Nukleation als heterogen. Heterogene Nukleation tritt weitaus häufiger auf als homogene Nukleation; im Folgenden wollen wir uns trotzdem mit der homogenen Nukleation beschäftigen, da sie einfacher zu beschreiben ist und die wesentlichen Überlegungen zu Nukleationsprozessen auch hierbei aufgezeigt werden können.

Wir betrachten zunächst die Bildung von Tropfen aus der Gasphase. Aus der Kelvin-Gleichung folgt, dass der Dampfdruck p_T kleiner Tropfen größer ist als derjenige größerer Tropfen oder gar derjenige der ausgedehnten ebenen Flüssigkeit p_∞. Tropfen und kontinuierliche Gasphase unterliegen dem gleichen Druck und der gleichen Temperatur, und wir betrachten das thermodynamische Gleichgewicht.

Das zur Beschreibung solcher thermodynamischer Systeme geeignete thermodynamische Potenzial ist die Gibbs'sche freie Energie. Damit gilt für den Dampf (in den folgenden Gleichungen bezeichnet durch den Index D) und für den Tropfen (in den folgenden Gleichungen bezeichnet durch den Index T):

$$\begin{aligned} G_D &= nG^0 + nRT \cdot \ln p_\infty \\ G_T &= nG^0 + nRT \cdot \ln p_T + 4\pi r^2\sigma \end{aligned} \tag{4.89}$$

Dabei wurde im Fall des Tropfens angenommen, dass dieser mit einer Gasphase im Gleichgewicht ist, welche den für den Tropfen charakteristischen Gleichgewichtsdruck p_T besitzt. Der Term $4\pi r_T^2\sigma$ berücksichtigt die Oberflächenenergie des Tropfens.

Da der sphärisch angenommene Tropfen eine gekrümmte Oberfläche mit dem Krümmungsradius r_T besitzt, ist dessen Dampfdruck größer als der der ebenen Flüssigkeitsoberfläche, und für die Differenz der Gibbs'schen freien Energie gilt:

$$\begin{aligned} \Delta G = G_T - G_G &= \left(nG^0 + nRT \cdot \ln p_T + 4\pi r_T^2\sigma\right) - \left(nG^0 + nRT \cdot \ln p_\infty\right) \\ &= -nRT \cdot \ln \frac{p_\infty}{p_T} + 4\pi r_T^2\sigma > 0 \end{aligned} \tag{4.90}$$

Ein sphärischer Tropfen mit Radius r_T enthält $n = \frac{4\pi}{3}3 \cdot \frac{r_T^3}{\overline{V}}$ mol Teilchen, wobei $\overline{V}$ das Molvolumen der Teilchen bedeutet. Dies in (4.90) eingesetzt, führt zu:

$$\Delta G = -\frac{4\pi RT \cdot r_T^3}{3\overline{V}} \cdot \ln \frac{p_\infty}{p_T} + 4\pi r_T^2 \cdot \sigma \tag{4.91}$$

Nur wenn $\Delta G < 0$ gilt, wird der Tropfen weiter anwachsen. Dazu muss der erste Term in (4.91) und damit der Radius r_T groß genug werden! Ist der Tropfen zu klein, dann ist $\Delta G > 0$, und Kondensation findet nicht statt.

Im Gleichgewicht gilt:

$$\frac{\mathrm{d}\Delta G}{\mathrm{d}r_T} = 0 \quad \Rightarrow \quad r_T^0 = \frac{2\overline{V}\sigma}{RT \cdot \ln \frac{p_\infty}{p_k}} \tag{4.92}$$

Gleichung (4.92) ist wieder die Kelvin-Gleichung! Aber auch die Kelvin-Gleichung setzt allein thermodynamisches Gleichgewicht voraus und ist somit auf alle Systeme im thermodynamischen Gleichgewicht anwendbar.

Es sei noch einmal daran erinnert, dass zu jedem Verhältnis $\frac{p_\infty}{p_k}$ ein Gleichgewichtsradius r_T^0 des Tropfens gehört! Abhängig von diesem Verhältnis erreicht die Funktion ΔG somit genau einen Extremwert!

Betrachten wir als Nächstes die homogene Kristallisation aus der Schmelze. Die Kinetik der Kristallisation hängt ab von Keimbildung und Keimwachstum.

Beide Größen hängen wiederum von der Temperatur ab:

- Je unterkühlter die Schmelze ist, desto mehr Kristallkeime bilden sich.
- Je höher die Temperatur ist, desto schneller verläuft die Diffusion und desto schneller ist das Kristallwachstum.

Wenn die Keimbildungsrate bei starker Unterkühlung besonders hoch ist, die Keimwachstumsgeschwindigkeit aber von der Diffusionsgeschwindigkeit abhängt, die bei hoher Temperatur besonders rasch verläuft, dann muss die Kristallwachstumsgeschwindigkeit als Funktion der Temperatur durch ein Maximum laufen! Es muss somit eine optimale Temperatur für die homogene Kristallisation geben! Empirisch findet man:

$$T_{\text{krist., max}} = (0{,}80 - 0{,}87) \cdot T_{m,0} \tag{4.93}$$

Dabei ist $T_{m,0}$ die Schmelztemperatur des perfekten Kristalls. Die Kinetik der Kristallbildung ist bei vielen technischen Prozessen von immenser Bedeutung, beispielsweise für die Eigenschaften metallischer und polymerer Werkstoffe. Daher soll hier kurz auf die einfachsten kinetischen Theorien der Kristallbildung eingegangen werden!

Wir haben gesehen, dass primäre Keime erst oberhalb einer bestimmten Größe stabil werden! Bei kleinen Keimen trägt die Energie der Oberfläche dazu bei, dass sich diese kleinen Kristalle schnell wieder auflösen. Homogene Keimbildung findet man daher nur bei starker Unterkühlung der Schmelze!

Heterogene Keime werden durch fremde Grenzflächen erzeugt (Staub, Gefäßwände, Fremdkristalle). Man versucht daher, die Kristallisation durch zugesetzte Keimbildner zu steuern, um möglichst homogene Produkte zu erhalten. Die Keimbildner beeinflussen gegebenenfalls auch die Kristallstruktur, das heißt, dem Produkt wird zum Teil die Kristallstruktur der zugesetzten Keime aufgezwungen, woraus sich wieder bestimmte mechanische Materialeigenschaften ergeben.

Generell kann der Kristallisationsprozess in verschiedene Phasen unterteilt werden:

- Während der primären Kristallisation erstarrt die gesamte Probe, der Feststoff enthält – insbesondere im Fall polymerer Werkstoffe – aber noch zahlreiche nichtkristalline Bereiche.
- In der sekundären Kristallisationsphase kristallisieren die nichtkristallinen Bereiche weiter (langsam) aus. Dabei wird der Feststoff dichter, und das Material schrumpft. Will man das Schrumpfen vermeiden, dann
  - muss entweder in der primären Phase die Kristallisation sehr weit fortgeschritten sein oder
  - die Temperatur muss so weit abgesenkt werden, dass die Diffusion so langsam erfolgt, dass die Kinetik der Kristallisation unterdrückt ist.
- In einem dritten Stadium, der *Ostwald-Reifung*, wachsen große Körner auf Kosten der kleinen.

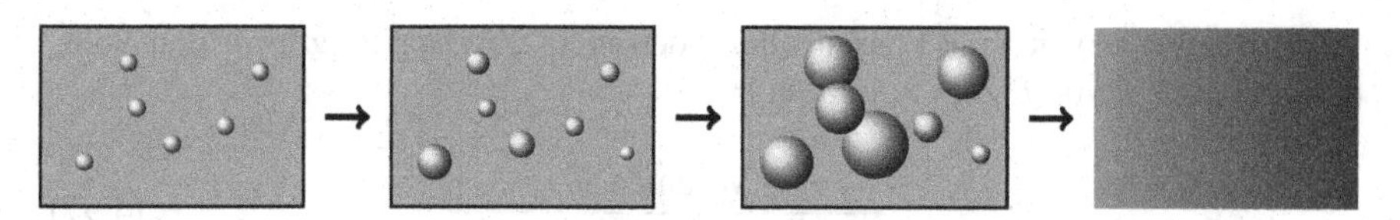

Abb. 4.14 Erstarrung einer Schmelze nach Keimbildung durch Anwachsen und Neubildung von Keimen

Die *Johnson-Mehl-Avrami-Kolmogorow-Gleichung* (JMAK-Gleichung oder kurz *Avrami-Gleichung*) beschreibt den Ablauf der ersten Phase einer Phasen- oder Gefügeumwandlung bei konstanter Temperatur. In dem dieser Theorie zugrunde liegenden Modell werden die Nukleationsrate (Keimbildungsrate) und die Geschwindigkeit des Wachstums der neuen Phase berücksichtigt. Dabei bilden sich zunächst einige Kristallisationskeime. Die Phasenumwandlung setzt an diesen wenigen Kristallisationskeimen ein, um die die neue Phase entsteht, die langsam anwächst. Beim weiteren Anwachsen überlappen die Bereiche der neuen Phase, bis die neue Phase das gesamte Volumen erfüllt. Gleichzeitig mit dem Anwachsen der neuen Phase entstehen auch neue Kristallisationsbereiche. Das Schema einer solchen Erstarrung ist in Abb. 4.14 gezeigt.

Die Modellvoraussetzungen und die Anfangsbedingungen sind damit wie folgt:

- Zu Beginn liegt das System vollständig in der Phase α vor.
- Bei den gegebenen Bedingungen sei β die stabilere Phase.
- Die Nukleationsrate sei $N = \text{const.}$
- Zum Zeitpunkt $t = 0$ liege eine endliche Zahl an Kristallisationskeimen vor (die Phase β existiert noch nicht!).
- Wir gehen von einer linearen Kristallwachstumsgeschwindigkeit v aus, das bedeutet, dass die Kristallkeime kugelförmig anwachsen.

Wir suchen nun nach einer Funktion, die den Anteil der neu gebildeten Phase β am Gesamtsystem als Funktion der Zeit t beschreibt.

Pro Nukleationskeim bildet sich die neue Phase β mit einem Volumen gemäß:

$$V = \frac{4\pi}{3} \cdot r^3 = \frac{4\pi}{3} \cdot (v \cdot t)^3 \tag{4.94}$$

Ein Keim, der zu einem späteren Zeitpunkt τ entsteht, hat entsprechend das Volumen:

$$V' = \frac{4\pi}{3} \cdot r^3 = \frac{4\pi}{3} \cdot v^3 \cdot (t - \tau)^3 \tag{4.95}$$

Die Zahl der Keime, die während des Zeitraums $\mathrm{d}\tau$ entstehen, beträgt pro Volumen:

$$\mathrm{d}n = N\,\mathrm{d}\tau \quad \rightarrow \quad n = \int N\,\mathrm{d}\tau \tag{4.96}$$

Zu Beginn, wo sich die Phasenzellen noch nicht überlappen, gilt für den Volumenbruchteil f von β zum Zeitpunkt t:

$$f = \frac{\text{Volumen } \beta}{\text{Gesamtvolumen } \beta \text{ am Ende}} \tag{4.97}$$

Wir setzen: Gesamtvolumen β am Ende = Gesamtvolumen = 1. Dann ist:

$$f = \sum V' = \sum \frac{4\pi}{3} \cdot v^3 \cdot (t - \tau)^3 \cdot n \tag{4.98}$$

Übergang zum Integral liefert:

$$-f = \sum V' = \frac{4\pi}{3} \cdot v^3 \cdot \int (t-\tau)^3 \cdot N \, d\tau \quad \Rightarrow \quad f = \frac{4\pi}{3} \cdot v^3 \cdot N \cdot \frac{t^4}{4} = \frac{\pi}{3} \cdot N v^3 \cdot t^4 \tag{4.99}$$

Dabei ist zu beachten, dass wir über τ mit negativem Vorzeichen integrieren und daher den Wert $-f$ erhalten!

Gleichung (4.99) gilt nur für kurze Zeiten t, da nicht berücksichtigt ist, dass sich Bereiche überlappen können, wobei die Phase β ja nicht mehr anwächst! Um eine allgemeine Gleichung zu finden, die auch für lange Zeiten t gilt, können wir folgende Überlegung durchführen: Wir suchen eine Gleichung, die für kleine Argumente t die Lösung $f = \frac{\pi}{3} \cdot N v^3 \cdot t^4$ liefert. Andererseits muss die Gleichung für $t \to \infty$ gegen $f \to 1$ laufen. Mit größer werdender Zeit t muss damit die Umwandlung der Phasen zunehmend langsamer verlaufen!

Betrachten wir die Taylor-Entwicklung der Funktion $f = e^{-x}$. Diese Funktion f erfüllt unsere Forderung, für wachsendes Argument x immer kleiner zu werden. Für die Taylor-Entwicklung gilt:

$$\begin{aligned} P(x) &= f(a) + \frac{f'(a)}{1!}(x-a) + \frac{f''(a)}{2!}(x-a)^2 + \ldots + \frac{f^{(n)}(a)}{n!}(x-a)^n + \ldots \\ &= \sum_{n=0}^{\infty} \frac{f^{(n)}(a)}{n!}(x-a)^n \end{aligned} \tag{4.100}$$

Und damit:

$$f(x) = e^{-x} = 1 - x + \frac{1}{2}x^2 \mp \ldots \approx 1 - x \quad \text{(für kleine } x\text{)} \tag{4.101}$$

Wenn wir somit $x = \frac{\pi}{3} \cdot N v^3 \cdot t^4$ setzen, dann erfüllt folgende Gleichung unsere Forderungen:

$$\boxed{f = 1 - e^{-\frac{\pi}{3} \cdot N v^3 \cdot t^4}} \quad \text{Johnson-Mehl-Avrani-Kolmogorow-Gleichung} \tag{4.102}$$

Damit haben wir die gesuchte Gleichung gefunden!

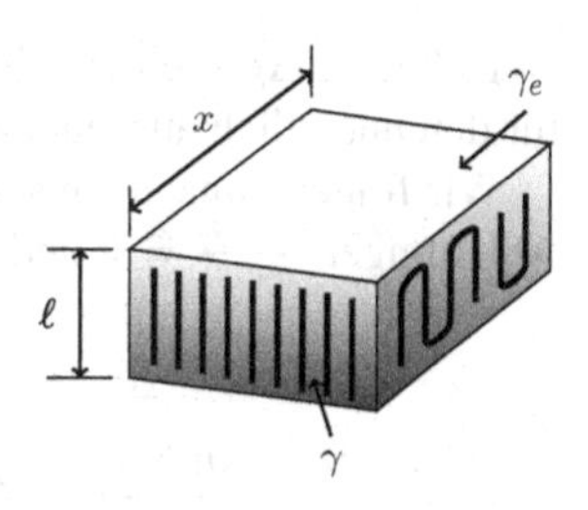

Abb. 4.15 Kristallisation aus Polymerschmelzen

Zu überlegen bleibt noch das Folgende: Wachstumsprozesse auf Oberflächen werden nicht $\propto r^3$ verlaufen, sondern $\propto r^2$! Die Gleichung sollte damit verallgemeinert werden zu:

$$\boxed{f = 1 - \exp(-kt^n)} \quad \text{Johnson-Mehl-Avrani-Kolmogorow-Gleichung} \tag{4.103}$$

Dabei ist n ein numerischer Exponent $1 \leq n \leq 4$ und k eine Konstante, im obigen Beispiel $k = \frac{\pi}{3}Nv^3$.

Zudem sind die Nukleationsrate N und die Kristallisationsgeschwindigkeit v stark temperaturabhängige Größen. n ist unabhängig von der Temperatur, wenn keine Änderung im Keimbildungsmechanismus besteht.

Nach unserem Modell wächst die Zahl der Keime $\propto t$, der Radius der Keime wächst $\propto r^3$. Daraus folgt, dass am Anfang das Gesamtvolumen aller Keime proportional t^4 ansteigt. Später wachsen die Keime zusammen, und das Volumen, in dem neue Keime entstehen können, wird immer kleiner! Daher erfolgt das Anwachsen der β-Phase mit zunehmenden Zeiten stetig langsamer.

Betrachten wir ein Beispiel! Bei Polymeren erfolgt die Kristallisation in der Regel lamellenförmig: Die fadenförmigen Moleküle ordnen sich parallel zu den Ketten, wobei über die Kettenlänge van der Waals-Wechselwirkungen wirksam werden, die das Zusammenlagern der Moleküle zu geordneten Kristallen ermöglichen (Abb. 4.15). Damit Kristallisation eintritt, ist bei metastabilen Systemen die Anwesenheit von Kristallisationskeimen erforderlich.

Wir betrachten einen quaderförmigen Keim. Dieser habe die Höhe l und die obere Fläche x^2. Die Keime entstehen zu Beginn der Kristallisation durch spontane Fluktuationen. Unterhalb der kritischen Keimgröße sind die Keime instabil und lösen sich wieder auf. Dies liegt daran, dass bei solch kleinen Kristallen die Oberflächen der Kristalle einen nicht zu vernachlässigenden Beitrag zur Gesamtenergie des Kristalls leisten, der so groß werden kann, dass sich der Keim wieder auflöst.

An den oberen Kristall- bzw. Keimflächen sind die Moleküle gefaltet und leisten einen anderen Beitrag zur Energie als an den Wachstumsflächen. Berücksichtigt man die unterschiedlichen Flächen, dann ist γ_e die spezifische Oberflächenenergie auf den oberen Flächen, an denen die Polymermoleküle gefaltet sind, und γ ist die spezifische Oberflächenenergie an den Kristallwachstumsflächen. Damit ergibt sich die Gibbs'sche Kristallisationsenthalpie zu:

$$\Delta G = 4xl \cdot \gamma + 2x^2 \cdot \gamma_e - x^2 l \cdot \Delta g \tag{4.104}$$

Dabei ist Δg die Gibbs'sche Schmelzenthalpie (bezogen auf das Molvolumen) für den unendlich ausgedehnten perfekten Kristall.

Wir fragen zunächst nach der kritischen Keimdicke l^*. Diese lässt sich aus den Ableitungen $\frac{\partial(\Delta G)}{\partial x} = 0$ und $\frac{\partial(\Delta G)}{\partial l} = 0$ abschätzen. Es ist:

$$\Delta G = 4xl \cdot \gamma + 2x^2 \cdot \gamma_e - x^2 l \cdot \Delta g \quad \rightarrow$$
$$\frac{\partial(\Delta G)}{\partial x} = 4l^*\gamma + 4x\gamma_e - 2xl^*\Delta g = 0$$
$$\frac{\partial(\Delta G)}{\partial l} = 4x\gamma - x^2\Delta g = 0 \quad \Rightarrow \quad \gamma = \frac{1}{4}x\,\Delta g \tag{4.105}$$

Setzt man das letzte Ergebnis in die erste Ableitung ein, dann ergibt sich:

$$\frac{\partial(\Delta G)}{\partial x} = 4l^* \cdot \gamma + 4x \cdot \gamma_e - 2xl^* \cdot \Delta g = l^*x\,\Delta g + 4x\gamma_e - 2xl^*\,\Delta g$$
$$= -l^*x\,\Delta g + 4x\gamma_e \tag{4.106}$$
$$\Rightarrow \quad l^* = \frac{4\gamma_e}{\Delta g}$$

Im Gleichgewicht gilt für die Schmelzenthalpie am Schmelzpunkt T_m^0:

$$\Delta g = \Delta h - T_m^0\,\Delta s = 0 \tag{4.107}$$

Dabei ist Δh die spezifische Schmelzenthalpie und Δs die spezifische Schmelzentropie.

Aus dieser Beziehung wollen wir nun einen Ausdruck für die kritische Keimdicke l als Funktion der Unterkühlung der Schmelze $\Delta T = T_m^0 - T_c$ herleiten, wobei T_c die Temperatur ist, bei der die Kristallisation erfolgt.

Es ist:

$$\Delta g = \Delta h - T_m^0\,\Delta s = 0 \quad \Rightarrow \quad \Delta s = \frac{\Delta h}{T_m^0} \tag{4.108}$$

Für eine Kristallisationstemperatur $T_c < T_m^0$ ist:

$$\Delta g = \Delta h - T_c\,\Delta s \neq 0 \quad \Delta s = \frac{\Delta h}{T_m^0} \Rightarrow \Delta g = \Delta h - T_c\,\frac{\Delta h}{T_m^0} = \Delta h \cdot \left(1 - \frac{T_c}{T_m^0}\right)$$
$$\Delta T = \Delta T_m^0 - T_c \quad \rightarrow \quad \frac{\Delta T}{T_m^0} = 1 - \frac{T_c}{T - m^0} \quad \rightarrow$$
$$\Rightarrow \quad l^* = \frac{4\gamma_e}{\Delta g} = \frac{4\gamma_e}{\Delta h \cdot \left(1 - \frac{T_c}{T_m^0}\right)} = \frac{4\gamma_e \cdot T_m^0}{\Delta h \cdot \Delta T} \tag{4.109}$$

Dies ist das gesuchte Ergebnis!

4.5 Die Young-Gleichung

Wir betrachten einen Tropfen auf einer Flüssigkeit, beispielsweise einen Öltropfen auf einer Wasseroberfläche (Abb. 4.16).

In diesem Fall entstehen je nach dem Mischverhalten der Flüssigkeiten bis zu drei Grenzflächen, nämlich dann, wenn der Tropfen sich nicht in der Flüssigkeit auflöst oder vollständig auf ihr spreitet:

- Eine Phasengrenzfläche Wasser/Dampf (Index WD)
- Eine Phasengrenzfläche Öl/Dampf (Index OD)
- Eine Phasengrenzfläche Wasser/Öl (Index WO)

Sind die beiden Flüssigkeiten *nicht* miteinander mischbar, dann sind generell drei Fälle denkbar [Nava77]:

- Der Öltropfen verbleibt als Linse auf der Oberfläche. Dieser Fall kommt nur selten vor. Die Oberfläche wird durch das Gewicht des Tropfens eingedrückt, und man muss den Randwinkel $\sigma_{WD} \cdot \cos\theta$ berücksichtigen.
- Die Flüssigkeit spreitet vollständig auf der Oberfläche. Da das System versucht, stets einen Zustand möglichst geringer Energie einzunehmen, ist dies zu erwarten, falls $\sigma_{WD} > \sigma_{OD} + \sigma_{WO}$. In diesem Fall versucht das System, energiereiche Oberflächen möglichst klein zu halten, woraus die Formel resultiert.
  Um zu bewerten, ob Spreitung auftritt oder nicht, definiert man einen *Spreitungsdruck* $\Pi = \sigma_{WD} - (\sigma_{OD} + \sigma_{WO})$. Für Spreitung muss auf jeden Fall $\Pi > 0$ gelten. Je größer der Wert Π für den Spreitungsdruck ist, desto wahrscheinlicher tritt Spreitung auf.
- Die Flüssigkeit spreitet als dünner Film bzw. als monomolekulare Oberfläche, die mit dem überschüssigen Öl als Linse im Gleichgewicht steht; dies ist zu erwarten, falls $\sigma_{Film} > \sigma_{OD} + \sigma_{WO}$. Dieser Fall kommt häufig vor.

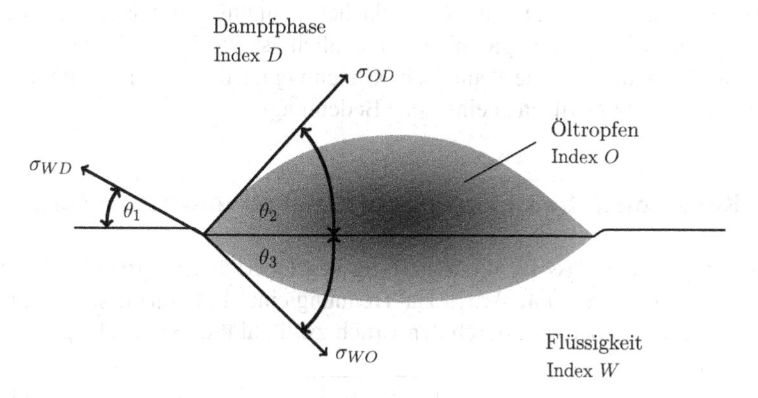

Abb. 4.16 Zur Ableitung der Young-Gleichung

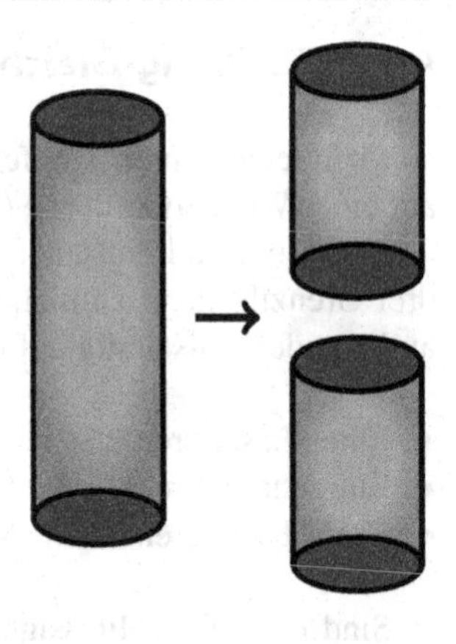

Abb. 4.17 Mahlvorgang

Zu beachten ist, dass die Grenzflächenspannung stets nur entlang der Oberfläche auftritt; es gibt *keine* senkrechten Kraftkomponenten! Da sich der Tropfen zudem auf der Oberfläche nicht bewegt, ergibt sich für das Kräftegleichgewicht mit der Beziehung Kraft = Oberflächenspannung × Länge:

$$F = \sigma \cdot l \quad \rightarrow \quad \sigma_{WD} \cdot \cos\theta_1 = \sigma_{OD} \cdot \cos\theta_2 + \sigma_{WO} \cdot \cos\theta_3 \tag{4.110}$$

Liegt der Tropfen auf einer *festen* Unterlage, dann ist $\theta_1 = \theta_3 = 0$ und damit:

$$\boxed{\sigma_{WD} = \sigma_{OD} \cdot \cos\theta_2 + \sigma_{WO}} \quad \text{Young-Gleichung} \tag{4.111}$$

Die *Young-Gleichung* [Young05, Giri60, March11, Romero93, Evans79] ist von Bedeutung für die Untersuchung des Spreitverhaltens von Flüssigkeiten auf festen Oberflächen. Auch in diesem Fall steht die Flüssigkeit in den meisten Fällen mit einem dünnen Film im Gleichgewicht, *zumindest wenn der Randwinkel kleiner als 90° ist*!

Beispielsweise spreitet Quecksilber auf den meisten Oberflächen nicht, der Randwinkel ist > 90°. Da die Grenzflächenspannung oftmals einer direkten Messung nur schwer oder gar nicht zugänglich ist, besitzen die Methode der Randwinkelmessung und die Young'sche Gleichung bei der Bewertung der Benetzbarkeit von festen Oberflächen eine hohe Bedeutung.

4.6 Kohäsionsarbeit – Zerteilung flüssiger und fester Körper

Wir haben gesehen, dass für die Schaffung von Oberflächen Arbeit aufgewendet werden muss. Die reversible Arbeit zur Trennung einer Flüssigkeitssäule von 1 m^2 Fläche beträgt (hierbei wird durch den Bruch zweimal die Oberfläche geschaffen, Abb. 4.17):

$$\boxed{w_{\text{rev}} = 2\sigma_{LA}} \tag{4.112}$$

Dabei ist σ_{LA} die Grenzflächenspannung der Flüssigkeit L gegen Substanz A.

Diese reversible Arbeit bezeichnet man als *Kohäsionsarbeit*. Die Kohäsionsarbeit ist für die Zerteilung von Flüssigkeiten (Emulsionsherstellung) und Feststoffen (Mahlvorgang) von Bedeutung.

Sollte ein Mahlprozess (wenn möglich) besser an der Luft oder in einer Flüssigkeit durchgeführt werden?

Wenn das Produkt als Trockensubstanz benötigt wird, sollte man, wenn möglich, den Mahlprozess auch an trockener Substanz durchführen, denn die nachfolgende Trocknung ist energieaufwendig und damit teuer!

Wird das Produkt aber ohnehin nachfolgend suspensiert, dann empfiehlt sich die Aufmahlung in der Flüssigkeit! Neben der vermiedenen Staubbildung ist – abgesehen von Viskositätseffekten – zudem der Energieaufwand niedriger, da $\sigma_{S-\text{Luft}} > \sigma_{S-\text{H}_2\text{O}}$ [DasS13, Danner12, Rama11, Lin07].

Betrachten wir als Beispiel die *Sprühtrocknung*. Die Sprühtrocknung oder auch Zerstäubungstrocknung ist ein Verfahren zur Trocknung von Lösungen, Suspensionen und pastösen Massen. Mithilfe einer Düse oder rotierender Zerstäuberscheiben (4000 bis 50.000 Umdrehungen pro Minute) wird das zu trocknende Gut in einen Heißluftstrom eingebracht, der es im Bruchteil einer Sekunde zu einem feinen Pulver trocknet. Das Trockengut wird meist durch einen Zyklonabscheider abgetrennt (Abb. 4.18).

Für empfindliche Stoffe wie Hormone, Vitamine, Proteine und ätherische Öle ist die Sprühtrocknung die Methode der Wahl, und die Kelvin-Gleichung erklärt warum!

Nach der Kelvin-Gleichung gilt: $\ln \frac{p}{p_\infty} = \frac{2\sigma\overline{V}}{RT} \cdot \frac{1}{r_T}$. In der Gleichung ist p_∞ der Dampfdruck der reinen ebenen Flüssigkeit, $\overline{V}$ das Molvolumen und p der Dampfdruck eines Tropfens mit Radius r_T. Die Kelvin-Gleichung besagt, dass mit kleiner werdendem Tropfenradius der Gleichgewichtsdampfdruck ansteigt. Man erhält somit eine raschere Trocknung im Vergleich zur ebenen Flüssigkeit oder die gleiche Trocknungsgeschwindigkeit bei geringerer Temperatur. Aus diesem Grund wendet man insbesondere bei temperaturempfindlichen Stoffen zur Trocknung das Verfahren der Sprühtrocknung an. Weitere Vorteile sind:

- Man erhält ein pulverförmiges Produkt, welches sich leicht (wie ein Fluid) transportieren und dosieren lässt
- Kein Verkleben der Trocknungsprodukte
- Gleichförmige Teilchengröße beim Produkt
- Schnelle Trocknung aufgrund kurzer Diffusionsstrecken und vergleichsweise großer Oberfläche

Bedingt durch den höheren Dampfdruck kleiner Tropfen im Vergleich zu einer ebenen Flüssigkeitsoberfläche verringert sich somit bei der Sprühtrocknung der Energieaufwand zum Trocknen der Substanz. Andererseits gilt auch in diesem Fall der Energieerhaltungssatz: *Die bei der Trocknung eingesparte Energie muss bei der Erzeugung der Tröpfchen aufgebracht werden.* Wir gehen im Folgenden aus von kugelförmigen Tropfen mit einheitlicher Tropfengröße mit Tropfenradius r sowie

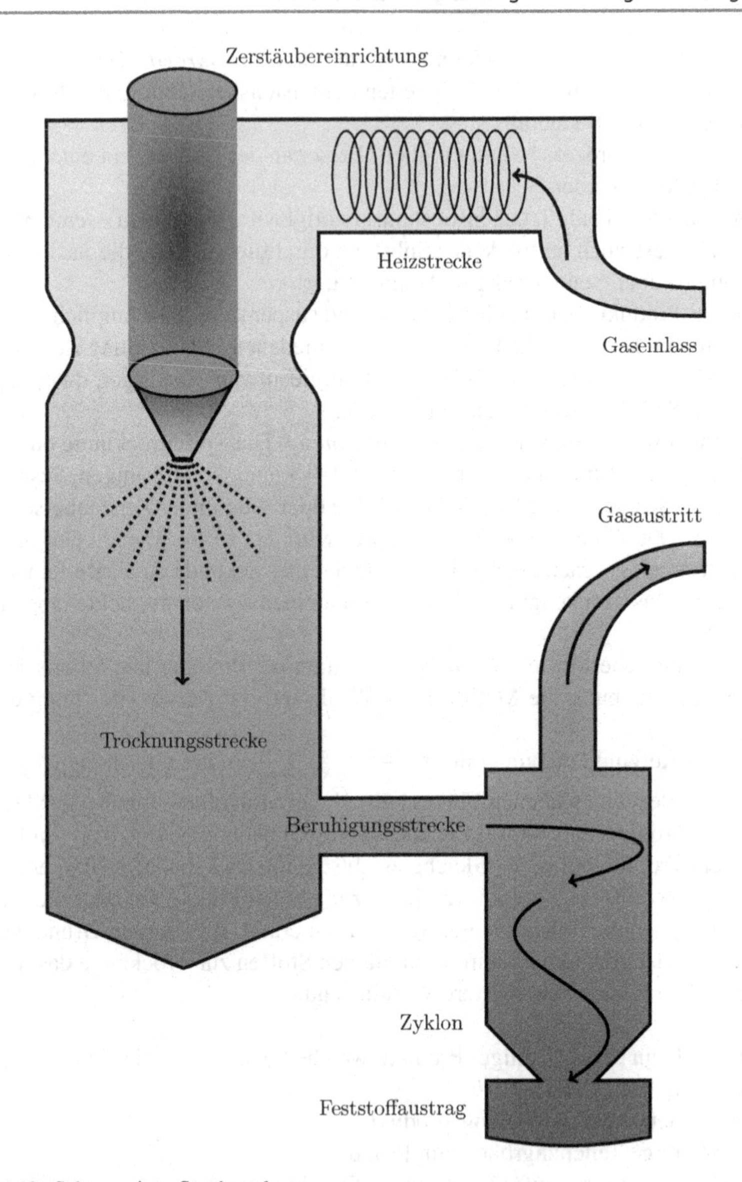

Abb. 4.18 Schema eines Sprühtrockners

einer Grenzflächenspannung σ und schätzen den Energieaufwand zur Erzeugung der Tropfen für eine Masse von 1 kg Substanz ab.

Die Einheit für die Grenzflächenspannung ist [Energie]/[Fläche], also ist: Energie $= \sigma \cdot$ Fläche. Die Aufgabe besteht somit darin, die Größe der Fläche zu berechnen, die aus 1 kg Substanz beim Zerstäuben erzeugt wird. Davon muss die ursprüngliche Substanzfläche abgezogen werden, da diese ja bereits besteht und somit nicht neu erzeugt werden muss. Das Ergebnis muss mit σ multipliziert werden, um die erforderliche Energie zur Erzeugung der Tropfen zu berechnen. In der folgenden Rechnung wird die ursprüngliche Fläche vernachlässigt, da diese viel kleiner als die Gesamtfläche der erzeugten Tropfen ist.

Für das Volumen eines sphärischen Tropfens gilt: $V_T = \frac{4\pi}{3} r_T^3$.

Für die Oberfläche eines solchen sphärischen Tropfens gilt: $O_T = 4\pi r_T^2$

Aus dem vorgegebenen Volumen erhält man somit V/V_T Tropfen. Die für die Erzeugung der Oberfläche erforderliche Energie ergibt sich damit zu:

$$E^\sigma = \text{Anzahl der Tropfen} \cdot \text{Tropfenoberfläche} \cdot \text{Grenzflächenspannung}$$

Also:

$$E^\sigma = \frac{V}{V_T} \cdot 4\pi r_T^2 \cdot \sigma = \frac{3 \cdot m \cdot 4\pi r_T^2}{\rho \cdot 4\pi r_T^3} \cdot \sigma = \frac{3\,\mathrm{m}}{\rho} \cdot \frac{\sigma}{r_T} \tag{4.113}$$

Diese Energie entspricht in etwa der bei der Trocknung eingesparten Energiemenge.

Wie groß wird ein Tropfen, der auf eine Oberfläche fällt? Und um wie viel größer ist der Druck im Inneren eines solchen Tropfens aufgrund der zusätzlich wirkenden Grenzflächenspannung?

Auf eine wasserabweisende (zum Beispiel fettige) Oberfläche tropft Wasser und bleibt dort in Form von Tröpfchen liegen. Wir berechnen die typische Größe eines solchen Wassertropfens! Die Grenzflächenspannung von Wasser beträgt $\sigma = 0{,}073\,\mathrm{N/m}$. Im Folgenden betrachten wir das Gleichgewicht zwischen Grenzflächenspannung und Schwerkraft und gehen näherungsweise von einer sphärischen Symmetrie der Tropfen aus. Wir bilden die Energiesumme der auf den Tropfen wirkenden Kräfte und berechnen das Energieminimum als Funktion des Tropfenradius.

Die Schwerkraft versucht, alle Wassermoleküle auf die tiefstmögliche Position zu bringen, und ohne weitere Kräfte würde sich das Wasser zu einer dünnen Schicht gleichmäßig auf der Oberfläche verteilen. Die van der Waals-Kräfte zwischen den Molekülen, die verantwortlich für die Grenzflächenspannung sind, versuchen, aus dem Tropfen eine einzelne große Kugel zu formen, die dann wie ein Ball auf der Oberfläche liegt. Da Schwerkraft und Grenzflächenspannung miteinander in Konkurrenz stehen, bilden sich statt einem großen Tropfen viele kleine. Das Gleichgewicht zwischen diesen beiden Kräften findet man, indem man zu beiden Kräften die Energien betrachtet und die Energiesumme minimiert.

Wir betrachten einen (sphärischen) Wassertropfen mit Radius r. Dieser besitzt bezogen auf die wasserabweisende Oberfläche die potenzielle Energie $V = mgr$ mit m der Masse eines Tropfens. Damit ist:

$$V = m \cdot g \cdot r = \rho \cdot V \cdot g \cdot r = \rho \cdot \frac{4\pi}{3} r^3 \cdot g \cdot r = \frac{4\pi}{3} \cdot \rho \cdot g \cdot r^4 \tag{4.114}$$

Für die Grenzflächenspannung gilt $\sigma = \frac{\Delta w}{\Delta O}$ mit Δw als der Arbeit, die zur Vergrößerung der Oberfläche um ΔO erforderlich ist.

Betrachten wir den Wassertropfen als entstanden durch Anlagern von Molekülen an einen Tropfen der Oberfläche null, dann ist die dazu aufzuwendende Oberflächenenergie (und damit die in der Oberfläche vorhandene Energie): $w_{\text{Oberfläche}} = O \cdot \sigma = 4\pi r^2 \cdot \sigma$.

Die Energiebeiträge aus der Gravitationsenergie und der Oberflächenenergie wirken gegeneinander, daher müssen die beiden Beiträge voneinander subtrahiert werden. Damit ist:

$$w_{\text{ges.}} = V_{\text{pot.}} - w_{\text{Oberfläche}} = \frac{4\pi}{3} \cdot \rho \cdot g \cdot r^4 - \sigma \cdot 4\pi r^2 \tag{4.115}$$

Die beiden Kräfte wirken in der Weise, dass die Gesamtenergie des Systems minimal wird. Für diesen Fall gilt:

$$\frac{\mathrm{d}}{\mathrm{d}r} w_{\text{ges.}} = \frac{\mathrm{d}}{\mathrm{d}r}\left(\frac{4\pi}{3} \cdot \rho \cdot g \cdot r^4 - \sigma \cdot 4\pi r^2\right) \equiv 0 \rightarrow \frac{16\pi}{3} \cdot \rho \cdot g \cdot r^3 - 2\sigma \cdot 4\pi r = 0 \tag{4.116}$$

Aus (4.116) folgt:

$$r^2 = \frac{8\pi\sigma}{\frac{16\pi}{3}\pi \cdot \rho \cdot g} = \frac{3\sigma}{2 \cdot \rho \cdot g} \quad \rightarrow$$
$$r = \sqrt{\frac{3 \cdot 0{,}073\,\frac{\mathrm{N}}{\mathrm{m}}}{2 \cdot 10^3\,\frac{\mathrm{kg}}{\mathrm{m}^3} \cdot 9{,}80665\,\frac{\mathrm{m}}{\mathrm{s}^2}}} = 0{,}00334\,\mathrm{m} = 3{,}34\,\mathrm{mm} \tag{4.117}$$

Das Ergebnis entspricht in der Tat den Erwartungen [Swain98].

Gemäß der Young-Laplace-Gleichung erhöht sich der Druck im Inneren des Wassertropfens um den Krümmungsdruck. Für diesen gilt mit $r_1 = r_2 = r$ und dem obigen Ergebnis Gleichung (4.117):

$$p_K = \sigma \cdot \left(\frac{1}{r_1} + \frac{1}{r_2}\right) = \frac{2\sigma}{r} = \frac{2 \cdot 0{,}073\,\frac{\mathrm{N}}{\mathrm{m}}}{0{,}00334\,\mathrm{m}} = 43{,}7\,\mathrm{Pa} \tag{4.118}$$

Wird eine Flüssigkeit verdampft, dann werden Teilchen aus der kondensierten Phase durch die Oberfläche in die Dampfphase transportiert, wozu Energie erforderlich ist. Wenn die Grenzflächenspannung Ausdruck der Bindungskräfte in der jeweiligen Phase ist, dann sollte sich aus der erforderlichen Verdampfungswärme die Grenzflächenspannung abschätzen lassen! Wir betrachten dazu eine Substanz, die insbesondere durch van der Waals-Kräfte zusammengehalten wird, beispielsweise Cyclohexan. Die Verdampfungsenthalpie von Cyclohexan beträgt bei 298 K ca. 30 $\frac{\mathrm{kJ}}{\mathrm{mol}}$, die Dichte beträgt 0,78 $\frac{\mathrm{g}}{\mathrm{cm}^3}$ und die Molmasse 84,16 $\frac{\mathrm{g}}{\mathrm{mol}}$.

Wie groß ist damit die Grenzflächenenergie von Cyclohexan? Für die Abschätzung der Grenzflächenenergie gehen wir von einer im Mittel oktaedrischen Koordination der Moleküle in der Flüssigkeit aus. Jedes Molekül ist damit von sechs nächsten Nachbarn umgeben, wobei im Mittel die Bindungen jeweils die gleiche Bindungsenergie aufweisen. Da wir lediglich van der Waals-Kräfte betrachten und diese mit dem Abstand sehr schnell abnehmen, brauchen wir für unsere Abschätzung auch nur die nächsten Nachbarmoleküle zu betrachten! Jedem Nachbarmolekül kommt somit eine mittlere Bindungsenergie von 5 $\frac{\mathrm{kJ}}{\mathrm{mol}}$ zu. Da im Fall der

Teilchen an der Flüssigkeitsoberfläche gerade eine Bindung fehlt, kann die Grenzflächenenergie abgeschätzt werden zu $5\,\frac{\mathrm{kJ}}{\mathrm{mol}}$.

Aus der Oberflächenenergie lässt sich nun die Grenzflächenspannung ableiten. Mit der angegebenen Dichte und der Molmasse von Cyclohexan lässt sich das Volumen berechnen, welches ein Cyclohexanmolekül im Mittel einnimmt. Es ist:

$$a^3 = \frac{M}{\rho \cdot N_A} = \frac{0{,}08416\,\frac{\mathrm{kg}}{\mathrm{mol}}}{780\,\frac{\mathrm{kg}}{\mathrm{m}^3} \cdot 6{,}022 \cdot 10^{23}\,\mathrm{mol}^{-1}} = 1{,}79 \cdot 10^{-28}\,\mathrm{m}^3 \tag{4.119}$$

Daraus ergibt sich die Kantenlänge a des Würfels zu $a = 0{,}564\,\mathrm{nm}$.

Die Grenzflächenspannung ist die Energie der Oberfläche pro Flächeneinheit. Damit ist:

$$\sigma = \frac{\frac{1}{6}\Delta_{\mathrm{Vap}}U}{N_A \cdot a^2} = \frac{5000\,\frac{\mathrm{J}}{\mathrm{mol}}}{6{,}022 \cdot 10^{23}\mathrm{mol}^{-1} \cdot (0{,}564 \cdot 10^{-9}\,\mathrm{m})^2} = 0{,}0261\,\frac{\mathrm{J}}{\mathrm{m}^2} \tag{4.120}$$

Der experimentelle Wert beträgt $\sigma_{\mathrm{exp.}} = 0{,}0255\,\frac{\mathrm{J}}{\mathrm{m}^2}$, die Abschätzung ist also durchaus brauchbar.

Experimentelle Methoden: Messung der Grenzflächenspannung 5

Die Methoden zur Messung der Grenzflächenspannung beruhen entweder auf der Untersuchung des Kräftegleichgewichts zwischen der Oberflächenkraft und anderen mechanischen Kräften oder auf dynamischen Erscheinungen der Oberfläche wie zum Beispiel Oberflächenwellen. Im Folgenden werden wir einige klassische sowie einige modernere Methoden besprechen.

5.1 Blasendruckmethode

Bei der Blasendruckmethode (Abb. 5.1) taucht eine Kapillare in die zu untersuchende Flüssigkeit. Durch die Kapillare wird Luft gepresst, wobei an der unteren Kapillaröffnung eine Blase entsteht, die mit steigendem Druck größer wird und schließlich abreißt und in der Flüssigkeit aufsteigt. Der Kapillardurchmesser beträgt in der Regel $r_K < 0{,}1$ mm. Die Frage lautet nun: Wie groß wird die Blase in Abhängigkeit vom angewandten Druck p_L?

Der maximale Druck ist dann erreicht, wenn die Blase Halbkugelform besitzt. In diesem Fall ist $r_B = r_K$. Wird die Blase größer, reißt sie ab und steigt nach oben. Zu untersuchen ist somit das mechanische Gleichgewicht an der Blase.

Die wirksamen Kräfte bzw. Drücke sind somit:

- Der von außen aufgebrachte Luftdruck p_L
- Der von der Eintauchtiefe der Kapillare abhängige hydrostatische Druck $p_h = z \cdot \rho \cdot g$
- Der kapillare Krümmungsdruck, beschrieben durch die Laplace-Gleichung $\Delta p = \sigma \cdot \left(\frac{1}{r_1} + \frac{1}{r_2}\right)$ mit $r_1 = r_2 = r$ und damit $\Delta p = \frac{2\sigma}{r}$.

Daraus ergibt sich die Bestimmungsgleichung für das Kräftegleichgewicht:

$$\frac{2\sigma}{r_K} + z \cdot \rho \cdot g = p_L \quad \Rightarrow \quad \boxed{\sigma = \frac{1}{2} \cdot r_K \cdot (p_L - z \cdot \rho \cdot g)} \tag{5.1}$$

G.J. Lauth, J. Kowalczyk, *Einführung in die Physik und Chemie der Grenzflächen und Kolloide*, DOI 10.1007/978-3-662-47018-3_5

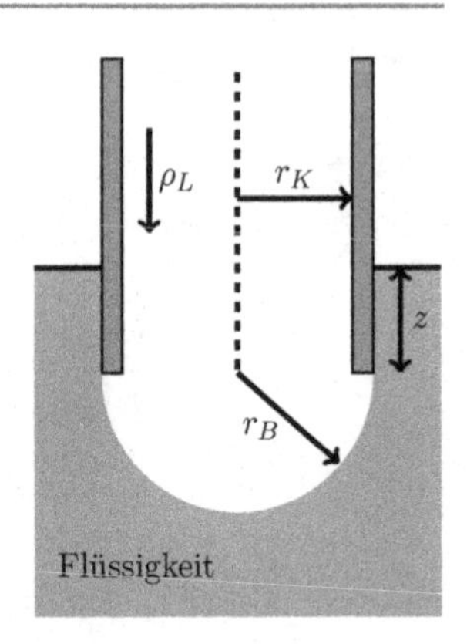

Abb. 5.1 Blasendruckmethode

5.2 Steighöhenmethode

In engen (Glas-)Kapillaren kann eine Flüssigkeit über das außerhalb herrschende Niveau der flüssigen Phasengrenzfläche steigen (Abb. 5.2). Diesen Effekt bezeichnet man als *Kapillaraszension*. Auch der umgekehrte Fall kann eintreten! So findet man zum Beispiel bei Quecksilber, dass in einer Kapillare das Niveau der Phasengrenze unterhalb des Niveaus der Phasengrenzfläche außerhalb der Kapillare liegt, und diese Erscheinung wird als *Kapillardepression* bezeichnet. Welcher der beiden Effekte im jeweiligen Fall auftritt, hängt ab von der Benetzbarkeit der jeweiligen Kapillarwand.

Experimentell findet man, dass die kapillare Hebung oder Senkung umso stärker ist, je enger das Kapillarrohr ist. Wird die Kapillarwand benetzt, breitet sich die Flüssigkeit auf der Festkörperoberfläche aus und vergrößert damit deutlich die Flüssigkeitsoberfläche. Die Grenzflächenspannung wirkt dieser Vergrößerung entgegen, sodass die Flüssigkeit nur bis zu einer gewissen Höhe in der Kapillare aufsteigen kann.

Wir verwenden wieder die Young-Laplace-Gleichung für die Kugelform: $\Delta p = \sigma \cdot \left(\frac{1}{r_1} + \frac{1}{r_2}\right)$ mit $r_1 = r_2 = r$ und damit $\Delta p = \frac{2\sigma}{r}$. In diesem Fall kennen wir aber nicht den Radius der Kugel r_k!

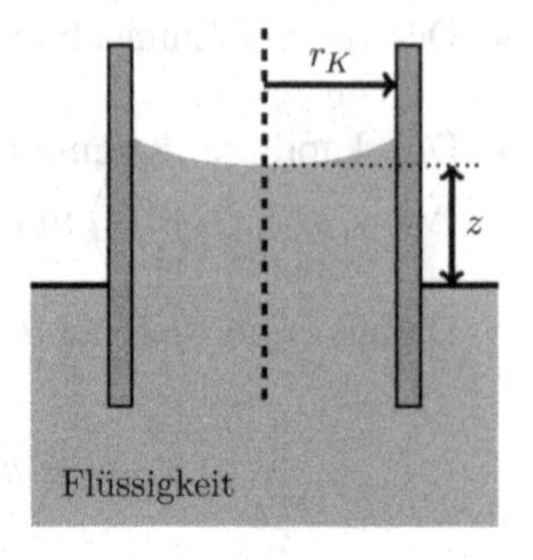

Abb. 5.2 Steighöhenmethode

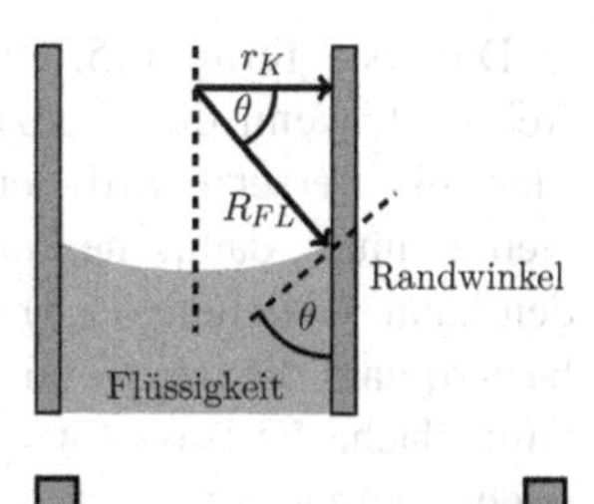

Abb. 5.3 Steighöhenmethode

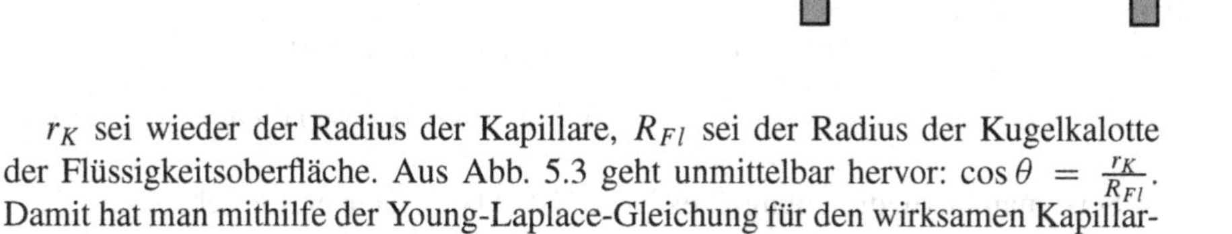

Abb. 5.4 Meniskus

r_K sei wieder der Radius der Kapillare, R_{Fl} sei der Radius der Kugelkalotte der Flüssigkeitsoberfläche. Aus Abb. 5.3 geht unmittelbar hervor: $\cos\theta = \frac{r_K}{R_{Fl}}$. Damit hat man mithilfe der Young-Laplace-Gleichung für den wirksamen Kapillardruck p_K:

$$\Delta p = p_K = 2\sigma \cdot \frac{1}{R_{Fl}} = 2\sigma \cdot \frac{\cos\theta}{r_K} \tag{5.2}$$

Daraus errechnet sich die Kapillarkraft F_K zu:

$$F_K = p_K \cdot r_K^2 \pi = 2\pi r_K^2 \cdot \sigma \cdot \frac{\cos\theta}{r_K} \tag{5.3}$$

Die durch den Kapillardruck ausgeübte Kraft wird kompensiert durch die Gewichtskraft der Flüssigkeitssäule F_G:

$$F_G = r_K^2 \pi \cdot z \cdot g \cdot \Delta\rho \tag{5.4}$$

Im Gleichgewicht ist damit:

$$F_K = F_G \quad \Rightarrow \quad 2\pi r_K \cdot \sigma \cdot \cos\theta = r_K^2 \pi \cdot z \cdot g \cdot \Delta\rho \tag{5.5}$$

Und damit:

$$\boxed{\sigma = \frac{r_K \cdot g \cdot \rho}{2\cos\theta} \cdot z} \tag{5.6}$$

Bei vollständiger Benetzung ist $\theta = 0$.

Die obige Gleichung kann noch korrigiert werden um den Betrag der Gewichtskraft der Flüssigkeit, die oberhalb der Meniskuskrone ist (Abb. 5.4).

Die Steighöhenmethode eignet sich gut zur Bestimmung der Grenzflächenspannung, wenn man einen Randwinkel von null annehmen kann, zum Beispiel bei reinen Flüssigkeiten gegen die Gasphase.

Wir wollen die Berechnung der Steighöhe von Flüssigkeiten in den Kapillaren noch einmal auf einem anderen Weg durchführen! Dazu betrachten wir die Gibbs'sche Energie des Systems:

$$\mathrm{d}G = -2\pi k_K \cdot (\sigma_S - \sigma_{SL}) \cdot \mathrm{d}h + r_K^2 \pi \cdot \rho \cdot g \cdot h \cdot \mathrm{d}h \tag{5.7}$$

Der erste Term in (5.7) beschreibt die Grenzflächenenergie bzw. die Arbeit die frei wird, wenn die Grenzfläche Feststoff-Luft durch die Grenzfläche Feststoff-Flüssigkeit ersetzt wird, der zweite Term beschreibt die Energie, die aufgewendet werden muss, damit die Flüssigkeitsmasse gegen die Schwerkraft angehoben werden kann. Gleichung (5.7) zeigt, dass die treibende Kraft dieses Prozesses darauf basiert, dass die energiereiche Grenzfläche Feststoff-Luft durch die energieärmere Grenzfläche Feststoff-Flüssigkeit ersetzt wird! Im thermodynamischen Gleichgewicht kompensieren sich die beiden Terme gerade, sodass $\mathrm{d}G = 0$ wird. Zugleich erreicht die Funktion $G = G(h)$ ihr Minimum, und es gilt:

$$\frac{\mathrm{d}G}{\mathrm{d}h} = -2\pi k_K \cdot (\sigma_S - \sigma_{SL}) + k_K^2 \pi \cdot \rho \cdot g \cdot h = 0$$
$$\Rightarrow \quad 2(\sigma_S - \sigma_{SL}) = r_K \cdot \rho g h \tag{5.8}$$

Setzt man hierin die Young-Gleichung (4.111) ein, dann ergibt sich:

$$\sigma_S - \sigma_{SL} = \sigma_L \cdot \cos\theta \quad \rightarrow \quad h = \frac{2\sigma_L \cdot \cos\theta}{r_K \cdot \rho \cdot g} \tag{5.9}$$

Damit hat man das aus dem Kräftegleichgewicht abgeleitete Resultat.

Gleichung (5.9) liefert noch ein weiteres Ergebnis! Gemäß der Gleichung steigt die Flüssigkeit nur dann in der Kapillare auf, wenn $\theta < 90°$ gilt, denn in diesem Fall ist $\cos\theta > 0$. Dies wiederum gilt, wenn die Flüssigkeit die Feststoffoberfläche (zumindest teilweise) benetzt. Benetzt die Flüssigkeit *nicht* die Feststoffoberfläche, dann ist $\theta > 90°$, und die Flüssigkeit wird aus der Kapillare hinausgedrängt und kann nur unter Aufwendung zusätzlicher Energie in die Kapillare gedrückt werden; in diesem Fall tritt *Kapillardepression* auf. Kapillardepression findet man beispielsweise im Fall von Glaskapillaren und Quecksilber oder auch bei Kapillaren aus Polymeren mit hydrophoben Gruppen und Wasser. Gewebe aus solchen Kunststoffen weisen somit Wasser ab, und Kleidungsstücke aus entsprechendem Material werden als regenfeste Kleidung angeboten, wobei die Kapillaren in diesem Fall durch die Zwischenbereiche zwischen den einzelnen Fasern bzw. Faserbündeln gebildet werden.

5.3 Drahtbügelmethode

Die Drahtbügelmethode ist eine sehr direkte Methode der Messung der Grenzflächenspannung. Ein Drahtrahmen der Länge l wird in eine benetzende Flüssigkeit getaucht und wieder herausgezogen, wobei eine Flüssigkeitslamelle an ihm hängen bleibt (Abb. 5.5). Die Zugkraft F_Z der Flüssigkeitslamelle wird gemessen. Die auf diese Weise erzeugte Flüssigkeitslamelle hat das Bestreben, die Oberfläche zu minimieren, und damit muss eine von der Art der Flüssigkeit abhängige Kraft aufgewandt werden, um den Drahtbügel festzuhalten.

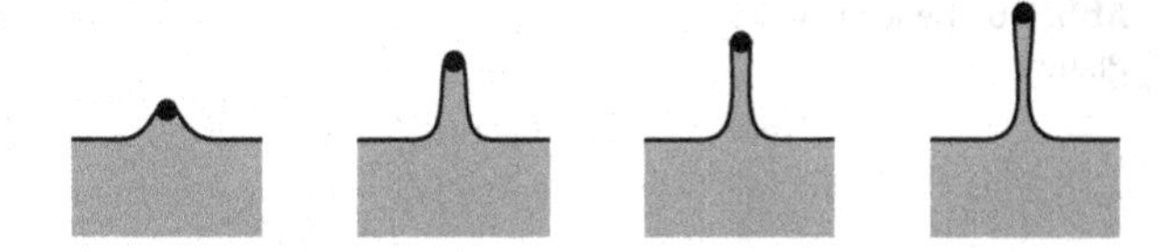

Abb. 5.5 Lamellenbildung bei der Drahtbügelmethode

Die Zugkraft nimmt beim Herausziehen zu, durchläuft ein Maximum und nimmt dann wieder ab, bis die Lamelle abreißt. Die Grenzflächenspannung ergibt sich gemäß:

$$\sigma = \frac{F_z}{2l} \cdot f \tag{5.10}$$

Dabei ist f ein Korrekturfaktor. In (5.10) taucht der Faktor $1/2$ auf, da die Lamelle zwei Oberflächen besitzt, je eine auf jeder Seite der Lamelle.

Das bei der Messung auftretende Kraftmaximum ist direkt proportional zur Grenzflächenspannung. Im Maximum befindet sich die Lamellenoberfläche senkrecht zum Ring, beim weiteren Herausziehen schnürt sie sich ein, sodass die Zugkraft wieder abnimmt. Für die Grenzflächenspannung ergibt sich:

$$\boxed{\sigma = \frac{F_{\max} - m_{\text{Lamelle}} \cdot g}{2l_{\text{Lamelle}}} = \frac{F_{\max} - \rho \cdot V \cdot g}{2l_{\text{Lamelle}}} = \frac{F_{\max} - \rho \cdot \Delta z \cdot l_{\text{Lamelle}} \cdot d \cdot g}{2l_{\text{Lamelle}}}} \tag{5.11}$$

Dabei bedeutet m_{Lamelle} die Masse der Flüssigkeit in der Lamelle, l_{Lamelle} ist die Länge des Drahtbügels, an dem sich die Lamelle ausbildet und d ist die Dicke des Drahtes. In der Bestimmungsgleichung für σ sind damit die Kraft $F_{\max}$ und Δz – das ist die Strecke, um die der Bügel aus der Flüssigkeit gehoben wird bzw. die Höhe der Lamelle – die einzig unbekannten Größen, die bei der Messung bestimmt werden.

Alternativ kann das Verfahren verwendet werden, indem man den Bügel in die Flüssigkeit hineindrückt.

5.4 Wilhelmy-Platten-Methode

Ein dünnes Plättchen aus Glas oder Platin (oder Filterpapier) hängt an einer Waage und wird senkrecht auf eine Flüssigkeitsoberfläche gesetzt. Durch die Benetzung der Platte zieht sich eine Flüssigkeitslamelle nach oben (Abb. 5.6 und Abb. 5.7), und die nach unten wirkende Kraft muss durch die Waage kompensiert werden.

Bei dieser Versuchsanordnung gehen wir von einem zylinderförmigen Meniskus an der Platte aus. Aus der Laplace-Gleichung folgt für die zylinderförmige Oberfläche (Abb. 5.7):

$$\Delta p = \sigma \cdot \left(\frac{1}{r_1} + \frac{1}{r_2}\right) \quad r_2 = \infty \quad \Rightarrow \quad \Delta p = \sigma \cdot \frac{1}{r_z} \tag{5.12}$$

Da wir ferner zwei Grenzflächen haben, gilt $\Delta p = \frac{2\sigma}{r_z}$.

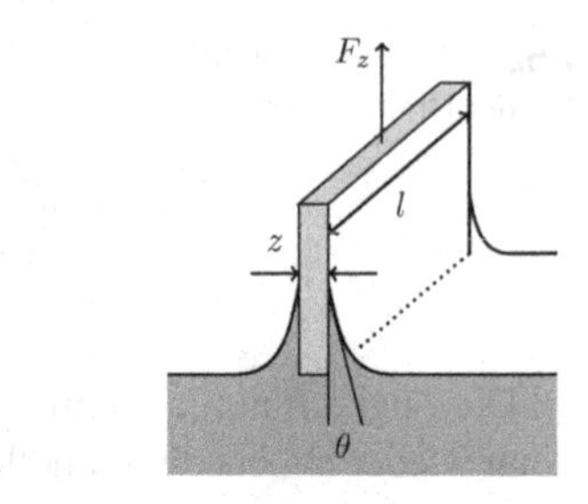

Abb. 5.6 Benetzung der Platte

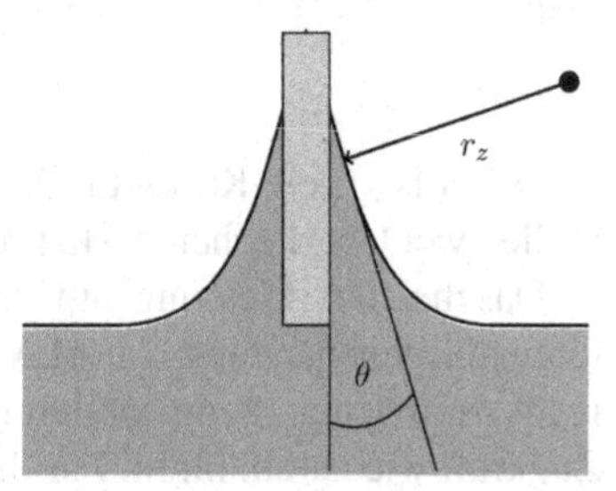

Abb. 5.7 Randwinkel

Im Gleichgewicht wird diese Druckdifferenz durch das Gewicht der Flüssigkeitsmenge kompensiert, die über das Niveau der ebenen Grenzfläche angehoben wird. Aus Symmetriegründen wirkt die Kraft auf die Platte genau senkrecht.

Für den Umfang der Platte gilt $U = 2 \cdot (l + z)$.

Nach Definition für die Grenzflächenspannung gilt

$$\sigma = \frac{m_{\text{Flüssigkeit}} \cdot g}{U} \tag{5.13}$$

bzw. bei unvollständiger Benetzung (Randwinkel > 0°):

$$\boxed{\sigma \cdot \cos\theta = \frac{m_{\text{Flüssigkeit}} \cdot g}{U}} \tag{5.14}$$

Durch Aufrauen der Oberfläche der Platte erreicht man, dass der Randwinkel θ nahezu 0° beträgt. Taucht die Platte in die Flüssigkeit ein, ist zusätzlich der Auftrieb zu berücksichtigen.

5.5 Tropfengewichtmethode

Fließt eine Flüssigkeit aus einer Kapillare aus, dann bildet sich ein Tropfen. Dieser wächst und reißt bei Erreichen einer bestimmten Größe ab. Im Augenblick des Abreißens ist das Tropfengewicht mit der Grenzflächenspannung im Gleichgewicht.

Für das Gewicht des Tropfens F_G gilt: $F_G = V_{Tr} \cdot (\rho_{Tr} - \rho_M) \cdot g$.

Dabei ist ρ_M die Dichte des Mediums, und der Tropfen hängt am Umfang der Kapillare, wobei die Länge des Umfangs $2\pi r_K$ und die Kraft, mit welcher der Tropfen gehalten wird, $F_{Tr} = 2\pi r_K \cdot \sigma$ beträgt. Im Gleichgewicht ist damit:

$$\boxed{V_{Tr} \cdot (\rho_{Tr} - \rho_M) \cdot g = 2\pi r_K \cdot \sigma} \tag{5.15}$$

In der Praxis weicht das Tropfengewicht deutlich vom theoretischen Gewicht ab. Die Gründe für diese Abweichungen sind:

- Vor dem Abreißen kommt es zu einer Einschnürung des Tropfens.
- Der Tropfen durchläuft eine Reihe von instabilen Zuständen, bevor er abreißt.
- Neben dem Haupttropfen bilden sich mehrere kleine Nebentropfen.
- Ein Teil der Flüssigkeit bleibt an der Kapillare haften.

Auch bei dieser Methode sind daher Korrekturen anzubringen. Für die Messung lässt man mehrere Tropfen in ein Gefäß tropfen, zählt die Anzahl der Tropfen und bestimmt deren Masse durch Wiegen. Auf diese Weise erhält man eine durchschnittliche Tropfenmasse [Firth20].

5.6 Oberflächen-Laserlichtstreuung

Frequenz und Intensität von Oberflächenwellen werden bestimmt durch die Grenzflächenspannung und durch die Viskosität.

Die Frequenz des Streulichtes ist durch den Doppler-Effekt infolge Wanderung der Welle gegenüber der Ausgangsfrequenz verschoben. Aus der Frequenz und der Halbwertsbreite der Streustrahlung lassen sich Viskosität und Grenzflächenspannung bestimmen [Nish14, tenH12, Niko04].

5.7 Tropfenkonturanalyse

Die Tropfenkonturanalyse oder auch Methode des hängenden Tropfens ist allgemein unter dem Namen *Pendant-Drop-Methode* bekannt und basiert auf der optischen Vermessung der Tropfenform und Auswertung dieser Form mithilfe der Young-Laplace-Gleichung.

Wir starten somit wieder mit der Young-Laplace-Gleichung $\Delta p = \sigma \cdot \left(\frac{1}{r_1} + \frac{1}{r_2}\right)$ und betrachten einen an einer Kanüle hängenden Tropfen (Abb. 5.8). Bei Abwesenheit der Gravitationskraft würde der Tropfen Kugelform annehmen, da bei der Kugel ein Maximum an Volumen bei minimaler Oberfläche vorliegt. Auf der Erde wirkt auf den Tropfen die Gravitationskraft, was dazu führt, dass sein Schwerpunkt abgesenkt wird und der Tropfen die typische Tropfenform annimmt. Die Oberfläche des Tropfens ergibt sich durch Rotation des Tropfenquerschnitts um die z-Achse (Symmetrieachse).

Wir betrachten den Punkt S auf der Tropfenoberfläche. R_1 und R_2 sind die beiden Radien, welche die Krümmung der Oberfläche im Punkt S beschreiben. Es gilt $x = R_2 \cdot \sin\phi$.

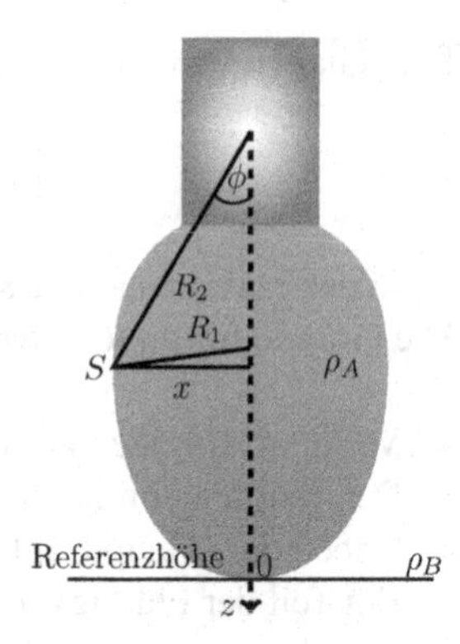

Abb. 5.8 Zur Ableitung der Bashford-Adams-Gleichung

- Wir stellen die Laplace-Gleichung für den untersten Punkt des Tropfens (Apex) auf der z-Achse auf.
  Aufgrund der Rotationssymmetrie muss am unteren Punkt des Tropfens gelten: $R_1 = R_2 = b$. Damit gilt für diesen Punkt mit der Laplace-Gleichung:

$$(\Delta p)_0 = \sigma \cdot \left(\frac{1}{R_1} + \frac{1}{R_2}\right) = \frac{2\sigma}{b} \tag{5.16}$$

- Wir bestimmen den Differenzdruck Δp zwischen den beiden Phasen am Ort S.
  Für den Druck an der Stelle S gilt:
  - Phase A: $p_A = (p_A)_0 - \rho_A \cdot g \cdot z$
  - Phase B: $p_B = (p_B)_0 - \rho_B \cdot g \cdot z$

  Damit ist:

$$(\Delta p)_S = p_A - p_B = (p_A)_0 - (p_B)_0 + (-\rho_A + \rho_B) \cdot g \cdot z = (\Delta p)_0 + \Delta\rho \cdot g \cdot z \tag{5.17}$$

- Wir benutzen die Resultate aus Schritt 1 und 2 zum Aufstellen einer Differenzialgleichung zur Bestimmung der Tropfenform. Gleichung (5.16) eingesetzt in (5.17) liefert:

$$(\Delta p)_S = (\Delta p)_0 + \Delta\rho \cdot g \cdot z = \frac{2\sigma}{b} + \Delta\rho \cdot g \cdot z \tag{5.18}$$

  Mit der Young-Laplace-Gleichung erhalten wir daraus:

$$\boxed{(\Delta p)_S = \sigma \cdot \left(\frac{1}{R_1} + \frac{1}{R_2}\right) = \sigma \cdot \left(\frac{\sin\phi}{x} + \frac{1}{R_1}\right) = \frac{2\sigma}{b} + \Delta\rho \cdot g \cdot z} \tag{5.19}$$

  Gleichung (5.19) ist als *Bashford-Adams-Gleichung* bekannt.

Abbildung 5.9 zeigt ein Kontaktwinkelmessgerät, in Abb. 5.10 ist die Dosier- und Spritzeneinheit vergrößert gezeigt. Die Messung erfolgt so, dass ein Tropfen an einer senkrecht hängenden Kanüle erzeugt wird, der mit einer Videokamera

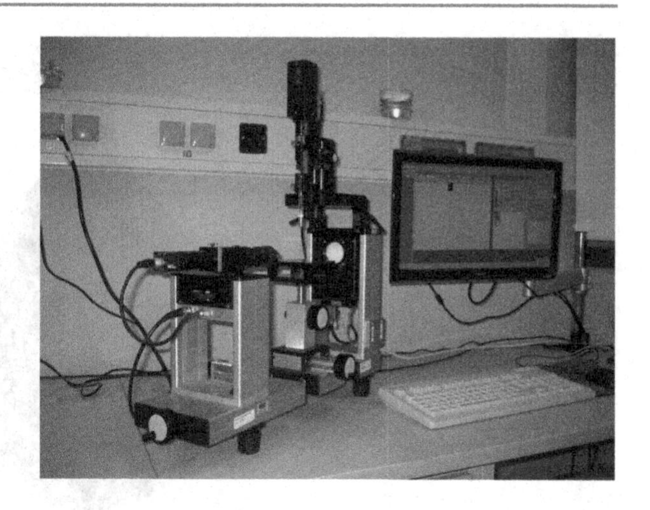

Abb. 5.9 Kontaktwinkelmessgerät

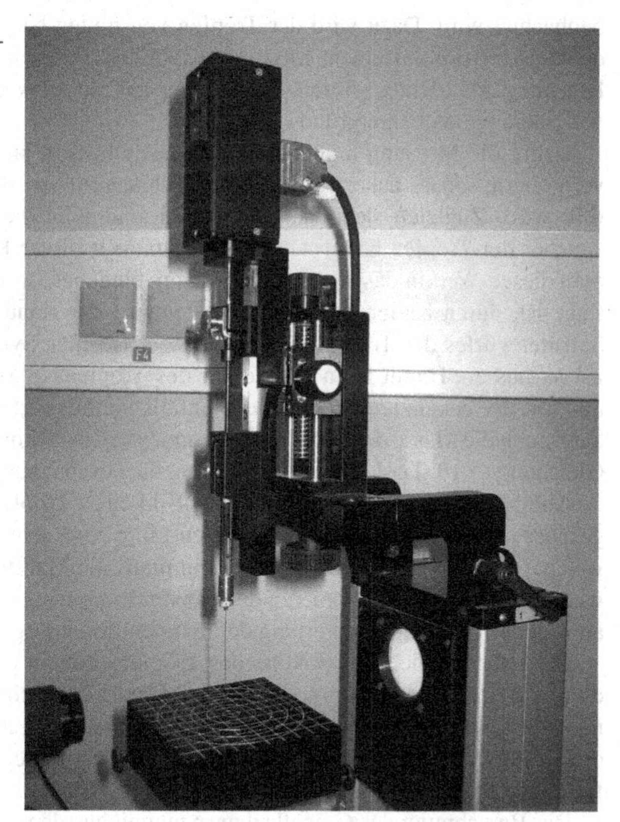

Abb. 5.10 Dosier- und Spritzeneinheit

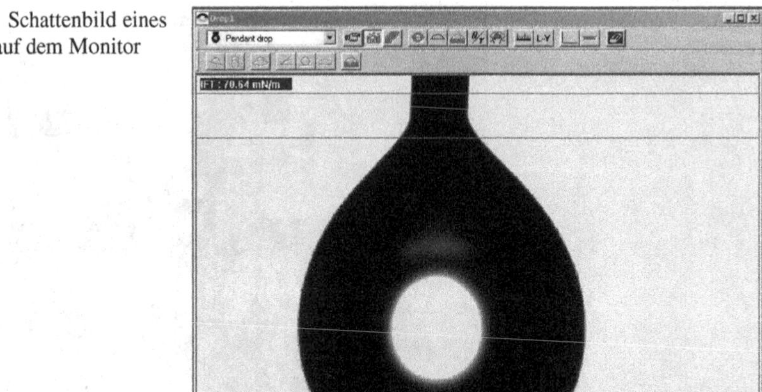

Abb. 5.11 Schattenbild eines Tropfens auf dem Monitor

beobachtet wird. Dazu wird der Tropfen von hinten beleuchtet. Das Bild der Videokamera wird auf einem Monitor abgebildet, und man sieht bedingt durch die Brechung des Lichtes an dem Tropfen die nahezu schwarze Kontur des Tropfens vor einem hellen Hintergrund (Abb. 5.11).

Damit die Messung möglichst genau ausfällt, lässt sich das Bild des Tropfens vergrößern, sodass nahezu der gesamte Bildschirm von der Tropfenkontur ausgefüllt wird. Zugleich sieht man auf dem Kamerabild die Kontur der Kanüle, an welcher der Tropfen hängt. Da der Durchmesser dieser Kanüle bekannt ist, kann man diesen Wert in das Auswerteprogramm eingeben, wodurch der Rechner in der Lage ist, durch Kalibrierung am Schattenwurf der Kanüle den Durchmesser des Schattenwurfes des Tropfens entlang der senkrechten Symmetrieachse quantitativ zu vermessen. Damit kann die Kontur des Tropfens genau ausgemessen werden, und mit der bekannten Dichte, die ebenfalls im Auswerteprogramm hinterlegt ist, kann auch die Masse des Tropfens bestimmt werden. Mithilfe der Bashford-Adams-Gleichung (5.19) lässt sich dann die Grenzflächenspannung berechnen.

Abbildung 5.11 zeigt das (Schatten-)Bild eines Tropfens, wie von der Kamera gesehen. Durch Positionieren der oberen Linie wird dem Programm mitgeteilt, an welcher Stelle die Referenz für die Bestimmung der Maßstabsvergrößerung gewählt werden soll; durch Positionieren der unteren Linie wird dem Programm mitgeteilt, ab welcher Höhe die Auswertung der Tropfenform erfolgen soll.

Der helle Bereich in der Mitte des Tropfens kommt dadurch zustande, dass in diesem Bereich die Krümmung am Tropfen nicht ausreicht, das Licht an der Kamera vorbeizulenken. Daher ist der zentrale Bereich noch ausgeleuchtet. Außerhalb dieses Bereichs wird das von der Lampe kommende Licht an der Optik vorbeigeführt, und der Tropfen erscheint dunkel.

Die Berechnung der Grenzflächenspannung aus dem experimentellen Tropfenprofil ist eine Kombination aus Integration der Laplace-Gleichung und einem nichtlinearen Optimierungsverfahren, bei dem ein theoretisch berechnetes Tropfenprofil an ein experimentelles Tropfenprofil angepasst wird. Als Optimierungsparameter dienen die Krümmung am Apex $b = \frac{1}{R_2}$, die Kapillarkonstante $c = \frac{\Delta\rho \cdot g}{\sigma}$ und die Apex-Koordinaten x_0, z_0 des theoretischen Tropfenprofils sowie die vertikale Verdrehung α, wobei die letzten drei Parameter berücksichtigen, dass die Koordinatensysteme des experimentellen und des theoretisch berechneten Tropfens nicht zwingend übereinstimmen, zum Beispiel bedingt durch eine Störung der Symmetrie der Kanüle [Wade99, Fried14, Shi08, Saad11, Ling11, Kala11].

5.8 Grenzflächenspannung an festen Phasengrenzen

Grenzflächen treten nicht nur bei Flüssigkeiten auf. Insbesondere die Grenzflächeneigenschaften von Feststoffen bilden in Industrie und Technik die Grundlage zur Verbesserung von Produktionsprozessen und Produkteigenschaften. Beispiele sind Färbeprozesse in der Textilindustrie, die maßgeblich vom Benetzungsverhalten der Fasern abhängen, Lacke und Beschichtungssysteme zum Oberflächenschutz und zur besseren Abreinigung der Oberflächen, heterogene Katalysatorsysteme sowie zahlreiche weitere Anwendungen. Große Bedeutung besitzen Grenzflächen zudem in chemischen und biologischen Prozessen, bei denen chemische Reaktionen an Grenzflächen ablaufen, beispielsweise beim Stofftransport durch Zellwände.

Auch in diesem Fall versucht man, die Energie der Oberflächen mittels der Grenzflächenspannung zu beschreiben und die Grenzflächenspannung solcher Systeme zu messen. Grundlage derartiger Messungen ist die Young-Gleichung (4.111).

Bringt man einen Flüssigkeitstropfen auf eine Festkörperoberfläche, dann werden Kräfte zwischen der Flüssigkeit und dem Festsoff wirksam, die bewirken, dass sich der Rand des Flüssigkeitstropfens so lange verschiebt, bis Kräftegleichgewicht herrscht (Abb. 5.12). Dabei verändert sich der Rand- oder Kontaktwinkel θ entsprechend [Lee08].

Bei Feststoffen wird die Grenzflächenspannung meist mit dem Symbol γ (anstelle σ wie im Fall der Flüssigkeiten) bezeichnet, und dieser Notation wollen wir uns im Weiteren anschließen.

Wegen der starren Unterlage brauchen wir lediglich Kraftkomponenten horizontal zur Oberfläche zu berücksichtigen, und im Gleichgewicht gilt wieder:

$$\boxed{\gamma_{SG} = \gamma_{SL} + \gamma_{LG} \cdot \cos\theta} \quad \text{Young-Gleichung} \tag{5.20}$$

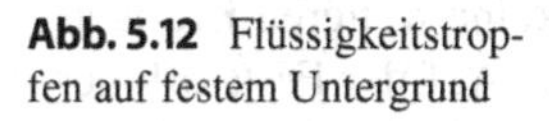
Abb. 5.12 Flüssigkeitstropfen auf festem Untergrund

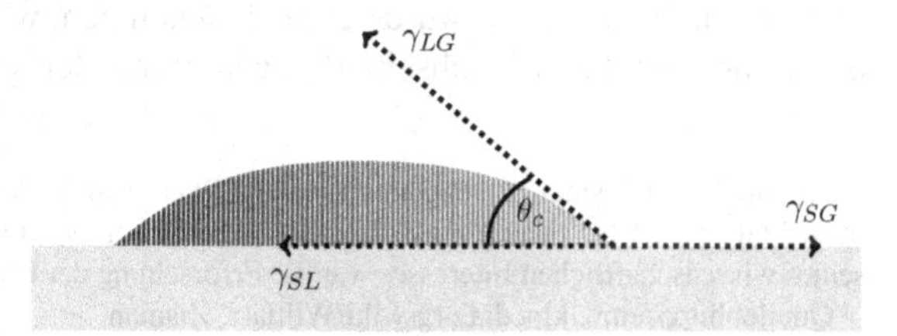

Ist $\theta < 90°$, breitet sich die Flüssigkeit auf dem Festkörper aus. Man bezeichnet diesen Vorgang als *Benetzung*. *Vollständige Benetzung* liegt vor, wenn $\theta = 0$ ist. In diesem Fall ist $\gamma_{SG} = \gamma_{SL} + \gamma_{LG} \cdot \cos\theta$ und daher ein Kräftegleichgewicht unmöglich.

Wasser auf fettfreiem Glas zeigt zum Beispiel einen Randwinkel von ca. 0°. Ist $\theta > 90°$ (im Grenzfall 180°), findet *keine* Benetzung statt. Ab einem Randwinkel von 150° spricht man von einer *Super-Nichtbenetzung*. Beispiele dafür sind Quecksilber auf Glas oder Wasser auf Lotusblättern (Lotuseffekt).

Festkörperoberflächen werden traditionell in „energiereich" und „energiearm" eingeteilt. Festkörper wie Metalle, Gläser und Keramik werden durch starke chemische Bindungen zusammengehalten und haben energiereiche Oberflächen. Der Kontaktwinkel vieler Flüssigkeiten auf derartigen Oberflächen ist sehr klein.

Demgegenüber besitzen Festkörper, welche durch schwache Bindungen zusammengehalten werden (zum Beispiel Kohlenwasserstoffe), energiearme Oberflächen. Je nach Art der Flüssigkeit können sowohl kleine als auch große Kontaktwinkel entstehen.

Durch Bestimmung von Kontaktwinkeln ist über die Young-Gleichung die Größe $\gamma_{SG} - \gamma_{SL}$ zugänglich.

Um eine Aussage über die Grenzflächenspannung γ_S der Festkörperoberfläche zu machen, existieren mehrere Theorien, welche γ_S und γ_{SL} mathematisch verknüpfen.

5.8.1 Methode nach Zisman

Bei der Methode nach William Zisman[1] bestimmt man die kritische Grenzflächenspannung durch Messung des Kontaktwinkels. Ermittelt wird die Grenzflächenspannung, die eine Flüssigkeit haben müsste, um einen Festkörper gerade vollständig zu benetzen. Dazu wird der Kosinus des Kontaktwinkels θ gegen die Grenzflächenspannung der entsprechenden Flüssigkeiten aufgetragen. Der auf $\cos\theta = 1$ (Kontaktwinkel = 0°) extrapolierte Wert der Grenzflächenspannung wird als kritische Grenzflächenspannung γ_c bezeichnet. Eine Flüssigkeit mit diesem γ_L würde somit die Oberfläche gerade vollständig bedecken: man hätte vollständige Spreitung, und die Werte γ bzw. σ wären für den Festkörper und die Flüssigkeit identisch [Kabza00].

Hinter dem Verfahren steht die Idee, dass die Grenzflächenspannung letztlich Ausdruck der intramolekularen Wechselwirkungen ist. Diese Wechselwirkungen zwischen den Teilchen der Flüssigkeit bewirken, dass das System möglichst Kugelform annimmt. Diese würde es auch annehmen, wenn keine weiteren Kräfte als die intramolekularen Wechselwirkungen vorhanden wären! Auf der Feststoffober-

[1] William Albert Zisman (* 1905 in Albany im Staat New York, USA; † 1986 in Silver Spring im Staat Maryland, USA) war ein US-amerikanischer Chemiker und Geophysiker. Ein Schwerpunkt seines wissenschaftlichen Interesses war die Erforschung der Chemie und Physik der Oberflächen. Quelle: http://en.wikipedia.org/wiki/William_Zisman

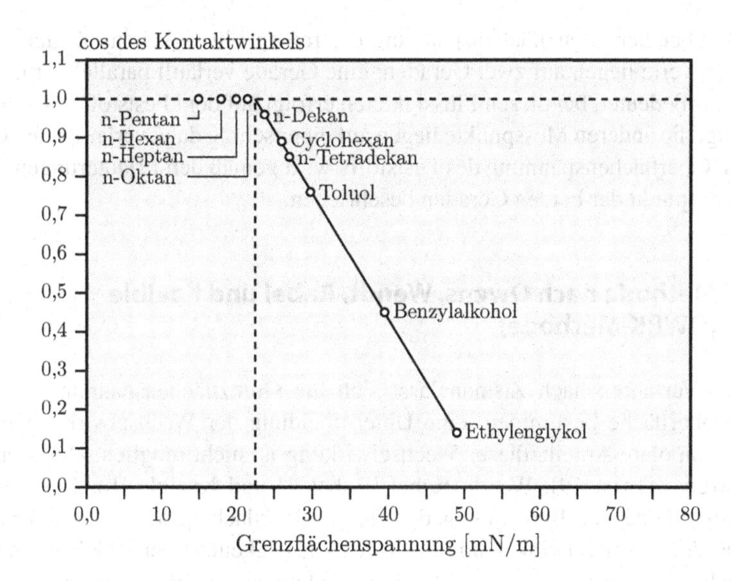

Abb. 5.13 Zisman-Plot

fläche kommen nun noch die Wechselwirkungen mit den Molekülen bzw. Atomen des Feststoffs hinzu.

Sind die Wechselwirkungen innerhalb der Flüssigkeit wesentlich stärker als die Wechselwirkungen zwischen den Teilchen der Flüssigkeit und des Feststoffs, behält die Flüssigkeit letztlich ihre Kugelgestalt, wobei die Kugel unter der Wirkung der Gravitation allerdings abgeplattet wird. In diesem Fall benetzt die Flüssigkeit die Oberfläche nicht!

Die Flüssigkeit auf der Feststoffoberfläche ist bestrebt, eine möglichst geringe Energie zu besitzen. Ist somit die Wechselwirkung zwischen dem Feststoff und der Flüssigkeit wesentlich stärker als die Wechselwirkung der Flüssigkeitsteilchen untereinander, wird die Energie des Systems gerade dann minimiert, wenn möglichst viele Flüssigkeitsteilchen mit dem Feststoff wechselwirken, und die Flüssigkeit spreitet vollständig auf der Oberfläche.

Sind die Wechselwirkungskräfte zwischen den Flüssigkeitsteilchen und zwischen Flüssigkeit und Feststoff gerade gleich groß, ist es den Flüssigkeitsteilchen egal, mit welchen Teilchen sie wechselwirken! Die Gravitation zieht in diesem Fall den Schwerpunkt des Flüssigkeitstropfens nach unten, und auch in diesem Fall spreitet die Flüssigkeit (gerade noch) vollständig auf der Feststoffoberfläche! Grenzflächenspannung von Flüssigkeit und Feststoff sind in diesem Fall exakt gleich. Und diese Idee steht hinter allen Methoden der Messung der Grenzflächenspannung eines Feststoffs mithilfe des Kontaktwinkels eines auf die Feststoffoberfläche aufgebrachten Flüssigkeitstropfens!

Abbildung 5.13 zeigt den Kosinus des Kontaktwinkels verschiedener Flüssigkeiten – gemessen auf der horizontal ausgerichteten Fläche eines Feststoffs – aufgetragen über der Grenzflächenspannung der reinen Flüssigkeiten (Zisman-Plot). Alle Messwerte liegen auf zwei Geraden; eine Gerade verläuft parallel zur unteren Achse, das bedeutet, bei diesen Flüssigkeiten erfolgt auf dem Feststoff vollständige Spreitung, die anderen Messpunkte liegen auf einer schräg dazu verlaufenden Geraden. Die Oberflächenspannung des Feststoffs wird gemäß den Erläuterungen durch den Schnittpunkt der beiden Geraden beschrieben.

5.8.2 Methode nach Owens, Wendt, Rabel und Kaelble (OWRK-Methode)

Mit dem Verfahren nach Zisman lässt sich die Grenzflächenspannung γ_s einer Feststoffoberfläche bestimmen, eine Unterscheidung der Wechselwirkung in polare und unpolare Anteile dieser Wechselwirkung ist nicht möglich. Die Methode nach Owens [Owens69], Wendt, Rabel [Rabel71] und Kaelble [Kael70] ist eine Standardmethode zur Berechnung der freien Oberflächenenergie eines Festkörpers aus dem Kontaktwinkel mit mehreren Flüssigkeiten, bei welcher die freie Oberflächenenergie in einen polaren Anteil und einen dispersiven Anteil unterteilt wird.

Die Theorie von Owens, Wendt, Rabel und Kaelble (OWRK-Theorie) ist damit eine Zwei-Parameter-Theorie, bei der die beiden Parameter gerade der dispersive und der polare Anteil der Oberflächenenergie sind. Die Grenzflächenenergie zwischen den Phasen wird als geometrischer Mittelwert der polaren und dispersen Komponenten der beteiligten Phasen berechnet (GOOD-Gleichung), das heißt, man geht aus von einer Energie der Oberfläche gemäß folgender Beziehung:

$$\boxed{\gamma_{SL} = \gamma_S + \gamma_L - 2 \cdot \left(\sqrt{\gamma_L^{\text{disp.}} \cdot \gamma_S^{\text{disp.}}} + \sqrt{\gamma_L^{\text{polar}} \cdot \gamma_S^{\text{polar}}} \right)} \quad \text{Good-Gleichung} \tag{5.21}$$

Durch Einsetzen von (5.21) in die Young-Gleichung (5.20) erhielten Owens, Wendt, Rabel und Kaelble die folgende Gleichung:

$$\boxed{\underbrace{\frac{\gamma_L \cdot (\cos\theta + 1)}{2 \cdot \sqrt{\gamma_L^{\text{disp.}}}}}_{y} = \underbrace{\sqrt{\gamma_s^{\text{polar}}}}_{a} \cdot \underbrace{\frac{\sqrt{\gamma_L^{\text{polar}}}}{\sqrt{\gamma_L^{\text{disp.}}}}}_{x} + \underbrace{\sqrt{\gamma_S^{\text{disp.}}}}_{b}} \tag{5.22}$$

Man erhält auf diese Weise eine Geradengleichung der Form $y = ax + b$, aus der sich polarer und disperser Anteil der Oberflächenenergie eines Festkörpers aus dem Achsenabschnitt und der Steigung der Trendgeraden bestimmen lassen.

Zur Bestimmung der freien Oberflächenenergie des Festkörpers werden *mindestens* zwei Flüssigkeiten mit jeweils *bekanntem* dispersiven und polaren Anteil der Grenzflächenspannung benötigt, und mindestens eine der Flüssigkeiten muss einen

Tab. 5.1 Disperser und polarer Anteil der Grenzflächenspannungen bei 20 °C [Meichsner03]

Substanz	Grenzflächenspannung [mN/m]		
	Gesamt	Dispers	Polar
Wasser	72,1	19,9	52,2
Dijodmethan	50,0	47,49	2,6
Ethylenglykol	48,0	29,0	19,0
Dimethylsulfoxid	44,0	36,0	8,0
Toluol	28,5	27,2	1,3
Ethanol	22,1	17,5	4,6
n-Oktan	21,6	21,6	0,0
n-Hexan	18,4	18,4	0,0
Cyclohexan	24,9	24,9	0,0

polaren Anteil > 0 besitzen. Der polare Anteil der Wechselwirkung setzt sich zusammen aus:

- Dipol-Dipol-Wechselwirkungen
- Wasserstoffbrückenbindungen
- Lewis-Säure-Base-Wechselwirkungen

Der disperse Anteil der Grenzflächenspannung basiert auf

- van-der-Waals-Wechselwirkungen

Man geht somit aus von einer *völlig unpolaren* Flüssigkeit (Index 2 in Gleichung (5.23)), bei der bekanntermaßen keine polaren Wechselwirkungen vorliegen, und bestimmt deren Grenzflächenspannung; man erhält auf diese Weise $\sigma^{\text{disp.}}$. Die andere Flüssigkeit (Index 1 in Gleichung (5.23)) hat sowohl polare als auch disperse Anteile. Beispielsweise sei:

$$\sigma_1 = \sigma_1^{\text{disp.}} + \sigma_1^{\text{polar}} \qquad \sigma_2 = \sigma_2^{\text{disp.}} \tag{5.23}$$

Dann gilt für die Wechselwirkung bzw. für die zwischen den beiden Flüssigkeiten gemessene Grenzflächenspannung analog zum Ansatz der Good-Gleichung (5.21)

$$\sigma_{12} = \sigma_1 + \sigma_2 - 2 \cdot \sqrt{\sigma_1^{\text{disp.}} \cdot \sigma_2} \tag{5.24}$$

bzw.

$$\boxed{\sigma_1^{\text{disp.}} = \frac{\sigma_2}{4} \cdot (\sigma_1 + \sigma_2 - \sigma_{12})^2} \tag{5.25}$$

Auf diese Art und Weise wurden für zahlreiche Substanzen der polare und der disperse Anteil der Grenzflächenspannung bestimmt und tabelliert. Eine Auswahl ist in der Tab. 5.1 gezeigt.

Die Grenzflächenspannung hängt nach dem Zwei-Komponenten-Modell davon ab, ob polare und dispersive Anteile mit entsprechenden Anteilen der angrenzenden

Phase Wechselwirkungen ausbilden können. Zum Beispiel wird die Grenzflächenspannung gegenüber der polaren Flüssigkeit Wasser kleiner, wenn der Festkörper ebenfalls polar ist. Ist der polare Anteil beim Festkörper hingegen gering, nimmt der Wurzelterm $\sqrt{\sigma_L^{\text{polar}} \cdot \gamma_S^{\text{polar}}}$ einen kleinen Wert an. Die polaren Wechselwirkungen liefern dann nur einen geringen Beitrag zur Verringerung der Grenzflächenspannung, und dies ist verbunden mit einer schlechten Benetzung und einem großen Kontaktwinkel θ.

Die OWRK-Methode wird besonders bei der Untersuchung des Einflusses polarer und dispersiver Wechselwirkungen auf die Benetzbarkeit und Adhäsion verwendet. Vor allem der Kontakt zwischen Oberflächen unterschiedlicher Polarität und der Einfluss der Änderung der Polarität durch Beschichtungen und Oberflächenbehandlungen kann mithilfe der OWRK-Methode untersucht und optimiert werden [Hejda10].

5.8.3 Methode nach Fowkes

Ähnlich wie die OWRK-Methode funktioniert die Methode nach Frederick M. Fowkes [Fowk64]. Auch hier wird die freie Oberflächenenergie eines Festkörpers aus dem Kontaktwinkel mithilfe mehrerer Flüssigkeiten bestimmt, und auch hier wird die freie Oberflächenenergie in einen dispersiven und einen nichtdispersiven Anteil aufgespalten [Subedi01].

Das Verfahren geht ebenfalls aus von der Young-Gleichung $\sigma_S = \gamma_{LS} + \sigma_L \cdot \cos\theta$. Um die freie Oberflächenenergie aus dem Kontaktwinkel berechnen zu können, muss wieder die unbekannte Größe γ_{LS} bestimmt werden.

Bei der Methode nach Fowkes wird die Grenzflächenspannung γ_{LS} anhand der beiden Grenzflächenspannungen σ_S und σ_L und der gleichartigen Wechselwirkungen zwischen den Phasen berechnet. Diese Wechselwirkungen werden als geometrischer Mittelwert eines dispersiven Anteils $\sigma^{\text{disp.}}$ und eines von Fowkes nicht näher beschriebenen nichtdispersiven Anteils $\sigma^{\text{nichtdisp.}}$ der Grenzflächenspannung beschrieben:

$$\gamma_{SL} = \sigma_S + \sigma_L - 2 \cdot \left(\sqrt{\sigma_S^{\text{disp.}} \cdot \sigma_L^{\text{disp.}}} + \sqrt{\sigma_S^{\text{nichtdisp.}} \cdot \sigma_L^{\text{nichtdisp.}}} \right) \tag{5.26}$$

Die Bestimmung der freien Oberflächenenergie des Festkörpers aus Kontaktwinkeldaten erfolgt in zwei Schritten: Zunächst wird der dispersive Anteil mithilfe von mindestens zwei rein dispersiven Flüssigkeiten bestimmt, anschließend der nichtdispersive Anteil mit *mindestens* einer weiteren Flüssigkeit mit polaren Anteilen.

Mit diesem zweiten Schritt geht die Methode nach Fowkes einen ähnlichen Weg wie die OWRK-Methode; letztere bezeichnet den nichtdispersiven Anteil als polaren Anteil und benötigt aufgrund eines anderen Rechengangs nur *zwei* Flüssigkeiten. In der Praxis wird die OWRK-Methode weit häufiger angewandt als die Methode nach Fowkes.

Extended-Fowkes-Methode

Bei der Extended-Fowkes-Methode [Chen97] wird die freie Oberflächenenergie in einen polaren Anteil und einen dispersiven Anteil aufgespalten, wobei für den polaren Anteil zusätzlich ein Wasserstoffbrückenbindungsanteil berücksichtigt wird. Hierbei wird angesetzt:

$$\gamma_{SL} = \sigma_S + \sigma_L - 2 \cdot \left(\sqrt{\sigma_S^{\text{disp.}} \cdot \sigma_L^{\text{disp.}}} + \sqrt{\sigma_S^{\text{polar}} \cdot \sigma_L^{\text{polar}}} + \sqrt{\sigma_S^{\text{H-Br.}} \cdot \sigma_L^{\text{H-Br.}}} \right) \tag{5.27}$$

Zur Bestimmung der freien Oberflächenenergie des Festkörpers werden mindestens drei Flüssigkeiten benötigt, wobei mindestens eine der Flüssigkeiten einen polaren Anteil und eine Flüssigkeit einen Wasserstoffbrückenbindungsanteil > 0 aufweisen muss.

Die Extended-Fowkes-Methode wird selten verwendet. Für die Abschätzung der Adhäsion zweier Phasen ist sie aber von Wert, da Wasserstoffbrückenbindungen im Vergleich zu dispersiven und Dipol-Dipol-Wechselwirkungen größere Bindungsenergien haben. Die Benetzbarkeit eines Festkörpers durch Wasser hängt in hohem Maße von der Fähigkeit des Festkörpers ab, Wasserstoffbrückenbindungen auszubilden.

5.8.4 Methode nach Wu

Auch die Methode nach Wu [Wu71] ist ein Verfahren zur Bestimmung der freien Oberflächenenergie eines Festkörpers aus dem Kontaktwinkel mittels mehrerer Flüssigkeiten; hier wird ebenfalls die freie Oberflächenenergie in einen polaren und einen dispersiven Anteil aufgespalten.

Ausgehend von der Young-Gleichung $\sigma_S = \gamma_{LS} + \sigma_L \cdot \cos\theta$ und ähnlich wie bei der Methode nach Fowkes wird die Grenzflächenspannung γ_{LS} anhand der beiden Grenzflächenspannungen σ_S und σ_L und der gleichartigen Wechselwirkungen zwischen den Phasen berechnet. Diese Wechselwirkungen werden als *harmonischer* Mittelwert eines dispersiven Anteils $\sigma^{\text{disp.}}$ und eines polaren Anteils σ^{polar} der Grenzflächenspannung bzw. freien Oberflächenenergie beschrieben:

$$\gamma_{SL} = \sigma_S + \sigma_L - 4 \cdot \left(\frac{\sigma_L^{\text{disp.}} \cdot \sigma_S^{\text{disp.}}}{\sigma_L^{\text{disp.}} + \sigma_S^{\text{disp.}}} + \frac{\sigma_L^{\text{polar}} \cdot \sigma_S^{\text{polar}}}{\sigma_L^{\text{polar}} + \sigma_S^{\text{polar}}} \right) \tag{5.28}$$

Zur Bestimmung der freien Oberflächenenergie des Festkörpers werden mindestens zwei Flüssigkeiten mit bekannten dispersiven und polaren Anteilen der Grenzflächenspannung benötigt, wobei mindestens eine der Flüssigkeiten einen polaren Anteil > 0 aufweisen muss.

Zur Auswertung wird für *jede mögliche Kombination* zweier Flüssigkeiten eine Gleichung aufgestellt, das heißt, bei Verwendung von n Flüssigkeiten ergeben sich mithin $\frac{1}{2}(n^2 - n)$ Gleichungen mit entsprechend vielen Teilergebnissen. Die resultierende freie Oberflächenenergie ist der arithmetische Mittelwert aus den so gefundenen Teilergebnissen.

Aufgrund der aufwendigen Methode sind die Messergebnisse recht genau. Daher wird das Verfahren in erster Linie für Polymerschmelzen verwendet, also für Materialien mit vorwiegend geringer Grenzflächenspannung der Einzelphasen (bis 40 mN/m).

5.8.5 Methode nach Oss und Good

Die Säure-Base-Methode nach Oss und Good [Good92, Good93, Oss88] ist eine weitere Methode zur Berechnung der freien Oberflächenenergie eines Festkörpers aus dem Kontaktwinkel unter Verwendung mehrerer Flüssigkeiten. Die freie Oberflächenenergie wird in einen dispersiven Anteil sowie einen Lewis-Säurenanteil und einen Lewis-Basenanteil aufgespalten.

Wiederum ist die Grundlage die Young-Gleichung $\sigma_S = \gamma_{LS} + \sigma_L \cdot \cos\theta$, und wiederum besteht die Aufgabe in der Bestimmung der Größe γ_{LS}. In diesem Fall wird die Granzflächenspannung γ_{LS} anhand der beiden Grenzflächenspannungen σ_S und σ_L und der Wechselwirkungen zwischen den Phasen berechnet, wobei diesmal diese Wechselwirkungen als *geometrischer* Mittelwert eines dispersiven Anteils $\sigma^{\text{disp.}}$ sowie der korrespondierenden Säurenanteile σ^+ und Basenanteile σ^- der Grenzflächenspannung bzw. freien Grenzflächenenergie interpretiert werden.

Angelehnt an die Säure-Base-Theorie nach Gilbert Newton Lewis[2] finden polare Wechselwirkungen statt, wenn ein Elektronenakzeptor (+) auf einen Elektronendonator (–) trifft. Entsprechend wird das geometrische Mittel aus den jeweils

[2] Gilbert Newton Lewis (* 23. Oktober 1875 in Weymouth, Massachusetts, USA; † 23. März 1946 in Berkeley (Kalifornien)) war ein US-amerikanischer Physikochemiker. Nach seiner Promotion arbeitete er bei Wilhelm Ostwald in Leipzig und Walther Nernst in Göttingen, bevor er 1901 nach Harvard zurückkehrte. Er beschäftigte sich mit der Speziellen Relativitätstheorie, definierte 1908 den später als relativistische Masse bekannt gewordenen Ausdruck und untersuche die Äquivalenz von Masse und Energie. Zusammen mit Richard C. Tolman führte er 1909 die relativistische Lichtuhr zur Illustration der Zeitdilatation ein. Seine Forschungen auf dem Gebiet der Valenzen eines Atoms und seiner Elektronenhülle schufen die Grundlagen für das Verständnis chemischer Bindungen. Ab 1916 entwickelte er unabhängig von Irving Langmuir die Oktett-Theorie der Valenz. Im Jahr 1926 gab Lewis der kleinsten Einheit (Quant) der elektromagnetischen Strahlungsenergie den Namen „Photon". Außerdem arbeitete er auf den Gebieten der Thermodynamik (Lewis-Zahl, die das Verhältnis des Wärmeübergangs durch Diffusion zum Wärmeübergang durch Wärmeleitung angibt), der Fluoreszenz und der Theorie der Strahlung Schwarzer Körper. Mit der nach ihm benannten Lewis-Säure schuf er 1923 eine Erweiterung des Säure-Base-Begriffs. 1933 stellte er als erster schweres Wasser durch Elektrolyse von gewöhnlichem Wasser her. Lewis war 35 mal für den Nobelpreis nominiert, hat ihn aber nie erhalten. 1946 wurde er tot von einem seiner Doktoranden unter einem Labortisch gefunden. Lewis hatte an einem Experiment mit flüssigem Cyanwasserstoff gearbeitet, das giftige Gas konnte durch eine gebrochene Leitung in den Raum gelangen.

Quelle: http://de.wikipedia.org/wiki/Gilbert_Newton_Lewis

entgegengesetzten Anteilen gebildet:

$$\gamma_{SL} = \sigma_S + \sigma_L - 2 \cdot \left(\sqrt{\sigma_S^{\text{disp.}} \cdot \sigma_L^{\text{disp.}}} + \sqrt{\sigma_S^+ \cdot \sigma_L^-} + \sqrt{\sigma_S^- \cdot \sigma_L^+} \right) \quad (5.29)$$

Zur Bestimmung der freien Oberflächenenergie des Festkörpers werden mindestens drei Flüssigkeiten benötigt: eine rein dispersive Flüssigkeit und zwei Flüssigkeiten mit bekannten sauren und basischen Anteilen. Wasser als Neutralpunkt der Lewis-Sklala sollte auf jeden Fall verwendet werden.

Wir haben uns bereits mit der Wechselwirkung von Flüssigkeiten mit festen Grenzschichten befasst. Im nächsten Abschnitt werden wir uns näher mit Grenzflächenerscheinungen an festen Phasengrenzen beschäftigen.

5.9 Grenzflächenerscheinungen an festen Phasengrenzen

Auch an Festkörperoberflächen haben die Atome an der Oberfläche eine höhere Energie als im Volumen. Anders als in der Flüssigkeit haben aber selbst die Atome an der Oberfläche nicht alle die gleiche Energie. Der energetische Zustand der Teilchen hängt ab von der Kristallfläche, auf der sich die Teilchen befinden, und davon, ob es sich um Flächen, Kanten oder Ecken handelt.

Auch in diesem Fall sind die Wechselwirkungskräfte zwischen den Molekülen nur in Richtung des Phaseninneren abgesättigt, und die Existenz von freien Valenzen führt zur Anreicherung von Molekülen an der Phasengrenze. Diesen Vorgang nennt man *Adsorption* [Dabr01].

Die Adsorption von Teilchen aus einer fluiden Phase auf einer Festkörperoberfläche ist immer mit einer Abnahme an Entropie verbunden. Es gilt:

$$\Delta G = \Delta H - T\,\Delta S < 0 \text{ und } \Delta S < 0 \quad \Rightarrow \quad -T\,\Delta S > 0 \quad \Rightarrow \quad \Delta H < 0 \quad (5.30)$$

Daraus folgt:

- Die Enthalpie der Adsorption ist stets negativ!
- Alle Adsorptionsprozesse verlaufen stets exotherm!

Ist die Adsorption durch Dipolkräfte verursacht, spricht man von *physikalischer Adsorption*. In diesem Fall liegen die Adsorptionswärmen im Bereich der Kondensationswärmen. Treten bei der Bindung „feste“ Bindungen im Sinn einer chemischen Bindung auf, spricht man von *Chemisorption*.

► Die Chemisorptionswärmen liegen etwa eine Größenordnung höher als die Adsorptionswärmen bei physikalischer Adsorption.

Die bei physikalischer Adsorption (Physisorption) und Chemisorption auftretenden Unterschiede sind charakteristisch für den jeweiligen Prozess, sodass sich die Art der Adsorption zum Teil bereits hieraus erkennen lässt. Die wichtigen Charakteristika für die beiden Vorgänge sind in Tab. 5.2 aufgeführt.

Tab. 5.2 Vergleich charakteristischer Eigenschaften von Physisorption und Chemisorption

Physisorption (< 40 kJ/mol)	Chemisorption (400 kJ/mol)
Der Prozess ist vollständig reversibel	Die Reaktion kann irreversibel verlaufen. (Katalysator-Vergiftung)
Die Adsorption kann – monomolekular – multimolekular verlaufen	Die Adsorption verläuft stets monomolekular
Es kann Kondensation in Poren und Kapillaren stattfinden	Die Reaktionen laufen spezifisch ab und sind abhängig von den jeweiligen Reaktionspartnern
Die Adsorption verläuft rasch	Die Reaktion verläuft gegebenenfalls über eine Aktivierungsenergie und kann dadurch vergleichsweise langsam ablaufen

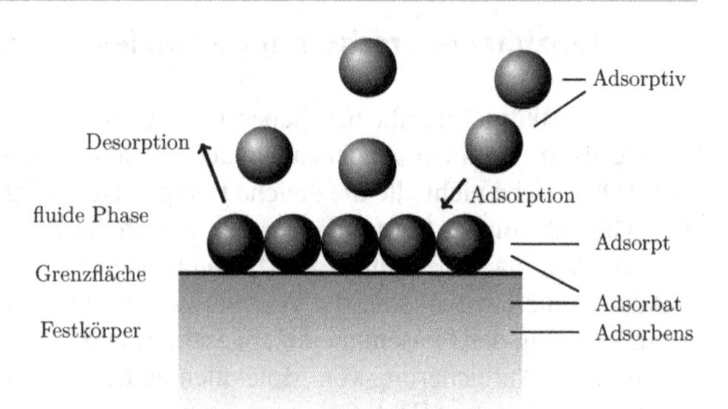

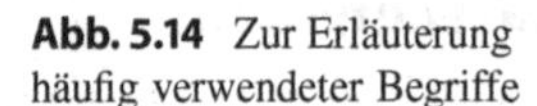
Abb. 5.14 Zur Erläuterung häufig verwendeter Begriffe

Häufig verwendete Begriffe in diesem Zusammenhang sind (siehe hierzu auch Abb. 5.14):

- *Adsorbens*: Adsorbierender Feststoff
- *Adsorptiv*: Zu adsorbierende Teilchen in der fluiden Phase
- *Adsorpt*: Bereits adsorbierte Teilchen aus der fluiden Phase
- *Adsorbat*: Adsorbens + Adsorpt

Die Einteilung der Sorption in Physisorption und Chemisorption kann allerdings nicht allein auf Basis der Bindungsenergien erfolgen! Häufig ist die Physisorption eine Vorstufe zur Chemisorption. Wichtigstes Kriterium für Chemisorption ist die chemische Veränderung des Adsorptivs bzw. des Adsorbens. Auch bei niedrigen Bindungsenergien (zum Beispiel 80 kJ/mol) kann bereits eine Chemisorption vorliegen, während bei anderen Kombinationen noch bei 100 kJ/mol eine Physisorption vorliegt [Utecht14, Barghi14, Dai12, Nguy11, Moc11, Shi10, DeMoor09, Agel09, Zhai08, Li07, Benco03, Lavr98, Cook96, Heid99].

Eine starke Bindung der Adsorptivmoleküle an das Substrat kann dazu führen, dass die intermolekularen Bindungen der adsorbierten Moleküle ganz – nämlich bei

Dissoziation – oder teilweise gelöst werden. Dadurch sind diese Moleküle in einem sehr reaktiven Zustand, und dies wird bei der heterogenen Katalyse ausgenutzt. Das Substrat bezeichnet man in diesem Fall als Katalysator.

Für die Katalysatoreigenschaft bedeutend ist, dass sich das Molekül auf der einen Seite leicht auf der Katalysatoroberfläche anlagert, andererseits müssen die Produktmoleküle leicht wieder desorbiert werden. Verbindungen, die sehr fest an die Oberfläche binden, können die gesamte Oberfläche belegen und damit jede weitere Reaktion unmöglich machen. Solche fest bindenden Substanzen werden wegen dieser Eigenschaft *Katalysatorgift* genannt.

Im Gegensatz zur Chemisorption ist bei der Physisorption die Veränderung des Adsorptivs und Adsorbens gering. Bis auf Relaxationen des Substratgitters finden keine Veränderungen des Adsorbens statt. Im Adsorptiv werden die Bindungen nur leicht verändert. Dies erkennt man an veränderten Schwingungsfrequenzen.

Die vergleichsweise schwache Bindung und insbesondere die unveränderten chemischen Strukturen der physisorbierten Teilchen sind der Grund dafür, dass dieser Prozess prinzipiell reversibel verläuft. Zudem ist in der Regel keine Aktivierungsenergie erforderlich, und der Adsorptionsvorgang verläuft schnell.

Die Oberflächen von Festkörpern sind aus diesem Grund an Luft *immer* mit einer dünnen Schicht aus adsorbierten Stoffen bedeckt. Dies ist insbesondere bei katalytischen Prozessen im Labor zu beachten: Die Oberflächen der Reaktionsgefäße zum Beispiel bei Grignard-Reaktionen sollten stets von anhaftendem Wasser gründlich gereinigt werden, ansonsten dauert es lange, bis die Reaktion anspringt, und die Ausbeuten fallen entsprechend niedrig aus. Auch beim Kaltschweißen von Metallen müssen aus dem gleichen Grund die Oberflächen der Metalle penibel sauber gehalten werden.

Technisch macht man sich die schnelle Adsorption von Gasen an frischen, unbedeckten Oberflächen in Sorptionspumpen zunutze [Lang16]. Dabei scheidet sich das Gas durch Physisorption an der Oberfläche eines Sorptionsmittels ab, welches ständig erneuert werden muss. Als Sorptionsmittel werden häufig Zeolithe oder Aktivkohle verwendet. Bei einer Getterpumpe werden die Gase an einer aufgedampften Metallschicht adsorbiert. Bei der Ionengetterpumpe wird das Gas dabei durch Elektronenstöße ionisiert und durch ein elektrisches Feld zum Sorptionsmittel geleitet. Solche Pumpen erfordern ein gutes Vorvakuum und dienen zur Erzeugung eines Ultrahochvakuums.

Eine weitere Anwendung der Physisorption ist die Luft- oder Wasserreinigung mithilfe von Aktivkohle.

Es wurde bereits erwähnt, dass aufgrund der unregelmäßigen, fraktalen Struktur von Festkörperoberflächen die Bestimmung der *Größe* der Oberfläche vorab einiger Erläuterungen und entsprechender Definitionen bedarf. Wie lang ist die Küste Englands? Auch diese Frage ist nicht einfach zu beantworten und hängt von der Genauigkeit ab, mit welcher der Begriff „Küstenlinie“ festgelegt ist.

Stephen Brunauer legte durch seine Arbeiten den Grundstein zur Bestimmung der Größe von Festkörperoberflächen und entwickelte schließlich die BET-Methode, auf die wir noch zu sprechen kommen werden.

Nach Brunauer[3] können prinzipiell fünf typischen Fälle bei der Adsorption auftreten. Diese fünf Möglichkeiten sind in den Abb. 5.15, 5.16, 5.17, 5.18 und 5.19 gezeigt. Aufgetragen ist jeweils die Menge adsorbierter Moleküle angegeben in Form des adsorbierten Volumens $V_{ads.}$ über der Konzentration beschrieben durch den Druck p.

Die Adsorptionsisotherme vom Typ II (Abb. 5.16) verläuft zunächst analog zu der vom Typ I: Man findet eine starke Zunahme der adsorbierten Menge mit dem Druck, bis die Kurve am Punkt B einen Wendepunkt erreicht. Bis zum Punkt B bildet sich eine monomolekulare Schicht adsorbierter Teilchen aus, anschließend bilden sich Multilayerschichten. Man findet diese Art der Isotherme bei unporösen oder mikroporösen Feststoffen. Die Kurve verläuft bei hohen Drücken gegen unendlich, da in diesem Fall quasi nur noch die reine adsorbierte Substanz vorliegt.

Die Adsorptionsisotherme vom Typ III (Abb. 5.17) ist typisch für eine Adsorption mit geringer Adsorptionswäre (physikalische Adsorption). Adsorption findet nur unter „Zwang" statt gemäß dem *Prinzip des kleinsten Zwanges*, formuliert von Henry Louis Le Chatelier und Karl Ferdinand Braun. Auch bei dieser Adsorptionsisotherme kommt es zur Ausbildung von Multilayerschichten, und die Kurve verläuft bei hohen Drücken wieder gegen unendlich.

Die Adsorptionsisotherme vom Typ IV (Abb. 5.18) beschreibt die Adsorption in Kapillaren im Falle poröser Adsorbentien. Die Adsorption verläuft mit anfänglich starker Wärmetönung bis zur Ausbildung einer monomolekularen Schicht an Adsorptmolekülen. Anschließend folgt die Kondensation dem Prinzip des kleinsten Zwanges. Der Prozess verläuft aber nicht beliebig weiter, sondern endet, wenn die Kapillaren gefüllt sind.

Auch im Fall der Adsorptionsisotherme vom Typ V (Abb. 5.19) wird die Adsorption in den Kapillaren poröser Adsorbenzien beschrieben. In diesem Fall ist die Wärmetönung bei der Ausbildung der monomolekularen Adsorbatschicht nur schwach wie im Falle des Typs III. Die Adsorption verläuft rein unter Zwang und endet, wenn die Kapillaren mit Adsorbat gefüllt sind.

Nach seinen Begründern ist das Prinzip des kleinsten Zwangs auch bekannt als Prinzip von Le Chatelier[4] und Braun[5] (Abb. 5.20).

---

[3] Stephen Brunauer (* 12. Februar 1903 in Budapest; † 6. Juli 1986) war ein ungarisch-amerikanischer Chemiker und wurde vor allem bekannt durch seine Arbeiten auf dem Gebiet der Adsorption und Chemisorption an Oberflächen von Festkörpern.
Quelle: Kenneth S. W. Sing, Langmuir, 1987, 3 (1), pp 2–3

[4] Henry Louis Le Chatelier (* 8. Oktober 1850 in Paris; † 17. Juni 1936 in Miribel-les-Èchelles, Département Isère) war ein französischer Chemiker, Metallurge und Physiker und lieferte wichtige Beiträge zur Thermodynamik.
Quelle: http://de.wikipedia.org/wiki/Henry_Le_Chatelier

[5] Karl Ferdinand Braun (* 6. Juni 1850 in Fulda; † 20. April 1918 in New York) war ein deutscher Physiker und Elektrotechniker. Er erhielt 1909 den Nobelpreis für Physik für seinen Beitrag zur Entwicklung der drahtlosen Telegrafie.
Quelle: http://de.wikipedia.org/wiki/Ferdinand_Braun

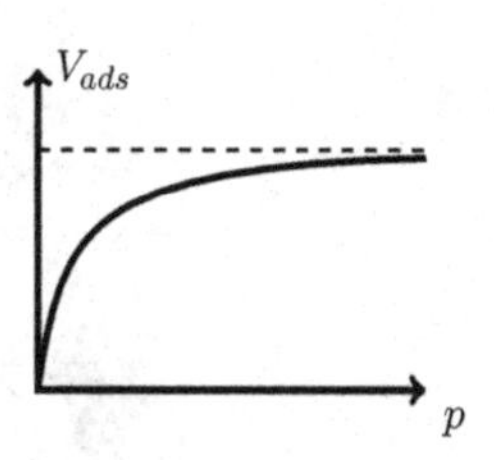

Abb. 5.15 Typ-I-Adsorptionsisotherme

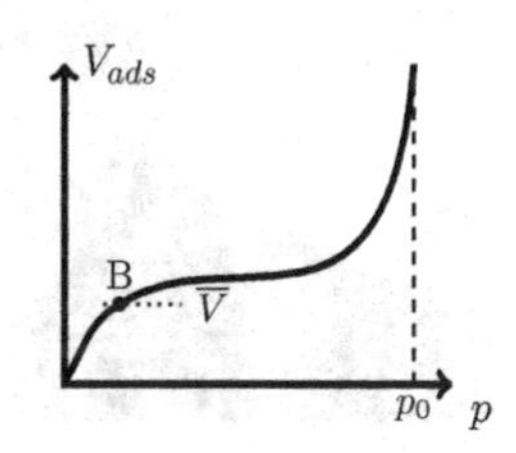

Abb. 5.16 Typ-II-Adsorptionsisotherme

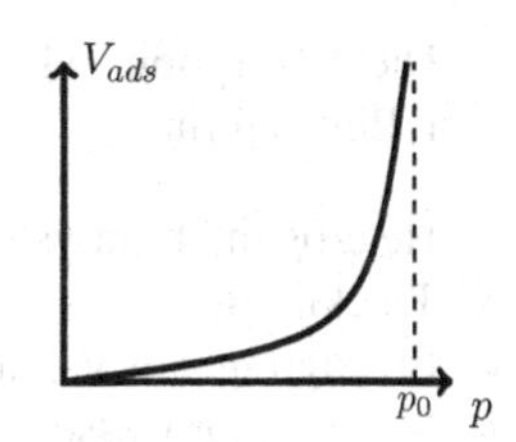

Abb. 5.17 Typ-III-Adsorptionsisotherme

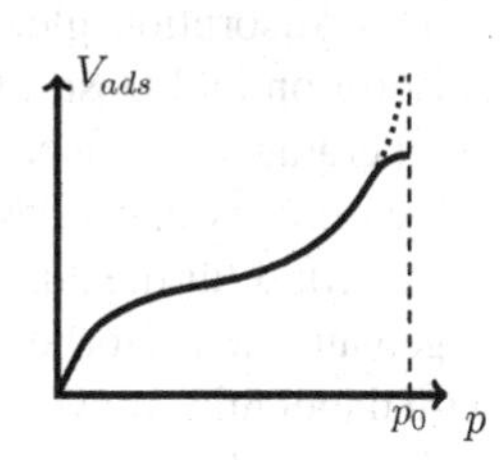

Abb. 5.18 Typ-IV-Adsorptionsisotherme

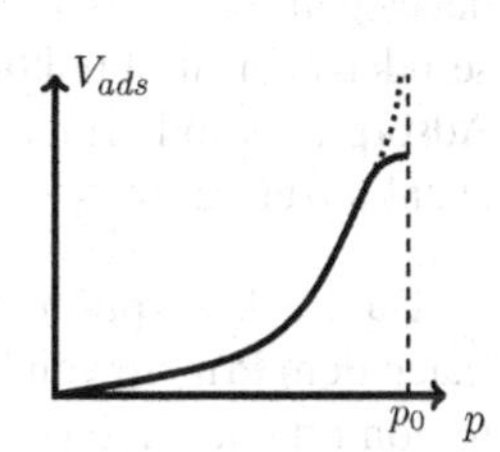

Abb. 5.19 Typ-V-Adsorptionsisotherme

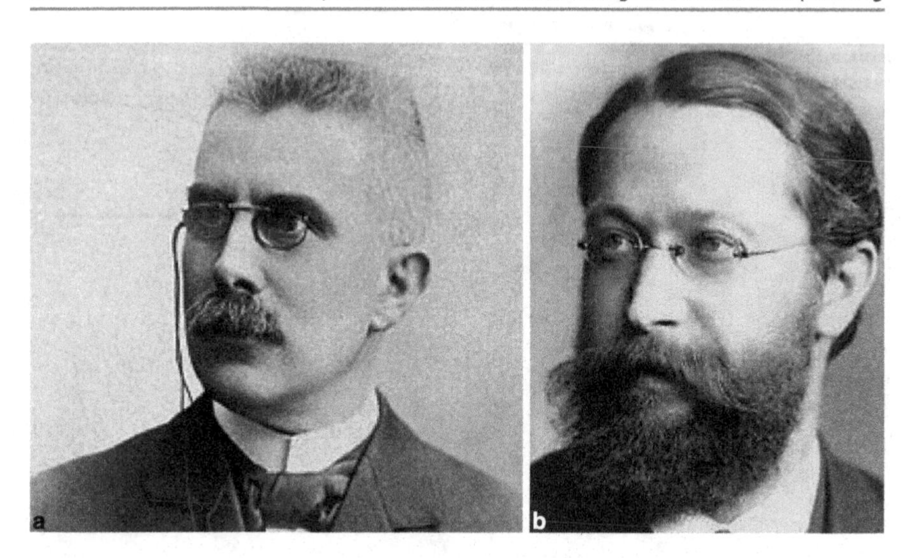

Abb. 5.20 **a** Henry Louis Le Chatelier; **b** Karl Ferdinand Braun

Die Adsorption an festen Oberflächen ist von erheblicher technischer Bedeutung, zum Beispiel für:

- Heterogene Katalyse
- Trocknung
- Erzeugung von Vakuum
- Stofftrennprozesse
- Experimentelle Ermittlung der spezifischen Oberfläche von porösen Materialien.

Das Adsorptionsgleichgewicht ist ein dynamisches Gleichgewicht bestehend aus Adsorption und Desorption. Werden die thermodynamischen Bedingungen Druck, Temperatur und Konzentration in der fluiden Phase geändert, überwiegt einer der beiden Prozesse, bis das Gleichgewicht eingestellt ist.

Als Maß für die adsorbierte Stoffmenge dient die Oberflächenkonzentration bezogen auf die Adsorbensfläche oder auf die Adsorbensmasse. Die Adsorbensfläche wird dabei mithilfe von Standardsubstanzen gemessen, zum Beispiel mit Stickstoff.

Da die Messungen in der Regel bei konstanter Temperatur durchgeführt werden, spricht man von *Adsorptionsisothermen*. Die Oberflächenkonzentration wird dabei gemessen als Funktion der Konzentration der Teilchen in der fluiden Phase oder aber als Funktion des Druckes (wie in den oben aufgeführten Brunauer-Adsorptionsisothermen-Typen angegeben): $k_i = f(c_i)$; $k_i = f(p_i) k_i =$ Oberflächenkonzentration:

► Da die Adsorption an Phasengrenzen stets ein exothermer Prozess ist, gilt stets (nach dem Prinzip von Le Chatelier und Braun) auch, dass die Oberflächenkonzentration im Gleichgewicht bei geringer Temperatur höher ist als bei hoher Temperatur.

Um die Prozesse bei der Adsorption bzw. Desorption auf der Oberfläche zu verstehen, wurden verschiedene Modelle entwickelt. Diese unterscheiden sich hinsichtlich folgender Punkte:

- Monomolekulare vs. multimolekulare Bedeckung des Adsorbens
- Vollständige Auffüllung der Schicht vs. unvollständige Bedeckung
- Berücksichtigung lateraler Wechselwirkungen zwischen den Teilchen innerhalb einer Schicht
- Wechselwirkungen zwischen den Teilchen in unterschiedlichen Adsorptionsschichten.

Bei mehreren Adsorptiven müssen Konkurrenzadsorption und gegebenenfalls auch Nichtidealität des Fluids berücksichtigt werden.

Im Folgenden werden wir die wichtigsten Modelle und Auswerteverfahren hinsichtlich der Adsorptionsisothermen näher betrachten.

5.10 Adsorptionsisotherme nach Langmuir

Das Modell von Irving Langmuir[6] (Abb. 5.21) ermöglicht ein einfaches Verständnis der Prozesse und soll daher zuerst besprochen werden, obwohl es historisch nicht das erste Modell ist. Folgende Annahmen liegen dem Modell zugrunde [Lang40, Lang39, Lang34, Lang33]:

- Auf der Oberfläche des Adsorbens gibt es Plätze, an denen ein Teilchen gebunden werden kann.

Abb. 5.21 Irving Langmuir

[6] Irving Langmuir (* 31. Januar 1881 in Brooklyn, New York; † 16. August 1957 in Woods Hole, Massachusetts) war ein US-amerikanischer Chemiker und Physiker.
Quelle: http://de.wikipedia.org/wiki/Irving_Langmuir

- Alle diese Adsorptionsplätze sind äquivalent.
- Die Wahrscheinlichkeit, dass ein Teilchen an eine bestimmte Stelle bindet, hängt nicht davon ab, ob Nachbarplätze besetzt sind oder nicht.

Dies vorausgesetzt, betrachten wir die folgende Reaktionsgleichung:

$$A_{\text{gas}} + M_{\text{Surface}} \underset{k_d}{\overset{k_a}{\rightleftharpoons}} AM \tag{5.31}$$

Die Größe der Oberfläche ist begrenzt, und es existieren N Plätze, an denen sich Teilchen anlagern können.

Das Modell nach Langmuir geht davon aus, dass die Reaktionsgeschwindigkeit für die Adsorption von Folgendem abhängt:

- Druck p des Adsorptivs
- Zahl der noch freien Plätze auf der Oberfläche des Adsorbens
- Beendigung der Reaktion, wenn alle Plätze besetzt sind (Ausbildung einer Monolage).

Der Bedeckungsgrad θ ist der Quotient aus der Zahl besetzter Plätze dividiert durch die Gesamtzahl N aller vorhandenen Plätze. Damit ergibt sich für die Zahl noch freier Plätze: $N - \theta N = N(1 - \theta)$. Gemäß des obigen Modells ergibt sich damit für die Reaktionsgeschwindigkeit:

$$\text{Für die Adsorption: } \frac{\mathrm{d}\theta}{\mathrm{d}t} = k_a \cdot p \cdot N\,(1 - \theta)$$

$$\text{Für die Desorption: } \frac{\mathrm{d}\theta}{\mathrm{d}t} = k_d \cdot N \cdot \theta$$

Im Gleichgewicht sind die Geschwindigkeiten von Adsorption und Desorption gleich:

$$k_a \cdot p \cdot N(1 - \theta) = k_d \cdot N \cdot \theta \tag{5.32}$$

$$\Rightarrow \quad \frac{k_a}{k_d} \cdot p \cdot (1 - \theta) \equiv K \cdot p \cdot (1 - \theta) \quad \text{mit } K = \frac{k_a}{k_d}$$

$$K \cdot p = \theta + K \cdot p \cdot \theta \quad \Rightarrow \quad \boxed{\theta = \frac{Kp}{1 + Kp}} \tag{5.33}$$

Die Auswertung der Messung geschieht wie folgt: Gemessen wird jeweils der Druck und das zugehörige adsorbierte Volumen an Adsorpt. Dabei lässt sich der Bedeckungsgrad ausdrücken gemäß $\theta = \frac{V}{V_\infty}$, wobei V_∞ das adsorbierte Volumen bei vollständiger (unimolekularer) Beladung darstellt. Damit erhält man:

$$K \cdot p = \theta + K \cdot p \cdot \theta \quad \Rightarrow \quad Kp\frac{V}{V_\infty} + \frac{V}{V_\infty} = Kp \quad \Leftrightarrow \quad \boxed{\frac{p}{V} = \frac{1}{V_\infty}p + \frac{1}{KV_\infty}} \tag{5.34}$$

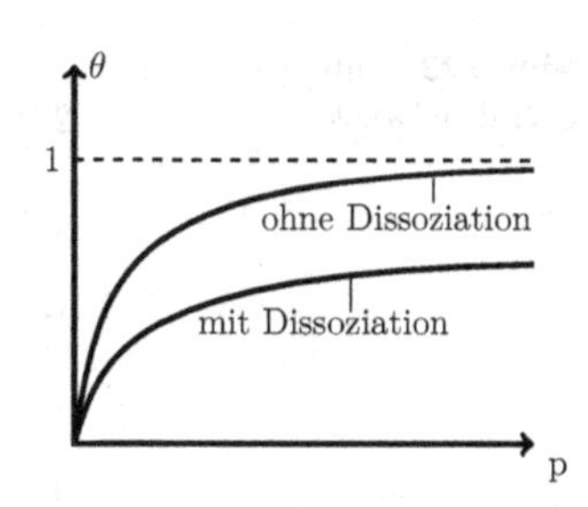

Abb. 5.22 Vergleich der Oberflächenbelegung mit und ohne Dissoziation des Adsorptivs auf dem Adsorbens

Der letzte Term in (5.34) ist eine Konstante. Man erhält somit bei einer Auftragung von $\frac{p}{V}$ über p eine Gerade mit der Steigung $\frac{1}{V_\infty}$ und dem Achsenabschnitt $\frac{1}{KV_\infty}$. Damit lassen sich V_∞ und K bestimmen.

Grundsätzlich besteht die Möglichkeit, dass nach der Adsorption auf der Oberfläche die Teilchen dissoziieren (zum Beispiel H_2 auf Metallen). In diesem Fall müssen beide Fragmente auf der Oberfläche Platz finden, und es ergibt sich

Für die Adsorption: $\frac{d\theta}{dt} = k_a \cdot p \cdot [N\,(1-\theta)]^2$

Für die Desorption: $\frac{d\theta}{dt} = k_d \cdot [N \cdot \theta]^2$

Im Gleichgewicht sind die Geschwindigkeiten von Adsorption und Desorption wiederum gleich:

$$k_a \cdot p \cdot [N(1-\theta)]^2 = k_d\,[N\theta]^2 \quad \rightarrow \quad \sqrt{\frac{k_a}{k_d}} \cdot \sqrt{p} \cdot N(1-\theta) = N\theta \tag{5.35}$$

$$\rightarrow \quad \sqrt{K}\sqrt{p} = \theta \cdot (1 + \sqrt{K}\sqrt{p}) \tag{5.36}$$

Daraus ergibt sich für die Langmuir-Isotherme mit Dissoziation:

$$\boxed{\theta = \frac{\sqrt{Kp}}{1 + \sqrt{Kp}}} \tag{5.37}$$

Im Vergleich zur Adsorption ohne Dissoziation ist bei Dissoziation die Druckabhängigkeit geringer (Abb. 5.22)!

Betrachten wir ein Beispiel. Ein Versuch zur Adsorption von CO an Aktivkohle liefert die folgenden Messwerte:

p [kPa]	13,3	26,7	40,0	53,3	66,7	80,0	93,5
V_{ad} [cm^3]	10,2	18,6	25,5	31,4	36,9	41,6	46,1

Die erste Frage, die sich stellt, lautet: Erfüllen die Werte die Langmuir-Isotherme?

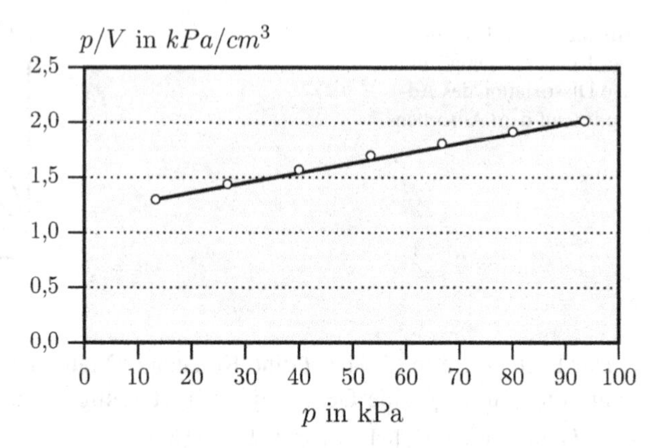

Abb. 5.23 Auftragung p/V über dem Druck p

Es gilt:

$$Kp = \theta + Kp\theta \quad \Rightarrow \quad Kp\frac{V}{V_\infty} + \frac{V}{V_\infty} = Kp \quad \Leftrightarrow \quad \frac{p}{V} = \frac{1}{V_\infty}p + \frac{1}{K\,V_\infty} \tag{5.38}$$

Die Auftragung p/V über p sollte eine Gerade ergeben, deren Steigung den Wert $1/V_\infty$ besitzt sowie den Achsenabschnitt $1/(K\,V_\infty)$.

Es ist:

p [kPa]	13,3	26,7	40,0	53,3	66,7	80,0	93,5
V_{ad} [cm³]	10,2	18,6	25,5	31,4	36,9	41,6	46,1
p/V [kPa/cm³]	1,30	1,44	1,57	1,70	1,81	1,92	2,02

Die Werte liegen wie erwartet auf einer Geraden, also erfüllen sie die Bedingungen für die Langmuir-Isotherme (Abb. 5.23).

Aus der Steigung und aus dem y-Abschnitt (Abb. 5.23) lassen sich die Konstanten V_∞ und K bestimmen.

Für die Steigung gilt (näherungsweise):

$$\frac{2{,}02\,\text{kPa/cm}^3 - 1{,}30\,\text{kPa/cm}^3}{93{,}3\,\text{kPa} - 13{,}3\,\text{kPa}} = \frac{0{,}72\,\text{kPa/cm}^3}{80\,\text{kPa}} = 0{,}009\,\text{cm}^{-3} \tag{5.39}$$
$$\Rightarrow V_\infty = 111\,\text{cm}^3$$

Über die Geradengleichung erhält man daraus:

$$2{,}02\,\frac{\text{kPa}}{\text{cm}^3} = 0{,}009\,\frac{1}{\text{cm}^3}\cdot 93{,}3\,\text{kPa} + \frac{1}{K\,V_\infty} \quad \Rightarrow \quad K = 0{,}0076\,\frac{1}{\text{kPa}} \tag{5.40}$$

5.11 BET-Isotherme

Im Prinzip kann die monomolekular adsorbierte Schicht als Adsorbens für weiteres Adsorptiv dienen. Diese Möglichkeit bleibt bei der Langmuir-Isotherme unberücksichtigt. Theoretisch kann somit beliebig viel Adsorptiv auf dem Adsorbat angelagert werden. Zur Beschreibung solcher Schichten verwendet man meist die *BET-Isotherme*, benannt nach Stephen Brunauer, Paul Hugh Emmett[7] (Abb. 5.24a) und Edward Teller[8] (Abb. 5.24b). Die Annahmen dieses Modells sind in der Abb. 5.25 und im folgenden Text erläutert [Brun38, Hwang].

Abb. 5.24 **a** Paul Hugh Emmett; **b** Edward Teller

[7] Paul Hugh Emmett (* 22. September 1900 in Portland (Oregon); † 22. April 1985) war ein US-amerikanischer Physikochemiker. Seine Forschungsschwerpunkte waren die Oberflächenphysik und die Katalyseforschung.

Quelle: http://de.wikipedia.org/wiki/Paul_Hugh_Emmett

[8] Edward Teller (* 15. Januar 1908 in Budapest, Österreich-Ungarn; † 9. September 2003 in Stanford, Kalifornien) war ein in Ungarn geborener US-amerikanischer theoretischer Physiker. Teller studierte an der Technischen Hochschule Karlsruhe und promovierte in Leipzig bei Werner Heisenberg. Wegen seiner jüdischen Herkunft entschied er sich 1933, das nationalsozialistische Deutschland zu verlassen und nach England zu emigrieren. 1935 emigrierte er in die USA. Dort wurde er Mitarbeiter im Manhattan-Projekt, das die ersten Nuklearbomben entwickelte. Bereits während dieser Zeit drängte er auf die zusätzliche Entwicklung fusionsbasierter Nuklearwaffen. Er ist bekannt als der „Vater der Wasserstoffbombe“. Sein Leben lang war Teller sowohl für seine großen wissenschaftlichen Fähigkeiten als auch für seine problematischen zwischenmenschlichen Verhaltensweisen bekannt. Er gilt als eines von mehreren Vorbildern für die Figur des Dr. Strangelove (deutsch „Dr. Seltsam“) in Stanley Kubricks Filmsatire Dr. Seltsam oder: Wie ich lernte, die Bombe zu lieben aus dem Jahr 1964.

Quelle: http://en.wikipedia.org/wiki/Edward_Teller

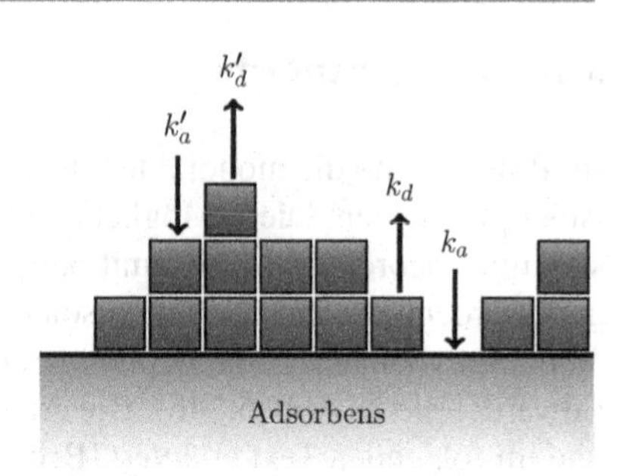

Abb. 5.25 Multilayerschichten

Adsorption	Desorption	
k_a	k_d	1.Schicht
k'_a	k'_d	2.Schicht
k'_a	k'_d	3.Schicht
usw.	usw.	usw.

- Die Adsorption von Adsorptiv kann in mehreren Schichten erfolgen, sodass unterschiedliche Lagen gebildet werden (Abb. 5.26).
- Es ist nicht erforderlich, dass eine Schicht vollständig besetzt sein muss, bevor Adsorptiv auf der nächstfolgenden Schicht angelagert wird.
- Theoretisch sind unendlich viele Schichten möglich.
- Alle Lagen sind äquivalent.
- Die Wahrscheinlichkeit, dass ein Teilchen an einen bestimmten Platz bindet, hängt nicht davon ab, ob Nachbarplätze besetzt sind oder nicht.

Die Adsorption erfolgt auf der untersten Schicht proportional zur Geschwindigkeitskonstante k_a, die Desorption proportional zur Geschwindigkeitskonstanten k_d. Da die Dipol-Dipol-Wechselwirkungen proportional zur sechsten Potenz mit dem Abstand abfallen, „merken" die Teilchen auf den höheren Schichten nur die Wechselwirkung mit den Teilchen, die sich in unmittelbarer Nachbarschaft und somit in der unmittelbar angrenzenden Schicht befinden; da die Teilchen in der Nachbarschaft auf den höheren Ebenen alle identisch sind, sind auch die Geschwindigkeitskonstanten auf allen höheren Ebenen gleich (k'_a bzw. k'_d), unterscheiden sich aber von den Geschwindigkeitskonstanten für die Adsorption bzw. Desorption auf der untersten Schicht (k_a bzw. k_d).

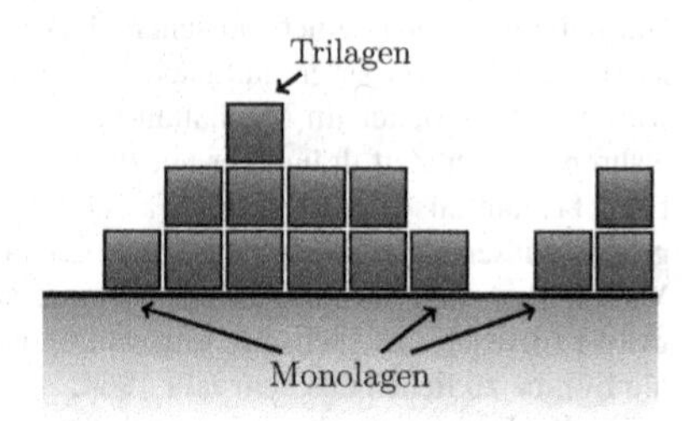

Abb. 5.26 Mono-, Bi- und Trilagen

Die Bedeckung des Feststoffs (Adsorbens) erfolgt in der Weise, dass Adsoptmoleküle in Lagen angeordnet die Oberfläche bedecken, wobei die Zahl der Schichten in den Lagen jeweils unterschiedlich ist (Abb. 5.26). Wir betrachten somit (horizontal angeordnete) *Schichten* und eine Zahl N_i an unterschiedlichen *Lagen*.

Wie im Fall der Langmuir-Isotherme hängt die Wahrscheinlichkeit dafür, ob ein Teilchen auf dem Adsorbat abgeschieden wird, ab vom Druck. Im Gleichgewicht gilt:

$$p \cdot k_a \cdot N_0 = k_d \cdot N_1 \quad p \cdot k_a' \cdot N_1 = k_d' \cdot N_2 \ldots p \cdot k_a' \cdot N_{i-1} = k_d' \cdot N_i \tag{5.41}$$

Bei dem Modell ist somit angenommen, dass im Gleichgewicht die Anzahl der *Lagen* erhalten bleibt: Wird ein Teilchen aus einer Monolage desorbiert, wird (im Gleichgewicht) an anderer Stelle eine Monolage besetzt. Gleiches gilt für höhere Lagen.

Aus (5.41) folgt:

$$N_i = \frac{k_a'}{k_d'} \cdot pN_{i-1} = \left(\frac{k_a'}{k_d'}\right)^2 \cdot p^2 N_{i-2} = \ldots = \left(\frac{k_a'}{k_d'}\right)^{i-1} \left(\frac{k_a}{k_d}\right) \cdot p^i N_0 \tag{5.42}$$

Wir setzen:

$$\frac{k_a'}{k_d'} = x \qquad \frac{k_a}{k_d} = c \cdot x \tag{5.43}$$

Gleichung (5.43) besagt nichts anderes, als dass die Geschwindigkeit auf der untersten Schicht c-mal so schnell abläuft wie auf den höheren!

Damit erhalten wir:

$$\boxed{N_i = c \cdot (xp)^i \cdot N_0} \tag{5.44}$$

Die insgesamt adsorbierten Teilchen setzen sich additiv aus den in jeder (nebeneinander angeordneten) Lage adsorbierten Teilchen zusammen. Da jede Monolage ein Teilchen, jede Bilayerlage 2 Teilchen, jede Trilayerlage 3 Teilchen usw. beiträgt, gilt für das adsorbierte Volumen:

$$V \propto N_1 + 2N_2 + 3N_3 + \ldots = \sum_{i=1}^{\infty} i N_i \tag{5.45}$$

Gäbe es nur eine komplette Monolayerschicht, dann wäre:

$$V_{\text{mono}} \propto N_0 + N_1 + N_2 + N_3 + \ldots = \sum_{i=0}^{\infty} N_i = N_0 + \sum_{i=1}^{\infty} N_i \tag{5.46}$$

Dabei bezeichnet N_0 den Anteil an der Oberfläche, der *nicht* mit Teilchen belegt ist. In diesem Fall trägt jede Lage *genau ein* Teilchen bei.

Damit haben wir mit (5.44):

$$N_i = c \cdot (xp)^i \cdot N_0 \quad \rightarrow \quad \frac{V}{V_{\text{mono}}} = \frac{\sum i N_i}{\sum N_i} = \frac{c N_0 \cdot \sum i (xp)^i}{N_0 + c N_0 \cdot \sum (xp)^i} \tag{5.47}$$

Die beiden Summenterme lassen sich jeweils berechnen, was im Folgenden gezeigt wird.

Wir betrachten zunächst folgenden Ausdruck:

$$s \equiv \sum_{i=0}^{\infty} q^i = 1 + q + q^2 + q^3 + \ldots \tag{5.48}$$

Um diesen Ausdruck zu berechnen, wenden wir einen kleinen Kunstgriff an und betrachten den folgenden Ausdruck:

$$\begin{aligned} s_n - q s_n = s_n(q-1) &= \sum_{i=0}^{\infty} q^i - \sum_{i=0}^{\infty} q^{i+1} \\ &= \left(1 + q + q^2 + q^3 + \ldots + q^n\right) \\ &\quad - \left(q + q^2 + q^3 + \ldots + q^n + q^{n+1}\right) = 1 - q^{n+1} \\ \Rightarrow \quad s_n &= \frac{1 - q^{n+1}}{1-q} = \frac{1}{1-q} - \frac{q^{n+1}}{1-q} \end{aligned} \tag{5.49}$$

Nun können wir $n \to \infty$ laufen lassen; der Ausdruck zeigt, dass die obige Reihe für $|q| < 1$ konvergiert, und es ist:

$$\boxed{\lim_{n\to\infty} s_n = \sum_{n=0}^{\infty} q^n = \frac{1}{1-q} \quad \text{für } |q| < 1} \tag{5.50}$$

Die Reihe wird als *geometrische Reihe* bezeichnet.

Wir verwenden nun das obige Ergebnis (5.50) für die geometrische Reihe und betrachten als Nächstes folgenden Ausdruck:

$$\frac{1}{(1-x)^2} = (1+x+x^2+x^3+\ldots)\cdot(1+x+x^2+x^3+\ldots) = 1+2x+3x^2+4x^3+\ldots \tag{5.51}$$

Multiplikation mit x liefert:

$$\frac{x}{(1-x)^2} = x + 2x^2 + 3x^3 + 4x^4 + \ldots \tag{5.52}$$

Damit haben wir das Ergebnis für die beiden Summenterme, und wir erhalten mit (5.47):

$$\frac{V}{V_{\text{mono}}} = \frac{cN_0 \cdot \sum i(xp)^i}{N_0 + cN_0 \cdot \sum (xp)^i} = \frac{cN_0 \frac{xp}{(1-xp)^2}}{N_0 + cN_0 \frac{xp}{1-xp}} = \frac{cxp}{\left(1 + c\frac{xp}{1-xp}\right)(1-xp)^2} \tag{5.53}$$

$$\frac{V}{V_{\text{mono}}} = \frac{cxp}{(1 - xp + cxp)(1 - xp)} \tag{5.54}$$

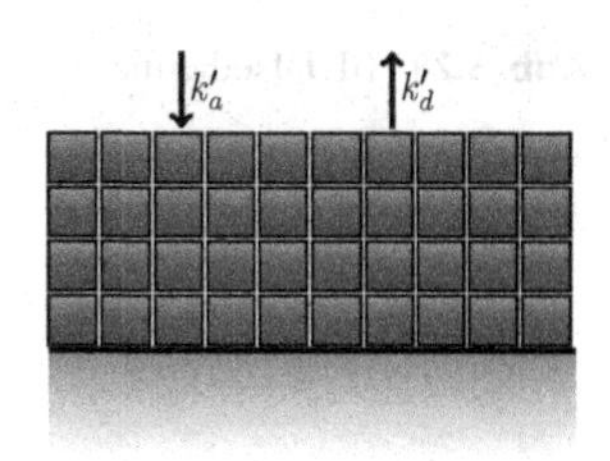

Abb. 5.27 Gleichmäßig belegte Oberfläche

Noch können wir mit dem Ausdruck wenig anfangen, denn wir kennen die Ausdrücke $\frac{k'_a}{k'_d} = x$ und $\frac{k_a}{k_d} = cx$ nicht! Der eigentliche Trick besteht nun darin, die Größe $1/x$ mit dem Dampfdruck p^* des reinen Adsorptivs zu identifizieren!

Dazu betrachten wir eine Oberfläche, die gleichmäßig mit Adsorpt belegt ist (Abb. 5.27). Die Bedingung für Gleichgewicht ist in diesem Fall:

$$k'_a N p = k'_d N \quad \Rightarrow \quad k'_a p = k'_d \tag{5.55}$$

Bei der so belegten Oberfläche handelt es sich um eine Oberfläche, die *rein* aus der flüssigen Phase besteht, von Seiten der Festkörperoberfläche besteht kein Einfluss mehr! p ist damit der Gleichgewichtsdruck p^* der reinen Flüssigkeit! Damit ist:

$$x = \frac{k'_a}{k'_d} = \frac{1}{p^*} \tag{5.56}$$

Dies in (5.54) eingesetzt liefert:

$$\frac{V}{V_{\text{mono}}} = \frac{c\frac{p}{p^*}}{(1 - \frac{p}{p^*} + c\frac{p}{p^*})(1 - \frac{p}{p^*})} \tag{5.57}$$

$$\Leftrightarrow \quad \frac{V}{cV_{\text{mono}}} \cdot \left(1 - \frac{p}{p^*} + c\frac{p}{p^*}\right) = \frac{\frac{p}{p^*}}{\left(1 - \frac{p}{p^*}\right)}$$

$$\Leftrightarrow \quad \boxed{\frac{\frac{p}{p^*}}{V\left(1 - \frac{p}{p^*}\right)} = \frac{c-1}{cV_{\text{mono}}} \cdot \frac{p}{p^*} + \frac{1}{cV_{\text{mono}}}} \tag{5.58}$$

Gleichung (5.57) bzw. (5.58) erlaubt die Auswertung der Messung. Bei p/p^* als variable Größe enthält der erste Term auf der rechten Seite der Gleichung die Steigung einer Geraden, der zweite Term stellt den Achsenabschnitt dar.

Abbildung 5.28 zeigt den typischen Verlauf der BET-Isothermen. Wie zu erwarten verläuft die BET-Isotherme bei hohem Druck p gegen unendlich.

Ist zudem die Konstante c sehr groß $\left(c \approx 10^2\right)$, vereinfacht sich die Gleichung (5.57) zu:

$$\frac{V}{V_{\text{mono}}} = \frac{1}{1 - \frac{p}{p^*}} \quad \text{für } c \geq 10^2 \tag{5.59}$$

Abb. 5.28 BET-Isotherme

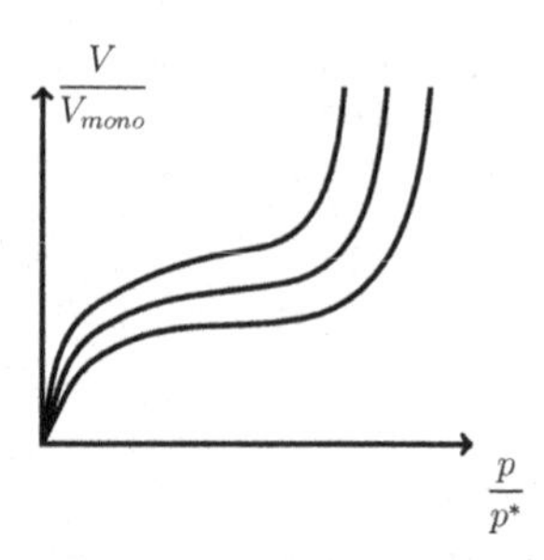

Gemäß der Definition der beiden Ausdrücke $\frac{k_a'}{k_d'} = x$ und $\frac{k_a}{k_d} = cx$ verläuft in diesem Fall die Adsorption bzw. Desorption auf der Festkörperoberfläche sehr viel schneller als auf den höheren Schichten. Man findet ein solches Verhalten bei der Adsorption nichtreaktiver Gase auf polaren Festkörpern.

Mittels der BET-Isothermen wird die spezifische Oberfläche von Adsorbentien bestimmt. Als Gase werden vorwiegend N_2, Ar und Kr verwendet. Um die Fläche des Adsorbens zu berechnen, wird aus der BET-Gleichung V_{mono} berechnet. Der Platzbedarf $O_{q,x}$ eines einzelnen Adsorptmoleküls x ist aus anderen Messungen bekannt. Mithilfe der idealen Gasgleichung ist:

$$pV_{\text{mono}} = \frac{N_A RT}{M} \qquad O_{q,\text{N}_2} = 16{,}2 \cdot 10^{-20}\,\text{m}^2 \qquad A_S = \frac{N_A O_{q,x}}{\text{m}} \tag{5.60}$$

5.12 Adsorptionsisotherme nach Freundlich

Die Freundlich-Adsorptionsisotherme (benannt nach Herbert Max Finlay Freundlich[9]; Abb. 5.29) ist die älteste Adsorptionsisotherme $\theta = f(p_i)$. Sie wurde empirisch gefunden. Zugrunde gelegt ist ein Exponentialansatz folgender Form:

$$\boxed{\frac{k_i}{[k_i]} = a_F \cdot \left(\frac{p_i}{[p_i]}\right)^{b_F}} \tag{5.61}$$

Dabei ist k_i die Geschwindigkeit für die Adsorption. Gleichung (5.61) ist so aufgestellt, dass sie dimensionslos ist (daher die Division durch die entsprechenden Einheitsgrößen). a_F und b_F sind temperaturabhängige Konstanten mit:

$$0 < b_F < 1 \tag{5.62}$$

Durch Logarithmieren erhält man eine Geradengleichung, aus der sich die Konstanten a_F und b_F bestimmen lassen.

[9] Herbert Max Finlay Freundlich (* 28. Januar 1880 in Charlottenburg, heute Berlin; † 30. März 1941 in Minneapolis, Minnesota, USA) war einer der führenden Grundlagenforscher in der Kolloidchemie.
Quelle: http://de.wikipedia.org/wiki/Herbert_Freundlich

Abb. 5.29 Herbert Max Finlay Freundlich

Der Freundlich-Exponent ist ein Maß für die Abweichung der Isotherme von einer linearen Beziehung zwischen Adsorbataktivität und Beladung; das ist die Masse Adsorpt bezogen auf die Masse Adsorbens (seltener angegeben als die Menge an Adsorpt pro Oberflächeneinheit Adsorbens).

5.13 Weitere Adsorptionsisothermen

Sind die Lagen auf dem Feststoff nicht äquivalent, werden die günstigen Lagen zuerst besetzt. Dies führt dazu, dass die Enthalpie immer weniger negativ wird, je mehr die Oberfläche belegt ist. Dieser Fall wird durch die *Temkin-Isotherme* (benannt nach Mikhail Isaakovich Temkin[10]; Abb. 5.30) beschrieben, für die gilt:

$$\boxed{\theta = c_1 \cdot \ln(c_2 \cdot p)} \tag{5.63}$$

Die *Frumkin-Adsorptionsisotherme* (benannt nach Alexander Naumovich Frumkin[11], die auch als Frumkin-Fowler-Guggenheim-Adsorptionsisotherme bezeichnet wird, berücksichtigt laterale Wechselwirkungen auf der Adsorbensoberfläche [Chun12, Chun13]:

$$\boxed{k_{Fr} = \frac{\theta}{1-\theta} \cdot e^{-2d\theta} \quad \text{mit } \theta = \frac{q}{q_{\max}}} \tag{5.64}$$

[10] Mikhail Isaakovich Temkin (* 16. September 1908 in Belostok, Russland, heutiges Bialystok, Polen; † 1. Oktober 1991) war ein Physikochemiker, dessen Hauptarbeitsgebiete auf dem Gebiet der Thermodynamik, der chemischen Kinetik, der Katalyse und der Elektrochemie lagen.
Quelle: Russian Journal of Electrochemistry 45 (2009) 957-959

[11] Alexander Naumovich Frumkin (October 24, 1895 – May 27, 1976) war ein russischer Elektrochemiker und Gründer des *Russian Journal of Electrochemistry*.
Quelle: http://en.wikipedia.org/wiki/Alexander_Frumkin

Abb. 5.30 Mikhail Isaakovich Temkin

Dabei bezeichnet q die Beladung des Adsorbens.

Nicht erwähnt wurde zudem die *Henry-Isotherme* [Wisn09]:

$$\boxed{q = k_H \cdot c} \tag{5.65}$$

Sie von einer linearen Funktion der Beladung q des Adsorbens als Funktion der Konzentration bzw. Aktivität des Adsorptivs aus.

Im Folgenden sind die wichtigsten Adsorptionsisothermen noch einmal in einer Übersicht zusammengestellt:

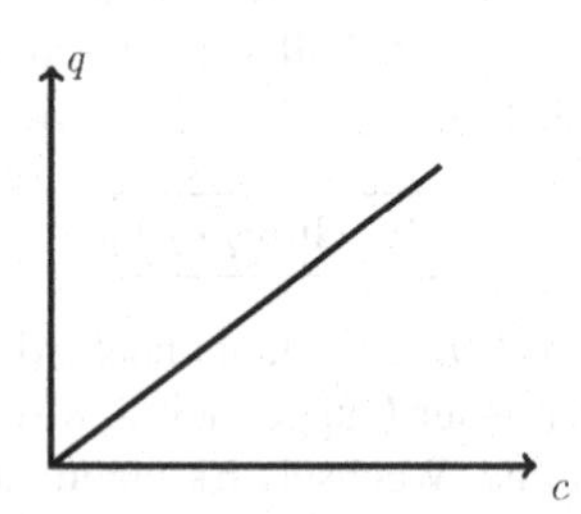

Adsorptionsisotherme nach Henry: $\boxed{q = k_H} \cdot c$

q: Beladung des Adorbens (Masse Adsorpt bezogen auf Masse Adsorbens)
k_H: Henry-Koeffizient
c: Konzentration Adsorptiv

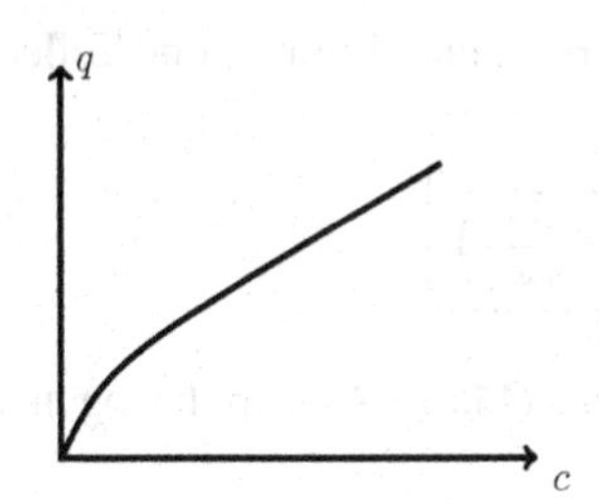

Adsorptionsisotherme nach Freundlich: $\boxed{q = k_F} \cdot c^n$

q: Beladung des Adorbens (Masse Adsorpt bezogen auf Masse Adsorbens)
k_F: Freundlich-Koeffizient
c: Konzentration Adsorptiv
n: Freundlich-Exponent

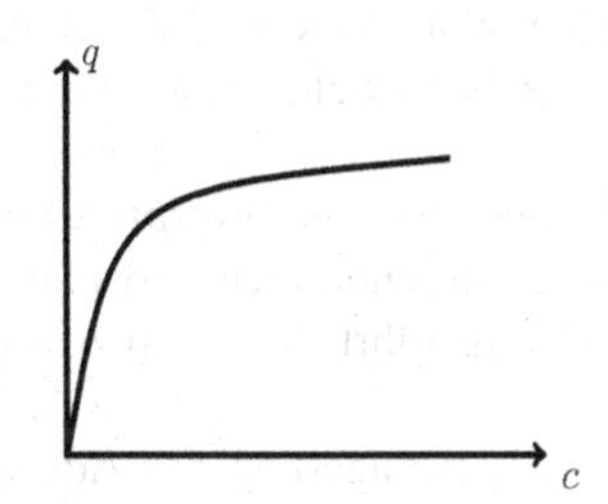

Adsorptionsisotherme nach Langmuir: $\boxed{q = \frac{k_L q_{max} \cdot c}{1 + k_L \cdot c}}$

q: Beladung des Adorbens (Masse Adsorpt bezogen auf Masse Adsorbens)
k_L: Langmuir-Sorptionskoeffizient
c: Konzentration Adsorptiv
q_{max}: maximal sorbierbare Konzentration des Adsorptivs

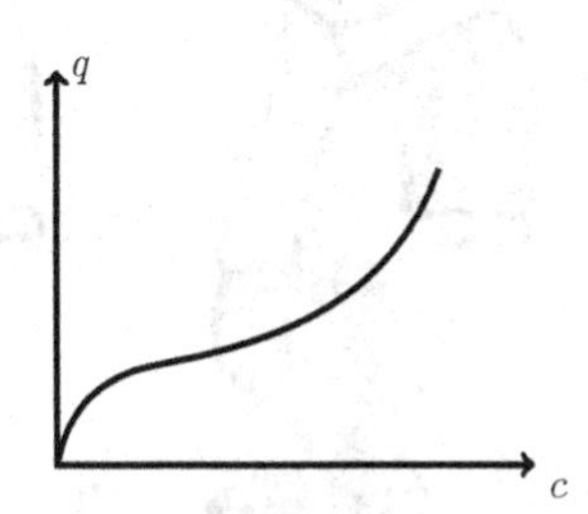

Adsorptionsisotherme nach Brunauer, Emmett und Teller:

$$q = \frac{k \cdot q_{max} \cdot c}{(C_{max} - c) \cdot \left(1 + \frac{(k-1) \cdot c}{c_{max}}\right)}$$

q: Beladung des Adorbens (Masse Adsorpt bezogen auf Masse Adsorbens)
k: Sorptionskoeffizient
c: Konzentration Adsorptiv in Lösung
c_{max}: Löslichkeit des Adsorptivs
q_{max}: maximale Konzentration des Adsorpts in einer Schicht an der Oberfläche des Adsorbens (Masse des Adsorpts bezogen auf die Masse des Adsorbens)

5.14 Adsorption an porösen Stoffen

Im Folgenden wenden wir uns porösen Stoffen zu [Pell09] [Lo98]. Bislang haben wir lediglich mehr oder weniger glatte Flächen betrachtet und die Anlagerung von Teilchen an solchen Oberflächen behandelt. Diesen Vorgang haben wir als *Adsorption* bezeichnet (Abb. 5.31).

Im Unterschied dazu bezeichnet man als *Absorption* einen Prozess, bei dem Teilchen von einer weiteren Phase aufgenommen und gleichmäßig *in* dieser verteilt werden (Abb. 5.31). Zwangsläufig führt dieser Prozess zu einer Aufweitung des Volumens [Mueller].

Bei porösen Stoffen findet die Anlagerung des Adsorptivs immer noch an der Oberfläche statt, allerdings müssen wir hier unterscheiden zwischen *innerer* und *äußerer* Oberfläche.

Abb. 5.31 **a** Adsorption; **b** Absorption

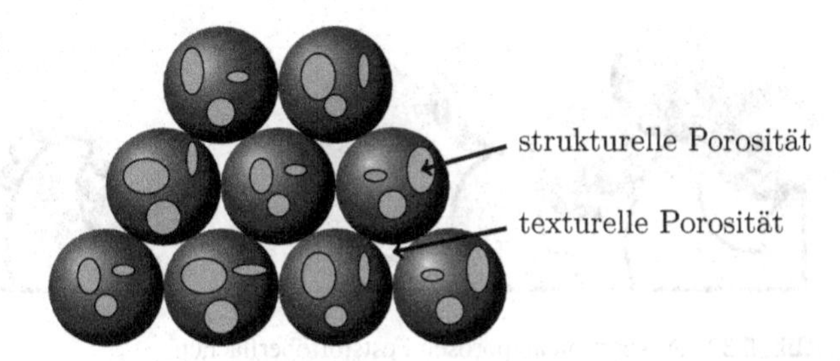

Abb. 5.32 Strukturelle und texturelle Porosität

Während bei nichtporösen Stoffen die spezifische Oberfläche in der Regel bei $< 5\,\mathrm{m}^2/\mathrm{g}$ liegt, kann diese bei porösen Stoffen wie Aktivkohle oder Zeolithen bei $> 1000\,\mathrm{m}^2/\mathrm{g}$ liegen!

Poröse Medien werden häufig in der Technik eingesetzt, insbesondere wenn es darum geht, hohe Umsatzraten zu realisieren, wobei die Produkte schnell wieder desorbiert werden müssen. Es gibt folgende Anwendungsbereiche:

- Gasspeicherung (Metall-Wasserstoff-Speicher)
- Gastrennung und Reinigung fluider Medien (Gasreinigung über Aktivkohle)
- Ionenaustausch (Herstellung von Deionat)
- Einsatz von Molekularsieben (Abtrennung von Wasser im Labor, Trinkwasseraufbereitung)
- Heterogen-katalytische Umsetzung von Fluiden (Abgaskatalysator)
- Sensortechnik.

Die Poren können dabei sowohl durch die Schüttung der festen Teilchen auftreten (texturelle Porosität) als auch durch die Porosität der Teilchen selbst (strukturelle Porosität) (Abb. 5.32).

Hinsichtlich der Porengröße unterscheidet man:

- Mikroporen: $r_p < 2\,\mathrm{nm}$
- Mesoporen: $2\,\mathrm{nm} < r_p < 50\,\mathrm{nm}$
- Makroporen: $50\,\mathrm{nm} < r_p$.

Auch die Form der Poren ist unterschiedlich, und man unterscheidet:

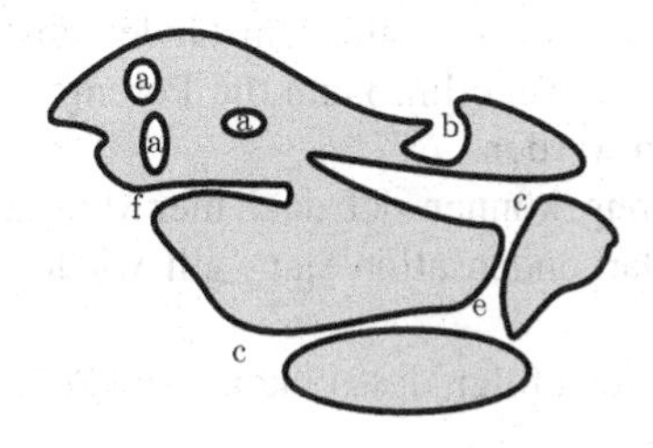

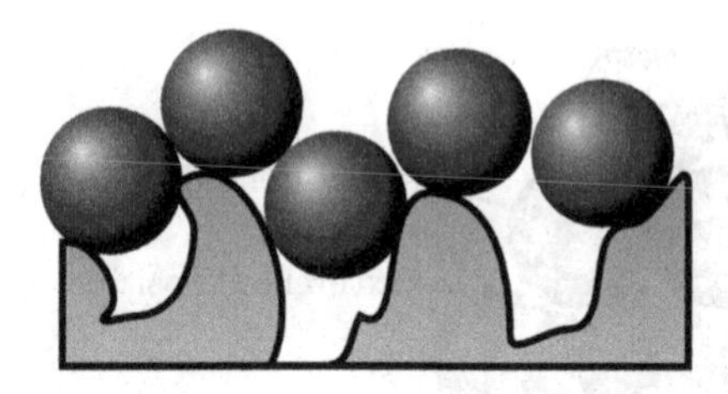
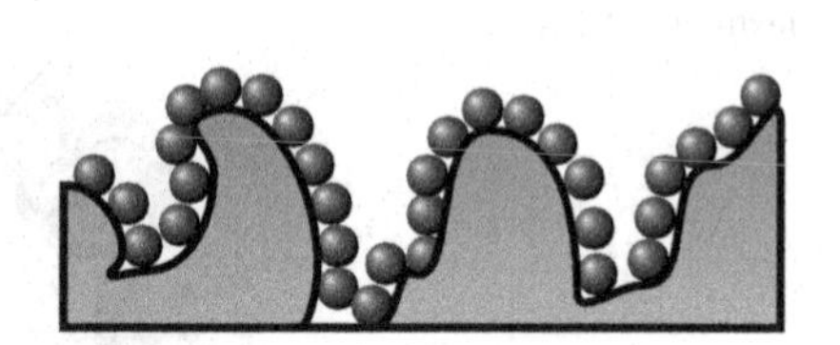

Abb. 5.33 Adsorption an porösen Feststoffoberflächen

a: geschlossene Poren
b: offene Poren (ebenso f)
c: Poren, die allein durch die Schüttung entstehen (ebenso e)
f: Zylinderporen

Auch für die Dichte ergeben sich unterschiedliche Definitionen:

- *Wahre Dichte*: Dichte der festen Substanz ohne Poren und Hohlräume zwischen den Teilchen
- *Scheinbare Dichte*: Dichte der festen Substanz einschließlich der geschlossenen, nicht zugänglichen Poren
- *Bulk-Dichte*: Dichte der festen Substanz einschließlich aller Poren und Hohlräume zwischen den Teilchen (Schüttdichte).

Ferner werden die folgenden Begriffe benötigt:

- *Porenvolumen*: Volumen der Poren
- *Porengröße*: Distanz zwischen gegenüberliegenden Porenwänden
- *Porosität*: Anteil des von den Poren eingenommenen Volumens dividiert durch das Gesamtvolumen
- *Spezifische Oberfläche*: zugängliche Oberfläche (inklusive Fläche der zugänglichen Poren) pro Masse Adsorbens.

Wie bereits erwähnt, wird die Oberfläche eines Feststoffs in der Regel mithilfe eines Referenzgases unter Anwendung der BET-Isotherme gemessen. Dabei ist die Wahl des geeigneten Referenzgases wichtig, da zu große Moleküle in kleine Poren nicht eindringen können, sodass unter Umständen eine zu geringe Oberfläche gemessen wird (Abb. 5.33). Weiterhin kann die Porengröße mithilfe der Elektronenmikroskopie gemessen werden.

Sind die Poren groß genug, können sich auch hier Multilayerschichten ausbilden. Findet eine solche Kapillarkondensation statt, gilt wieder die Laplace-Gleichung (Abb. 5.34).

Aus der Laplace-Gleichung folgt, dass in konkaven Poren (negatives r) Δp kleiner ist.

$$\Delta p = \sigma \left(\frac{1}{r_1} + \frac{1}{r_2} \right)$$

Abb. 5.34 Druckverhältnisse in einer Pore

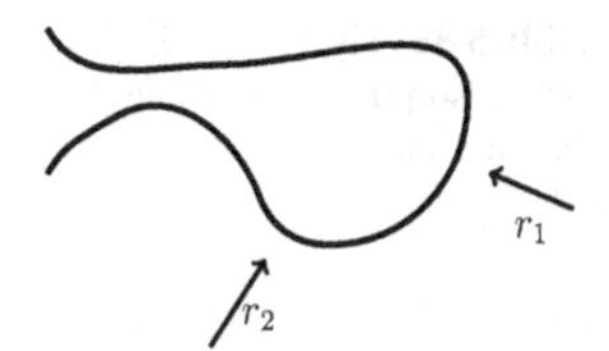

In den Mikroporen ($r_p < 2\,\text{nm}$) herrscht ein starkes Adsorptionspotenzial, verursacht durch den geringen Abstand zwischen den Porenwänden und den dadurch bedingten starken Wechselwirkungen zwischen Adsorpt und Adsorbens. Bereits weit unterhalb des Sättigungsdruckes kommt es zur spontanen Füllung der Mikroporen. Die Adsorption in diesen Mikroporen wird beschrieben durch die *Dubini-Radushkevich-Gleichung*.

$$\boxed{\lg \frac{V_{\text{ad}}}{V_{\text{Pore}}} = -k_{\text{ad}} \cdot \left(\lg \frac{p}{p_0}\right)} \quad \text{Dubini-Radushkevich-Gleichung} \tag{5.66}$$

Dabei bezeichnet V_{ad} das Adsorptvolumen, V_p das Mikroporenvolumen, k_{ad} eine Konstante und p_0 den Sättigungsdampfdruck.

In den Mesoporen ($2\,\text{nm} < r_p < 50\,\text{nm}$) tritt Kapillarkondensation erst bei einem gewissen Druck p ein, der allerdings kleiner ist als der Gleichgewichtsdruck p_0 der glatten Oberfläche. Der Zusammenhang zwischen dem Druck p und dem Kapillarradius r_P ist für idealisierte Poren gegeben durch eine Gleichung analog der Kelvin-Gleichung für den Dampfdruck kleiner Tröpfchen:

$$\ln \frac{p}{p_\infty} = \frac{2\sigma \overline{V}}{r_{\text{Tropfen}} \cdot RT} \quad \rightarrow \quad \ln \frac{p}{p_0} = \frac{2\sigma \overline{V}}{r_{\text{Pore}} \cdot RT}$$

Kelvin-Gleichung

Dabei ist $\overline{V}$ das Molvolumen, σ die Grenzflächenspannung und p_0 der Gleichgewichtsdampfdruck.

Betrachten wir dazu ein Beispiel! Wir gehen zunächst von zylinderförmigen Kapillaren aus.

Wir setzen eine Luftfeuchte von 90 % voraus und fragen danach, wie groß eine Kapillare sein darf, sodass bei Raumtemperatur in dieser gerade noch Kondensation stattfindet. In den Kapillaren erfolgt aufgrund der starken Wechselwirkung zwischen Teilchen und Wand die Kondensation früher als an ebenen Wänden. Wir gehen aus von der Kelvin-Gleichung und einer Grenzflächenspannung des Wassers von $\sigma_{H_2O} = 0{,}072\,\frac{\text{J}}{\text{m}^2}$. Dann ist:

$$r_{\text{Pore}} = \frac{2\sigma \overline{V}}{RT \cdot \ln \frac{p}{p_0}} = \frac{2 \cdot 0{,}072\,\frac{\text{J}}{\text{m}^2} \cdot 18 \cdot 10^{-6}\text{m}^3}{8{,}31\,\frac{\text{J}}{\text{K}} \cdot 293\,\text{K} \cdot \ln 0{,}9} = 10\,\text{nm} \tag{5.67}$$

Wie ändert sich die Berechnung, wenn die Kapillaren spaltförmig sind? Bei der Herleitung der Kelvin-Gleichung sind wir von kugelförmigen Tröpfchen aus-

Abb. 5.35 Hysterese bei der Adsorption an porösen Feststoffen

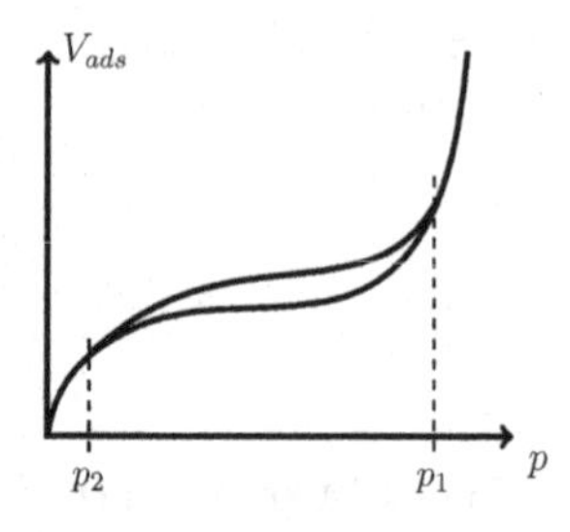

gegangen. Dies ist in diesem Fall nicht mehr zulässig, und wir müssen von der ursprünglichen Young-Laplace-Gleichung ausgehen! Es ist:

- Young-Laplace-Gleichung: $\Delta p = \sigma \cdot \left(\frac{1}{R_1} + \frac{1}{R_2}\right)$
- Sphärische Symmetrie: $R_1 = R_2 \quad \rightarrow \quad \Delta p = \frac{2}{r_{\text{Pore}}}$
- Spaltförmige Pore: $R_2 \rightarrow \infty$

Damit ist für die spaltförmige Pore:

$$r_{\text{Pore}} = \frac{\sigma \overline{V}}{RT \cdot \ln \frac{p}{p_0}} = \frac{0{,}072 \, \frac{\text{J}}{\text{m}^2} \cdot 18 \cdot 10^{-6} \text{m}^3}{8{,}31 \, \frac{\text{J}}{\text{K}} \cdot 293 \, \text{K} \cdot \ln 0{,}9} = 5 \, \text{nm} \tag{5.68}$$

Werden die Poren größer (Makroporen), sodass die Kapillarkondensation nicht einsetzt, bildet sich eine Adsorptschicht, deren Schichtdicke d_{ad} durch die Halsey-Gleichung beschrieben wird:

$$\boxed{d_{\text{ad}} = d_m \cdot \left(\frac{5}{\ln \frac{p}{p_0}}\right)} \quad \text{Halsey-Gleichung} \tag{5.69}$$

Dabei bezeichnet d_m die Dicke der Monoschicht.

Bei hohen Drücken erfolgt die Adsorption sowohl in den Poren als auch auf der äußeren Oberfläche.

Die Kelvin-Gleichung für die Adsorption in den Mesoporen lautet:

$$\ln \frac{p}{p_0} = \frac{2\sigma \overline{V}}{r_P \cdot RT}$$

Je nach Porenradius r_p ist bei einem Druck $p = p_1$ die Bedingung für die Kapillarkondensation gegeben, und die Pore füllt sich schnell auf (Abb. 5.35). Bei weiterer Druckerhöhung $p > p_1$ findet die „übliche" Adsorption statt.

Bei anschließender Druckverminderung erfolgt die Desorption nur an der äußeren Oberfläche! Die Pore bleibt so lange gefüllt, bis der Druck p_2 erreicht ist. Bei p_2 werden die Bedingungen für die Kapillarkondensation an den Porenöffnungen mit dem Radius r_2 nicht mehr erfüllt, und die Pore entleert sich (Abb. 5.35).

Da in der Regel die Porengröße bei einem Feststoff schwankt, findet man nur eine „mittlere Kurve“, und man erhält aus dem Kurvenverlauf Rückschlüsse auf die Porenradienverteilung. Aus den bisherigen Erläuterungen ist klar, dass die kleinen Poren vor den größeren gefüllt werden [Soch10].

5.15 Adsorption von Polymeren aus der flüssigen Phase

Eine Besonderheit bei der Adsorption aus flüssiger Phase stellen Polymere dar. Im Vergleich zu kleinen Molekülen haben Polymere bei der Adsorption weit mehr Anordnungsmöglichkeiten [Vaka98, Agui92, Aguil92, Fleer10, Yadava14, Xie13, Boro12, Stri12, Wisn12, Babch12, Guzm11, Guzma11, Staple11, Hsu10].

Wir betrachten kettenförmige Polymere in „guten“ Lösungsmitteln.

Werden Polymere an einer (ebenen) Festkörperoberfläche adsorbiert, können viele Kettensegmente an die Festkörperoberfläche gebunden sein (Abb. 5.36). Je „schlechter“ das Lösungsmittel, desto besser ist die Adsorption!

Mit steigender Konzentration an Polymer in der Lösung fällt die Grenzflächenspannung schnell ab und erreicht einen Sättigungswert (Abb. 5.37). Dies ist dann erreicht, wenn die Oberfläche des Feststoffs mit Polymer dicht belegt ist, sodass die Grenzflächenspannung durch die Grenzflächenspannung zwischen Polymer und freier Lösung bestimmt wird.

Ist das Lösungsmittel allerdings in dem Sinne „gut“, dass sich das Polymermolekül in diesem in Form eines idealen Polymerknäuels löst, kann die Wechselwirkung mit dem Lösungsmittel günstiger sein als die Adsorpotion auf der Festkörperoberfläche. Man spricht in diesem Fall von *Depletion*: Das Polymermolekül *meidet* die Oberfläche und bevorzugt das freie Volumen (Abb. 5.38). Die Grenzflächenspannung steigt in diesem Fall mit steigender Polymerkonzentration an, denn das Lösungsmittel bevorzugt das Polymer, und das Polymer bindet besser an das Lösungsmittel als an die Oberfläche (Abb. 5.39).

Letztlich wird das Gleichgewicht bestimmt durch das Minimum des thermodynamischen Potenzials! Daraus folgt:

► *Ob Adsorption oder Depletion auftritt, kann aus den Grenzflächenspannungen abgeschätzt werden:*
σ (Feststoff/Lösungsmittel) > σ (Feststoff/Polymer)
$\Rightarrow$ *Polymer wird aus der Lösung adsorbiert.*

Abb. 5.36 Adsorption von Polymer auf dem Feststoff

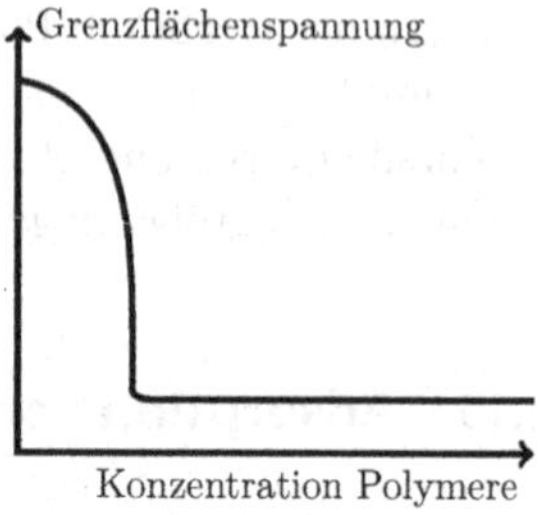

Abb. 5.37 Abnahme der Grenzflächenspannung mit der Polymerkonzentration

Abb. 5.38 Adsorption von Polymer auf dem Feststoff

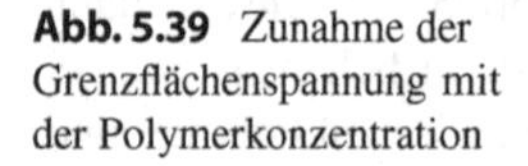

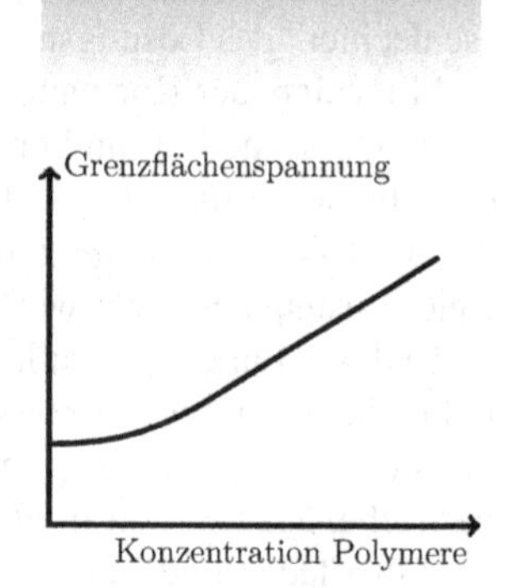

Abb. 5.39 Zunahme der Grenzflächenspannung mit der Polymerkonzentration

5.16 Chemische Fixierung

Die Reaktion funktioneller Gruppen an der Feststoffoberfläche führt zum Aufpfropfen der Polymere. Bei diesem Prozess kann es grundsätzlich zur Ausbildung von zwei unterschiedlichen Domänen kommen.

Bei niedrigen Konzentrationen an Polymer in der Lösung steht genügend Fläche auf dem Feststoff zur Verfügung, sodass die Moleküle aufpfropfen, dabei aber ihre energetisch günstigste Konfiguration – die des losen Polymerknäuels – beibehalten. Steigt die Polymerkonzentration an, sodass die Oberfläche mehr und mehr bedeckt wird, stoßen die Knäuel aneinander, und Wechselwirkungen zwischen den Polymerketten werden wichtiger. Aus sterischen Gründen nehmen die Ketten eine langgestreckte, energetisch weniger günstige Konfiguration an. Die aufgepfropften Polymermoleküle wechseln dabei vom sogenannten *Pilzregime* (Abb. 5.40) in das *Bürstenregime* (Abb. 5.41) [Werner13].

In der Regel werden längere Ketten im Adsorptionsgleichgewicht auf dem Feststoff bevorzugt. Bereits adsorbierte kürzere Ketten werden dabei gegebenenfalls (in

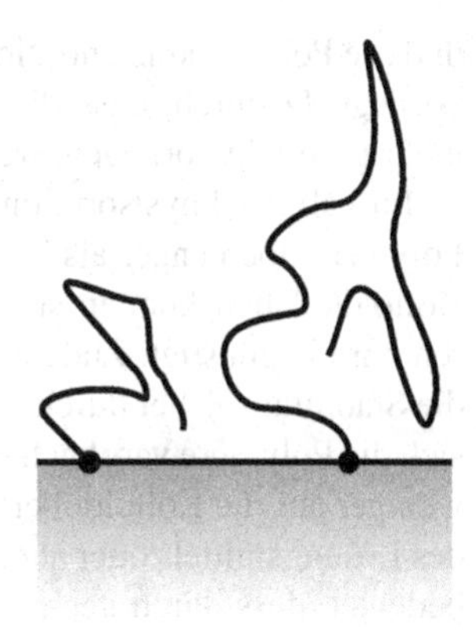

Abb. 5.40 Niedrige Polymerkonzentration: Pilzregime

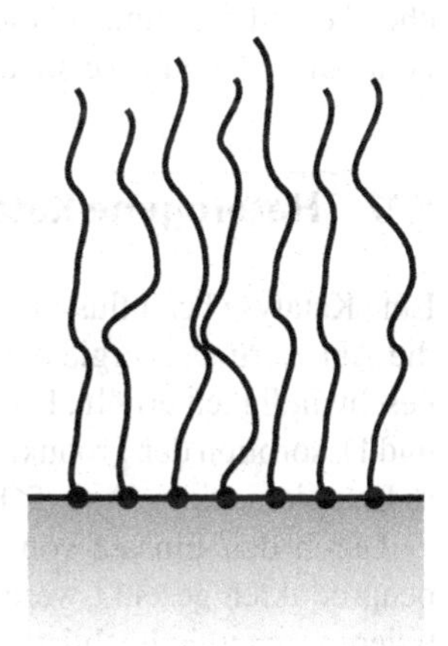

Abb. 5.41 Hohe Polymerkonzentration: Bürstenregime

einem langsamen Prozess) gegen längere ausgetauscht. Bei dieser Reaktion unterscheidet man drei Schritte bei der Kinetik:

1. Diffusion der Kette aus der Lösung an die Oberfläche
2. Konfigurationsänderung des Polymers
3. Verdrängung ursprünglich adsorbierter Moleküle (Lösungsmittel oder andere) und Polymersegmente.

Insbesondere die Reaktionsschritte 2 und 3 benötigen oft mehrere Stunden, bis das Gleichgewicht erreicht ist.

Kolloidale Lösungen werden oftmals durch Zugabe von Polymeren stabilisiert. Die Polymere ziehen dabei auf die dispergierten Teilchen auf und verhindern auf diese Weise, dass die Kolloide direkt miteinander in Kontakt treten können. Man bezeichnet einen solchen Mechanismus, bei dem aufgrund der sterischen Hinderung die Teilchen nicht nahe genug in Kontakt kommen können, um zu agglomerieren, als *sterische Stabilisierung* der Dispersion. Eine solche sterische Stabilisierung tritt besonders dann auf, wenn die Polymere chemisch auf der Oberfläche fixiert werden und die Polymerkonzentration dabei so hoch gewählt wird, dass ein Bürstenregime vorliegt. Dadurch, dass die Polymerketten im Unterschied zum Pilzregime weit mehr gestreckt vorliegen, werden die Kolloidteilchen besser auf Abstand gehalten.

Im Fall der Physisorption der Polymere auf den Kolloidoberflächen werden die Polymere noch enger als im Fall des Pilzregimes an die Oberfläche gebunden. Die Kolloidteilchen können sich damit besser einander annähern, und ein Koagulieren wird begünstigt. Zudem hat das Lösungsmittel einen bedeutenden Einfluss auf die Stabilität solcher durch Physisorption sterisch stabilisierter Dispersionen: Lösen sich die Polymere vergleichsweise gut in der kontinuierlichen Phase, ziehen sie weit weniger auf die Kolloidoberfläche auf. Die Dispersion kann daher durch Verändern des Lösungsmittels oder auch durch Ändern der Temperatur gebrochen werden, was bedeutet, dass durch geeignete Wahl dieser Parameter die kolloidal gelösten Teilchen koagulieren und auf diesem Wege aufgrund unterschiedlicher Dichten von der kontinuierlichen Phase abgetrennt werden können.

5.17 Heterogene Katalyse

Eine Katalyse beeinflusst nicht die Lage des chemischen Gleichgewichts! Lediglich die Aktivierungsenergie der Reaktion wird abgesenkt und dadurch die Reaktionsgeschwindigkeit erhöht. Durch die Teilprozesse Adsorption der Produkte, Reaktion und Desorption der Produkte von der Katalysatoroberfläche entstehen dafür mehrere Energiemaxima (Abb. 5.42).

Durch den Einsatz von Katalysatoren kann zudem die Konzentration an Nebenprodukten gesenkt werden, die insbesondere entstehen können, wenn die Aktivierungsenergie hoch ist, da in diesem Fall meist viele Reaktionskanäle geöffnet werden [Freund14, Yang14, Stolte13, Matt13, Zhang13, Weisz70].

Die Katalysatoren lassen sich unterteilen in homogene Katalysatoren, Biokatalysatoren und heterogene Katalysatoren, von denen wir hier nur die letzte Gruppe betrachten wollen.

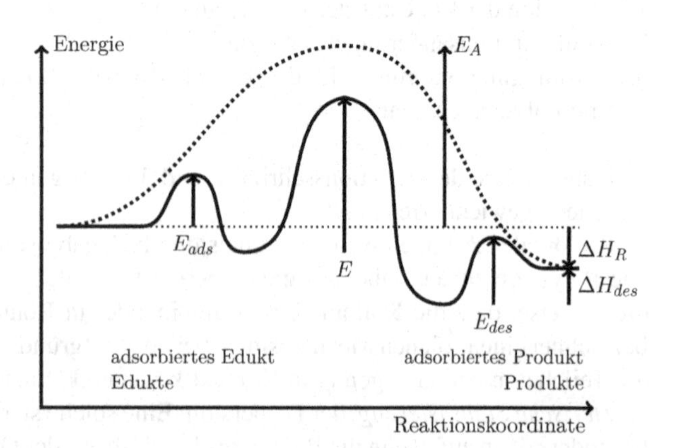

Abb. 5.42 Reaktionsprofil einer katalytischen Reaktion

Die Reaktionen finden bei der heterogenen Katalyse auf bzw. an der Oberfläche des Katalysators statt. Um große Umsätze zu erzielen, muss daher die Oberfläche möglichst groß gewählt werden, und man setzt in der Regel poröse Substanzen ein. Die Modellierung solch heterogen katalysierter Reaktionen beinhaltet damit stets auch die *Transportprozesse* der Produkte und Edukte an bzw. von der aktiven Fläche.

In der fluiden Phase liegt Konvektion vor, und um das poröse Korn bildet sich eine äußere Grenzschicht, die auch als Film bezeichnet wird. Der Transport durch diesen Grenzfilm erfolgt durch Diffusion. Da bei porösen Katalysatoren die Oberfläche in der Hauptsache aus „innerer Oberfläche" besteht, diffundieren die Edukte im nächsten Schritt in die Poren des Katalysatorkorns. Erst jetzt wirken die Adsorptionskräfte, das Teilchen wird an den Katalysator angelagert, und es erfolgt Reaktion. Anschließend müssen die Produkte durch Desorption von der Oberfläche sowie durch erneute Diffusion aus dem Katalysatorkorn heraus und zurück in die fluide Phase gelangen.

Wir haben bereits gesehen, dass der Porenradius bei den Wechselwirkungen zwischen den Teilchen eine wichtige Rolle spielt. Darüber hinaus bestimmt die Porengröße auch die Geschwindigkeit sowie Art und Weise der Diffusion. Abhängig vom Verhältnis des Porendurchmessers zur mittleren freien Weglänge der Moleküle lassen sich drei Bereiche unterschieden:

- Sind die Durchmesser der Poren größer als die mittlere freie Weglänge der diffundierenden Moleküle, liegt „normale" molekulare Diffusion vor.
- *Knudsen-Diffusion* tritt auf, wenn der Porendurchmesser kleiner als die mittlere freie Weglänge ist. In den engen Poren kommt es dabei zu Zusammenstößen der Moleküle mit der Porenwand, was bei der mathematischen Beschreibung der Vorgänge zu berücksichtigen ist.
- Als *Oberflächendiffusion* wird die Diffusion von Molekülen in der Adsorbatschicht bezeichnet.

Auf die verschiedenen Ansätze zur Beschreibung der Diffusion in den Poren soll hier nicht eingegangen werden.

Die chemische Reaktion findet an den *aktiven Zentren* des Katalysatorkorns statt. Dies sind häufig Substanzen, die dem Katalysatorträger zudotiert oder nachträglich auf diesen aufgebracht werden.

Da die Reaktion auf der Katalysatoroberfläche stattfindet, kann die Katalysatoroberfläche – zumindest in erster Näherung – lediglich monomolekular durch die Reaktanden bedeckt sein. Bei der Aufstellung der kinetischen Gesetze geht man daher von der *Langmuir-Isotherme* aus. Betrachtet man zum Beispiel eine einfache Zerfallsreaktion, wird die Reaktionsgeschwindigkeit proportional zum Bedeckungsgrad der Oberfläche sein:

$$\mathrm{CH_3OH} \quad \rightarrow \quad \mathrm{CO} + 2\mathrm{H_2} \qquad r = k'\theta = k'\frac{K \cdot p}{1 + K \cdot p} \tag{5.70}$$

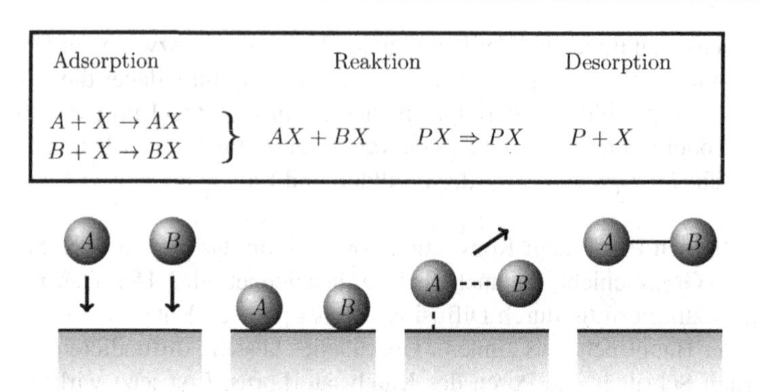

Abb. 5.43 Prinzip des Langmuir-Hinshelwood-Mechanismus

Aus der Reaktionsgeschwindigkeitsgleichung ist ersichtlich, dass zwei Grenzfälle auftreten können:

1. $K \cdot p \gg 1$ In diesem Fall resultiert ein Geschwindigkeitsgesetz nullter Ordnung, das heißt, die Reaktionsgeschwindigkeit ist unabhängig von der Konzentration der Edukte in der fluiden Phase. Der Umsatz wird beschränkt durch die Menge an Katalysator (Beispiel: Zerfall von HI an Au).
2. $K \cdot p \ll 1$ In diesem Fall resultiert ein Geschwindigkeitsgesetz erster Ordnung (Beispiel: Zerfall von HI an Pt).

Bei bimolekularen Reaktionen sind mehrere unterschiedliche Mechanismen möglich. Um die Verhältnisse zu erläutern, betrachten wir die folgende allgemeine Reaktionsgleichung:

$$A + B \quad \rightarrow \quad P \tag{5.71}$$

Durch

$$\theta_A = \frac{N_A}{N} \quad \theta_B = \frac{N_B}{N} \quad \theta_P = \frac{N_P}{N} \tag{5.72}$$

sind die Bedeckungsgrade der Reaktionsteilnehmer beschrieben, wobei N die Anzahl aller möglicher aktiver Zentren auf der Katalysatoroberfläche ist.

Beim *Langmuir-Hinshelwood-Mechanismus* (Abb. 5.43) geht man davon aus, dass beide Reaktionspartner auf der Oberfläche adsorbiert werden. Anschließend diffundieren die beiden adsorbierten Teilchen entlang der Oberfläche des Katalysators, bis sie aufeinander stoßen und zu den Produkten reagieren und diese schließlich desorbiert werden.

Beim Langmuir-Hinshelwood-Mechanismus sind zwei an der Oberfläche adsorbierte Spezies an der Reaktion beteiligt: Die Reaktionsgeschwindigkeit ist damit proportional zur Belegung A und B, und aus der Langmuir-Adsorptionsisotherme

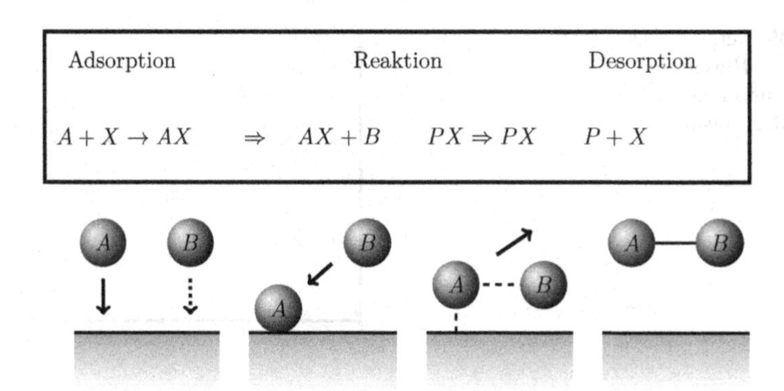

Abb. 5.44 Prinzip des Eley-Rideal-Mechanismus

folgt:

$$\theta_A = \frac{K_A \cdot p_A}{1 + K_A \cdot p_A + K_B \cdot p_B + K_P \cdot p_P}$$

$$\theta_B = \frac{K_B \cdot p_B}{1 + K_A \cdot p_A + K_B \cdot p_B + K_P \cdot p_P} \tag{5.73}$$

$$\Rightarrow \quad r = k' \cdot \frac{K_A \cdot p_A \cdot K_B \cdot p_B}{(1 + K_A \cdot p_A + K_B \cdot p_B + K_P \cdot p_P)^2} \tag{5.74}$$

Reaktionen, die nach dem Langmuir-Hinshelwood-Mechanismus verlaufen, sind allerdings die Ausnahme [Yan14, Ya14, Y14, Murzin10, Davr09, Vice07, Vlas03, Ahmad01, Albano91, Salmi89]. In der Regel wird nur *eine* Komponente auf dem Katalysator adsobiert, die zweite reagiert aus der Gasphase. Dieser Mechanismus ist als *Eley-Rideal-Mechanismus* (Abb. 5.44) bekannt. Die Komponente B kann durchaus auf der Katalysatoroberfläche adsorbiert sein, die Belegung der Oberfläche durch den Reaktionspartner B und gegebenenfalls Produkt muss somit durchaus berücksichtigt werden; die Reaktion verläuft aber nur zwischen der adsorbierten Komponente A und der Komponente B in der Gasphase. Für den Reaktionsgeschwindigkeitsansatz ergibt sich damit nach Langmuir:

$$\theta_A = \frac{K_A \cdot p_A}{1 + K_A \cdot p_A + K_B \cdot p_B + K_P \cdot p_P} \qquad r = k' \cdot \theta_A \cdot p_B \tag{5.75}$$

$$\Rightarrow \quad r = k' \cdot \frac{K_A \cdot p_A \cdot p_B}{1 + K_A \cdot p_A + K_B \cdot p_B + K_P \cdot p_P} \tag{5.76}$$

Trägt man die Reaktionsgeschwindigkeit gegen die Konzentration der Komponente A (Partialdruck der Komponente B konstant) auf, durchläuft die Langmuir-Hinshelwood-Kinetik ein Maximum, die Eley-Rideal-Kinetik nicht (Abb. 5.45).

Bei den beiden vorgestellten Mechanismen handelt es sich allerdings um idealisierte Grenzfälle! In der Regel treten unterschiedliche Hemmungen bei der Che-

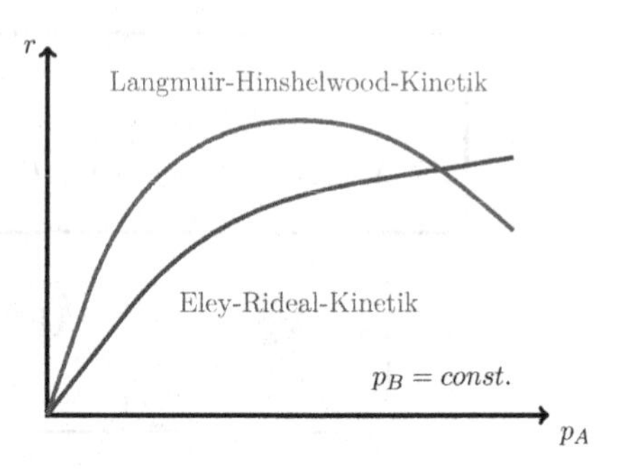

Abb. 5.45 Vergleich der Kinetik des Hinshelwood-Mechanismus und des Eley-Rideal-Mechanismus

misorption auf, die weder beim Langmuir-Hinshelwood- noch beim Eley-Rideal-Mechanismus berücksichtigt sind. Häufig ist die Kinetik auch wesentlich komplizierter, und man geht, wenn möglich, davon aus, dass nur ein Elementarschritt geschwindigkeitsbestimmend ist.

Olaf A. Hougen und Kenneth M. Watson stellten eine allgemeine Betrachtung reaktionskinetischer Ansätze für heterogen katalysierte Reaktionen auf. Danach gilt ganz allgemein für die Reaktionsgeschwindigkeit [Vile09, Kasz92]:

$$r = \frac{\text{Reaktionskinetik} \cdot \text{treibende Differenz}}{\text{Adsorption}} = \frac{\text{kinetischer Term} \cdot \text{Potenzialterm}}{\text{Adsorptionsisotherme}} \tag{5.77}$$

Der kinetische Term enthält die Geschwindigkeitskoeffizienten des limitierenden Elementarschritts und die Adsorptionsgleichgewichtskonstanten der Reaktion. Der Potenzialterm beinhaltet die Konzentrationsterme der Reaktionspartner und die zugehörigen Reaktionsordnungen. Der Adsorptionsterm beschreibt den Grad der Bedeckung der katalytisch aktiven Zentren mit Reaktanden und gibt damit Auskunft über die Hemmung der Reaktion durch die die aktiven Oberflächenplätze blockierenden Moleküle.

Tritt mit der Zeit eine Deaktivierung des Katalysators ein, zum Beispiel durch langsame Vergiftung der Katalysatoroberfläche, durch thermisches Sintern und damit Verkleinerung der Oberfläche, durch Verstopfung der Poren oder Verdampfen aktiver Komponenten und anderes, kann der Hougen-Watson-Geschwindigkeitsansatz durch einen weiteren Term ergänzt werden, und man erhält für die vollständige Reaktionsgeschwindigkeitsgleichung:

$$r = \frac{\text{Reaktionskinetik} \cdot \text{treibende Differenz}}{\text{Adsorption}} \cdot \text{Dämpfung} \tag{5.78}$$

$$= \frac{\text{kinetischer Term} \cdot \text{Potenzialterm}}{\text{Adsorptionsisotherme}} \cdot e^{-\frac{k' f(c_i)}{k_B T}} \tag{5.79}$$

Es gibt zudem Mechanismen, bei denen der Katalysator eine der Reaktionskomponenten zur Verfügung stellt, diese aber anschließend aus dem Reaktionsgemisch wieder aufgefüllt wird. Eine solche Reaktion wird durch den *Mars-van-Krevelen-Mechanismus* beschrieben [Efre12, Door00].

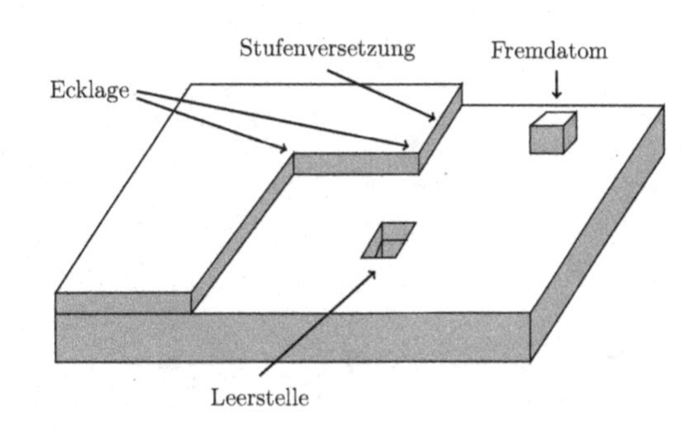

Abb. 5.46 Festkörperoberfläche mit möglichen Fehlstellen

Als Beispiel betrachten wir die oxidative Dehydrierung von Propan zu Propen an vanadiumhaltigen Metalloxidkatalysatoren. Dabei wird zunächst Propan aus der Gasphase auf der Katalysatoroberfläche adsorbiert:

$$A_{\text{gas}} \rightarrow A_{\text{ads.}} \qquad (5.80)$$

Im nächsten Schritt erfolgt Oxidation des adsorbierten Edukts mit Sauerstoff aus dem Gitter des Feststoffs:

$$A_{\text{ads.}} + O_{\text{Gitter, Oberfläche}} \rightarrow AO_{\text{ads.}} \qquad (5.81)$$

Das Reaktionsprodukt wird desorbiert, wobei eine Sauerstoffleerstelle im Kristallgitter des Katalysators verbleibt:

$$AO_{\text{ads.}} \rightarrow AO_{\text{gas}} + \text{Leerstelle} \qquad (5.82)$$

Die Leerstelle wird nachfolgend durch Adsorption von Sauerstoff aus der Gasphase wieder aufgefüllt:

$$O_{2,\,\text{gas}} \rightarrow 2O_{\text{ads.}} \rightarrow 2O_{\text{Gitter, Oberfläche}} \qquad (5.83)$$

In der Regel wirken nicht alle Lagen auf dem Katalysator katalytisch. Für die Reaktivität sind vor allem Fehlstellen, das heißt Kanten, Ecken, Versetzungen und Fremdatome verantwortlich (Abb. 5.46). Diese Fragen sind für die Katalysatorherstellung wesentlich. Die Untersuchungen dieser aktiven Zentren kann heutzutage auch mittels moderner Verfahren, zum Beispiel der Elektronenmikroskopie, Rasterkraftmikroskopie und Röntgen-Kleinwinkelstreuung, erfolgen [Bajzer08, Vile10].

Diffusion 6

6.1 Allgemeine Betrachtungen und Fick'sche Gesetze

Diffusion ist der Massetransport in Gasen, Flüssigkeiten und Festkörpern durch die mikroskopische Relativbewegung der Teilchen und spielt insbesondere bei Kolloiden eine bedeutende Rolle. Dabei erfolgt die Diffusion der Teilchen statistisch aufgrund der freien Beweglichkeit der Teilchen in Gasen und Flüssigkeiten (Abb. 6.1) oder durch Platzwechselvorgänge in Flüssigkeiten und Festkörpern. Neben Platzwechselmodellen sind speziell im Bereich der Oberflächendiffusion und Korngrenzflächendiffusion an Festkörpern Leervolumenmodelle wichtig.

Die Diffusion ist ein statistischer, irreversibler Prozess und beruht allein auf der thermischen Eigenbewegung der Teilchen. Bei ungleichmäßiger Verteilung bewegen sich statistisch mehr Teilchen aus Bereichen hoher Konzentration in Bereiche mit geringer Konzentration, und dies führt zu einem makroskopischen Nettostofftransport. Der Prozess läuft bis zur vollständigen Durchmischung des Systems (Gleichgewicht). Unter Diffusion versteht man in der Regel diesen Nettotransport, der Begriff wird aber auch für den zugrundeliegenden mikroskopischen Vorgang verwendet. Bei Gasen verschiebt sich die Diffusionsfront um mehrere Meter pro Tag, in Flüssigkeiten sind es einige Zentimeter pro Tag, in Festkörpern 10^{-9} bis 10^{-20} m pro Tag, je nach Temperatur.

Die Diffusion kann auch durch eine poröse Wand oder durch eine Membrane erfolgen: Osmose ist die Diffusion von Lösungsmittel durch eine für den gelösten Stoff undurchdringbare (semipermeable) Membrane.

Eines der grundlegenden Gesetze der Diffusion ist das *erste Fick'sche Gesetz*, benannt nach Adolf Eugen Fick[1] (Abb. 6.2): Der Fluss j der Teilchen ist proportio-

[1] Adolf Eugen Fick (* 3. September 1829 in Kassel; † 21. August 1901 in Blankenberge, Belgien) war ein deutscher Physiologe. Er stellte 1855 auf empirischer Basis die beiden Grundgesetze der Diffusion auf.
Quelle: http://de.wikipedia.org/wiki/Adolf_Fick

G.J. Lauth, J. Kowalczyk, *Einführung in die Physik und Chemie der Grenzflächen und Kolloide*, DOI 10.1007/978-3-662-47018-3_6

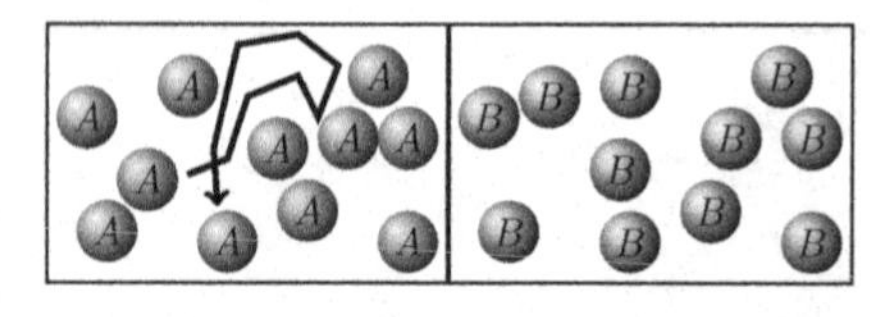

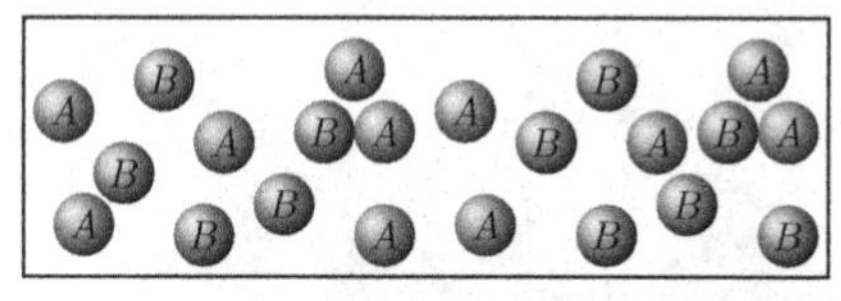

Abb. 6.1 Modellvorstellung von Diffusionsprozessen

Abb. 6.2 Adolf Eugen Fick

nal zum Konzentrationsgradienten.

$$\boxed{\underline{j} = -D\underline{\nabla}c \quad \text{1. Fick'sches Gesetz}} \tag{6.1}$$

Hierin bezeichnet D die Diffusionskonstante.

Wir wissen allerdings, dass die Diffusion neben der Ortsabhängigkeit auch eine Zeitabhängigkeit aufweist: Mit der Zeit ändert sich die Konzentration eines Stoffes durch den Transportprozess, wobei diese zeitliche Änderung zudem von Ort zu Ort unterschiedlich ist, denn je weiter man von der Quelle der Substanz entfernt ist, desto geringer ist die Konzentration. Erst nach ausreichend langer Zeit (im Gleichgewicht) ist die Konzentration homogen im ganzen System!

Wir benötigen somit eine Gleichung, welche die Zeitabhängigkeit der Konzentrationsänderung in Abhängigkeit vom Ort beschreibt! Dies gelingt mithilfe der *Kontinuitätsgleichung*:

$$\boxed{\frac{\mathrm{d}n}{\mathrm{d}t} + \operatorname{div}\underline{j} = 0 \quad \text{Kontinuitätsgleichung}} \tag{6.2}$$

Man erhält durch Einsetzen von (6.1) in (6.2) die Differenzialgleichung:

$$\boxed{\frac{\mathrm{d}n}{\mathrm{d}t} - D\underline{\nabla}^2 c = 0 \quad \text{2. Fick'sches Gesetz}} \tag{6.3}$$

Diese liefert genau das Gewünschte und wird als zweites Fick'sches Gesetz oder als Diffusionsgleichung bezeichnet.

Bringen wir zum Zeitpunkt $t = 0$ eine dünne Schicht Teilchen bei $x = 0$ auf eine Flüssigkeitsoberfläche auf, zum Beispiel Tinte auf Wasser, dann diffundieren von dieser Grenzfläche aus die Teilchen in die Flüssigkeit hinein. Mit der Nebenbedingung: $c(x,0) = \delta(x)$ liefert das zweite Fick'sche Gesetz die zeitabhängige Konzentration $c(x,t)$.

Zur Lösung der Diffusionsgleichung betrachten wir das eindimensionale Modell eines Stabes unendlicher Länge $-\infty < x < \infty$. Zum Zeitpunkt $t = 0$ geben wir an der Stelle $x = x_0$ Teilchen in unendlich dünner Schicht in das System hinzu, die sich dann gemäß der Fick'schen Gesetze in positiver und negativer Richtung in dem Stab durch Diffusion ausbreiten. Dabei soll die Konzentration der Teilchen an der Stelle x_0 stets konstant bleiben, was sich zum Beispiel dadurch erreichen lässt, dass man bei $x = x_0$ ein dünnes Plättchen einer festen Substanz zuführt, welches sich langsam in der Flüssigkeit auflöst.

Setzen wir in das zweite Fick'sche Gesetz anstelle der Teilchenzahl n die Konzentration c ein, dann erhält die (eindimensionale) Differenzialgleichung die Form

$$\frac{\partial^2 c}{\partial x^2} - \frac{1}{D}\frac{\partial c}{\partial t} = 0 \tag{6.4}$$

mit der Anfangsbedingung $c(x,0) = 0$ im gesamten Stab (die Auflösung hat noch nicht begonnen, in der gesamten Lösung sind keine gelösten Teilchen enthalten). Gesucht ist die Funktion $c = c(x,t)$, welche die Verteilung der diffundierenden Teilchen als Funktion der Zeit und des Ortes angibt.

Wir wählen einen Separationsansatz: $c(x,t) = X(x) \cdot T(t)$. Dies liefert:

$$\frac{\partial^2 c(x,t)}{\partial x^2} = X''(x) \cdot T(t) \qquad \frac{\partial c(x,t)}{\partial t} = X(x) \cdot T'(t) \tag{6.5}$$

Setzt man den Separationsansatz (6.5) in die Differenzialgleichung (6.4) ein, ergibt sich folgende neue Differenzialgleichung:

$$\frac{X''}{X} - \frac{1}{D} \cdot \frac{T'}{T} = 0 \tag{6.6}$$

Gleichung (6.6) kann nur erfüllt sein, wenn beide Terme nicht mehr von den Variablen abhängen, das heißt, beide Terme sind konstant, und wir setzen:

$$\frac{X''}{X} = \frac{1}{D} \cdot \frac{T'}{T} \equiv k^2 \tag{6.7}$$

Damit haben wir das Problem auf zwei separate Differenzialgleichungen reduziert, die jede für sich lösbar sind!

Die Lösung kann durch Wahl eines geeigneten Ansatzes erfolgen oder (wie bei der Lösung homogener Differenzialgleichungen 2. Ordnung üblich) durch Laplace- oder Fourier-Transformation.

Um die Rechnung zu vereinfachen, wählen wir den Weg über den Ansatz und wählen als allgemeine Lösung

$$X = A \cdot e^{-ikx} = A_1 \cdot \sin kx - A_2 \cdot i \cos kx \quad T = C_k \cdot e^{-Dk^2 t} \tag{6.8}$$

mit der Randbedingung $X(0) = X(L) = 0$ für $t = 0$.

Der Stab habe eine endliche Länge L; L kann anschließend beliebig gesetzt werden. Der Ansatz ist ferner so gewählt, dass die Lösung für beliebiges t und beliebiges x endlich bleibt, was die Wahl des negativen Vorzeichens in den Exponenten (k bzw. k^2 ist in diesem Fall positiv) begründet.

Mit dieser Randbedingung folgt, dass $A_2 = 0$ gilt, und es ist:

$$X = A_1 \cdot \sin kx \quad A_1 \cdot \sin kL = 0 \quad \rightarrow \quad k = \frac{n\pi}{L} \quad n \in \mathbf{N}_0 \tag{6.9}$$

Einsetzen der Lösung in den Separationsansatz liefert:

$$X(x) \cdot T(t) = C_n \cdot \exp\left(-\frac{n^2\pi^2}{L^2} Dt\right) \cdot \sin \frac{n\pi}{L} x \tag{6.10}$$

Diese Lösung gilt allerdings nur für ein bestimmtes n! Nach der Theorie ergibt sich die *allgemeine Lösung* durch Superposition aller speziellen Lösungen, das heißt, die allgemeine Lösung lautet:

$$\boxed{c(x,t) = \sum_{n=0}^{\infty} C_n \cdot \exp\left(-\frac{n^2\pi^2}{L^2} Dt\right) \cdot \sin \frac{n\pi}{L} x} \tag{6.11}$$

Nun müssen die Koeffizienten C_n so bestimmt werden, dass die jeweiligen Randbedingungen erfüllt sind. Für $c(x,0) = a$ folgt zum Beispiel:

$$c(x,t) = \sum_{n=0}^{\infty} C_n \cdot \sin \frac{n\pi}{L} x \quad \Rightarrow \quad C_n = \begin{cases} \frac{4a}{\pi n} & \text{für ungeradzahliges } n \\ 0 & \text{für geradzahliges } n \end{cases} \tag{6.12}$$

Im Grenzfall $n \rightarrow \infty$ läuft die Summe gegen die Gauss-Funktion, benannt nach Johann Carl Friedrich Gauß[2] (Abb. 6.3; Beweis zum Beispiel mithilfe der Fourier-

[2] Johann Carl Friedrich Gauß (latinisiert Carolus Fridericus Gauss; * 30. April 1777 in Braunschweig; † 23. Februar 1855 in Göttingen) war ein deutscher Mathematiker, Astronom, Geodät und Physiker. Seine überragenden wissenschaftlichen Leistungen waren schon seinen Zeitgenos-

Abb. 6.3 Johann Carl Friedrich Gauß

Transformation und des zentralen Grenzwertsatzes). Die Lösung kann dann angegeben werden in der Form

$$c(x,t) = \frac{A}{\sqrt{4\pi Dt}} \cdot \exp\left(-\frac{x^2}{4Dt}\right) \tag{6.13}$$

(A: Normierungskonstante) bzw. im dreidimensionalen Fall:

$$\boxed{c(x,t) = \frac{A}{\sqrt{4\pi Dt}} \cdot \exp\left(-\frac{r^2}{4Dt}\right)} \tag{6.14}$$

Die räumliche Konzentrationsverteilung besitzt somit die Form einer Gauss'schen Glockenkurve (Abb. 6.4).

Aus der Gauss-Kurve ist sofort ersichtlich, dass die *mittlere Verschiebung* der Teilchen $< x >= 0$ beträgt, denn die Kurve ist um den Startpunkt völlig symmetrisch.

Anders ist dies bei der *quadratischen mittleren Verschiebung* $< x^2 >$! Zur Berechnung dieser Größe beginnen wir bei der Diffusionsgleichung

$$\frac{\partial n}{\partial t} = D \cdot \frac{\partial^2 n}{\partial x^2} \tag{6.15}$$

mit der Teilchendichte $n(x,t)$ und dem ortsunabhängigen Diffusionskoeffizienten D. Zum Zeitpunkt $t = 0$ sei die gesamte Anzahl an Teilchen bei $x = 0$ in

---

sen bewusst. Da Gauss nur einen Bruchteil seiner Entdeckungen veröffentlichte, erschloss sich die Tiefgründigkeit und Reichweite seiner Arbeiten erst, als 1898 sein Tagebuch entdeckt und ausgewertet wurde. Nach ihm sind zahlreiche mathematisch-physikalische Phänomene und Gesetze benannt. Seine wissenschaftlichen Beiträge und Leistungen sind höchst bedeutsam und so zahlreich und vielgestaltig, dass sie an dieser Stelle nicht aufgezählt werden können!

Quelle: http://de.wikipedia.org/wiki/Carl_Friedrich_Gauß

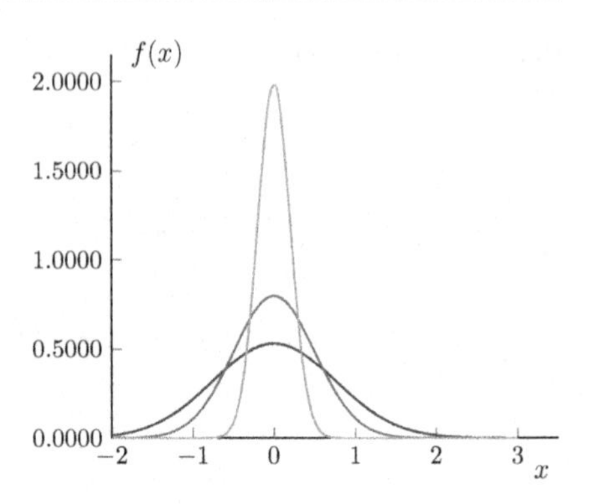

Abb. 6.4 Gauss-Kurve: Mit länger andauernder Zeit wird die Verteilung immer breiter. Ändert sich nicht die Zahl der Teilchen im System, ist die Fläche unter den Kurven jeweils identisch

einer Fläche in der y, z-Ebene konzentriert (ebene Quelle). Bei $t = 0$ beginnen die Teilchen in positive und negative x-Richtung zu diffundieren; wir betrachten somit den eindimensionalen Fall.

Da die Gesamtzahl der Teilchen bei diesem Vorgang nicht verändert wird, gilt:

$$\int_{-\infty}^{\infty} n(x,t)\,\mathrm{d}x = n_0 \tag{6.16}$$

Wir definieren als mittlere quadratische Verschiebung:

$$< x^2 > (t) = \frac{1}{n_0} \int_{-\infty}^{\infty} x^2 \cdot n(x,t)\,\mathrm{d}x \tag{6.17}$$

Mithilfe des zweiten Fick'schen Gesetzes erhält man:

$$\frac{\partial n}{\partial t} = D \cdot \frac{\partial^2 n}{\partial x^2} \quad \rightarrow \quad \int_{-\infty}^{\infty} x^2 \frac{\partial n}{\partial t}\,\mathrm{d}x = D \cdot \int_{-\infty}^{\infty} x^2 \frac{\partial^2 n}{\partial x^2}\,\mathrm{d}x \tag{6.18}$$

Die rechte Seite von (6.18) lässt sich durch (zweimalige) partielle Integration berechnen:

$$\begin{aligned} \int_{-\infty}^{\infty} x^2 \frac{\partial^2 n}{\partial x^2}\,\mathrm{d}x &= \left[x^2 \frac{\partial n}{\partial x}\right]_{-\infty}^{\infty} - 2\int_{-\infty}^{\infty} x \frac{\partial n}{\partial x}\,\mathrm{d}x \\ &= 0 - 2\,[x\,n]_{-\infty}^{\infty} + 2\int_{-\infty}^{\infty} n\mathrm{d}x = 0 + 2n_0 \end{aligned} \tag{6.19}$$

Dabei wurde bei der Auswertung des letzten Integrals (6.19) die Gleichung (6.16) verwendet.

Geht man wiederum aus von der Definition der mittleren quadratischen Verschiebung (6.17), multipliziert beide Seiten mit n_0, differenziert partiell nach der Zeit und vertauscht auf der rechten Seite der Gleichung Differentiation und Integration, erhält man:

$$< x^2 > (t) = \frac{1}{n_0} \int_{-\infty}^{\infty} x^2 \cdot n(x,t)\,\mathrm{d}x \quad \rightarrow \quad n_0 \frac{\partial}{\partial t} < x^2 > (t) = \int_{-\infty}^{\infty} x^2 \frac{\partial n}{\partial t}\,\mathrm{d}x \tag{6.20}$$

Setzt man das Ergebnis aus (6.19) in die Gleichung (6.20) ein, erhält man

$$n_0 \frac{\partial}{\partial t} < x^2 > (t) = D \int_{-\infty}^{\infty} x^2 \frac{\partial^2 n}{\partial x^2}\,\mathrm{d}x = 2Dn_0 \quad \Rightarrow \tag{6.21}$$

$$\boxed{\frac{\partial}{\partial t} < x^2 > (t) = 2D} \quad \text{1 Dimension} \tag{6.22}$$

$$\boxed{\frac{\partial}{\partial t} < r^2 > (t) = 6D} \quad \text{3 Dimensionen} \tag{6.23}$$

mit $r^2 = x^2 + y^2 + z^2$. Alternativ erhält man die Lösung mithilfe der Funktionentheorie auch durch direkte Integration wie folgt

$$\begin{aligned} < x^2 > &= \int_{-\infty}^{\infty} x^2 \cdot c(x,t)\,\mathrm{d}x = \frac{A}{\sqrt{4\pi Dt}} \int_{-\infty}^{\infty} x^2 \cdot \exp\left(\frac{x^2}{4Dt}\right)\mathrm{d}x \\ &= \frac{A}{\sqrt{4\pi Dt}} \cdot \frac{\sqrt{\pi}}{2 \cdot \sqrt[3]{\frac{1}{4}Dt}} = 2Dt \end{aligned} \tag{6.24}$$

mit geeigneter Normierungskonstante A.

Die Diffusionskonstante ist die fundamentale makroskopische Größe zur Beschreibung des Diffusionsverhaltens. Die Modellvorstellung vom chemischen Potenzial als Kraft ermöglicht es, mithilfe des ersten Fick'schen Gesetzes eine Methode zur Bestimmung des Diffusionskoeffizienten zu entwickeln. Dabei variieren die Diffusionskoeffizienten von System zu System im Bereich von etwa 20 Größenordnungen, wie aus Tab. 6.1 ersichtlich ist.

Wir wollen (6.22) noch auf eine weitere Art herleiten. Dazu gehen wir vom ersten Fick'schen Gesetz (in einer Dimension) aus und schreiben dieses wie folgt um:

$$j = -D\frac{\mathrm{d}c}{\mathrm{d}x} \quad j = \frac{\mathrm{d}m}{A \cdot \mathrm{d}t} \rightarrow \mathrm{d}m = -DA \cdot \frac{\mathrm{d}c}{\mathrm{d}x}\,\mathrm{d}t \rightarrow m = -DA \cdot \frac{\mathrm{d}c}{\mathrm{d}x}\,t \tag{6.25}$$

Wir betrachten nun ein System, bei dem zwei verschiedene Konzentrationsbereiche c_1 und c_2 durch eine Membrane voneinander getrennt sind (Abb. 6.5).

Tab. 6.1 Diffusionskoeffizienten

D [cm^2/s]	$< \Delta r^2 >^{1/2}$ nach 1 Tag (10^5 s)	System
$< 10^0$	Einige Meter	Gase
10^{-5}	Einige Zentimeter	Flüssigkeiten, H_2 in Metallen
10^{-14}	Einige Mikrometer	Festkörper
10^{-20}	Einige Nanometer	Metalle bei tiefen Temperaturen

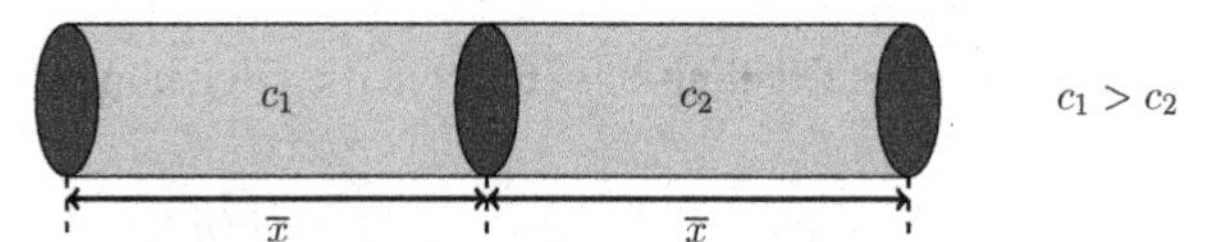

Abb. 6.5 Zwei Systembereiche, getrennt durch eine Membran

Entfernt man die Membrane, dann verschieben sich während der Zeit t die Teilchen durch die Brown'sche Molekularbewegung um die Strecke x, wobei jedes Teilchen mit gleicher Wahrscheinlichkeit nach links und nach rechts diffundieren kann. Da die Wahrscheinlichkeit einer solchen Bewegung nach dem ersten Fick'schen Gesetz vom Konzentrationsgradienten abhängt, gilt für die durch Diffusion in eine Richtung bewegte Masse:

$$m = \frac{1}{2} \cdot \underbrace{(c_1 - c_2)}_{dc} \cdot < x >= \frac{1}{2} \cdot \frac{(c_1 - c_2) \cdot < x >^2}{< x >} \tag{6.26}$$

Für kleine mittlere Diffusionswege $< x >$ ist $\frac{c_1 - c_2}{<x>} = -\frac{dc}{dx}$ und damit:

$$m = -\frac{1}{2} \cdot \frac{dc}{dx} \cdot < x >^2 \tag{6.27}$$

Bezieht man den Massentransport wieder auf die Einheitsfläche, dann ergibt sich mit (6.25) und dem Ergebnis aus (6.27):

$$m = -D \frac{dc}{dx} \cdot t = \frac{1}{2} \cdot \frac{dc}{dx} \cdot < x >^2 \quad \Rightarrow \quad < x >= \sqrt{2Dt} \tag{6.28}$$

6.2 Die Einstein-Relation

Der zeitliche Verlauf von Diffusionsvorgängen wird einerseits durch die thermodynamisch treibende Kraft, andererseits durch die Wechselwirkung der Teilchen untereinander bestimmt. Die für den Diffusionsprozess verantwortlichen treibenden Kräfte sind dabei unterschiedlicher Natur:

- Konzentrationsgradienten
- Temperaturgradienten
- Gradienten externer Felder.

Allgemein ist es der Gradient des chemischen Potenzials, wodurch der Materietransport verursacht wird

Bei konstantem Druck und konstanter Temperatur beträgt die Arbeit, die nötig ist, um eine Einheitsmenge Teilchen von einem Ort 1 an einen Ort 2 zu transportieren:

$$w = \mu(2) - \mu(1) \tag{6.29}$$

Dabei bezeichnet μ das chemische Potenzial. Hängt das chemische Potenzial μ vom Ort x im System ab, dann beträgt die erforderliche Arbeit für den Transport vom Ort x zum Ort $(x + \mathrm{d}x)$:

$$\mathrm{d}w = \mu(x + \mathrm{d}x) - \mu(x) = \left[\mu(x) + \frac{\partial\mu}{\partial x}\,\mathrm{d}x\right] - \mu(x) = \frac{\partial\mu}{\partial x}\,\mathrm{d}x \tag{6.30}$$

In der klassischen Mechanik gilt für die Arbeit:

$$\mathrm{d}w = -F\,\mathrm{d}x \tag{6.31}$$

Ein Vergleich von (6.30) und (6.31) liefert:

$$\boxed{F = -\left(\frac{\partial\mu}{\partial x}\right)_{p,T}} \tag{6.32}$$

Der Gradient des chemischen Potenzials kann somit klassisch als eine auf die Teilchen wirkende effektive Kraft (in N/mol) beschrieben werden, die den Transport verursacht. *Reell existiert eine solche Kraft nicht! Die Bewegung ist eine Folge des zweiten Hauptsatzes der Thermodynamik und ist bestimmt durch das Bestreben der Systeme, einen Zustand maximaler Entropie zu erreichen.* Die *Modellvorstellung* einer Kraft ist andererseits hilfreich für die Ableitung einer Gleichung zur Beschreibung der Vorgänge bei der Diffusion.

In Lösung gilt für das chemische Potenzial:

$$\mu = \mu_0 + RT\,\ln a \tag{6.33}$$

Dabei bezeichnet a die Aktivität. Damit gilt für die Kraft:

$$F = -\frac{\mathrm{d}}{\mathrm{d}x}\left[\mu_0 + RT\,\ln a\right] = -RT\left(\frac{\partial \ln a}{\partial x}\right)_{p,T} \tag{6.34}$$

Im Fall idealer Lösung gilt $a = c$ und damit:

$$F = -RT\left(\frac{\partial \ln c}{\partial x}\right)_{p,T} = -\frac{RT}{c}\cdot\left(\frac{\partial c}{\partial x}\right)_{p,T} \tag{6.35}$$

Abb. 6.6 Albert Einstein

Es war Albert Einstein[3] (Abb. 6.6), der das „Bild" des chemischen Potenzials als Kraft, welche die Verschiebung der Teilchen bewirkt, schuf. Mithilfe dieses Bildes gelingt die Ableitung verschiedener Gleichungen, mit denen sich wiederum Experimente konstruieren lassen, mit denen die Diffusionskonstante gemessen werden kann. Die erste Beziehung dieser Art ist die *Einstein-Gleichung*, die im Folgenden abgeleitet wird.

Im Gleichgewicht wird das Teilchen bei der Diffusion eine Geschwindigkeit annehmen, die durch das Kräftegleichgewicht zwischen der Kraft F des chemischen Potenzials und der Reibungskraft der Teilchen bestimmt ist. Ist s die Geschwindigkeit der Teilchen, dann ist mit (6.35):

$$F = -\frac{RT}{c}\left(\frac{\partial c}{\partial x}\right)_{p,T} \quad \Rightarrow \quad \left(\frac{\partial c}{\partial x}\right)_{p,T} = -\frac{cF}{RT} \tag{6.36}$$

Nun können wir die Definition für den Teilchenfluss ausnutzen und – entsprechend einer Dimensionsbetrachtung – geschickt umformen und erhalten mit dem ersten Fick'schen Gesetz:

$$\underline{j} = \frac{n/N_A}{1[\mathrm{s}]\cdot 1[\mathrm{m}^2]} = \frac{n/N_A}{1[\mathrm{m}^3]}\cdot\frac{1[\mathrm{m}]}{1[\mathrm{s}]} = c\cdot s = -D\underline{\nabla}c = D\cdot\frac{c\cdot F^{\mathrm{mol}}}{RT} \tag{6.37}$$

Bei der Herleitung ist zu beachten, dass wir – wenn wir die Konzentration c benutzen – stets auf 1 mol Substanz normieren! Wir wollen aber die Kraft auf ein

[3] Albert Einstein (* 14. März 1879 in Ulm, Deutschland; † 18. April 1955 in Princeton, USA) war ein theoretischer Physiker. Seine Arbeiten zur speziellen sowie zur allgemeinen Relativitätstheorie machten ihn berühmt und veränderten das physikalische Weltbild grundlegend. Auch zur Quantenphysik leistete er wesentliche Beiträge und erhielt 1922 den Nobelpreis für Physik für die Erklärung des photoelektrischen Effekts. Seine Deutung der Brown'schen Molekularbewegung erbrachte eine Bestätigung des molekularen Aufbaus der Materie. Er nutzte seine Bekanntheit auch bei seinem Einsatz für Völkerverständigung und Frieden.
Quelle: http://de.wikipedia.org/wiki/Albert_Einstein

einzelnes Teilchen berechnen. Die Umrechnung gelingt mit der Beziehung $R = k_B \cdot N_A$, und wir erhalten:

$$s = \frac{D}{k_B T} \cdot F^{\text{Teilchen}} \tag{6.38}$$

Kennt man den Diffusionskoeffizienten D und die Kraft F, lässt sich – unabhängig von der Art der treibenden Kraft – mit (6.38) die Driftgeschwindigkeit der Teilchen berechnen.

Im Fall von Ionen in einer Lösung lässt sich die Driftgeschwindigkeit leicht bestimmen! Unter dem Einfluss eines elektrischen Feldes E bzw. einer elektrischen Kraft $F_{\text{el}} = e \cdot z \cdot E$ hat ein Ion in Lösung eine Driftgeschwindigkeit:

$$\underline{s} = u \cdot \underline{E} \tag{6.39}$$

Dabei bezeichnet u die *Ionenbeweglichkeit.*

Damit ist:

$$s = u \cdot E = \frac{D}{k_B T} \cdot F^{\text{Teilchen}} = \frac{D}{k_B T} \cdot zeE \quad \Rightarrow \quad u = \frac{ez}{k_B T} \cdot D \tag{6.40}$$

Umordnen von (6.40) liefert die *Einstein-Relation*

$$\boxed{D = \frac{k_B T}{ez} \cdot u} \tag{6.41}$$

Die Einstein-Gleichung stellt eine Beziehung zwischen dem Diffusionskoeffizienten und der Ionenbeweglichkeit u her, und durch Messung der Ionenbeweglichkeit lässt sich somit der Diffusionskoeffizient bestimmen.

Die Bedeutung der Einstein-Relation liegt allerdings darin, dass sich mit ihrer Hilfe weitere Beziehungen zwischen dem Diffusionskoeffizienten und anderen, makroskopisch zugänglichen Größen ableiten lassen.

6.3 Die Nernst-Einstein-Relation

Die Einstein-Relation kann in zweierlei Weise weiterentwickelt werden. Zunächst werden wir die *Nernst-Einstein-Relation* – benannt nach Walther Hermann Nernst[4] (Abb. 6.7) und Albert Einstein – daraus ableiten, die eine Beziehung zwischen der molaren Leitfähigkeit Λ eines Elektrolyten und dem Diffusionskoeffizient D der entsprechenden Ionen herstellt.

Wir betrachten eine Lösung starker Elektrolyte (das sind Elektrolyte, die vollständig dissoziiert sind) mit der Konzentration c. Aus jeder Formeleinheit entstehen

[4] Walther Hermann Nernst (* 25. Juni 1864 in Briesen, Westpreußen; † 18. November 1941 in Zibelle, Oberlausitz, war ein deutscher Physiker und Chemiker. 1920 erhielt er den Nobelpreis für Chemie für seine Arbeiten in der Thermochemie.
Quelle: http://de.wikipedia.org/wiki/Walther_Nernst

Abb. 6.7 Walther Hermann Nernst

ν_+ Kationen und ν_- Anionen mit den Ladungen z_+e bzw. z_-e. Die Konzentration an Kationen und Anionen beträgt dann νc und die Teilchendichte entsprechend $\nu c \cdot N_A$.

Die Anzahl an Kationen, die pro Zeiteinheit durch den Querschnitt O fließt (zum Beispiel getrieben durch ein elektrisches Feld E), beträgt:

$$\underbrace{\nu_+ \cdot c \cdot N_A}_{\text{Teilchenkonzentration}} \cdot \underbrace{s_+ \cdot \Delta t \cdot O}_{\text{Volumen, das in der Zeit } \Delta t \text{ fließt}} \cdot \underbrace{\frac{1}{\Delta t \cdot O}}_{\text{Normierung}} = j_{+,\text{Teilchen}}$$
$$\Rightarrow \quad j_{+,\text{Teilchen}} = s_+ \nu_+ c N_A \tag{6.42}$$

Jedes Kation trägt dabei die Ladung z_+e. Damit gilt für die Ladung bzw. den Ladungsstrom:

$$j_{+,\text{Ladung}} = s_+ \nu_+ c N_A \cdot z_+ e = s_+ \nu_+ c \cdot z_+ F$$
$$\text{mit } F = N_A \cdot e \text{ (Faraday-Konstante)} \tag{6.43}$$

Mithilfe der Beziehung $s = u \cdot E$ erhält man daraus:

$$j_{+,\text{Ladung}} = z_+ u_+ \nu_+ c F \cdot E \tag{6.44}$$

Für die *molare Leitfähigkeit* gilt gemäß Definition

$$\boxed{\Lambda_m = \frac{\kappa}{c}} \quad \text{Definition molare Leitfähigkeit}$$
$$\text{mit der Leitfähigkeit } \kappa\text{:} \quad \kappa = \left[\frac{\text{Länge}(l)}{\text{Fläche}(O) \cdot \text{Widerstand}(R)}\right] \tag{6.45}$$

Abb. 6.8 Georg Simon Ohm

Nun gilt nach dem Ohm'schen Gesetz, benannt nach Georg Simon Ohm[5] (Abb. 6.8):

$$U = I \cdot R \tag{6.46}$$

Damit gilt für den Strom:

$$I_+ = \frac{U}{R} = U \cdot \kappa_+ \cdot \frac{O}{l} \equiv \phi \cdot \kappa_+ \cdot \frac{O}{l} \tag{6.47}$$

Verknüpfung der Stromdichte mit dem Strom liefert:

$$\begin{aligned} j_{+,\text{Ladung}} &= z_+ u_+ \nu_+ c F \cdot E \\ I_+ &= j_{+,\text{Ladung}} \cdot O \\ \Rightarrow \quad I_+ &= z_+ u_+ \nu_+ c F \cdot E \cdot O \end{aligned} \tag{6.48}$$

Das elektrische Feld E ist der Gradient des Potenzials ϕ, und damit ist:

$$E = \text{grad}\, \phi = \frac{\phi}{l} \quad \Rightarrow \quad I_+ = z_+ u_+ \nu_+ c F \cdot \frac{\phi}{l} \cdot O \tag{6.49}$$

Der Vergleich von (6.49) und (6.47) liefert:

$$\kappa_+ = z_+ u_+ \nu_+ c F \tag{6.50}$$

[5] Georg Simon Ohm (* 16. März 1789 in Erlangen; † 6. Juli 1854 in München) war ein deutscher Physiker. Seine wichtigsten Arbeiten besaßen bedeutenden Einfluss auf die Entwicklung der Theorie und Anwendung des elektrischen Stroms.

Quelle: http://de.wikipedia.org/wiki/Georg_Simon_Ohm

Hat man genau 1 mol Ionen der betreffenden Ionensorte in der Lösung, erhält man die sogenannte *Äquivalentleitfähigkeit* λ. Es gilt:

$$\kappa_+ = z_+ u_+ \nu_+ c F \quad \rightarrow \quad \lambda_+ = z_+ u_+ F \quad \lambda_- = z_- u_- F \tag{6.51}$$

Für die *molare Leitfähigkeit* erhält man die Beziehung:

$$\boxed{\Lambda_m^0 = (z_+ u_+ \nu_+ + z_- u_- \nu_-) \cdot F} \tag{6.52}$$

Wir kehren nun noch einmal zurück zur Einstein-Relation $D = \frac{k_B T}{ez} u$. Die Einstein-Relation können wir nun einsetzen und erhalten:

$$\boxed{\lambda_+ = z_+ u_+ F = \frac{D_+ e z_+}{k_B T} z_+ F = z_+^2 D_+ \frac{eF}{k_B T} = z_+^2 D_+ \frac{e N_A F}{N_A k_B T} = z_+^2 D_+ \cdot \frac{F^2}{RT}} \tag{6.53}$$

Analog erhält man

$$\boxed{\lambda_- = z_-^2 D_- \cdot \frac{F^2}{RT}} \tag{6.54}$$

bzw. für die molare Leitfähigkeit:

$$\boxed{\Lambda_m^0 = \frac{F^2}{RT} \cdot \left(\nu_+ z_+^2 D_+ + \nu_- z_-^2 D_-\right) \quad \text{Nernst-Einstein-Relation}} \tag{6.55}$$

Mithilfe der Gleichung (6.55) lassen sich die Diffusionskoeffizienten aus Leitfähigkeitsmessungen bestimmen.

6.4 Stokes-Einstein-Relation

Die Einstein-Relation kann weiter benutzt werden, um daraus die Stokes-Einstein-Relation (benannt nach Sir George Gabriel Stokes[6] (Abb. 6.9) und Albert Einstein) abzuleiten. Dies verbindet den Diffusionskoeffizienten mit der Viskosität.

Nach Stokes übt die Lösung auf einen darin bewegten Körper eine Kraft F_{Stokes} aus, die proportional zur Geschwindigkeit in der Lösung ist:

$$F_{\text{Stokes}} = f \cdot s \tag{6.56}$$

[6] Sir George Gabriel Stokes (* 13. August 1819 in Skreen, County Sligo; † 1. Februar 1903 in Cambridge) war ein irischer Mathematiker und Physiker. Er arbeitete auf dem Gebiet der reinen Mathematik sowie der mathematischen und experimentellen Physik. Seine theoretischen Untersuchungen beschäftigten sich hauptsächlich mit der Hydrodynamik, der Theorie der Ausbreitung elektromagnetischer Wellen und der Theorie der Schallausbreitung.

Quelle: http://de.wikipedia.org/wiki/George_Gabriel_Stokes

Abb. 6.9 Sir George Gabriel Stokes

Für ein kugelförmiges Teilchen gilt dabei:

$$f = 6\pi\eta a \tag{6.57}$$

a bezeichnet den Radius des kugelförmig angenommenen Teilchens, η ist die dynamische Viskosität.

Damit ist:

$$F_{\text{Stokes}} = 6\pi\eta a \cdot s \tag{6.58}$$

Im elektrischen Feld ergibt sich im Gleichgewicht:

$$F_{\text{Stokes}} = F_{\text{el}} \quad \Leftrightarrow \quad 6\pi\eta a \cdot s = z \cdot e \cdot E \tag{6.59}$$

Ferner ist:

$$s = u \cdot E \quad \rightarrow \quad 6\pi\eta a \cdot uE = z \cdot e \cdot E \quad \Rightarrow \quad u = \frac{ze}{6\pi\eta a} \tag{6.60}$$

Mit der Einstein-Relation hat man damit:

$$D = \frac{k_B T}{ez} u \quad \Rightarrow \quad u = \frac{ez}{k_B T} \cdot D = \frac{ze}{6\pi\eta a} \quad \Rightarrow \quad \boxed{D = \frac{k_B T}{6\pi\eta a}} \tag{6.61}$$

Die letzte Relation in (6.61) ist die Stokes-Einstein-Relation.

Die Stokes-Einstein-Relation lässt sich auch bei ungeladenen Teilchen anwenden. Kennt man den Radius a der Teilchen, lässt sich der Diffusionskoeffizient D bestimmen. Dabei ist zu beachten, dass der Radius der Teilchen wesentlich durch Solvathüllen bestimmt ist. Zudem erhält man stets den *Äquivalentradius* (bzw. den hydrodynamischen Radius) der Teilchen, den Radius also, den ein kugelförmig angenommenes Teilchen besitzt, wenn es den gleichen Diffusionskoeffizient aufweist wie das untersuchte Teilchen.

Wir wollen auch die Stokes-Einstein-Relation auf einem alternativen Weg herleiten.

Nach dem Stokes'schen Gesetz gilt für die Kraft F für kleine Geschwindigkeiten v $F \propto \frac{\mathrm{d}x}{\mathrm{d}t} \rightarrow F = f \cdot \frac{\mathrm{d}x}{\mathrm{d}t}$. Daraus folgt für die Arbeit $\mathrm{d}w$, die bei der Bewegung des Teilchens gegen die Reibungskraft zu verrichten ist:

$$\mathrm{d}w = F\,\mathrm{d}x = f \cdot \frac{\mathrm{d}x}{\mathrm{d}t} \cdot \mathrm{d}x \tag{6.62}$$

Die Arbeit kann zudem durch das chemische Potenzial ausgedrückt werden. Danach gilt für die Arbeit pro Teilchen:

$$\mathrm{d}w = \mathrm{d}\mu = k_B T \cdot \mathrm{d}\ln c \tag{6.63}$$

Gleichsetzen der Gleichungen (6.62) und (6.63) liefert:

$$f \cdot \frac{\mathrm{d}x}{\mathrm{d}t} \cdot \mathrm{d}x = k_B T \cdot \mathrm{d}\ln c \quad \Leftrightarrow \quad \frac{\mathrm{d}x}{\mathrm{d}t} = \frac{k_B T}{f} \cdot \frac{\mathrm{d}\ln c}{\mathrm{d}x} = \frac{k_B T}{f \cdot c} \cdot \frac{\mathrm{d}c}{\mathrm{d}x} \tag{6.64}$$

Nun ist mit der Konzentration $c = \frac{\mathrm{m}}{V}$:

$$m = c \cdot V = c \cdot A \cdot x \quad \rightarrow \quad -\frac{\mathrm{d}m}{\mathrm{d}t} = c \cdot A \cdot \frac{\mathrm{d}x}{\mathrm{d}t} \tag{6.65}$$

Wieder nutzen wir das erste Fick'sche Gesetz in folgender Form:

$$\begin{aligned} j = -D \cdot \frac{\mathrm{d}c}{\mathrm{d}x} \quad & j = \frac{\mathrm{d}m}{A \cdot \mathrm{d}t} \\ \rightarrow \quad \mathrm{d}m = -D \cdot A \cdot \frac{\mathrm{d}c}{\mathrm{d}x}\mathrm{d}t \quad & \rightarrow \quad -\frac{\mathrm{d}m}{\mathrm{d}t} = D \cdot A \cdot \frac{\mathrm{d}c}{\mathrm{d}x} \end{aligned} \tag{6.66}$$

Mit (6.65) und (6.66) hat man damit:

$$c \cdot \frac{\mathrm{d}x}{\mathrm{d}t} = D \cdot \frac{\mathrm{d}c}{\mathrm{d}x} \tag{6.67}$$

Mit (6.64) hat man damit:

$$\frac{\mathrm{d}x}{\mathrm{d}t} = \frac{k_B T}{f \cdot c} \cdot \frac{\mathrm{d}c}{\mathrm{d}x} = \frac{D}{c} \cdot \frac{\mathrm{d}c}{\mathrm{d}x} \quad \rightarrow \quad k_B T = D \cdot f \quad \rightarrow \quad \boxed{D = \frac{k_B T}{f}} \tag{6.68}$$

Man erhält somit wieder die Stokes-Einstein-Relation!

6.5 Einstein-Smoluchowski-Relation

Eine für die weitere Entwicklung der Theorie besonders wichtige Gleichung ist die Einstein-Smoluchowski-Relation, benannt nach Albert Einstein und Marian von Smoluchowski[7] (Abb. 6.10), da sie ein auf molekularen Prozessen basierendes stochastisches Modell beinhaltet. Diese Beziehung soll im Folgenden abgeleitet werden.

Ein intuitives Modell der Diffusion ist, dass sich die Teilchen in einer Reihe von Sprüngen fortbewegen, das heißt, sie bewegen sich linear gleichförmig und erfahren nach einer gewissen Zeit einen Stoß, woraufhin sich die Richtung der Bewegung ändert. Im Mittel bleibt dabei die Teilchenenergie erhalten, und im Mittel sind die Sprünge äquidistant.

Man geht somit davon aus, dass sich das Teilchen in der Zeit τ zwischen zwei Stößen um die Strecke d weiter bewegt. Während der beliebigen Zeitspanne t bewegt sich das Teilchen dabei um die Strecke

$$\tau \quad d \quad \Rightarrow \quad x = \frac{t}{\tau} \cdot d \tag{6.69}$$

Die Sprünge finden dabei in beliebiger Richtung statt, sodass die Wege *vektoriell* addiert werden müssen.

Wir betrachten den einfachen Fall, dass sich das Teilchen nur auf einer Achse bewegen kann. Die Aufgabe besteht dann darin, die Wahrscheinlichkeit zu berechnen, das Teilchen nach der Zeit t am Ort x zu finden.

Abb. 6.10 Marian von Smoluchowski

[7] Marian von Smoluchowski (* 28. Mai 1872 in Vorder-Brühl bei Wien; † 5. September 1917 in Krakau, Galizien) war ein österreichisch-polnischer Physiker. Smoluchowski war 1904 der erste Physiker welcher erkannte, dass Gase und Flüssigkeiten Dichtefluktuationen unterworfen sind. 1908 erkannte er, dass bei großen Dichtefluktuationen das Phänomen der kritischen Opaleszenz auftritt. Er bemerkte dabei auch die Dispersion des Lichtes in der Atmosphäre, was für die blaue Himmelsfarbe verantwortlich ist.
Quelle: http://de.wikipedia.org/wiki/Marian_Smoluchowski

Tab. 6.2 Mögliche Random Walks bei $n = 4$ Sprüngen

LLLL	LLLR	LLRR	LRRR	RRRR
	LLRL	RRLL	RLRR	
	LRLL	LRRL	RRLR	
	RLLL	RLLR	RRRL	
		LRLR		
		RLRL		
1/16	4/16	6/16	4/16	1/16

Während dieser Zeit hat das Teilchen $n = \frac{t}{\tau}$ Sprünge durchgeführt. Erfolgen n_R Sprünge nach rechts und n_L Sprünge nach links, dann hat sich das Teilchen insgesamt um die Strecke $x = (n_R - n_L) \cdot d$ vom Startpunkt entfernt.

Um nach n Sprüngen an den Ort x zu gelangen, muss somit für die Sprünge nach rechts und links gelten:

$$n_R = \frac{1}{2} \cdot \left(n + \frac{x}{d}\right) \quad n_L = \frac{1}{2} \cdot \left(n - \frac{x}{d}\right) \tag{6.70}$$

Denn es ist: $n_R + n_L = n$ und $x = d \cdot (n_R - N_L)$.

Die Gesamtzahl unterschiedlicher sogenannter *Random Walks* bei insgesamt n Sprüngen beträgt 2^n, wobei jeder Sprung nach rechts oder nach links (mit gleicher Wahrscheinlichkeit) erfolgen kann. Die Anzahl an Random Walks, bei denen genau n_R Sprünge nach rechts erfolgen (und damit folglich genau n_L Sprünge nach links), entspricht der Zahl an Möglichkeiten, n_R Objekte aus n möglichen auszuwählen. Dies sind gerade

$$\frac{n!}{n_R!(n - n_R)!} \tag{6.71}$$

Möglichkeiten.

Um dies zu veranschaulichen, betrachten wir eine Folge von vier Sprüngen. Damit gibt es $2^4 = 16$ unterschiedliche Random Walks wie in Tab. 6.2 gezeigt.

Gemäß Tab. 6.2 gibt es sechs Möglichkeiten, zwei Schritte nach rechts und zwei Schritte nach links zu machen. Die Wahrscheinlichkeit, damit wieder am Ursprung zu landen, beträgt somit 6/16.

Die Wahrscheinlichkeit, nach n Sprüngen wieder am Ursprung (bei gleicher Anzahl Sprünge n_R und n_L) bzw. am Ort x zu sein, beträgt somit:

$$\begin{aligned} P(0) &= \frac{\text{Anzahl der Random Walks mit } n_R \text{ Sprüngen nach rechts}}{\text{Gesamtzahl an möglichen Random Walks}} \\ P(x) &= \frac{1}{2^n} \cdot \frac{n!}{n_R!(n - n_R)!} = \frac{1}{2^n} \cdot \frac{n!}{\frac{1}{2}\left(n + \frac{x}{d}\right)! \cdot \frac{1}{2}\left(n - \frac{x}{d}\right)!} \end{aligned} \tag{6.72}$$

Für große n kann (6.72) mithilfe der Stirling-Formel, benannt nach James Stirling[8], approximiert werden:

$$\boxed{\ln n! = \left(n + \frac{1}{2}\right) \ln n - n + \ln(2\pi)^{\frac{1}{2}}} \quad \text{Stirling-Formel} \tag{6.73}$$

Damit ist:

$$\begin{aligned} \ln P &= \ln n! - \ln\left[\frac{1}{2}\left(n + \frac{x}{d}\right)\right]! - \ln\left[\frac{1}{2}\left(n - \frac{x}{d}\right)\right]! - n\ln 2 \\ &\ln\left(\frac{2}{n\pi}\right)^{\frac{1}{2}} - \frac{1}{2}\left(n + \frac{x}{d} + 1\right)\cdot\ln\left(1 + \frac{x}{nd}\right) - \frac{1}{2}\left(n - \frac{x}{d} + 1\right)\cdot\ln\left(1 - \frac{x}{nd}\right) \end{aligned} \tag{6.74}$$

Ist $\frac{x}{nd} \ll 1$, das heißt, ist x nicht weit vom Startpunkt entfernt, dann gilt die Näherung $\ln(1+z) \approx z$. Dies liefert die Gleichung:

$$\ln P = \ln\left(\frac{2}{n\pi}\right)^{\frac{1}{2}} - \frac{x^2}{2nd^2} \quad \Rightarrow \quad P = \left(\frac{2}{n\pi}\right)^{\frac{1}{2}} \cdot e^{-\frac{x^2}{2nd^2}} \tag{6.75}$$

Schließlich ist $n = \frac{t}{\tau}$ und damit:

$$\boxed{P = \sqrt{\frac{2\tau}{\pi t}} \cdot \exp\left(-\frac{x^2\tau}{2td^2}\right)} \tag{6.76}$$

Aus dem zweiten Fick'schen Gesetz haben wir bereits die Lösung (6.13)

$$c(x,t) = \frac{A}{\sqrt{4\pi Dt}} \cdot \exp\left(-\frac{x^2}{4Dt}\right) \tag{6.77}$$

gefunden, und auch diese Gleichung liefert eine Relation, die uns die Position der Teilchen in Abhängigkeit von der Dauer der Diffusion angibt. *Beide Gleichungen beschreiben somit den identischen Prozess!* Ein Vergleich der Exponenten von (6.76) und (6.77) liefert damit:

$$\frac{x^2\tau}{2td^2} = \frac{x^2}{4Dt} \quad \Rightarrow \quad \boxed{D = \frac{d^2}{2\tau}} \quad \text{Einstein-Smoluchowski-Relation} \tag{6.78}$$

[8] James Stirling (* Mai 1692 in Garden bei Stirling; † 5. Dezember 1770 in Edinburgh) war ein schottischer Mathematiker.
Quelle: http://de.wikipedia.org/wiki/James_Stirling_(Mathematiker)

▶ *Die Einstein-Smoluchowski-Relation ist das zentrale Bindeglied zwischen den mikroskopischen Vorgängen bei Diffusionsprozessen und den makroskopischen Parametern. Die Messung von Diffusionskoeffizienten und (unter Berücksichtigung der Stokes-Einstein-Relation) der Viskosität erlaubt damit Rückschlüsse auf die molekularen Eigenschaften der Systeme.*

Interpretiert man d als mittlere freie Weglänge λ, kann man die Diffusion eines Gases als Random Walk interpretieren, wobei die Sprungweite der mittleren freien Weglänge entspricht [Donley95].

6.6 Transportprozesse in Festkörpern

Der Transportprozess in Festkörpern ist stets thermisch aktiviert. Die Teilchen müssen bei ihrer Bewegung durch das Gitter Potenzialbarrieren überwinden, und der Diffusionskoeffizient für Festkörper ist stark temperaturabhängig. Ausnahmen bilden stark fehlgeordnete Systeme. Die Temperaturabhängigkeit wird üblicherweise durch ein Arrhenius-Gesetz, benannt nach Svante August Arrhenius[9] (Abb. 6.11) beschrieben:

$$\boxed{D = D_0 \cdot \exp\left(-\frac{\Delta G}{RT}\right)} \tag{6.79}$$

Im Fall von Legierungen wird für jede Atomsorte ein eigener partieller (chemischer) Diffusionskoeffizient angeben. Da diese sich für verschiedene Atomsorten

Abb. 6.11 Svante August Arrhenius

[9] Svante August Arrhenius (* 19. Februar 1859 auf Gut Wik bei Uppsala; † 2. Oktober 1927 in Stockholm) war ein schwedischer Physiker und Chemiker. Er konnte unter anderem zeigen, dass in Wasser gelöste Salze als Ionen vorliegen. 1903 erhielt er den Nobelpreis für Chemie.
Quelle: http://de.wikipedia.org/wiki/Svante_Arrhenius, Svante August

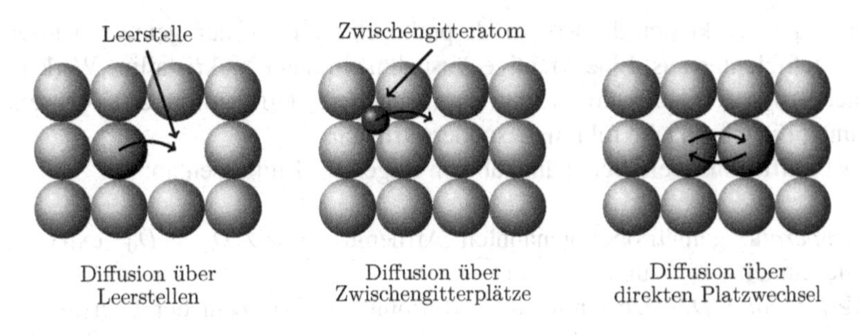

Abb. 6.12 Diffusionsprozesse in Festkörpern

Abb. 6.13 Kirkendall-Effekt

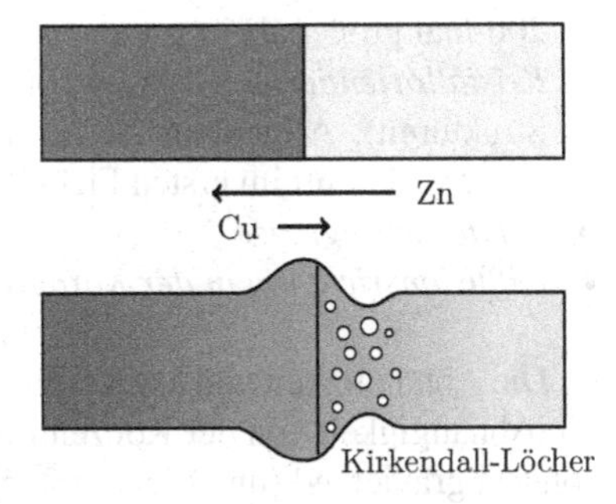

in der Regel unterscheiden, werden bei der Diffusion über ein Konzentrationsgefälle unterschiedlich viele Atome und damit unterschiedlich viel Material jeder Sorte transportiert. Auf diese Weise kommt es zu einer Separierung der Teilchen durch die Diffusion [Miszta14] [Li14] [Kim14] [Ha13].

Dieser nach Ernest Kirkendall[10] benannte Effekt lässt vermuten, dass die Diffusion in Festkörpern durch Wanderung der Atome über Leerstellen und Zwischengitterplätze, jedoch nicht durch direkte Platzwechselmechanismen erfolgt (Abb. 6.12). Der *Kirkendall-Effekt* ist beim Hochtemperatureinsatz von Werkstoffen mit Phasengrenzen, zum Beispiel bei Schweißnähten und beim Sintern, zu berücksichtigen, da sich bei stark unterschiedlichen partiellen Diffusionskoeffizienten und nach längeren Diffusionszeiten Löcher bzw. Wülste in der Nähe der Grenzfläche ausbilden können (Abb. 6.13).

Grenzflächen (Korngrenzen, Phasengrenzen, Oberflächen) sind Störungen des idealen Kristalls mit verminderter Bindungsenergie. Daher ist die Diffusion über Korn- und Phasengrenzen und insbesondere über Oberflächen erheblich (typischerweise um ein bis zwei Größenordnungen) stärker als die Diffusion durch das Volumen der Kristallite.

Der Flächenanteil von Korn- und Phasengrenzen an der Querschnittsfläche eines Festkörpers ist jedoch – bis auf extrem feinkörniges Material – verschwindend

[10] Ernest Kirkendall (* 1914 in East Jordan, Michigan; † 22. August 2005) war ein US-amerikanischer Chemiker und Metallurg.
Quelle: http://de.wikipedia.org/wiki/Ernest_Kirkendall

klein. Daher wirkt sich die Korngröße praktisch nicht auf den gemessenen Diffusionskoeffizienten aus. Eine wichtige Ausnahme bilden nanokristalline Werkstoffe. Ferner ist für den Korrosionsschutz die (schnellere) Diffusion über Korngrenzen, die unter die Oberfläche führen, besonders kritisch.

Der Diffusionskoeffizient hängt ab von folgenden Einflüssen ab:

- *Temperatur* gemäß oben genanntem Arrhenius-Ansatz $D = D_0 \cdot \exp\left(-\frac{\Delta G}{RT}\right)$. Die Einheit von D und D_0 ist cm^2/s.
- *Verformung*: D wächst mit der Verformung, da die Zahl der Leerstellen zunimmt.
- *Kristallstruktur*: In α-Fe zum Beispiel sind die Diffusionskoeffizienten etwa 200-mal größer als in γ-Fe.
- *Kristallorientierung* (Anisotropie der Volumendiffusion in nichtkubischen Strukturen): Allgemein ist der Diffusionskoeffizient ein Tensor zweiter Stufe. Er verknüpft im ersten Fickschen Gesetz die zwei Vektorgrößen J und $\frac{\partial c}{\partial x}$.
- *Art der Korngrenze*
- *Diffusionsrichtung in der Korngrenze* (Anisotropie der Korngrenziffusion).

Die Abhängigkeit von der Korngröße und von Verunreinigungen ist meist gering, die Abhängigkeit von der Konzentration ist für technische Anwendungen nicht besonders gravierend (unter Faktor 2–5).

Die für die Auswertung benötigte Konzentrationskurve kann nach erfolgter Diffusion mit verschiedenen Verfahren ermittelt werden:

- Schichtweises Abtrennen von Spänen senkrecht zum Diffusionsweg mit anschließender (nass-)chemischer Analyse.
- Radioaktive Isotope als Indikatoren („Tracer") ersetzen die chemische Analyse. Die Probe kann schichtweise abgedreht und die Konzentration aus der Aktivität der Späne bestimmt werden.
- Für β- und γ-Strahler kann die Probe auch längs des Diffusionsweges auf Röntgenfilm gelegt und die Konzentration aus der Filmschwärzung bestimmt werden.
- Radioaktive Indikatoren eignen sich besonders gut für die Bestimmung von Selbstdiffusionskoeffizienten.
- Messung der Mikrohärte, der elektrischen Leitfähigkeit oder anderer Größen, die quantitativ von der Konzentration der Elemente abhängen. Eine erhebliche Verbesserung der Ortsauflösung auf ca. 1 µm lässt sich mit mikroanalytischen Verfahren erreichen. Damit lassen sich auch sehr schmale Diffusionszonen auswerten.
- Elektronenstrahl-Mikroanalyse entlang dem Diffusionsweg: Aus der Intensität der charakteristischen Röntgenstrahlung, die durch eine fein gebündelte Elektronensonde in der Probe angeregt wird, wird auf die örtlichen Konzentrationen der Elemente geschlossen. Die Methode ist für alle Elemente mit $Z > 6$ (Mikrosonde mit Kristallspektrometer) bzw. $Z > 11$ (Rastermikroskop) geeignet.
- Sekundärionen-Mikroanalyse (SIMS, Ionenrastermikroskop): Ein primärer, fokussierter Ionenstrahl zerstäubt Probenmaterial. Ein Teil der freigesetzten Pro-

Tab. 6.3 Zusammenstellung der wichtigsten Gleichungen zur Bestimmung des Diffusionskoeffizienten

$D = \frac{d^2}{2\tau}$	**Einstein-Smoluchowski-Relation** Beziehung zwischen dem Diffusionskoeffizienten D und der Sprungweite und Sprungzeit
$D = \frac{k_B T}{6\pi \eta a}$	**Stokes-Einstein-Beziehung** Beziehung zwischen dem Diffusionskoeffizienten D und der dynamischen Viskosität; a ist der effektive hydrodynamische Radius eines sphärischen Teilchens
$D = \frac{u \cdot k_B T}{ez} = \frac{uRT}{zF}$	**Einstein-Relation** Beziehung zwischen dem Diffusionskoeffizienten D und der Ionenbeweglichkeit
$D = \frac{RT}{z^2 F^2} \cdot \lambda$	**Nernst-Einstein-Relation** Beziehung zwischen dem Diffusionskoeffizienten D und der Ionenleitfähigkeit

benatome ist ionisiert und kann damit massenspektrometrisch im Sekundärspektrum nachgewiesen werden. Die Methode ist grundsätzlich für alle Elemente geeignet, Wasserstoff ist schwierig zu analysieren, weil das Spektrometer hoch stabilisiert sein muss. Die Umrechnung der Peakintensitäten auf Konzentrationen ist quantitativ nur bedingt möglich. Der Hauptvorteil ist: Durch Bestimmung der Isotopenkonzentrationen können Selbstdiffusionskoeffizienten ermittelt werden.

- Elektronenenergieverlust-Spektroskopie (EELS) im Transmissionselektronenmikroskop (TEM) mit besonders hoher Ortsauflösung und Empfindlichkeit oder Auger-Elektronenspektroskopie (AES) mit besonders hoher Oberflächenempfindlichkeit.

In Tab. 6.3 sind die wichtigsten Gleichungen zur Diffusion zusammengestellt.

Im Folgenden betrachten wir einige Beispiele, um den Umgang mit den Gleichungen zu üben – zunächst ein Beispiel für die *stationäre* Lösung der Diffusionsgleichung $\frac{\partial c}{\partial t} = D \cdot \frac{\partial^2 c}{\partial x^2}$.

Eine Substanz habe im Zytoplasma (Zellinneres) eine Konzentration c_Z, im extrazellulären Raum eine Konzentration c_A. Die beiden Bereiche werden durch eine Zellmembrane der Dicke d voneinander separiert (Abb. 6.14). Öffnet sich ein

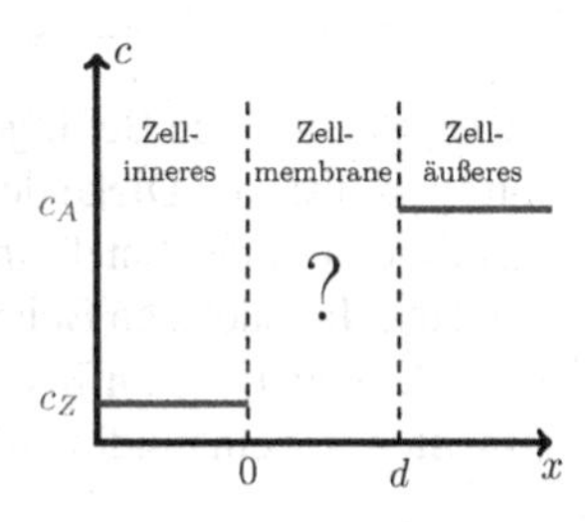

Abb. 6.14 Stationäre Konzentration an der Zellmembrane

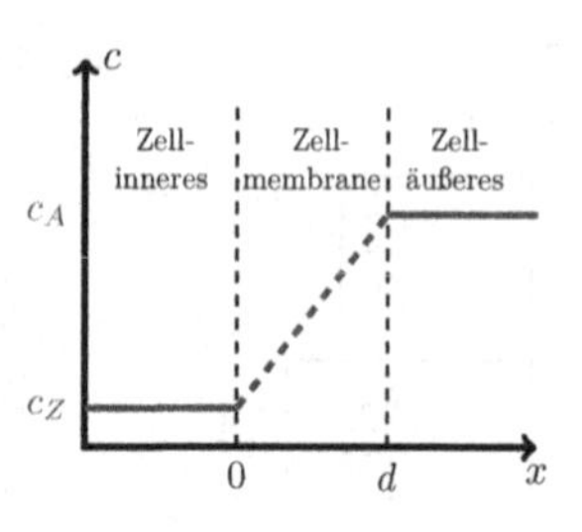

Abb. 6.15 Linearer Verlauf

Transportkanal, dann diffundiert die Substanz durch die Membrane hindurch in die Zelle (oder auch aus dieser heraus).

Welcher Konzentrationsverlauf stellt sich innerhalb der Membrane *stationär* ein, wobei wir davon ausgehen, dass trotz des Transports die Konzentrationen innerhalb und außerhalb der Zelle (nahezu) konstant sind? Gesucht ist somit der *stationäre* orts- und zeitabhängige Konzentrationsverlauf $c(x,t)$ der Substanz.

Der Schlüssel zur Lösung der Aufgabe ist der Begriff „stationär". Stationär bedeutet „zeitunabhängig" bzw. „zeitlich konstant". Damit ist:

$$\boxed{\text{stationär:} \Leftrightarrow \frac{\partial c}{\partial t} = 0} \tag{6.80}$$

Damit wird die Lösung der Differenzialgleichung trivial, denn es bleibt zu berechnen:

$$\frac{\partial^2 c}{\partial x^2} = 0 \tag{6.81}$$

Zweifache Integration liefert:

$$\frac{\partial^2 c}{\partial x^2} = 0 \quad \rightarrow \quad \frac{\partial c}{\partial x} = a \quad \rightarrow \quad c = ax + b \tag{6.82}$$

Einsetzen der Randbedingungen liefert die gesuchte Lösung:

$$\begin{aligned} c(0) = c_Z \quad &\rightarrow \quad c(d) = c_A \quad c = ax + b \quad \rightarrow \quad b = c_Z \\ \rightarrow \quad &c(d) = c_A = ad + c_Z \quad \Rightarrow \quad a = \frac{c_A - c_Z}{d} \\ \rightarrow \quad &\boxed{c(x) = \frac{c_A - c_Z}{d} \cdot x + cZ} \end{aligned} \tag{6.83}$$

Unter stationären Bedingungen findet man somit einen linearen Verlauf der Konzentration über die Dicke der Zellmembrane (Abb. 6.15)!

Zellmembranen ähneln in ihren Eigenschaften eher einer flüssigen Phase als einer festen. Im nächsten Beispiel betrachten wir den gleichen Fall wie im vorherigen Beispiel, wobei die Diffusion durch einen Feststoff erfolgt. Auch in diesem Fall betrachten wir ein eindimensionales Problem.

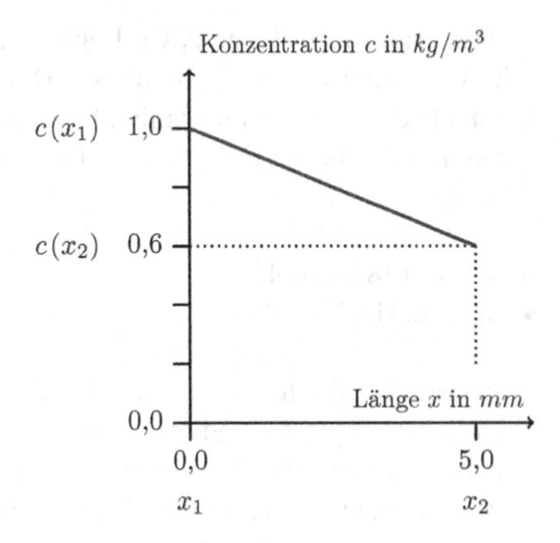

Abb. 6.16 Stationäres Konzentrationsgefälle über die Stahlplatte

Eine 5 mm dicke Stahlplatte ist bei 700 °C auf der einen Seite einer hohen Kohlenstoffkonzentration (1 kg/m^3) ausgesetzt, auf der anderen einer niedrigeren (0,6 kg/m^3) (Abb. 6.16). Ferner gilt:

- Frequenzfaktor: $D_0 = 6{,}2 \cdot 10^{-7}\,\mathrm{m^2/s}$
- Aktivierungsenergie: $E_A = 80\,\mathrm{kJ/mol}$
- Universelle Gaskonstante: $R = 8{,}314\,\frac{\mathrm{J}}{\mathrm{mol \cdot K}}$

Wie groß ist die stationäre Diffusionsstromdichte j von Kohlenstoff durch die Stahlplatte?

Im Fall des Feststoffs erfolgt die Diffusion durch Aktivierung, da Bindungen beim Transport der Teilchen gelöst und wieder neu gebildet werden. Nach dem Ansatz von Arrhenius ist:

$$\begin{aligned} D &= D_0 \cdot \exp\left(-\frac{E_A}{RT}\right) \\ &= 6{,}2 \cdot 10^{-7}\,\frac{\mathrm{m^2}}{\mathrm{s}} \cdot \exp\left(-\frac{80.000\,\frac{\mathrm{J}}{\mathrm{mol}}}{8{,}314\,\frac{\mathrm{J}}{\mathrm{mol \cdot K}} \cdot (700\,\mathrm{K} + 273\,\mathrm{K})}\right) = 3{,}144 \cdot 10^{-11}\,\frac{\mathrm{m^2}}{\mathrm{s}} \end{aligned} \tag{6.84}$$

Damit ergibt sich mithilfe des ersten Fick'schen Gesetzes für den stationären Zustand:

$$\begin{aligned} \Delta c &= c(x_2) - c(x_1) = 0{,}6\,\frac{\mathrm{kg}}{\mathrm{m^3}} - 1\,\frac{\mathrm{kg}}{\mathrm{m^3}} \\ \Delta x &= x_2 - x_1 = 5\,\mathrm{mm} - 0\,\mathrm{mm} = 5\,\mathrm{mm} \\ j &= -D\frac{\partial c}{\partial x} = -3{,}144 \cdot 10^{-11}\,\frac{\mathrm{m^2}}{\mathrm{s}} \cdot \frac{-0{,}4\,\frac{\mathrm{kg}}{\mathrm{m^3}}}{0{,}005\,\mathrm{m}} = 2{,}52 \cdot 10^{-9}\,\frac{\mathrm{kg}}{\mathrm{m^2 \cdot s}} \end{aligned} \tag{6.85}$$

Betrachten wir noch ein weiteres Beispiel, und zwar zum Homogenisierungsglühen. Beim Homogenisierungsglühen werden Konzentrationsunterschiede der Legierungselemente in einem Metallgefüge ausgeglichen.

Für Walzbarren einer AlCu-Legierung werden bei einer Glühtemperatur von 450 °C normalerweise 24 h für die Homogenisierung benötigt. Aufgrund eines Ofendefekts kann nur mehr mit 440 °C geglüht werden. Wie groß ist die Glühzeit, wenn das gleiche Resultat bei der Homogenisierung erzielt werden soll?

Es gilt:

- $E_A = 138\,\mathrm{kJ/mol}$
- $R = 8.314\,\mathrm{J/(mol} \cdot K)$

Sowohl bei der hohen als auch bei der niedrigeren Temperatur müssen die gleichen Stoffmengen diffundieren, und die gleichen Konzentrationsverteilungen werden durchlaufen, allerdings in unterschiedlichen Zeiten.

Wir betrachten eine bestimmte Stelle in der Stahlprobe, die im Prozess A zu der Zeit t_1 die Konzentration c_{A1} aufweist und im Prozess B die gleiche Konzentration, allerdings zu der Zeit t_2, $c_{B2} = c_{A1}$.

In den Zeitschritten Δt_1 bzw. Δt_2 sollen die gleichen Konzentrationsänderungen ablaufen, $\Delta c_A = \Delta c_B$, folglich müssen auch die gleichen Mengen zu- und wegdiffundiert sein. Für die zudiffundierte Menge gilt:

$$j_A \cdot \Delta t_1 = -D_1 \cdot \Delta t_1 \cdot \left(\frac{\partial c}{\partial x}\right)_{A1} = j_B \cdot \Delta t_2 = -D_2 \cdot \Delta t_2 \cdot \left(\frac{\partial c}{\partial x}\right)_{B2} \tag{6.86}$$

Da die Konzentrationsverläufe für beide Prozesse im jeweils betrachteten Zeitpunkt gleich sind, gilt:

$$\left(\frac{\partial c}{\partial x}\right)_{A1} = \left(\frac{\partial c}{\partial x}\right)_{B2} \quad \rightarrow \quad -D_1 \cdot \Delta t_1 = -D_2 \cdot \Delta t_2 \quad -D_1 \cdot t_1 = -D_2 \cdot t_2 \tag{6.87}$$

D ist durch die Arrhenius-Funktion gegeben: $D = D_0 \cdot \exp\left(-\frac{E_A}{RT}\right)$. Damit ist:

$$\begin{aligned} t_2 &= t_1 \cdot \frac{D_1}{D_2} = t_1 \cdot \frac{\exp\left(-\frac{E_A}{RT_1}\right)}{\exp\left(-\frac{E_A}{RT_2}\right)} = t_1 \cdot \exp\left(-\frac{E_A}{R} \cdot \left(\frac{1}{T_1} - \frac{1}{T_2}\right)\right) \\ &= 24\,\mathrm{h} \cdot \exp\left(-\frac{138.000\,\frac{\mathrm{J}}{\mathrm{mol}}}{8{,}314\,\frac{\mathrm{J}}{\mathrm{K \cdot mol}}} \cdot \left(\frac{1}{450\,\mathrm{K} + 273\,\mathrm{K}} - \frac{1}{440\,\mathrm{K} + 273\,\mathrm{K}}\right)\right) = 33{,}1\,\mathrm{h} \end{aligned} \tag{6.88}$$

6.7 Sedimentationsprozesse

Eng verknüpft mit der Diffusion sind Sedimentationsprozesse, da diese in der Regel der Diffusion überlagert sind. Aus diesem Grund, und da Sedimentationsprozesse in der Analytik kolloider Systeme eine große Bedeutung besitzen, sollen diese Vorgänge kurz erörtert werden.

► *Unter Sedimentation (vom lateinischen sedimentum „Bodensatz") versteht man das Ablagern (Absetzen) von Teilchen aus Fluiden (Flüssigkeiten oder Gasen) unter der Wirkung der Schwerkraft oder der Zentrifugalkraft.*

Bei der Sedimentierung werden die Teilchen nach ihrer *Dichte* und ihrer *Größe* voneinander getrennt. Dabei schichten sich die abgelagerten Teilchen aufgrund ihrer unterschiedlichen Sedimentationsgeschwindigkeiten: Die Teilchen mit größter Absinkgeschwindigkeit lagern sich am schnellsten ab und liegen unten. Wird nur ein Material abgelagert oder Materialien ähnlicher Dichte, lagern große Partikel schneller ab und liegen zuerst unten, während kleine Partikel oben liegen. Anwendung findet diese Technik zum Beispiel bei der Trennung von Eiweißen oder bei der Auftrennung der Zellbestandteile in der Biochemie. Aber auch in der Technik wird die Sedimentation eingesetzt, beispielsweise bei der Herstellung von Pflanzenölen durch Pressung, wobei das Öl vor dem Abfüllen bis zu mehreren Wochen in Behältern verbleibt, in denen sich die in dem Primärprodukt befindlichen Schwebstoffe durch die Schwerkraft langsam absetzen und somit aus dem Gemisch abgetrennt werden können. Eine weitere Anwendung ist die mechanische Klärung von Abwässern in sogenannten Absetzbecken.

Wie bereits angedeutet können Sedimentation und Diffusion als gegensinnige Prozesse aufgefasst werden. Bei kleinen Teilchen wird die Diffusion überwiegen, bei größeren die Sedimentation.

Wir betrachten ein kolloides Teilchen in einem fluiden Medium. Für das Kräftegleichgewicht aus Gewichtskraft F_g und Auftriebskraft F_A gilt mit der Teilchendichte ρ_T und der Fluiddichte ρ_{fl}:

$$F_{\text{ges.}} = F_g + F_A = m \cdot g - V \cdot \rho_{\text{fl}} \cdot g = V \cdot \rho_T \cdot g - V \cdot \rho_{\text{fl}} \cdot g = V \cdot (\rho_T - \rho_{\text{fl}}) \cdot g \quad (6.89)$$

Wie sieht das Kräftegleichgewicht aus, wenn eine der Geschwindigkeit proportionale Reibungskraft F_R dazukommt?

Die in (6.89) abgeleitete Gesamtkraft wird das Teilchen beschleunigen, bis die geschwindigkeitsabhängige Reibungskraft gleich groß ist und das Teilchen mit gleichförmiger Geschwindigkeit weiter absinkt. In diesem Fall gilt für das Kräftegleichgewicht:

$$F_{\text{ges.}} = F_R \equiv f \cdot v \quad \rightarrow \quad f \cdot v = V \cdot (\rho_T - \rho_{\text{fl}}) \cdot g \quad (6.90)$$

Wir suchen eine Formel, aus der die Masse der Teilchen bei bekanntem Reibungskoeffizienten f berechnet werden kann. Es ist:

$$\rho = \frac{\mathrm{m}}{V} \quad \rightarrow \quad V_T = \frac{m_T}{\rho_T} \quad \rightarrow \quad \boxed{f \cdot v = m \cdot \left(1 - \frac{\rho_{\text{fl}}}{\rho_T}\right) \cdot g} \quad (6.91)$$

Für kugelförmige Teilchen gilt nach Stokes: $F_R = 6\pi\eta r \cdot v$. Dabei ist r der Teilchenradius und v die Geschwindigkeit des Teilchens. Wir suchen nun eine

Gleichung, nach der durch Messung der Sedimentationsgeschwindigkeit der Teilchenradius r bestimmt werden kann. Es ist mit (6.90):

$$f \cdot v = V \cdot (\rho_T - \rho_{\text{fl}}) \cdot g \quad \rightarrow \quad 6\pi\eta r_T \cdot v = \frac{4\pi}{3} r_T^3 \cdot \rho_T - \rho_{\text{fl}}) \cdot g$$
$$\rightarrow \boxed{r_T = \sqrt{\frac{9\pi}{2g} \cdot \frac{\eta \cdot v}{\rho_T - \rho_{\text{fl}}}}} \tag{6.92}$$

Löst man (6.92) nach der Sinkgeschwindigkeit v auf, dann ergibt sich

$$\boxed{v = r_T^2 \cdot \frac{2}{9\pi} \cdot \frac{\rho_T - \rho_{\text{fl}}}{\eta} \cdot g} \tag{6.93}$$

Gemäß (6.93) steigt die Sinkgeschwindigkeit des Teilchens quadratisch mit dem Radius. Größere Teilchen sinken damit weit schneller ab als kleinere, und wenn das Teilchen zu klein wird, dann stört die Diffusion eine genaue Messung.

Die Sinkgeschwindigkeit ist zudem proportional zum Dichteunterschied zwischen Teilchen und Fluid und umgekehrt proportional zur dynamischen Viskosität der Lösung. Die Viskosität ist temperaturabhängig, sodass insbesondere bei kleinen Teilchen eine genaue Einhaltung der Temperatur während der Messung erforderlich ist.

Die Sinkgeschwindigkeit ist weiterhin proportional zur Beschleunigung g. Bei sehr kleinen Teilchen, bei denen im Fluid die Diffusion die Überhand gewinnt, kann die Beschleunigung mithilfe von Zentrifugen bzw. Ultrazentrifugen erhöht werden, sodass auch bei kleineren Teilchen noch präparative Trennungen oder Analysen möglich sind.

Wie ändern sich die obigen Beziehungen, wenn eine Zentrifuge eingesetzt wird? Für die Bewegung auf einer Kreisbahn gilt:

$$\underline{v} = \frac{\mathrm{d}\underline{s}}{\mathrm{d}t} = \frac{\underline{r} \cdot \mathrm{d}\phi}{\mathrm{d}t} \tag{6.94}$$

Für eine vollständige Umdrehung ist:

$$|\underline{s}| = |\underline{r}| \cdot \phi = |\underline{r}| \cdot 2\pi \quad \frac{\Delta \underline{s}}{\Delta t} = \underline{r} \cdot \frac{2\pi}{T} = \underline{r} \cdot \underline{\omega} = 2\pi\nu \cdot |\underline{r}| \tag{6.95}$$

Dabei ist ω die Kreisfrequenz und ν die Frequenz.

Wir betrachten eine beliebige Bewegung in der xy-Ebene (Abb. 6.17). Bewegt sich ein Teilchen auf einer beliebigen Bahn, dann ist im Allgemeinen die Geschwindigkeit des Teilchens auf dieser Bahn nicht konstant: Sowohl die Richtung wie auch der Betrag der Geschwindigkeit können sich ändern. Für die Beschleunigung des Teilchens gilt damit:

$$\underline{a} = \frac{\mathrm{d}\underline{v}}{\mathrm{d}t} = \frac{\mathrm{d}}{\mathrm{d}t}(\underline{u}_T \cdot v) = \underline{u}_T \cdot \frac{\mathrm{d}v}{\mathrm{d}t} + v \cdot \frac{\mathrm{d}\underline{u}_T}{\mathrm{d}t} \tag{6.96}$$

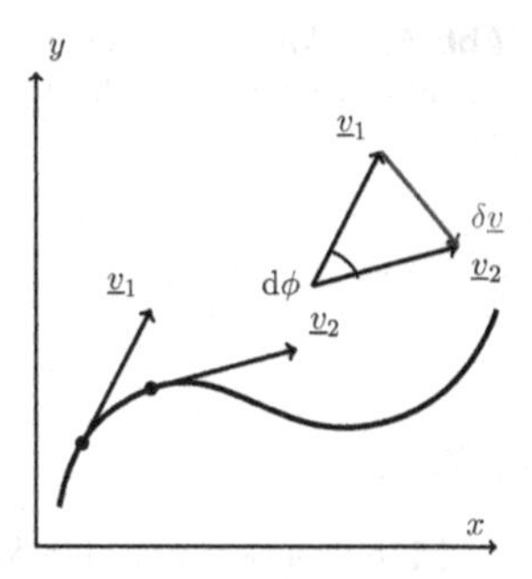

Abb. 6.17 Bewegung eines Teilchens auf einer beliebigen Trajektorie

Der erste Term in (6.96) gibt die Änderung des *Betrags* der Geschwindigkeit an, der zweite Term die Änderung der *Richtung* der Geschwindigkeit. $\underline{u}_T = \frac{\underline{v}}{|\underline{v}|}$ ist der Einheitsrichtungsvektor (Tangentenvektor) der Geschwindigkeit des Teilchens.

Wir führen nun einen zweiten Vektor u_N ein, der die Richtung der Änderung der Geschwindigkeit δv besitzt und senkrecht auf dem Vektor u_T der tangentialen Beschleunigung steht. Dann ist:

$$\mathrm{d}\underline{u}_T = \underline{u}_N \cdot \mathrm{d}\phi \quad \text{mit } \underline{u}_N \,||\, \mathrm{d}v = \underline{v_2} - \underline{v_1} \quad \rightarrow \quad \frac{\mathrm{d}\underline{u}_T}{\mathrm{d}t} = \underline{u}_N \cdot \frac{\mathrm{d}\phi}{\mathrm{d}t}$$

$$\frac{\mathrm{d}\phi}{\mathrm{d}t} = \frac{\mathrm{d}\phi}{\mathrm{d}s} \cdot \frac{\mathrm{d}s}{\mathrm{d}t} = \frac{\mathrm{d}\phi}{\mathrm{d}s} \cdot v \quad \text{mit } \mathrm{d}s = r \cdot \mathrm{d}\phi \rightarrow \frac{\mathrm{d}\phi}{\mathrm{d}s} = \frac{1}{r} \rightarrow \frac{\mathrm{d}\phi}{\mathrm{d}t} = \frac{\mathrm{d}\phi}{\mathrm{d}s} \cdot v = \frac{v}{r}$$

$$\frac{\mathrm{d}\underline{u}_T}{\mathrm{d}t} = \underline{u}_N \cdot \frac{\mathrm{d}\phi}{\mathrm{d}t} = \underline{u}_N \cdot \frac{v}{r} \tag{6.97}$$

Damit ist endgültig:

$$\boxed{\underline{a} = \underline{u}_T \cdot \frac{\mathrm{d}v}{\mathrm{d}t} + v \cdot \frac{\mathrm{d}\underline{u}_T}{\mathrm{d}t} = \underline{u}_T \cdot \frac{\mathrm{d}v}{\mathrm{d}t} + \underline{u}_N \cdot \frac{v^2}{r}} \tag{6.98}$$

Wir betrachten im Folgenden nur die Normalkomponente der Beschleunigung:

$$\underline{a}_N = \frac{v^2}{r} = \frac{(\omega \cdot r)^2}{r} = \omega^2 \cdot r \tag{6.99}$$

Um die oben abgeleiteten Gleichungen auf das Kräftegleichgewicht in einer Zentrifuge zu erweitern, brauchen wir nur die Beschleunigung durch die Schwerkraft und die Beschleunigung durch die Bewegung auf der Kreisbahn zu addieren, wobei bei hohen Radialbeschleunigungen die Erdbeschleunigung in der Regel vernachlässigt werden kann. Damit ergeben sich die folgenden Gleichungen für Experimente mit der Zentrifuge bzw. Ultrazentrifuge:

$$g \rightarrow \omega^2 \cdot r \quad \boxed{V \cdot (\rho_T - \rho_{\mathrm{fl}}) \cdot \omega^2 r = f \cdot v \quad m \cdot \left(1 - \frac{\rho_{\mathrm{fl}}}{\rho_T}\right) \cdot \omega^2 r = f \cdot v} \tag{6.100}$$

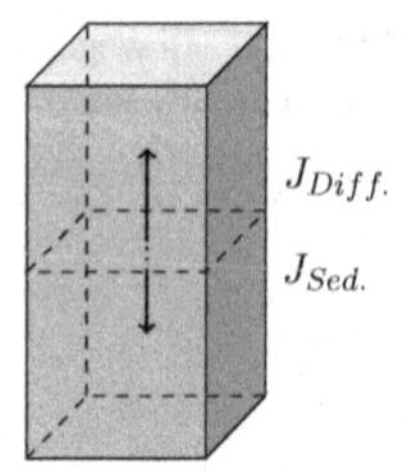

Abb. 6.18 Wechselwirkung von Sedimentation und Diffusion

Man definiert nun den *Sedimentationskoeffizient S* wie folgt:

$$\boxed{S \equiv \frac{\mathrm{d}r/\mathrm{d}t}{a_N} = \frac{\mathrm{d}r/\mathrm{d}t}{\omega^2 \cdot r}} \tag{6.101}$$

Damit ergibt sich:

$$\boxed{m \cdot \left(1 - \frac{\rho_{\text{fl}}}{\rho_T}\right) \cdot \omega^2 r = f \cdot v \quad \rightarrow \quad \frac{m}{f} \cdot \left(1 - \frac{\rho_{\text{fl}}}{\rho_T}\right) = S} \tag{6.102}$$

Die bekannten Größen in (6.102) sind: $\rho_{\text{fl}}, \rho_T, \omega^2 r$. Die unbekannten Größen sind: $\frac{m}{f}, v$.

Die Sinkgeschwindigkeit v wird im Experiment gemessen, man erhält somit im Ergebnis das Verhältnis Masse/Reibungskoeffizient.

Im Fall kugelförmiger Tröpfchen gilt: $f_{\text{Kugel}} = 6\pi\eta r_T$. Bei kugelförmigen Teilchen kann somit die Teilchenmasse bestimmt werden. Meist bestimmt man lediglich den Quotienten m/f, wobei der Reibungskoeffizient f durch zusätzliche Messungen bestimmt werden kann, zum Beispiel aus Diffusionsmessungen. Sind damit der Diffusionskoeffizient D und somit der Reibungskoeffizient f bekannt, kann bei bekannter Dichte ρ der kolloiden Teilchen deren Molekulargewicht bestimmt werden.

Während sich bei Sedimentationsvorgängen die Teilchen geordnet in eine Richtung bewegen, bewirkt die Diffusion in umgekehrter Weise eine *Durchmischung* des Systems; *Sedimentation und Diffusion sind in diesem Sinn gegensinnige Prozesse* (Abb. 6.18).

Für die Diffusion gilt das erste Fick'sche Gesetz: $J_{\text{Diff.}} = -D\frac{\partial c}{\partial x}$. Für den Teilchenstrom durch Sedimentation können wir ansetzen: $J_{\text{Sed.}} = v \cdot c$. Dabei ist v die Sedimentationsgeschwindigkeit der (identischen) Teilchen im Kräftegleichgewicht.

Eine höhere Konzentration an Teilchen in einer Ebene x durch Zuwanderung von Teilchen durch Sedimentation erhöht somit nach dem ersten Fick'schen Gesetz den Teilchenstrom durch Diffusion! Wir verwenden nun (6.102) und stellen mithilfe des ersten Fick'schen Gesetzes eine Gleichung für das Gleichgewicht aus Sedimentation und Diffusion auf.

Wir gehen somit aus von den beiden Beziehungen (Gravitationsfeld bzw. Zentrifuge):

$$v = \frac{m}{f} \cdot \left(1 - \frac{\rho_{\text{fl}}}{\rho_T}\right) \cdot g \quad \text{bzw.} \quad v = \frac{m}{f} \cdot \left(1 - \frac{\rho_{\text{fl}}}{\rho_T}\right) \cdot \omega^2 x \tag{6.103}$$

Im Gleichgewicht gilt: $J_{\text{Sed.}} = J_{\text{Diff.}}$. Damit ist:

Gravitation	Zentrifuge
$v \cdot c = \frac{m}{f} \cdot \left(1 - \frac{\rho_{\text{fl}}}{\rho_T}\right) \cdot g \cdot c = D \frac{\mathrm{d}c}{\mathrm{d}x}$	$v \cdot c = \frac{m}{f} \cdot \left(1 - \frac{\rho_{\text{fl}}}{\rho_T}\right) \cdot \omega^2 x \cdot c = D \frac{\mathrm{d}c}{\mathrm{d}x}$
$\frac{m}{f} \cdot \left(1 - \frac{\rho_{\text{fl}}}{\rho_T}\right) \cdot g \cdot \int_{x_1}^{x_2} \mathrm{d}x = D \int_{c_1}^{c_2} \frac{\mathrm{d}c}{c}$	$\frac{m}{f} \cdot \left(1 - \frac{\rho_{\text{fl}}}{\rho_T}\right) \cdot \omega^2 \cdot \int_{x_1}^{x_2} x \,\mathrm{d}x = D \int_{c_1}^{c_2} \frac{\mathrm{d}c}{c}$
$\frac{m}{f} \cdot \left(1 - \frac{\rho_{\text{fl}}}{\rho_T}\right) \cdot g \cdot (x_2 - x_1) = D \cdot \ln \frac{c_2}{c_1}$	$\frac{m}{f} \cdot \left(1 - \frac{\rho_{\text{fl}}}{\rho_T}\right) \cdot \frac{\omega^2}{2} \cdot (X_1^2 - x_2^2) = D \cdot \ln \frac{c_2}{c_1}$

Weiter gilt nach der Stokes-Einstein-Beziehung: $D = \frac{k_B T}{6\pi\eta r} = \frac{k_B T}{f}$. Dies eingesetzt liefert:

$$\begin{array}{|ll|} \hline \frac{m}{k_B T} \cdot \left(1 - \frac{\rho_{\text{fl}}}{\rho_T}\right) \cdot g \cdot (x_2 - x_1) = \ln \frac{c_2}{c_1} & \text{Gravitationsfeld} \\ \frac{m}{k_B T} \cdot \left(1 - \frac{\rho_{\text{fl}}}{\rho_T}\right) \cdot \frac{\omega^2}{2} \cdot (X_1^2 - x_2^2) = \ln \frac{c_2}{c_1} & \text{Zentrifuge} \\ \hline \end{array} \tag{6.104}$$

Es ist zu beachten, dass die obige Beziehung (6.104) nur bei einheitlicher Teilchengröße gilt! Bei Teilchen unterschiedlicher Größe ergeben sich auch jeweils andere Gleichgewichtszustände!

Liegt eine polydisperse Misschung vor, dann verbreitern sich die Zonen, in denen sich die Kolloide ansammeln, oder es treten mehrere getrennte solcher Zonen auf, und man erhält unterschiedliche Fraktionen, die sich absaugen und auf diese Weise trennen lassen.

In der Biologie hat man häufig Teilchen einheitlicher Größe, weshalb (6.104) besonders bei biologischen Systemen, zum Beispiel bei der Bestimmung der Masse von Viren, Bakterien oder Eiweißen, Anwendung findet.

Da in (6.104) das Verhältnis $\ln \frac{c_2}{c_1}$ auftritt, kann durch Messung der Konzentrationen an unterschiedlichen Stellen auch ohne Kenntnis des Diffusionskoeffizienten D (bei monodispersen System!) die Teilchenmasse m bestimmt werden.

Zu beachten ist auch, dass bei den Messungen das System nicht koagulieren darf! In diesem Fall wäre die Messung verfälscht! Gegebenenfalls müssen Konzentrationsreihen vermessen und auf eine Konzentration an Kolloid von $c \to 0$ extrapoliert werden.

Schwieriger werden die Verhältnisse, wenn die Teilchen elektrisch geladen sind. Die kleineren Gegenionen sedimentieren langsamer als die massereicheren, und durch die elektrische Anziehung bremsen diese die anderen aus und verfälschen dadurch die Messung. In solchen Fällen legt man ein zusätzliches elektrisches Feld an, um die Bewegung der langsameren Teilchen denen der schwereren anzupassen.

Wendet man (6.104) auf Gase in der Atmosphäre an und ersetzt die Konzentration c durch den Druck p, wobei auch die Korrektur durch den Auftrieb entfällt, dann erhält man:

$$\frac{m}{k_B T} \cdot g \cdot (x_2 - x_1) = \ln \frac{p_2}{p_1} \quad \rightarrow \quad \ln \frac{p_2}{p_1} = \frac{M \cdot g}{RT} \cdot (x_2 - x_1) \tag{6.105}$$

Dies ist gerade die *barometrische Höhenformel*.

Es ist sogar möglich, aus dem Sedimentationsgleichgewicht die Avogadro-Konstante N_A zu bestimmen!

In einer Flüssigkeit suspendierte Teilchen verhalten sich wie Gasmoleküle. Ihre Verteilung kann mit der barometrischen Höhenformel

$$n(z) = n_0 \cdot \exp\left(-\frac{m^* \cdot g}{k_B T} \cdot z\right) \tag{6.106}$$

beschrieben werden. $m^* g$ steht für die Gewichtskraft, die nach Abzug des Auftriebs bleibt.

Wir betrachten ein Experiment, in welchem die in Wasser suspendierten Teilchen einen Radius von $r = 0{,}2\,\mu\text{m}$ und eine Materialdichte von $\rho = 1{,}2 \cdot 10^3\,\text{kg/m}^3$ besitzen. Die Teilchen werden in übereinanderliegenden Schichten von je $30\,\mu\text{m}$ Dicke gezählt. Wir gehen von folgendem Ergebnis (von unten nach oben) aus: 210, 130, 74, 49, 18, 16 und 12 Teilchen. Aus diesen Daten wollen wir nun die Avogadro-Konstante bestimmen!

N_A hängt mit der Boltzmann-Konstanten k_B und der Gaskonstante $R = 8{,}314\,\text{J/(mol K)}$ über $k_B = R/N_A$ zusammen. Die Messtemperatur betrage $T = 300\,\text{K}$.

Zur Lösung der Aufgabe bilden wir den Logarithmus der barometrischen Höhenformel (6.106) und bestimmen die Steigung $-\frac{m^* \cdot g}{k_B T}$ der resultierenden Gerade. Wir fassen somit das Experiment als Messung von k_B auf und rechnen daraus N_A aus.

Aus (6.106) folgt durch Logarithmieren:

$$\ln n(z) = \ln n_0 - \frac{m^* \cdot g}{k_B T} \cdot z = \ln n_0 - \frac{(\rho_T - \rho_{\text{fl}}) \cdot \frac{4\pi}{3} r_T^3 \cdot g}{k_B T} \cdot z \tag{6.107}$$

Mit den angegebenen Werten erhält man daraus:

$$\ln n(z) = \ln n_0 - \frac{\left(1{,}2 \cdot 10^3\,\frac{\text{kg}}{\text{m}^3} - 1{,}0 \cdot 10^3\,\frac{\text{kg}}{\text{m}^3}\right) \cdot \frac{4\pi}{3} (0{,}2 \cdot 10^{-6}\,\text{m})^3 \cdot 9{,}81\,\frac{\text{m}}{\text{s}^2}}{k_B \left[\frac{\text{J}}{\text{K}}\right] \cdot 300\,\text{K}} \cdot z \tag{6.108}$$

$$\ln n(z) = -\frac{2{,}19 \cdot 10^{-19}\,\frac{\text{J}}{\text{K}}}{k_B \left[\frac{\text{J}}{\text{K}}\right]} \cdot z + \ln n_0 \tag{6.109}$$

Weiter ergibt sich mit den experimentell gefundenen Werten:

n(z)	210	130	74	49	18	16	12
ln n(z)	5,35	4,87	4,30	3,89	2,89	2,77	2,48
$z\,[10^{-6}\,\text{m}]$	0	30	60	90	120	150	180

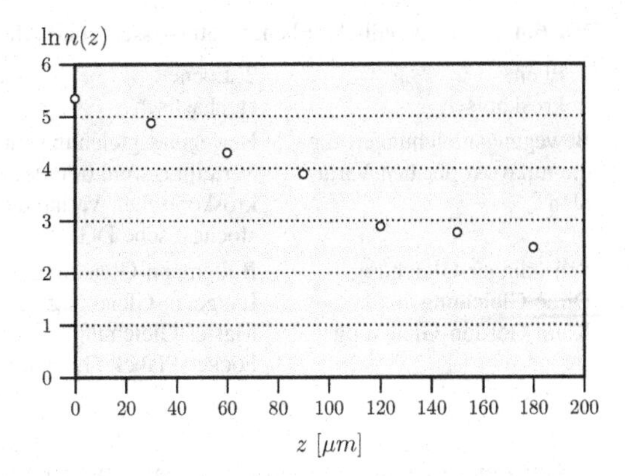

Abb. 6.19 Zur Bestimmung der Avogadro-Konstante

In Abb. 6.19 sind die Werte ln n(z) über z aufgetragen. Die Werte liegen annähernd auf einer Geraden.

Für die Steigung der Geraden ergibt sich:

$$-\frac{m^* \cdot g}{k_B T} = -\frac{\Delta(\ln z(z))}{\Delta z} = -\frac{2{,}58}{150 \cdot 10^{-6}} = 17.200 \tag{6.110}$$

Damit ist:

$$k_B \left[\frac{\mathrm{J}}{\mathrm{K}}\right] = \frac{2{,}19 \cdot 10^{-19} \frac{\mathrm{J}}{\mathrm{K}}}{17.200} = 1{,}27 \cdot 10^{-23} \frac{\mathrm{J}}{\mathrm{K}} \tag{6.111}$$

Literaturwert: $k_B = 1{,}308\,6488\,(13)$ J/K

Daraus ergibt sich:

$$R = N_A \cdot k_B \quad \Leftrightarrow \quad N_A = \frac{R}{k_B} = \frac{8{,}314 \frac{\mathrm{J}}{\mathrm{mol \cdot K}}}{1{,}27 \cdot 10^{-23} \frac{\mathrm{J}}{\mathrm{K}}} = 6{,}5 \cdot 10^{23}\,\mathrm{mol}^{-1} \tag{6.112}$$

Literaturwert: $N_A = 6{,}022\,141\,29\,(27) \cdot 10^{23}\,\mathrm{mol}^{-1}$.

6.8 Stochastische Beschreibung von Diffusionsprozessen

Bei unseren bisherigen Betrachtungen haben wir im Wesentlichen statische Systeme betrachtet:

- Kräfte zwischen einzelnen Teilchen (Moleküle und Kolloide)
- Kräfte an ebenen und gekrümmten Grenzflächen
- Kräfte in Kapillaren und Poren

Wie allgemein üblich wollen wir unser Bild von der Natur nun dadurch erweitern, das wir von statischen Systemen weitergehen zu einer dynamischen Betrachtungsweise.

Tab. 6.4 Unterschiedliche Ebenen naturwissenschaftlicher Beschreibung

1. Ebene mikroskopisch	2. Ebene stochastisch	3. Ebene deterministisch
Bewegungsgleichungen für die mikroskopischen Variablen	Bewegungsgleichung für die Verteilungsfunktion der makroskopischen Variablen → stochastische DGL	System von DGL für makroskopische Variablen
Schrödinger-Gleichung Dirac-Gleichung Klein-Gordon-Gleichung	Boltzmann-Gleichung Langevin-Gleichung Master-Gleichung Focker-Planck-Gleichung	Newton'sche Gleichung Maxwell-Gleichungen Einstein'sche Feldgleichungen

Bei der Diffusion haben wir es mit einem System aus vielen Teilchen zu tun, und wie in der Mechanik auch ergeben sich unterschiedliche Ebenen der Betrachtung solcher Systeme, die zu unterschiedlichen Bewegungsgleichungen führen (Tab. 6.4).

Insbesondere ermöglicht die stochastische Methode, die Systeme auch jenseits des Gleichgewichts zu beschreiben. Da das System außerhalb des Gleichgewichts nicht stabil ist, wird es in den Gleichgewichtszustand relaxieren, und dies ermöglicht eine Untersuchung der Dynamik solcher Relaxationsprozesse.

Durch die üblicherweise verwendeten mathematischen Näherungsverfahren darf sich das System nicht zu weit vom Gleichgewicht entfernt befinden! Ist das System weit ab vom Gleichgewicht, dann greifen die Methoden der *Kinetik*.

Wir haben bereits bei der Betrachtung der Diffusion als Sprungprozess bzw. bei der Herleitung der Einstein-Smoluchowski-Relation einen kurzen Exkurs in die stochastische Beschreibung solcher Systeme unternommen, diese Betrachtungsweise wollen wir im Weiteren vertiefen. Dabei sollen lediglich die in Tab. 6.4 aufgeführten unterschiedlichen Gleichungen zur Beschreibung solcher Systeme erläutert werden, ein tieferes Eindringen in die Theorie ist im Rahmen dieser Einführung nicht möglich!

6.8.1 Die Langevin-Gleichung

Die Grundlage für die bekannteste Entdeckung Robert Browns[11] (Abb. 6.20), die Brown'sche Bewegung, liegt außerhalb seines Hauptarbeitsgebiets, der Botanik.

[11] Robert Brown (* 21. Dezember 1773 in Montrose, Schottland; † 10. Juni 1858 in London, England) war ein schottischer Botaniker. Beim Studium des Befruchtungsprozesses bei Orchideen bemerkte er in den Zellen einen kleinen Körper, den zwar andere vor ihm schon gesehen hatten, dessen Bedeutung sie jedoch verkannten. 1831 gab Brown ihm den Namen Nucleus und maß ihm eine wichtige Rolle bei der Embryonalentwicklung zu. Mit dieser Entdeckung des Zellkerns nahm Brown Einfluss auf die Entstehung der Zelltheorie. Die Grundlagen für die bekannteste Entdeckung Browns, die Brownsche Bewegung, liegen außerhalb des Gebietes der Botanik und wurden erst 1905 von Albert Einstein und 1906 von Marian Smoluchowski aufgeklärt.

Quelle: http://de.wikipedia.org/wiki/Robert_Brown_(schottischer_Botaniker)

Abb. 6.20 Robert Brown

Unter dem Lichtmikroskop beobachtete er die Bewegung von Pollen auf Wassertropfen. Da er sich diese Bewegung nicht erklären konnte, nahm er zunächst an, es handle sich um lebendes Gewebe. Daher führte er zunächst zahlreiche Versuche mit gelagerten Pollen durch, von denen er annehmen durfte, dass durch die Lagerung jegliches Leben aus diesen gewichen sei. Später verwendete er für gleichartige Versuche anorganische Stäube. Auf diese Weise führte er insgesamt ca. 17.000 Messungen durch, und stets fand er die gleiche regellose Zitterbewegung. Er fand ferner, dass die Geschwindigkeit dieser Zitterbewegung umgekehrt proportional zur Masse der Teilchen ist. Die Erklärung des Phänomens gelang ihm allerdings nicht!

Brown war nicht der Erste, der dieses Phänomen beobachtete: 1785 hatte bereits Jan Ingenhousz die Bewegung von Holzkohlestaub auf Alkohol untersucht. Nach zahlreichen Erklärungsversuchen gelang es erst Albert Einstein 1905, die richtige Lösung zu finden [Einstein05]. Die Arbeit Einsteins war ein bedeutender Nachweis für die atomistische Natur der Materie und begründete einen völlig neuen Zweig der Physik: die Physik stochastischer Prozesse.

Einstein wies in seiner Arbeit bereits darauf hin, dass es möglich sein muss, aus den Ergebnissen seiner statistischen Betrachtungen die Avogadro-Konstante zu bestimmen. Der experimentelle Nachweis gelang aber erst 1908 Jean-Baptiste Perrin[12] (Abb. 6.21a), der 1926 den Nobelpreis für die Entdeckung des Sedimentationsgleichgewichts erhielt.

[12] Jean-Baptiste Perrin (* 30. September 1870 in Lille; † 17. April 1942 in New York) war ein französischer Physiker. Seine bekanntesten Arbeiten beschäftigen sich mit den Eigenschaften von Kolloiden. Mit der Untersuchung der Brown'schen Bewegung der gelösten Teilchen konnte er die Berechnungen und Vorhersagen Albert Einsteins bestätigen, nach der die gelösten Teilchen den Gasgesetzen gehorchen. Durch eine genaue Analyse konnte er zudem die Avogadro-Konstante bestimmen - das Ergebnis stand im Einklang mit anderen Bestimmungen der Konstante und war ein entscheidender Beleg für die Teilchennatur der Materie.

Quelle: http://de.wikipedia.org/wiki/Jean-Baptiste_Perrin

Abb. 6.21 **a** Jean-Baptiste Perrin; **b** Paul Langevin

Wir beginnen unsere Betrachtung mit der Newton'schen Gleichung für ein Teilchen in einer Flüssigkeit. Dieses erfährt eine Wechselwirkung mit seiner Umgebung:

$$m\dot{v} = F_{\text{Stokes}} \quad \rightarrow \quad m\dot{v} + \alpha v = 0 \quad \Leftrightarrow \quad \dot{v} + \gamma v = 0 \quad \text{mit}\, \gamma = \frac{\alpha}{m} \equiv \frac{1}{\tau} \tag{6.113}$$

Dabei ist γ der Reibungskoeffizient und τ die Relaxationszeit.

Die Gleichung (6.113) lässt sich integrieren, und man erhält:

$$v(t) = v_0 e^{-\gamma t} = v_0 e^{-\frac{t}{\tau}} \tag{6.114}$$

Gleichung (6.114) zeigt zunächst, dass γ die Dimension [1/Zeit] haben muss (die Argumente transzendenter Funktionen müssen stets dimensionslos sein!). Aus dem (eindimensionalen) Gleichverteilungssatz der kinetischen Gastheorie wissen wir ferner, dass gilt:

$$\frac{1}{2}m < v^2 >= \frac{1}{2}k_B T \quad \rightarrow \quad v = \sqrt{< v^2 >} = \sqrt{\frac{k_B T}{m}} \tag{6.115}$$

Abgesehen von der Wurzel erfüllt der Ansatz die Beobachtung von Robert Brown bezüglich der Abhängigkeit der Geschwindigkeit der Bewegung von der Masse der Teilchen.

▶ *Für kleine Massen werden die thermischen (fluktuierenden) Bewegungen groß!*

Abb. 6.22 Andrei Andrejewitsch Markow

Nach Newton wird die Bewegung durch eine Kraft verursacht, und daher führen wir nun eine solche Kraft, die Langevin-Kraft, benannt nach Paul Langevin[13] (Abb. 6.21b) *per Definition* ein:

$$\boxed{m\dot{v} + \alpha v = F_{\text{fluk}}(t) \quad \rightarrow \quad \dot{v} + \gamma v = \dot{\Gamma}(t)} \quad \text{Langevin-Gleichung} \tag{6.116}$$

Die Kraft

$$\boxed{\Gamma(t) = \frac{1}{m}\, F_{\text{fluk}}} \quad \text{Langevin-Kraft} \tag{6.117}$$

heißt *Langevin-Kraft* [Schn14, Pal14, Noh14, Cast12, Ford88, Merhav13, Lopez12].

Aus dem Vorhergehenden folgen zwei Annahmen über die Langevin-Kraft:

$$\boxed{\begin{aligned} &1. <\Gamma(t)>= 0 \\ &2. <\Gamma(t)\cdot\Gamma(t')>:= \frac{1}{T}\int_{-\frac{T}{2}}^{\frac{T}{2}} \mathrm{d}t\, \Gamma(t)\cdot\Gamma(t') = q\cdot\delta(t-t') \end{aligned}} \tag{6.118}$$

[13] Paul Langevin (* 23. Januar 1872 in Paris; † 19. Dezember 1946 in Paris) war französischer Physiker. Seine Arbeiten über die Moderierung von Neutronen sind grundlegend für den Bau von Kernreaktoren. Die Langevin-Gleichung, eine stochastische Differentialgleichung, wird in der statistischen Physik verwendet, um mikroskopische Prozesse in Gegenwart zufälliger Kräfte (Rauschen) zu beschreiben, so zum Beispiel die Brown'sche Molekular-Bewegung bei Gasmolekülen. Er ist Namensgeber der Langevin-Funktion. Langevin wendete als erster 1916 die Piezoelektrizität von Quarzkristallen mit dem Bau der ersten Ultraschall-Objekterfassung (Sonar) technisch an und entwickelte für die französische Marine das erste Echolot-System.

Quelle: http://de.wikipedia.org/wiki/Paul_Langevin

Die erste Annahme folgt daraus, dass sich das System makroskopisch nicht bewegt: Es wirkt keine *äußere* Kraft auf das System, die Summe aller wirkenden Kräfte ist damit null! Dabei ist vorausgesetzt, dass die Wechselwirkungen zwischen den Teilchen ausschließlich über Stöße stattfinden, Fernkräfte sind ausgeschlossen.

Zwischen zwei Stößen vergeht eine gewisse Zeit, während der auf das Teilchen keine Kraft wirkt. Während dieser Zeit besitzt das Teilchen einen Impuls, der allein davon abhängt, welchen Impuls das Teilchen bei seinem letzten Stoß erhalten hat. Mathematisch gesehen handelt es sich bei diesen Vorgängen um eine *Markow-Kette*, benannt nach Andrei Andrejewitsch Markow[14] (Abb. 6.22):

► Eine Folge von Versuchen bildet eine (einfache) Markow-Kette, wenn die Wahrscheinlichkeit des Eintretens des Ereignisses $A_i^{(s+1)}$ $(i \in N)$ im $(s+1)$-ten Versuch $(s \in N)$ nur davon abhängt, welches Ereignis im s-ten Versuch eintrat.

Die Besonderheit einer Markow-Kette ist somit die Eigenschaft, dass bei Kenntnis einer begrenzten Vorgeschichte ebenso gute Prognosen über die zukünftige Entwicklung möglich sind wie bei Kenntnis der gesamten Vorgeschichte des Prozesses. Im Falle einer Markow-Kette erster Ordnung heißt das: Die Zukunft des Systems hängt nur von der Gegenwart (dem aktuellen Zustand) und nicht von der Vergangenheit ab.

Die als *Langevin-Gleichung* bekannte Gleichung

$$\boxed{\dot{v} + \gamma v = \dot{\Gamma}(t)} \tag{6.119}$$

ist somit eine *stochastische Differenzialgleichung*:

► $\Gamma(t)$ ist für jedes Zeitintervall τ anders!

Die zweite Annahme $< \Gamma(t) \cdot \Gamma(t') >= q \cdot \delta(t - t')$ drückt aus, dass ein Impulsübertrag nur zu bestimmten Zeiten $t = t'$ stattfindet, wobei die Konstante q (*Rauschstärke*) den mittleren Impulsübertrag angibt. Die δ-Funktion ist grundsätzlich auf 1 normiert. Damit stellt diese Annahme eine Korrelation zwischen den Zuständen des Teilchens zu bestimmten Zeiten her.

Im Fall unserer kolloiden Teilchen betrachten wir grundsätzlich ein „schweres" Teilchen (kleiner als wenige Mikrometer) suspendiert in einem Medium von „leichten" Teilchen. Anders ausgedrückt ist der Radius des Brown'schen Teilchens viel größer als der Radius der Lösungsmittelmoleküle.

Nach Ludwig Boltzmann[15] (Abb. 6.23) gilt:

$$\frac{1}{2} m < v^2 >= \frac{1}{2} k_B T \tag{6.120}$$

[14] Andrei Andrejewitsch Markow (* 14. Juni 1856 in Rjasan; † 20. Juli 1922 in Petrograd) war ein russischer Mathematiker und ist vor allem für seine Arbeiten zur Theorie stochastischer Prozesse bekannt.

Quelle: http://de.wikipedia.org/wiki/Andrei_Andrejewitsch_Markow

[15] Ludwig Boltzmann (* 20. Februar 1844 in Wien; † 5. September 1906 in Duino bei Triest) war ein österreichischer Physiker und Philosoph. Das Lebenswerk Boltzmanns war die Neuaufstellung

Abb. 6.23 Ludwig Boltzmann

Wir suchen nun mithilfe der Beziehung $< \Gamma(t) >= 0$ einen Übergang von der stochastischen Theorie auf die deterministische Theorie, um damit die Ergebnisse der neuen Theorie interpretieren zu können. $< \Gamma(t) \cdot \Gamma(t') >= q \cdot \delta(t - t')$ beschreibt die Annahme unabhängiger Prozesse.

Wir betrachten ein Brown'sches Teilchen mit der Geschwindigkeit v, welches in der Lösung der Stokes-Reibung unterliegt. In diesem Fall gilt:

$$F_{\text{Stokes}} = -\gamma \cdot v \tag{6.121}$$

Verbindet man nun das Newton'sche Kraftgesetz mit der (stochastischen) Langevin-Gleichung, erhält man:

$$\underbrace{m\dot{v}}_{\text{Newton}} = F_{\text{Stokes}}(t) + F_{\text{Langevin}}(t) = \underbrace{-\gamma v(t) + \Gamma(t)}_{\text{stochastische DGL}} \tag{6.122}$$

Die Langevin-Gleichung muss – wie die Newton'sche Gleichung in der klassischen Mechanik auch – für jedes Problem gesondert aufgestellt werden. Betrachten wir zum Beispiel ein geladenes Brown'sches Teilchen in einem elektrischen Feld, dann muss das elektrostatische Potenzial und die damit verbundene elektrostatische Kraft mit berücksichtigt werden:

Elektrisches Potenzial: $V(x,t) \quad \rightarrow \quad F_{\text{ext}}(x,t) = -\dfrac{\partial V(x,t)}{\partial x}$

der Thermodynamik. Dabei begründete er mit James Clerk Maxwell die Statistische Mechanik (Boltzmann-Statistik) und deutete die Entropie als eine mikroskopische Größe. Boltzmann war ein Verfechter der atomistischen Vorstellung, wodurch er zahlreiche Fachgenossen seiner Zeit als Gegner hatte.

Quelle: http://de.wikipedia.org/wiki/Ludwig_Boltzmann

Unter der Annahme, dass F_{ext} keine Auswirkungen auf F_{Stokes} und auf Γ besitzt, lautet die Langevin-Gleichung mit zusätzlicher externer Kraft (externem Potenzial)

$$m\dot{v} = F_{\text{Stokes}} + F_{\text{Langevin}} + F_{\text{ext}} = -\gamma v(t) + \Gamma(t) - \frac{\partial V}{\partial x} \tag{6.123}$$

Betrachten wir den Fall starker Dämpfung. In diesem Fall gilt: $\gamma v \gg m\dot{v}$. Der Fall starker Dämpfung ist erfüllt für kleine Massen m und große Reibungskoeffizienten γ. In diesem Fall ist:

$$m\dot{v} + \underbrace{\gamma v}_{-F_{\text{Stokes}}} \cong \gamma v(t) = \Gamma(t) - \frac{\partial V}{\partial x} \tag{6.124}$$

$$\boxed{\Rightarrow \quad \gamma v(t) = \Gamma(t) - \frac{\partial V}{\partial x}} \quad \text{überdämpfte Langevin-Gleichung mit Potenzial} \tag{6.125}$$

Ohne Reibung wird das Teilchen im Potenzial unendlich lange beschleunigt. Mit Reibung wird das Teilchen bis zur Gleichgewichtsgeschwindigkeit beschleunigt. Bei Überdämpfung ist diese Beschleunigungsphase viel kleiner als die Beobachtungsphase, sodass wir davon ausgehen können, dass sich das Teilchen genau mit derjenigen Geschwindigkeit bis zum nächsten Stoß weiterbewegen wird, mit der wir es beobachtet bzw. gemessen haben.

Wie bewegt sich das Teilchen unter Wirkung der Langevin-Kraft überhaupt? Um diese Frage zu beantworten, betrachten wir noch einmal die überdämpfte Langevin-Gleichung (6.125) und betrachten diese zunächst ohne Langevin-Kraft $\Gamma(t)$. Dann ist:

$$\gamma v(t) = -\frac{\partial V}{\partial x} \quad \rightarrow \begin{cases} \frac{\partial V}{\partial x} = 0 & \Rightarrow \quad v = 0 \\ \frac{\partial V}{\partial x} \lesseqgtr 0 & \Rightarrow \quad |v| \lesseqgtr 0 \end{cases} \tag{6.126}$$

Schalten wir die Langevin-Kraft dazu mit $< \Gamma(t) >= 0$, dann fluktuieren die Geschwindigkeitswerte, die man ohne $\Gamma(t)$ erhält. Diese Fluktuationen treten besonders bei den Extremwerten auf, bei denen die Aufenthaltswahrscheinlichkeitsdichte am größten ist.

Wir betrachten die einfache Langevin-Gleichung ohne Potenzial:

$$\boxed{\dot{v}(t) = \Gamma(t) - \gamma v(t)} \quad \text{Langevin-Gleichung} \tag{6.127}$$

Die Lösung der Gleichung (6.127) ist bekannt und lautet:

$$v(t) = \int_0^t e^{-\gamma(t-\tau)}\Gamma(\tau)\mathrm{d}\tau + v(0)e^{-t\gamma} \tag{6.128}$$

Wir wollen den Gleichverteilungssatz nach Boltzmann (6.120) benutzen, um eine Beziehung für die Energiefluktuationen zu erhalten. Dazu berechnen wir zunächst die Größe $< v^2(t) >$ unter Verwendung obiger Lösung (6.128). Es ist:

$$
\begin{aligned}
< v^2(t) > &= \left\langle \left(\int_0^t e^{-\gamma(t-\tau)} \Gamma(\tau) \mathrm{d}\tau + v(0) e^{-t\gamma} \right)^2 \right\rangle \\
&= < v^2(0) > \cdot e^{-2\gamma t} + 2e^{-2\gamma t} \int_0^t e^{\gamma\tau} \underbrace{< v(0) >}_{=0} \cdot \underbrace{< \Gamma(\tau) >}_{=0} \mathrm{d}\tau + e^{-2\gamma t} \\
&\quad \int_0^t \mathrm{d}\tau' \int_0^t \mathrm{d}\tau \, e^{\gamma(\tau+\tau')} \underbrace{< \Gamma(\tau) \cdot \Gamma(\tau') >}_{=q\cdot\delta(\tau-\tau')} \\
&= < v^2(0) > \cdot e^{-2\gamma t} + q \cdot e^{-2\gamma t} \int_0^t e^{2\gamma\tau} \mathrm{d}\tau \\
&= < v^2(0) > \cdot e^{-2\gamma t} + q \cdot e^{-2\gamma t} \left[\frac{e^{2\gamma\tau}}{2\gamma} \right]_{\tau=0}^{\tau=t} \\
&= < v^2(0) > \cdot e^{-2\gamma t} + \frac{q}{2\gamma} \cdot e^{-2\gamma t} \left[e^{2\gamma t} - 1 \right] = < v^2(0) > \cdot e^{-2\gamma t} \\
&\quad + \frac{q}{2\gamma} \cdot \left(1 - e^{-2\gamma t} \right)
\end{aligned}
\tag{6.129}
$$

Dabei wurde wegen der Unabhängigkeit der Ereignisse nach Voraussetzung $< \Gamma(\tau) \cdot \Gamma(\tau') = q \cdot \delta(t - t') >$ berücksichtigt.

Bei der Berechnung der Integrale ist zudem zu beachten, dass aufgrund der δ-Funktion die Integration des letzten Integrals nur dann einen nicht verschwindenden Beitrag liefert, wenn $\tau = \tau'$ gilt. Notieren wir wie in der Literatur üblich $q = C$, dann ergibt sich unter Verwendung des Gleichverteilungssatzes (6.120):

$$
\frac{1}{2} k_B T = \frac{m}{2} \left(< v^2(0) > \cdot e^{-2\gamma t} + \frac{C}{2\gamma} \cdot \left(1 - e^{-2\gamma t} \right) \right) \tag{6.130}
$$

Für große Zeiten t verschwinden die Exponentialterme, und man erhält:

$$
\frac{1}{2} m < v^2 > = \frac{1}{2} k_B T = \frac{mC}{4\gamma} \tag{6.131}
$$

Daraus erhält man für die Fluktuationskonstante C

$$
C = \frac{2\gamma}{m} \cdot k_B T \quad \text{Fluktuationskonstante} \tag{6.132}
$$

bzw. mit $\gamma = \frac{\alpha}{m}$ mit der Reibungskonstante α das *Fluktuations-Dissipations-Theorem* [Marconi08, Maes13, Seif12, Speck09, Speck10, Maggi08, Maggi10, Bald05, Pottier04, Buisson04]:

$$\boxed{C = \frac{2k_B T}{m^2} \cdot \alpha} \quad \text{Fluktuations-Dissipations-Theorem} \tag{6.133}$$

Noch einmal in der Zusammenfassung: Wir betrachten ein *System im Gleichgewicht*, das heißt, es gilt: $\frac{1}{2}m < v^2 > = \frac{1}{2} k_B T$.

► Hinsichtlich der Fluktuationen eines Systems um das Gleichgewicht besagt das *Fluktuations-Dissipations-Theorem*, dass die Fluktuationen, die das System ausführt, dem dissipativen Anteil – das ist der Reibungsanteil – direkt proportional sind!

Das Fluktuations-Dissipations-Theorem verknüpft somit die (Energie-)Dissipation des Systems mit den Fluktuationseigenschaften des gestörten Systems im *thermodynamischen Gleichgewicht.* Anders ausgedrückt bewirken kleine äußere Störungen auf das System die gleiche Reaktion wie spontane Fluktuationen, wobei der dissipative Anteil dieser Reaktion (der Reibungsanteil) zu den Fluktuationen direkt proportional ist.

Die Bedeutung des Dissipation-Fluktuations-Theorems liegt unter anderem darin, dass diese Beziehung verwendet werden kann, um Relationen herzustellen zwischen

- der Molekulardynamik im thermischen Gleichgewicht und
- der makroskopischen Reaktion des Systems auf eine kleine zeitabhängige Störung, die in dynamischen Messungen beobachtet werden kann.

Das Dissipations-Fluktuations-Theorem gestattet es, das mikroskopische Modell der Gleichgewichtsstatistik zu benutzen, um quantitative Vorhersagen über Materialeigenschaften zu machen, auch wenn diese Abweichungen vom Gleichgewicht beschreiben. In dem obigen Beispiel besagt das Dissipations-Fluktuations-Theorem, dass die Reibung eines in einem Lösungsmittel suspendierten Teilchens in quantitativem Zusammenhang steht mit den durch die Lösungsmittelmoleküle verursachten Teilchenfluktuationen. Die im Fluid herrschenden Wechselwirkungen, welche die Viskosität und damit die Reibung verursachen, sind die gleichen wie diejenigen, die zu den stochastischen Bewegungen führen, die wir als Brown'sche Molekularbewegung kennen!

Das Dissipations-Fluktuations-Theorem ist nicht nur von Bedeutung in der klassischen Physik, es gilt auch für die Quantenphysik. Einstein wies in seiner 1905 veröffentlichten Arbeit nach, dass gerade die zufälligen Fluktuationen die statistische Bewegung des Teilchens verursachen und dass diese Bewegung einen Widerstand verursacht, wenn die Bewegung in der Flüssigkeit stattfindet [Einstein05] [Schweizer89].

► Die Fluktuationen des eigentlich in Ruhe befindlichen Teilchens haben denselben Ursprung wie die dissipative Reibungskraft, gegen die man arbeiten muss, wenn man das Teilchen in eine bestimmte Richtung bewegt.

6.9 Die Master-Gleichung

Sei $P_r(t)$ die Wahrscheinlichkeit dafür, dass das System zum Zeitpunkt t im Zustand r ist. $P_r(t)$ wird durch Fluktuationen sowohl zunehmen als auch abnehmen. Daraus ergibt sich eine *Zeitabhängigkeit der Wahrscheinlichkeit*:

$$\frac{\mathrm{d}P_r}{\mathrm{d}t} = \sum_s P_s W_{sr} - \sum_s P_r W_{rs} = \sum_s (P_s W_{sr} - P_r W_{rs}) \tag{6.134}$$

Dabei ist W_{sr} die Übergangswahrscheinlichkeit $s \to r$, W_{rs} die Übergangswahrscheinlichkeit $r \to s$ und P_i: Wahrscheinlichkeit, dass sich das System im Zustand i befindet.

Die Gleichung

$$\boxed{\frac{\mathrm{d}P_k}{\mathrm{d}t} = \sum_l (T_{kl} P_l - T_{lk} P_k)} \quad \text{Master-Gleichung} \tag{6.135}$$

ist eine (phänomenologisch begründete) Differenzialgleichung erster Ordnung, welche die *Zeitentwicklung der Wahrscheinlichkeiten* eines Systems beschreibt, Zustände aus einer diskreten Menge anzunehmen.

T_{kl} ist die *Übergangsmatrix* der als konstant angenommenen *Übergangswahrscheinlichkeiten* vom Zustand l in den Zustand k. Sind alle Übergänge reversibel, dann ist $T_{kl} = T_{lk}$, das heißt, die Matrix ist *symmetrisch*, und damit gilt:

$$\boxed{\frac{\mathrm{d}P_k}{\mathrm{d}t} = \sum_l T_{kl}(P_l - P_k)} \tag{6.136}$$

Ein Nachteil der Master-Gleichung ist, dass alle Übergangswahrscheinlichkeiten bekannt sein müssen. Betrachtet man nur kleine Sprünge, dann lassen sich diese durch stetige Pfade annähern, und man erhält eine Differenzialgleichung, die einfacher lösbar ist als die Master-Gleichung (die eine Integro-Differenzialgleichung ist). Zur Herleitung werden die Übergangsraten $W_t(x|x') = T_{kl}$ als *Funktionen* vom Anfangspunkt des Sprunges x' und der Länge des Sprunges $\Delta x = x - x'$ angesetzt, das heißt:

$$W_t(x|x') \quad \to \quad W_t(x, \Delta x) \tag{6.137}$$

Mit dieser Notation geht die Master-Gleichung

$$\frac{\partial p(x,t)}{\partial t} = \int (W_t(x|x')p(x',t) - W_t(x'|x)p(x,t))\,\mathrm{d}\,x' \tag{6.138}$$

über in:

$$\frac{\partial p(x,t)}{\partial t} = \int W_t(x-\Delta x,\Delta x)\,p(x-\Delta x,t)\,\mathrm{d}\,\Delta x - p(x,t) \int W_t(x,-\Delta x)\,\mathrm{d}\,\Delta x \tag{6.139}$$

Geht man weiter davon aus, dass $W_t(x',\Delta x)$ sowie die Wahrscheinlichkeitsfunktion $p(x,t)$ mit x' nur langsam variieren (die Lösung ist weitgehend homogen) und dass zudem nur kleine Sprünge auftreten (die mittlere freie Weglänge ist klein gegenüber dem System), dann ist $W_t(x',\Delta x) \approx 0$ für $\Delta x > \delta$ für $\delta > 0$, und das erste Integral liefert lediglich einen scharfen Peak um die Stelle x, sodass der Term nach Taylor bezüglich Δx entwickelt werden kann. Das zweite Integral lassen wir unverändert. Dann ergibt sich

$$\begin{aligned}\frac{\partial p(x,t)}{\partial t} &= \int W_t(x,\Delta x)\,p(x,t)\,\mathrm{d}\,\Delta x - \int (\Delta x)\,\frac{\partial}{\partial x}\,[W_t(x,\Delta x)\,p(x,t)]\,\mathrm{d}\,\Delta x \\ &+ \frac{1}{2}\int (\Delta x)^2 \frac{\partial^2}{\partial x^2}\,[W_t(x,\Delta x)\,p(x,t)]\,\mathrm{d}\,\Delta x - p(x,t) \\ &\int W_t(x,-\Delta x)\,\mathrm{d}\,\Delta x\end{aligned} \tag{6.140}$$

und daraus:

$$\begin{aligned}\frac{\partial p(x,t)}{\partial t} &= p(x,t)\int W_t(x,\Delta x)\,\mathrm{d}\,\Delta x - \frac{\partial}{\partial x}\left(p(x,t)\underbrace{\int \Delta x\,W_t(x,\Delta x)\,\mathrm{d}\,\Delta x}_{a_1(x,t)}\right) \\ &+ \frac{1}{2}\frac{\partial^2}{\partial x^2}\left(p(x,t)\underbrace{\int (\Delta x)^2\,W_t(x,\Delta x)\,\mathrm{d}\,\Delta x}_{a_2(x,t)}\right) \\ &- p(x,t)\int W_t(x,-\Delta x)\,\mathrm{d}\,\Delta x\end{aligned} \tag{6.141}$$

Auf diese Weise heben sich der erste und letzte Term weg. Mit der Definition

$$a_n(x,t) = \int (\Delta x)^n\,W_t(x,\Delta x)\,\mathrm{d}\,\Delta x \tag{6.142}$$

erhält man daraus die *Fokker-Planck-Gleichung*, die lediglich eine spezielle Master-Gleichung darstellt:

$$\boxed{\frac{\partial p(x,t)}{\partial t} = -\frac{\partial}{\partial x}\,[a_1(x,t)\,p(x,t)] + \frac{1}{2}\,\frac{\partial^2}{\partial x^2}\,[a_2(x,t)\,p(x,t)]} \tag{6.143}$$

Der erste Term wird als Driftterm, Transportterm oder Konvektionsterm bezeichnet, der zweite als Fluktuationsterm oder Diffusionsterm. Die Fokker-Planck Gleichung ist auch bekannt als verallgemeinerte Diffusionsgleichung, Smoluchowski-Gleichung oder zweite Kolmogorov-Gleichung [Thorn94, Ammar10, Mond10, Kautt08, Yeung05, Slater91, Webber80, Hijar12, Bhatt08, Fang05, Chau04, Chauv04, Lozin03, Edwards72, Edwards84, Hess78, Hess79, Hess81, Yama74, Uller66, Brey78, Alkh70, Herm52].

Messung der Diffusionskoeffizienten

7

7.1 Allgemeine Verfahren

Die Diffusion in Gasen, Flüssigkeiten und Festkörpern lässt sich – wie bereits dargelegt – makroskopisch durch Größen wie den Diffusionskoeffizienten, die Ionenbeweglichkeit oder die Ionenleitfähigkeit beschreiben. Zur Bestimmung dieser Größen gibt es eine Reihe unterschiedlicher Messmethoden, von denen einige im Folgenden betrachtet werden sollen.

7.1.1 Permeationsmessungen

Bei einer Permeationsmessung wird dem System ein stationärer Zustand aufgeprägt, der durch einen konstanten Teilchenstrom charakterisiert ist. Nach dem ersten Fick'schen Gesetz ist dann:

$$\underline{j} = -D\underline{\nabla}c \tag{7.1}$$

Unter diesen Bedingungen wird sich gemäß des ersten Fick'schen Gesetzes zwischen den Enden des Systems ein konstanter Zustand aufbauen, der mit entsprechenden chemischen oder physikalischen Methoden gemessen wird.

7.1.2 Messung zeitabhängiger Konzentrationsprofile

Zeitabhängige Konzentrationsprofile können in gasförmigen, flüssigen und festen Systemen mit unterschiedlichen Messverfahren bestimmt werden. Dazu wird die Substanz, deren Diffusionskoeffizient bestimmt werden soll, an einer Stelle zum Zeitpunkt $t = 0$ in das System eingebracht, und nach einer vorgegebenen Zeit wird die örtliche Konzentration an verschiedenen Stellen gemessen. Festkörper werden dazu in Scheiben zerschnitten, und in den einzelnen Scheiben wird die Konzentration der zu untersuchenden Substanzen bestimmt.

G.J. Lauth, J. Kowalczyk, *Einführung in die Physik und Chemie der Grenzflächen und Kolloide*, DOI 10.1007/978-3-662-47018-3_7

Relativ einfach ist diese Art der Messung bei Verwendung radioaktiver Tracer. Sondenteilchen lassen sich auch durch Aufdampfen oder Sputtern, und die Konzentration dieser Teilchen lässt sich in den unterschiedlichen Scheiben durch Massenspektrometrie messen.

7.1.3 Mechanische Relaxationsexperimente

Bei mechanischen Relaxationsexperimenten wird die Probe in Torsions- oder Biegeschwingungen versetzt. Dabei wird das Gitter auf der einen Seite komprimiert, auf der anderen Seite dilatiert. Bewegliche Atome werden sich bevorzugt in den aufgeweiteten Bereichen sammeln, wobei dieser Effekt insbesondere bei Wasserstoff zu beobachten ist (*Gorsky-Effekt*). In diesem Fall ist der Sprung des H-Atoms über benachbarte Tetraederplätze das häufigste Ereignis [Mugi06, Sinn00, Sinn04, Scar00, Colu92, Bala78, Bala81, Cante69]. Durch die damit verbundenen Platzwechselvorgänge wird Energie in Wärme umgewandelt, das heißt, Bindungen werden aufgebrochen und neue gebildet, und dies führt zu einer Dämpfung der Schwingung. Liegen andererseits die Schwingungsfrequenzen sehr hoch, dann können die Atome, welche die Platzwechselprozesse bewirken, der Bewegung nicht mehr folgen, und die Dämpfung nimmt ab. Mittels solcher anelastischer Relaxationsmethoden lassen sich auf diese Weise die Aufenthaltszeiten der Atome auf den Zwischengitterplätzen und darüber die Diffusionskoeffizienten bestimmen.

Voraussetzung für diese Methode ist, dass die Fremdatome eine Gitteraufweitung verursachen und dass die diffundierenden Atome eine hohe Beweglichkeit haben, da ein möglichst großes Konzentrationsprofil erzeugt werden muss.

Ein weiterer ähnlicher Effekt ist der *Snoek-Effekt*, benannt nach seinem Entdecker, dem Niederländer Snoek [Ko71, Koi71, Koiw71, Koiwa71, Koiwa72, Koiwa04, Hane00, Krup09, Teus06, Numa95, Ahmad71]. Es handelt sich um ein Dämpfungsphänomen, das in Metallen mit kubisch raumzentrierter Kristallstruktur und teilbesetzten Oktaederlücken auftritt. Diese Teilbesetzung der Oktaederlücken erfolgt statistisch durch Fremdatome. Ein Beispiel hierfür ist das α-Eisen, in welchem Kohlenstoffatome statistisch verteilt in die Oktaederlücken des Eisengitters eingebaut sind.

Im Fall des kubisch raumzentrierten Gitters sind die Oktaederlücken so angeordnet, dass der Abstand von der Mitte des Oktaeders zu den beiden Spitzen kleiner ist als der Abstand von der Mitte zu den anderen Ecken des Oktaeders (Abb. 7.1). Der Oktaeder ist damit nicht regulär, man findet eine Anisotropie. Andererseits ist die Ausrichtung der Spitzen der Oktaederlücken gleichmäßig und regelmäßig auf alle drei Raumrichtungen verteilt.

Wenn nun das Volumen des interstitiellen Fremdatoms größer ist als das von der Oktaederlücke zur Verfügung gestellte Volumen, dann wird das Kristallgitter in der Nähe der besetzten Oktaederlücken elastisch verzerrt. Legt man zum Beispiel in z-Richtung des Kristalls eine elastische Zugspannung an, werden in Oktaederlücken, deren Spitzen in z-Richtung ausgerichtet sind (z-Oktaederlücken), die beiden kurzen Atomabstände gedehnt, während die vier langen Atomabstände

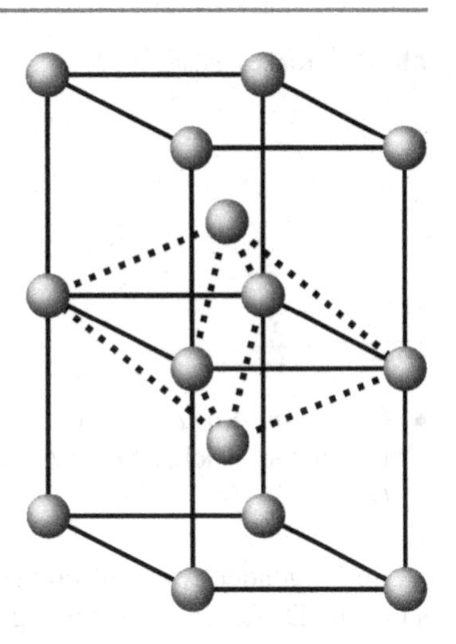

Abb. 7.1 Oktaederlücke

aufgrund der Querkontraktion gestaucht werden. Dadurch wird die Anisotropie dieser Oktaederlücken verringert. Dagegen nimmt die Anisotropie der Oktaederlücken, deren Spitzen in x- und y-Richtung zeigen, zu. Das bedeutet, dass die elastische Verzerrung nun bei Einlagerung der Fremdatome in die z-Oktaederlücken geringer ist als bei Einlagerung in die x- bzw. y-Oktaederlücken. Folglich werden die Fremdatome bevorzugt in z-Oktaederlücken eingelagert.

Die Umlagerung der Fremdatome erfolgt durch Diffusion, sodass bei Anlegen einer mechanischen Spannung eine zeitabhängige Änderung der Ausmaße des Kristalls – also ein anelastisches Verhalten – festgestellt werden kann, das mit einer mechanischen Dämpfung verbunden ist. Bei Entlastung des Kristalls erfolgt (ebenfalls durch Diffusion) eine Rückkehr zur statistischen Besetzung der Oktaederlücken.

Durch Messung der Resonanzfrequenz einer Materialprobe, das heißt derjenigen Frequenz, bei der die Dämpfung des Materials bei zyklischer mechanischer Be- und Entlastung am größten ist, lassen sich zudem der Gehalt an gelösten Fremdatomen sowie die Aktivierungsenergie für die Diffusionsprozesse im Material ermitteln. Die Resonanzfrequenz des Snoek-Effekts liegt bei Raumtemperatur in der Größenordnung von 1 Hz, und das Material kann somit durch mechanische Pendelschwingungen angeregt werden.

Weitere Effekte, die zu einer Dämpfung der Schwingungen in Festkörpern aufgrund von Umorientierungen des Gitters führen, sind:

- Die *Zener-Relaxation*, eine Relaxation bei Biegeschwingungen aufgrund der Umorientierung von Fremdatompaaren (Hanteln) in einem kubisch flächenzentrierten Gitter [Golo06, Wipf96, Mazz85, Povo84, Baal71, Welch67, Turner68, Laib65]
- Die *Bardonie-Relaxation*, die Bildung von thermisch aktivierten Doppelkinken in Schraubversetzungen bei kubisch raumzentrierten Metallen (Abb. 7.2) [Haupt93]

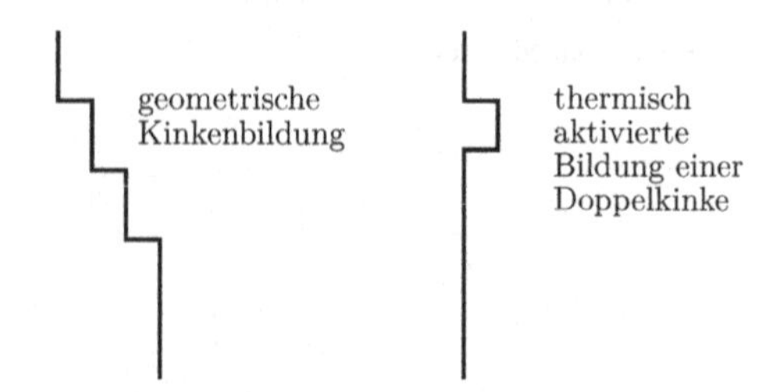

Abb. 7.2 Kinkenbildung

- Die *Snoek-Köster-Relaxation*, die thermisch aktivierte Bildung von Doppelkinken bei Nichtschraubversetzungen aufgrund der Effekte des Wasserstoffs (Abb. 7.2) [Seeger79].

Im Folgenden wird auf einige moderne, häufiger genutzte Verfahren der Messung von Diffusionskonstanten genauer eingegangen.

7.2 Messung von Diffusionskonstanten mit gepulster Kernspinresonanz

Die Methode der Kernspinresonanz beruht darauf, dass die magnetischen Momente der Atomkerne einer Probe in einem externen Magnetfeld teilweise orientiert werden können, sodass eine makroskopische Magnetisierung der Probe resultiert. Diese makroskopische Magnetisierung kann im Resonanzfall, das heißt bei Einstrahlung eines weiteren Hochfrequenzfeldes geeigneter Frequenz, verändert werden. Die Lage der Resonanzstellen im Frequenzspektrum und die Form der Signale lassen Rückschlüsse auf die lokalen Magnetfelder zu, in denen sich die Kerne befinden, und damit auf die chemische Umgebung der Atome. Damit lassen sich unter anderem Informationen über die Molekülstruktur gewinnen.

Die Kernspinresonanz erlaubt aber auch, den zeitlichen Verlauf des Auf- und Abbaus einer Magnetisierung zu untersuchen. Das so erhaltene zeitabhängige Signal ermöglicht Rückschlüsse auf mikroskopische Relaxationsprozesse in der Probe. Diese zweite Methode ist Gegenstand des im Folgenden beschriebenen Experiments. Da man hier Hochfrequenzimpulse für die Analyse der Signale verwendet, spricht man von *gepulster Kernspinresonanz* im Gegensatz zur stationären oder CW-Methode (*CW* = *continuous wave*), die für die chemische Analyse eingesetzt wird.

Relaxationsprozesse werden durch Relaxationszeiten charakterisiert. Ziel der Messung ist es daher, die Zeitabhängigkeit des Zerfalls des Kernresonanzsignals zu bestimmen.

Eine Verkleinerung der Signalamplitude mit der Zeit kann auch dadurch entstehen, dass orientierte magnetische Momente in Volumenbereiche der Messprobe diffundieren. Durch die damit verbundene Änderung des statischen Magnetfeldes ist die Resonanzbedingung nicht mehr erfüllt. Die Auswertung einer solchen Messungen ermöglicht die Bestimmung der Diffusionskonstante des jeweiligen diffundierenden Teilchens in der Probe.

Der Gesamtdrehimpuls eines Atomkerns setzt sich additiv aus den Spins und den Bahndrehimpulsen aller Nukleonen zusammen, wobei der Drehimpuls stets angegeben wird in Einheiten von $\hbar = 1{,}0546 \cdot 10^{-34}$ Js.

In diesem Fall ist:

$$S = \hbar \cdot I \quad |I| = \sqrt{I(I+1)} \tag{7.2}$$

I ist hier ein axialer Vektor.

Die Spinmomente der einzelnen Nukleonen sind stets halbzahlig, während die Bahnmomente der Nukleonen ganzzahlig sind. Im Weiteren betrachten wir allein die Spinzustände.

Im feldfreien Raum sind die Spinzustände der Atome entartet, das heißt, sie besitzen alle die gleiche Energie. Bei Anlegen eines äußeren Magnetfeldes B_{0z_e} spalten diese Spinzustände mit der Spinquantenzahl I in $(2I + 1)$ äquidistante Unterniveaus auf, die in diesem Fall durch die magnetische Quantenzahl m mit $-I \leq m \leq +I$ charakterisiert sind.

Der Abstand der benachbarten Energieniveaus im Feld B_0 beträgt

$$\Delta E = \gamma B_0 \hbar \tag{7.3}$$

γ ist das gyromagnetische Verhältnis (Proportionalitätskonstante).

7.2.1 Berechnung der Gleichgewichtsmagnetisierung beim Zweiniveausystem

Im thermischen Gleichgewicht sind die verschiedenen Niveaus gemäß der Boltzmann-Verteilung besetzt. Für benachbarte Zustande gilt bei der Temperatur T für die Anzahl N besetzter Niveaus als Funktion der magnetischen Quantenzahl m:

$$\frac{N(m)}{N(m-1)} = \exp\left(-\frac{\gamma B_0 \hbar}{k_B T}\right) \tag{7.4}$$

Durch diese Besetzung der Niveaus, wobei jedes Niveau eine bestimmte Orientierung der Spins relativ zur Richtung des Magnetfeldes B_0 repräsentiert, entsteht eine Kernspinpolarisation I (bezogen auf die Magnetfeldrichtung z) gemäß folgender Beziehung:

$$< I_z >= \frac{\sum\limits_{m=-I}^{I} \hbar m \cdot \exp\left(-m\gamma B_0 \cdot \frac{\hbar}{k_B T}\right)}{\exp\left(-m\gamma B_0 \cdot \frac{\hbar}{k_B T}\right)} \tag{7.5}$$

Im Weiteren betrachten wir den einfachsten Fall: ein System mit nur zwei möglichen Zuständen (Abb. 7.3). Gemäß (7.5) ist ein solches Zweiniveausystem gegeben für ein System mit Spin $|s| = \frac{1}{2}$. Das magnetische Moment des Protons hat genau zwei solcher Energieniveaus, die sich im Abstand $\Delta E = \gamma B_0 \hbar$ befinden. Im

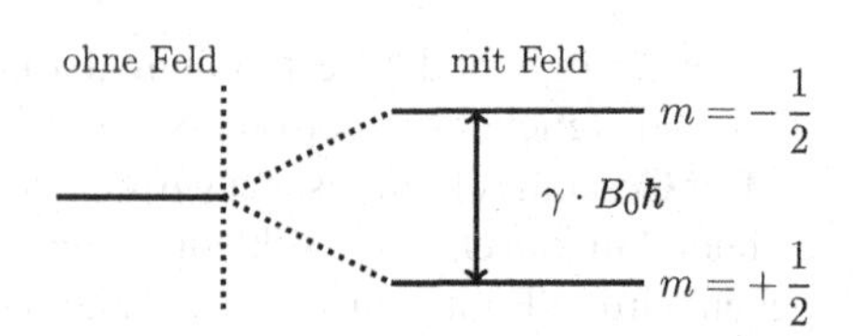

Abb. 7.3 Aufspaltung im Magnetfeld

Magnetfeld erhält man eine Aufspaltung in zwei Energieniveaus, die durch die Quantenzahlen $m = -\frac{1}{2}$ und $m = \frac{1}{2}$ beschrieben werden. Für das Besetzungsverhältnis der beiden besetzten Niveaus ergibt sich in diesem Fall:

$$\frac{N\left(m = \frac{1}{2}\right)}{N\left(m = -\frac{1}{2}\right)} = \exp\left(\frac{\Delta E}{k_B T}\right) \tag{7.6}$$

Für die üblichen im Labor technisch realisierbaren Felder ist zudem:

$$m\gamma B_0\hbar \ll k_B T \tag{7.7}$$

Somit ist für die Exponentialfunktion eine lineare Näherung möglich. Man erhält:

$$< I_z >_p = \frac{\frac{\hbar}{2}\left(-\frac{1}{2} \cdot \frac{\gamma B_0 \hbar}{k_B T} - \frac{1}{2} \cdot \frac{\gamma B_0 \hbar}{k_B T} + \ldots\right)}{1 - \frac{1}{2} \cdot \frac{\gamma B_0 \hbar}{k_B T} + 1 + \frac{1}{2} \cdot \frac{\gamma B_0 \hbar}{k_B T} + \ldots} = -\frac{\hbar^2}{4} \cdot \frac{\gamma B_0}{k_B T} \tag{7.8}$$

Die Kernspinpolarisation erzeugt über die mit dem Spin verknüpften magnetischen Momente μ^I eine makroskopische Magnetisierung $\underline{M}_0$. Diese makroskopische Magnetisierung lässt sich durch Addition der einzelnen Vektoren berechnen, und man erhält als Summe der Einzelmomente pro Volumeneinheit:

$$\underline{M}_0 = \frac{\sum \mu_0 \underline{\mu}_I}{V} \tag{7.9}$$

μ_0 ist die Permeabilitätskonstante des Vakuums.

Ist N die Anzahl der Momente pro Volumeneinheit, dann beträgt der Erwartungswert von $\underline{M}_0$ in Richtung des äußeren Feldes (z-Richtung):

$$< M_0 > = N\gamma\mu_0 \cdot < I_z >_p \tag{7.10}$$

Setzt man I_z (7.8) in (7.10) ein, erhält man

$$< M_0 > = \frac{1}{4}\mu_0 \gamma^2 \frac{\hbar^2}{k_B} N \frac{B_0}{T} \tag{7.11}$$

als Gleichgewichtsmagnetisierung bei der Temperatur T.

7.2.2 Larmor-Präzession und Bloch'sche Gleichungen

In der Kernspinresonanzspektroskopie misst man die Probenmagnetisierung M, wobei uns für die Bestimmung des Diffusionskoeffizienten insbesondere der zeitliche Signalverlauf interessiert.

Man geht davon aus, dass sich das System in dem externen Feld B_{0,e_z} im thermischen Gleichgewicht befindet, und strahlt ein Hochfrequenzfeld der Energie ΔE ein, welches das Gleichgewicht stört und dazu führt, dass (bei Resonanz) das höhere Energieniveau eine für das thermische Gleichgewicht zu hohe Besetzung besitzt. Wird gerade die Energie ΔE, welche den Übergang zwischen den beiden Niveaus anregt, eingestrahlt, dann bezeichnet man diese Art von Resonanz als *Kernspinresonanz*.

Da die Probe aus sehr vielen Einzelmagneten besteht – größenordnungsmäßig $10^{28}/\,\mathrm{m}^3$ – kann das System mit klassischen Methoden behandelt werden. Dazu gehört auch, dass auf das magnetische Moment der Probe in dem äußeren Feld ein Drehmoment $\underline{D}$ wirken muss, welches sich berechnet gemäß:

$$\underline{D} = \underline{M} \times B_0 \underline{z}_e \tag{7.12}$$

Damit ändert sich der Gesamtdrehimpuls $\underline{I}$ der Probe ebenfalls gemäß:

$$\frac{\mathrm{d}\underline{I}}{\mathrm{d}t} = \underline{M} \times B_0 \underline{z}_e \tag{7.13}$$

Magnetisches Moment $\underline{M}$ und Drehimpuls $\underline{I}$ sind über das gyromagnetische Verhältnis γ zueinander proportional, und es gilt mit $\underline{M} = \gamma \cdot \underline{I}$:

$$\frac{\mathrm{d}\underline{M}}{\mathrm{d}t} = \gamma \cdot \underline{M} \times B_0 \underline{z}_e \tag{7.14}$$

Zerlegt man $\underline{M}$ in seine karthesischen Komponenten, dann ist mit den orthogonalen Einheitsvektoren $\underline{x}_e, \underline{y}_e, \underline{z}_e$:

$$\underline{M} = M_x \cdot \underline{x}_e + M_y \cdot \underline{y}_e + M_z \cdot \underline{z}_e \tag{7.15}$$

Und es gilt (gemäß Kreuzprodukt):

$$\frac{\mathrm{d}M_z}{\mathrm{d}t} = 0 \quad \frac{\mathrm{d}M_x}{\mathrm{d}t} = \gamma B_0 M_y \quad \frac{\mathrm{d}M_y}{\mathrm{d}t} = -\gamma B_0 M_x \tag{7.16}$$

Im thermischen Gleichgewicht haben wir eine Gleichgewichtsmagnetisierung:

$$M_0 = \chi_0 B_0 \tag{7.17}$$

χ_0 bezeichnet die statische Suszeptibilität. Wenn sich das System nicht im Gleichgewicht befindet – aufgrund der Anregung durch die Hochfrequenz-Einstrahlung –, dann wird es infolge von Relaxationsprozessen dem Gleichgewicht M_0

zustreben und das mit einer Geschwindigkeit, die (in erster Näherung) proportional zur Abweichung des momentanen Wertes $M(t)$ vom Gleichgewichtswert M_0 ist. Für die z-Komponente gilt somit:

$$\frac{\mathrm{d}M_z}{\mathrm{d}t} = \frac{M_0 - M_z}{T_1} \tag{7.18}$$

Der reziproke Proportionalitätsfaktor T_1 in (7.18) heißt *longitudinale Relaxationszeit* oder auch *Spin-Gitter-Relaxationszeit*. Der Name kommt daher, dass bei dieser Art der Relaxation die Spins wieder in den energetisch günstigeren Zustand umklappen und dabei ihre Energie an die Umgebung – das Gitter – abgeben.

In unserem System ist das äußere Feld in z-Richtung orientiert. Dadurch wird auch nur die z-Komponente des Spins durch das Feld beeinflusst. Transversale Komponenten M_x und M_y existieren daher in unserem System nicht. Sollten andererseits durch eine Störung des Systems diese Komponenten ebenfalls angeregt werden, dann werden auch diese Komponenten bei der Relaxation verschwinden. Für diese beiden Komponenten gilt somit:

$$\frac{\mathrm{d}M_x}{\mathrm{d}t} = -\frac{M_x}{T_2} \quad \frac{\mathrm{d}M_y}{\mathrm{d}t} = -\frac{M_y}{T_2} \tag{7.19}$$

Die Größe T_2 heißt *transversale Relaxationszeit* oder *Spin-Spin-Relaxationszeit*. Der Name rührt daher, dass bei einer Abnahme der Magnetisierung senkrecht zu B_z häufig Wechselwirkungen der Spins mit den Nachbarspins involviert sind; es können jedoch auch Spin-Gitter-Wechselwirkungen zu dem Relaxationsprozess beitragen.

Unter Berücksichtigung dieser Terme erhält man die sogenannten *Bloch-Gleichungen*:

$$\boxed{\frac{\mathrm{d}M_z}{\mathrm{d}t} = \frac{M_0 - M_z}{T_1} \quad \frac{\mathrm{d}M_x}{\mathrm{d}t} = \gamma B_0 M_y - \frac{M_x}{T_2} \quad \frac{\mathrm{d}M_y}{\mathrm{d}t} = -\gamma B_0 M_x - \frac{M_y}{T_2}} \tag{7.20}$$

Wir betrachten zunächst den Fall des Gleichgewichts ($T_1 \to \infty, T_2 \to \infty$). Hier erhalten wir die Gleichungen in folgender Form:

$$\boxed{\frac{\mathrm{d}M_z}{\mathrm{d}t} = 0 \quad \frac{\mathrm{d}M_x}{\mathrm{d}t} = \gamma B_0 M_y \quad \frac{\mathrm{d}M_y}{\mathrm{d}t} = -\gamma B_0 M_x} \tag{7.21}$$

Die Gleichungen werden gelöst durch:

$$M_z = \text{const.} \quad M_x = A \cdot \cos \gamma B_0 \cdot t \quad M_y = -A \cdot \sin \gamma B_0 \cdot t \tag{7.22}$$

Dabei bezeichnet A die Transversalkomponente von $\underline{M}$.

Die Spins und der Magnetisierungsvektor $\underline{M}$ führen somit eine Präzessionsbewegung um die Magnetfeldachse z aus (Abb. 7.4) mit folgender Frequenz:

$$\nu = \frac{\gamma}{2\pi} \cdot B_0 \quad \text{bzw.} \quad \omega_L = \gamma B_0 \tag{7.23}$$

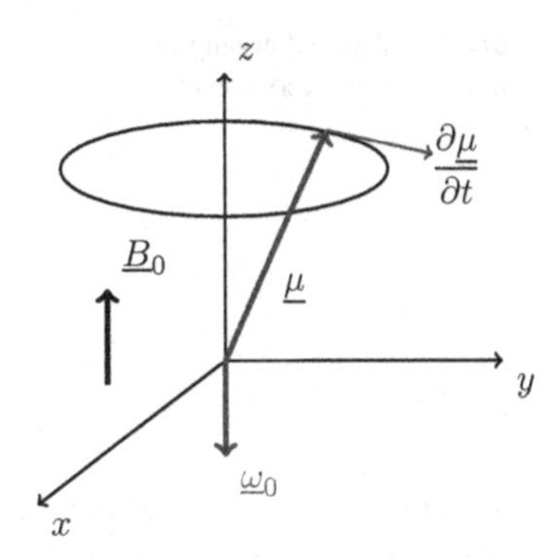

Abb. 7.4 Präzession des Magnetisierungsvektors um die Magnetfeldachse

ν ist identisch mit der oben erwähnten Resonanzfrequenz bei der Kernspinresonanz und heißt *Larmor-Frequenz*, benannt nach Sir Joseph Larmor[1] (Abb. 7.5). Man beachte, dass $\underline{\omega}$ und $\underline{B}_0$ entgegengerichtet sind, was später noch wichtig werden wird!

7.2.3 Puls-NMR

Wir betrachten nun den Fall, dass wir *senkrecht* zu B_{0,e_z} ein Hochfrequenzfeld B_{HF} einstrahlen. Durch dieses senkrecht zu B_0 eingestrahlte zusätzliche Hochfrequenz-

Abb. 7.5 Joseph Larmor

[1] Sir Joseph Larmor (* 11. Juli 1857 in Magheragall, County Antrim, Nordirland; † 19. Mai 1942 in Holywood, County Down) war ein irischer Physiker und Mathematiker. Larmor ist heute noch bekannt durch die Larmor-Frequenz, den Larmor-Radius und eine Formel für die (nicht-relativistische) Rate der Energieabstrahlung eines beschleunigten Elektrons (Larmor-Formel).
Quelle: http://de.wikipedia.org/wiki/Joseph_Larmor

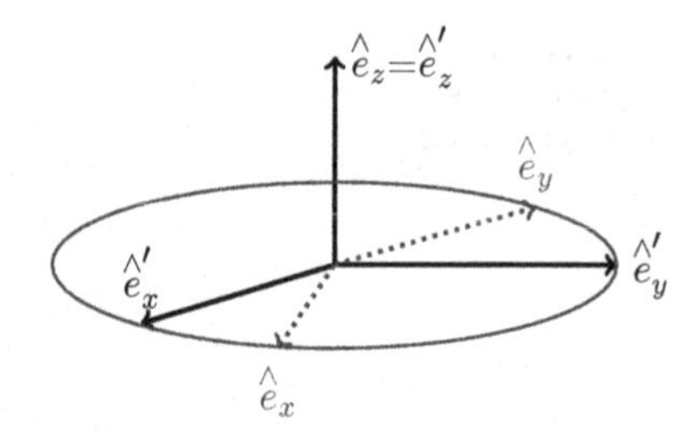

Abb. 7.6 Zum Übergang auf ein rotierendes Koordinatensystem

feld wird die Magnetisierung aus ihrem Gleichgewicht entfernt, was zur Messung der Relaxationszeiten erforderlich ist.

Das B_{HF}-Feld sei zirkular polarisiert, das heißt, der $\underline{B}$-Vektor läuft in der xy-Ebene mit der Frequenz ω um. Für das Gesamtmagnetfeld gilt damit:

$$\underline{B} = B_1(\cos\omega t \cdot \underline{x} - \sin\omega t \cdot \underline{y}) + B_0 \cdot \underline{z} \tag{7.24}$$

Gemäß

$$\frac{\mathrm{d}\underline{M}}{\mathrm{d}t} = \gamma \underline{M} \times \underline{B} \tag{7.25}$$

müssen die Bloch-Gleichungen erweitert werden zu:

$$\boxed{\begin{aligned} \frac{\mathrm{d}M_z}{\mathrm{d}t} &= -\gamma B_1 \cdot (M_x \cdot \sin\omega t + M_y \cdot \cos\omega t) + \frac{M_0 - M_z}{T_1} \\ \frac{\mathrm{d}M_x}{\mathrm{d}t} &= \gamma B_0 M_y + \gamma B_1 M_z \cdot \sin\omega t - \frac{M_x}{T_2} \\ \frac{\mathrm{d}M_y}{\mathrm{d}t} &= \gamma B_0 M_x + \gamma B_1 M_z \cdot \cos\omega t - \frac{M_y}{T_2} \end{aligned}} \tag{7.26}$$

Diese sind nun zu lösen.

Wir vereinfachen die Rechnung, indem wir das Feld in seine Komponenten zerlegen:

$$B_x = B_1 \cdot \cos\omega t \quad B_y = B_1 \cdot \sin\omega t \quad B_z = B_0 \tag{7.27}$$

Um auf einfachem Wege eine Lösung der Differenzialgleichung für $\underline{M}(t)$ zu finden, ist es zweckmäßig, zu einem Koordinatensystem überzugehen, das mit der Frequenz ω um die B_0-Achse rotiert (Abb. 7.6). Dieses rotierende Koordinatensystem wird durch die Einheitsvektoren $X'_e, Y'_e, Z'_e = z_e$ aufgespannt. Auf diese Weise gelingt es, die Zeitabhängigkeit des B_{HF} Feldes (B_1 in (7.26)) zu eliminieren. Für einen Beobachter im rotierenden System (X'_e, Y'_e, Z'_e) ist das B_1-Feld konstant! Es soll hier o. B. d. A. in Richtung X'_e weisen.

Transformiert man die Kreiselgleichungen in das rotierende System, dann ist zu beachten, das jetzt die Einheitsvektoren zeitabhängige Größen sind, und das vollständige Differenzial lautet:

$$\frac{\mathrm{d}\underline{M}}{\mathrm{d}t} = \frac{\partial M_x}{\partial t}\underline{X'}_e + \frac{\partial M_y}{\partial t}\underline{Y'}_e + \frac{\partial M_z}{\partial t}\underline{Z'}_e + M_x\frac{\partial \underline{X'}_e}{\partial t} + M_y\frac{\partial \underline{Y'}_e}{\partial t} + M_z\frac{\partial \underline{Z'}_e}{\partial t} \tag{7.28}$$

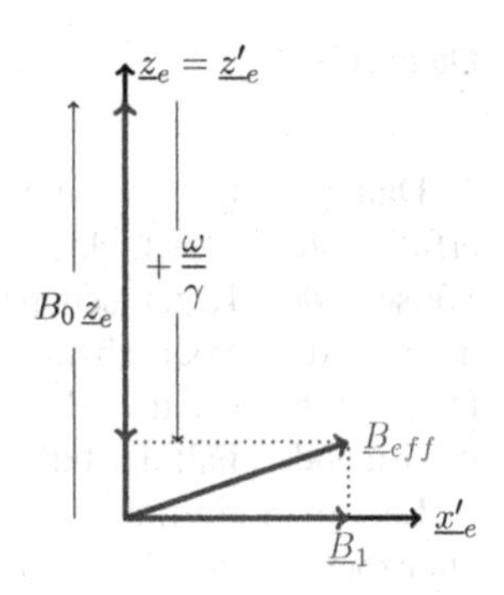

Abb. 7.7 Effektives Magnetfeld

mit

$$\frac{\partial \underline{X'_e}}{\partial t} = -\underline{\omega} \times \underline{X'_e} \quad \frac{\partial \underline{Y'_e}}{\partial t} = -\underline{\omega} \times \underline{Y'_e} \quad \frac{\partial \underline{Z'_e}}{\partial t} = 0 \tag{7.29}$$

Mit der ursprünglichen Beziehung $\frac{\mathrm{d}\underline{M}}{\mathrm{d}t} = \gamma \underline{M} \times \underline{B}$ (7.25) ergibt sich:

$$\frac{\mathrm{d}\underline{M}}{\mathrm{d}t} = \gamma \cdot \underline{M} \times \underline{B}_{\text{ges}} - \underline{\omega} \times \underline{M} \quad \frac{\mathrm{d}\underline{M}}{\mathrm{d}t} = \gamma \cdot \left(\underline{M} \times \left(\underline{B}_{\text{ges}} + \frac{\underline{\omega}}{\gamma} \right) \right) \tag{7.30}$$

Setzt man nun ein effektives Feld

$$\underline{B}_{\text{eff}} = \underline{B}_0 + \underline{B}_1 + \frac{\underline{\omega}}{\gamma} \tag{7.31}$$

an (Abb. 7.7), dann hat die zweite Gleichung die gleiche Form wie die ursprüngliche Gleichung (7.25):

$$\frac{\mathrm{d}\underline{M}}{\mathrm{d}t} = \gamma \underline{M} \times \underline{B} \quad \rightarrow \quad \frac{\mathrm{d}\underline{M}}{\mathrm{d}t} = \gamma \underline{M} \times \underline{B}_{\text{eff}} \tag{7.32}$$

Die Lösung der Differenzialgleichung stellt somit wiederum eine Präzessionsbewegung des Magnetisierungsvektors $\underline{M}$, diesmal um die Feldrichtung B_{eff}, dar!

Von großer Bedeutung für das Experiment ist der Fall, bei dem die Frequenz ω des eingestrahlten Hochfrequenzfeldes gleich der Larmor-Frequenz ω_L ist (Resonanzfall).

Es ist:

$$\begin{aligned} \frac{\mathrm{d}\underline{M}}{\mathrm{d}t} &= \left(\frac{\partial \underline{M}}{\partial t} \right)_{\text{rot}} + \underline{\omega}_0 \times \underline{M} \\ \left(\frac{\partial \underline{M}}{\partial t} \right)_{\text{rot}} &= \gamma \underline{M} \times \underline{B}_0 - \underline{\omega}_0 \times \underline{M} = \gamma \left(\underline{M} \times \underline{B}_{\text{eff}} \right) \end{aligned} \tag{7.33}$$

Ferner ist:

$$\underline{B}_{\text{eff}} = \underline{B}_0 + \frac{\underline{\omega}}{\gamma} \tag{7.34}$$

Man wählt nun folgende Resonanzbedingung:

$$\underline{\omega}_0 = \underline{\omega}_L = \gamma \cdot \underline{B}_0 \tag{7.35}$$

Dann folgt:

$$\left(\frac{\partial \underline{M}}{\partial t}\right) = 0 \tag{7.36}$$

Damit ist $\underline{M}$ im rotierenden System stationär! Die Bedingung für Resonanz ist erfüllt! Durch geschickte Wahl des rotierenden Koordinatensystems kann auf diese Weise in den dynamischen Gleichungen das externe statische Magnetfeld B_0 eliminiert werden, wodurch die mathematische Beschreibung wesentlich erleichtert wird. Dies gilt insbesondere dann, wenn andere Wechselwirkungen wirksam werden, wie im folgenden Fall der Pulsanregung.

Legt man ein magnetisches Wechselfeld mit einer Frequenz $\omega = \omega_0$ (im Frequenzbereich der Radiowelle für $\underline{B}_0$ sind das einige Tesla) senkrecht zum $\underline{B}_0$-Feld an, so können damit wie oben beschrieben Übergänge zwischen den Energiezuständen erzeugt werden. Dieses Wechselfeld erscheint im rotierenden Koordinatensystem als statisches Magnetfeld $\underline{B}_1$. Durch geeignete Wahl der Phase relativ zu ω_0 wird die Richtung von $\underline{B}_1$ im rotierenden Koordinatensystem definiert. Im rotierenden Koordinatensystem präzediert das magnetische Moment um das $\underline{B}_1$-Feld mit der effektiven Winkelgeschwindigkeit $\omega_1 = -\gamma B_1$.

Schaltet man das $\underline{B}_1$-Feld nur für eine Zeit t_p ein, spricht man von einem *Puls*. Eine Abfolge solcher Pulse wird als *Pulssequenz* oder *Pulsprogramm* bezeichnet. Für den „Drehwinkel" („Linke-Hand-Regel") der Magnetisierung um die e'_x- bzw. e'_y-Achse gilt dann:

$$\alpha = |\omega_1| \cdot t_p = \gamma B_1 \cdot t_p \tag{7.37}$$

Durch geeignete Wahl der Feldstärke $\underline{B}_1$ und der Pulsdauer t_p kann damit der effektive Magnetisierungsvektor um einen beliebigen Winkel gegen das stationäre Feld $\underline{B}_0$ gekippt werden!

► *Im rotierenden Koordinatensystem können mithilfe von Pulsen definierter Dauer und Phasenlage im Radiofrequenzbereich (RF-Pulse) die magnetischen Momente und damit die makroskopische Magnetisierung gedreht werden.*

Man spricht beispielsweise von einem $90_x{}^\circ$-Puls, falls $\underline{B}_1$ entlang X' liegt, die Magnetisierung also um die X'-Achse gedreht wird und die Pulslänge t_p so gewählt ist, dass der Drehwinkel 90° beträgt. Dabei werden für den vorgegebenen Drehwinkel eine möglichst kurze Pulslänge t_p und ein möglichst großes $\underline{B}_1$-Feld angestrebt, da dies der Anregung eines breiteren Frequenzspektrums entspricht.

Was geschieht nun mit der Magnetisierung nach einem 90°-Puls? Vernachlässigt man zunächst Relaxationseffekte, dann bleibt die Magnetisierung im rotierenden Koordinatensystem unverändert, und im Laborsystem findet eine Präzession um die z-Achse statt. Dies ermöglicht den einfachen Nachweis dieser Magnetisierung: In einer Spule, die senkrecht zum äußeren Magnetfeld $\underline{B}_0$ steht und die auch schon zur Einstrahlung der RF-Pulse dient, induziert die magnetische Flussänderung, hervorgerufen durch die präzedierende Magnetisierung, eine Wechselspannung. Diese wird Ausgangspunkt für die Analyse des Spinsystems.

Aufgrund der mit der Temperatur verbundenen Bewegung der Atome und Moleküle treten neben statischen Feldern auch zeitabhängige Wechselwirkungen auf, die in einer zeitabhängigen Störungsrechnung behandelt werden können. Daraus

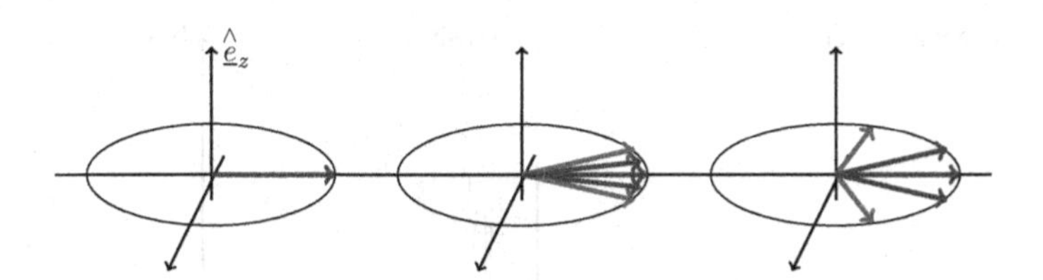

Abb. 7.8 Zerfall der Phasenbeziehung nach einem 90°-Puls

ergibt sich, dass durch diese Wechselfelder induzierte Übergänge eine Relaxation des Spinsystems von angeregten Zuständen (zum Beispiel nach einem Puls) in das thermische Gleichgewicht ermöglichen, was zu den bereits beschriebenen Relaxationszeiten führt.

Der ursprüngliche (ohne externe Felder) Zustand der Gleichverteilung der magnetischen Dipolorientierungen im Magnetfeld kann als eine unendlich hohe Temperatur des Spinsystems beschrieben werden. Nach einer Störung wird das System die Besetzungszahlen so einstellen – über induzierte Emission – wie durch die Boltzmann-Verteilung für die Temperatur der Substanz vorgegeben. Die Kerne müssen hierbei Energie an das Gitter abgeben. Dieser Vorgang heißt, wie bereits eingeführt, *longitudinale* oder *Spin-Gitter-Relaxation*. Die Einstellzeit wird durch die Zeitkonstante T_1 charakterisiert.

Nach einem 90°-Puls kippt die makroskopische Magnetisierung in die xy-Ebene und beginnt, um das $\underline{B}_0$-Feld zu präzedieren. Tatsächlich zerfällt jedoch, zusätzlich zur Spin-Gitter-Relaxation, die Phasenbeziehung der einzelnen Kernspins im Laufe der Zeit aufgrund von fluktuierenden Feldern. Die durch den RF-Puls erzwungene Quermagnetisierung zerfällt somit wie in Abb. 7.8 schematisch gezeigt.

Dieser durch die Feldfluktuationen hervorgerufene Zerfall wird durch die *transversale* bzw. *Spin-Spin-Relaxationszeit* T_2 charakterisiert und ist ein irreversibler Prozess. Da sich hierbei die Gesamtenergie des Spinsystems wie auch des Gitters nicht ändert, sondern nur die Kohärenz innerhalb des Spinsystems verloren geht (*Dephasierung*), spricht man von einem *Entropieprozess*.

Im Resonanzfall haben die Bloch-Gleichungen folgende Gestalt:

$$\frac{\mathrm{d}M_{X'}}{\mathrm{d}t} = -\frac{M_{X'}}{T_2} \quad \frac{\mathrm{d}M_{Y'}}{\mathrm{d}t} = -\frac{M_{Y'}}{T_2} \quad \frac{\mathrm{d}M_{Z'}}{\mathrm{d}t} = \frac{M_\infty - M_z}{T_1} \tag{7.38}$$

Befindet sich das System nicht im Gleichgewicht, dann verschwinden die x'- und y'-Komponenten danach mit der Zeit, während sich die z'-Komponente wieder bis zur Gleichgewichtsmagnetisierung aufbaut.

Durch einen 90°-Puls wird, wie oben dargestellt, die Gleichgewichtsmagnetisierung M_∞ in die xy-Ebene gedreht. Gemäß den Bloch'schen Gleichungen präzediert die Magnetisierung in dieser Ebene mit der Larmor-Frequenz ω_L im Laborsystem um die z-Achse. Mit der Anfangsbedingung $\underline{M}(t = 0) = M_\infty \cdot \underline{e}_x$ erhält man damit:

$$M_X(t) = M_\infty \cdot \cos(\omega_L t) \cdot e^{-\frac{t}{T_2}} \quad M_Y(t) = M_\infty \cdot \sin(\omega_L t) \cdot e^{-\frac{t}{T_2}} \tag{7.39}$$

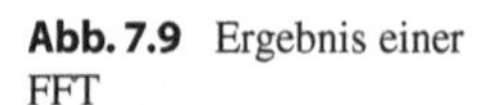

Abb. 7.9 Ergebnis einer FFT

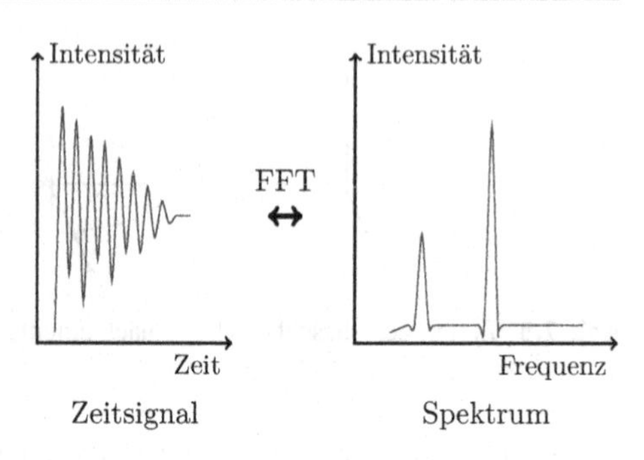

Die Präzession führt so zu einem messbaren Induktionssignal in der Probenspule, welches mit T_2 zerfällt. Dieses Signal nach einem einzigen Puls wird als *freier Induktionszerfall* oder kurz FID (*free induction decay*) bezeichnet. Die beiden transversalen Komponenten der Magnetisierung, M_X und M_Y, lassen sich zu einer komplexen transversalen Magnetisierung M_+ zusammenfassen:

$$M_+(t) = M_X(t) + i\, M_Y(t) = M_\infty \cdot e^{i\omega_L t} \cdot e^{-\frac{t}{T_2}} \tag{7.40}$$

Im rotierenden Koordinatensystem präzediert die Magnetisierung mit folgender Frequenz:

$$\Delta\omega = \omega_L - \omega_0 \quad (\Delta\omega \ll \omega_L) \tag{7.41}$$

Weiter gilt:

$$M'_+(t) = M_\infty \cdot e^{i\,\Delta\omega t} \cdot e^{-\frac{t}{T_2}} \tag{7.42}$$

Wie zu erwarten liegt für $\Delta\omega = 0$ Resonanz vor, und die Magnetisierung zerfällt, ohne zu oszillieren. Die Resonanzfrequenz am einzelnen magnetischen Dipol, das heißt an jedem einzelnen Kern, hängt aber neben den äußeren Feldern auch von lokalen Feldern ab, die im Wesentlichen von den Nachbardipolen erzeugt werden. Die genaue Resonanzfrequenz ist daher auch für gleichartige Dipole, zum Beispiel Wasserstoffkerne („freie" Protonen), nicht vollkommen gleich!

► *Die NMR ist in der Lage, aus dem Spektrum $\Delta\omega$ bzw. der Verteilung der Resonanzfrequenz Informationen über die lokale magnetische Umgebung der Kerne zu gewinnen.*

Das Spektrum $S(\omega)$ gewinnt man nach der Pulsanregung aus dem FID-Signal $M_+(t)$ durch Fourier-Transformation (FFT = *fast fourier transformation*; Abb. 7.9)

$$S(\omega) = \int_0^\infty M'_+(t) \cdot e^{-i\omega t}\,\mathrm{d}t \tag{7.43}$$

mit $M'_+(t)$ wie in (7.42) gegeben.

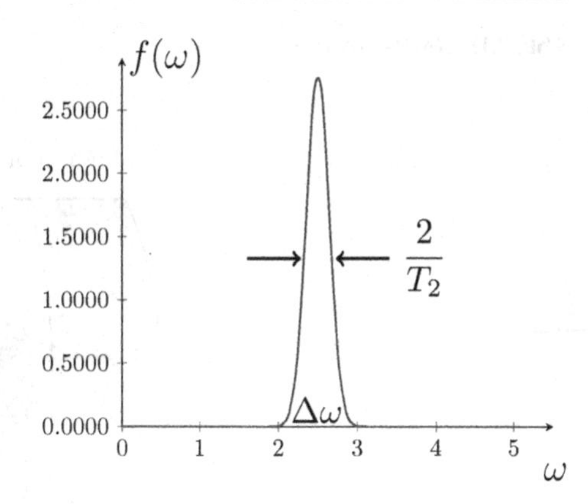

Abb. 7.10 Lorentz-Kurve

Ohne auf die Berechnung genauer einzugehen erhält man:

$$\begin{aligned} S(\omega) &= \frac{M_\infty}{\frac{1}{T_2} - i(\omega - \Delta\omega)} = \frac{M_\infty \cdot T_2}{1 + [T_2(\omega - \Delta\omega)]^2} + i\frac{M_\infty \cdot (T_2)^2(\omega - \Delta\omega)}{1 + [T_2(\omega - \Delta\omega)]^2} \\ &= A(\omega - \Delta\omega) + iD(\omega - \Delta\omega) \end{aligned} \tag{7.44}$$

Der Realteil des Spektrums enthält das Absorptionssignal, der Imaginärteil das Dispersionssignal.

Der Absorptionsanteil besteht aus einer Lorentz-Kurve mit Zentrum bei $\Delta\omega$ und einer Halbwertsbreite von $2/T_2$ (Abb. 7.10).

Befinden sich die Kerne in unterschiedlicher (magnetischer) Umgebung, dann treten mehrere in ihrer Resonanzfrequenz unterschiedliche Ensembles von Kernen auf, und das Spektrum ist eine Superposition der entsprechenden Teilspektren mit unterschiedlichen Resonanzfrequenzen und Amplituden. Die „chemische Umgebung", festgelegt durch die jeweilige Elektronenverteilung der Kerne und Nachbarkerne, verschiebt geringfügig die Larmor-Frequenz (im ppm-Bereich). Dieser Effekt wird als *chemische Verschiebung* bezeichnet und dient gemeinsam mit der Signalform zur Identifizierung des strukturellen molekularen Aufbaus der Teilchen. In den meisten Fällen erhält man ein breites, mehr oder weniger strukturiertes Spektrum, und die Aufgabe des Wissenschaftlers besteht in der richtigen Interpretation der Information.

7.2.4 Messaufbau

Der prinzipielle Messaufbau beim NMR-Experiment besteht aus einem Elektromagneten, der ein (möglichst) homogenes $\underline{B}_0$-Feld erzeugt. Senkrecht dazu steht eine Spule, welche die Probe umschließt und durch die ein hochfrequenter Wechselstrom zur Erzeugung des $\underline{B}_1$-Feldes gesandt wird (Abb. 7.11). Bei Resonanz $\omega_L = \gamma B_0$ entsteht in der xy-Ebene ein umlaufendes Feld. Nach dem Abschalten des Δt_{90}-Pulses präzediert der Vektor $\underline{M}$ in der xy-Ebene in dem nach wie vor herrschenden

Abb. 7.11 NMR-Experiment

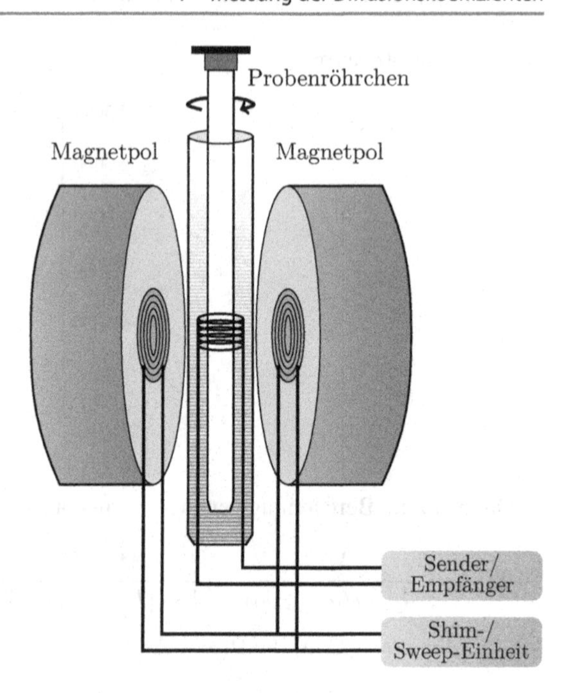

Feld $\underline{B}_{0,z_e}$. Durch den freien Induktionszerfall kehrt dann das magnetische Moment wieder in die ursprüngliche Gleichgewichtslage zurück.

Die Präzessionsbewegung der Magnetisierung in der xy-Ebene erzeugt eine Induktionsspannung in der die Probe umschließenden Spule. Zur Beobachtung des FID ist diese Spule an einen Empfänger angeschlossen, der das Induktionssignal in Abhängigkeit von der Zeit aufzeichnet.

Wie geht nun der Zerfall der transversalen Magnetisierung vor sich?

Eine Antwort auf diese Frage gibt die Erkenntnis, dass das statische Feld $\underline{B}_{0,z_e}$ in einer realen Probe nicht für alle zur Magnetisierung beitragenden Spins gleich ist. Das kann zwei Ursachen haben: eine physikalische und eine apparative:

- Die Kernspins können zusätzlichen Feldern unterworfen sein, die sich beispielsweise aus den Dipolfeldern ihrer nächsten Nachbarn zusammensetzen oder die von den Spins der Elektronenhülle herrühren.
- Auch das statische Feld, das eine reale Apparatur zwischen ihren (endlich ausgedehnten) Polschuhen erzeugt, ist zwangsläufig inhomogen.

Für die Gesamtheit der Spins existiert daher eine *Frequenzverteilung der Larmor-Frequenzen*, und damit präzedieren die Spins entweder langsamer oder schneller als das mit der Frequenz $\omega = \gamma B_0$ umlaufende $\underline{B}_1$-Feld. Das führt zu einer *Dephasierung* bzw. „Auffächerung" der Spins bei ihrer Präzessionsbewegung um die z-Achse wie in Abb. 7.8 dargestellt und damit zu einem Zerfall der Transversalkomponente der Magnetisierung. Für die an der Probe messbare Relaxationszeit

T_2^* gilt dann:

$$\frac{1}{T_2^*} = \frac{1}{T_2} + \frac{1}{T_{\Delta B}} \tag{7.45}$$

Dabei ist $T_{\Delta B}$ eine weitere Zeitkonstante, die durch die apparativ bedingte Inhomogenität des $\underline{B}_{0,z_e}$-Feldes entsteht. $T_{\Delta B}$ ist von der Größenordnung $(dG)^{-1}$ (d = Probendurchmesser; G = Gradient des $\underline{B}_0$-Feldes). Solange $T_{\Delta B} \gg T_2$ ist, wenn also das $\underline{B}_{0,z_e}$-Feld hinreichend homogen ist, kann eine T_2-Bestimmung aus dem FID vorgenommen werden. Oft zeigt sich dann, dass der FID eine sehr komplizierte Struktur besitzt und keineswegs nur ein einfaches exponentielles Verhalten aufweist, wie es gemäß (7.40) zu erwarten wäre. Das ist immer dann der Fall, wenn im Frequenzspektrum der Probe mehrere Resonanzstellen auftreten. In den (häufig vorkommenden) Fällen, wo $T_{\Delta B} < T_2$ ist, wird der Zerfall der Transversalkomponente im Wesentlichen durch die apparative Feldinhomogenität festgelegt. Eine Bestimmung von T_2 aus dem FID ist dann nicht mehr möglich.

7.2.5 Spin-Echo-Verfahren

Die beschriebene apparativ bedingte Störung der Messung kann unterdrückt werden unter der Voraussetzung, dass der Störeffekt zeitlich konstant ist. Hierzu dient die sogenannte *Spin-Echo-Methode*, bei der mit (mindestens) zwei HF-Pulsen (HF = *high frequency*) gearbeitet wird: Ein 90°-Puls dreht die Magnetisierung in die Y'-Richtung (Abb. 7.12a). Anschließend präzedieren die Spins in einer ausgedehnten Probe während eines Zeitraumes $\tau \gg \Delta t_{90}$ um die z-Achse. Da das $\underline{B}_{0,z_e}$-Feld, das die einzelnen Spins spüren, leicht inhomogen ist, kommen sie bald außer Phase, was in Abb. 7.12b durch die Spins „1" und „2" angedeutet ist. Für Spin „1" ist zum Beispiel die Larmor-Frequenz $\omega_{L1} > \omega$, sodass er sich im rotierenden Koordinatensystem (X', Y') im Uhrzeigersinn bewegt, während für Spin „2" $\omega_{L2} < \omega$ ist und er deshalb gegensinnig umläuft. Nach der Zeit $T_{\Delta B}$ sind die Spins so weit auseinandergelaufen, dass praktisch kein Induktionssignal mehr erzeugt wird; die Spins haben sich so weit gleichmäßig über die xy-Ebene verteilt, dass an der Messspule keine Änderung der Induktion mehr erfolgt.

Am Ende des Zeitraumes τ gibt man einen 180°-Puls auf die Probe. Dadurch führt jeder Spin eine Drehung um 180° um die X'-Achse längs der punktierten Linien in Abb. 7.12c aus. Man erkennt, dass die Spinorientierungen umgeklappt werden und dass die Spins in dem Maße, wie sie vorher auseinanderliefen, jetzt wieder aufeinander zu laufen. Wenn abermals der Zeitraum τ verstrichen ist, sind die Spins für einen kurzen Zeitraum wieder in Phase (Abb. 7.12d), und es entsteht in der Probenspule ein Messsignal, das man nach dem Erfinder dieser Messmethode Erwin Louis Hahn[2] als *Hahn-Echo* bezeichnet [Hahn50]. Der Signalverlauf bei die-

[2] Erwin Louis Hahn (* 9. Juni 1921 in Sharon, Pennsylvania) ist ein US-amerikanischer Festkörperphysiker. Hahn ist bekannt als Entdecker des Spin-Echos, das in der Magnetresonanztomographie (MRT) verwendet wird.
Quelle: http://de.wikipedia.org/wiki/Erwin_Hahn

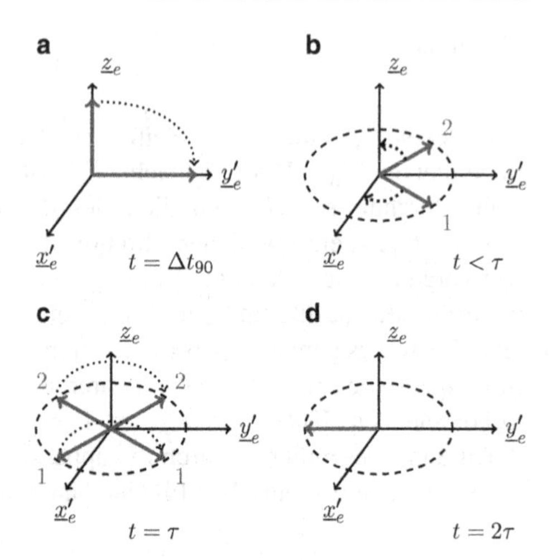

Abb. 7.12 Spin-Echo-Verfahren

ser Methode ist in Abb. 7.13 gezeigt [Fatk12, Serg12, Bakh09, Filip09, Griffin07, Pham07, Warren02, Arde00, Man95, Ma95, Haase93].

Im Grenzfall $T_2 \to \infty$ erreicht das Echosignal wieder die ursprüngliche Höhe des FID. Es besitzt nach Abb. 7.12d lediglich ein umgekehrtes Vorzeichen.

In der Regel treten neben den beschriebenen reversiblen Dephasierungsprozessen auch irreversible auf, bedingt durch die Wechselwirkung der Spins mit ihrer Umgebung. Das hat zur Folge, dass einige Spins nach der Zeit 2τ nicht wieder in Phase sind und somit nicht mehr zum Signal beitragen. Da die Anzahl der Wechselwirkungsprozesse mit zunehmender Zeit (zunehmendem Pulsabstand τ) anwächst, wird in gleichem Maße die Höhe des Spin-Echos mit der Zeit abnehmen (Abb. 7.14). Der quantitative Zusammenhang zwischen beiden Größen ist durch folgende Differenzialgleichung gegeben:

$$\frac{\mathrm{d}M_Y}{\mathrm{d}t} = -\frac{M_Y}{T_2} \tag{7.46}$$

Da der Zerfall praktisch am Ende des 90°-Pulses einsetzt, wird dieser als Zeitnullpunkt bei der Integration gewählt, und die Anfangsbedingungen lauten:

$$M_X(0) = M_Z(0) = 0 \quad M_Y(0) = M_0 \tag{7.47}$$

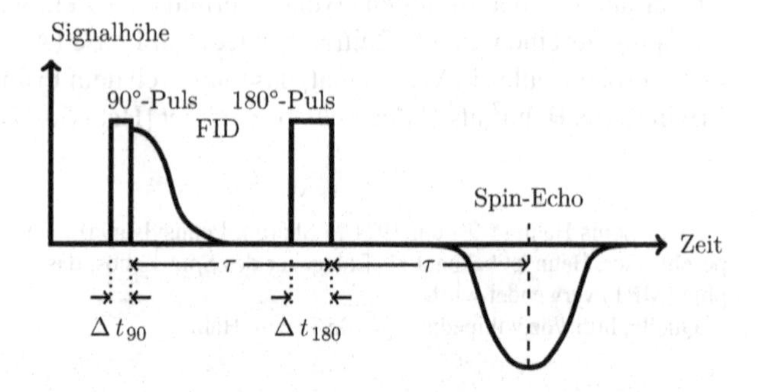

Abb. 7.13 Spin-Echo beim Spin-Echo-Verfahren

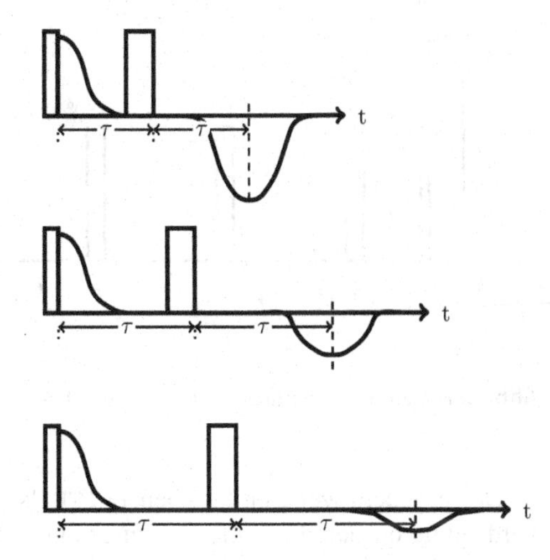

Abb. 7.14 Dephasierung beim Spin-Echo-Verfahren

Damit folgt aus den Bloch-Gleichungen:

$$\begin{aligned}\frac{\mathrm{d}M_{X'}}{\mathrm{d}t} &= -\frac{M_{X'}}{T_2}\\ \frac{\mathrm{d}M_{Y'}}{\mathrm{d}t} &= -\frac{M_{Y'}}{T_2} \quad \Rightarrow \quad M_Y(t) = M_0 \cdot e^{-\frac{t}{T_2}}\\ \frac{\mathrm{d}M_{Z'}}{\mathrm{d}t} &= \frac{M_\infty - M_z}{T_1}\end{aligned} \tag{7.48}$$

Hierin bedeutet jetzt M_y die Höhe des Spin-Echos. Unter den genannten Voraussetzungen ist eine T_2-Bestimmung nach dem eben beschriebenen Verfahren möglich, wenn man M_y in Abhängigkeit vom Pulsabstand τ misst.

Die Spin-Echo-Methode ist in der Praxis zeitraubend, da nach jeder Echomessung so lange gewartet werden muss, bis sich die ursprüngliche Gleichgewichtsmagnetisierung $\underline{M}_0$ in z-Richtung wieder eingestellt hat. Es ist geschickter, nach der von Carr und Purcell vorgeschlagenen Methode vorzugehen. Sie verwenden nach einem 90°-Puls eine ganze Reihe von 180°-Pulsen, die äquidistant im Abstand 2τ aufeinanderfolgen, wie in Abb. 7.15 gezeigt.

Durch diesen Trick gelingt es, jeweils zu den Zeitpunkten $2n\tau$ ($n = 1, 2, \ldots$) die Spins wieder zu fokussieren, wobei jedoch die Echoamplitude infolge von Relaxationsprozessen mit wachsendem n immer weiter abnimmt. Unter bestimmten Voraussetzungen, auf die im Folgenden näher eingegangen wird, klingt M_y exponentiell mit der Zeitkonstante T_2 ab, sodass die Auswertung der Messungen gemäß $M_Y(t) = M_0 \cdot e^{-\frac{t}{T_2}}$ möglich ist.

Die Carr-Purcell-Methode liefert nur dann die wahre Relaxationszeit, wenn die 180°-Pulse in ihrer Zeitdauer exakt justiert sind. Wenn das nicht gelingt, weil zum Beispiel $\underline{B}_1$ nicht genau bekannt ist, liegen die Spins nach dem ersten 180°-Puls nicht mehr in der $X'Y'$-Ebene. Gemessen wird aber nur die Komponente von M, die in dieser Ebene liegt!

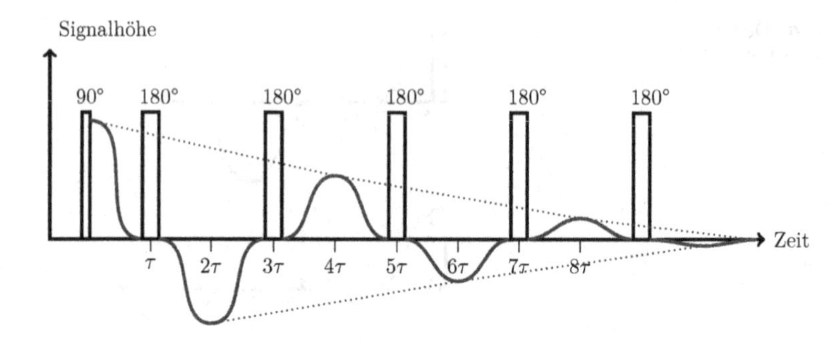

Abb. 7.15 Spin-Echo-Verfahren nach Carr und Purcell

Da bei jedem weiteren falschen 180°-Puls in derselben Richtung weitergedreht wird, addieren sich die Fehler, wodurch ein zu kleines T_2 gemessen wird.

Eine Möglichkeit, diesen Nachteil zu umgehen, liefert die *Meiboom-Gill-Methode*. Sie besitzt die gleiche Pulsfolge wie die Carr-Purcell-Technik, nur wird jetzt die hochfrequente Schwingung in den 180°-Pulsen mittels einer speziellen Vorrichtung um 90° in der Phase gegenüber den Schwingungen im 90°-Puls verschoben, sodass bereits beim ersten 180°-Puls $\underline{B}$ nicht mehr in X'-Richtung sondern in y-Richtung weist [Malfeit08, Siegel05, Diuk11, Diuk12, Otten10, Dey10, Hung04, Huerl01, Huerli01, Flood08, Koskela03].

Während eines 180°-Pulses werden die Spins nun um die y-Richtung geklappt. Es sei angenommen, dass alle 180°-Pulse infolge einer (unvermeidbaren) Fehljustierung die Spins um 180° + δ drehen. Während die Spins im Zeitraum τ nach dem 90°-Puls noch in der $X'Y'$-Ebene präzedieren, werden sie durch den ersten (180°+δ)-Puls ein wenig aus dieser herausgeklappt, wie es in Abb. 7.16a angedeutet ist. Zum Zeitpunkt 2τ erfolgt die Refokussierung in Y'-Richtung (Abb. 7.16b). Allerdings liegt der Summenvektor aller Spins um den Winkel δ außerhalb der $X'Y'$-Ebene, sodass nur die Komponente $M \cdot \cos\delta$ in Erscheinung tritt.

Während des Zeitraumes von 2τ bis 3τ laufen die Spins wieder auseinander, jedoch um den Winkel δ außerhalb der $X'Y'$-Ebene (Abb. 7.16c). Der zweite (180°+δ)-Puls klappt nun die Spins um den Winkel 180°+δ zurück (Abb. 7.16c),

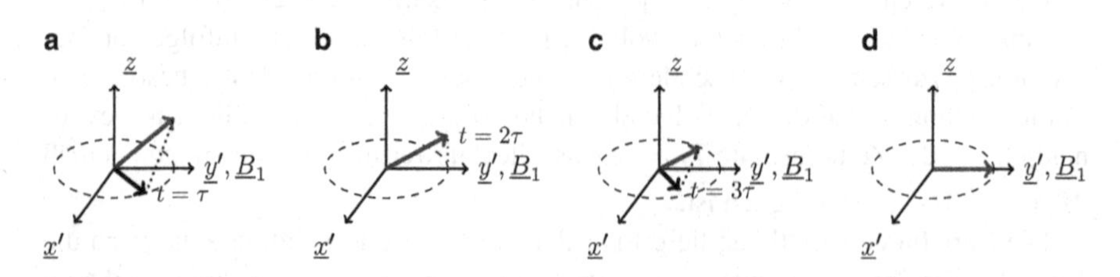

Abb. 7.16 Meiboom-Gill-Methode; **a** $t = \tau$ Zeitpunkt des 1. 180°-Pulses; **b** Refokussierung nach dem 1. 180°-Puls, Gesamtspin liegt außerhalb der $\underline{x}'\underline{y}'$-Ebene; **c** $t = 3\tau$ Zeitpunkt des 2. 180°-Pulses; **d** $t = 4\tau$ Refokussierung nach dem 2. 180°-Puls, Gesamtspin liegt in der $\underline{x}'\underline{y}'$-Ebene

sodass sie danach genau wieder in der $X'Y'$-Ebene liegen (Abb. 7.16d). Dieser Vorgang lässt sich viele Male nacheinander wiederholen.

Man erkennt, dass trotz einer Fehljustierung der 180°-Pulslänge bei der Meiboom-Gill-Methode alle geradzahligen Echos die richtige Amplitude besitzen, sodass aus ihnen T_2 ermittelt werden kann. Weiterhin ist für diese Methode charakteristisch, dass alle Echos dasselbe Vorzeichen besitzen, während es bei der Carr-Purcell-Technik alterniert.

7.2.6 Relaxationsverhalten flüssiger Proben

Den bisher vorgestellten Methoden zur T_2-Bestimmung liegt Gleichung

$$M_Y(t) = M_0 \cdot e^{-\frac{t}{T_2}} \tag{7.49}$$

zugrunde. Diese wird wie oben beschrieben ungültig, sobald das lokale $\underline{B}_{0,e_z}$-Feld im Bereich der Spins zeitabhängig wird. Gleiches trifft zu, wenn die Spins innerhalb des Zeitraums 2τ ihren Ort infolge Brown'scher Molekularbewegung ändern und wegen der Inhomogenität des statischen Feldes in Bereiche mit unterschiedlichen Feldstärken geraten. Die Larmor-Frequenz wird somit eine Funktion der Zeit. Dadurch, dass man nicht mehr im Bereich der Larmor-Frequenz ist, wird die Refokussierung der Spins gestört, und die Signalamplitude nimmt schneller als durch (7.49) beschrieben ab.

Zur Beschreibung dieses Effekts muss in die Bloch'schen Gleichungen ein weiterer Term eingefügt werden, welcher die Diffusionskonstante D berücksichtigt. Dieser diffusionsabhängige Zusatzterm soll im Folgenden berechnet werden.

Die Diffusionsstromdichte $\underline{j}$ – das ist die Anzahl der Teilchen, die pro Zeiteinheit durch die Flächeneinheit diffundieren – ist gegeben durch:

$$\underline{j} = -D\underline{\nabla}n \tag{7.50}$$

Dabei bedeutet n die Zahl der Teilchen (hier also der Spins) pro Volumeneinheit. Im Fall von Spin-$1/2$-Teilchen existieren genau zwei Einstellungen der Spins bezüglich einer Quantisierungsachse ($\underline{B}_{0,e_z}$). Die Diffusionsstromdichte $\underline{j}$ besteht daher bei Protonen aus zwei Anteilen, dem Diffusionsstrom $j_{\uparrow\downarrow}$ für die Spins antiparallel zu $\underline{B}_{0,e_z}$ und $j_{\uparrow\uparrow}$ für die Spins, welche parallel zu $\underline{B}_{0,e_z}$ stehen.

Die Gesamtmagnetisierung $\underline{M}$ in einem Volumenelement ΔV ändert sich, sobald die ein magnetisches Moment $\underline{\mu}$ tragenden Spins durch die Oberfläche von ΔV aus- oder eintreten; und zwar ist die Änderung der Magnetisierung pro Zeiteinheit im Volumen gleich dem Gesamtstrom der magnetischen Momente durch die Oberfläche O von ΔV. Es gilt also:

$$\int_{\Delta V} \frac{\partial \underline{M}}{\partial t} \,\mathrm{d}V = -\int_{O} \underline{j}_M \cdot \mathrm{d}\underline{F} \tag{7.51}$$

Dabei bedeutet $\underline{j}_M$ die Stromdichte der magnetischen Momente und $\mathrm{d}\underline{F}$ stellt ein orientiertes Flächenelement auf O dar.

Das Integral auf der rechten Seite lässt sich mithilfe des Gauss'schen Integralsatzes umformen in:

$$\int_O \underline{j}_M \cdot \mathrm{d}\underline{F} = \int_{\Delta V} \underline{\nabla} \cdot \underline{j}_M \,\mathrm{d}\,V \tag{7.52}$$

Durch Vergleich von (7.51) und (7.52) erhält man:

$$\frac{\partial \underline{M}}{\partial t} = -\underline{\nabla} \cdot \underline{j}_M \tag{7.53}$$

Mit der Spinstromdichte

$$\underline{j}_M = \mu \cdot (\underline{j}_{\uparrow\uparrow} - \underline{j}_{\uparrow\downarrow}) \tag{7.54}$$

folgt daraus:

$$\frac{\partial \underline{M}}{\partial t} = -\underline{\nabla} \cdot \mu \cdot (\underline{j}_{\uparrow\uparrow} - \underline{j}_{\uparrow\downarrow}) \tag{7.55}$$

Und mit dem ersten Fick'schen Gesetz $\underline{j} = -D\underline{\nabla}n$ (7.50) folgt daraus:

$$\frac{\partial M}{\partial t} = -\underline{\nabla} \cdot D \cdot \underline{\nabla}\mu \cdot (n_{\uparrow\uparrow} - n_{\uparrow\downarrow}) \tag{7.56}$$

Die Größe $\mu \cdot (n_{\uparrow\uparrow} - n_{\uparrow\downarrow})$ ist gleich der Magnetisierung $\underline{M}$ der Probe, sodass gilt:

$$\frac{\partial M}{\partial t} = -\underline{\nabla} \cdot D \cdot \underline{\nabla}\,\underline{M} \tag{7.57}$$

Wir gehen davon aus, dass D ortsunabhängig, das heißt die Probe isotrop ist. In diesem Fall kann der Diffusionskoeffizient D vor das Differenzial gezogen werden, und es ist:

$$\frac{\partial M}{\partial t} = D \cdot \Delta\,\underline{M} \tag{7.58}$$

Damit haben wir das Glied gefunden, um welches die Bloch'schen Gleichungen erweitert werden müssen, und wir erhalten:

$$\boxed{\begin{aligned}\frac{\partial \underline{M}}{\partial t} &= \gamma \cdot (\underline{M} \times \underline{B}) - \frac{M_X\,\underline{x}_e + M_Y\,\underline{y}_e}{T_2} - \frac{(M_Z - M_0)\,\underline{z}_e}{T_1}\\ &\quad + (\underline{x}_e + \underline{y}_e + \underline{z}_e)\,D \cdot \Delta M\end{aligned}} \tag{7.59}$$

Bei dieser Ableitung haben wir einen kleinen Fehler in Kauf genommen: Da das von der Magnetspule erzeugte Feld $\underline{M}_0$ nicht vollständig homogen ist, ist auch diese Größe ortsabhängig, sodass zu der Gleichung noch ein Term $-D\Delta M_0$ hinzugefügt werden müsste. Bei hinreichend kleinen Feldgradienten ist der Einfluss dieses Ausdrucks jedoch vernachlässigbar klein, und er wird im Folgenden nicht berücksichtigt.

Nun benötigen wir eine Lösung dieser Differenzialgleichung insbesondere für die transversale Komponente:

$$M_{\text{tr}} := M_x + i\, M_y \tag{7.60}$$

$\underline{B}_0$ ist das mittlere von außen angelegte Magnetfeld. Infolge der jetzt angenommenen Feldinhomogenität soll jedoch das Feld an jedem Ort geringfügig von $\underline{B}_0$ verschieden sein. Da kleine Änderungen der x- und y-Komponente von $\underline{B}_0$ die Larmor-Frequenz nur in zweiter Ordnung verändern, sollen diese vernachlässigt werden. Für das gesamte Volumen der Probe wird daher angesetzt:

$$B_z := B_0 + G \cdot z \quad \text{mit: } \underline{B}_0 = B_z\, \underline{z}_e \tag{7.61}$$

G besitzt die Einheit Tesla/Meter und beschreibt den Feldgradienten des von außen angelegten Magnetfeldes. Dabei sei die Größe G innerhalb des Probenvolumens konstant.

Die Differenzialgleichung für die transversale Magnetisierung M_{tr} bekommt man nun gemäß (7.60), indem man zu der x-Komponente die mit der imaginären Einheit i multiplizierte y-Komponente addiert. Das ergibt (mit $\underline{\omega}_L = \underline{B}_0$):

$$\frac{\partial M_{\text{tr}}}{\partial t} = -i\,\omega_L M_{\text{tr}} - i\,\gamma G z M_{\text{tr}} - \frac{M_{\text{tr}}}{T_2} + D \cdot \Delta T_{\text{tr}} \tag{7.62}$$

Gleichung (7.62) wird durch folgenden Ansatz gelöst:

$$M_{\text{tr}} = f(x, y, z, t) \cdot e^{-i\omega_L t} \cdot e^{-\frac{t}{T_2}} \tag{7.63}$$

Dabei muss die Amplitudenfunktion f wiederum folgende Gleichung erfüllen:

$$\frac{\partial f}{\partial t} = -i\gamma G z f + D\,\Delta f \tag{7.64}$$

Vernachlässigt man in (7.64) zunächst den Diffusionsterm, dann beschreibt f eine Präzessionsbewegung von M_{tr} im rotierenden Koordinatensystem mit der Präzessionsgeschwindigkeit $\gamma G z$.

Erinnern wir uns an die Carr-Purcell-Methode zur T_2-Bestimmung: Dort werden nach einem 90°-Puls zu den Zeitpunkten τ, 3τ, 5τ, ..., $(2\text{n} - 1)\tau$, ... 180°-Pulse auf die Probe gegeben. Jeder Puls setzt M_{tr} bei der Präzessionsbewegung um den Winkel

$$\alpha = -2\gamma G z \tau \tag{7.65}$$

zurück. Nach n 180°-Pulsen, das heißt zu einer Zeit t mit $(2n - 1)\,\tau < t < (2n + 1)\,\tau$, hat f folgenden Wert:

$$f(t) = A \cdot \exp\left(-i\gamma G z[t - 2n\tau]\right) \tag{7.66}$$

Der Diffusionsterm, der jetzt wieder berücksichtigt werden soll, hat Einfluss auf die Amplitude der transversalen Magnetisierung: Ihre Abnahme infolge der Diffusion der Moleküle soll durch die Größe A in (7.66) beschrieben werden, die als eine Funktion der Zeit angenommen wird. Mit (7.64) und (7.66) folgt:

$$\frac{\mathrm{d}A}{\mathrm{d}t} = -D\gamma^2 G^2 (t - 2n\tau)^2 \cdot A(t) \tag{7.67}$$

Um die Amplitude von $\underline{M}$ zu den Zeitpunkten der Echos, also bei $t = 2n\tau \quad n = 1, 2, \ldots$ zu finden, wird (7.67) zunächst über den gesamten Gültigkeitsbereich $(2n-1)\,\tau < t < (2n+1)\,\tau$ integriert. Man erhält:

$$A([2n+1]\,\tau) = A([2n-1]\,\tau) \cdot \exp\left(-\frac{2}{3} D\gamma^2 G^2 \tau^3\right) \tag{7.68}$$

Hieraus lässt sich durch Rekursion die Beziehung

$$A([2n+1]\,\tau) = A(\tau) \cdot \exp\left(-\frac{2}{3} D\gamma^2 G^2 \tau^3 n\right) \tag{7.69}$$

ableiten. Sodann integriert man die Differenzialgleichung (7.67) für $\mathrm{d}A/\mathrm{d}t$ über das Zeitintervall $2n\tau < t < (2n+1)\,\tau$ und erhält:

$$A(2n\tau) = A([2n+1]\tau) \cdot \exp\left(+\frac{1}{3} D\gamma^2 G^2 \tau^3\right) \tag{7.70}$$

Unter Verwendung der obigen Rekursionbeziehung (7.69) erhält man hieraus:

$$\begin{aligned} A(2n\tau) &= \exp\left(+\frac{1}{3} D\gamma^2 G^2 \tau^3\right) \cdot A(\tau) \cdot \exp\left(-\frac{2}{3} D\gamma^2 G^2 \tau^3 n\right) \\ &= A(\tau) \cdot \exp\left(-\frac{1}{3} D\gamma^2 G^2 \tau^3 [2n-1]\right) \end{aligned} \tag{7.71}$$

Normiert man $A(0) = 1$, dann ergibt sich das gesuchte Ergebnis:

$$\boxed{A(2n\tau) = \exp\left(-\frac{2}{3} D\gamma^2 G^2 \tau^3 n\right)} \tag{7.72}$$

Gleichung (7.72) besagt, dass die Echoamplitude infolge der Diffusion exponentiell mit der Ordnungszahl n des Echos abnimmt. Wenn man den Messzeitpunkt für ein Echo mit t^* bezeichnet, also $t^* = 2n\tau$ setzt, ändert sich (7.72) ab in:

$$\boxed{A(t^*) = \exp\left(-\frac{1}{3} D\gamma^2 G^2 \tau^2 t^*\right)} \tag{7.73}$$

Die Magnetisierungsamplitude nimmt demnach exponentiell mit einer Zeitkonstante

$$T_D := \frac{3}{D\gamma^2 G^2 \tau^2} \tag{7.74}$$

ab. Dazu kommt die Abnahme infolge der Relaxationsprozesse, die ebenfalls nach einem Exponentialgesetz, allerdings mit der Zeitkonstante T_2 erfolgt. Die Gleichung für die y-Komponenten der Magnetisierung (7.49) muss daher erweitert werden auf folgende Form:

$$M_Y(t) = M_0 \cdot e^{-\frac{t}{T_2}} \cdot e^{-\frac{t}{T_D}} \tag{7.75}$$

Die Bestimmung der Relaxationszeit T_2 nach der Carr-Purcell- oder Meiboom-Gill-Methode ist damit auch in Gegenwart von Diffusionsvorgängen möglich, wenn es gelingt, T_D groß gegen T_2 zu machen. Da T_D gemäß (7.74) den im Prinzip frei wählbaren Parameter τ – dies ist gerade der Zeitraum zwischen zwei Pulsen – enthält, ist diese Forderung in vielen Fällen zu erfüllen und damit eine Messung von T_2 möglich.

Andererseits besteht gemäß (7.72) die Möglichkeit, mithilfe der Spin-Echo-Methode die Diffusionskonstante D zu messen, wenn der Feldgradient G der verwendeten Apparatur bekannt ist. Man setzt dazu $n = 1$, betrachtet also nur das erste Echo. Für dieses gilt:

$$A(2\tau) = \exp\left(-\frac{2}{3} D\gamma^2 G^2 \tau^3\right) \tag{7.76}$$

Man variiert nun τ, das heißt, man misst die Amplitude des ersten Echos in Abhängigkeit vom Abstand τ zwischen 90°- und 180°-Puls. Für die Zeitabhängigkeit der Magnetisierung erhält man dann aus $M_Y(t) = M_0 \cdot \exp(-\frac{t}{T_2})$ (7.49) und $A(2\tau) = \exp(-\frac{2}{3} D\gamma^2 G^2 \tau^3)$ (7.76) mit $t = 2\tau$ gesetzt:

$$M_Y(t) = M_0 \cdot \exp\left(-\frac{t}{T_2}\right) \cdot \exp\left(-\frac{D\gamma^2 G^2 t^3}{12}\right) \tag{7.77}$$

Das Verfahren funktioniert, solange $(T_2)^3 \gg \frac{12}{D\gamma^2 G^2}$ ist; denn dann ist die Zeitabhängigkeit von M_y im Wesentlichen durch den Diffusionsterm bestimmt. Um D zu erhalten, trägt man zweckmäßigerweise $\ln(M_Y(t)/M_0) + t/T_2$ gegen t^3 auf.

7.2.7 Experimentelle Bestimmung der Spin-Gitter-Relaxationszeit T_1

Weitaus unproblematischer als die T_2-Bestimmung ist die Messung der longitudinalen Relaxationszeit T_1. Auch hier arbeitet man mit der Pulsmethode.

Abb. 7.17 Messung von T_1

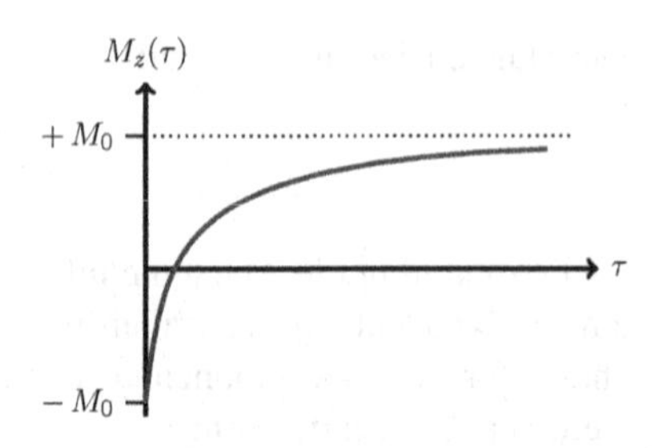

Die Pulssequenz beginnt mit einem 180°-Puls, der die Probenmagnetisierung aus ihrer Gleichgewichtslage (parallel zu $\underline{B}_{0,z_e}$) in die entgegengesetzte Richtung dreht. Eine Magnetisierungskomponente in der xy-Ebene existiert dann nicht.

Nach einer Zeit τ, in der die Magnetisierung infolge der Relaxation wieder ein Stück in Richtung ihrer Gleichgewichtslage zurückgewandert ist, dreht ein 90°-Puls die zu diesem Zeitpunkt noch vorhandene z-Komponente der Magnetisierung in die xy-Ebene. Dort induziert sie in die in y-Richtung liegende Messspule durch ihre Präzessionsbewegung eine Induktionsspannung, die proportional zu $M_y(\tau)$ ist. Die Integration der Bloch'schen Gleichung

$$\frac{\mathrm{d}\,M_z}{\mathrm{d}\,t} = \frac{M_0 - M_z}{T_1} \tag{7.78}$$

liefert mit den hier vorliegenden Anfangsbedingungen $M_x(0) = M_y(0) = 0$ und $M_z(0) = -M_0$ folgende Zeitabhängigkeit der Magnetisierung:

$$M_z(\tau) = M_0 \cdot \left(1 - \exp\left(-\frac{\tau}{T_1}\right)\right) \tag{7.79}$$

Der Verlauf der dadurch beschriebenen Funktion ist in Abb. 7.17 gezeigt. Zur Messung von T_1 wird der Zeitabstand τ zwischen 180°- und 90°-Puls systematisch verändert und das zu $M_z(\tau)$ proportionale Signal gemessen. Aus einem Diagramm $\ln \frac{M_0 - M_z(\tau)}{2M_0}$ gegen τ kann man T_1 ablesen.

Anzumerken bleibt, dass beim Festkörper die Verhältnisse komplizierter liegen! Bei den bisher diskutierten Phänomenen, die für die NMR an Flüssigkeiten relevant sind, ist als wesentliche Wechselwirkung allein die Zeeman-Wechselwirkung und die chemische Verschiebung zu nennen. Es existieren aber noch weitere Wechselwirkungen, die in Form lokaler statischer, also zeitlich konstanter Felder B_{lok} zusätzlich zum $\underline{B}_0$-Feld die Zeeman-Niveaus verschieben bzw. aufspalten und somit die NMR-Spektren beeinflussen. Diese werden in Flüssigkeiten durch die schnelle, regellose Bewegung der Atome ausgemittelt, sodass sie keine Rolle spielen. Beispiele sind die magnetische Dipol-Dipol-Wechselwirkung und die Wechselwirkung des Kernquadrupolmoments mit dem elektrischen Feldgradienten der Umgebung. Aus diesem Grund sind Spektren in Flüssigkeiten in der Regel schmal (einige Hertz), während die Spektren im festen Zustand durch die zusätzlichen Wechselwirkungen breit (einige Kilohertz) sind.

7.3 Photonenkorrelationsspektroskopie

7.3.1 Allgemeine Betrachtungen zur Lichtstreuung

Die Streuung von sichtbarem Licht durch kolloidal verteilte Teilchen ist häufig ohne experimentelle Hilfsmittel durch die Trübung gut zu erkennen. Beispiele hierfür sind

- *Nebel*: Dispergierte Wassertröpfchen in Luft
- *Milch*: Dispergierte Fetttröpfchen in Wasser
- *Dispersionen*: Feinverteilte Feststoffe in Wasser.

Wird ein Lichtstrahl (zum Beispiel durch eine Sammellinse) auf ein kolloidales System fokussiert, dann sieht man bei seitlicher Betrachtung eine Aufhellung durch das Streulicht. Dieses Phänomen heißt *Tyndall-Effekt*. Die Charakterisierung der Streustrahlung durch Intensität, Polarisation und Wellenlänge wird im Wesentlichen von der Größe der streuenden Teilchen und ihrer Verteilung beeinflusst.

Rayleigh-Streuung

Wir betrachten die Streuung von polarisiertem Licht an einem einzelnen (kleinen) Teilchen (Rayleigh-Streuung, benannt nach John William Strutt, 3. Baron Rayleigh[3]; Abb. 7.18). Die entscheidende Eigenschaft für die Erzeugung der Streustrahlung ist die Polarisierbarkeit α des Teilchens. Durch Wechselwirkung mit den Elektronen induziert das elektrische Feld zeitlich veränderliche Dipolmomente, die gemäß der Strahlung eines *Hertz'schen Dipols* die Streustrahlung verursachen.

Abb. 7.18 John William Strutt, 3. Baron Rayleigh

[3] John William Strutt, 3. Baron Rayleigh (* 12. November 1842 in Langford Grove, Meldon, England; † 30. Juni 1919 in Terlins Place bei Witham, England) war ein englischer Physiker. 1904 erhielt er den Nobelpreis für Physik. Er forschte zunächst auf den Gebieten der Optik und der Schwingungslehre, später weitete er seine Interessen auf nahezu das gesamte Gebiet der Physik aus: Elektrizität, Thermodynamik, Wellentheorie und Statistische Physik.
Quelle: http://de.wikipedia.org/wiki/John_William_Strutt,_3._Baron_Rayleigh

Ist die Wellenlänge des Lichtes wesentlich größer als der Radius des Teilchens, dann kann das durch die elektromagnetische Strahlung erzeugte elektrische Feld am Teilchen als homogen betrachtet werden, und das Dipolmoment, welches durch die elektromagnetische Welle indziert wird, ist:

$$\mu_D = \epsilon_0 \cdot \alpha \cdot E = \epsilon_0 \cdot \alpha \cdot E_0 \cdot \cos(2\pi \nu t) \tag{7.80}$$

Dabei ist ϵ_0 die Dielektrizitätskonstante des Vakuums.

Der (punktförmige) Hertz'sche Dipol emittiert Licht derselben Frequenz ν wie die erregende Welle. Eigenschwingungen und Rotationen des Teilchens, die Energie aus dem elektromagnetischen Wechselfeld ziehen und bei Resonanz wieder abgeben (*Raman-Streuung*) werden nicht betrachtet!

Als Maß für die Stärke der emittierten Strahlung dient die Intensität I (I = Energie pro Zeit- und Flächeneinheit).

Bei polarisiertem Licht hängt die Intensität eines einzelnen Dipols vom Winkel ϕ_s zwischen der Dipolachse und der Ausbreitungsrichtung der Streuwelle ab, und es gilt:

$$I = \frac{\pi^2 \alpha^2}{\lambda^4 r^2} I_0 \sin^2 \phi_s \tag{7.81}$$

Gleichung (7.81) erklärt im Übrigen auch, warum der Himmel blau ist!

Betrachtet man den Himmel mittags gegen die Sonne, dann erscheint er weiß. Je weiter entfernt der Himmel von der Sonne betrachtet wird, desto intensiver erscheint er blau. Der Grund ist der, dass gemäß (7.81) insbesondere kurzwelliges (blaues) Licht stark gestreut wird (proportional λ^4). Die von der Sonne stammende Strahlung durchläuft die Atmosphäre und wird an Staub, kleinen Tröpfchen und insbesondere an Dichtefluktuationen der Luft gestreut, wobei vor allem das kurzwellige blaue Licht senkrecht aus dem Strahl heraus gestreut wird, während das langwellige rote weit weniger gestreut wird. Wir beobachten senkrecht zum Strahl daher den blauen Anteil im Licht!

Ist das Teilchen dispergiert, dann wird in (7.81) α durch die Polarisierbarkeits-Differenz $\Delta\alpha$ zwischen dem Teilchen und einem gleich großen Volumen des Dispersionsmittels ersetzt. Das dispergierte Teilchen wirkt so als Inhomogenität, deren Polarisierbarkeitsdifferenz $\Delta\alpha$ zur Umgebung gegeben ist durch:

$$\Delta\alpha = 3 \frac{n_d^2 - n_m^2}{n_d^2 + 2n_m^2} V_d \tag{7.82}$$

Dabei bezeichnet n_m den Brechungsindex des Dispersionsmittels, n_d den Brechungsindex des dispergierten Teilchens und V_d das Volumen des dispergierten Teilchens.

Grundlage von (7.82) ist die *Clausius-Mossotti-Beziehung* bzw. die *Lorentz-Lorenz-Gleichung*, die im Anhang hergeleitet werden.

Für optisch anisotrope Teilchen ist $\Delta\alpha$ ein Tensor zweiter Stufe, das heißt, der induzierte Dipol schwingt nicht mehr in Richtung des elektrischen Feldvektors, was zu einer Depolarisation des Streulichtes führt.

Ist das Teilchen elektrisch leitend, dann wird es das Licht stark absorbieren, wobei die Absorption von der Wellenlänge abhängt. Diese Absorption führt dazu, dass Metallsole häufig intensiv gefärbt sind!

Liegen ideal verdünnte Lösungen vor, dann sind die Teilchen räumlich und zeitlich völlig ungeordnet und unkorreliert. Die Gesamtstreuintensität I ist die Summe der Einzelintensitäten:

$$I = nI_1 = \rho_n \cdot V \cdot I_1 \tag{7.83}$$

Dabei ist ρ_n die Teilchenzahldichte und V das Streuvolumen.

In nichtideal verdünnten Dispersionen existieren Wechselbeziehungen zwischen den dispergierten Teilchen und damit räumliche und zeitliche Korrelationen, die zu Interferenzeffekten führen. Eine solche Ordnungsbeziehung geht in Form eines *statischen Strukturfaktors* $S(k)$ in die Streuformel ein.

► Dadurch ist es auch möglich, aus der Winkelabhängigkeit der Streuintensität Aussagen über die mittlere Wechselwirkungsenergie zwischen den dispergierten Teilchen zu erhalten.

Gelöste Polymermoleküle sind meist sehr beweglich und bilden keine kompakte Phase. Daher kann man die Lichtstreuung an diesen Teilchen auch im Rahmen einer Kontinuumtheorie durchführen: Das Polymermolekül bildet im Lösungsmittel eine Inhomogenität, die eine Änderung der Polarisierbarkeit des Lösungsmittels bewirkt:

$$\Delta\alpha^2 = \Delta V^2 \cdot \Delta\epsilon_r^2 \tag{7.84}$$

Dabei ist ΔV das Volumenelement und $\Delta\epsilon_r^2$ die mittlere quadratische Abweichung von der relativen Dielektrizitätskonstante.

Die Gesamtstrahlungsintensität ergibt sich in diesem Fall zu:

$$I = \frac{\pi^2 V \cdot \Delta V}{\lambda^4 r^2} I_0 \Delta\epsilon_r^2 \sin^2 \phi_s \tag{7.85}$$

Mie-Streuung

Sind die kolloiden Teilchen größer als ca. 100 nm, dann sind die Bedingungen für Rayleigh-Streuung nicht mehr gegeben, die Lichtwellenlänge ist nicht mehr groß im Vergleich zum Teilchendurchmesser. Man beobachtet in diesem Fall ein deutlich anderes Streuverhalten!

Bei der Streuung von polarisiertem Licht an im Vergleich zur Wellenlänge großen Teilchen ändert sich die Streuintensität in Abhängigkeit vom Streuwinkel (Mie-Effekt, benannt nach Gustav Adolf Feodor Wilhelm Ludwig Mie[4] (Abb. 7.19)). Die Intensitätsverteilung besitzt bei bestimmten Winkeln Maxima

[4] Gustav Adolf Feodor Wilhelm Ludwig Mie (* 29. September 1868 in Rostock; † 13. Februar 1957 in Freiburg im Breisgau) war ein deutscher Physiker. Er lieferte bedeutende Beiträge zum Elektromagnetismus und zur allgemeinen Relativitätstheorie.

Quelle: http://de.wikipedia.org/wiki/Gustav_Mie, Gustav Adolf Feodor Wilhelm Ludwig

Abb. 7.19 Gustav Adolf Feodor Wilhelm Ludwig Mie

und Minima, deren Lage von der Teilchengröße und von der Wellenlänge bestimmt wird.

Die Abhängigkeit der Streuintensität von der Wellenlänge wird mit steigender Teilchengröße immer schwächer, die Streuung von weißem Licht an großen Teilchen liefert daher auch weißes Streulicht (zum Beispiel Nebel).

Bei großen Teilchen findet Interferenz zwischen den an ein und dem gleichen Teilchen gestreuten Wellen statt. Die emittierten Streuwellen haben eine feste Phasenbeziehung und sind somit kohärent (ähnlich wie im Fall der Interferenz bei zwei bzw. mehreren Spalten).

Es sei zudem erwähnt, dass aufgrund der Brown'schen Bewegung der Teilchen die Linien bei der dynamischen Lichtstreuung Doppler-verbreitert sind. Man findet somit neben den zeitlichen stochastischen Intensitätsschwankungen, die durch die zeitliche Autokorrelationsfunktion beschrieben werden und die Diffusion der Teilchen über längere Zeiträume angeben, auch noch Information in der Linienbreite, die bei etwa 100–1000 Hz liegt und ein Maß für die instantane Geschwindigkeit der Teilchen liefert.

Abbildung 7.20 zeigt schematisch, wann geeignete Bedingungen für die Anwendung des Rayleigh- bzw. Mie-Kalküls gegeben sind.

Photonenkorrelationsspektroskopie im Detail

Für die Messung von Diffusionskoeffizienten in fluiden Medien wird häufig die *Photonenkorrelationsspektroskopie* (PCS, *photon correlation spectroscopy*) benutzt, auch dynamische Lichtstreuung genannt. Neben der Bestimmung der Diffusionskonstanten werden gleichzeitig die Partikelgrößen bestimmt. Der Messbereich für die Partikelgrößen liegt zwischen 3 nm und 3 μm.

Bei diesem Messverfahren wird ein Laserstrahl in eine Dispersion von Partikeln geleitet, welcher von den Partikeln gestreut wird (Abb. 7.21). Das gestreute Signal wird detektiert und daraus die Partikelgeschwindigkeit bestimmt. Aus der

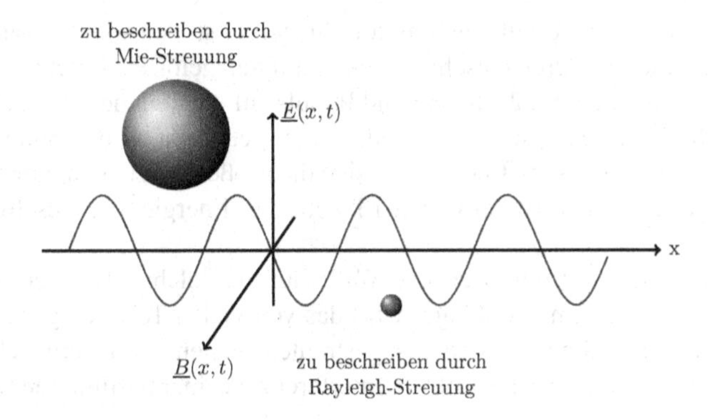

Abb. 7.20 Vergleich Rayleigh-Streuung und Mie-Streuung

Partikelgeschwindigkeit wird dann die Diffusionskonstante berechnet sowie (über die Einstein-Gleichung) die Partikelgröße.

Das Verfahren lässt sich somit in die folgenden Schritte zerlegen:

- Laserlicht wird auf die dispergierten Partikel gestrahlt
- Messung der Streuintensität zu verschiedenen Zeiten
- Ermittlung der Partikelgeschwindigkeit über die Änderung der Streulichtintensität
- Berechnung der Diffusionskonstante und Partikelgröße.

Was letztlich gemessen wird, sind Partikel- und Strömungsgeschwindigkeiten. Ausgewertet wird nicht die absolute Streulichtintensität, sondern das *Schwankungsquadrat der Streulichtintensität.*

Kleinere Teilchen diffundieren schneller als größere, und daher schwankt die Intensität des gestreuten Lichtes bei kleinen Teilchen schneller als bei großen. Erklärt werden kann das Phänomen bereits auf Basis der klassischen Mechanik:

Die Lösungsmittelmoleküle, die alle die gleiche Masse besitzen, haben entsprechend der Lösemitteltemperatur eine bestimmte Maxwell-Geschwindigkeitsverteilung. Daraus ergibt sich eine mittlere Geschwindigkeit bzw. eine Geschwindigkeit

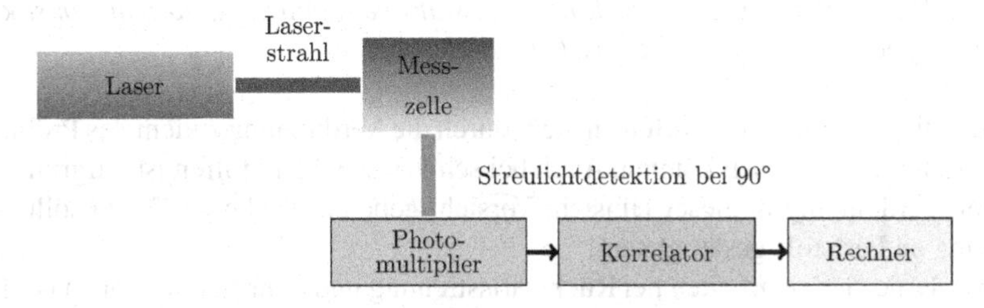

Abb. 7.21 Prinzipieller Geräteaufbau bei der Photonenkorrelationsspektroskopie

für das Maximum der Verteilungsfunktion. Im Mittel stoßen somit Lösungsmittelteilchen mit dieser mittleren Geschwindigkeit mit den gelösten Teilchen zusammen und übertragen bei dem Stoß Energie und Impuls auf die Teilchen. Da stets im Mittel die gleiche Energie zwischen den Teilchen ausgetauscht wird, erhalten diese im Mittel die gleiche kinetische Energie. Da sich die größeren Teilchen durch eine größere Masse auszeichnen, ist bei gleicher kinetischer Energie ihre Geschwindigkeit geringer.

Wenn nun eine elektromagnetische Welle auf ein solches Teilchen trifft, wird diese daran gestreut. Am Empfänger wird das von vielen Teilchen gestreute Licht gemessen, das heißt, die verschiedenen gestreuten Wellen überlagern sich und führen durch konstruktive bzw. destruktive Interferenz zu einer bestimmten Streuintensität.

Werden mehrere Messungen innerhalb kurzer Zeit durchgeführt, dann haben sich die Teilchen in der Lösung durch Diffusion nur wenig weiterbewegt. Die leichten Teilchen haben sich dabei um eine längere Strecke weiterbewegt als die schweren.

Bei der Photonenkorrelationsspektroskopie wird zum Beispiel alle $10\,\mu s$ die Streuintensität aufgenommen. Durch die heute zur Verfügung stehenden Rechner lassen sich Signale im 50-ns-Zeitintervall aufnehmen und online auswerten. Während früher eigene Rechner als Korrelator zur Berechnung der Korrelationsfunktion dienten, gibt es für die heutigen Auswerte-PCs nur noch eine Korrelationskarte.

Neben dem mittleren Partikelradius r ermittelt die Photonenkorrelationsspektroskopie einen sogenannten *Polydispersitätsindex* PI als Maß für die Breite der Verteilung. Bei PI $=$ 0 hat man monodisperse Partikel, bei PI $=$ 0,1–0,2 ist die Verteilung vergleichsweise eng, bei PI $=$ 0,5 sehr breit.

Damit eine Messung mittels der Photonenkorrelationsspektroskopie durchgeführt werden kann, muss das Medium optisch durchlässig sein. Das Medium darf nicht zu viskos sein, da dann die Korrelationsfunktion zu langsam abfällt und nicht mehr ausgewertet werden kann. Gegebenenfalls muss die Dispersion verdünnt werden (ca. 1–3 μl auf 1 ml), sodass eine schwach bläulich tyndallisierende Dispersion entsteht. Es werden somit nur geringe Probemengen benötigt.

► *Die Dispersion muss ausreichend verdünnt sein, damit ein Lichtstrahl nicht an mehreren Teilchen gestreut wird, bevor er detektiert wird. Dies würde zu stark schwankenden Streulichtintensitäten führen und somit kleinere Teilchen vortäuschen.*

Die Dispersion darf aber auch nicht zu stark verdünnt sein, da man sonst kein klares Signal über dem Grundrauschen erhält.

Bei dispergierten Feststoffen entsteht durch die Verdünnung zudem das Problem, dass sich diese auflösen können. Auch bei schwerlöslichen Stoffen ist aufgrund der hohen Verdünnung in dieser Hinsicht Vorsicht geboten! In diesen Fällen sollte die Lösung an Feststoff gesättigt sein!

Moderne Geräte arbeiten bei Rückwärtsstreuung und können damit auch bei Lösungen bis 30 % Feststoffgehalt eingesetzt werden.

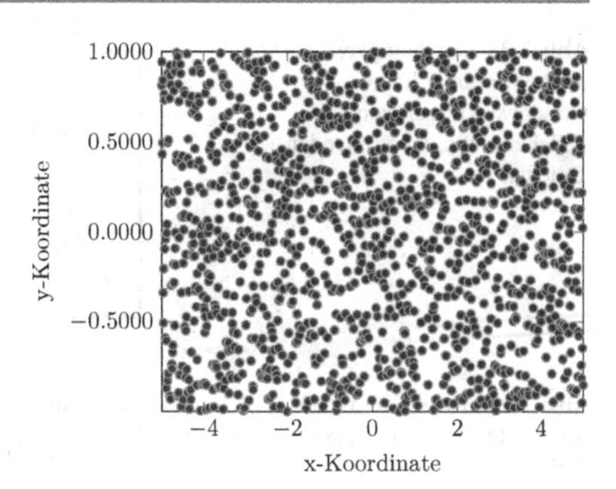

Abb. 7.22 Specklemuster

► *Die Temperatur muss möglichst genau gemessen werden, da neben der Geschwindigkeit der Teilchen und deren mittlerer Energie auch die Viskosität stark von der Temperatur abhängt. Aus diesem Grund muss man stets streng darauf achten, dass die Temperatur stabil ist! Andernfalls treten zudem noch Konvektionsströmungen auf, welche die Ergebnisse verfälschen!*

Die Größe der Teilchen wird über die *Stokes-Einstein-Gleichung* bestimmt:

$$d(H) = \frac{k_B T}{6\pi \eta D} \tag{7.86}$$

Dabei ist $d(H)$ der hydrodynamischer Durchmesser und D der Diffusionskoeffizient.

η: dynamische Viskosität

Zu beachten ist, dass der berechnete Durchmesser sich daraus ergibt, wie das Teilchen in Lösung diffundiert. Daher muss bedacht werden, dass gegebenenfalls Solvathüllen die Bewegung dämpfen.

Ferner hängt der Diffusionskoeffizient D von der jeweiligen Oberflächenstruktur des Teilchens, von der Konzentration und den vorhandenen Ionen in der Lösung ab.

Ionen in der Lösung können die elektrolytische Doppelschicht der zu vermessenden Teilchen verändern. Wird die elektrische Doppelschicht dicker, dann reduziert dies die Diffusionsgeschwindigkeit und führt zu einem zu großen hydrodynamischen Durchmesser. Eine höhere elektrische Leitfähigkeit der Lösung führt umgekehrt zu einer Abnahme der elektrolytischen Doppelschicht.

Verdünnen in einem geeigneten Lösungsmittel ist daher sehr wichtig!

Die Natur der Oberfläche und die Ionenkonzentration beeinflussen die Polymerkonfiguration und können damit die gemessene Größe entscheidend verändern!

Ist das Teilchen nicht kugelförmig, dann ist der hydrodynamische Durchmesser gerade der Durchmesser, den ein kugelsymmetrisches Teilchen bei Messung der jeweils gleichen Werte D haben würde. Insbesondere bei Proteinen hängen Form

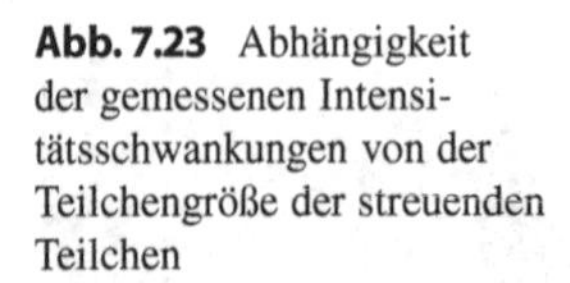

Abb. 7.23 Abhängigkeit der gemessenen Intensitätsschwankungen von der Teilchengröße der streuenden Teilchen

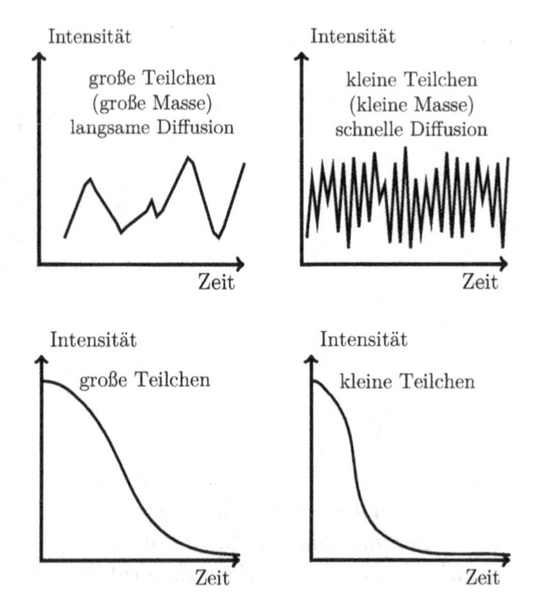

Abb. 7.24 Korrelationsfunktion bei kleinen und großen Teilchen

und Größe der Teilchen von den Randbedingungen, zum Beispiel gelösten Ionen, Temperaturen und dem Lösungsmittel ab.

Wie sieht das Streubild überhaupt aus? Betrachten wir eine Probe mit dispergierten Teilchen, die unbeweglich sind. Durch Interferenz der gestreuten Wellen erhält man ein Bild aus hellen und dunklen Punkten, ein sogenanntes *Speckle-Muster* (Abb. 7.22). Wenn sich die Teilchen bewegen, dann bewegt sich auch das Speckle-Muster.

Betrachtet man einen kleinen Bereich aus dem Speckle-Muster, dann misst man Intensitätsschwankungen, deren Rate nach den obigen Ausführungen von der Größe der Teilchen abhängt (Abb. 7.23).

Grundsätzlich ist es möglich, direkt das Frequenzspektrum zu messen. Man setzt jedoch besser einen *Korrelator* ein.

Ein sogenannter *Komparator* vergleicht die Signale, das heißt die „Ähnlichkeit" zweier Signale bzw. die „Ähnlichkeit" eines Signals mit sich selbst zu unterschiedlichen Zeiten. Die Art und Weise, wie dies geschieht, wird weiter unten beschrieben.

Vergleicht man ein Signal, welches von einem Ort in der Messlösung stammt, mit einem Signal vom gleichen Ort, welches aber zu einer viel späteren Zeit aufgenommen wird, dann sind die Signale sicher nicht korreliert, das heißt, sie sind unähnlich: Da die Signale rein stochastisch sind, lässt sich das Signal zu weit späteren Zeiten nicht vorhersagen.

Vergleicht man die Signale, die zu einer Zeit t registriert wurden, mit den Signalen zu einer Zeit $(t + \Delta t)$, dann wird man eine starke Korrelation finden, je kleiner Δt ist. Die Zeit, nach der die Korrelation abfällt, ist damit ein Maß für die Diffusionsgeschwindigkeit der Teilchen (Abb. 7.24). Zudem gilt: Je steiler die Kurve abfällt, desto monodisperser ist die Probe und umgekehrt.

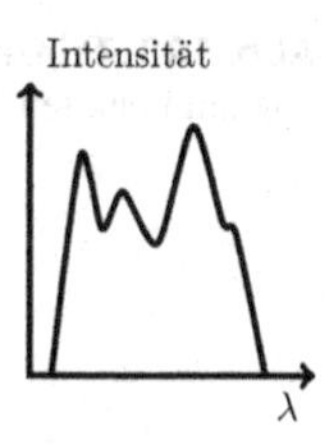

Abb. 7.25 Allgemeines Signal

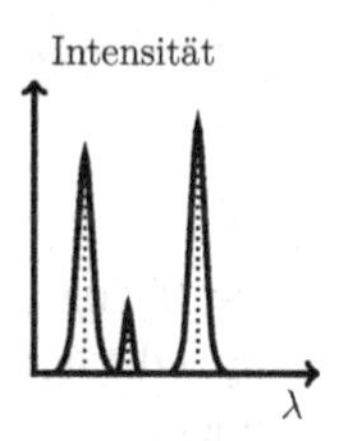

Abb. 7.26 Getrennte Signale

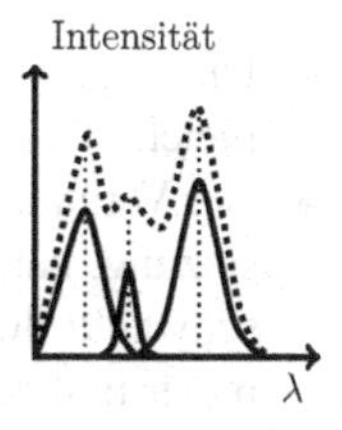

Abb. 7.27 Überlagerte Signale

Die gemessene Größenverteilung der Teilchen, die von den Geräten ausgegeben wird, ist ein Plot der *relativen Streuintensität*, wobei die Teilchen in verschiedene *Größenklassen* gruppiert werden.

Wie fragt man nun die „Ähnlichkeit" zwischen zwei Signalen ab? Betrachten wir ein beliebiges Signal wie in Abb. 7.25 gezeigt.

Visuell lässt sich die Ähnlichkeit zwischen zwei solchen Signalen leicht beurteilen, indem die Graphen der Intensitäts-Frequenz-Kurve (durch Augenvergleich) miteinander verglichen werden. In unserem Fall soll der Vergleich *automatisch* erfolgen, das heißt, mittels eines Analysators (= Komparators) erfolgen.

Wie kann man mithilfe mathematischer Relationen die Ähnlichkeit zweier Signale beurteilen?

Einfach ist der Vergleich bei getrennten Signalen wie im Fall der Abb. 7.26. Zunächst kann man den stärksten Peak auswählen und alle anderen Peaks darauf normieren. Bei getrennten Peaks kann man dann die Lage der Peaks im Spektrum und deren Höhe miteinander vergleichen. Bei breiten Signalen muss zudem die Breite der Einzelsignale bzw. die Fläche unter den Peaks miteinander verglichen werden. Ferner muss die Gesamtintensität jeweils verglichen werden.

Bei einem allgemeinen Signal wie in Abb. 7.27 ist der Vergleich schwieriger! Hier überlagern mehrere Signale, und man erhält für jeden Wert λ die Summe aller Intensitäten der an dieser Stelle überlagerten Einzelsignale.

Theoretisch ist es möglich, den Rechner auf diese Weise das Messergebnis auswerten zu lassen. Zu beachten ist, dass bei mehreren unabhängigen Messungen auf

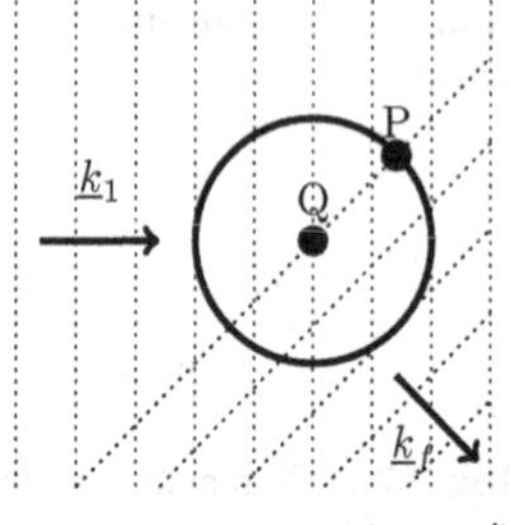

Abb. 7.28 Prinzip der Streuung am Punktteilchen

einen Bezugswert wie Intensität des stärksten Reflexes (wie bei der Röntgenbeugung) oder auf die Gesamtintensität normiert werden muss, und zwar aus folgenden Gründen:

- Die abgegebene Energie der Quelle ist nicht zwangsweise bei jeder Messung gleich.
- Bei Veränderung der Probe (strömende Medien, Proben ungleicher Zusammensetzung, heterogene Proben, Messung an unterschiedlichen Stellen einer Probe) schwankt die gemessene Intensität in Abhängigkeit der jeweiligen Probenparameter und der eingestrahlten Energie.

In der Regel werden heute Signale verglichen, indem man diese in ihre Komponenten zerlegt. Eine solche Zerlegung kann mithilfe einer *Fourier-Analyse* durchgeführt werden.

Dynamische Lichtstreuung – Quantitative Betrachtung
Wir betrachten den Fall, dass eine monochromatische ebene Lichtwelle auf die Probe gestrahlt wird. Die Welle trifft auf die Teilchen in der Flüssigkeit und wird an diesen gestreut (Abb. 7.28). Das gestreute Signal wird von einem Detektor registriert, welcher im Vergleich zu den Dimensionen der Messküvette weit von der Probe entfernt ist.

Jedes Teilchen erzeugt bei der Streuung eine sphärische Welle. Im Fernfeld kann diese Welle beschrieben werden durch eine ebene Welle, und wir setzen als Gleichung für diese Welle am Messort an:

$$E = E_0 \cdot e^{-i(\omega_0 t - \phi)} \tag{7.87}$$

Die Frequenz der gestreuten Welle ist dabei die gleiche wie die der einfallenden Welle: $\nu = \nu'$ (elastische Streuung). E_0 ist die am Detektor gemessene Amplitude, wobei E_0 abhängt von

- der Amplitude der einfallende Welle,
- den Streueigenschaften der Teilchen,

Abb. 7.29 Zur Ableitung der Phasendifferenzbeziehung

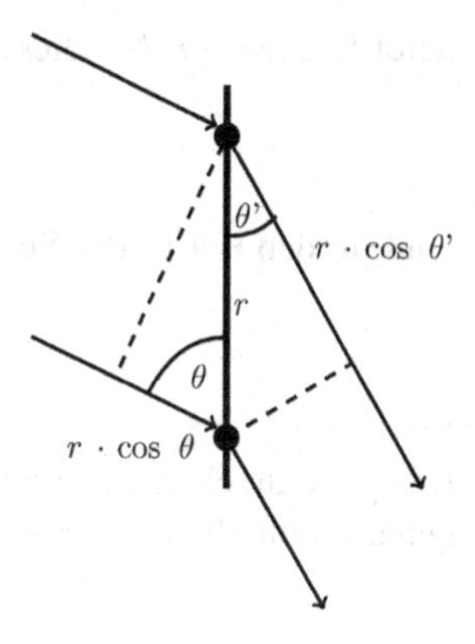

- dem Medium, in dem die Teilchen dispergiert sind (Polarisierbarkeit, Absorption),
- der Polarisation der einfallenden Welle,
- dem Streuwinkel,
- dem Abstand des Detektors von der Probe.

Unter der Voraussetzung, dass der Detektor weit entfernt von der Probe ist, kann die Ausdehnung des Probenvolumens selbst vernachlässigt werden!

Setzt man gleich große Streuer voraus, dann kann E_0 als konstant angesehen werden.

Andererseits ist die Phase ϕ abhängig von der Position des Streuers in der Küvette und kann sich um 2π ändern, wenn sich das Teilchen in der Lösung bewegt. Die Veränderungen in ϕ bei der Bewegung der Teilchen sind die Ursache für die gemessenen Intensitätsänderungen.

Wir setzen die Phase der Welle am Ursprung 0 willkürlich zu $\phi = 0$. Die Phasendifferenz zwischen den beiden in Abb. 7.29 gezeichneten Strahlen beträgt dann:

$$\Delta s = \Delta\lambda = r \cdot \cos\theta - r \cdot \cos\theta' \tag{7.88}$$

Führen wir den Wellenvektor k ein mit

$$|k| = \frac{\omega}{c} = \frac{\frac{2\pi}{T}}{c} = \frac{2\pi\nu}{c} = \frac{2\pi\nu}{\frac{\lambda}{T}} = \frac{2\pi}{\lambda} \tag{7.89}$$

dann lässt sich (7.88) wie folgt schreiben:

$$\Delta\lambda = \underline{r} \cdot \frac{\lambda}{2\pi} \cdot \underline{k} - \underline{r} \cdot \frac{\lambda}{2\pi} \cdot \underline{k}' \quad 2\pi \cdot \frac{\Delta\lambda}{\lambda} = \underline{r} \cdot (\underline{k} - \underline{k}') = \Delta\phi \tag{7.90}$$

Die Größe

$$\underline{K} = \underline{k}_i - \underline{k}_f \quad \text{Streuvektor} \tag{7.91}$$

heißt *Streuvektor*. Mit dieser Notation ist:

$$\Delta\phi := \phi_j = \underline{K} \cdot \underline{r}_j \tag{7.92}$$

Und für den Betrag des Streuvektors gilt:

$$|\underline{K}| = 2k_i \cdot \sin\frac{\theta}{2} \tag{7.93}$$

Das gesamte elektrische Feld (am Detektor) ist die Summe der elektrischen Felder generiert durch alle Streuer:

$$E(t) = \sum E_0 \cdot e^{-i(\omega_0 t - \phi_j(t))} \tag{7.94}$$

Gemessen wird aber nicht der elektrische Feldvektor, sondern die Intensität I:

$$I(t) = \beta|E(t)|^2 = \beta \cdot E(t) \cdot E*(t) = \beta \cdot E_0^2 \cdot \sum_j \sum_k e^{-i(\phi_j(t)-\phi_k(t))} \tag{7.95}$$

Dabei werden gleiche Frequenzen ω von einlaufender und gestreuter Welle vorausgesetzt, und wegen der statistischen Diffusion der Teilchen ist $\phi = \phi(t)$ zeitabhängig: r_j ändert sich und damit auch die Phasenlage ϕ_j.

Damit sind aber $E(t)$ und $I(t)$ zufällige Variable, die nicht explizit angegeben werden können!

Die beiden Größen, die man aus der Messung erhält und die mit $\phi(t)$ mit der Zeit variieren, sind das Energiespektrum (welches sich aus der Fourier-Analyse des Signals ergibt) und die Autokorrelationsfunktion.

Für das Energiespektrum gilt:

$$\hat{V}(\omega) = \int_{-\infty}^{\infty} V(t) \cdot e^{i\omega t} \mathrm{d}t \quad \text{bzw.} \quad S_V(\omega) = \lim_{T\to\infty} \frac{1}{2T} \hat{V}(\omega)\hat{V}*(\omega) \tag{7.96}$$

Dabei erstreckt sich das erste Integral über sämtliche vorhandenen ebenen Wellen.

Die *Autokorrelationsfunktion* eines Signals ist definiert gemäß:

$$\boxed{\begin{aligned} R_V(\Delta t) &= \lim_{T\to\infty} \frac{1}{2T} \int_{-T}^{T} V^*(t)V(t+\Delta t)\,\mathrm{d}t \Leftrightarrow R_V(\Delta t) \\ &= \left\langle \hat{V}(t)\hat{V}^*(t+\Delta t) \right\rangle \end{aligned}} \tag{7.97}$$

Die gewinkelte Klammer bedeutet eine Zeitmittelung des Arguments in der Klammer entsprechend des Integrals auf der linken Seite. $R_V(\Delta t)$ ist damit das

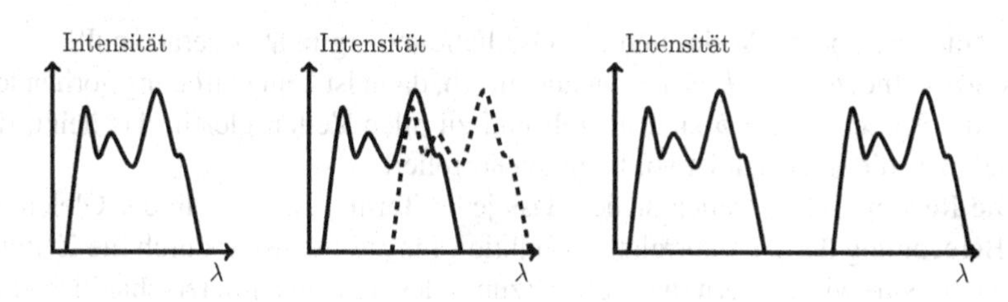

Abb. 7.30 Zeitliche Veränderung eines Signals

zeitgemittelte Ergebnis des Produkts einer Signalfunktion mit dem Wert dieser Funktion eine Zeitdifferenz Δt später.

Betrachten wir ein allgemeines Signal wie in Abb. 7.30 angedeutet.

$R_V(\Delta t)$ nimmt mit größer werdendem Δt ab! Durch Einsetzen der Definitionsgleichung für die Intensität (7.95) in obige Autokorrelationsfunktion (7.97) erhält man die *Autokorrelationsfunktion für die Intensität*:

$$\begin{aligned} R_I(\Delta t) &= < I^*(t) \cdot I(t + \Delta t) > \\ &= \beta^2 E_0^4 \cdot \sum_j \sum_k \sum_l \sum_m \left\langle e^{-i(\phi_j(t)-\phi_k(t))} \cdot e^{i(\phi_l(t+\Delta t)-\phi_m(t+\Delta t))} \right\rangle \end{aligned} \tag{7.98}$$

Zu beachten ist Folgendes: Wir gehen von nichtkorrelierten Ereignissen aus, das heißt, die Diffusion erfolgt rein stochastisch, und die einzelnen Diffusionsschritte hängen weder davon ab, welche Diffusionsschritte vorher erfolgten, noch davon, welche Diffusionsschritte die anderen Teilchen durchführen. Unter dieser Voraussetzung gilt:

1. Der Mittelwert der Summe obiger Terme aus (7.98) ist gleich der Summe der Mittelwerte jedes einzelnen Terms.
2. Der Mittelwert eines Produkts dieser Terme ist gleich dem Produkt der Mittelwerte jedes einzelnen Terms.
3. Die Bewegung eines Teilchens ist nicht korreliert mit der Bewegung der anderen Teilchen.
4. Der Mittelwert von $e^{i\phi(t)}$ ist null, da die Teilchen stochastische Bewegungen über lange Distanzen (verglichen mit der Wellenlänge λ) über die Mittelungszeit ausführen.

Die Begründung für die Annahme 4 in obiger Aufzählung ist wie folgt: Für den Phasenwinkel zwischen den verschiedenen Wellen gilt (wie oben abgeleitet): $\phi(t) = \underline{k} \cdot \underline{r}(t)$. Über die Mittelungszeit Δt diffundiert das Teilchen aufgrund der Brown'schen Molekularbewegung, wobei die Verrückung $\underline{r}(t)$ (gemäß Annahme) über mehrere Wellenlängen verläuft. Damit ändert sich $\phi(t)$ über etliche Vielfache von 2π. Nun ist (Euler'scher Satz):

$$e^{i\phi} = \cos\phi + i\,\sin\phi \tag{7.99}$$

Die Mittelung über viele sin- und cos-Oszillationen ergibt aber gerade null!

Sind die Indizes $j = k = l = m$ alle gleich, dann ist keine Streuung vorhanden, denn die Phasenwinkel ϕ sind überall und zu allen Zeiten gleich, das heißt, das Signal bzw. die Intensität ist vollkommen korreliert.

Die Regeln 2 bis 4 stellen sicher, dass jeder Term j, k, l, m in der Gleichung zur Berechnung der Autokorrelationsfunktion für die Intensität durch die Zeitmittelung zu Null wird, sofern die Indizes (zumindest teilweise) unterschiedlich sind, das heißt, wenn gilt:

1. $j = k \quad l = m$
2. $j = l \quad k = m$
3. $j = m \quad k = l$

Denn es ist:

1. $j = k$ und $l = m$ beschreiben den Fall zweier Teilchen, die sich nicht bewegt haben, die Phasenwinkel ϕ und deren zeitliche Änderung bleiben konstant. Bei n Teilchen gibt es n^2 Terme, die alle gleich eins sind!
2. $j = l$ und $k = m$ beschreiben den Fall eines Teilchens, welches eine kleine Strecke diffundiert ist, sodass die Korrelation noch besteht. Da alle Fälle bereits berücksichtigt sind, bei denen $j = k$ ist, beträgt die Zahl dieser Terme $(n^2 - n)$, denn die Fälle mit $j = k$ (und damit $l = m$) gehören zu Fall 1).
   Setzen wir die Werte ein, dann ergibt sich (mit S_2 als neuer Größe):
   $S_2 = \left\langle e^{-i(\phi_j(t)-\phi_j(t+\Delta t))} \cdot e^{i(\phi_k(t)-\phi_k(t+\Delta t))} \right\rangle$
3. $j = m$ und $k = l$ beschreiben den analogen Fall wie 2, und jeder Term lautet (man beachte das (+)-Zeichen) (mit S_3 als neuer Größe):
   $S_3 = \left\langle e^{-i(\phi_j(t)+\phi_j(t+\Delta t))} \cdot e^{i(\phi_k(t)+\phi_k(t+\Delta t))} \right\rangle$

Nach Regel 3 ist die Bewegung der Teilchen unkorreliert, und die beiden Faktoren S_2 und S_3 sind unabhängig voneinander. Nach Regel 2 ist der Mittelwert ihres Produkts gleich dem Produkt der jeweiligen Mittelwerte. In beiden Fällen handelt es sich um das Produkt der jeweils konjugiert komplexen Größen:

$$\boxed{\begin{array}{ll} S_2 = s_2 \cdot s_2^* & S_3 = s_3 \cdot s_3^* \\ s_2 = \left\langle e^{-i(\phi(t)-\phi(t+\Delta t))} \right\rangle & s_3 = \left\langle e^{-i(\phi(t)+\phi(t+\Delta t))} \right\rangle \end{array}} \tag{7.100}$$

Mit dem Phasenwinkel $\phi_j = \underline{k} \cdot \underline{r}_j$ wird daraus:

$$s_2 = \left\langle e^{-i\underline{k}(\underline{r}(t)-\underline{r}(t+\Delta t))} \right\rangle \quad s_3 = \left\langle e^{-i\underline{k}(\underline{r}(t)+\underline{r}(t+\Delta t))} \right\rangle \tag{7.101}$$

Wir definieren nun

$$\Delta\underline{r}(t, \Delta t) = \underline{r}(t + \Delta t) - \underline{r}(t) \tag{7.102}$$

als den *Verrückungsvektor* eines Teilchens während der Zeit Δt. Damit erhalten wir:

$$s_2 = \left\langle e^{i\underline{k}\Delta\underline{r}(t,\Delta t)}\right\rangle \quad s_3 = \left\langle e^{i\underline{k}(2\underline{r}(t)+\Delta\underline{r}(t,\Delta t))}\right\rangle = 0 \tag{7.103}$$

Wegen des (+)-Zeichens in S_3 hebt sich $r(t)$ hier nicht heraus! Nun ist aber der Mittelwert $e^{i\phi}$ über lange Zeiten Δt wegen Regel 4 null und S_3 somit ebenfalls!

Im Term S_2 betrachten wir allein die Verrückungen $\Delta r(t, \Delta t)$ der Teilchen, das heißt die Verschiebung des Teilchens im Zeitintervall $(t + \Delta t)$. Mittelt man hier über die Zeit, dann wird $\Delta\underline{r}(t)$ auch nicht stark variieren. Ist Δt groß genug, wird auch S_2 gegen null laufen.

Und dies ist genau das, was das Experiment zeigen soll!

- *Bei S_3 ist der Term $e^{i\underline{k}2\underline{r}(t)} = 0$, wenn man über ganzzahlige Vielfache der Wellenlänge misst (bei Messzeiten dazwischen ist der Term sehr klein, da die Werte $\underline{k}$ sehr klein sind).*
- *S_2 gibt gerade die Verrückung des Teilchens an. Und damit liefert S_2 die gesuchte Größe! Über lange Zeiträume Δt wird auch diese Größe null, und genau das soll gemessen werden!*

Betrachten wir noch einmal die Größe s_2 in (7.103). In dieser Gleichung wird die Bewegung eines einzelnen Teilchens über einen (langen) Zeitraum Δt betrachtet. Betrachten wir nun die Bewegung entlang der x-Achse, sodass $\underline{k} \cdot \Delta\underline{r} = \underline{k} \cdot \Delta\underline{x}$ gilt.

In den Zeitintervallen zwischen $t_0, t_1, t_2, \ldots$ führt das Teilchen statistische Sprünge aus und wandert zu den Koordinaten $x_0, x_1, x_2, \ldots$ Die jeweilige Verrückung finden wir durch die jeweilige Differenzbildung $\Delta x_1 = x_1 - x_0$ bzw. $\Delta x_i = x_i - x_{i-1}$. Daraus berechnen sich die Werte für $e^{ik\Delta x_1} \to e^{ik\Delta x_i}$. Diese Rechnungen werden ausgeführt für das gesamte Zeitintervall $(-T) \to (+T)$, und der Mittelwert für s_2 ergibt sich zu:

$$s_2 = \frac{1}{n}\sum_{i=1}^{n} e^{ik\Delta x} \tag{7.104}$$

Dabei führen die Teilchen Brown'sche Bewegungen aus! Das bedeutet, dass die Δx_i in (7.104) *Zufallsvariable* sind. Diese sind verteilt gemäß der Gauss-Verteilung, insbesondere dann (zentraler Grenzwertsatz), wenn $n \to \infty$ läuft. Dies liefert:

$$\begin{aligned} \mathrm{d}P &= \frac{1}{\sqrt{2\pi\sigma^2}} \cdot e^{-\frac{x^2}{2\sigma^2}}\,\mathrm{d}x \quad \to \\ s_2 &= \sum s_{2,i}\,\mathrm{d}P = \frac{1}{\sqrt{2\pi\sigma^2}} \cdot \int_{-\infty}^{\infty} e^{ik\Delta x} \cdot e^{-\frac{(\Delta x)^2}{2\sigma^2}}\,\mathrm{d}(\Delta x) \end{aligned} \tag{7.105}$$

Wir verwenden folgende Identität:

$$e^{ik\Delta x} = \cos k\,\Delta x + i\,\sin k\,\Delta x \tag{7.106}$$

Dann erhalten wir jeweils cos- und sin-Terme multipliziert mit einem Faktor. Der sin-Term liefert einen ungeraden Integranden über ein zum Nullpunkt symmetrisches Integrationsintervall und wird damit zu null. Der cos-Term liefert:

$$s_2 = e^{-\frac{k^2\sigma^2}{2}} \tag{7.107}$$

Nun betrachten wir wieder unsere Summe für $R_I(\Delta t)$:

$$R_I(\Delta t) = \beta^2 E_0^4 \cdot \sum_j \sum_k \sum_l \sum_m \left\langle e^{-i(\phi_j(t)-\phi_k(t))} \cdot e^{i(\phi_l(t+\Delta t)-\phi_m(t+\Delta t))} \right\rangle \tag{7.108}$$

In dieser Summe stehen n^2 Terme, die jeweils eins betragen. $(n^2 - n)$ Terme tragen den Wert $s_2 s_2^* = e^{-k^2\sigma^2}$ bei. Wir erhalten damit:

$$R_I(\Delta t) = \beta^2 E_0^4 \cdot \left[n^2 + (n^2 - n) \cdot e^{-k^2\sigma^2} \right] \tag{7.109}$$

Wir wissen weiterhin, dass die Teilchen durch die Diffusion Gauss-verteilt sind, das heißt, für die Teilchendichte $\rho(r, t)$ gilt:

$$\rho(\underline{r}, t) = \frac{n}{\sqrt{(2\pi\sigma^2)^3}} \cdot e^{-\frac{r^2}{2\sigma^2}} \tag{7.110}$$

Zudem gilt das zweite Fick'sche Gesetz:

$$\frac{\partial \rho(\underline{r}, t)}{\partial t} = D\nabla^2 \rho(\underline{r}, t) \tag{7.111}$$

Dabei erfüllt $\rho(\underline{r}, t)$ dieses Gesetz für $\sigma^2 = 2Dt$. Damit ist:

$$R_I(\Delta t) = \beta^2 E_0^4 \cdot \left[n^2 + (n^2 - n) \cdot e^{-k^2 2D\cdot\Delta t} \right] \tag{7.112}$$

$R_I(\Delta t)$ wird damit beschrieben durch eine Konstante ($A = 2\beta^2 E_0^4 n^2$) plus einer mit der Zeit abfallenden Exponentialfunktion (Abb. 7.31), und wir können ansetzen:

$$\boxed{R_I(\Delta t) = A + B \cdot e^{-\Gamma\cdot\Delta t} \quad \text{mit: } \Gamma = 2k^2 D} \tag{7.113}$$

Nun erinnern wir uns an die Stokes-Einstein-Relation:

$$d(H) = \frac{k_B T}{3\pi\eta D} \tag{7.114}$$

Dabei bezeichnet d den Radius des Teilchens und η ist die dynamische Viskosität.

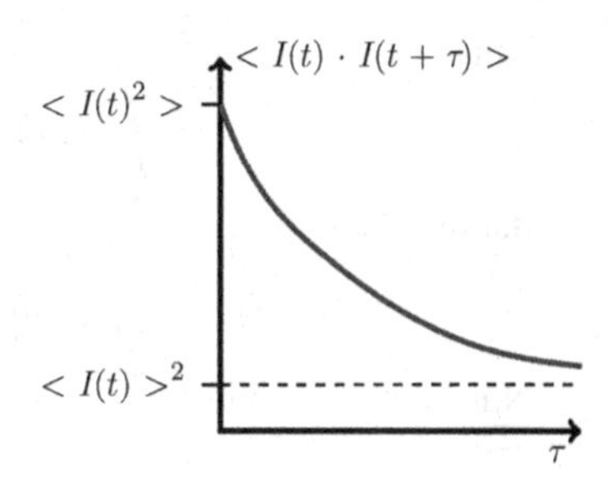

Abb. 7.31 Abfall der Autokorrelationsfunktion mit der Zeit

Setzen wir zudem die Beziehungen $k = \frac{2\pi}{\lambda}$ und $|\underline{k}| = 2k_i \sin\frac{\theta}{2}$ in (7.113) ein, erhalten wir:

$$\Gamma = \frac{32\pi k_B T}{3\eta\lambda^2} \cdot \frac{\sin^2\frac{\theta}{2}}{d} \quad \Rightarrow \quad \boxed{\Gamma = \kappa \cdot \frac{\sin^2\frac{\theta}{2}}{d}} \tag{7.115}$$

Dabei sind in (7.115) alle Konstanten zu der neuen Konstante κ zusammengefasst.

Wir betrachten im Weiteren das Energiespektrum $I(t)$. Bilden wir die Fourier-Transformierte von $I(t)$, dann gilt gemäß Definition der Fourier-Transformation und ihrer Inversen:

$$\hat{I}(\omega) = \frac{1}{2\pi} \cdot \int\limits_{-\infty}^{\infty} I(t) \cdot e^{i\omega t}\,\mathrm{d}t \qquad I(t) = \frac{1}{2\pi} \cdot \int\limits_{-\infty}^{\infty} \hat{I}(\omega) \cdot e^{i\omega t}\,\mathrm{d}\omega \tag{7.116}$$

Für die Autokorrelationsfunktion $R_I(\Delta t)$ gilt damit:

$$\begin{aligned} R_I(\Delta t) &= \lim_{T\to\infty} \frac{1}{2T} \int\limits_{-T}^{T} I^*(t) \cdot I(t + \Delta t)\,\mathrm{d}t \\ &= \lim_{T\to\infty} \frac{1}{2T} \int\limits_{-T}^{T} \mathrm{d}t \int\limits_{-\infty}^{\infty} \frac{\mathrm{d}\omega}{2\pi} \int\limits_{-\infty}^{\infty} \frac{\mathrm{d}\omega'}{2\pi} \left[\hat{I}(\omega) \cdot \hat{I}^*(\omega') \cdot e^{i\omega t} \cdot e^{-i\omega'(t+\Delta t)}\right] \\ &= \frac{1}{2T} \int\limits_{-\infty}^{\infty} \frac{\mathrm{d}\omega}{2\pi} \int\limits_{-\infty}^{\infty} \frac{\mathrm{d}\omega'}{2\pi} \hat{I}(\omega) \cdot \hat{I}^*(\omega') \cdot e^{-i\omega'\Delta t} \cdot \underbrace{\lim_{T\to\infty} \int\limits_{-T}^{T} e^{i(\omega-\omega')t}\,\mathrm{d}t}_{=2\pi\cdot\delta(\omega-\omega') \leftarrow \text{Def. der } \delta\text{-Fkt.}} \end{aligned} \tag{7.117}$$

Damit ist:

$$R_I(\Delta t) = \lim_{T\to\infty} \frac{1}{2T} \int\limits_{-\infty}^{\infty} \frac{\mathrm{d}\omega}{2\pi} \int\limits_{-\infty}^{\infty} \frac{\mathrm{d}\omega'}{2\pi} \hat{I}(\omega) \cdot \hat{I}^*(\omega') \cdot e^{-i\omega'\Delta t} \cdot 2\pi \cdot \delta(\omega - \omega') \tag{7.118}$$

Mit

$$\int_{-\infty}^{\infty} f(x) \cdot \delta(x - x_0)\,\mathrm{d}x = F(x_0) \tag{7.119}$$

ist damit:

$$R_I(\Delta t) = \int_{-\infty}^{\infty} \left[\lim_{T\to\infty} \frac{1}{2T} \hat{I}(\omega) \cdot \hat{I}^*(\omega') \right] \cdot e^{-i\omega\Delta t} \frac{\mathrm{d}\omega}{2\pi} \tag{7.120}$$

Nun ist nach Definition:

$$S_I(\omega) = \lim_{T\to\infty} \frac{1}{2T} \hat{I}(\omega) \cdot \hat{I}^*(\omega') \quad I(\omega) = \int_{-\infty}^{\infty} I(t) \cdot e^{i\omega t}\mathrm{d}t \tag{7.121}$$

Mit dieser Substitution ist aber:

$$\boxed{R_I(\Delta t) = \lim_{T\to\infty} S_I(\omega) \cdot e^{-i\omega\Delta t} \frac{\mathrm{d}\omega}{2\pi}} \tag{7.122}$$

Das heißt:

$R_I(\Delta t)$ und $S_I(\Delta t)$ sind jeweils Fourier-Transformierte voneinander! Dies gestattet es, das Energiespektrum aus der Autokorrelationsfunktion zu berechnen!

Wir haben bereits gefunden:

$$R_I(\Delta t) = \beta^2 E_0^4 \cdot \left[n^2 + (n^2 - n) \cdot e^{-k^2\sigma^2} \right] \tag{7.123}$$

Und mit der Fourier-Transformation

$$S_I(\omega) = \int_{-\infty}^{\infty} R_I(\Delta t) \cdot e^{i\omega\Delta t}\,\mathrm{d}(\Delta t) \tag{7.124}$$

erhalten wir:

$$\boxed{S_I(\omega) = \beta^2 E_0^4 \cdot \left[n^2 \cdot 2\pi \cdot \delta(\omega) + \frac{2(n^2 - n) \cdot 2DK^2}{\omega^2 + (2DK^2)^2} \right] =: A \cdot \delta(\omega) + \frac{B}{1 + \left(\frac{\omega}{\Gamma}\right)^2}} \tag{7.125}$$

Die Messapparatur

Den prinzipiellen Aufbau einer PCS-Messapparatur zeigt Abb. 7.32. Meist wird ein Helium-Neon-Laser eingesetzt, welcher eine ebene Welle über eine Fokussierlinse auf das Probengefäß in Form eines scharfen, horizontalen und parallel zur Messküvette verlaufenden Strahles einstrahlt. Das Licht des Lasers ist linear polarisiert, und damit ist auch das Streulicht linear polarisiert.

Das gestreute Licht passiert erneut eine Linse und wird auf eine Fläche von ca. 1 mm^2 auf eine Photodiode fokussiert.

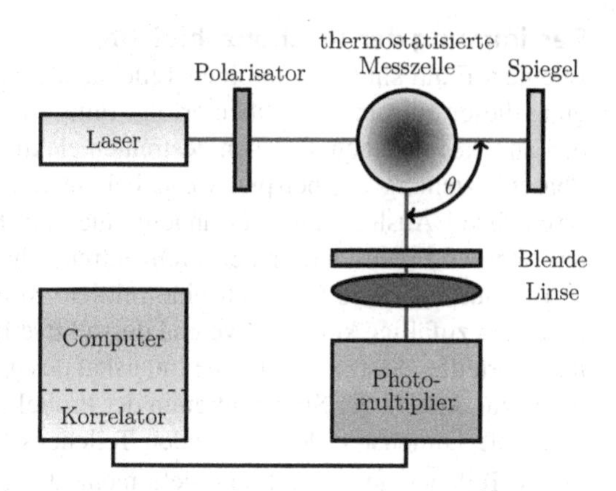

Abb. 7.32 Schematischer Aufbau einer PCS-Messapparatur

Am Detektor wir eine über die gesamte Zeit konstante durchschnittliche Streuintensität gemessen, die vergleichsweise wenig Information enthält! Diese konstante Streuintensität ist der Untergrund der exponentiell abfallenden Autokorrelationsfunktion, die bei diesem Experiment gemessen werden soll. Γ wird allein durch die Schwankungen in der Intensität um den Mittelwert bestimmt!

Trifft Licht auf die Photodiode, dann verursacht dies einen zu $I(t)$ proportionalen Strom $i(t)$. Daneben verursacht die Temperatur ein (elektrisches) Hintergrundrauschen.

Der Photostrom wird in eine Spannung umgewandelt und über einen Operationsverstärker verstärkt. Über einen Operationsverstärker wird zudem das Signal so eingeregelt, sodass von dem Analog-Digital-Wandler nur noch die Schwankungen verstärkt werden (Einstellen des Offset). Die Variationen am Detektorsignal $V(t)$ sind dann proportional zu den Variationen der am Detektor empfangenen Lichtsignale.

Das Signal wird zusätzlich über eine zweite Verstärkerstufe an ein Tiefpassfilter geleitet, welches nur Frequenzen unterhalb seiner Grenzfrequenz passieren lässt. Auch dieser Operationsverstärker verstärkt das Signal proportional zu den Schwankungen, erfasst aber wegen des Tiefpassfilters nur diejenigen Frequenzen, die nicht auf das Elektronenrauschen zurückzuführen sind. Die Schwankungen aufgrund der Diffusion der Teilchen, die eine weit langsamere Veränderung des Signals verursachen, werden nicht behindert.

Diese beiden Signale – das Signal mit und ohne Tiefpassfilter – werden gegeneinander verrechnet, sodass man in erster Linie nur die Schwankungen durch die Diffusion der Teilchen erhält.

Das Datenprogramm sammelt eine endliche Zahl von Datenwerten $I(t)$, wobei die Zeiträume Δt gleichmäßig über das Messintervall verteilt sind. Die Anzahl n der Messwerte kann vorgegeben werden, ebenso der Zeitabschnitt t_s zwischen je zwei Messzeiten. Das Programm berechnet dann automatisch die Werte $R_I(\Delta t)$ und $S_I(\omega)$.

Bestimmung der Teilchenzahldichte

In einem Fluid sind die kolloiden Teilchen statistisch verteilt, und auch die Bewegung dieser einzelnen Teilchen erfolgt rein statistisch. Dadurch entsteht zwischen den an verschiedenen Teilchen gestreuten elektromagnetischen Wellen keine feste Phasenbeziehung wie beispielsweise bei einem Festkörper, wo man für bestimmte Streuwinkel Auslöschung, für andere eine von der Intensität der Primärstrahlung und von den Eigenschaften der Streuzentren abhängige Streuintensität erhält.

Für Suspensionen ist damit eine mittlere Streuintensität zu erwarten, die sich durch die zufällige konstruktive und destruktive Interferenz durch die vielen statistisch verteilten Streuer ergibt, die Intensität des gestreuten Lichtes ist somit proportional zur Anzahl der Streuzentren in der Probe!

Ist die Dimension des streuenden Teilchens kleiner als ca $\frac{1}{20}\,\lambda$, kann das von diesen Teilchen gestreute Licht nicht mehr als $\frac{1}{10}\,\lambda$ außer Phase sein, und dadurch addieren sich die Intensitäten quasi auf. Aus diesem Grund ist die Amplitude des insgesamt gestreuten Lichtes proportional zur Zahl der Streuzentren und damit proportional zur Masse bzw. zum Volumen der Zahl der Streuer.

Befinden sich somit n Teilchen der Masse m im Messvolumen, dann ist die *Intensität* der gestreuten Strahlung proportional zu nm^2, und da $n \cdot m$ proportional zur Konzentration c der Teilchen ist, ist:

$$\boxed{I_{\text{ges.}} \propto c \cdot m} \tag{7.126}$$

Ein alternativer Zugang zu dieser Beziehung wurde von Debye ausgearbeitet. Danach entstehen durch zufällige Diffusion der Teilchen in der Lösung Dichtefluktuationen und dadurch Schwankungen im Brechungsindex. Die Theorie liefert das gleiche Ergebnis $I_{\text{ges.}} \propto c \cdot m$ wie oben abgeleitet.

7.3.2 Photonenkreuzkorrelationsspektroskopie

Bei den bisher durchgeführten Ableitungen wurde stillschweigend davon ausgegangen, dass das Licht nur einmal im Messvolumen gestreut wird. In der Praxis kommt

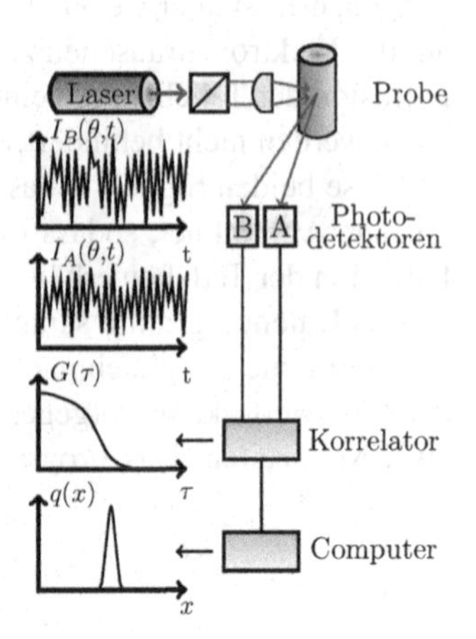

Abb. 7.33 Prinzip der PCCS

Abb. 7.34 PCCS-Apparatur

Abb. 7.35 Küvetten und Messkammer

erschwerend hinzu, dass das bereits gestreute Licht bei hohen Teilchenkonzentrationen an anderen Teilchen nochmals gestreut werden kann, sodass Mehrfachstreuung auftritt. Dies würde das Messergebnis verfälschen, und man muss darauf achten, dass die Teilchenkonzentrationen in der Probe nicht zu hoch sind.

Im Fall der Photonenkreuzkorrelation (PCCS, *photon cross correlation spectroscopy*) wird der Laserstrahl aufgespalten, und es werden *zwei* Strahlen in das Messvolumen eingestrahlt (Abb. 7.33). Das Licht dieser beiden Strahlen wird an den Teilchen gestreut, im Detektor wird das Streulicht registriert, und der Korrelator ist in der Lage, Signale aus mehrfach gestreutem Licht zu eliminieren.

Abbildung 7.34 zeigt eine PCCS-Apparatur, Abb. 7.35 Küvetten und die geöffnete Messkammer für eine solche Apparatur; das Messvolumen befindet sich am unteren Ende im Bereich des rechteckigen Querschnitts unterhalb des Trichters der Küvetten. Dadurch, dass das Messvolumen so klein ist, ist die Mehrfachstreuung deutlich reduziert, und die Probe kommt rasch in ein thermisches Gleichgewicht, sodass auch konvektive Strömungen bedingt durch Temperaturgradienten in der Probe bestmöglich ausgeschlossen sind [Tian11, Block10, Kim03, Kim05, Haustein03, Ware71].

8 Elektrische Eigenschaften von Kolloiden und Oberflächen

8.1 Die Poisson-Gleichung

In der Kolloidchemie beschäftigen wir uns mit der Wechselwirkung größerer Teilchen, die oftmals aus mehreren Molekülen bestehen. Von allen Kräften, die wir kennen, interessieren uns dabei hier nur die elektromagnetische Kräfte und Gravitationskräfte. Letztere spielen zum Beispiel bei Sedimentationsgleichgewichten eine Rolle. Die elektromagnetischen Wechselwirkungen sind diejenigen Wechselwirkungen, die letztlich zur Bildung größerer Agglomerate führen und wesentlich die Chemie der kolloiden Teilchen steuern.

Mit der Chemie der Teilchen haben wir uns noch gar nicht beschäftigt! Andererseits verhalten sich Kolloide wie jedes andere Teilchen auch: Sie reagieren mit ihrer Umgebung!

Die Reaktionen, welche die Teilchen eingehen, hängen ab von den Reaktionspartnern und von den Systembedingungen. Von der Molekülchemie her wissen wir, wie wir solche Reaktionen beschreiben können: Ein hilfreiches Konzept ist das des Gleichgewichts, welches wir auch hier wieder nutzen werden.

Entsprechend des Massenwirkungsgesetzes werden die Teilchen irgendwelche Reaktionen eingehen. Von diesen Reaktionen betrachten wir im Folgenden solche, die zu einer elektrischen Ladung der Teilchen führen, also Reaktionen, die durch Dissoziation und/oder durch die Anlagerung bzw. Abgabe geladener Teilchen beschrieben werden können, zum Beispiel

$$\begin{aligned} \text{R–COOH} &\rightleftarrows \text{R–COO}^- + \text{H}^+ \\ \text{R–COOH} + \text{Me}^+ &\rightleftarrows \text{R–COOHMe}^+ \end{aligned} \tag{8.1}$$

Das jeweilige Ausmaß dieser Reaktionen hängt – wie aus der Molekülchemie bekannt – von den Systembedingungen ab. Dazu gehören

- Systemzusammensetzung bzw. Art des Systems
- Konzentrationen und Druck
- Temperatur.

G.J. Lauth, J. Kowalczyk, *Einführung in die Physik und Chemie der Grenzflächen und Kolloide*, DOI 10.1007/978-3-662-47018-3_8

Letztlich führen diese Reaktionen zu einer Aufladung der Teilchen (die am sogenannten isoelektrischen Punkt auch verschwindet), und da gleichartige Teilchen stets auch die gleichen Reaktionen eingehen, führt dies zu einer gegenseitigen *Abstoßung* der Teilchen. Eine solche Abstoßung führt gerade zu einer *Stabilisierung* kolloider Lösungen.

Wir haben gesehen, dass die London-Kräfte zwischen einzelnen Teilchen *rein attraktiven* Charakter besitzen. *Würden allein die Dipol-Dipol-Wechselwirkungen existieren, dürften kolloidale Lösungen demnach gar nicht bestehen!*

Tatsache ist, dass wir kolloidale Lösungen in der Natur kennen! Daraus folgt: Irgendetwas fehlt in unserer bisherigen Betrachtung! Und genau diese Lücke in der Theorie soll nun geschlossen werden!

Obwohl die Grundgleichungen bereits im Zuge der Behandlung der Dipol-Dipol-Wechselwirkung abgedruckt wurden, sind wegen ihrer Bedeutung nachfolgend noch einmal die wichtigsten Gesetze der Elektrostatik zusammengestellt.

$$\begin{aligned}
&\text{Coulomb-Kraft: } \underline{F} = \frac{1}{4\pi\epsilon\epsilon_0}\cdot\frac{q_1 q_2}{r^2}\cdot\frac{\underline{r}}{r}\\
&\text{Arbeit im E-Feld: } W_{\text{el.}} = \int \underline{F}\,\mathrm{d}\underline{s}\\
&\text{Potenzielle Energie: } U_{\text{pot.}} = -\int \underline{F}\,\mathrm{d}\underline{s} = \frac{1}{4\pi\epsilon\epsilon_0}\cdot\frac{q_1 q_2}{r}\\
&\text{Elektrische Feldstärke: } \underline{E} = \frac{\underline{F}}{q} \quad (= \text{Kraft pro Einheitsladung})\\
&\text{elektrostatisches Potenzial: } \phi(r_0) = -\int_{\infty}^{r_0} \underline{E}(\underline{r})\cdot \mathrm{d}\underline{r} = \frac{1}{4\pi\epsilon\epsilon_0}\cdot\frac{q_1}{r_{01}}\\
&\text{Spannung: } U = \phi(r_1) - \phi(r_0)
\end{aligned} \tag{8.2}$$

Vergleicht man diese Definitionsgleichungen, dann folgt:

$$\underline{E} = -\operatorname{grad}\phi = -\underline{\nabla}\phi = -\frac{\mathrm{d}}{\mathrm{d}\underline{r}}\,\phi = -\left(\frac{\mathrm{d}}{\mathrm{d}x}\phi, \frac{\mathrm{d}}{\mathrm{d}y}\phi, \frac{\mathrm{d}}{\mathrm{d}z}\phi\right) \tag{8.3}$$

Andererseits wissen wir, dass die Quellen des elektrischen Feldes die Ladungen sind, und dies ist der Inhalt des Gauss'schen Gesetzes der Elektrostatik, den wir bereits mit (3.41) hergeleitet haben, und den wir hier noch einmal betrachten wollen.

Zur Herleitung des Gauss'schen Gesetzes betrachten wir diesmal einen *Strom von Teilchen*. Wir gehen aus von einer Ladungsquelle Q, aus welcher die „Teilchen" ausströmen, die dann von der Quelle wegfließen. Um die Quelle herum legen wir eine Kugelschale und betrachteten den Teilchenstrom, der durch die Fläche der Kugelschale durchfließt (Abb. 8.1).

Die Zahl der Teilchen, die pro Zeiteinheit durch ein Flächenelement $\mathrm{d}\underline{O}$ fließen, nennt man den *Teilchenfluss* φ. Ist ρ die Zahl der Teilchen pro Volumeneinheit und

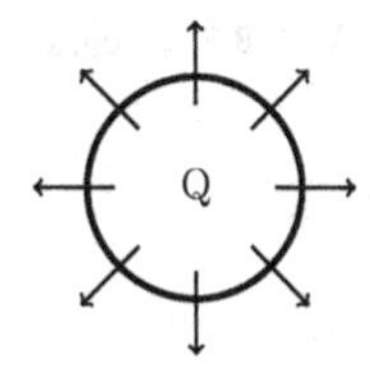

Abb. 8.1 Feld um eine isolierte Ladung

$\underline{v}$ deren Geschwindigkeit, dann ist:

$$d\varphi = \rho \cdot \underline{v} \cdot d\underline{O} = \underline{j} \cdot d\underline{O} \quad \underline{j} = \rho \cdot \underline{v} \quad \text{Stromdichtevektor} \tag{8.4}$$

Bei einer Kugelschale steht der Stromdichtevektor stets senkrecht auf $d\underline{O}$, sodass die Integration über die Kugelschale leichtfällt. Es ist:

$$\varphi = \oint_O \underline{j} \cdot d\underline{O} = 4\pi r^2 \cdot |\underline{j}| \tag{8.5}$$

In unserem speziellen Fall betrachten wir den Fluss des elektrischen Feldes $\underline{E}$, das heißt, das oben allgemein als Flussdichte angegebene Vektorfeld $\underline{j}$ wird hier repräsentiert durch den Feldstärkevektor $\underline{E}$. In diesem Fall ist:

$$\varphi = 4\pi r^2 \cdot E = 4\pi r^2 \cdot \frac{1}{4\pi\epsilon_0} \cdot \frac{q}{r^2} = \frac{q}{\epsilon_0} \tag{8.6}$$

Das heißt, es gilt:

$$\boxed{\oint_O \underline{E} \cdot d\underline{O} = \frac{q}{\epsilon_0}} \quad \text{Gauss'sches Gesetz der Elektrostatik} \tag{8.7}$$

Betrachten wir einige Beispiele! Eine stäbchenförmige Mizelle trage eine Oberflächenladung Q. Wir fragen danach, wie groß das Feld dieser Ladungsverteilung ist, welches im Abstand r von der Rotationsachse der Mizelle entsteht. Zur Beantwortung dieser Frage verwenden wir den Gauss'schen Satz der Elektrostatik.

Wir orientieren die Mizelle so, dass die Symmetrieachse mit der z-Achse unseres Koordinatensystems identisch ist (Abb. 8.2).

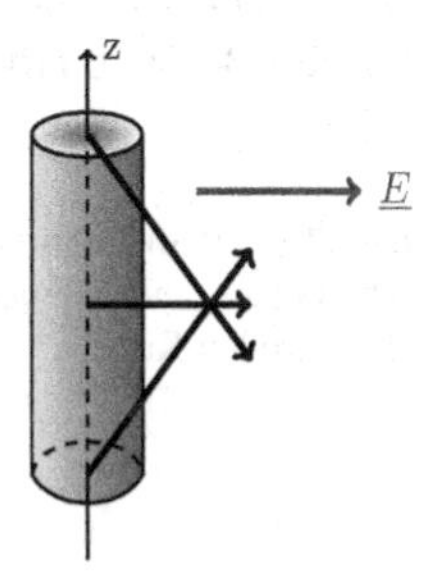

Abb. 8.2 Zylindersymmetrisches Feld

Abb. 8.3 Integrationsfläche

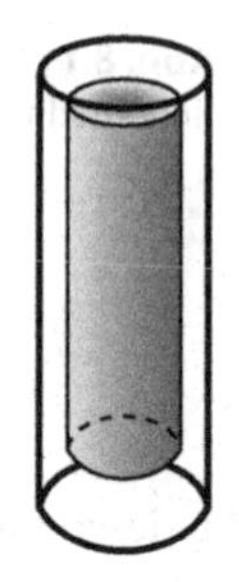

Aus Symmetriegründen heben sich alle Komponenten des Feldes parallel zur z-Achse weg, sodass nur die Komponenten senkrecht zur z-Achse übrig bleiben. Das gilt auch für die Felder, die von den Deckflächen des Zylinders ausgehen. Zur Berechnung des Feldes benutzen wir den Gauss'schen Satz der Elektrostatik (8.7). Dazu legen wir eine Zylinderfläche um den ursprünglichen Zylinder (Abb. 8.3), sodass in diesem die gesamte Ladung enthalten ist. Nach dem Gauß'schen Satz der Elektrostatik ergibt sich damit:

$$\oint_O \underline{E} \cdot \mathrm{d}\underline{O} = \underline{E} \cdot (2\pi r \cdot l) = \frac{q}{\epsilon_0}$$
$$\Rightarrow \quad \underline{E} = \frac{q}{2\pi r l \cdot \epsilon_0} \cdot \frac{\underline{r}}{|\underline{r}|} \tag{8.8}$$

Damit haben wir das Feld berechnet!

Wie groß ist die Kraft $|\underline{F}|$ dieser geladenen Mizelle auf eine zweite Ladung Q? Es gilt:

$$|\underline{F}| = |\underline{E}| \cdot Q = \frac{q}{2\pi r l \cdot \epsilon_0} \cdot Q \tag{8.9}$$

Wie groß ist die Oberflächenladungsdichte der Mizelle?

Dafür gilt:

$$\rho_{\text{Fläche}} = \frac{\text{Ladung}}{\text{Fläche}} = \frac{Q}{2\pi r \cdot l + 2 \cdot r^2 \pi} \tag{8.10}$$

Betrachten wir noch ein weiteres Beispiel! Gegeben ist eine große und eine kleine Metallkugel, die jeweils eine beliebige (positive oder negative) Ladung besitzen (Abb. 8.4). Was geschieht, wenn beide Kugeln durch einen Draht leitend miteinander verbunden werden? Wie sieht im Gleichgewicht die Flächenladungsdichte aus, wie das elektrische Feld der beiden Kugeln? Welche Konsequenzen folgen daraus für den Bau von Hochspannungsgeräten?

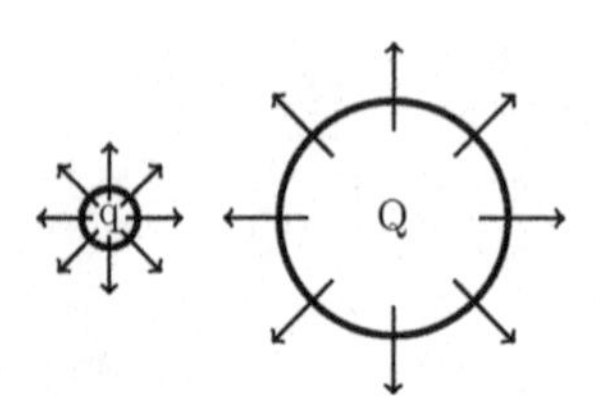

Abb. 8.4 Radialsymmetrische Felder einer kleinen und einer großen Kugel

Abb. 8.5 Samuel Earnshaw

Werden die beiden Kugeln leitend verbunden, dann wird Ladung so lange zwischen den beiden Kugeln fließen, bis keine Tangentialkräfte an den Ladungen mehr auftreten, was genau dann der Fall ist, wenn sich alle Ladungen auf gleichem Potenzial befinden. Dies ist der Fall, wenn die Flächenladungsdichte überall gleich groß ist. Beide Kugeln bilden dann zusammen eine *Äquipotenzialfläche*.

Für das Potenzial auf der Oberfläche gilt:

$$\phi = \frac{1}{4\pi\epsilon_0} \cdot \frac{q}{R_0} \quad E_\perp = \frac{1}{4\pi\epsilon_0} \cdot \frac{q}{R_0^2} \quad \rightarrow \quad E_\perp = \frac{\phi}{R_0} \tag{8.11}$$

Das heißt, das Feld an der kleineren Kugel ist größer.

Bei Hochspannungsgeräten sollten daher keine Spitzen bzw. kleine Krümmungsradien auftreten!

Ein anderes interessantes Beispiel für die Anwendung des Gauss'schen Satzes der Elektrostatik ist das Earnshaw-Theorem, benannt nach Samuel Earnshaw[1] (Abb. 8.5).

Wir zeigen mithilfe des Gauss'schen Gesetzes der Elektrostatik, dass es im elektrostatischen Feld *kein stabiles Gleichgewicht* geben kann.

Dazu betrachten wir drei beliebig angeordnete (positive oder negative) Ladungen in der Ebene (Abb. 8.6) und untersuchen die Bedingungen für stabiles Gleichgewicht.

Wir betrachten drei Ladungen q^+ in der Ebene an fixierten Orten. Anschließend bringen wir eine weitere Ladung zwischen diese drei fixen Ladungen, sodass die Summe aller Kräfte auf diese Ladung null ergibt; in diesem Fall befindet sich die Probeladung im kräftestatischen Gleichgewicht!

Der Ort, an dem sich die Probeladung befindet, ist aber *nur dann* ein stabiles Gleichgewicht, wenn eine kleine Auslenkung aus dieser Gleichgewichtslage dazu

[1] Samuel Earnshaw (* 1. Februar 1805 in Sheffield; † 6. Dezember 1888 in Sheffield) war ein englischer Geistlicher, Mathematiker und Physiker. Sein bekanntester wissenschaftlicher Beitrag ist das Earnshaw-Theorem über die Unmöglichkeit stabil schwebender Dauermagneten. Andere Themen seiner Arbeit waren Optik, Wellen, Dynamik und Akustik in der Physik, Differentialrechnung, Trigonometrie und Partielle Differentialgleichungen in der Mathematik. Als Kleriker veröffentlichte er diverse Predigten und Abhandlungen.

Quelle: http://de.wikipedia.org/wiki/Samuel_Earnshaw

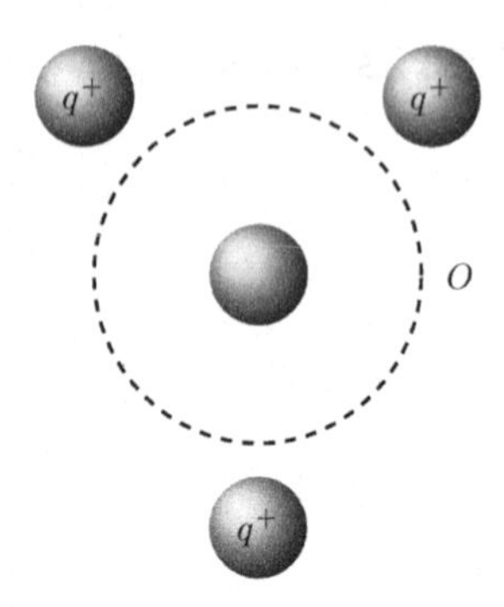

Abb. 8.6 Zum Earnshaw-Theorem

führt, dass das Teilchen durch die äußeren Felder wieder in diese Lage zurückgebracht wird. Legen wir eine kleine Kugelfläche um diese Gleichgewichtslage herum, dann ist nach dem Gauss'schen Satz $\oint_O \underline{E} \cdot \mathrm{d}\underline{O} = \frac{q}{\epsilon_0} = 0$, denn nach Konstruktion befindet sich ja keine Ladung an diesem Ort, und bei Abwesenheit einer Ladung in diesem umschlossenen Gebiet verschwindet der Feldlinienfluss! Damit kann diese Lage aber keine stabile Gleichgewichtslage sein! Denn das elektrische Feld $\underline{E}$ gibt ja gerade die Kraft pro Einheitsladung an dem betrachtteten Raumpunkt an!

Was bedeutet das Ergebnis für die Stabilität von Ionenkristallen? Für einen Ionenkristall bedeutet dies, dass allein aufgrund elektrostatischer Kräfte ein Ionenkristall nicht stabil sein kann! Bei der geringsten Bewegung eines der Atome müsste eine solche anfangs stabile Anordnung sofort auseinanderfallen.

Andererseits liefern Berechnungen auf Basis klassischer statischer Modell gute Ergebnisse zum Beispiel hinsichtlich der Energie solcher Ionenkristalle! Man muss sich aber stets darüber im Klaren sein, dass diese Modelle eben nur *Modelle* sind!

Hat man anstelle einer Punktladung eine Ladungsverteilung, dann gilt für den Gauss'schen Satz der Elektrostatik anstelle von (8.7):

$$\boxed{\oint_O \underline{E} \cdot \mathrm{d}\underline{O} = \frac{1}{\epsilon_0} \cdot \int_V \rho \, \mathrm{d}V} \quad \text{Gauss'sches Gesetz der Elektrostatik} \tag{8.12}$$

Dabei ist ρ die Ladungsdichte.

► *Einzige Voraussetzung bei der Ableitung des Gauss'schen Gesetzes war die Proportionalität der Vektorgröße $\underline{E} \propto 1/r^2$. Der Gauss'sche Satz gilt somit generell für alle derartigen Felder, beispielsweise auch für das Gravitationsfeld!*

Weiterhin gilt nach dem *Gauss'schen Integralsatz* für ein beliebiges Vektorfeld $\underline{a}$:

$$\boxed{\int_V \operatorname{div} \underline{a} \, \mathrm{d}\tau = \oint_O \underline{a} \, \mathrm{d}\underline{O}} \quad \text{Gauss'scher Integralsatz} \tag{8.13}$$

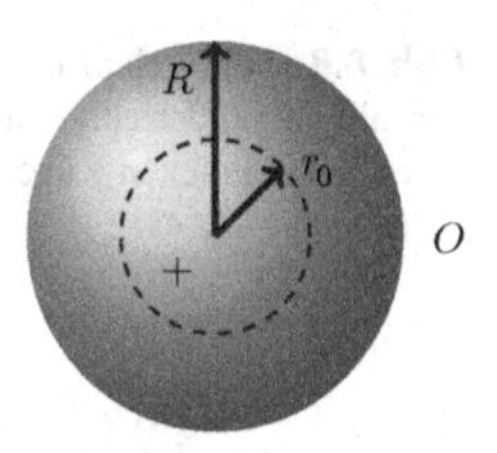

Abb. 8.7 Sphärisch symmetrische homogene Ladungsverteilung

Somit gilt in unserem Fall für jedes beliebige Volumen:

$$\oint_O \underline{E}\,\mathrm{d}\underline{O} = \frac{1}{\epsilon_0}\int_V \rho\,\mathrm{d}V = \int_V \mathrm{div}\;\underline{E}\,\mathrm{d}\tau \tag{8.14}$$

Damit müssen aber die Integranden gleich sein, und es gilt:

$$\mathrm{div}\;\underline{E} = \underline{\nabla}\cdot\underline{E} = \frac{\rho}{\epsilon_0} \tag{8.15}$$

Nun ist aber:

$$\underline{E} = -\,\mathrm{grad}\;\phi = -\underline{\nabla}\phi \quad \mathrm{div}\,(-\,\mathrm{grad}\;\phi) = \nabla^2\phi \tag{8.16}$$

und damit

$$\underline{\nabla}\cdot\underline{E} = -\underline{\nabla}\cdot(\underline{\nabla}\phi) = -\nabla^2\phi = -\Delta\phi = \frac{\rho}{\epsilon_0} \tag{8.17}$$

wobei gilt:

$$\nabla^2 = \Delta = \frac{\partial^2}{\partial x^2} + \frac{\partial^2}{\partial y^2} + \frac{\partial^2}{\partial x^2} \quad \text{Laplace-Operator} \tag{8.18}$$

Daraus folgt:

$$\boxed{\mathrm{div}\;\mathrm{grad}\;\phi = \nabla^2\phi = -\frac{\rho}{\epsilon_0}} \quad \text{Poisson-Gleichung} \tag{8.19}$$

Die Poisson-Gleichung ist eine der zentralen Gleichungen bei der Berechnung der Felder in der Elektrostatik.

Betrachten wir als Beispiel das Feld einer homogen geladenen Kugel (Abb. 8.7), das heißt, die Ladung sei mit gleicher Ladungsdichte über das gesamte Volumen der Kugel verteilt. Um die Kugel herum legen wir wieder eine Fläche O, die in diesem Fall genau auf der Oberfläche der Kugel liegt.

Nach dem Gauss'schen Satz der Elektrostatik gilt dann:

$$E\cdot 4\pi R^2 = \frac{q}{\epsilon_0} \quad\Leftrightarrow\quad E = \frac{1}{4\pi\epsilon_0}\cdot\frac{q}{R^2} \tag{8.20}$$

Man erhält damit das Feld einer Ladung q im Abstand R, wobei sich die gesamte Ladung im Ursprung befindet, und es ist: $E \propto \frac{1}{R^2}$.

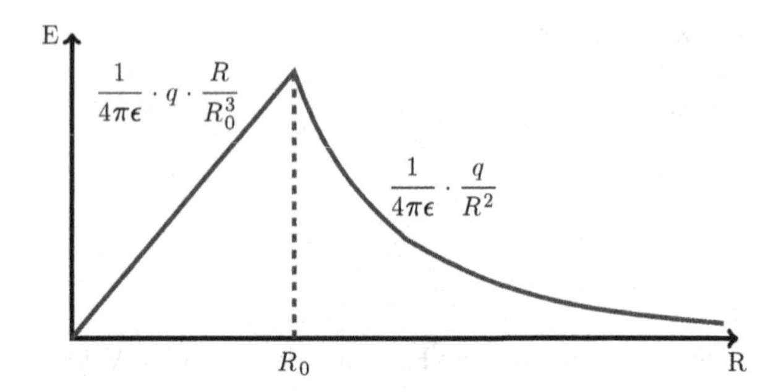

Abb. 8.8 Feldverlauf innerhalb und außerhalb einer homogen geladenen Kugel

Betrachten wir nun das Feld im Inneren der Kugel! Unter der Voraussetzung einer homogenen Ladungsverteilung ist:

$$E \cdot 4\pi r^2 = \frac{q}{\epsilon_0} \cdot \frac{\frac{4\pi}{3} r^3}{\frac{4\pi}{3} R^3} \quad \Leftrightarrow \quad E = \frac{1}{4\pi\epsilon_0} \cdot q \cdot \frac{r}{R^3} \tag{8.21}$$

Der Feldverlauf sowohl innerhalb der Kugel als auch außerhalb ist in Abb. 8.8 gezeigt.

Ist die Kugel elektrisch leitend, dann werden bewegliche Ladungen nach außen gedrängt, sodass die Kraft im Inneren des Leiters null wird. Nach dem Gauss'schen Satz gilt wieder:

$$\oint_O \underline{E}\,\mathrm{d}\underline{O} = \frac{1}{\epsilon_0} \int_V \rho\,\mathrm{d}V = 0 \quad \Rightarrow \quad \rho = 0 \text{ im Inneren} \tag{8.22}$$

Das heißt, die Ladungsdichte im Inneren des Leiters ist null!

Weil dann auch $\underline{E} = 0$ folgt, gilt weiter, dass alle Punkte im Leiter sich auf gleichem Potenzial befinden. Die Ladungen können bei einem Leiter somit nur auf der Oberfläche sitzen! Da diese Fläche eine Äquipotenzialfläche ist, das heißt, es existieren keine Tangentialkomponenten elektrischer Kräfte, steht das Feld stets senkrecht auf der Oberfläche! Damit gilt:

$$E_\perp \cdot \Delta f = \frac{\Delta q}{\epsilon_0} \quad \rightarrow \quad E_\perp = \frac{\Delta q}{\Delta f} \cdot \frac{1}{\epsilon_0} \equiv \frac{\sigma}{\epsilon_0} \tag{8.23}$$

Dabei bezeichnet σ die Flächenladungsdichte.

8.2 Elektrische Potenziale an Grenzflächen

Nach diesen Vorüberlegungen betrachten wir ein kolloidal gelöstes Teilchen in einer Lösung!

Innerhalb einer homogenen Phase sind die Teilchen umgeben von (zumindest im Mittel) gleichartigen anderen Teilchen. Damit ist auch in elektrischer Sicht die

Umgebung homogen, und man kann der Phase ein Potenzial zuweisen, welches als *Galvani-Potenzial*, benannt nach Luigi Galvani[2] (Abb. 8.9) bezeichnet wird.

► *Das innere Potenzial oder Galvani-Potenzial (einer Phase) ist gleich der Arbeit für den Transport einer elektrischen Einheitsladung aus dem Unendlichen in das Innere einer im Vakuum gedachten Phase.*

Anders ausgedrückt ist das Galvani-Potenzial somit das Potenzial gemessen zwischen zwei Punkten, die sich jeweils (mitten) innerhalb zweier verschiedener Phasen befinden.

Wir haben bereits gesehen, dass es an der Grenzfläche zweier Phasen in der Regel zu Austauschprozessen in Form von chemischen Reaktionen oder Adsorptions-

Abb. 8.9 Luigi Galvani

[2] Luigi Galvani (* 9. September 1737 in Bologna, Italien; † 4. Dezember 1798 in Bologna) war ein italienischer Arzt, Anatom und Biophysiker. Er studierte anfangs Theologie und wurde später Professor der Medizin und Anatomie. Durch einen Zufall entdeckte Galvani durch Experimente mit Froschschenkeln die Kontraktion von Muskeln, wenn diese mit Kupfer und Eisen in Berührung kamen, wobei auch Kupfer und Eisen verbunden sein mussten. Galvani stellte so unwissentlich einen Stromkreis her, bestehend aus zwei verschiedenen Metallen, einem Elektrolyten („Salzwasser" im Froschschenkel) und einem „Stromanzeiger" (Muskel). Galvani erkannte diese Zusammenhänge nicht, aber er legte die Grundlage für die Entwicklung elektrochemischer Zellen (auch galvanische Zellen oder galvanische Elemente genannt) durch Alessandro Volta.

Galvani errichtete aber auch die erste Antenne zu einer Zeit, als es eine angewandte Elektrotechnik noch nicht gab. Ihm fiel auf, dass ein Froschschenkel, der mit einer Messerklinge in Berührung stand, immer dann zusammenzuckte, wenn bei einer in der Nähe stehenden Hochspannungsmaschine ein Funke übersprang. Er war überzeugt – wohl auch aufgrund der wenige Jahrzehnte zuvor durch Benjamin Franklin angestellten berühmten Blitzableiterversuche –, dass Gewitterblitze im Prinzip auch solche Funken sind, nur viel größer. So führte er einen isoliert befestigten Draht vom First eines Hauses in den Garten an einen Froschschenkel. Ein zweiter Draht führte von diesem in einen Brunnen. So oft nun bei einem Gewitter in der Nähe ein Blitz aufzuckte, geriet der Froschschenkel in Bewegung und dies, bevor das zugehörige Donnern zu hören war.

Quelle: http://de.wikipedia.org/wiki/Luigi_Galvani

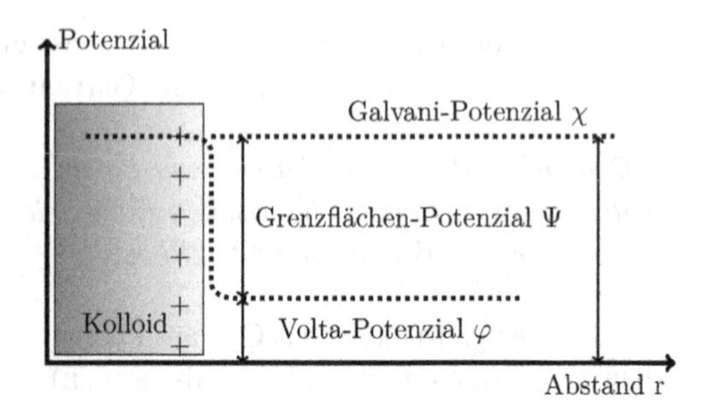

Abb. 8.10 Potenziale an der Grenzschicht fest – flüssig

und Desorptionsprozessen kommt. Unabhängig davon, wie die Phasengrenze beschaffen ist, entsteht gleichzeitig mit den genannten Prozessen eine elektrische Potenzialdifferenz zwischen den beiden Phasen, das heißt, es bildet sich ein sogenanntes *Oberflächenpotenzial.*

Ein solches Oberflächenpotenzial bildet sich nicht nur bei der Adsorption geladener Teilchen, auch die Adsorption von neutralen Molekülen führt wegen der damit verbundenen Polarisation dieser Moleküle und der Ausrichtung der dabei entstehenden Dipole zu einem Potenzial. Weiterhin ist es möglich, dass spezifisch nur eine Ionensorte an der Oberfläche adsorbiert und diese Oberfläche dabei aufgeladen wird.

Bei einer Messung des Potenzials zwischen dem Inneren einer Phase und dem Inneren einer zweiten an diese angrenzenden Phase misst man somit stets die Summe der beiden Anteile (Abb. 8.10), das heißt die Summe aus dem *Grenzflächenpotenzial* Ψ und dem sogenannten *Volta-Potenzial*, benannt nach Alessandro Giuseppe Antonio Anastasio Graf von Volta[3] (Abb. 8.11) $\Delta\varphi$:

$$\chi = \varphi + \Psi \tag{8.24}$$

Somit besteht die Arbeit beim Transport einer Ladung aus dem Unendlichen bis in das Innere einer Phase aus zwei Anteilen:

- *Volta-Potenzial:* Die Ladung wird aus dem Unendlichen bis in die Nähe der Oberfläche gebracht.
- *Oberflächenpotenzial:* Die Ladung wird durch die Oberfläche hindurch in das Innere der Phase transportiert.

Im Fall des Oberflächenpotenzials kommt es zu einer Trennung von Ladungen oder zumindest zu einer Ausrichtung von molekularen Dipolen an der Phasengrenze und damit zur Bildung einer elektrisch geladenen Phasengrenzschicht. Je nachdem, ob die Ausbildung dieser geladenen Phasengrenzschicht mit einem Transport von

[3] Alessandro Giuseppe Antonio Anastasio Graf von Volta (* 18. Februar 1745 in Como, Italien; † 5. März 1827 in Camnago bei Como) war ein italienischer Physiker. Er erfand die Batterie und gilt als einer der Begründer des Zeitalters der Elektrizität.
Quelle: http://de.wikipedia.org/wiki/Alessandro_Volta

Abb. 8.11 Alessandro Giuseppe Antonio Anastasio Graf von Volta

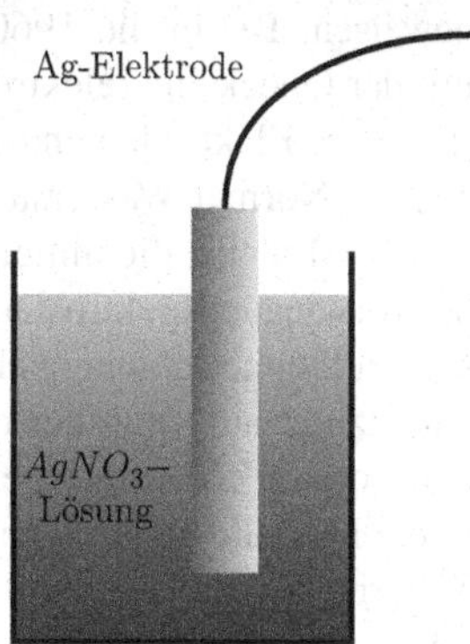

Abb. 8.12 Metallelektrode

Ladungen verbunden ist oder nicht, spricht man von einem Prozess *mit Überführung* oder von einem Prozess *ohne Überführung.*

Die klassische *unpolarisierte* Metallelektrode ist ein Beispiel für einen Prozess mit Überführung (Abb. 8.12). Ag^+ kann aus der Metallelektrode in die $AgNO_3$-Lösung übertreten, und es resultiert eine Galvani-Spannung zwischen den beiden Phasen.

Ein Beispiel für einen Prozess ohne Überführung ist die *Kalomelelektrode* Hg/Hg_2Cl_2, die vollständig polarisiert ist (Abb. 8.13). Hier findet induziert durch eine Anreicherung von Ladungsträgern der einen Phase an der Grenzschicht eine Ladungsumverteilung in der grenznahen Schicht der anderen Phase statt.

Ionisierung tritt durch dissoziationsfähige Gruppen in der Grenzschicht oder durch Adsorption geladener Teilchen in der Grenzschicht auf.

Wir betrachten somit die Grenzschicht zwischen einem kolloiden Teilchen und der kontinuierlichen Phase. Eine solche Phasengrenze, bei der sich eine Ladungsverteilung ergibt und bei der sich entgegengesetzt geladene Schichten gegenüberstehen, heißt *elektrische Doppelschicht.*

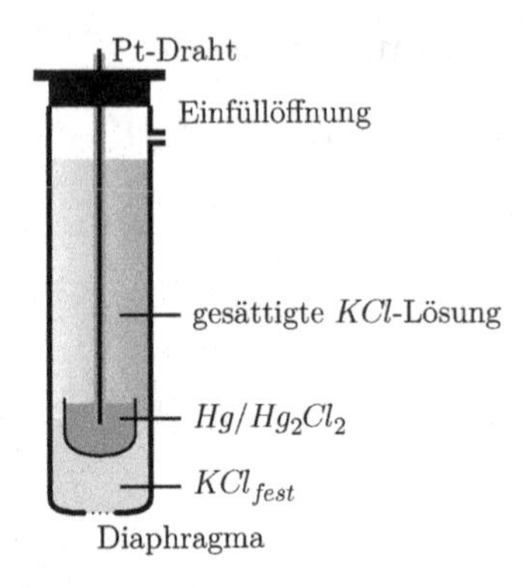

Abb. 8.13 Kalomelelektrode

Zur Beschreibung des Aufbaus einer solchen elektrischen Doppelschicht wurden verschiedene Modelle entwickelt. Jedes dieser Modelle muss sich im Experiment beweisen. Bis in die 1960er Jahre hinein wurden Messungen fast ausschließlich mit der Quecksilberelektrode durchgeführt. Quecksilberelektroden sind ideal polarisierbare Elektroden und unterscheiden sich dadurch stark von anderen Elektroden wie der Normal-Wasserstoffelektrode oder Metallelektroden.

Die Modelle, die mittels der Quecksilberelektroden aufgestellt wurden, sind daher vorwiegend elektrostatischer Natur. Diese statischen Modelle gingen von festen, starren Doppelschichten aus. Bei Gegenwart eines Elektrolyten ist eine solche Voraussetzung aufgrund der darin stattfindenden Diffusionsprozesse aber nicht gegeben, sodass Korrekturen erforderlich wurden. Erst später wurden Energiekonzepte in die Modelle eingebracht, das heißt, es wurde die Natur der Elektrode und damit Material, Kristallstruktur und kristallografische Flächen in der Theorie berücksichtigt.

8.2.1 Das Helmholtz-Modell

Das historisch erste Doppelschichtmodell stammt von Hermann Ludwig Ferdinand von Helmholtz[4] (Abb. 8.14). Danach ordnen sich positive und negative Ladungen in starrer Weise auf beiden Seiten der Phasengrenze, und diese Doppelschicht erstreckt sich nicht weiter in die Lösung (Abb. 8.15).

---

[4] Hermann Ludwig Ferdinand von Helmholtz (* 31. August 1821 in Potsdam; † 8. September 1894 in Charlottenburg) war ein deutscher Physiologe und Physiker und ein außerordentlich vielseitiger Wissenschaftler, der sich auch für die Zusammenhänge von Physik, Physiologie, Psychologie und Ästhetik interessierte. Zu Beginn seiner wissenschaftlichen Arbeit gelangte er durch physiologische Untersuchungen über Gärung, Fäulnis und die Wärmeproduktion der Lebewesen zur Ausformulierung des Energieerhaltungssatzes. In Heidelberg befasste er sich ab 1858 mit den medizinischen Grundlagen der optischen und akustischen Physiologie und zur selben Zeit mit Fragen der theoretischen Physik (Hydro- und Elektrodynamik) und mit mathematischen Fragestellungen (Geometrie).

Quelle: http://de.wikipedia.org/wiki/Hermann_von_Helmholtz

Abb. 8.14 Hermann Ludwig Ferdinand von Helmholtz

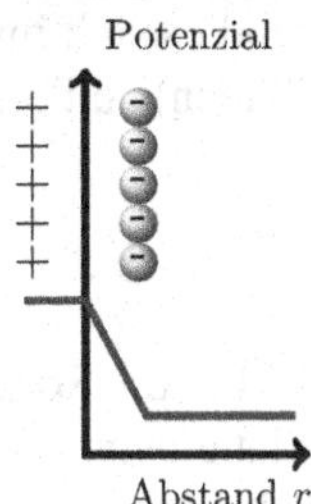

Abb. 8.15 Potenzialverlauf an der Grenzschicht

Die Schicht verhält sich quasi wie ein Plattenkondensator! Dem Abstand der Platten entspricht dabei der Abstand zwischen der Oberfläche der festen Phase zu den Ladungsschwerpunkten der Gegenionen in der Grenzschicht der fluiden Phase. Die Ladungen werden dabei als punktförmig betrachtet.

Die wesentlichen Annahmen – und damit auch die wesentlichen Beschränkungen des Modells – sind:

- Es gibt nur Wechselwirkungen der Elektrode mit der ersten Schicht angelagerter Teilchen.
- Die Wechselwirkung des Festkörpers mit dieser ersten Schicht ist unabhängig von der Konzentration der Ionen in der Lösung.

Betrachten wir eine ebene geladene Schicht und wenden darauf das Gauss'sche Gesetz der Elektrostatik an.

Für den Fluss des Feldes durch die Fläche gilt (Abb. 8.16):

$$\begin{aligned} \oint_O \underline{E}\,\mathrm{d}\underline{O} &= \underline{E}_1 F_1 + \underline{E}_2 F_2 = \frac{q}{\epsilon\epsilon_0} \\ 2EF &= \frac{q}{\epsilon\epsilon_0} \quad \Rightarrow \quad E = \frac{q}{2F\epsilon\epsilon_0} = \frac{\sigma}{2\epsilon\epsilon_0} \end{aligned} \tag{8.25}$$

Abb. 8.16 Feldverlauf an der ebenen Platte

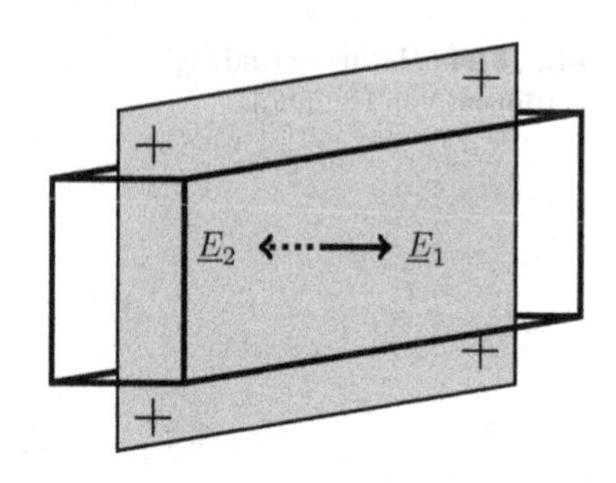

σ ist wieder die Flächenladungsdichte.

Ein Plattenkondensator besteht aus zwei solcher Flächen, die parallel zueinander angeordnet und entgegengesetzt gleich stark geladen sind.

An (8.25) ist zu erkennen, dass das Feld nicht vom Abstand der Platten abhängt! Daraus ergibt sich, dass im Außenraum des Kondensators das Feld null ist, während es sich im Inneren (wegen der entgegengesetzten Vorzeichen der Ladung der Platten) addiert. Das Feld hat somit folgende Größe:

$$E = 2\frac{\sigma}{2 \cdot \epsilon\epsilon_0} = \frac{\sigma}{\epsilon\epsilon_0} \tag{8.26}$$

Für die Spannung – das ist die aufzuwendende Arbeit, um eine Ladung von einer Platte gegen das Feld über die Strecke d auf die andere Platte zu transportieren – gilt:

$$U = E \cdot d = \frac{\sigma}{\epsilon\epsilon_0} \cdot d = \frac{d}{\epsilon\epsilon_0 \cdot O} \cdot q \tag{8.27}$$

Man definiert

$$\boxed{\frac{q}{U} = C} \quad \Rightarrow \quad C = \frac{\epsilon\epsilon_0 \cdot O}{d} \tag{8.28}$$

als die *Kapazität*.

Der Raum zwischen der Festkörperoberfläche und der (äußeren) Helmholtz-Fläche ist leer, das heißt, es befinden sich keine weiteren Teilchen und damit auch keine Ladungen in diesem Gebiet. Der Potenzialverlauf in diesem Bereich lässt sich damit mittels der Poisson-Gleichung leicht berechnen:

$$\nabla^2\phi = -\frac{\sigma}{\epsilon\epsilon_0} = 0 \quad \rightarrow \quad \underline{\nabla}\phi = c_1 \quad \rightarrow \quad \phi = c_1 x + c_2 \tag{8.29}$$

Das heißt, das Potenzial verläuft zwischen der Oberfläche und der Helmholtz-Schicht *linear* (Abb. 8.17)!

Nimmt man als Durchmesser für ein solvatisiertes Teilchen in der Helmholtz-Schicht einen Wert von 0,4 nm und ein $\Delta\phi$ von $\Delta\phi = 200\,\text{mV}$ an, ergibt sich:

$$U = E \cdot d \quad \Rightarrow \quad E = \frac{U}{d} = \frac{200 \cdot 10^{-3}\,\text{V}}{\frac{1}{2} \cdot 4 \cdot 10^{-10}\,\text{m}} = 10^9\,\frac{\text{V}}{\text{m}} \tag{8.30}$$

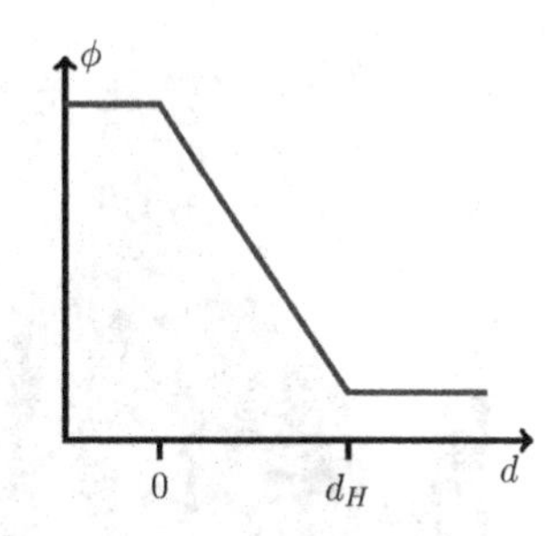

Abb. 8.17 Potenzialverlauf an der Grenzschicht nach dem Helmholtz-Modell

Zum Vergleich: Die Durchschlagsfestigkeit von trockener Luft beträgt ca. $2 \cdot 10^6\,\mathrm{V/m}$, für Quarzglas ca. $10^8\,\mathrm{V/m}$!

Die Feldstärke in der Schicht wäre somit extrem hoch! Es ist nicht zu erwarten, dass eine solche Schicht real ist! Somit sind Verbesserungen zu dem Modell erforderlich!

8.2.2 Das Gouy-Chapman-Modell

Louis Georges Gouy[5] (Abb. 8.18a) und David Leonard Chapman[6] (Abb. 8.18b) führten ein Doppelschichtmodell ein, bei welchem sie davon ausgingen, dass sowohl das an eine Elektrode angelegte Potenzial *als auch die Elektrolytkonzentration* die Kapazität der Grenzschicht beeinflussen. Damit durfte die Grenzschicht aber auch nicht mehr starr sein! Die Dicke der Grenzschicht hängt ab von den Bedingungen in der Lösung. Eine solche Grenzschicht heißt *diffuse Grenzschicht.*

Gouy und Chapman gingen davon aus, dass die Oberfläche einer Metallelektrode geladen ist. Die Gegenionen diffundieren zu dieser Oberfläche hin, wobei allerdings die Wärmebewegung diesem Trend entgegenwirkt.

Das elektrische Feld der Elektrodenoberfläche wirkt über die starre Doppelschicht hinweg in die Lösung, sodass auch in größeren Abständen Ionen angezogen bzw. abgestoßen werden. Die Ionen in dieser diffusen Doppelschicht schirmen das Feld mehr und mehr ab, bis es in einiger Entfernung von der Oberfläche quasi nicht mehr spürbar ist.

Ein analoges Modell wurde von Debye und Hückel für die Abschirmung von Ionen in der Lösung aufgestellt. Der einzige Unterschied zum Gouy-Chapman-Modell ist der, dass im Fall der Ionen in der Lösung das Feld radialsymmetrisch ist,

[5] Louis Georges Gouy (* 19. Februar 1854 in Vals-les-Bains, Kanton Vals-les-Bains; † 27. Januar 1926) war ein französischer Physiker.

Quelle: http://de.wikipedia.org/wiki/Louis_Georges_Gouy

[6] David Leonard Chapman (* 6. Dezember 1869 in Wells, Norfolk; † 17. Januar 1958 in Oxford) war ein englischer Physikochemiker und wurde bekannt für Arbeiten über Stoßwellen und eine frühe Theorie der Detonation, die Chapman-Jouguet-Theorie, die nach ihm und dem französischen Ingenieur Émile Jouguet benannt ist.

Quelle: http://de.wikipedia.org/wiki/David_Leonard_Chapman

Abb. 8.18 **a** Louis Georges Gouy; **b** David Leonard Chapman

während es hier eine ebene Symmetrie gibt, und man spricht anstelle von einer Ionenwolke von einer *Raumladungszone*.

Nach Boltzmann hängt die Zahl der Teilchen in der diffusen Doppelschicht vom Verhältnis aus elektrischer potenzieller Energie und Wärmeenergie ab, das heißt, die Zahl der Teilchen ist eine Funktion des Potenzials am betrachteten Ort:

$$n_i = n_0 \cdot \exp\left(-\frac{z_i e(\phi - \phi_s)}{k_B T}\right) \tag{8.31}$$

Dabei bezeichnet n_0 die Teilchenkonzentration in der Lösung, ϕ das Potenzial am Ort r und ϕ_S das Potenzial in der freien Lösung. Der Verlauf der Funktion ist qualitativ in Abb. 8.19 gezeigt.

Zerlegt man die Doppelschicht in infinitesimal dünne Scheiben der Dicke $\mathrm{d}x$, dann ist im Abstand x von der Festkörperoberfläche die Ladungsdichte $\rho(x)$:

$$\rho(x) = \sum n_i z_i e = \sum n_i^0 z_i e \cdot \exp\left(-\frac{z_i e(\phi - \phi_s)}{k_B T}\right) \tag{8.32}$$

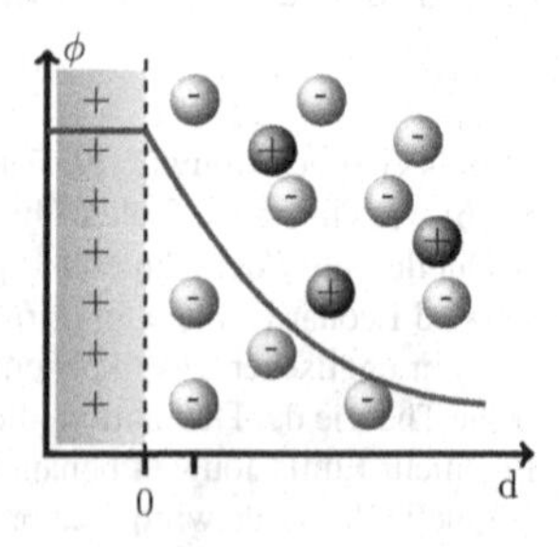

Abb. 8.19 Potenzialabfall an der Grenzschicht

Andererseits setzt die Poisson-Gleichung das Potenzial mit der Ladungsdichte in Relation:

$$\frac{\partial^2 \phi_\Delta(x)}{\partial x^2} = -\frac{\rho(x)}{\epsilon\epsilon_0} \quad \phi_\Delta = \phi - \phi_s \tag{8.33}$$

Kombiniert man (8.32) und (8.33), erhält man die *Poisson-Boltzmann-Gleichung*:

$$\boxed{\frac{\partial^2 \phi_\Delta(x)}{\partial x^2} = -\frac{e}{\epsilon\epsilon_0} \cdot \sum n_i^0 z_i \cdot \exp\left(-\frac{z_i e(\phi - \phi_s)}{k_B T}\right) \quad \phi_\Delta = \phi - \phi_s} \tag{8.34}$$

Die Poisson-Boltzmann-Gleichung ist das genaue Analogon zur Debye-Hückel Theorie und *die* zentrale Gleichung für die Bestimmung des Potenzials an Grenzflächen. Sie ist damit nicht nur bedeutend für die Chemie und Physik der Kolloide, sie ist auch eine der zentralen Gleichungen in der bioorganischen Chemie, in der Biophysik organischer Membranen und in der Medizin. Sie ist von Bedeutung bei der Bestimmung der Erregungspotenziale an Nervenbahnen, sie beschreibt die Potenziale an Zellwänden, die Erregung der Herzmuskeln usw.

Sie hat allerdings einen kleinen Nachteil: Sie ist in den meisten Fällen nicht analytisch lösbar! Wir könnten uns helfen, wenn wir wie in der Debye-Hückel-Theorie annehmen, dass $z_i e \cdot (\phi - \phi_s) \ll k_B T$ gilt. In diesem Fall kann die Exponentialfunktion entwickelt werden, und wir würden nur den ersten Term dieser Entwicklung: $e^x = 1 - x + \ldots$ verwenden. Eine Elektrode bzw. ein kolloides Teilchen kann allerdings betrachtet werden als riesiges Ion, und eine solche lineare Näherung wäre damit nicht haltbar! (*Anmerkung:* Historisch wurde die Debye-Hückeltheorie erst 1923 und damit nach dem hier besprochenen Modell der elektrischen Doppelschicht aufgestellt.)

Wir können aber die folgenden Annahmen treffen:

1. Zunächst gilt:

$$\frac{\partial^2 \phi_\Delta(x)}{\partial x^2} = \frac{1}{2} \cdot \frac{\partial}{\partial \phi_\Delta} \left(\frac{\partial \phi_\Delta}{\partial x}\right)^2$$

   Setzt man in dieser Gleichung für die linke Seite die Poisson-Boltzmann-Gleichung ein und löst nach $\left(\frac{\partial \phi_\Delta}{\partial x}\right)^2$ auf, dann erhält man:

$$\boxed{\left(\frac{\partial \phi_\Delta}{\partial x}\right)^2 = -\frac{2e}{\epsilon\epsilon_0} \sum n_i^0 z_i \cdot \exp\left(-\frac{z_i e \phi_\Delta}{k_B T}\right) \mathrm{d}\phi_\Delta}$$

2. Wir setzen die folgenden Randbedingungen fest:

$$x = 0 \quad \phi_\Delta = \phi_{\Delta,0}$$

$$x \to \infty \quad \phi_\Delta \to 0 \quad \frac{\partial \phi_\Delta}{\partial x} \to 0$$

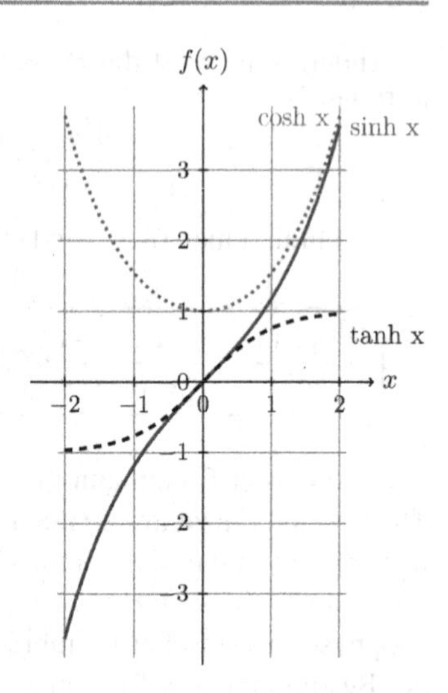

Abb. 8.20 Hyperbelfunktionen

Damit lässt sich die rechte Seite von (8.34) integrieren, und man erhält:

$$\boxed{\left(\frac{\partial \phi_\Delta(x)}{\partial x}\right)^2 = -\frac{2k_BT}{\epsilon\epsilon_0}\cdot\sum n_i^0\cdot\left(\exp\left[-\frac{z_ie\phi_\Delta}{k_BT}\right]-1\right) \qquad \phi_\Delta = \phi-\phi_s} \tag{8.35}$$

Für z-z-Elektrolyte gilt damit zum Beispiel:

$$\left(\frac{\partial \phi_\Delta(x)}{\partial x}\right)^2 = -\frac{2k_BT}{\epsilon\epsilon_0}\cdot n_i^0\cdot\left(\exp\left[+\frac{z_ie\phi_\Delta}{k_BT}\right]+\exp\left[-\frac{z_ie\phi_\Delta}{k_BT}\right]-1\right) \tag{8.36}$$

Im Folgenden sind einige Formeln zum Gebrauch der hyperbolischen Funktionen sowie der Verlauf der Funktionen (Abb. 8.20) zusammengestellt:

$$\sin hx = \frac{e^x - e^{-x}}{2} \qquad \cosh x = \frac{e^x + e^{-x}}{2}$$

$$\begin{aligned}
\sin hx + \cosh x &= e^x\\
\sin hx - \cosh x &= -e^{-x}\\
\cosh^2 x - \sin h^2 x &= 1\\
\cosh 2x &= \sin h^2 x + \cosh^2 x\\
\int \sin hcx\,\mathrm{d}x &= \frac{1}{c}\cosh cx\\
\int \cosh cx\,\mathrm{d}x &= \frac{1}{c}\sin hcx
\end{aligned}$$

Mit diesen Gleichungen lassen sich die folgenden Umformungen bilden:

$$\begin{aligned}
\left(\frac{\partial \phi_\Delta(x)}{\partial x}\right)^2 &= \frac{2k_B T}{\epsilon\epsilon_0} \cdot n_i^0 \cdot \left(\exp\left[+\frac{z_i e \phi_\Delta}{k_B T}\right] + \exp\left[-\frac{z_i e \phi_\Delta}{k_B T}\right] - 1\right) \\
&= \frac{2k_B T}{\epsilon\epsilon_0} \cdot n_i^0 \cdot \left(2\cosh\frac{z_i e \phi_\Delta}{k_B T} - 1\right) \\
&= \frac{2k_B T}{\epsilon\epsilon_0} \cdot n_i^0 \cdot \left(2 \cdot \left[\sin h^2 \frac{z_i e \phi_\Delta}{2k_B T} + \cosh^2 \frac{z_i e \phi_\Delta}{2k_B T}\right] - 1\right) \\
&= \frac{2k_B T}{\epsilon\epsilon_0} \cdot n_i^0 \cdot \left(2 \cdot \left[\sin h^2 \frac{z_i e \phi_\Delta}{2k_B T} + 1 + \sin h^2 \frac{z_i e \phi_\Delta}{2k_B T}\right] - 1\right) \\
&= \frac{2k_B T}{\epsilon\epsilon_0} \cdot n_i^0 \cdot \left(4 \sin h^2 \frac{z_i e \phi_\Delta}{2k_B T} + 1\right) \\
&= \frac{8k_B T}{\epsilon\epsilon_0} \cdot n_i^0 \cdot \left(\sin h^2 \frac{z_i e \phi_\Delta}{2k_B T} + \frac{1}{4}\right)
\end{aligned} \tag{8.37}$$

Für die Konstanten gilt:

$$\begin{aligned}
e &= 1{,}6022 \cdot 10^{-19}\,\mathrm{C} \quad \text{(Elementarladung des Elektrons)} \\
k_B &= 1{,}3806 \cdot 10^{-23}\,\mathrm{J/K} \quad \text{(Boltzmann-Konstante)}
\end{aligned}$$

Für ϕ_Δ in der Größenordnung von einigen Hundert Millivolt kann die Größe $\frac{1}{4}$ vernachlässigt werden. Damit erhält man:

$$\frac{\partial \phi_\Delta(x)}{\partial x} = \sqrt{\frac{8k_B T \cdot n_i^0}{\epsilon\epsilon_0}} \cdot \sin h \frac{z_i e \phi_\Delta}{2k_B T} \tag{8.38}$$

Diese Gleichung kann integriert werden, und man erhält:

$$\int_{\phi_{\Delta,0}}^{\phi_\Delta} \frac{\mathrm{d}\phi_\Delta(x)}{\sin h \frac{z_i e \phi_\Delta}{2k_B T}} = \sqrt{\frac{8k_B T \cdot n_i^0}{\epsilon\epsilon_0}} \cdot \int_0^x \mathrm{d}x \tag{8.39}$$

$$\ln\left[\frac{\tan h \frac{z_i e \phi_\Delta}{4k_B T}}{\tan h \frac{z_i e \phi_{\Delta,0}}{4k_B T}}\right] \cdot \frac{2k_B T}{ze} = \sqrt{\frac{8k_B T \cdot n_i^0}{\epsilon\epsilon_0}} \cdot x \tag{8.40}$$

Man setzt:

$$\boxed{x_{DL} = \sqrt{\frac{\epsilon\epsilon_0 k_B T}{2n_i^0 z^2 e^2}}} \quad \text{Debye-Länge} \tag{8.41}$$

Dann ist:

$$\frac{\tan h \frac{z_i e \phi_\Delta}{4k_B T}}{\tan h \frac{z_i e \phi_{\Delta,0}}{4k_B T}} = e^{-\frac{x}{x_{DL}}} \tag{8.42}$$

Die Debye-Länge, auch *Debye-Hückel-Parameter* genannt, ist eine charakteristische Länge, auf welcher das elektrische Potenzial einer Überschussladung auf das $1/e$-fache abfällt. Es ist somit: $x_{DL} \propto 1/\sqrt{n_i^0}$ und $x_{DL} \propto \sqrt{T}$. Das Potenzial fällt somit umso schneller ab, je höher die Konzentration n_i^0 des Elektrolyten in der Lösung ist. Das Potenzial fällt zudem schneller mit höherer Temperatur.

Setzt man Zahlenwerte ein, dann erhält man:
$\epsilon_{H_2O} = 78,\ T = 298\,\mathrm{K},\ c = 1{,}0\,\mathrm{mol/l},\ z = 1 \quad \rightarrow \quad x_{DL} = 0{,}3\,\mathrm{nm}$
Die Ladungsdichte erhält man aus der Poisson-Gleichung:

$$\frac{\partial^2 \phi_\Delta(x)}{\partial x^2} = -\frac{\rho(x)}{\epsilon\epsilon_0} = \frac{1}{2} \cdot \frac{\partial}{\partial \phi_\Delta}\left(\frac{\partial \phi_\Delta}{\partial x}\right)^2 \tag{8.43}$$

Die Kapazität erhält man gemäß:

$$C = \frac{\rho(x)}{\phi_{\Delta,0}} \tag{8.44}$$

Da die Debye-Länge sehr klein ist, fällt das Potenzial immer noch sehr schnell ab, und die Feldstärke in der diffusen Doppelschicht ist damit immer noch entsprechend hoch. Das Modell muss somit weiter verbessert werden.

Die nächste Verbesserung erfolgte in Form des *Stern-Modells*, welches nachfolgend erörtert wird.

8.2.3 Das Stern-Modell

Otto Stern[7] (Abb. 8.21) kombinierte das Helmholtz-Modell mit dem Gouy-Chapman-Modell (Stern-Modell; Abb. 8.22). Er ging davon aus, dass *an der Elektrodenoberfläche eine starre Helmholtz-Schicht* anhaftet, *gefolgt von einer diffusen Doppelschicht* nach dem Gouy-Chapman-Modell. Man hat bei diesem Modell somit den Fall, dass quasi *zwei Kondensatoren in Reihe* geschaltet sind, wobei der eine Kondensator die feste Helmholtz-Schicht repräsentiert, der zweite die diffuse Doppelschicht nach Gouy und Chapman.

Bei einer Serienschaltung fließt durch alle Kondensatoren der gleiche Strom, das heißt, die Kondensatoren liegen an der gleichen Spannung und tragen alle die gleiche Ladung:

$$U = U_1 + U_2 = \frac{q}{C_1} + \frac{q}{C_2} = q \cdot \left(\frac{1}{C_1} + \frac{1}{C_2}\right) = \frac{q}{C} \quad \Rightarrow \quad \boxed{\frac{1}{C} = \frac{1}{C_1} + \frac{1}{C_2}} \tag{8.45}$$

[7] Otto Stern (* 17. Februar 1888 in Sohrau, Oberschlesien; † 17. August 1969 in Berkeley) war ein deutscher Physiker. Die Stern-Volmer-Gleichung geht auf eine Zusammenarbeit von Stern mit Max Volmer am Berliner physikochemischen Institut zurück. 1922 führte er zusammen mit Walther Gerlach den Stern-Gerlach-Versuch zum Nachweis der Richtungsquantelung durch. 1943 erhielt er den Nobelpreis für Physik.
Quelle: http://de.wikipedia.org/wiki/Otto_Stern_(Physiker)

Abb. 8.21 Otto Stern

Auf diese Weise wird die Spannung und damit die Kapazität und das Feld in beiden Schichten abgesenkt, und dadurch sind die Feldstärken in den beiden Zonen geringer als in den anderen beiden Modellen.

Wie im Gouy-Chapman-Modell gilt:

- Je höher die Elektrolytkonzentration ist, desto dünner ist die diffuse Doppelschicht, und desto schneller erfolgt der Abfall des Potenzials.
- Im Abstand x_H ist der Übergang von der starren Helmholtz-Schicht zur diffusen Doppelschicht. Diese (Modell-)Trennfläche heißt *äußere Helmholtz-Schicht.*

Das Stern-Modell beschreibt von allen drei behandelten Modellen die Realität am besten.

Abb. 8.22 Stern-Modell

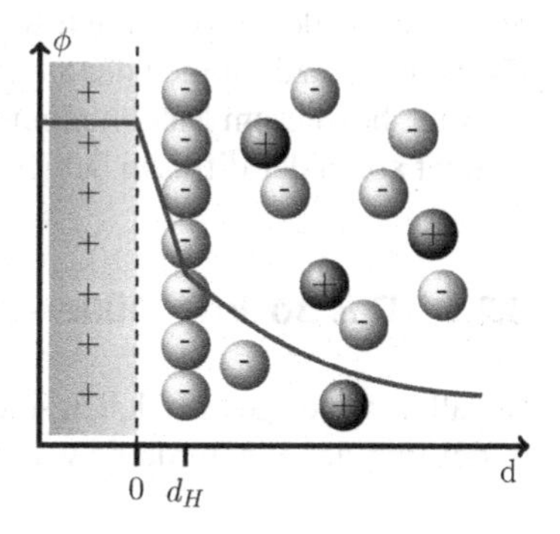

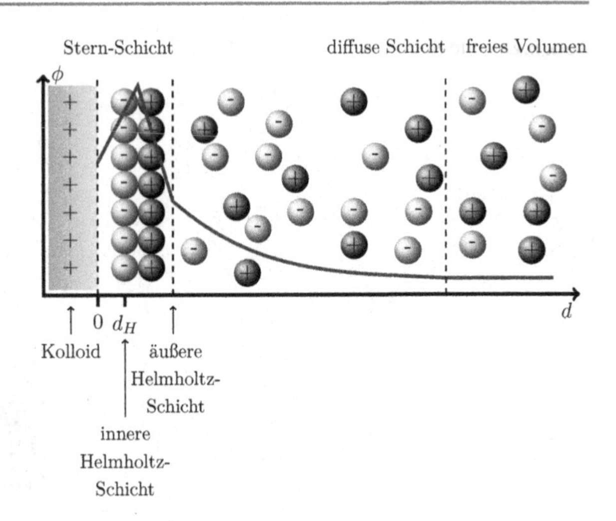

Abb. 8.23 Grahame-Modell

8.2.4 Das Grahame-Modell

Eine Erweiterung des Stern-Modells ist das 1947 veröffentlichte *Grahame-Modell*. David Caldwell Grahame[8] entwickelte ein Modell aus drei unterschiedlichen Schichten (Abb. 8.23), in welchem zusätzlich berücksichtigt wird, dass bestimmte Ionen bevorzugt vor anderen an der Elektrodenoberfläche angelagert werden. Diese Ionen zeichnen sich dadurch aus, dass sie stärker an die Oberfläche gebunden werden als andere. Die innere Helmholtz-Fläche geht durch die Mittelpunkte dieser besonders fest gebundenen Ionen. Kennzeichnend ist, dass diese *nicht solvatisiert* sind.

Die äußere Helmholtz-Fläche geht durch die Mittelpunkte derjenigen Teilchen der Helmholtz-Schicht, die mit ihren Solvathüllen fest an die Oberfläche gebunden sind. In diesem Bereich sind die Coulomb-Kräfte nicht mehr stark genug, um die Solvathüllen der angelagerten Ionen zu zerstören. Innere und äußere Helmholtz-Fläche bilden zusammen die *Stern-Schicht*.

Auch bei diesem Modell nimmt das Potenzial linear bis zur äußeren Helmholtz-Schicht ab. In der diffusen Schicht fällt es dann exponentiell ab.

8.2.5 Das Bockris-Müller-Devanathan-Modell (BMD-Modell)

Bei allen bisherigen Modellen sind die Wechselwirkungen zwischen dem Lösungsmittel und der Elektrode bzw. dem Festkörper nicht berücksichtigt. Insbesondere

[8] David Caldwell Grahame (* 21. April 1912 in Saint Paul, Minnesota; † 11. Dezember 1958 in London) war ein US-amerikanischer Physikochemiker. Er erforschte mit Hilfe der Quecksilbertropfelektrode die elektrochemische Doppelschicht und leitete die nach ihm benannte Grahame-Gleichung her, die es erlaubt, Ladungsdichten auf Oberflächen zu berechnen.
Quelle: http://de.wikipedia.org/wiki/David_C._Grahame

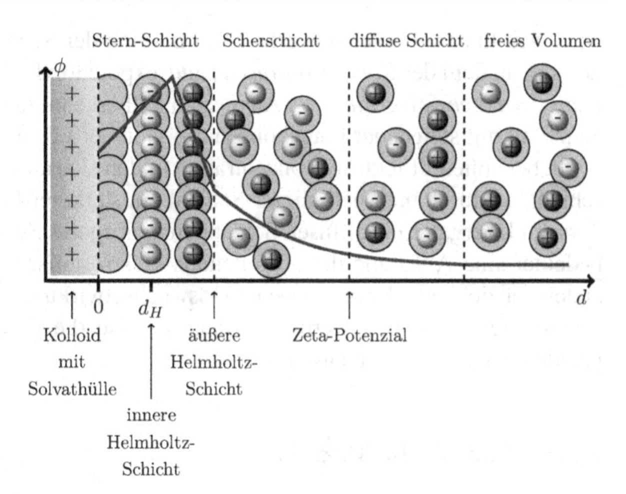

Abb. 8.24 Bockris-Müller-Devanathan-Modell

polare Lösungsmittel zeigen jedoch auch Wechselwirkungen mit der Elektrode. Ferner ist die Konzentration an Lösungsmittel wesentlich größer als die der gelösten Teilchen, weshalb der Einfluss des Lösungsmittels nicht vernachlässigt werden darf.

In dem 1963 veröffentlichten Modell von John O'Mara Bockris[9], Klaus Müller und Michael Angelo Vincent Devanathan[10] (BMD-Modell) werden polare Lösungsmittelmoleküle entsprechend der Ladung der Elektrode (bzw. des Kolloids) orientiert. Das Lösungsmittel bildet quasi eine erste Solvathülle – wie bei der Hydratation von Ionen im Fall der Wassermoleküle (Abb. 8.24).

Die innere Helmholtz-Schicht läuft gerade durch die Schwerpunkte der so angelagerten ersten starren Solvatschicht. Daran anschließen kann sich eine weitere Solvatschicht, welche die Grenze der äußeren Helmholtz-Schicht darstellt. Daran schließt sich die diffuse Schicht an. Die Schichtenfolge ist damit die gleiche wie beim Grahame-Modell.

Die Autoren definieren noch eine weitere Grenze: Wenn sich das Teilchen bzw. die Elektrode bewegt, wird ein Teil der diffusen Grenzschicht von der Strömung weggerissen. Ein anderer Teil dieser Schicht bleibt an dem Teilchen bzw. der Elektrode haften. Diese *Scherzone* ist nicht (unbedingt) identisch mit der äußeren Helmholtz-Schicht. Das Potenzial dieser Ebene heißt auch *Zeta-Potenzial* oder *elektrokinetisches Potenzial* ζ.

Die Gestalt der Potenzialkurve lässt sich zusammenfassend somit folgendermaßen erklären: Im Bereich der inneren und äußeren Helmholtz-Schicht finden

[9] Bernhardt Patrick John O'Mara Bockris (* 5. Januar 1923 in Johannesburg, Südafrika; † 7. Juli 2013 in Gainesville, Florida) war Professor der Chemie und hat sich vor allem mit der Physikalischen Chemie und insbesondere der Elektrochemie befasst.

Quelle: http://de.wikipedia.org/wiki/John_Bockris

[10] Michael Angelo Vincent Devanathan war ein aus Sri Lanka stammender Chemiker, der als Physikochemiker insbesondere im Bereich der Elektrochemie gearbeitet hat und dabei zum Verständnis der elektrochemischen Doppelschicht beigetragen hat.

Quelle: http://de.wikipedia.org/wiki/M._A._V._Devanathan

wir einen linearen Potenzialverlauf. Im Bereich der Scherschicht und der diffusen Schicht, in dem der *Konzentrationsverlauf* expotentiell erfolgt, liegt auch ein expotentieller *Potenzialverlauf* vor. An diesem Fall erkennt man zudem, dass der Potenzialabfall mit steigender Ionenkonzentration in der Lösung immer stärker wird, das heißt, bei höherer Elektrolytkonzentration finden sich auch mehr Ionen in der Scherschicht, wodurch innerhalb dieser Schicht ein stärkerer Potenzialabfall auftritt, sodass am Übergang zur diffusen Schicht ein geringeres Zeta-Potenzial vorliegt. Dies bedeutet eine Abnahme der abstoßenden elektrostatischen Kräfte, bis schließlich andere anziehende Kräfte (Dispersionswechselwirkungen, van der Waals-Wechselwirkungen) so stark werden können, das sie die gegenseitige Abstoßung der geladenen Partikel kompensieren.

8.2.6 Chemische Modelle

Weiterhin wurde in den oben genannten Modellen nicht berücksichtigt, dass Teilchen mit der Elektrodenoberfläche oder mit dem betrachteten Kolloid reagieren können. Dabei verändert sich die Oberfläche und damit auch ihr Potenzial. Die Art des Metalls (sp-Elektronen, d-Elektronen, f-Elektronen) hat einen entscheidenden Einfluss auf die Art der chemischen Bindung. Insbesondere die innere Helmholtz-Phase wird durch diese Reaktionen verändert bzw. beeinflusst [Para06].

8.2.7 Elektrokinetische Phänomene: Das Zeta-Potenzial

Kolloide in einer Lösung tragen gewöhnlich Ladungen, und dies ist der Grund, weshalb eine kolloide Lösung überhaupt stabil sein kann. Wir gehen davon aus, dass die kolloidal gelösten Teilchen chemisch alle gleich sind, und daher tragen sie – zumindest vom Vorzeichen der Ladung gesehen – die gleiche Ladung und stoßen sich elektrostatisch ab.

Da die Kolloide geladen sind, zeigen sie zudem die gleichen Grenzschichten wie feste Elektroden, weshalb wir die Modellvorstellungen der Elektroden auch auf die Kolloide übertragen konnten.

Gegenüber den festen Elektroden haben Kolloide den Vorteil, dass sie im elektrischen Feld mehr Untersuchungsmöglichkeiten bieten, denn im elektrischen Feld bewegen sich die Teilchen! Auch das umgekehrte Phänomen existiert: Die Bewegung der geladenen Teilchen erzeugt ein elektrisches (und magnetisches) Feld!

Daraus ergeben sich verschiedene Phänomene, die zur Untersuchung der Eigenschaften geladener Teilchen benutzt werden können [Hidalgo96, Delgado05, Delgado07]:

- *Elektrophorese:* Geladene Teilchen bewegen sich unter dem Einfluss eines elektrischen Feldes.
- *Elektroosmose:* Flüssigkeit fließt durch geladene feste Oberflächen unter dem Einfluss eines elektrischen Feldes.

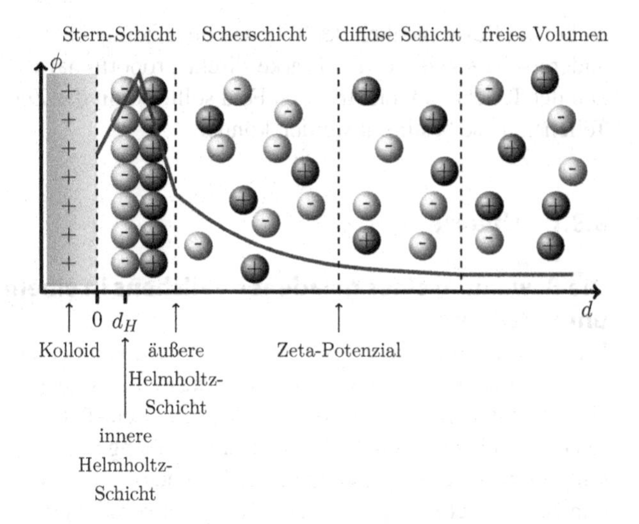

Abb. 8.25 Zeta-Potenzial und Lage der Scherfläche

- *Strömungspotenzial:* Eine Flüssigkeit wird durch Druck durch eine geladene Membran gedrückt [Loebb00].
- *Sedimentation:* Die Teilchen bewegen sich im Gravitationsfeld.

Bei der Bewegung wird dabei nicht nur das Teilchen selbst bewegt, *sondern die gesamte damit fest verbundene Solvathülle*, deren Grenze durch die Scherfläche bestimmt ist. Die Lage der Scherfläche hängt außer von der Art der Teilchen und deren Ladung selbst von der Zusammensetzung der Lösung, der Art und Menge gelöster Elektrolyte und von der Geschwindigkeit der Teilchen in der Lösung und damit vom Feld in der Lösung ab. Je schneller sich die Teilchen bewegen, desto mehr von der Solvathülle bleibt bei der Bewegung zurück (reißt von dem bewegten Teilchen ab).

Das Zeta-Potenzial haben wir beim BMD-Modell bereits eingeführt, und die Position des Zeta-Potenzials definiert gerade die Lage dieser Scherfläche (Abb. 8.25).

Oftmals identifiziert man die Scherfläche mit der äußeren Helmholtz-Schicht, dies ist aber nicht in jedem Fall richtig.

8.3 Das Zeta-Potenzial: Eine eingehendere Betrachtung

Das Zeta-Potenzial ist zwar eine rein theoretische Größe aus der Elektrochemie, spielt aber im Bereich der Kolloidwissenschaft, insbesondere in Hinsicht auf die Stabilität von Suspensionen und damit für die technische Anwendung eine bedeutende Rolle. Aus diesem Grund zählt das Zeta-Potenzial zu den wichtigsten Größen zur Charakterisierung kolloider Lösungen.

Wie lässt sich ein „imaginäres" Potenzial an einem einzelnen kleinen Teilchen in einer Lösung messen? Das Zeta-Potenzial ist einer direkten Messung *nicht* zugänglich! Andererseits bewegen sich geladene Teilchen in einem elektrischen Feld, wobei die Beweglichkeit der Teilchen der Ladung einerseits und der Teilchengröße andererseits sowie der Feldstärke direkt proportional ist! Über die Geschwindigkeit der Teilchen im elektrischen Feld sollte somit das Zeta-Potenzial bei bekannter Teilchengröße bestimmt werden können.

8.3.1 Theorie

Die Bewegung eines geladenen Teilchens in einem elektrischen Feld unter Reibung

Da sich das Potenzial eines einzelnen Teilchens an einer imaginären Grenze nicht in einem gewöhnlichen Stromkreis vermessen lässt, benötigen wir ein Modell, welches die interessierende Größe – das ist das Zeta-Potenzial – mit anderen, messbaren Größen in einen eindeutigen Zusammenhang bringt. Als messbare Größe haben wir bereits die Geschwindigkeit des Teilchens in der Lösung ins Auge gefasst, und nun ist es unsere Aufgabe, diese Driftgeschwindigkeit der Teilchen in eine mathematische Beziehung mit dem Zeta-Potenzial zu bringen.

Bringt man ein geladenes Teilchen in ein elektrisches Feld, dann wird sich dieses Teilchen in dem Feld entlang der Feldrichtung bewegen. Die durch das Feld auf das Teilchen ausgeübte Beschleunigung hängt nach der klassischen Newton'schen Theorie ab von der elektrischen Feldstärke, der Masse des Teilchens und weiteren auf das Teilchen wirkenden Kräften.

Die rein elektrische Wechselwirkung (ohne Berücksichtigung von Reibung) zwischen dem Teilchen mit der Ladung q und dem Feld $\underline{E}$ wird beschrieben durch:

$$\underline{F}_{\text{el}} = q \cdot \underline{E} \tag{8.46}$$

In der Lösung erfährt das Teilchen somit eine Beschleunigung in Richtung der zum Teilchen entgegengesetzt geladenen Elektrode, von welcher das Feld ausgeht.

Da das Teilchen in der Regel in ein anderes Medium eingebettet ist (und sich nicht im Vakuum befindet), wirken noch weitere Kräfte – Reibungskräfte – auf das Teilchen, die dazu führen, dass das Teilchen nicht beliebig beschleunigt werden kann. Im einfachsten Fall, wenn die beschleunigende Kraft ausreichend gering ist, folgen diese Reibungskräfte F_{Vis} einem linearen Gesetz, und wir setzen an:

$$\underline{F}_{\text{Vis}} = -f \cdot \underline{v} \tag{8.47}$$

Das Vorzeichen in der Gleichung besagt, dass die Reibungskraft stets der Geschwindigkeit des Teilchens $\underline{v}$ entgegengerichtet ist. Die Proportionalitätskonstante f ist der Reibungskoeffizient, der wesentlich von der Form der Teilchen abhängt.

Im Gleichgewicht, das heißt bei gleichförmiger, unbeschleunigter Bewegung des Teilchens, gilt:

$$\underline{F}_{\text{Vis}} = \underline{F}_{\text{el}} \tag{8.48}$$

Wir werden später sehen, wie man die Bewegung der Teilchen direkt (durch ein Mikroskop) beobachten kann. Dabei zeigt sich, dass dieses Gleichgewicht zwischen den Kräften sehr schnell (innerhalb weniger Millisekunden) erreicht wird, sodass wir im Folgenden davon ausgehen, dass sich die Teilchen während der gesamten Messzeit mit gleichförmiger Geschwindigkeit bewegen. Beschleunigungsphasen werden vernachlässigt!

Aus (8.48) folgt für die Teilchengeschwindigkeit:

$$q \cdot \underline{E} = f \cdot \underline{v} \quad \Leftrightarrow \quad \underline{v} = \frac{q}{f} \cdot \underline{E} \tag{8.49}$$

Für kugelförmige Teilchen lässt sich f schreiben als

$$f = 6\pi\eta \cdot R_S \tag{8.50}$$

Dabei ist η die (dynamische) Viskosität der Lösung und R_S der Teilchenradius des im Folgenden stets als sphärisch angenommenen Teilchens. Für die Ladung setzen wir an:

$$q = z \cdot e \tag{8.51}$$

Dabei ist e die Elektronenladung. Damit ist schließlich:

$$\underline{v} = \frac{z \cdot e}{6\pi\eta} \cdot \frac{\underline{E}}{R_S} \tag{8.52}$$

Weiter ist die Beweglichkeit oder auch Mobilität u definiert gemäß:

$$u = \frac{\underline{v}}{\underline{E}} \left[\frac{\text{m/s}}{\text{V/m}}\right] \tag{8.53}$$

Untersucht man die die Mobilität bzw. die Geschwindigkeit der Teilchen auf Basis von (8.52) im Grenzfall unendlich verdünnter Lösungen, erhält man als Ergebnis den *effektiven* Teilchenradius eines in der Lösung (durch andere Teilchen) ungestörten solvatisierten Teilchens.

Im Fall großer Teilchen kann die Geschwindigkeit im elektrischen Feld oftmals direkt durch ein Mikroskop gemessen werden! Das Teilchen ist im Allgemeinen selbst bei Kolloiden immer noch zu klein, um unmittelbar gesehen zu werden; beleuchtet man das Teilchen aber mit einem Laser, erkennt man durch das Mikroskop bei senkrechter Betrachtung das gestreute Laserlicht (Tyndall-Effekt) vor einem dunklen Hintergrund als hellen Punkt! Da die Feldstärke voreingestellt und somit bekannt ist, kann die Mobilität mittels (8.53) direkt bestimmt werden.

Ein Problem bei Kolloiden besteht darin, dass im Allgemeinen die Ladung q der Teilchen weder bekannt noch konstant ist! Um die Teilchen herum wird sich entsprechend ihrer Ladung eine *elektrolytische Doppelschicht* bilden, deren prinzipieller Aufbau bereits ausführlich besprochen wurde. Das elektrische Feld des Teilchens selbst wird durch die elektrolytische Doppelschicht und die diffuse Grenzschicht verändert. Damit ist die Ladung des Teilchens nicht exakt bestimmt, und somit ist das Konzept des Potenzials im Bereich des Kolloids weitaus bedeutender als die Ladung selbst!

Der Bereich der Lösung am Rand der diffusen Doppelschicht, welcher der Bewegung nicht mehr folgen kann, wird als Scherfläche bezeichnet; das hier vorherrschende Potenzial ist das uns interessierende Zeta-Potenzial, denn gerade dieses Potenzial verbleibt bei dem Teilchen und wirkt der Annäherung anderer in der Lösung vorhandenen Kolloidteilchen entgegen, was die Stabilität des Systems bewirkt!

Wie berechnet sich nun die Ladungsdichte im Bereich des Teilchens?

Debye-Hückel-Näherung und linearisierte Poisson-Boltzmann-Gleichung

Das elektrische Feld der Teilchenoberfläche wirkt über die starre Doppelschicht hinweg in die Lösung, sodass auch in größeren Abständen Ionen angezogen bzw. abgestoßen werden. Die Ionen in dieser diffusen Doppelschicht schirmen das Feld mehr und mehr ab, bis es in einiger Entfernung von der Oberfläche quasi nicht mehr spürbar ist.

Nach Boltzmann hängt die Zahl der Teilchen in der diffusen Doppelschicht vom Verhältnis aus elektrischer potenzieller Energie und Wärmeenergie ab, das heißt, die Zahl der Teilchen ist eine Funktion des Potenzials am betrachteten Ort:

$$n_i = n_0 \cdot \exp\left(-\frac{z_i e(\phi - \phi_s)}{k_B T}\right) \tag{8.54}$$

Dabei ist n_0 die Teilchenkonzentration in der Lösung, ϕ das Potenzial am Ort r und ϕ_S das Potenzial in der freien Lösung.

Zerlegt man die Doppelschicht in infinitesimal dünne Scheiben der Dicke dx, dann ist im Abstand x von der Festkörperoberfläche die Ladungsdichte $\rho(x)$:

$$\rho(x) = \sum n_i z_i e = \sum n_i^0 z_i e \cdot \exp\left(-\frac{z_i e(\phi - \phi_s)}{k_B T}\right) \tag{8.55}$$

n_i^0 ist die Zahl der Ionen pro Volumeneinheit in der freien, ungestörten Lösung. Kombiniert man die Poisson-Gleichung

$$\frac{\partial^2 \phi_\Delta(x)}{\partial x^2} = -\frac{\rho(x)}{\epsilon\epsilon_0} \quad \phi_\Delta = \phi - \phi_s \tag{8.56}$$

mit (8.55), erhält man – wie bereits gezeigt – die *Poisson-Boltzmann-Gleichung*:

$$\boxed{\frac{\partial^2 \phi_\Delta(x)}{\partial x^2} = -\frac{e}{\epsilon\epsilon_0} \cdot \sum n_i^0 z_i \cdot \exp\left(-\frac{z_i e(\phi - \phi_s)}{k_B T}\right) \quad \phi_\Delta = \phi - \phi_s} \tag{8.57}$$

Zur Lösung dieser nichtlinearen Differenzialgleichung könnten wir uns helfen, wenn wir wie in der Debye-Hückel-Theorie annehmen, dass $z_i e \cdot (\phi - \phi_s) \ll k_B T$ gilt. In diesem Fall kann die Exponentialfunktion entwickelt werden, und wir würden nur den ersten Term dieser Entwicklung $e^x = 1 - x + \ldots$ verwenden.

Die Debye-Hückel-Näherung kann verwendet werden, wenn der Wert des Potenzials klein ist im Vergleich zum Term $k_B T$. Nach dieser Näherung ist:

$$\rho = \Sigma_i z_i \cdot e \cdot n_i^0 \cdot \left(1 - \frac{z_i e \phi}{k_B T}\right) \tag{8.58}$$

Berücksichtigung der Elektroneutralität liefert:

$$\Sigma_i z_i \cdot e \cdot n_i^0 = 0 \tag{8.59}$$

Damit verbleibt in (8.58) für die Ladungsdichte nur der zweite Term, und es ist:

$$\rho = -\Sigma_i z_i^2 \cdot e^2 \cdot n_i^0 \cdot \frac{\phi}{k_B T} \tag{8.60}$$

Setzt man diese Näherung in die Poisson-Gleichung (8.56) ein, erhält man:

$$\boxed{\frac{\mathrm{d}^2\phi}{\mathrm{d}r2} = \phi \cdot \frac{e^2}{\epsilon_0 \epsilon_r \cdot k_B T} \cdot \Sigma_i z_i^2 \cdot n_i^0} \tag{8.61}$$

Gleichung (8.61) ist bekannt als *linearisierte Poisson-Boltzmann-Gleichung*. Genau diese Annahme kleiner Potenziale wurde von Hückel und Debye auch in der Theorie der Elektrolyte angewandt, weshalb diese Näherung auch Debye-Hückel-Näherung genannt wird.

Die konstanten Ausdrücke in (8.61) werden wieder zu der Konstante x_{DL} zusammengefasst mit:

$$\boxed{x_{DL}^2 = \frac{e^2}{\epsilon_0 \epsilon_r \cdot k_B T} \cdot \Sigma_i z_i^2 \cdot n_i^0} \tag{8.62}$$

x_{DL} besitzt die Dimension einer inversen Länge, weshalb man diese inverse Größe als *Debye-Länge* bezeichnet. In der Theorie der Elektrolyte kommt diese Größe oftmals vor, und sie spielt hier eine zentrale Rolle, da Abstände bzw. Distanzen stets auf die Debye-Länge bezogen werden, wenn es darum geht zu entscheiden, ob diese Distanzen groß oder klein sind!

Verwendet man die Debye-Länge, dann erhält die Poisson-Boltzmann-Gleichung folgende Form:

$$\boxed{\frac{\mathrm{d}^2\phi}{\mathrm{d}r^2} = x_{DL}^2 \phi} \tag{8.63}$$

Diese Gleichung besitzt folgende Lösung:

$$\phi = \phi_0 \cdot e^{-x_{DL} r} \tag{8.64}$$

Dabei folgt das negative Vorzeichen im Exponenten aus der Bedingung, dass das Potenzial unendlich weit von der Ladung entfernt verschwinden soll.

Lösung der Poisson-Gleichung für ein sphärisches geladenes Teilchen

Wir sind davon ausgegangen, dass die Ladungsverteilung in der Lösung in der Nähe einer Elektrode bzw. einer anderen Ladung einer Boltzmann-Verteilung folgt, sodass gilt:

$$\frac{n_i}{n_i^0} = \exp\left(-\frac{z_i e\phi}{k_B T}\right) \tag{8.65}$$

Dabei stellt ϕ das Potenzial an dem interessierenden Ort dar. n_i ist die Zahl der Teilchen i pro Volumeneinheit an diesem betrachteten Ort, n_i^0 die Zahl dieser Teilchen pro Volumeneinheit unendlich weit von der Ladung entfernt (im Kontinuum der Lösung).

Wir betrachten eine Lösung mit einer einheitlichen Ladungsdichte ρ^*. Für die Ladung in einem betrachteten kugelförmigen Volumen in dieser Lösung gilt:

$$q = \frac{4}{3}\pi r^3 \cdot \rho^* \tag{8.66}$$

Damit gilt für das elektrische Feld, welches von dieser Ladung ausgeht:

$$E = \frac{1}{4\pi\epsilon_0\epsilon_r} \cdot \frac{q}{r^2} = \frac{1}{3\epsilon_0\epsilon_r} \cdot \rho^* \cdot r \tag{8.67}$$

Multiplikation von (8.67) mit r^2 und Differentiation nach r liefert:

$$\frac{\mathrm{d}}{\mathrm{d}r}\left(r^2 E\right) = \frac{\mathrm{d}}{\mathrm{d}r}\left(\frac{r^3\rho^*}{3\epsilon_0\epsilon_r}\right) = \frac{r^2\rho^*}{\epsilon_0\epsilon_r} \tag{8.68}$$

Mit $E = -\frac{\mathrm{d}\phi}{\mathrm{d}r}$ folgt:

$$-\frac{\mathrm{d}}{\mathrm{d}r}\left(r^2\frac{\mathrm{d}\phi}{\mathrm{d}r}\right) = \frac{r^2\rho^*}{\epsilon_0\epsilon_r} \quad \Leftrightarrow \quad \frac{1}{r^2}\frac{\partial}{\partial r}\left(r^2\frac{\mathrm{d}\phi}{\mathrm{d}r}\right) = -\frac{\rho^*}{\epsilon_0\epsilon_r} \tag{8.69}$$

An dieser Stelle sei daran erinnert, dass ganz allgemein für die Transformation des Laplace-Operators nach Kugelkoordinaten gilt:

$$\nabla^2\phi = \frac{1}{r^2}\frac{\partial}{\partial r}\left(r^2\frac{\partial\phi}{\partial r}\right) + \frac{1}{r^2\sin\theta}\cdot\frac{\partial}{\partial\theta}\left(\sin\theta\cdot\frac{\partial\phi}{\partial\theta}\right) + \frac{1}{r^2\sin^2\theta}\cdot\left(\frac{\partial^2\phi}{\partial\varphi^2}\right) \tag{8.70}$$

Mit (8.69) und mit der Ladungsdichte gegeben durch

$$\rho^* = -\Sigma_i\, z_i^2 \cdot e^2 \cdot n_i^0 \cdot \frac{\phi}{k_B T} \tag{8.71}$$

folgt (in Kugelkoordinaten):

$$\boxed{\frac{1}{r^2}\frac{\mathrm{d}}{\mathrm{d}r}\left(r^2\frac{\mathrm{d}\phi}{\mathrm{d}r}\right)\frac{e^2}{\epsilon_0\epsilon_r\cdot k_B T}\left(\Sigma_i\, z_i^2 n_i\right)\cdot\phi \equiv x_{DL}^2\phi} \tag{8.72}$$

Dabei ist wieder

$$\boxed{x_{DL} = \sqrt{\frac{e^2 \cdot N_A}{\epsilon_0\epsilon_r \cdot k_B T} \cdot \Sigma_i z_i^2 M_i}} \quad \text{Debye-Länge} \tag{8.73}$$

die sogenannte *Debye-Länge*. Mit der Ionenstärke I

$$I = \frac{1}{2}\, \Sigma_i z_i^2 M_i \tag{8.74}$$

lässt sich die Debye-Länge auch in folgender Form notieren:

$$\boxed{x_{DL} = \sqrt{\frac{e^2 \cdot N_A \cdot I}{\epsilon_0\epsilon_r \cdot k_B T}}} \quad \text{Debye-Länge} \tag{8.75}$$

Gleichung (8.72) ist *die* zentrale Gleichung in der Debye-Hückel-Theorie, die es zu lösen gilt. Dazu führen wir eine neue Variable ein mit:

$$x = r \cdot \phi \tag{8.76}$$

Damit wird (8.72) zu:

$$\frac{\mathrm{d}}{\mathrm{d}r}\left(r^2 \frac{\mathrm{d}\phi}{\mathrm{d}r}\right) = r^2 \cdot x_{DL}^2 \cdot \phi = x_{DL}^2 \cdot rx = x \cdot r \cdot \phi \tag{8.77}$$

Für die linke Seite von (8.77) erhalten wir:

$$\begin{aligned} \frac{\mathrm{d}}{\mathrm{d}r}\phi &= \frac{\mathrm{d}(x/r)}{\mathrm{d}r} = \frac{1}{r} \cdot \frac{x}{\mathrm{d}r} - \frac{x}{r^2} \\ \frac{\mathrm{d}}{\mathrm{d}r}\left(r^2 \frac{\mathrm{d}\phi}{\mathrm{d}r}\right) &= \frac{\mathrm{d}}{\mathrm{d}r}\left(r\frac{\mathrm{d}x}{\mathrm{d}r} - x\right) = \frac{\mathrm{d}x}{\mathrm{d}r} + r^2\frac{\mathrm{d}^2x}{\mathrm{d}r^2} - \frac{\mathrm{d}x}{\mathrm{d}r} = r\frac{\mathrm{d}^2x}{\mathrm{d}r^2} \end{aligned} \tag{8.78}$$

Setzt man das Ergebnis von (8.78) in (8.77) ein, dann ist:

$$\frac{\mathrm{d}^2x}{\mathrm{d}r^2} = x_{DL}^2 x \tag{8.79}$$

Man erhält somit wieder die Poisson-Gleichung mit der allgemeinen Lösung:

$$x = A \cdot e^{-x_{DL}r} + B \cdot e^{x_{DL}r} \tag{8.80}$$

Ersetzt man x wieder gemäß (8.76), erhält man:

$$\phi = \frac{A}{r} \cdot e^{-x_{DL}r} + \frac{B}{r} \cdot e^{x_{DL}r} \tag{8.81}$$

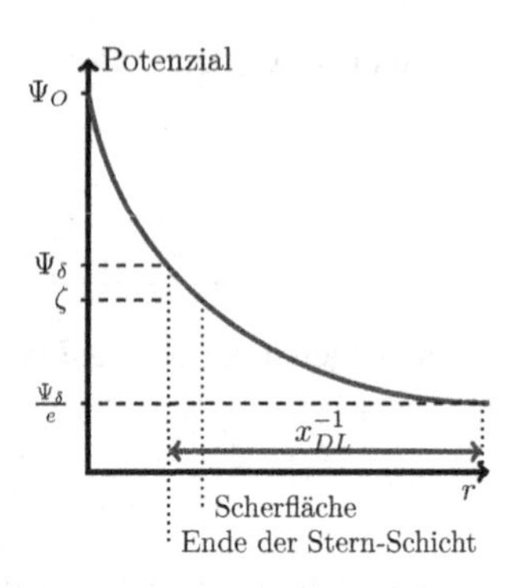

Abb. 8.26 Potenziale in der Grenzschicht

Mit der Forderung $\phi \to 0$ für $r \to \infty$ folgt $B = 0$. Bleibt noch der Faktor A zu bestimmen!

Bei unendlicher Verdünnung geht $x_{DL} \to 0$. Das Potenzial des geladenen Teilchens ist in diesem Fall gegeben durch das Potenzial einer isolierten Ladung, das heißt, es gilt:

$$\phi = \frac{1}{4\pi\epsilon_0\epsilon_r} \cdot \frac{q}{r} \tag{8.82}$$

Für $x_{DL} \to 0$ wird der Exponentialterm zu 1, das heißt, es ist $A = \frac{q}{4\pi\epsilon_0\epsilon_r}$, und damit lautet die Lösung endgültig:

$$\phi = \frac{q}{4\pi\epsilon_0\epsilon_r} \cdot e^{-x_{DL}r} \tag{8.83}$$

Die Berechnung des Zeta-Potenzials

Wir wollen nun mithilfe von (8.83) das Zeta-Potenzial eines sphärischen geladenen Teilchens berechnen, welches sich in der Lösung bewegt. Wir erinnern uns daran, dass die unmittelbar an dem Kolloid befindlichen Teilchen sich mit dem Zentralteilchen in der Lösung mitbewegen; die Relativgeschwindigkeit der Lösung unmittelbar in der Umgebung des Zentralteilchens in Bezug auf das Kolloid ist somit null!

In welchem Abstand vom Kolloid setzt die Relativbewegung ein? Wo befindet sich somit die Scherfläche? Die genaue Lage der Scherfläche ist nicht bekannt! Sie wird sich vermutlich in der Nähe der Stern-Schicht befinden, muss aber nicht mit dieser identisch sein.

Wir haben bereits das Potenzial an der Scherschicht – ohne dessen genaue Lage zu kennen – als das Zeta-Potenzial definiert. ζ sollte somit in der Nähe des Stern-Potenzials Ψ_δ liegen und auf jeden Fall kleiner sein als das Oberflächenpotenzial Ψ_O, wie in Abb. 8.26 noch einmal gezeigt.

Abstände innerhalb der Doppelschicht sind groß oder klein stets nur in Relation zur Debye-Länge x_{DL}^{-1}. In verdünnten Elektrolytlösungen – hier ist x_{DL}^{-1} groß – liegt die Scherfläche somit relativ nahe an der Teilchenoberfläche, und in erster Näherung kann angenommen werden, dass die Teilchenoberfläche mit der Scherfläche übereinstimmt (die Doppelschicht erstreckt sich deutlich weiter in die Lösemittelphase). In diesem Fall kann angenommen werden:

$$\phi = \frac{q}{4\pi\epsilon_0\epsilon_r} \cdot e^{-x_{DL}r} \quad \rightarrow \quad \zeta = \frac{q}{4\pi\epsilon_0\epsilon_r} \cdot e^{-x_{DL}R_s} \tag{8.84}$$

Dabei ist R_s der Teilchenradius.

Da x_{DL} in diesem Fall klein ist, lässt sich die Gleichung entwickeln, und man erhält:

$$\phi = \frac{q}{4\pi\epsilon_0\epsilon_r} \cdot \frac{1}{e^{x_{DL}r}} \approx \frac{q}{4\pi\epsilon_0\epsilon_r R_s} \cdot \frac{1}{1 + x_{DL}R_s} = \frac{q}{4\pi\epsilon_0\epsilon_r R_s} \cdot \frac{x_{DL}^{-1}}{R_s + x_{DL}^{-1}} \tag{8.85}$$

Gleichung (8.85) kann wie folgt umgeschrieben werden:

$$\boxed{\phi = \frac{q}{4\pi\epsilon_0\epsilon_r \cdot R_s} + \frac{-q}{4\pi\epsilon_0\epsilon_r \cdot (R_s + x_{DL}^{-1})}} \tag{8.86}$$

Gleichung (8.86) lässt eine interessante Schlussfolgerung zu:

Gleichung (8.86) kann interpretiert werden als Superposition von zwei Potenzialen:

- Ein Potenzial, welches von einer Ladung q auf einer Oberfläche mit dem Radius R_s stammt
- Ein Potenzial, welches von einer Ladung $-q$ auf einer Oberfläche mit dem Radius $(R_s + x_{DL}^{-1})$ stammt.

Man erhält somit das Nettopotenzial von zwei kugelförmigen Ladungsträgern, welche die gleiche Ladung mit umgekehrtem Vorzeichen tragen und deren Kugelradius sich um den Wert x_{DL}^{-1} unterscheidet.

Wir betrachten nun den Fall $x_{DL}R_s \rightarrow 0$. Hier ist:

$$\zeta = \frac{q}{4\pi\epsilon_0\epsilon_r} \cdot e^{-x_{DL}R_s} \quad \rightarrow \quad \zeta = \frac{q}{4\pi\epsilon_0\epsilon_r} \quad (\text{für } x_{DL}R_s \rightarrow 0) \tag{8.87}$$

Mit $q = z \cdot e$, $u = \frac{v}{E}$ und $v = \frac{zeE}{6\pi\eta R_s}$ folgt damit

$$u = \frac{|\underline{v}|}{|\underline{E}|} = \frac{ze \cdot E}{6\pi\eta R_s \cdot E} = \frac{\zeta \cdot 4\pi\epsilon_0\epsilon_r \cdot R_s}{6\pi\eta R_s} \quad \Rightarrow \quad \boxed{u = \frac{2}{3}\frac{\epsilon_0\epsilon_r}{3\eta} \cdot \zeta} \tag{8.88}$$

Gleichung (8.88) heißt *Hückel-Gleichung*. Danach hängt u nicht vom Radius des Teilchens ab! Zu beachten bleibt allerdings, dass das Ergebnis nur gilt, wenn $x_{DL}R_s \rightarrow 0$ erfüllt ist!

Das Ergebnis ist aber auch als gültig anzusehen, wenn nur $x_{DL}R_s < 0{,}1$ erfüllt ist. Für $R_s = 10^{-8}$ m entspricht dies bei einem 1:1-Elektrolyten einer Konzentration von 10^{-5} mol/l. In wässrigen Lösungen ist die Konzentration an Elektrolyten allerdings in der Regel weit höher! Die Näherung gilt aber in nichtwässrigen Lösungen recht gut.

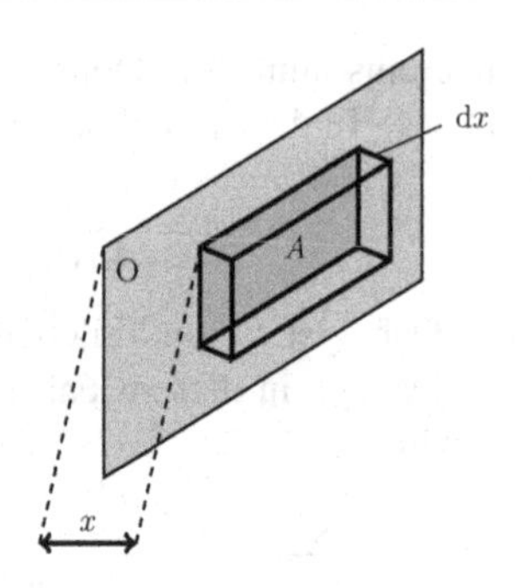

Abb. 8.27 Ebener Ausschnitt der Kolloidoberfläche

Das Zeta-Potenzial: Dünne elektrolytische Doppelschichten

Wir betrachten den Fall, dass die elektrolytische Doppelschicht in Relation zum Krümmungsradius des Kolloids ($R_s \gg x_{DL}^{-1}$) dünn ist. Dann ist entweder die Elektrolytkonzentration hoch, oder wir haben es mit flachen Teilchen zu tun.

Wir gehen im Folgenden von einer flachen Oberfläche des Kolloids aus! Wir betrachten ein rechteckiges Volumen mit der Fläche A und der Dicke $\mathrm{d}x$ im Abstand x von einer planparallelen Fläche (Abb. 8.27).

Für die viskose Kraft auf die Fläche A nahe der planparallelen Fläche F gilt:

$$F_x = \eta \cdot A \cdot \left(\frac{\mathrm{d}v}{\mathrm{d}x}\right)_x \tag{8.89}$$

Und für die um die Strecke $\mathrm{d}x$ weiter entfernte Fläche gilt analog:

$$F_{x+\mathrm{d}x} = \eta \cdot A \cdot \left(\frac{\mathrm{d}v}{\mathrm{d}x}\right)_{x+\mathrm{d}x} \tag{8.90}$$

Dabei beschreibt $|\underline{v}| = v$ die Relativgeschwindigkeit des Teilchens in der Flüssigkeit.

Die bei der Bewegung des Teilchens in der Lösung durch die Viskosität der Lösung auf das Teilchen ausgeübte Nettokraft ergibt sich damit zu:

$$F_{\mathrm{Vis}} = \eta \cdot A \cdot \left[\left(\frac{\mathrm{d}v}{\mathrm{d}x}\right)_{x+\mathrm{d}x} - \left(\frac{\mathrm{d}v}{\mathrm{d}x}\right)_x\right] \tag{8.91}$$

Nun können wir

$$\left(\frac{\mathrm{d}v}{\mathrm{d}x}\right)_{x+\mathrm{d}x} = \left(\frac{\mathrm{d}v}{\mathrm{d}x}\right)_x + \left(\frac{\mathrm{d}^2v}{\mathrm{d}x^2}\right)_x \mathrm{d}x \tag{8.92}$$

schreiben und damit:

$$F_{\mathrm{Vis}} = \eta A \cdot \frac{\mathrm{d}^2v}{\mathrm{d}x^2}\,\mathrm{d}x \tag{8.93}$$

Diese Kraft würde das Volumenelement beschleunigen, bis das Teilchen ruht! Unter stationären Bedingungen muss somit eine gleich große Gegenkraft existieren, welche diese Beschleunigung unterbindet. Diese Kraft wird durch das elektrische Feld erzeugt, welches von den anderen geladenen Teilchen in der Lösung stammt. Für die Kraft auf das Teilchen gilt:

$$F_{\mathrm{el}} = q \cdot E = \underbrace{\rho \cdot A \cdot \mathrm{d}x}_{=q} \cdot E \tag{8.94}$$

Dabei ist ρ die Ladungsdichte in der Lösung.
Wir verwenden nun die Poisson-Gleichung:

$$\frac{\mathrm{d}^2\phi}{\mathrm{d}x^2} = -\frac{\rho}{\epsilon_r\epsilon_0} \quad \rightarrow \quad \rho = -\epsilon_r\epsilon_0 \frac{\mathrm{d}^2\phi}{\mathrm{d}x^2} \tag{8.95}$$

Dabei bedeutet ϕ das Potenzial im Abstand x von der Fläche O. Damit folgt für das Gleichgewicht:

$$F_{\mathrm{Vis}} = F_{\mathrm{el}} \quad \Leftrightarrow \quad \boxed{\eta \frac{\mathrm{d}^2 v}{\mathrm{d}x^2} = -\epsilon_r\epsilon_0 \cdot E \cdot \frac{\mathrm{d}^2\phi}{\mathrm{d}x^2}} \tag{8.96}$$

Wir gehen davon aus, dass sowohl η als auch ϵ_r in der Nähe der Oberfläche (im Integrationsgebiet) konstant sind. Dann ist:

$$\frac{\mathrm{d}}{\mathrm{d}x}\left(\eta \frac{\mathrm{d}v}{\mathrm{d}x}\right) = -E \cdot \frac{\mathrm{d}}{\mathrm{d}x}\left(\epsilon_r\epsilon_0 \frac{\mathrm{d}\phi}{\mathrm{d}x}\right) \quad \rightarrow \quad \eta \frac{\mathrm{d}v}{\mathrm{d}x} = -E \cdot \epsilon_r\epsilon_0 \cdot \frac{\mathrm{d}\phi}{\mathrm{d}x} + C_1 \tag{8.97}$$

Nun muss in großen Abständen $\frac{\mathrm{d}v}{\mathrm{d}x} \rightarrow 0$ und $\frac{\mathrm{d}\phi}{\mathrm{d}x} \rightarrow 0$ gelten, also folgt: $C_1 = 0$. Weiterhin gilt:

- An der Scherfläche gilt: $\zeta = \phi$ und $v = 0$.
- Außerhalb der Doppelschicht ist $\phi = 0$ und $v = v_{\mathrm{Kolloid}}$.

Damit lässt sich (8.97) weiter integrieren, und es ist:

$$\eta \int_v^0 \mathrm{d}v = -E \cdot \epsilon_r\epsilon_0 \int_0^\zeta \mathrm{d}\phi \quad \rightarrow \quad \boxed{\eta v = \epsilon_r\epsilon_0 \cdot E \cdot \zeta} \tag{8.98}$$

Mit der Mobilität u folgt daraus:

$$\boxed{u = \frac{v}{E} = \frac{\epsilon_r\epsilon_0}{\eta} \cdot \zeta} \quad \text{Helmholtz-Smoluchowski-Gleichung} \tag{8.99}$$

Die *Helmholtz-Smoluchowski-Gleichung* gilt ganz allgemein: Nur die (relative) Form der Oberfläche ging in die Herleitung ein! Voraussetzung ist lediglich, dass η und ϵ_r innerhalb der Doppelschicht die gleichen Werte haben wie im Kontinuum!

Experimentell findet man, dass (8.99) für Werte $x_{DL} R_s > 100$ gut erfüllt ist.

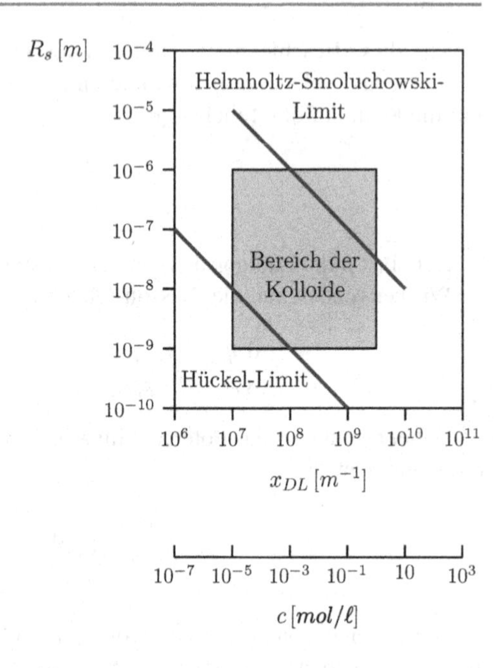

Abb. 8.28 Hückel- und Helmholtz-Smoluchowski-Lösung als Funktion von Partikelradius und Elektrolytkonzentration bei 1:1-Elektrolyten

Damit haben wir die beiden folgenden Gleichungen:

$u = \frac{2}{3}\epsilon_r\epsilon_0 \cdot \frac{\zeta}{\eta}$	für stark verdünnte Elektrolytlösungen bei kugelförmigen Kolloiden
$u = \epsilon_r\epsilon_0 \cdot \frac{\zeta}{\eta}$	im Fall planarer Oberflächen der Kolloidteilchen

Diese beiden Gleichungen verbinden die experimentell zugängliche Größe u mit der theoretischen Größe ζ. Beide Gleichungen können zu einer Gleichung zusammengefasst werden:

$$u = C \cdot \frac{\epsilon_r\epsilon_0}{\eta} \cdot \zeta \qquad \begin{cases} C = \frac{2}{3} & \text{für } x_{DL} R_s < 0{,}1 \text{ Hückel} \\ C = 1 & \text{für } x_{DL} R_s > 100 \text{ Helmholtz-Smoluchowski} \end{cases} \tag{8.100}$$

Dabei ist der letzte Wert durch Experimente ermittelt.

Die beiden Gleichungen stellen somit Grenzfälle von niedriger und hoher Elektrolytkonzentration dar! Beide Grenzfälle sind in Abb. 8.28 grafisch dargestellt. Die Abbildung zeigt, dass die Kolloide gerade in dem nicht durch die Grenzfälle erfassten Bereich liegen!

Das Zeta-Potenzial: Allgemeine Betrachtung

Zur Betrachtung eines geladenen Teilchens in einer Lösung müssen sowohl die elektrolytische Doppelschicht als auch die Strömungsvorgänge um das Teilchen herum untersucht werden. Im Folgenden beschränken wir uns weiterhin auf harte Teilchen mit sphärischer Symmetrie (wobei die Helmholtz-Smoluchowski-Gleichung letztlich unabhängig von der Symmetrie der Teilchen verwendet werden kann).

In einer allgemeineren Theorie der Bewegung der Teilchen ist die elektrische Leitfähigkeit der Teilchen ein weiterer zu berücksichtigender Parameter. Wir beschränken uns hier auf ausschließlich nichtleitende Teilchen!

Warum ist diese Vorgehensweise der Betrachtung ausschließlich nichtleitender Teilchen angebracht? Experimentell konnte gezeigt werden, dass selbst Quecksilbertröpfchen, für die der Wert $x_{DL} R_s$ sehr groß ist, der Helmholtz-Smoluchowski-Gleichung (8.99) folgen. Die erwähnte vollständige Theorie liefert aber das Resultat, dass im Fall von Quecksilbertröpfen $u = 0$ gelten sollte! Eine Erklärung für die Abweichung der Messungen von der Theorie ist, dass selbst die Metalloberfläche so stark polarisiert wird, dass der Strom nicht einfach durch das Teilchen hindurchfließt; das Quecksilbertröpfchen verhält sich in diesem Sinn somit wie ein Isolator!

Zudem betrachten wir verdünnte Lösungen, sodass Kolloid-Kolloid-Wechselwirkungen vernachlässigt werden können.

Wir gehen außerdem davon aus, dass die elektrolytische Doppelschicht ausreichend durch das Gouy-Chapman-Modell beschrieben wird: Die Stern-Schicht beschreibt in ausreichendem Maße die Lage der Scherschicht, spezifische Adsorption von Teilchen in der Stern-Schicht sollten das Zeta-Potenzial zwar deutlich beeinflussen, dies besitzt aber keinen Einfluss auf die mathematische Beziehung zwischen u und ζ. Das Gouy-Chapman-Modell geht somit von einer unspezifischen Schicht aus und betrachtet keine spezifischen Adsorptionsvorgänge.

Henry leitete unter diesen Voraussetzungen die folgende Gleichung für die Beweglichkeit u ab:

$$u = \frac{\epsilon_r \epsilon_0}{\eta} \left(\zeta + 5\, R_s^5 \cdot \int_{\infty}^{R_s} \frac{\phi}{r^6}\, \mathrm{d}r - 2\, R_s \cdot \int_{\infty}^{R_s} \frac{\phi}{r^4}\, \mathrm{d}r \right) \quad \text{mit } \phi = \phi(r) \tag{8.101}$$

Das Problem besteht darin, dass man $\phi(r)$ kennen muss! Zudem macht die spezielle Form von $\phi(r)$ die geschlossene Lösung von (8.101) meist unmöglich, und man muss wieder Näherungen betrachten!

Wir starten wieder bei der Lösung der Poisson-Boltzmann-Gleichung für ein sphärisches Teilchen:

$$\phi = \frac{A}{r} \cdot e^{-x_{DL} r} \tag{8.102}$$

Wir berechnen A unter der Nebenbedingung $\phi = \zeta$ für $r = R_s$. Dann ist:

$$A = R_s \cdot \zeta \cdot e^{x_{DL} R_s} \tag{8.103}$$

Damit erhält man mit (8.102):

$$\phi = \frac{R_s \cdot \zeta}{r} \cdot e^{-x_{DL}(r - R_s)} \tag{8.104}$$

Dies eingesetzt in (8.101) liefert:

$$u = \frac{2}{3} \cdot \frac{\epsilon_r \epsilon_0}{\eta} \cdot \zeta \cdot f(a) \quad \text{mit}$$

$$f(a) = 1 + \frac{\alpha^2}{16} - \frac{5\alpha^3}{48} - \frac{\alpha^4}{96} - \frac{\alpha^5}{96} - \left[\frac{\alpha^4}{8} - \frac{\alpha^6}{96}\right] \cdot e^{\alpha} \cdot \int_{\infty}^{\alpha} \frac{e^{-t}}{t} \, dt$$

mit $\alpha = x_{DL} R_s < 1$

(8.105)

Für $x_{DL} R_s > 1$ leitete Hunter für $f(a)$ folgende Beziehung ab:

$$f(a) = \frac{3}{2} - \frac{9}{2\alpha} + \frac{75}{2\alpha^2} - \frac{330}{\alpha^3} \tag{8.106}$$

Gleichung (8.105) und (8.106) heißen auch *Henry's Gleichungen*. Zwei Annahmen liegen diesen Ableitungen zugrunde:

1. Die Umgebung des Ions wird durch das externe Feld nicht gestört.
2. Das Potenzial ist klein, sodass $\frac{e\phi}{k_B T} < 1 \Leftrightarrow \phi < 25\,\text{mV}$ gilt.

Im Fall $x_{DL} R_s \rightarrow 0$ geht (8.105) in die Hückel-Gleichung (8.88) über. Die Henry-Gleichungen beschreiben somit, wie sich die Konstante C als Funktion von $x_{DL} R_s$ ändert. Damit füllen die Henry-Gleichungen eine wichtige Lücke, als neue Näherungen sind aber das niedrige Potenzial ϕ und die durch das Feld ungestörte Doppelschicht eingeführt.

Insbesondere die letzte Näherung ist sicherlich nicht haltbar! Das geladene Kolloid und dessen ionische Umgebung werden sich in einem elektrischen Feld in entgegengesetzte Richtungen bewegen. Die Schwerpunkte der Ladungen werden somit stets gegeneinander verschoben sein! Wird das externe Feld abgeschaltet, wird diese Asymmetrie in den Ladungsschwerpunkten verschwinden. Diesen Effekt bezeichnet man als *Relaxationseffekt*, die Zeit bis zum Verschwinden der Asymmetrie nach Abschalten des Feldes als *Relaxationszeit*. Solche Relaxationseffekte zeigen einen messbaren Einfluss auf die Leitfähigkeit selbst einfacher Elektrolytlösungen.

Die Verschiebung der Ladungsschwerpunkte beim Wandern der Teilchen im elektrischen Feld hat noch einen weiteren Effekt, der als *Retardierungseffekt* bezeichnet wird. Dadurch, dass sich Kolloid und Ionenwolke im elektrischen Feld in entgegengesetzter Richtung bewegen, bremsen sich die Teilchen gegenseitig ab.

Retardierungseffekt und Relaxationseffekt sind beides Ursachen der elektrolytischen Doppelschicht, haben aber unterschiedliche Konsequenzen auf die Ionenwolke. Die bislang besprochenen Modelle berücksichtigen zwar alle den Retardierungseffekt, der Relaxationseffekt ist aber unberücksichtigt!

Numerische Rechnungen haben gezeigt, dass der Relaxationseffekt für Werte $\zeta < 25\,\text{mV}$ vernachlässigt werden kann, und dies unabhängig von der Größe des Wertes $x_{DL} R_s$; ebenso kann der Relaxationseffekt großer und kleiner Werte von $x_{DL} R_s$ vernachlässigt werden, in diesem Fall unabhängig von dem Wert ζ.

Der Relaxationseffekt wird mit steigender Wertigkeit der Gegenionen größer. Haben die kleineren Ionen in der Lösung mit gleicher Ladung wie das Kolloid (Makroion) eine höhere Ladung, dann führt der Relaxationseffekt zu einer höheren Beweglichkeit u (bei gleichem Zeta-Potenzial) als von der Henry-Gleichung vorhergesagt.

Zusammenfassung der Ergebnisse

Wir haben die Beziehung zwischen der Beweglichkeit u der Teilchen und dem Zeta-Potenzial betrachtet. Im Prinzip ist die Beziehung zwischen diesen beiden Größen recht kompliziert!

Einfach wird sie im Hückel- und im Helmholtz-Smoluchowski-Grenzfall. Der Helmholtz-Smoluchowski-Grenzfall ist unabhängig von der Teilchenform, der Hückel-Grenzfall geht von sphärischen Teilchen aus, lässt sich aber in der Regel auf wässrige Systeme nicht anwenden.

Ist keiner der Grenzfälle gegeben, können die Henry-Gleichungen verwendet werden, um ζ aus der Messung der Beweglichkeit zu bestimmen. Bei komplexeren Systemen, das heißt bei hohen Zeta-Potenzialen und bzw. oder verschiedenen Wertigkeiten der Elektrolyte, sind die berechneten Werte nur Näherungswerte.

8.3.2 Messung des Zeta-Potenzials

Allgemeine Betrachtungen

Die elektrischen Eigenschaften von Grenzschichten werden bestimmt durch die Oberflächen-Leitfähigkeit und durch das Zeta-Potenzial. Damit gehört die Messung des Zeta-Potenzials zu den klassischen Messungen an Kolloiden!

Wir haben gesehen, dass der elektrische Zustand einer geladenen Oberfläche durch die Ionenverteilung im Elektrolyten in unmittelbarer Nachbarschaft zu der betrachteten Oberfläche bestimmt ist. Diese Ladungsverteilung *ist* gerade die diffuse Doppelschicht. Diese Grenzschicht enthält einen Überschuss an Gegenionen.

Ein isoliertes Teilchen kann nicht auf direktem Weg in einen Stromkreis eingebunden werden, sodass das Oberflächenpotenzial auch nicht direkt gemessen werden kann. Im Unterschied zu Metallelektroden zum Beispiel kann somit das Oberflächenpotenzial nur mithilfe geeigneter Modelle erfasst werden!

Wir haben gesehen, dass bei der Bewegung eines Teilchens durch die Lösung ein Teil der Umgebung durch das Makroion mitgeschleppt wird, das Makroion somit einen effektiven Radius besitzt, der sich aus dem Teilchenradius selbst plus einer Strecke bis zur Scherfläche zusammensetzt. Das Potenzial an dieser Scherfläche ist gerade das Zeta-Potenzial.

Wir haben auch gesehen, dass die Scherfläche nahe der äußeren Helmholtz-Schicht liegen wird, wobei die äußere Helmholtz-Schicht interpretiert wird als die scharfe Grenzfläche zwischen dem diffusen und dem nichtdiffusen Teil der elektrolytischen Doppelschicht.

Tatsächlich ist keine der genannten Grenzflächen eindeutig bestimmt, und es sei nochmals betont, dass es sich in allen Fällen um idealisierte theoretische Modelle handelt!

Eindeutig ist, dass das Zeta-Potenzial maximal so groß ist wie das Potenzial am Ende der diffusen Grenzschicht: $|\zeta| \leq \phi_d$. Bei hoher Ionenstärke (hohe Ladung der Ionen oder hohe Elektrolytkonzentration) wird das Potenzial steiler abfallen, und die Scherfläche wird weiter in Richtung Kolloid wandern.

Die Größe von ζ ist bestimmt durch

- die Natur der Oberfläche (zum Beispiel durch Adsorption spezifischer Teilchen) und
- die Oberflächenladung, die wiederum beeinflusst wird durch
  - pH-Wert,
  - Natur der Elektrolyte und
  - das Lösungsmittel.

Liegen somit diese Randbedingungen fest, liegt auch das Zeta-Potenzial fest! Somit gehört zu jeder Zeta-Potenzialmessung auch eine genaue Angabe dieser Randbedingungen. Insbesondere der pH-Wert muss stets mit gemessen werden, da sich durch Verändern der Lösung (zum Beispiel Aufnahme von Bestandteilen aus der Umgebungsluft) rasch Änderungen ergeben können, die zu deutlich anderen Messergebnissen führen können.

Es bleibt somit zu beachten, dass selbst geringe Verunreinigungen das ζ-Potenzial empfindlich beeinflussen können!

Auch die verwendeten theoretischen Modelle können zu abweichenden Ergebnissen führen! Bei einem Vergleich der Messwerte verschiedener Forschergruppen müssen diese Einflüsse auf jeden Fall berücksichtigt werden!

Falls $x_{DL} R_s \gg 1$ ($x_{DL} R_s > 20$) ist, dann sind einfache analytische Modelle anwendbar. Für $\zeta < 50\,\mathrm{mV}$ kann man davon ausgehen, dass das gemessene Zeta-Potenzial korrekt ist!

Für $\zeta > 50\,\mathrm{mV}$ ist die Helmholtz-Smoluchowski-Theorie nicht anwendbar, und es sollten genauere Modelle sollten verwendet.

Auf jeden Fall sollte die Beweglichkeit u in Abhängigkeit unterschiedlicher Elektrolyt-Ionenkonzentrationen gemessen werden! Nimmt u mit steigender Elektrolyt-Ionenkonzentration ab, dann kann die Helmholtz-Smoluchowski-Theorie verwendet werden. Findet man ein Maximum der Ionenbeweglichkeit u als Funktion der Elektrolyt-Ionenkonzentration, dann müssen Theorien verwendet werden, die auch die Oberflächenleitfähigkeit und gegebenenfalls die Polarisationseffekte (bei hohem Zeta-Potenzial) berücksichtigen.

Für $x_{DL} R_s < 1$ kann die Hückel-Gleichung verwendet werden.

Für den Übergangsbereich zwischen der Hückel-Theorie und der Helmholtz-Smoluchowski-Theorie kann die Henry-Gleichung verwendet werden, falls $\zeta < 50\,\mathrm{mV}$ ist. Unter diesen Bedingungen sind sowohl die Oberflächenleitfähigkeit als auch die Polarisation vernachlässigbar.

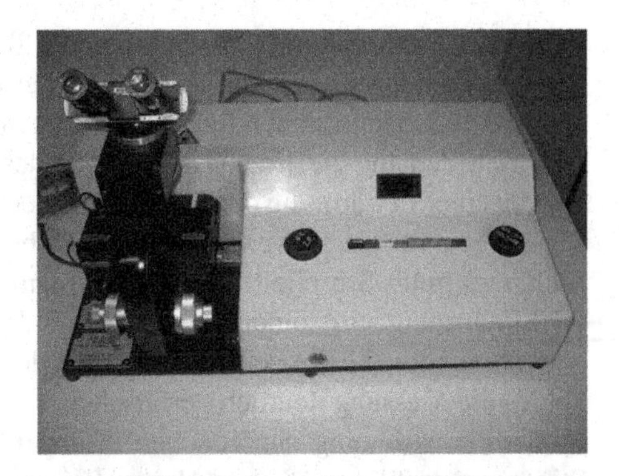

Abb. 8.29 Zeta-Potenzial-Analysor basierend auf elektropheretischer Messung

Abb. 8.30 geöffnetes Gerät mit Laser (Röhre im hinteren Teil) und Elektronik

Elektrophorese

Wie misst man nun das Zeta-Potenzial? Eine bis in die 1980er Jahre häufig verwendete Variante besteht darin, die Bewegung der Teilchen direkt zu beobachten und deren Geschwindigkeit in einem elektrischen Feld bekannter Feldstärke direkt zu messen (Abb. 8.29 und Abb. 8.30). Bei dieser Art der Beobachtung macht man sich den Tyndall-Effekt zunutze, indem die Suspension im rechten Winkel zu Beobachtungsrichtung mit einem Laser angestrahlt und das Streulicht durch ein Mikroskop mit einem genormten Gitternetz beobachtet wird. Bei Verwendung eines üblichen Rubinlasers sieht man im Mikroskop rote, helle Punkte, die sich beim Einschalten des elektrischen Feldes vor einem dunklen Hintergrund bewegen.

Bei dieser Art der Messung muss die Probe so weit verdünnt sein, dass einzelne Teilchen durch das Mikroskop erkennbar werden. *Bei einer erforderlichen Verdünnung der Probe ist zu beachten, dass sich dabei die Teilchenoberfläche nicht verändern darf!* Insbesondere bei Gegenwart von Salzen unbekannter Menge und Zusammensetzung empfiehlt es sich, zum Verdünnen die originale Lösung zu verwenden, aus der zuvor durch Filtration oder durch Abzentrifugieren die suspendierten Teilchen abgetrennt wurden!

Um repräsentative Daten zu erhalten, ist es erforderlich, mehrere Teilchen zu vermessen. Die Messdauer kann auf diese Weise lang werden, und die Lösung darf sich während dieser Zeit nicht verändern!

Bei der Elektrophorese wird zudem die Teilchengeschwindigkeit in Relation zu der umgebenden Flüssigkeit gemessen, bei der beschriebenen Messtechnik wird aber die Teilchengeschwindigkeit in Bezug auf das Messinstrument bestimmt!

Durch den für die Erzeugung des Feldes erforderlichen Strom kommt es zudem zu einer Erwärmung der Suspension, sodass durch Konvektionsströmungen die Messungen verfälscht werden können. Insbesondere hohe Salzgehalte der Lösung führen zu guter Stromleitfähigkeit und damit zur Erwärmung der Lösung. Durch die Erwärmung wird zudem die Viskosität der Lösung verändert!

Insbesondere können geladene Wände der Messzelle durch die Veränderung des Feldes die Messung deutlich verfälschen.

Bei der Strömung der Teilchen in engen Messkammern stellt sich zudem ein Strömungsprofil gemäß dem Hagen-Poiseuille-Gesetz ein, was ebenfalls berücksichtigt werden muss. Gegebenenfalls muss das gesamte parabolische Geschwindigkeitsprofil vermessen werden [Staben05].

Zudem führt die Strömung der Kolloide in die eine Richtung aufgrund des Dichteausgleichs zu einer Gegenströmung des Fluids in die entgegengesetzte Richtung, und wie bereits erwähnt muss die Beweglichkeit u der Teilchen stets in Bezug auf das *ruhende* Medium gemessen werden.

Zur Vermeidung all dieser Probleme kann die Teilchengeschwindigkeit mittels automatischer Bildauswertung in einem elektrischen Wechselfeld gemessen werden. In diesem Fall tritt keine Strömung des Fluids auf, und die gemessene Teilchengeschwindigkeit ist unabhängig von der Position des Teilchens in der Messzelle, da auch das Hagen-Poiseuille-Gesetz nicht zur Anwendung kommt.

Lichtstreuverfahren

Eine automatische Erfassung der Teilchengeschwindigkeit ist auch mithilfe der Lichtstreumethoden möglich, die bereits bei der Messung der Diffusionsprozesse ausführlich beschrieben wurden.

Durch Bestimmen der Autokorrelationsfunktion kann die Teilchengeschwindigkeit eines ganzen Ensembles von Teilchen zeitgleich gemessen werden, und durch Vielfachmessung wird der Messfehler deutlich verringert.

Sowohl die oben beschriebenen elektrophoretischen Verfahren als auch die Lichtstreuverfahren lassen sich nur anwenden, wenn die Lösungen lichtdurchlässig sind und wenn sich der Brechungsindex von kontinuierlicher Phase und Kolloid unterscheiden. Unter optimalen Bedingungen, das heißt, wenn die Unterschiede der optischen Dichte von kontinuierlicher Phase und disperser Phase ausreichend groß und die Teilchenkonzentrationen nicht zu groß (sodass keine Mehrfachstreuung auftritt) und nicht zu klein (geringe Streuintensität) sind, können Teilchen ab ca. 5 nm Durchmesser gemessen werden.

Die messbare Obergrenze der Teilchendurchmesser hängt von der Sedimentationsgeschwindigkeit der Teilchen ab, und diese ist wiederum eine Funktion der Dichteunterschiede zwischen Fluid und Kolloid (ca. 30 μm).

Dielektrische Spektroskopie (Impedanzspektroskopie)

In einem elektrischen Feld verschieben sich die Ladungsschwerpunkte der Teilchen. Eine solche Ladungsverschiebung führt bekanntermaßen zu

- atomarer Polarisation, bedingt durch die entgegen gerichtete Verschiebung der Elektronen und des Atomkerns im elektrischen Feld,
- Orientierungspolarisation, bedingt durch die Ausrichtung der Dipole in einem elektrischen Feld,
- ionischer Verschiebungspolarisation, bedingt durch die Verschiebung von Anionen und Kationen in einem Ionenkristall.

Das System wird bei der dielektrischen Spektroskopie einem elektrischen Wechselfeld ausgesetzt, und dabei wird die Systemantwort in Abhängigkeit von der Frequenz des eingestrahlten Wechselfeldes erfasst. Gemessen wird die frequenzabhängige Dielektrizitätsfunktion $\epsilon(\omega)$ der Probe im Frequenzbereich von einigen Millihertz bis zu einigen Megahertz. Die an der Probe angelegte Wechselspannung erzeugt in dieser Probe einen Wechselstrom gleicher Frequenz, der formal in zwei Komponenten zerlegt werden kann:

- Eine Stromkomponente I_{01} oszilliert in Phase mit der erzeugenden Spannung,
- die andere Stromkomponente I_{02} ist zur Spannung um $\frac{\pi}{2}$ phasenverschoben.

Ist $U_0(\omega)$ die angelegte Spannung, O die Probenfläche und d die Dicke der Probe, dann gilt für die Stromdichte für den in Phase oszillierenden Stromanteil:

$$\sigma'(\omega) = \frac{I_{01}}{U_0} \cdot \frac{d}{O} \tag{8.107}$$

Analog gilt für die Stromamplitude I_{02}, die gegenüber der Spannung um $\frac{\pi}{2}$ phasenverschoben ist:

$$\sigma''(\omega) = \frac{I_{02}}{U_0} \cdot \frac{d}{O} \tag{8.108}$$

Strom und Spannung lassen sich in komplexer Form darstellen:

$$\begin{aligned} I &= I_0 \cdot e^{i\omega t + \phi_I} \\ U &= U_0 \cdot e^{i\omega t + \phi_U} \end{aligned} \tag{8.109}$$

Dabei beschreibt ϕ jeweils den Phasenwinkel.
Nach der Euler'schen Identität ist:

$$e^{i\omega t + \phi} = \cos(\omega t + \phi) + i \cdot \sin(\omega t + \phi) \tag{8.110}$$

Dabei spaltet die Exponentialfunktion in einen Real- und in einen Imaginärteil auf. Da die sin-Funktion und die cos-Funktion gerade um $\frac{\pi}{2}$ gegeneinander phasenverschoben sind, ist nach (8.110):

- σ': Realteil der spezifischen komplexen Leitfähigkeit
- σ'': Imaginärteil der spezifischen komplexen Leitfähigkeit

Der Realteil der spezifischen Leitfähigkeit σ' ist ein Maß für die Energie, die in der Probe dissipiert, das heißt in Wärme umgesetzt wird. Der Imaginärteil σ'' ist ein Maß für die elektrische Energie, die in der Probe gespeichert wird. Die komplexe Leitfähigkeit ergibt sich somit zu:

$$\sigma(\omega) = \sigma'(\omega) + i \cdot \sigma''(\omega) \tag{8.111}$$

Betrachten wir nun einen (idealen) Isolator in einem elektrischen Wechselfeld! Für das angelegte Feld gilt:

$$E(\omega) = E_0 \cdot e^{i\omega t} \tag{8.112}$$

Durch das Feld werden die gebundenen Ladungen aus ihrer Ruhelage ausgelenkt, wobei bei ausreichend niedriger Frequenz Ladungen und Feld in Phase sind. Damit gilt für die Auslenkung x der Ladungen aus der Ruhelage:

$$x \propto e^{i\omega t} \tag{8.113}$$

Der Strom ist gerade die zeitliche Änderung der Ladungsverteilung, und damit ergibt sich die Stromdichte j zu:

$$j \propto \dot{x} \propto i\omega \cdot e^{i\omega t} = \omega \cdot e^{i(\omega t + \frac{\pi}{2})} \tag{8.114}$$

Im Fall des Isolators ist somit die Stromdichte gegenüber dem Feld um $\frac{\pi}{2}$ phasenverschoben!

Betrachten wir nun einen idealen Leiter! Bei ausreichend niedriger Frequenz folgen die freien Elektronen dem Wechselfeld, das heißt, die Elektronen und Feld sind in Phase! Für die Stromdichte gilt in diesem Fall:

$$j = j_0 \cdot e^{i\omega t} \tag{8.115}$$

Nun gilt wieder:

$$j \propto \dot{x} \quad \rightarrow \quad x \propto \frac{1}{i\omega} e^{i\omega t} = \frac{1}{\omega} e^{i(\omega t - \frac{\pi}{2})} \tag{8.116}$$

Das heißt, die mittlere Auslenkung der Ladungsträger ist gegenüber dem Feld um $-\frac{\pi}{2}$ phasenverschoben!

Wie verhält es sich hinsichtlich des Phasenwinkels bei einem leitenden Dielektrikum?

► *Unter einem leitenden Dielektrikum versteht man eine leitfähige Substanz, bei welcher die den elektrischen Strom bewirkenden Ladungsträger nicht fest gebunden sind, aber auch nicht vollkommen frei sind wie beim idealen elektrischen Leiter.*

Mit der elektrischen Verschiebungsstromdichte D ist:

$$x \propto D := \epsilon_r \epsilon_0 \cdot E = \epsilon_0 \cdot \left[\epsilon'(\omega) - i\epsilon''(\omega)\right] \cdot E \tag{8.117}$$

Dabei ist ϵ_0 die Dielektrizitätskonstante des Vakuums und ϵ die (komplexe) relative Dielektrizitätsfunktion.

Für die Stromdichte gilt:

$$j = \dot{D} = \epsilon_0 \epsilon(\omega) \cdot \dot{E} = i\omega\epsilon_0\epsilon(\omega) \cdot E \tag{8.118}$$

Weiter gilt nach dem Ohm'schen Gesetz:

$$j = \sigma(\omega) \cdot E \tag{8.119}$$

Ein Vergleich von (8.118) und (8.119) liefert:

$$\begin{aligned} \sigma &= i\omega \cdot \epsilon_0\epsilon(\omega) = \omega \cdot \epsilon_0\epsilon''(\omega) + i\omega \cdot \epsilon_0\epsilon'(\omega) \\ &= \sigma'(\omega) + i\sigma''(\omega) \end{aligned} \tag{8.120}$$

Es sei hervorgehoben, dass die Ableitung nur im Fall kleiner Feldstärken gilt, da vorausgesetzt wurde, dass auch die Antwortfunktion linear ist! Im allgemeinen Fall muss zudem der tensorielle Charakter der beiden Größen $\epsilon(\omega)$ und $\sigma(\omega)$ berücksichtigt werden. In isotropen Medien, zum Beispiel Lösungen, können beide Größen als skalare Größen angesetzt werden.

Während die komplexe Leitfähigkeit ein Maß für die pro Zeiteinheit transportierte Ladung ist, beschreibt die komplexe Dielektrizitätsfunktion den Ladungsfluss pro Frequenzzyklus.

Gleichung (8.120) zeigt, dass die dielektrische Funktion und die spezifische Leitfähigkeit nicht unabhängig voneinander sind! Insbesondere gilt:

$$\boxed{\begin{aligned} \sigma'(\omega) &= \omega \cdot \epsilon_0\epsilon''(\omega) \\ \sigma''(\omega) &= \omega \cdot \epsilon_0\epsilon'(\omega) \end{aligned}} \tag{8.121}$$

σ und ϵ können somit unabhängig voneinander gemessen und die jeweils andere Größe daraus bestimmt werden.

Die Gleichungen (8.121) stellen eine spezielle Anwendung der Kramers-Kronig-Relationen dar, die in der Anwendung große Bedeutung besitzen! Im Anhang sind die Kramers-Kronig-Relationen daher allgemein abgeleitet.

Auch im Fall von Suspensionen führt das angelegte Wechselfeld zu einer dem Feld entsprechenden Polarisation. An der (imaginären) Grenzfläche zwischen Fluid und dispergiertem Teilchen tritt eine Diskontinuität auf, die zur Bildung freier ionischer Ladungen in der Nähe dieser Grenzfläche führt. Man erhält somit zwei dielektrische Funktionen ϵ: eine für das Fluid und eine für das dispergierte Medium. Aus diesen beiden dielektrischen Funktionen setzt sich die dielektrische Funktion des gesamten Systems zusammen, wobei J. C. Maxwell, K. W. Wagner und Chester T. O'Konski hierfür den folgenden Ausdruck abgeleitet haben:

$$\epsilon_r = \epsilon_{rs} \cdot \frac{\epsilon_{rp} + 2\epsilon_{rs} + 2\phi(\epsilon_{rp} - \epsilon_{rs})}{\epsilon_{rp} + 2\epsilon_{rs} - \phi(\epsilon_{rp} - \epsilon_{rs})} \tag{8.122}$$

Dabei steht der Index s für *solution*, der Index p für *particle*, und ϕ bezeichnet den Volumenanteil.

Je nach Höhe des Zeta-Potenzials sind die Gegenionen stärker an das Zentralteilchen gebunden als die Koionen. Der durch das Wechselfeld induzierte Oberflächenstrom an den dispergierten Teilchen unterscheidet sich somit von dem Strom im Fluid. Dies wiederum führt zu Störungen der Elektrolytkonzentration in der Umgebung des polarisierten Teilchens.

Bei niedriger Frequenz hängt die dielektrische Funktion der Suspension allein vom Zeta-Potenzial ab, sodass diese Größe mittels der dielektrischen Spektroskopie gemessen werden kann. Letztlich ist es gerade die Polarisation der Doppelschicht, welche zu der gemessenen dielektrischen Funktion führt!

Zu beachten ist, dass auch die Elektroden selbst bei niedrigen Frequenzen eine deutliche Polarisation zeigen können, welche den gewünschten zu messenden Effekt der dispergierten Teilchen dominiert!

Elektroakustik

In einem elektrischen Wechselfeld wird sich ein Kolloid in einer Suspension in Abhängigkeit seiner Größe und seines Zeta-Potenzials sowie in Abhängigkeit der erregenden Frequenz bewegen. Durch die Bewegung des Teilchens wiederum entstehen in der Flüssigkeit Dichteschwankungen und damit Druckschwankungen, die sich als Schallwelle ausbreiten. Im Prinzip erhält man aus der Messung dieser Schallwellen als Funktion der erregenden Frequenz somit Informationen bezüglich der Größenverteilung der Teilchen als auch über deren Zeta-Potenzial [OBrien88, OBrien90].

Umgekehrt regt eine Schallwelle das Teilchen zu Schwingungen an, und das schwingende Teilchen erzeugt – bedingt durch sein Zeta-Potenzial – ein elektrisches Wechselfeld [Hunter98].

Wird eine Schallwelle durch Anlegen eines elektrischen Wechselfeldes generiert, dann bezeichnet man diesen Effekt als *ESA-Effekt* (ESA, *electrokinetic sonic amplitude*), im umgekehrten Fall, der Erzeugung eines elektrischen Wechselfeldes aufgrund der Anregung des Teilchens durch eine Schallwelle, vom *colloid vibrational current*. Die beiden Effekte sind somit die Umkehrung des jeweils anderen [OBrien94, OBrien95, Sonne01, Gitt98].

Die Messung des *colloid vibrational current* kann wieder über Impedanzmessungen erfolgen (Strom- oder Spannungsimpedanzmessungen). Die Messung des ESA-Effekts erfolgt in einer Messzelle bestehend aus zwei Elektroden, zwischen denen sich die Suspension befindet. Die Feldstärke liegt im Bereich von $10^4\,\frac{\mathrm{V}}{\mathrm{m}}$, die verwendeten Frequenzen liegen zwischen 0,2 MHz und 20 MHz.

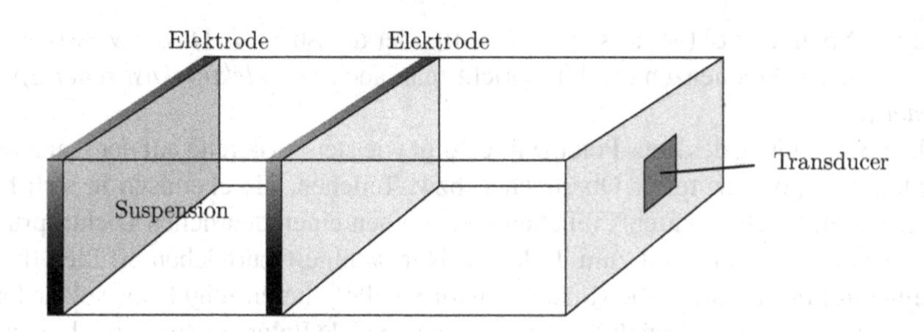

Abb. 8.31 Schematische Darstellung der Messanordnung zur Messung elektroakustischer Effekte

Die durch die Schwingung erzeugte Schallwelle trifft auf einen Transducer (zum Beispiel einen Piezokristall), welcher die mechanische Schwingung wieder in elektrische Signale umwandelt (Abb. 8.31).

Umgekehrt kann über den Transducer eine Schallwelle erzeugt und in die Lösung eingekoppelt werden.

Damit das Messsignal nicht durch die Schwingung der Elektroden gestört wird, wird das Anregungssignal in Form eines kurzen Pulses zugeführt (20 μs). Der Transducer ist so weit von der eigentlichen Messkammer entfernt angebracht, dass das Schallsignal mehr als 20 μs benötigt, um den Sensor zu erreichen. Am Sensor werden dann zwei getrennte Signale gemessen: Das erste Signal stammt von der nahen Elektrode, das zweite von der weiter entfernten Elektrode, wobei das zweite Signal zudem durch die Suspension wandern muss.

Bei ansteigender Frequenz hinken ab einer von den jeweiligen Teilchen abhängigen Grenzfrequenz die Teilchen in ihrer Bewegung hinter dem anregenden Feld immer mehr hinterher. Zur Bestimmung der Teilchengrößenverteilung werden sowohl diese Phasenverschiebung des Signals als auch die Signalamplitude ausgewertet.

Das Zeta-Potenzial beeinflusst im Wesentlichen nur die Signalhöhe (Amplitude), nur bei großen Zeta-Potenzialwerten ist auch die Phase betroffen.

Auch bei diesem Messverfahren wird das Zeta-Potenzial über die Messung der Beweglichkeit $u = \frac{v}{E}$ der Teilchen bestimmt. Kleine Teilchen vermögen dem Feld bis zu hohen Frequenzen zu folgen, große Teilchen zeigen bereits bei moderaten Anregungsfrequenzen messbare Phasenverschiebungen. Voraussetzung ist auch bei diesem Messverfahren wieder, dass sich die Dichten von Fluid und disperser Phase unterscheiden!

Ein bedeutender Vorteil der elektroakustischen Messverfahren ist, dass sie auch bei hohen Teilchenkonzentrationen angewendet werden können, ohne dass eine Verdünnung der Suspension erforderlich ist!

Aufgrund der kleinen Auslenkungen und der vergleichsweise großen Masse der Kolloide bewegen sich in erster Linie die Ionenwolken um die Zentralteilchen und erzeugen dadurch oszillierende Dipole. Die Dipolmomente eines jeden Teilchens erzeugen wiederum ein elektrisches Feld, welches mit allen anderen vorhandenen Feldern überlagert. Gemessen wird die zwischen zwei Elektroden durch das Feld erzeugte Spannung U (gemessen bei $I = 0$) oder der Strom I. Da die Messung bei verschiedenen Frequenzen erfolgt, spricht man auch von *elektroakustischer Spektrometrie*.

Die Berechnung des Zeta-Potenzials erfolgt wie stets basierend auf der Annahme idealer, nichtporöser, fester Oberflächen bzw. Teilchen, die chemisch in sich homogen sind. Solche „harten" Teilchen verursachen einen deutlichen Dichtesprung beim Übergang vom Fluid zum Teilchen. Nur wenige Oberflächen erfüllen diese Bedingung! Insbesondere die Knäuelstruktur von Polymeren zeigt keine solche harte, scharf abgegrenzte Grenzfläche. Zudem haben viele Polymere hydrophobe sowie hydrophile Stellen und sind damit chemisch *nicht* in sich homogen! Die Teilchen sind oftmals deformierbar und haben Poren.

In allen diesen Fällen ändert sich die Dichte beim Übergang vom Fluid zum Teilchen mehr oder minder kontinuierlich. Eine hydrodynamische Beschreibung solcher Teilchen ist schwierig, und auch eine Scherfläche ist häufig nicht eindeutig bestimmt. Die Interpretation der Messergebnisse ist in diesen Fällen kompliziert! Zwar erhält man stets einen Messwert, und man kann ein „effektives" Zeta-Potenzial angeben; inwieweit das Ergebnis physikalisch relevant ist, ist aber fragwürdig. Verwendet man unterschiedliche Methoden zur Messung des Zeta-Potenzials, erhält man in diesen Fällen meist unterschiedliche Ergebnisse. Erhält man andererseits bei unterschiedlichen Messtechniken jeweils gleiche Ergebnisse, dann besitzt das Resultat umgekehrt auch physikalische Relevanz.

Trotz all dieser theoretischen und praktischen Probleme ist die Messung des Zeta-Potenzials für die Beurteilung der Stabilität kolloider Lösungen von großer Bedeutung, weshalb das Zeta-Potenzial mit zu den wichtigsten Größen zur Beurteilung von Suspensionen zählt. Die Beurteilung der Stabilität der kolloiden Lösung selbst erfolgt dann mithilfe der sogenannten DLVO-Theorie, welche im folgenden Kapitel besprochen wird [Ouadah13, Yoshida13, Ofir07, Kozak12, Arjmandi12, Park11, Park12, Uskovic11, Tantra10, Xu08, Freitas98, Liao09, Wang09, Kuzn07, Reischl06, Hoggard05, Stelzer05, Sides04, Greenwood03, Sze03, Erickson00, Phian03, Yang01, Kang02, Loebbus00, Hinze99, Maha98, Song14, Nduna14, Gunko01, Bearden13].

Stabilität von Suspensionen 9

9.1 Allgemeine Betrachtungen

Wären nur die van der Waals-Wechselwirkungen zwischen den Teilchen wirksam, dann existierten nur attraktive Wechselwirkungen zwischen den Kolloiden, und kolloide Lösungen wären nicht stabil. Durch Reaktionen mit dem Medium kann es zur Aufladung oder zumindest zur Polarisation der Oberfläche kommen, und da die Teilchen alle gleich sind und sich somit auch gleichartig verhalten, erhalten alle Teilchen eine positive oder alle eine negative Ladung und stoßen sich dadurch ab. Durch diese elektrostatische Abstoßung wird die Suspension stabilisiert [Derjaguin54].

Ein wichtiges Ergebnis unser Betrachtungen ist somit:

- Die London-Kräfte führen zu einer Anziehung zwischen den Teilchen
- Bedingt durch chemische Reaktionen sowohl mit dem Lösungsmittel als auch mit anderen Reaktionspartnern und/oder durch Adsorptions- und Desorptionsprozesse tragen die kolloiden Teilchen Ladungen, die dazu führen, dass sich die (gleichartig) geladenen Teilchen gegenseitig abstoßen.

► *Die Stabilität eines kolloidalen Systems ist gegeben durch das Verhältnis von anziehenden und abstoßenden Kräften.*

Auch die Gravitation kann dazu führen, dass sich die Teilchen weit genug annähern, sodass sie miteinander verschmelzen (Sedimentation). Besitzt die kolloidal gelöste Phase eine geringere Dichte als das Lösungsmittel, dann kann die weniger dichte Phase aufschwimmen und sich von der Lösungsmittelphase trennen. Die Teilchen müssen, da die Dichten der Phasen im Allgemeinen niemals identisch sind, so klein sein, dass durch die thermische Bewegung der Teilchen (Diffusion) eine Dichtetrennung nicht möglich ist.

Das Zusammenballen der kolloid gelösten Teilchen bezeichnet man als *Ausflocken* oder als *Koagulieren*. Der Unterschied zwischen beiden Begriffen liegt darin,

G.J. Lauth, J. Kowalczyk, *Einführung in die Physik und Chemie der Grenzflächen und Kolloide*, DOI 10.1007/978-3-662-47018-3_9

dass man unter *Koagulation* einen *irreversiblen* Prozess versteht, während das *Ausflocken* ein *reversibler* Vorgang ist.

Das Gouy-Chapman-Modell, das Stern-Modell und alle Nachfolgemodelle zur Beschreibung der Ladungsverteilung um ein kolloides Teilchen haben gezeigt, dass die kolloiden Teilchen durch die elektrostatische Anziehung in ihrer unmittelbaren Nachbarschaft Gegenionen anhäufen, während die Diffusion dieser lokalen Konzentrationserhöhung entgegenwirkt. Dadurch findet man ein exponentielles Gesetz, welches die Verteilung der Gegenionen in der Umgebung der Kolloide beschreibt.

Die Berechungen nach den verschiedenen Modellen haben zudem ergeben, dass die diffuse Grenzschicht um die Kolloide umso schmaler ist, je höher geladen die Gegenionen in der Lösung sind.

Daraus folgt für die Stabilisierung durch elektrostatische Kräfte:

- Je höher die Konzentration an Elektrolyt in der Lösung ist, desto schmaler ist die Grenzschicht um die kolloiden Teilchen.
- Die stabilisierende Grenzschicht ist umso schmaler, je höher geladen die Gegenionen in der Lösung sind.

Andererseits können sich die Kolloide umso leichter einander nähern, je schmaler diese Grenzschicht ist, welche die elektrostatische Abstoßung zwischen den gleichartig geladenen Teilchen bewirkt. Je näher sich aber die Teilchen kommen können, umso stärker wirken die attraktiven van der Waals-Kräfte zwischen den Kolloiden, die schließlich zur Agglomeration führen.

Aus all dem folgt, dass es eine *kritische Salzkonzentration* geben muss, ab der im Fall der elektrostatischen Stabilisierung kolloider Lösungen Koagulation bzw. Flockung auftreten muss! Bei dieser kritischen Konzentration wird die Suspension somit instabil! Diese kritische Salzkonzentration (eines inerten Elektrolyten) hängt

- stark von der *Ladung* der Gegenionen in der Lösung ab,
- *nicht* von der *Art* der Gegenionen,
- *nicht* von der Ladung der Koionen in der Lösung und
- nur unwesentlich von der Art der Suspension (des Sols).

Diese allgemeinen Regeln sind bekannt unter dem Namen *Schulze-Hardy-Regel*, benannt nach dem deutschen Kolloidchemiker H. O. Schulze (1853–1892) und dem britischen Kolloidchemiker Sir W. B. Hardy (1864–1934).

Wodurch kann nun Stabilität in einer Dispersion erreicht werden? Grundsätzlich gibt es zwei unterschiedliche Mechanismen, die zur Stabilität einer Dispersion führen:

- *Sterische Abstoßung:* Hierbei werden Polymere an das System addiert, die sich an der Oberfläche der Teilchen anlagern und so verhindern, dass die Teilchenoberflächen zu nahe zusammenkommen können (Abb. 9.1). Bei dieser Art Stabilisierung muss ausreichend Polymer addiert werden, sodass die Polymerhülle dicht genug ist, damit die anziehend wirkenden London-Kräfte nicht dominieren.

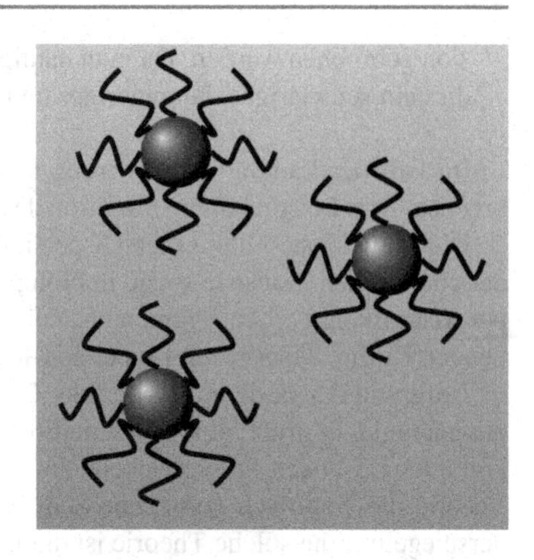

Abb. 9.1 Sterische Stabilisierung

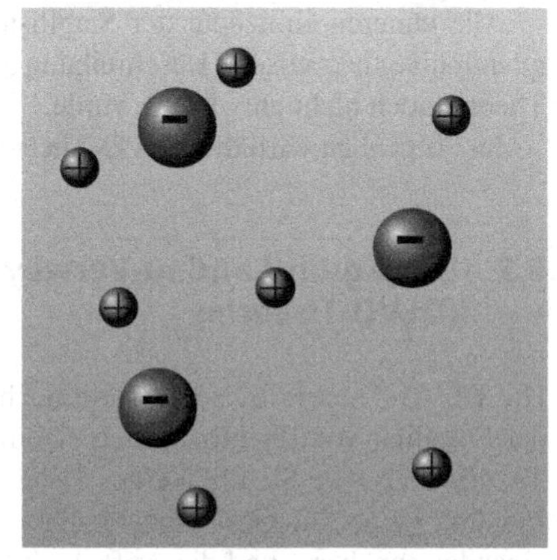

Abb. 9.2 Ladungsstabilisierung

- *Ladungs-Stabilisierung:* Die Stabilisierung erfolgt durch die abstoßende Wechselwirkung zwischen gleichgeladenen Teilchen (Abb. 9.2).

Die sterische Stabilisierung [Romero98] lässt sich vergleichsweise einfach erreichen, und das so stabilisierte Kolloid ist meist über weite Bereiche bezüglich der Eigenschaften der chemischen Umgebung stabil. Andererseits hat das Verfahren Nachteile:

- Es muss eine zusätzliche Chemikalie verwendet werden, die gegebenenfalls unerwünschte Nebenwirkungen hat (zum Beispiel im Pharmabereich).
- Im Fall einer Physisorption kann das Polymer gegebenenfalls einfach abgetrennt werden, zum Beispiel durch Auswaschen mit geeigneten Lösungsmitteln. Im Fall einer Chemisorption ist die Abtrennung weit schwieriger, und oftmals kann die Abtrennung nur durch thermische Spaltung erfolgen. Dies ist oftmals nicht möglich, zum Beispiel wenn das Kolloid thermisch wenig stabil ist! In diesem Fall kann nur durch geeignete chemische Umsetzungen die Stabilität der Disper-

sion gebrochen werden. Da man häufig die Systeme nicht ausreichend kennt, ist dies ein schwieriges, langwieriges und oftmals teures Verfahren.

Im Fall der Ladungsstabilisierung lässt sich gewöhnlich die Dispersion leicht brechen, zum Beispiel durch Variation des pH-Wertes oder durch Elektrolyt-Zusatz.

Die Langzeitstabilität einer Dispersion ist von Bedeutung in vielen Bereichen der chemischen Industrie sowie in biologischen Systemen, in der Pharmaindustrie, bei Keramiken, Farben, Pigmenten, Zellen, beim Blut usw. Überwiegen die abstoßenden Kräfte, dann ist die Dispersion stabil.

Aufgrund der Bedeutung kolloider Lösungen in der Theorie sowie der Anwendung ist man bestrebt, eine mathematische Theorie zur Beschreibung der Stabilität kolloider Lösungen zu entwickeln. Im Fall der Ladungsstabilisierung muss diese Theorie die empirisch gefundene Schulze-Hardy-Regel in quantitativer Form widerspiegeln. Eine solche Theorie ist die DLVO-Theorie.

Alle anderen Konzepte der Stabilisierung einer Suspension sind – was deren quantitative theoretische Beschreibung anbetrifft – so kompliziert, dass eine solche Theorie noch nicht entwickelt wurde.

Im Folgenden wird die DLVO-Theorie in ihren Grundzügen beschrieben.

9.2 Derjaguin-Landau-Verwey-Overbeek-Theorie (DLVO-Theorie)

Die DLVO-Theorie ist auch heute noch die grundlegende Theorie zur Erklärung der Stabilität von (elektrostatisch stabilisierten) kolloiden Lösungen. Nach dieser Theorie hängt die Stabilität eines Teilchens in der Lösung von der Gesamtenergiefunktion V_T ab. Die Gesamtenergie des Systems ändert sich, wenn sich die Teilchen einander annähern, und die Aufgabe besteht gerade darin, diese Energieterme abzuschätzen:

- Van der Waals-Kräfte als attraktive Komponente
- Überlappung elektischer Doppelschichten als abstoßende Komponente

Damit setzt sich die Gesamtenergiefunktion aus drei Anteilen zusammen:

$$V_T = V_A + V_R + V_S \tag{9.1}$$

V_S bezeichnet die potenzielle Energie in Abhängigkeit des Lösungsmittels; dieser Effekt ist in der Regel vernachlässigbar gering, insbesondere bei kurzen Abständen zum Teilchen. Weitaus bedeutender ist der Einfluss der beiden Terme V_A (anziehendes Potenzial aufgrund der London-Kräfte) und V_R (abstoßendes Potenzial).

Nicht nur, dass V_A und V_R weitaus stärker sind als V_S, sie wirken auch über weit größere Abstände.

Die anziehende Kraft hängt unter anderem von der Form der Teilchen ab. Für zwei kugelförmige Teilchen gilt:

$$V_A = -\frac{A}{6D} \cdot \frac{R_1 R_2}{R_1 + R_2} \tag{9.2}$$

Hierbei ist A die Hamaker-Konstante, D der Abstand zwischen den Teilchen, und R_1, R_2 sind die Teilchenradien.

Für das abstoßende Potenzial gilt:

$$V_R = 2\pi\epsilon R\zeta^2 \cdot e^{-x_{DL}D} \qquad x_{DL} = \sqrt{\frac{e^2 \sum n_i^0 z_i^2}{\epsilon\epsilon_0 k_B T}} \tag{9.3}$$

Hierbei bezeichnet R den Teilchenradius, x_{DL} ist eine Funktion der Ionenzusammensetzung in der Lösung (Debye-Hückel-Parameter), ζ ist das Zeta-Potenzial und D der Abstand zwischen den Teilchen.

Die DLVO-Theorie geht davon aus, dass die drei Potenziale additiv sind (lineare Theorie). Ist die Abstoßung bei größeren Distanzen groß genug, dann sind die Teilchen stets so weit voneinander entfernt, dass die van der Waals-Anziehung niemals dominieren kann; die Lösung ist stabil.

Ist andererseits aufgrund der Brown'schen Bewegung die (kinetische) Energie der Teilchen so groß, dass die abstoßend wirkenden Kräfte überwunden werden, dann gewinnen die van der Waals-Kräfte die Oberhand, und die Teilchen koagulieren. *Auf diese Weise kann auch durch Temperaturerhöhung zuweilen Koagulation bzw. Flockung ausgelöst werden.*

Betrachten wir eine geladene Oberfläche in einer Elektrolytlösung! Ionen, deren Ladungsvorzeichen das gleiche ist wie das der geladenen Kolloidoberfläche, heißen *Koionen*; haben die Ladungen der Ionen entgegengesetztes Vorzeichen, heißen sie *Gegenionen.*

Die Oberfläche ist charakterisiert durch die Oberflächenladungsdichte ρ_0 und durch das elektrische Potenzial ϕ_0. Die Elektrolytlösung ist charakterisiert durch die Ionenkonzentrationen c_i und durch die dielektrische Konstante ϵ. Das zentrale Problem der Theorie besteht nun darin, den Zusammenhang zwischen der Oberflächenladungsdichte ρ_0 und dem elektrischen Potenzial ϕ_0 und dem Konzentrationsprofil $c_i(r)$ der Ionen in der Lösung um die Oberfläche zu beschreiben.

Eine weitere Annahme im Rahmen der Theorie ist, dass die Ionen aus der Elektrolytlösung die geladene Oberfläche nicht durchdringen können. Gründe hierfür können sterische Hinderung in biologischen Systemen osmotische Effekte sein.

Gemäß den besprochenen Modellen der elektrischen Umgebung der Kolloide befindet sich unmittelbar an der Oberfläche der geladenen Schicht eine fest gebundene Schicht entsprechender Gegenionen. Die geladene Oberfläche und die fest gebundenen Ionen bilden zusammen die Stern-Schicht. Die Schwerpunkte der Gegenionen bilden die innere Helmholtz-Schicht. Außerhalb der Stern-Schicht befindet sich die diffuse Doppelschicht. Der Abstand, bis zu welchem sich die Gegenionen aus der diffusen Doppelschicht an die Oberfläche durch Diffusion nähern können, ist die äußere Helmholtz-Schicht.

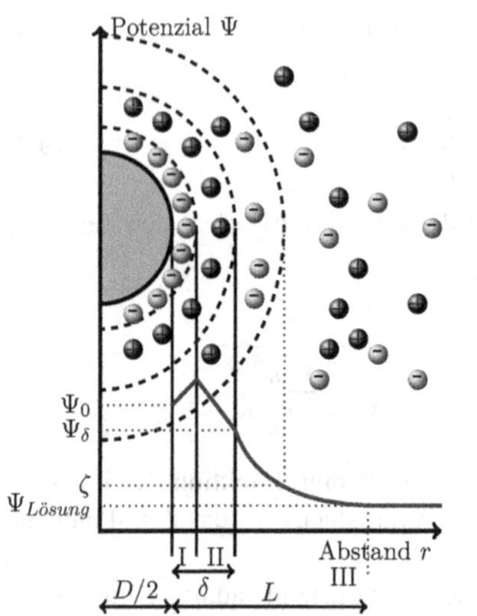

I innere Helmholtz-Schicht
II äußere Helmholtz-Schicht
I+II Stern-Schicht
III diffuse Schicht
D Teilchendurchmesser
L definiert das Ende der elektrischen Doppelschicht
Ψ_0 Nernst-Potenzial (Oberflächenpotenzial)
Ψ_δ Stern-Potenzial
δ Dicke der Stern-Schicht
ζ Zeta-Potenzial

Abb. 9.3 Schichtabfolge nach dem Bockris-Müller-Devanathan-Modell

In Abb. 9.3 ist dieser Sachverhalt noch einmal für ein sphärisches Kolloid dargestellt.

Die grundlegende Gleichung zur Beschreibung des Potenzials außerhalb der Oberfläche ist wieder die Poisson-Gleichung:

$$\nabla^2 \phi = -\frac{\rho_{\text{Ion}}}{\epsilon \epsilon_0} \tag{9.4}$$

Dabei wird die Ladungsdichte in der Elektrolytlösung beschrieben durch:

$$\rho_{\text{Ion}} = \sum z_i r c_i(\underline{r}) \tag{9.5}$$

z_i ist dabei die Ladung der Ionensorte i.

Das chemische Potenzial inklusive des elektrischen Potenzials in der Umgebung der geladenen Oberfläche ist definiert durch:

$$\mu_{i,e}(\underline{r}) = \mu_0^e + z_i e \phi(\underline{r}) + k_B T \cdot \ln c_i(\underline{r}) \tag{9.6}$$

Der Index e soll hervorheben, dass die Definition nicht wie üblich auf molare Größen bezogen ist, sondern auf die Teilchendichten.

Da bei den Potenzialen stets nur Differenzen eine Rolle spielen, setzen wir das Potenzial der Lösung willkürlich zu null:

$$\phi(\infty) = 0 \tag{9.7}$$

Die Elektrolytkonzentration weit entfernt von dem Teilchen sei c_i^0; das heißt, c_i^0 ist die Teilchenkonzentration in der homogenen Lösung außerhalb der Grenzschicht. Wir betrachten nun das chemische Potenzial an einem beliebigen Punkt $\underline{r}$.

Im Gleichgewicht – und nur das Gleichgewicht wird hier betrachtet – ist μ in der Lösung überall gleich:

$$\boxed{\mu_0^e + z_i e\phi(\underline{r}) + k_B T \cdot \ln c_i(\underline{r}) = \mu_0^e + k_B T \cdot \ln c_i^0} \tag{9.8}$$

Gleichung (9.8) wird gelöst durch folgenden Ansatz:

$$c_i(\underline{r}) = c_i^0 \cdot e^{-\frac{z_i e\phi}{k_B T}} \tag{9.9}$$

Der Ansatz besagt, dass in der Nähe der Oberfläche eine erhöhte Konzentration an Gegenionen zu finden ist, wohingegen weit entfernt von der Oberfläche die Elektrolytlösung die Konzentration c_i^0 besitzt – wie vom Modell gefordert. Umgekehrt nimmt die Konzentration an Koionen in der Nähe der Oberfläche exponentiell ab.

Kombiniert man die Poisson-Gleichung (9.4) mit dem Ansatz für die Ionen-Ladungsdichte (9.8) sowie dem obigen Lösungsansatz (9.9), dann erhält man die bereits eingeführte Poisson-Boltzmann-Gleichung:

$$\boxed{\nabla^2\phi = -\frac{1}{\epsilon\epsilon_0}\sum z_i e c_i^0 \cdot e^{-\frac{z_i e\phi}{k_B T}}} \tag{9.10}$$

Zu beachten ist, dass die Poisson-Gleichung streng nur bei *einer* externen Ladung gilt! Wir wenden die Poisson-Boltzmann-Gleichung an, obwohl viele Ionen in der Lösung vorhanden sind. Die Ionen in der Lösung unterliegen zudem dauernden thermischen Bewegungen, sodass sich die Ladungsverteilung dauernd ändert. Das nach der Poisson-Boltzmann-Gleichung berechnete Potenzial ist somit ein *mittleres Potenzial* ϕ gemessen über lange Zeiträume. In diesem Sinn ist die DLVO-Theorie eine Molekularfeldtheorie (*mean-field-Theorie*) im klassischen Sinn.

9.2.1 Gouy-Chapman-Ansatz und Grahame-Gleichung

Zunächst fragen wir danach, wie viel Ladung in Abhängigkeit von der Elektrolytkonzentration auf der Oberfläche eines Kolloids adsorbiert wird, da diese Ladungsmenge verantwortlich ist für die elektrostatische Abstoßung zwischen den Teilchen. Dazu betrachten wir die Poisson-Boltzmann-Gleichung für den Fall einer unendlich ausgedehnten Fläche. Aus Symmetriegründen reduziert sich die Poisson-Boltzmann-Gleichung in diesem Fall auf eine Dimension:

$$\frac{\mathrm{d}^2\phi}{\mathrm{d}x^2} = -\frac{e}{\epsilon\epsilon_0}\sum z_i c_i^0 \cdot e^{-\frac{z_i e\phi}{k_B T}} \tag{9.11}$$

Zur Lösung dieser Differenzialgleichung zweiter Ordnung benötigt man zwei Randbedingungen.

Die erste Randbedingung erhält man aus der Elektroneutralitätsbedingung, wonach die Oberflächenladung vollständig durch die Ionen in der Lösung neutralisiert wird. Weit entfernt von der Oberfläche geht das Feld damit gegen null:

$$\left(\frac{\mathrm{d}\phi}{\mathrm{d}x}\right)_{x\to\infty} = 0 \tag{9.12}$$

Die zweite Randbedingung erhält man durch Integration über das gesamte Volumen: Die Elektroneutralitätsbedingung verlangt, dass die gesamte Ladung in der Lösung umgekehrt gleich der Oberflächenladung sein muss. Damit ist:

$$\left(\frac{\mathrm{d}\phi}{\mathrm{d}x}\right)_{x\to 0} = -\frac{\sigma_0}{\epsilon\epsilon_0} \tag{9.13}$$

Mit der Identität

$$\frac{\mathrm{d}}{\mathrm{d}x}\left(\frac{\mathrm{d}\phi}{\mathrm{d}x}\right)^2 = 2\cdot\frac{\mathrm{d}^2\phi}{\mathrm{d}x^2}\cdot\frac{\mathrm{d}\phi}{\mathrm{d}x} \tag{9.14}$$

haben wir bereits gefunden:

$$\left(\frac{\mathrm{d}\phi}{\mathrm{d}x}\right)^2 = \frac{2k_BT}{\epsilon\epsilon_0}\sum c_i^0\cdot\left(e^{-\frac{z_ie\phi}{k_BT}}-1\right) \tag{9.15}$$

Kombiniert man die zweite Randbedingung (9.13) mit der obigen Differenzialgleichung (9.15), dann erhält man:

$$\left(-\frac{\sigma_0}{\epsilon\epsilon_0}\right)^2 = \frac{2k_BT}{\epsilon\epsilon_0}\sum c_i^0\cdot\left(e^{-\frac{z_ie\phi}{k_BT}}-1\right) = \frac{2k_BT}{\epsilon\epsilon_0}\sum\left(c_i^{\mathrm{Surface}}-c_i^0\right) \tag{9.16}$$

Und damit:

$$\boxed{\sum c_i^{\mathrm{Surface}} = \frac{\sigma_0^2}{2k_BT\epsilon\epsilon_0}+\sum c_i^0} \tag{9.17}$$

Gleichung (9.17) ist die sogenannte *Grahame-Gleichung*.

Als Beispiel betrachten wir ein kolloides Teilchen in einer Lösung. Dieses Teilchen habe Ladungen auf seiner Oberfläche, die einen mittleren Abstand von 0,9 nm zueinander besitzen. Wir fragen zunächst nach der Oberflächenladungsdichte σ_0.

Bei einem Ladungsabstand von 0,9 nm hat man eine Elementarladung pro 0,81 nm^2. Dies entspricht einer Ladungsdichte von:

$$\sigma_0 = \frac{1{,}6022\cdot 10^{-19}\,\mathrm{C}}{(0{,}9\cdot 10^{-9}\,\mathrm{m})^2} = 0{,}2\frac{\mathrm{C}}{\mathrm{m}^2} \tag{9.18}$$

Nach der Grahame-Gleichung gilt $\sum c_i^{\mathrm{Surface}} = \frac{\sigma_0^2}{2k_BT\epsilon\epsilon_0}+\sum c_i^0$ mit der Oberflächenladungsdichte σ_0. c_i^0 ist die Konzentration der Ladungsträger in der freien

Lösung. Wir wollen nun den Oberflächenladungsterm (für Raumtemperatur) berechnen und diesen mit der Ladungskonzentration in der Lösung vergleichen, wobei wir von einer einmolaren Lösung (zum Beispiel NaCl) ausgehen.

Mit $k_B = 1{,}381 \cdot 10^{-23}\,\mathrm{J/K}$ ist bei Raumtemperatur $k_B T = 4{,}12 \cdot 10^{-21}\,\mathrm{J}$. Damit ergibt sich mit $\sigma_0 = 0{,}2 \cdot \mathrm{C/m^2}$, $e = 1{,}6022 \cdot 10^{-19}\,\mathrm{C}$, $\epsilon_0 = 8{,}8542 \cdot 10^{-12}\,\mathrm{C/(Vm)}$ und $\epsilon_{H_2O} = 78{,}5$:

$$\frac{\sigma_0^2}{2k_B T \epsilon \epsilon_0} = 7 \cdot 10^{27}\,\frac{\mathrm{Teilchen}}{\mathrm{m^3}} \equiv 11{,}6\,\frac{\mathrm{mol}}{\mathrm{l}} \tag{9.19}$$

Typische Ladungskonzentrationen bei ein-einwertigen Elektrolyten betragen bei einer Konzentration von 1 mol in der Lösung $6{,}022 \cdot 10^{26}\,\mathrm{m^{-3}}$. Daraus folgt, dass die Oberflächenladungsdichte σ_0 die Ladungsdichte, bedingt durch die Ionenkonzentration in der Lösung, dominiert!

Die Grahame-Gleichung liefert die gesuchte Beziehung zwischen der Oberflächenladung und der Elektrolytkonzentration, sie macht aber lediglich Aussagen zu Ladung, Potenzial und Ionendichte an der Oberfläche, nicht im Elektrolyten. Dies leistet die Gouy-Chapman-Theorie für den Fall eines symmetrischen 1:1-Elektrolyten.

9.2.2 Symmetrische Elektrolyte

Wir haben bereits gezeigt, dass für symmetrische Elektrolyte $z{:}z$ (zum Beispiel NaCl: $z = 1$; $MgSO_4$: $z = 2$) eine geschlossene Lösung der Poisson-Boltzmann-Gleichung existiert. Als Lösung haben wir bereits gefunden:

$$\frac{\mathrm{d}\phi}{\mathrm{d}x} = \sqrt{\frac{8k_B T c^0}{\epsilon\epsilon_0}} \cdot \sin\mathrm{h}\,\frac{z_i e \phi}{2k_B T} \tag{9.20}$$

Mittels der Beziehung

$$\int \frac{\mathrm{d}x}{\sin\mathrm{h}\,cx} = \frac{1}{c} \cdot \ln\left|\tan\mathrm{h}\frac{cx}{2}\right| \tag{9.21}$$

folgt:

$$\phi(x) = \frac{2k_B T \cdot c}{ze} \cdot \ln \frac{1 + \Gamma_0 e^{-x_{DL} x}}{1 - \Gamma_0 e^{-x_{DL} x}} \tag{9.22}$$

Hierin ist x_{DL} der Debye-Hückel-Parameter.

Weiterhin haben wir die Randbedingung $\left(\frac{\mathrm{d}\phi}{\mathrm{d}x}\right)_{x=0} = -\frac{\sigma_0}{\epsilon\epsilon_0}$. Setzt man diese in die obige Lösung ein, erhält man die Oberflächenladungsdichte

$$\boxed{\sigma_0 = \sqrt{8k_B T c^0 \epsilon\epsilon_0} \cdot \sin\mathrm{h}\frac{z_i e \phi}{2k_B T}} \tag{9.23}$$

Wir verwenden nun (9.23) und berechnen die Oberflächenladung im Fall einer wässrigen Lösung bei Raumtemperatur für den Fall $z = 1$, $c^0 = 9 \cdot 10^{25}\,\text{m}^{-3}$ ($= 0{,}15\,\text{m}$ = typische Konzentration an NaCl bei physiologischen Bedingungen) und $\phi_0 = 25{,}7\,\text{mV}$ (das heißt $e\phi_0 = k_B T_{\text{Raum}}$).

Mit $k_B = 1{,}381 \cdot 10^{-23}\,\text{J/K}$, $\epsilon_0 = 8{,}8542 \cdot 10^{-12}\,\text{C/(Vm)}$, $\epsilon_{\text{H}_2\text{O}} = 78{,}5$ ergibt sich:

$\sigma_0 = 0{,}0454 \cdot \sin\text{h}\,0{,}5 = 0{,}0454 \cdot 0{,}521 = 0{,}024\,\text{C/m}^2$.

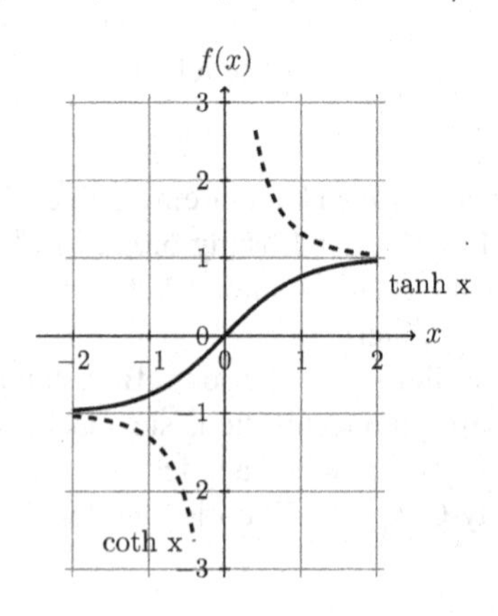

Es ist:

$$x_{DL} = \sqrt{\frac{\sum z_i^2 e^2 c_i^0}{\epsilon\epsilon_0 k_B T}} \quad x_{DL}^{-1} \text{ Debye-Länge}$$

$$\Gamma_0 = \frac{\exp\left(\frac{ze\phi_0}{2k_B T} - 1\right)}{\exp\left(\frac{ze\phi_0}{2k_B T} + 1\right)} = \tan\text{h}\,\frac{ze\phi_0}{4k_B T}$$

$$\Rightarrow \quad -1 \leq \Gamma \leq 1$$

Zu beachten ist, dass für den Debye-Hückel Parameter gilt:

$$x_{DL} \propto z_i \cdot \sqrt{c_i^0} \tag{9.24}$$

Die Ladung besitzt damit einen starken Einfluss auf den Debye-Hückel-Parameter! Eine nützliche Abschätzung für symmetrische Elektrolyte ist:

$$x_{DL} = \frac{z\sqrt{c^0[\text{M}]}}{0{,}304\,\text{nm}} \quad 1M = 6{,}022 \cdot 10^{26}\,\text{m}^{-3} \tag{9.25}$$

9.2.3 Debye-Hückel-Näherung

Die Poisson-Boltzmann-Gleichung lässt sich im Allgemeinen nicht geschlossen lösen. Für kleine Werte $e\phi < k_B T$ ($k_B T_{\text{Raum}} = 26\,\text{meV}$) kann man allerdings die

Exponentialfunktion entwickeln. Damit ist:

$$\nabla^2\phi = -\frac{1}{\epsilon\epsilon_0} \cdot \sum z_i e c_i^0 \cdot e^{-\frac{z_i e \phi}{k_B T}} \approx -\frac{1}{\epsilon\epsilon_0} \cdot \sum z_i e c_i^0 \cdot \left(1 - \frac{z_i e \phi}{k_B T}\right) + O^n \quad (9.26)$$

Der Term nullter Ordnung verschwindet aufgrund der Elektroneutralitätsbeziehung $\sum z_i e c_i^0 = 0$. Setzt man dann noch den oben gefundenen Ausdruck für den Debye-Hückel-Parameter $x_{DL} = \sqrt{\frac{\sum z_i^2 e^2 c_i^0}{\epsilon\epsilon_0 k_B T}}$ ein, vereinfacht sich die Poisson-Boltzmann-Gleichung zu:

$$\boxed{\nabla^2\phi = x_{DL}^2 \phi} \quad \text{Debye-Hückel-Näherung} \quad (9.27)$$

Für den Fall einer unendlich ausgedehnten ebenen Fläche (Gouy-Chapman-Modell) liefert die linearisierte Poisson-Gleichung:

$$\boxed{\phi(x) = \phi_0 \cdot e^{-x_{DL} x}} \quad (9.28)$$

9.3 Allgemeine Betrachtungen zur DLVO-Theorie

Wir betrachten die totale Wechselwirkungsenergie zweier wechselwirkender kolloider Teilchen als Funktion der Summe aus einem anziehenden Energieterm V_A und einem repulsiven Energieterm V_R. Nach der Hamaker-Theorie ist die potenzielle Energie der anziehende Wechselwirkungsterm zwischen zwei gleich großen kugelförmigen Teilchen im Abstand D voneinander, gegeben durch folgenden Ausdruck:

$$V_A = -\frac{A \cdot R_{\text{Kugel}}}{12D} \quad (9.29)$$

Dabei ist A die Hamaker-Konstante.

Die repulsive Wechselwirkung kann beschrieben werden durch einen Term

$$V_R = \frac{64 n^0 \cdot k_B T \cdot Z^2}{x_{DL}} \cdot e^{-x_{DL} D} \quad \text{mit: } Z \equiv \tan h \frac{z e \phi_0}{4 k_B T} \quad (9.30)$$

mit D als dem Abstand zwischen den Teilchen und $x_{DL} = \sqrt{\frac{\sum z_i^2 e^2 c_i^0}{\epsilon\epsilon_0 k_B T}}$ dem Debye-Hückel-Parameter.

Die Wechselwirkung des Lösungsmittels ist hierbei noch nicht erfasst. In der Lösung wird die Wechselwirkung durch die Lösungsmittelmoleküle jedoch deutlich abgeschirmt! Daher führt man eine effektive Hamaker-Konstante ein gemäß:

$$A = \left(\sqrt{A_2} - \sqrt{A_1}\right)^2 \quad (9.31)$$

Dabei bezeichnet A_1 die Hamaker-Konstante für das Medium, und A_2 ist die Hamaker-Konstante für das Teilchen.

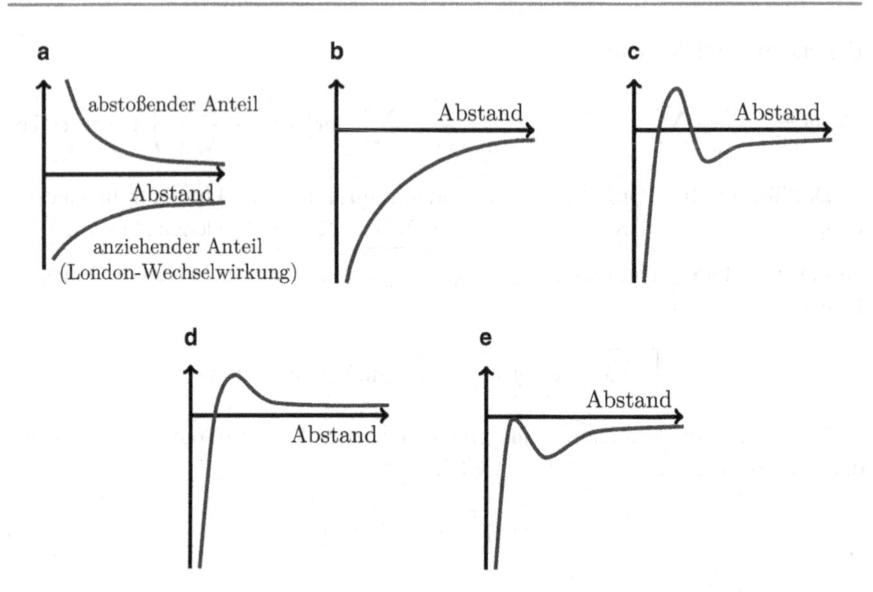

Abb. 9.4 Fälle unterschiedlicher Wechselwirkungsenergie als Funktion des Abstandes der Teilchen

A erreicht somit ein Minimum, wenn $A_1 = A_2$ gilt.

Für zwei gleich große kugelförmige Kolloide wird die Gesamtwechselwirkung beschrieben durch:

$$V = V_A + V_R = -\frac{A \cdot R_{\text{Kugel}}}{12D} + \frac{64n^0 \cdot k_B T \cdot Z^2}{x_{DL}} \cdot e^{-x_{DL} D} \tag{9.32}$$

Danach ist die anziehende Wechselwirkung (ganz allgemein) proportional zu $V_A \propto \frac{1}{r^n}$, die repulsive Wechselwirkung ist proportional zu $V_R \propto e^{-x_{DL} D}$. Daraus folgt:

- Anziehung dominiert bei kurzen und bei großen Abständen.
- Bei mittleren Abständen dominiert die Abstoßung durch die elektrische Doppelschicht.

Man erhält somit Wechselwirkungsenergie-Kurven wie in Abb. 9.4a bis e dargestellt.

Abbildung 9.4 zeigt die einzelnen Anteile der Wechselwirkung, das heißt, V_R und V_A als separate Funktionen. Der anziehende Wechselwirkungsenergieanteil ist durch die London-Wechselwirkung gegeben, der abstoßende Anteil durch die elektrischen Kräfte zwischen den Teilchen. Durch Addition beider Anteile erhält man die Gesamtenergie als Funktion des Abstands. Die London-Wechselwirkung ist durch die Art der Teilchen festgelegt und kann nicht verändert werden. Beeinflussen lassen sich aber nach den vorgenannten Ergebnissen die elektrischen Kräfte!

Der genaue Kurvenverlauf hängt damit von den Teilchenparametern und den Parametern der Lösung ab.

Ist das Potenzial über den gesamten Bereich negativ, dann ziehen sich die Teilchen überall an. Das System koaguliert rasch (Abb. 9.4b).

Die Kurve in Abb. 9.4c besitzt zwei Minima, die durch eine Energiebarriere voneinander getrennt sind. Das schwache Minimum bei größeren Abständen führt dazu, dass die Teilchen koagulieren, dabei aber nur lose gebunden sind. Die Teilchenaggregation kann leicht *reversibel* beseitigt werden, und man spricht anstatt von Koagulation von *Flockung*. Ob das System in das stabilere Minimum bei kleinen Abständen gelangen kann hängt von der Höhe der Barriere ab.

In Abb. 9.4d fehlt das schwache Minimum ganz. Ist die Energiebarriere groß genug, bleibt das System stabil, das heißt, eine Koagulation kann nicht erfolgen. Ist das Potenzial der Barriere niedriger, kann durch Temperaturzufuhr aufgrund der dann stärker erfolgenden Brown'schen Bewegung das System die Barriere überwinden, und es kommt zu einer thermisch induzierten Koagulation. Die Geschwindigkeit der Koagulation hängt von der Breite und von der Höhe der Barriere ab. Die Höhe des Maximums hängt wesentlich vom Zeta-Potenzial und von der Reichweite der repulsiven Kräfte – beschrieben durch die Debye-Länge bzw. durch den Debye-Hückel-Parameter – ab [Teh10, Park10, Yanno13, Leong03, Rodriguez03, Missana00, Adamczyk99, Lyklema99, Gotho96, Ninham97, Peula97, Roth96].

Die wesentlichen Einflussgrößen auf die Stabilität der Dispersionskolloide sind [Elter11, Dong10, RomeroC98, Ortega96]:

- *Hamaker-Konstante:* Die Hamaker-Konstante liegt durch die Wahl des Dispersionsmittels und der dispergierten Phase fest. Eine kleinere Hamaker-Konstante führt zu einer größeren Energiebarriere. Im Idealfall liefert eine Adsorptionsschicht auf den Kolloiden (zum Beispiel in Form von adsorbierten Polymeren) keinen Beitrag zur Anziehung. Die Hamaker-Konstanten von Adsorptionsschicht und Lösungsmittel sind in diesem Fall gleich, oder die Adsorptionsschicht ist ausreichend dick (stark solvatisierte Adsorptionsschichten).
- *Stern-Potenzial:* Reduziert man die Elektrolytkonzentration, dann steigt das Potenzial zwischen den Teilchen und der kontinuierlichen Phase. Dadurch vergrößert sich die Doppelschicht, und die Abstoßung zwischen den Teilchen nimmt zu.

Über die DLVO-Theorie kann zudem die *kritische Koagulationskonzentration* (ccc, *critical coagulation concentration*) abgeschätzt werden. Dabei geht man davon aus, dass die Koagulation bzw. Flockung einsetzt, wenn das Energiemaximum in den dargestellten Kurven den Wert null erreicht (Abb. 9.4e). Die Beständigkeit der Dispersion wird umso höher sein,

- je höher die Konzentration an potenzialbestimmenden Ionen im Kolloid ist,
- je geringer die Ionenstärke in der Lösung ist, und
- je niedriger die Wertigkeit der Ionen in der Lösung ist.

Die von der Elektrolytkonzentration weitgehend unabhängige van der Waals-Anziehung V_A und die vom Salzgehalt empfindlich abhängige elektrostatische Abstoßung V_R überlagern sich zur Gesamtwechselwirkungskurve $V_T = V_A + V_R$. Bei kleinen Abständen ist der numerische Wert von V_A stets größer als der von V_R. In der Regel entsteht ein Potenzialmaximum, das zu kleinen Abständen hin steil abfällt (Abb. 9.4c bis e). Bei direktem Kontakt der Teilchen bildet sich ein tief liegendes primäres Minimum, das allerdings für die Stabilität weniger Bedeutung besitzt, da es *stets* vorhanden und damit nicht zu beeinflussen ist (Abb. 9.4c bis e). Bei großen Abständen liegt das flache sekundäre Minimum (Abb. 9.4c und e).

Bei sehr niedriger Salzkonzentration ist die Abstoßung nur gering, da sehr wenige Ladungen auf der Oberfläche adsorbiert werden (siehe Grahame-Gleichung (9.17)), welche eine elektronische Abstoßung bewirken können, und die kolloide Dispersion ist labil. Sekundäreffekte wie ungleichmäßige Ladungsverteilung, Verunreinigungen, Alterungsprozesse usw. können die Lösung leicht destabilisieren. Besonders stabil wird die Dispersion erst, wenn ein ausgeprägtes Maximum $V_T = V_{T,max}$ ausgebildet wird. Weiterer Salzzusatz erniedrigt dann V_T sehr schnell, da das Potenzial gemäß der Gouy-Chapman-Theorie in der Umgebung der Kolloidteilchen schneller abfällt. Wird $V_T \approx 0$, ist die Dispersion nicht mehr stabil und koaguliert (Abb. 9.4e). Die dazu notwendige Salzkonzentration ist die erwähnte *kritische Koagulationskonzentration ccc*.

Um Koagulation bzw. Flockung zu erreichen, muss V_T nicht null werden. Infolge der thermischen Energie können die Teilchen Barrieren in der Größenordnung von $10 - 15\, k_B T$ überwinden, das heißt, es genügt, wenn $V_T < 10 - 15\, k_B T$ wird.

Die Koagulation ist ein kinetisches Phänomen, das mit mehr oder weniger großer Geschwindigkeit abläuft. Man unterscheidet zwischen der langsamen und der schnellen Koagulation.

Bei der schnellen Koagulation ist keine Energiebarriere zwischen den Teilchen vorhanden, sodass jeder Zusammenstoß zur Aggregation führt. Der Beginn der schnellen Koagulation liegt bei der Konzentration, bei der das Maximum der Potenzialkurve fast null (kleiner $10 - 15\, k_B T$) wird.

Bei der langsamen Koagulation ist noch eine (geringe) Energiebarriere vorhanden. Dadurch können nur Teilchen aggregieren, welche die nötige Energie haben, um die Energiebarriere zu überwinden. Gegenüber der schnellen Koagulation ist die Koagulation um einen Faktor W, das sogenannte *Stabilitätsverhältnis*, verlangsamt.

Zur Bestimmung des ccc-Wertes der schnellen Koagulation können dynamische Methoden angewandt werden. Hierbei wird nach Elektrolytzusatz die Trübungsänderung mit einem Photometer als Funktion der Zeit betrachtet. Eine einfache, aber sehr wichtige Methode ist die *visuelle* Bestimmung der Trübung nach 24 h (Reagenzglastest). Der ccc-Wert ist bei einwertigen Gegenionen am größten, bei zweiwertigen Ionen kleiner und noch kleiner bei dreiwertigen, weil höher geladene Gegenionen die diffuse Grenzschicht stärker verringern als einwertige.

Nach der empirischen Regel von Schulze und Hardy sind zur Koagulation 25–150 mmol/l einwertige, 0,5–3 mmol/l zweiwertige und 0,01–0,1 mmol/l dreiwertige Gegenionen erforderlich. Für Gegenionen der Wertigkeit 1, 2 bzw. 3 stehen diese Konzentrationen grob im Verhältnis 1 : 0,013 : 0,0016.

Andere Einflüsse wie die Art des Ions sind von geringerer Bedeutung. Zum Beispiel ändert sich die Effektivität einwertiger Kationen bezüglich der Koagulation eines negativ geladen Sols in der Reihenfolge $Cs^+ > Rb^+ > K^+ > Na^+ > Li^+$, und bei zweiwertigen Ionen gilt $Ba^{2+} > Sr^{2+} > Ca^{2+} > Mg^{2+}$. Für die koagulierende Wirkung einwertiger Anionen auf positive Sole gilt zum Beispiel $F^- > Cl^+ > Br^+ > NO_3^- > I^- > SNC^-$. Derartige Reihen werden als *lyotrope Reihen* bezeichnet.

Es war eine der großen Erfolge der DLVO-Theorie, dass mit ihrer Hilfe die empirisch gefundene Schulze-Hardy-Regel erklärt werden konnte. Der Übergang Koagulation-Stabilität ist nicht scharf und erfolgt in einem mehr oder weniger engen Konzentrationsbereich an zugesetztem Elektrolyt. Die kritische Elektrolytkonzentration ccc ist gerade dann erreicht, wenn nach ausreichend langer Standzeit der Lösung (ca. 2 Stunden) gerade Koagulation (visuell) festgestellt werden kann. Nach dem oben Beschriebenen berührt in diesem Fall das Maximum der Gesamtpotenzialkurve (Abb. 9.4e) gerade die Nulllinie im Potenzial-Abstand-Diagramm.

In diesem Fall gilt:

$$V_T = 0 \quad \text{und} \quad \frac{\mathrm{d}V_T}{\mathrm{d}D} = 0 \tag{9.33}$$

Das elektrostatische Potenzial ist meist schwierig abzuschätzen. Eine Näherungsgleichung für die repulsive Wechselwirkungsenergie stammt von Reering und Overbeek, und diese soll im Folgenden für die weitere Abschätzung verwendet werden. Danach gilt für das repulsive Potenzial:

$$V_R = \frac{B \cdot \epsilon\epsilon_0 \cdot k_B^2 T^2 \cdot R_{\text{Kugel}} \cdot \gamma^2}{z^2} \cdot e^{-x_{DL} D} \quad \text{mit:} \quad \gamma = \frac{\exp\left(\frac{ze\Phi_\Delta}{2k_B T} - 1\right)}{\exp\left(\frac{ze\Phi_\Delta}{2k_B T} + 1\right)} \tag{9.34}$$

$$B = 4{,}36 \cdot 10^{20} \frac{1}{A^2 \cdot s^2}: \quad \text{Konstante}$$

Damit ist:

$$\begin{aligned} V_T &= V_A + V_R = -\frac{A \cdot R_{\text{Kugel}}}{12D} + \frac{B \cdot \epsilon\epsilon_0 \cdot k_B^2 T^2 \cdot R_{\text{Kugel}} \cdot \gamma^2}{z^2} \cdot e^{-x_{DL} D} = 0 \\ \Rightarrow \frac{\mathrm{d}V_T}{\mathrm{d}D} &= \frac{\mathrm{d}V_A}{\mathrm{d}D} + \frac{\mathrm{d}V_R}{\mathrm{d}D} = -\frac{V_A}{D} - x_{DL} \cdot V_R = 0 \quad \rightarrow \quad x_{DL} \cdot D = \frac{V_A}{V_R} = 1 \end{aligned} \tag{9.35}$$

Damit ist:

$$\begin{aligned} &-\frac{A \cdot R_{\text{Kugel}}}{12D} + \frac{B \cdot \epsilon\epsilon_0 \cdot k_B^2 T^2 \cdot R_{\text{Kugel}} \cdot \gamma^2}{z^2} \cdot e^{-1} = 0 \\ &\Rightarrow x_{DL,\text{Flockung}} = \frac{4{,}415 \cdot B \cdot \epsilon\epsilon_0 \cdot k_B^2 T^2 \cdot \gamma^2}{A \cdot z^2} \end{aligned} \tag{9.36}$$

Auf diese Weise erhält man eine Abschätzung für den Debye-Hückel-Parameter $x_{DL,\text{Flockung}}$, bei dem Flockung auftritt. Für den Debye-Hückel-Parameter gilt:

$$x_{DL} = \sqrt{\frac{2e^2 n^0 z^2}{\epsilon\epsilon_0 k_B T}} = \sqrt{\frac{2e^2 \cdot N_A c \cdot z^2}{\epsilon\epsilon_0 k_B T}} \tag{9.37}$$

Aus (9.37) lässt sich somit durch Einsetzen in (9.36) die kritische Koagulationskonzentration $c = ccc$ berechnen. Man findet:

$$\boxed{c_{\text{Flockung}} = \frac{9{,}75 \cdot B^2 \cdot \epsilon^3 \epsilon_0^3 \cdot k_B^5 T^5 \cdot \gamma^4}{e^2 N_A^2 \cdot A^2 \cdot z^6}} \tag{9.38}$$

Zunächst fällt in (9.38) die Relation $c_{\text{Flockung}} \propto \frac{1}{z^6}$ auf. Betrachten wir Elektrolyte mit $z = 1, z = 2, z = 3$, dann ist:

$$\frac{1}{1^6} : \frac{1}{2^6} : \frac{1}{3^6} = \frac{1}{1} : \frac{1}{64} : \frac{1}{729} = 100 : 1{,}56 : 0{,}137 \tag{9.39}$$

Dies ist aber gerade das empirisch von Schulze und Hardy gefundene Resultat!

Aus der Gleichung kann zudem bei sonst bekannten Parametern die Hamaker-Konstante berechnet werden. Man findet auch hier die Hamaker-Konstante in der richtigen Größenordnung von ca. $2 \cdot 10^{-19}$ J.

Gleichung (9.38) liefert zudem das Resultat, dass die kritische Koagualtionskonzentration *proportional zur dritten Potenz der relativen Dielektrizitätskonstanten* ϵ^3 *des Lösemittels* ist, sie ist aber *unabhängig von der Teilchengröße*.

In der Regel ist nicht eindeutig definiert, wann Flockung bzw. Koagualtion eintritt; hier besteht somit eine bestimmte Unschärfe! Aus diesem Grund lässt sich die DLVO-Theorie weit besser mithilfe von kinetischen Untersuchungen überprüfen. Die Geschwindigkeit, mit der Flockung eintritt, hängt ab von

- der Frequenz, mit der die Teilchen aufeinandertreffen, und
- der Wahrscheinlichkeit, dass die thermische Energie groß genug ist, um die Abstoßung der Teilchen zu überwinden.

Ist n die Zahl der Teilchen pro Volumen (Teilchendichte), dann beträgt die Rate, mit der die Teilchen aggregieren:

$$-\frac{\mathrm{d}n}{\mathrm{d}t} = k_2 \cdot n^2 \tag{9.40}$$

Dies ist eine typische Kinetik zweiter Ordnung. Integration mit $n = n_0$ bei $t = 0$ liefert:

$$\frac{1}{n} = k_2 \cdot t + \frac{1}{n_0} \tag{9.41}$$

Während des Ausfällens nimmt k_2 in der Regel ab, und manchmal entsteht ein Gleichgewicht bei teilweiser Ausflockung.

Ist die Konzentration an Elektrolyten hoch und die elektrische Doppelschicht entsprechend dünn, führt jeder Stoß zum Flocken, und die Flockungsreaktion ist rein diffusionskontrolliert. Kommt ein abstoßendes Potenzial hinzu, führt nur der Bruchteil W der Stöße zu Koagulation, wobei W das bereits eingeführte *Stabilitätsverhältnis* bedeutet [Yang13].

9.3.1 Lyophile Sole

Die DLVO-Theorie beschreibt die Verhältnisse recht gut, wenn ausschließlich van der Waals-Kräfte und elektrostatische Wechselwirkungen in der Lösung wirksam sind. Bei lyophilen Solen (= lösemittelliebende Sole) sind die Verhältnisse schwieriger! Die Stabilität der Suspension hängt hier außer von den beiden genannten Einflüssen von weiteren Effekten ab, die zum Teil noch nicht vollständig erforscht sind und die sich zudem mathematisch nicht so einfach modellieren lassen. Solche zusätzlichen Effekte sind zum Beispiel entropische Effekte, Brückenbildung oder Desorptionsenergien, die die Gleichgewichte massiv beeinflussen.

Ausgeprägte Solvathüllen zum Beispiel können ein Sol stabilisieren. Setzt man in diesem Fall Ionen zu, die ebenfalls stark solvatisiert sind, konkurrieren die Teilchen um die Solvatmoleküle, und ist die Konzentration der zugesetzten Teilchen hoch genug, tritt Koagulation ein, da die an den kolloiden Teilchen verbleibende Solvathülle und damit deren abschirmende Wirkung abnimmt. Die zugesetzten Substanzen müssen das Lösemittel nur stark genug binden, es müssen nicht unbedingt Salze sein!

Ein Zusatz von Polymeren kann die Kolloidstabilität sowohl verbessern als auch verschlechtern!

Flockung kann bei Zusatz von Polymeren auftreten, wenn geringe Mengen des Polymers zugesetzt werden und das Polymer gleichzeitig an zwei Partikel bindet – quasi als Brücke. Die Kolloidteilchen kommen sich dadurch nahe und können sich auch nicht durch Diffusion voneinander entfernen. Eine Teilchenverbrückung führt dadurch zu einer Verschlechterung der Stabilität der Lösung, und damit wird die Flockung beschleunigt. Die Polymere können dabei sowohl chemisch als auch physikalisch auf der Oberfläche adsorbiert sein. Solche verbrückenden Polymere werden häufig in der Abwasserreinigung eingesetzt.

Flockung führt in der Regel zu lockeren Verbänden, während Koagulation meist zu kompakteren Strukturen führt, die nicht mehr ohne Weiteres aufgebrochen werden können. Bewirkt das Polymer eine Stabilisierung des Kolloids, dann bezeichnet man diese Polymere als *Schutzkolloide*. Zum Einsatz kommen sie zum Beispiel in Kosmetika, Pharmaka, Farben und Emulsionen.

Die Struktur der Adsorptionsschicht wird bestimmt durch die Polymervolumenkonzentration und durch die Art der Adsorption.

Die unterschiedlichen Regime – Pilzregime und Bürstenregime – haben wir bereits erwähnt (Abb. 5.40 und Abb. 5.41).

Nähern sich kolloide Teilchen, die mit einer Polymerschicht bedeckt sind, einander an, überlappen sich ab einem bestimmten Abstand die Bewegungsareale der äußeren Polymersegmente. Die damit einhergehende Einschränkung in der Beweglichkeit verringert die Entropie und wirkt daher wie eine abstoßende Kraft. Diese kann beschrieben werden als repulsiver osmotischer Druck. Auf diese Weise wird eine *sterische Stabilisierung* der Kolloidteilchen erreicht.

Im Falle ionischer Polymere wirkt zusätzlich die elektrostatische Abstoßung. Andererseits führt die Verwendung ionischer Polymere, die ein zu den Kolloiden entgegengesetztes Ladungsvorzeichen haben, gegebenenfalls zu einer Reduzierung der elektrostatischen Abstoßung, und die Stabilität der Dispersion wird dadurch verringert.

In diesen Fällen kommt es sehr darauf an, in welchen Mengen und wie das Polymer der Lösung zugesetzt wird: Die Flockung verläuft dann besonders gut, wenn nur die Hälfte der Lösung mit Polymer versetzt wird und anschließend die beiden Lösungen zusammengeschüttet werden; aufgrund der gegensätzlichen Oberflächenladung tritt unmittelbar Koagulation ein.

Auch freie Polymermoleküle können zu einer Stabilisierung der Dispersion führen, da sie die Bewegung der Kolloidteilchen einschränken. Diese Einschränkung in der Diffusion entsteht allerdings erst bei höheren Polymervolumenkonzentrationen, und man spricht von *Depletionsstabilisierung* (*depletion* für „Verarmung").

Sterische Stabilisierung wird in der Industrie in weitem Umfang eingesetzt. Gegenüber elektrostatischer Stabilisierung ergeben sich einige Vorteile:

- Durch Elektrolytzusatz wird die Stabilität im Fall sterischer Stabilisierung kaum beeinflusst, und man kann sowohl in polaren wie auch in nichtpolaren Lösungsmitteln arbeiten.
- Zudem ist die Stabilisierung auch bei hohen Kolloidkonzentrationen wirksam.

Die im Dispersionsmittel löslichen Anteile des Polymers werden als *Stabilisierungsgruppen*, die unlöslichen als *Ankergruppen* bezeichnet.

Die Stabilität der Dispersion verringert sich, wenn die Löslichkeit der Stabilisierungsgruppen im Dispersionsmittel herabgesetzt wird. Dies kann geschehen durch

- Temperaturerhöhung,
- Druck- bzw. Konzentrationserhöhung,
- Zusatz anderer, schlechterer Lösungsmittel.

Für viele sterisch stabile Dispersionen endet deren Stabilität am sogenannten *Theta-* oder *Flory-Punkt*.

Damit die Dispersion stabil bleibt, muss die freie Flockungsenthalpie ΔG_F positiv sein. Es gilt:

$$\Delta G_F = \Delta H_F - T\,\Delta S_F \tag{9.42}$$

Aus

$$\left(\frac{\partial(\Delta G_F)}{\partial T}\right)_{\Delta H_F} = -\Delta S_F \tag{9.43}$$

folgt für $\Delta S_F > 0$, dass mit steigender Temperatur die Stabilität der Suspension abnimmt und das System erst unterhalb einer bestimmten Temperatur stabil ist. Man bezeichnet das System als *enthalpiestabilisiertes* System.

Insgesamt ergeben sich – analog wie bei der „Ceiling-Temperatur" bzw. der „Floor-Temperatur" bei den Polymerisationsreaktionen – die folgenden Kombinationen, anhand derer sich die aufgeführten unterschiedlichen Typen der sterischen Stabilisierung unterscheiden lassen:

ΔH_F	ΔS_F	Typ	Flockung
+	+	enthalpisch stabilisiert	beim Erwärmen
–	–	entropisch stabilisiert	beim Abkühlen
+	–	enthalpisch-entropisch stabilisiert	keine Flockung möglich

Die Stabilität wässriger, sterisch stabilisierter Suspensionen nimmt meist mit der Temperatur ab, das heißt, es liegt in der Regel enthalpische Stabilisierung vor. Polyethylenoxide zum Beispiel verhalten sich in wässrigen Dispersionen enthalpiestabilisierend, in Methanol entropiestabilisierend. Durch Zugabe von Methanol zu Wasser oder umgekehrt wird ein gleichzeitig enthalpie- und entropiestabilisierender Bereich durchschritten, in welchem eine Flockung durch Temperaturänderung nicht möglich ist. Ähnliches gilt für Polyvinylalkohol in Wasser/Dioxan [Samin14, Zheng11, Yang13a, Liu12, Adachi95, Csem88, Jansse90, Janssen90, Nason06, Nikol05, Bhakta97, Yu96].

Damit ergibt sich zusammengefasst:

Rezept für die Herstellung einer flockungsstabilen Dispersion

- Möglichst starke Aufladung der Teilchen bei minimaler Elektrolytkonzentration in der Lösung
- Möglichst geringe Dispersionswechselwirkung durch Modifizierung der Partikeloberfläche durch Adsorptionsschichten
  - grenzflächenaktiver Stoffe oder
  - makromolekularer Stoffe
- Erhöhen der Viskosität der Lösung

Rezept für die Brechung einer stabilen Dispersion

- Entladung der Teilchen
- Zusetzen entgegengesetzt geladener Teilchen, die an der Oberfläche der Kolloide spezifisch addiert werden
- Erhöhen der Ionenkonzentration = Herabsetzen der Reichweite der elektrostatischen Abstoßung
- Brückenbildung (Sensibilisierung) durch Zugabe von geringen Mengen an Polymer
- Gegenseitige Flockung zweier entgegengesetzt geladener Kolloide

9.4 Die Perkolationstheorie

Im Extremfall kann bei der Aggregation das Agglomerat das gesamte zur Verfügung stehende Volumen einnehmen. Das Sol geht dabei in ein *Gel* über, und man spricht von einem Sol-Gel-Übergang. Die Art des entstehenden Gels hängt dabei im Wesentlichen von der Art und Stärke der entstehenden Bindungen ab.

Derartige Sol-Gel-Übergänge konnten mit klassischen Ansätzen von Flory und Stockmayer berechnet werden. Es gibt aber einen alternativen Zugang, die *Perkolationstheorie*, die im Folgenden vorgestellt werden soll.

Die Perkolationstheorie wurde von Paul John Flory[1] und Walter Hugo Stockmayer[2] während des Zweiten Weltkriegs entwickelt, um Polymerisationsprozesse zu beschreiben. Beim Polymerisationsprozess werden viele Monomere aneinandergereiht, die dann das Makromolekül bilden. Der Verbund solcher Makromoleküle wiederum führt zu einem Netzwerk, das sich durch das ganze System erstrecken kann.

Die Perkolationstheorie beschäftigt sich allgemein mit der Entstehung und Beschreibung komplexer, meist ungeordneter Strukturen, die sich aus einfachen Bestandteilen zusammensetzen. Der Name Perkolationstheorie leitet sich ab vom lateinischen „percolaregrqq für „durchdringen“, „durchseihen“, „eindringen“ und wurde 1957 in einer Publikation von S.R. Brodbent und J.M. Hammersley geprägt [Brodbent57].

[1] Paul John Flory (* 19. Juni 1910 in Sterling, Illinois; † 9. September 1985 in Big Sur, Kalifornien) war ein US-amerikanischer Chemiker. Flory wurde für seine umfangreiche wissenschaftliche Tätigkeit auf dem Gebiet der Polymerforschung bekannt. Seine Forschungen zum Verhalten von Polymeren in Lösung waren bahnbrechend. Zu seinen Leistungen zählen unter anderem eine neuartige Methode, die vermutliche Größe eines Polymers in Lösung zu errechnen (Flory-Huggins-Theorie) sowie die Herleitung des Flory-Exponenten, der die Bewegung von Polymeren in Lösungen charakterisiert. Dafür wurde ihm 1974 der Nobel-Preis in Chemie verliehen.

Quelle: http://de.wikipedia.org/wiki/Paul_Flory

[2] Walter Hugo Stockmayer (* 7. April 1914 in Rutherford, New Jersey; † 9. Mai 2004 in Norwich, Vermont) war ein US-amerikanischer Chemiker. Sein Forschungsgebiet war vor allem die Struktur und Dynamik von Polymeren und die Entwicklung von Lichtstreumethoden.

Quelle: http://de.wikipedia.org/wiki/Walter_H._Stockmayer

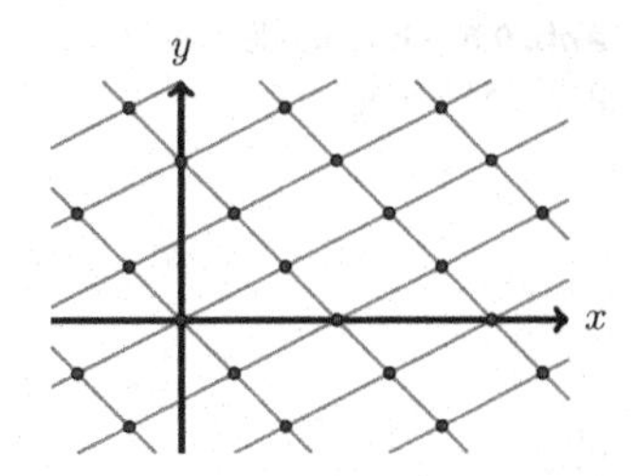

Abb. 9.5 Zweidimensionales Gitter

Folgende Fragen möchte man mithilfe der Perkolationstheorie beantworten:

- Unter welchen Bedingungen entstehen makroskopisch zusammenhängende komplexe Strukturen, die eine Verbindung zwischen meist räumlich entfernten Punkten oder Gebieten schaffen?
- Wann ist beispielsweise das Röhrensystem in einem porösen Medium so beschaffen, dass eine Flüssigkeit dieses Medium durchdringen kann?

Die Perkolationstheorie liefert mögliche Modellsysteme zum Beispiel für:

- Bildung von Makromolekülen (Form und Verteilung)
- Sol-Gel-Prozesse
- Elektrische Leitfähigkeit von Legierungen
- Magnetisierung von Festkörpern
- Durchlässigkeit von Gestein für Flüssigkeiten und Gase
- Durchlässigkeit von Schüttungen (Filterwirkung)
- Ausbreitungen von Epidemien
- Wachstumsmodelle in Biologie und Medizin
- Ausbreitungen von Waldbränden
- Soziale Netzwerke (Wie komme ich an Geld für meine Forschungsvorhaben?)

Perkolationen werden auf *Gittern* modelliert, wobei Kristallgitter Interpretationen mathematischer Gitter sind. In der Mathematik sind Gitter in gewissem Sinne regelmäßige Mengen (Abb. 9.5). Die einzelnen Elemente eines Gitters heißen *Gitterpunkte* oder *Gittervektoren*. Die formale mathematische Definition eines Gitters lautet: Gegeben seien n linear unabhängige Vektoren $b_1, b_2, b_3, \ldots, b_n \in \mathbf{R}^n$. Das durch diese Vektoren definierte Gitter ist:

$$\mathcal{L}(b_1, b_2, b_3, \ldots, b_n) = \left\{ \sum x_i b_i | x_i \in \mathbf{Z} \right\} \tag{9.44}$$

Allen Modellvarianten von Perkolationen ist die *Zufallsplatzierung von Objekten* in einem (d-dimensionalen) Raum gemeinsam. So einfach die Modelle sind, so wenig sind diese in der Regel mathematisch exakt lösbar. Daher verwendet man (neben der Kontinuumsperkolation) zur numerischen Simulation häufig *Gittermodelle*, wobei die folgenden beiden Fälle unterschieden werden:

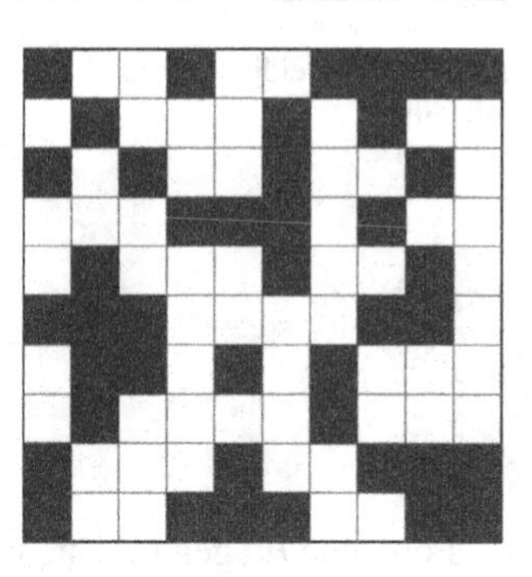

Abb. 9.6 Gittermodell für poröses Gestein

- *Site-Perkolation:* Jeder Gitterplatz ist mit der Wahrscheinlichkeit p besetzt. Benachbarte Gitterplätze sind verbunden (Anwendungen: zum Beispiel Legierung aus zwei Atomsorten, Frage nach Leitfähigkeit, Waldbrände, Verbreitung von Krankheiten).
- *Bond-Perkolation:* Bindungen zwischen benachbarten Gitterpunkten werden mit der Wahrscheinlichkeit p geknüpft (Anwendungen: zum Beispiel Leitwert eines Drahtgitters, Gelbildung in Flüssigkeiten).

Bei allen Perkolationsmodellen ist zu bedenken, dass die Plätze im Gitter *rein statistisch* besetzt werden! Es werden somit *in keinem Fall* bestimmte Plätze gezielt ausgesucht!

Betrachten wir im Folgenden einige Beispiele!

Das Site-Gitter in Abb. 9.6 kann als ein Modell für ein poröses Gestein dienen. Darin sollen die ausgefüllten Kästchen Bereiche darstellen, die mit festem Gestein ausgefüllt sind, die nichtausgefüllten Kästchen repräsentieren Hohlräume, die zum Beispiel mit Gas oder mit einer Flüssigkeit gefüllt sein können.

Die Frage ist nun: Befindet sich in den Hohlräumen Erdgas, kann dieses Gas dann aus dem Gestein austreten? Und wenn ja, in welchem Maße bleibt Gas im Gestein zurück? Wie weit muss das Gestein gegebenenfalls aufgebrochen werden, damit mindestens 90 % des jeweiligen Fluids aus dem Gestein austreten kann? Dies sind durchaus Fragen, die man sich im Bereich der erdgas- oder erdölfördernden Industrie stellt!

Das Modell ist in Abb. 9.6 als zweidimensionales Problem dargestellt, es lässt sich aber einfach auf drei Dimensionen ausdehen.

Abbildung 9.7 zeigt ein zweidimensionales Beispiel für ein Perkolationsmodell. Angenommen, die Kreise stellen die Position von Bäumen in einem Wald dar. Würde einer der Bäume Feuer fangen, zum Beispiel durch einen Blitzeinschlag, wie weit würde sich das Feuer ausbreiten, und wie groß wäre der Schaden? Welche Baumdichte darf der Wald maximal haben, damit das Feuer beschränkt bleibt? Wie viele Bäume müssen somit aus dem Wald geschlagen werden, damit ein Feuerschaden nicht den gesamten Wald erfasst?

Bei dem Modell geht man davon aus, dass das Feuer *nur über gemeinsame Kanten* des Gitters weitergereicht werden kann, nicht über Ecken! Das Feuer kann sich

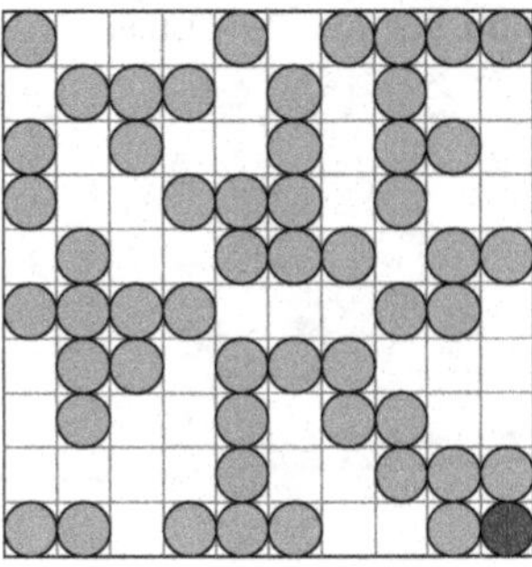

Abb. 9.7 Gittermodell für die Ausbreitung eines Brandes

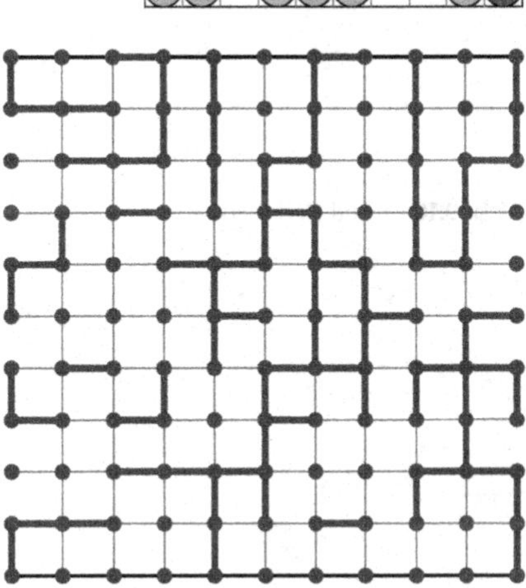

Abb. 9.8 Modell für einen Isolator-Leiter-Übergang

zum Beispiel von der unteren rechten Ecke aus ausbreiten. Erfasst der Brand dann den gesamten Wald?

Dies ist nur möglich, wenn es über gemeinsame Kanten miteinander verbundene besetzte Gitterplätze gibt, die von einer Seite des Gitters bis zur gegenüberliegenden Seite reichen. Definitionsgemäß beginnt man stets am unteren Ende des Gitters, das obere Ende des Gitters ist dann das Ende der Strecke bzw. Fläche.

Wäre der markierte Gitterpunkt eine infizierte Person, die beispielsweise im Urlaub mit einer ansteckenden Krankheit infiziert wurde und nun an einem Flugplatz in einem anderen Land ankommt, dann lässt sich mit diesem Modell auch die Ausbreitung von Krankheiten simulieren und untersuchen. Wie viele Personen müssen zum Beispiel geimpft werden, damit sich die Erkrankung nicht zu einer Pandämie ausweitet?

Ein Lehrstuhl in einer Universität möchte gerne seine Projekte finanziert bekommen. Die Anträge dazu werden an offizieller Stelle eingereicht und passieren bis zu ihrer endgültigen Genehmigung mehrere verantwortliche behördliche Stellen. Wie viele Personen in der Behörde sollte der Institutsleiter kennen, damit möglichst jeder Antrag genehmigt wird?

Somit lassen sich auch soziale Fragestellungen mit einem solchen Ansatz untersuchen!

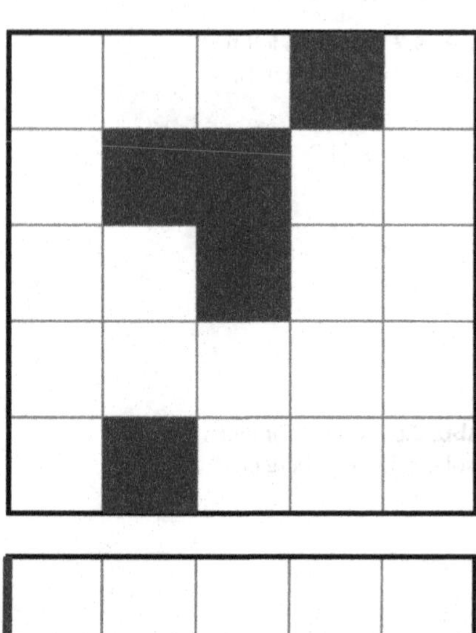

Abb. 9.9 Site-Perkolation

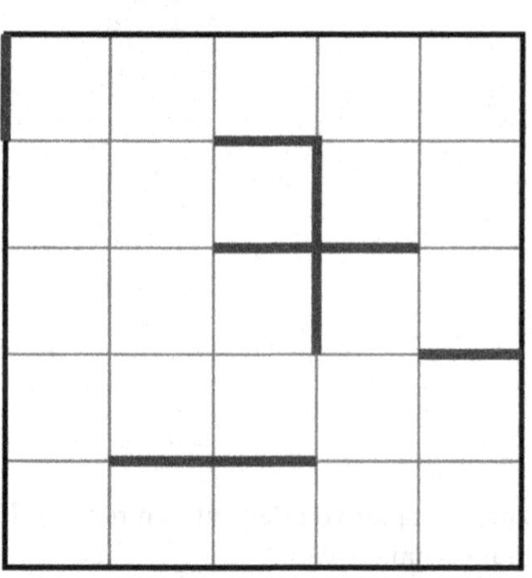

Abb. 9.10 Bond-Perkolation

Abbildung 9.8 zeigt ein Beispiel für eine Bond-Perkolation. Beispielsweise könnte man fragen, wie viele Verbindungen (die alle wiederum *statistisch* verteilt sind) geschaffen werden müssen, damit ein Nichtleiter zu einem Leiter wird. Dies könnte zum Beispiel dadurch geschehen, dass man zu einem nichtleitenden Material, beispielsweise einem Kunststoff, leitfähiges Material zudotiert, sodass schließlich der Werkstoff leitend wird. Und welche Leitfähigkeit besitzt der Werkstoff dann? Wie weit hängt die Leitfähigkeit des Werkstoffs von der Menge an zudotiertem Material ab?

Benachbarte Gitterpunkte werden somit bei der Modellierung zufällig miteinander verbunden (dies entspricht dem Anlegen einer elektrischen Leitung). Steigt die Zahl der Leitungen immer weiter an, dann wird irgendwann das System elektrisch leitend.

In Abb. 9.9 und 9.10 sind die beiden verschiedenen Arten von Perkolationsmodellen noch einmal dargestellt. Beiden Gittertypen ist gemeinsam:

Abb. 9.11 4-Cluster

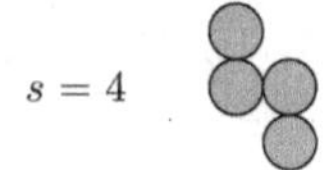

- Jeder Gitterpunkt hat zwei Einstellmöglichkeiten (besetzt/nicht besetzt).
- Die Besetzung der Gitterplätze erfolgt mit einer Besetzungswahrscheinlichkeit p.
- Ändert sich die Besetzungswahrscheinlichkeit zwischen 0 und 1, dann tritt irgendwann ein Phasenübergang auf.

Da – wie bereits erwähnt – die Modelle nur in den einfachsten Fällen analytisch lösbar sind, muss das Problem jeweils auf einem Rechner simuliert werden. Damit ergibt sich als Erstes die Frage: Wie erzeugt man ein Zufallsgitter auf einem Rechner?

Der Weg ist wie folgt:

1. Man wähle ein Gitter.
2. Man gebe eine Besetzungswahrscheinlichkeit für das Gitter vor.
3. Man erzeuge Zufallszahlen $0 \leq z \leq 1$ (man würfele) für jeden einzelnen Gitterplatz.
4. Man vergleiche nach dem Erzeugen der jeweiligen Zufallszahl den Zufallswert mit dem Wert der vorgegebenen Besetzungswahrscheinlichkeit p.
   - Für $z < p$ wird der Gitterplatz nicht besetzt.
   - Für $z \geq p$ wird der Gitterplatz besetzt.

Nachdem man das Gitter erzeugt hat, benötigt man *Maßzahlen*, um das besetzte Gitter zu charakterisieren! Im Folgenden werden nur die wichtigsten dieser Maßzahlen beschrieben.

Abb. 9.12 Perkolationscluster

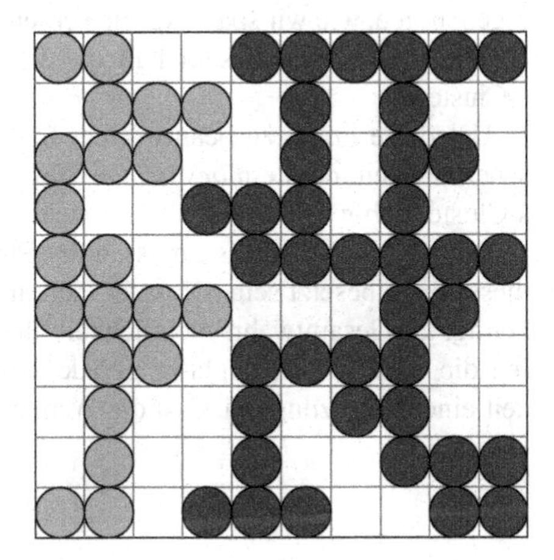

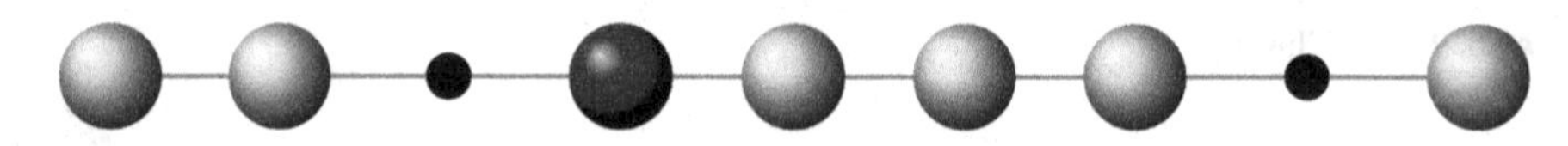

Abb. 9.13 Beispiel für ein eindimensionales Perkolationsgitter

- s-Cluster: Ein s-Cluster ist ein Verband aus *genau* s in beliebiger Weise *über gemeinsame Kanten* miteinander verbundenen Gitterpunkten (Abb. 9.11).
- Perkolationscluster, (*spanning cluster*): Ein Perkolationscluster (oder spanning cluster) ist ein Cluster, der den unteren Rand des Gitters (Anfang) mit dem oberen Rand des Gitters (Ende) verbindet (Abb. 9.12). (Es sei nochmals daran erinnert, dass im Cluster die einzelnen Zellen ausschließlich über gemeinsame Kanten miteinader verknüpft sein dürfen!)
- Perkolationsschwelle p_c: Die Perkolationsschwelle p_c ist die Besetzungswahrscheinlichkeit, bei welcher gerade noch *kein* Perkolationscluster auftritt.
- Stärke des Perkolationsclusters P: Unter der Stärke des Perkolationsclusters P versteht man die Wahrscheinlichkeit P, mit der eine Lage zu einem Perkolationscluster gehört. (Klar ist, dass $P = 0$, falls gar kein Perkolationscluster existiert, also $P = 0$ für $p < p_c$.)

Betrachten wir den einfachsten Fall eines eindimensionalen Modells. In diesem Fall lassen sich die oben genannten Maßzahlen in allen Fällen exakt berechnen. Einen solchen einfachen Fall zeigt die Abb. 9.13.

Wir betrachten hier ein endliches Gitter, gegebenenfalls können wir von einer normierten Länge ausgehen (n Gitterplätze pro Längeneinheit in einem unendlichen Gitter).

In der Regel sind die Gitter in der Perkolationstheorie unendlich groß. Dies hat zum einen den Vorteil der einfacheren Berechenbarkeit, zum anderen kommt dies den in den Naturwissenschaften betrachteten Fällen – hier haben wir es mit Zahlen im Bereich 10^{16} und größer zu tun – weit näher als ein endliches Gitter. Zudem ergeben sich, wie wir später sehen werden, im Fall großer Gitter scharfe Übergänge!

Wie groß ist in diesem Fall die Wahrscheinlichkeit für das Auftreten eines s-Clusters?

Um diese Frage zu beantworten, fragen wir zunächst: Wie groß ist die Wahrscheinlichkeit, dass ein *bestimmter* (festgelegter bzw. ausgewählter) Site zu einem s-Cluster gehört?

Damit dies der Fall ist, müssen der Platz selbst und $(s - 1)$ benachbarte Plätze dieser Lage besetzt sein. Da jeder Platz mit der Wahrscheinlichkeit p besetzt wird, beträgt die Gesamtwahrscheinlichkeit für eine solche Besetzung p^s. Zusätzlich dürfen die nächsten Gitterplätze gerade *nicht* besetzt sein! Da die Wahrscheinlichkeit einer Besetzung p ist, ist die Wahrscheinlichkeit einer Nichtbesetzung gerade $(1 - p)$!

Damit ergibt sich die gesuchte Wahrscheinlichkeit dafür, dass ein *bestimmter* Gitterplatz zu einem s-Cluster gehört, zu:

$$n_s = p^s \cdot (1-p)^2 \tag{9.45}$$

Nun kann jeder der zu dem Cluster gehörende Gitterplatz dieser *bestimmte* Gitterplatz sein. Die Wahrscheinlichkeit, dass *irgendein beliebiger* Gitterpunkt (Site) Element eines s-Clusters ist, berechnet sich somit aus der Wahrscheinlichkeit dafür, dass eine bestimmte Lage zu einem solchen s-Cluster gehört, multipliziert mit s, mithin $n_s \cdot s$.

Daraus ergibt sich dann die Anzahl an n_s-Clustern bei einer Gesamtzahl von Ld Gitterpunkten zu $n_s \cdot L^d$.

Die Wahrscheinlichkeit, dass ein Cluster gerade die Größe s besitzt, berechnet sich zu:

$$w_s = \frac{s \cdot n_s}{\sum_s s \cdot n_s} \tag{9.46}$$

Daraus ergibt sich wiederum die mittlere Clustergröße zu:

$$< S >= \sum_s s \cdot w_s = \sum_s \frac{s^2 \cdot n_s}{\sum_s s \cdot n_s} \tag{9.47}$$

Perkolation im eindimensinalen Gitter tritt auf, wenn *alle* Gitterplätze besetzt sind. Im eindimensionalen Fall gilt somit:

$$p_c = 1 \quad \rightarrow \quad P = 1 \tag{9.48}$$

Damit im eindimensionalen Fall ein Cluster ein Perkolationscluster ist, muss zwangsweise jeder Gitterpaltz besetzt sein!

Die Summe über alle Wahrscheinlichkeiten aller Cluster der Größe s ist wieder gleich der Besetzungswahrscheinlichkeit p:

$$\sum_s n_s \cdot s = p \quad \text{für } p < p_c \tag{9.49}$$

Zur Bestimmung der Systemeigenschaften im Fall höherdimensionaler Gitter müssen die gleichen Berechnungen durchgeführt werden. Wir werden sehen, dass die Anzahl der Dimensionen die Zahl 3 übersteigen wird! Die Berechnung solcher Maßzahlen ist aber für höherdimensionale Gitter weit schwieriger! Den Grund dafür sehen wir sehr schnell ein! Betrachten wir dazu den in Abb. 9.14 dargestellten Fall.

Dargestellt sind die möglichen Anordungen (ohne Berücksichtigung der jeweiligen um die verschiedenen möglichen Achsen gespiegelten Anordnungen) eines 4-Clusters in zwei Dimensionen. Man erkennt, dass die Zahl möglicher Konfigurationen mit der Zahl der Dimensionen rasant anwächst! Die Anzahl möglicher derartiger Cluster berechnet sich gemäß:

$$n_s = \sum_t g_{st} \cdot p^s \cdot (1-p)^t \tag{9.50}$$

Abb. 9.14 4-Cluster in zwei Dimensionen

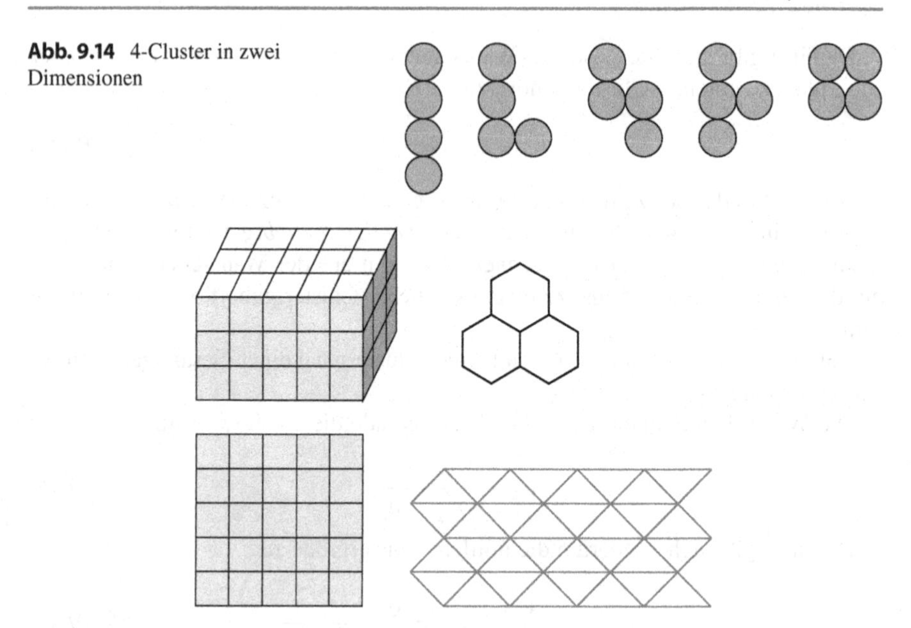

Abb. 9.15 Beispiele für zwei- und dreidimensionale Gitter

Dabei ist t die Anzahl der Punkte am Clusterrand und g_{st} die Anzahl Konfigurationen der Cluster mit Rand t.

Die Probleme lassen sich mathematisch in zwei Dimensionen (abhängig von der Komplexität des zugrunde gelegten Gitters) häufig noch exakt lösen, bereits in drei Dimensionen nur in seltenen Fällen.

Damit ergibt sich aber die Frage: Wie untersucht man Perkolationsphänome auf dem Rechner? Im Wesentlichen wurde die Antwort auf diese Frage bereits geliefert:

- Man wählt ein passendes Gitter.
- Man wählt eine Besetzungswahrscheinlichkeit p.
- Man erzeugt eine Zufallszahl $0 \leq p \leq 1$ für jede einzelne Gitterposition:
  - Für $z < p$ bleibt der Gitterplatz unbesetzt.
  - Für $z \geq p$ wird die Gitterposition besetzt.

In Abb. 9.15 sind Beispiele für einige zwei- und dreidimensionale Gitter gezeigt.

Nachdem das Gitter erzeugt wurde besteht die nächste Aufgabe darin, die Cluster in dem Gitter zu identifizieren. Üblicherweise werden besetzte Sites mit 1, unbesetzte mit 0 gekennzeichnet.

Betrachten wir als Beispiel Abb. 9.16. Wir beginnen in der unteren linke Ecke der Abbildung. Ist die Lage besetzt, dann wird sie mit 1 gekennzeichnet. Benachbarte verbundene Lagen erhalten ebenfalls eine 1. Die nächste besetzte, mit dem ersten Cluster nichtverbundene Lage wird mit 2 gekennzeichnet, ebenso alle mit dieser Lage besetzten verbundenen Sites, usw.

Abb. 9.16 Auffinden der Cluster

7	7		3	3	3	
7				3	3	3
	3	3			3	3
3	3	3	3	3	3	3
		3		3	3	3
1	1			3	3	3
1		2	2		3	

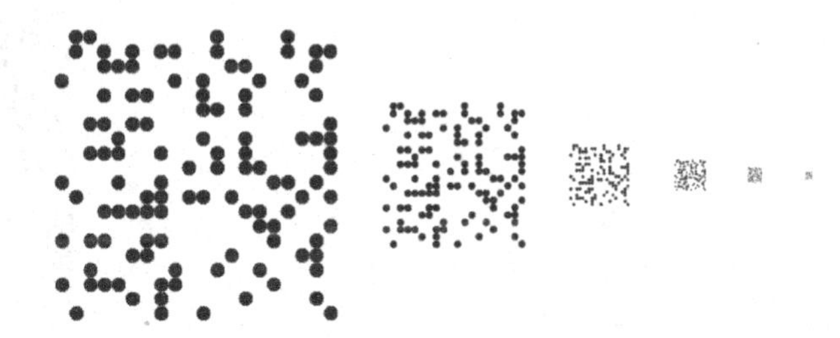

Abb. 9.17 Gitterbesetzung unterhalb der Perkolationsschwelle

Man geht dabei so vor, dass man die Reihen abschreitet und jeweils untersucht, ob die jeweilige Lage besetzt ist oder nicht. Bei Besetzung erhält dann die entsprechende Lage eine entsprechende Nummer. Dabei kann es passieren, dass zunächst für eine besetzte Lage eine neue Nummer vergeben wird, bei weiterem Fortschreiten entlang der jeweiligen Reihe aber festgestellt wird, dass diese Lage mit einer bereits nummerierten verbunden ist; die Bezeichnung muss in diesem Fall angepasst werden.

Anschließend sucht man nach Clustern, die sich von einem Rand zum anderen erstrecken, das heißt, man sucht nach Perkolationsclustern, denn gerade diese sind die interessanten Cluster!

Bei kleinen Gittern ist eine solche Analyse schnell durchgeführt. Wie aber findet man Perkolationscluster auf einem sehr großen Gitter? Grundsätzlich sollte eine Clusteranalyse auch bei unendlichen Gittern möglich sein, und auch dies soll mithilfe eines Rechners durchgeführt werden. Üblicherweise wird dazu das Verfahren der *Renormierung* angewandt, eine Änderung der Skalen, auf der das System betrachtet wird.

Betrachten wir ein Gitter unterhalb der Perkolationsschwelle (Abb. 9.17). Wenn wir uns immer weiter von dem Gitter entfernen, verschwindet es nahezu und erscheint nur noch weiß!

Betrachten wir das gleiche Gitter oberhalb der Perkolationsschwelle (Abb. 9.18). Entfernen wir uns nun immer weiter, dann verbleibt ein farbiger Punkt! Genau an der Perkolationsgrenze sollte sich das Gitter bei Skalenänderung nicht verändern!

In Abb. 9.17 ist ein Gitter gezeigt, welches mit einer Besetzungswahrscheinlichkeit $p < p_c$ besetzt wurde. Von Bild zu Bild wurde die Fläche jeweils auf ein Viertel der vorhergehenden Fläche verkleinert. Man erkennt, dass trotz der dunkel gewählten Punkte die Fläche immer heller erscheint.

Abb. 9.18 Gitterbesetzung oberhalb der Perkolationsschwelle

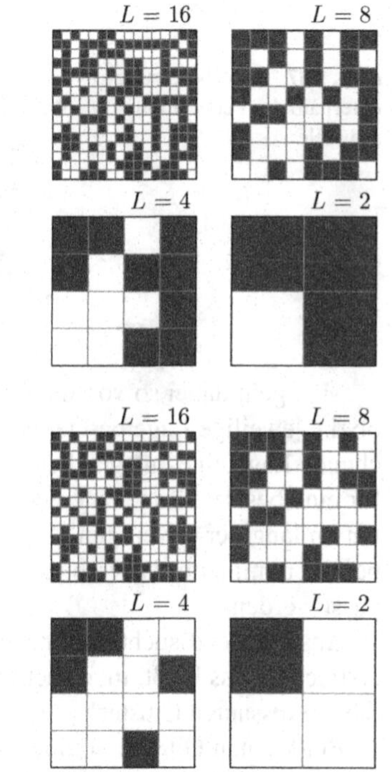

Abb. 9.19 $p > p_c$

Abb. 9.20 $p < p_c$

Abbildung 9.18 zeigt das gleiche Gitter mit einer Besetzungswahrscheinlichkeit oberhalb der Perkolationsschwelle. Auch in diesem Fall wurde die Fläche in jedem Schritt auf ein Viertel der jeweils vorhergehenden Fläche verkleinert. Obwohl die Punkte heller gewählt sind als im vorherigen Fall, verbleibt für das Auge doch ein heller Punkt!

Wie erreicht nun der Rechner eine solche Renormierung? Dazu betrachten wir Abb. 9.19 und 9.20.

Wir starten jeweils bei einem 16×16-Gitter. Im jeweils nächsten Bild werden jeweils vier Quadrate zu einem neuen zusammengefasst. Ob dieses neue Quadrat hell oder dunkel ist, hängt davon ab, ob von den ursprünglichen Quadraten die Mehrzahl dunkel oder hell war: War die Mehrzahl hell, dann wird auch das neue Quadrat hell sein und umgekehrt. Bei gleicher Anzahl heller und dunkler Flächen wird beim ersten Mal das Quadrat hell, beim zweiten Mal dunkel eingefärt und so weiter im Wechsel. Auf diese Weise kommt man jeweils zu dem 8×8-Gitter.

Das Verfahren wird nun wiederholt, bis nur noch ein Feld übrig ist (in Abbildung nicht gezeigt, hier endet das Verfahren bei jeweils vier übrig gebliebenen Flächen). Solche Aufgaben kann ein Rechner schnell erledigen, und es können auf diese Weise sehr große Gitter untersucht werden. Ist das letzte Quadrat hell, dann befand man sich unterhalb der Perkolationsschwelle, ist es dunkel, war die Perkolationsschwelle überschritten.

In Abb. 9.19 wurden bei einer Besetzungswahrscheinlichkeit $p = 0{,}7$ und einem 16×16 Quadrat fortlaufend vier Felder zusammengefasst: Die ursprüngliche Konfiguration wurde dreimal renormalisiert!

In Abb. 9.20 wurden bei einer Besetzungswahrscheinlichkeit $p = 0{,}5$ und einem 16×16 Quadrat fortlaufend vier Felder zusammengefasst: Die ursprüngliche Konfiguration wurde auch hier dreimal renormalisiert!

Wir sehen, dass bei $p = 0{,}7$ durch die Transformation das System immer weiter in Richtung $p = 1$ verschoben wird, bei $p = 0{,}5$ immer weiter in Richtung $p = 0$! Dazwischen muss es einen kritischen Wert $p = p_c$ geben, welcher gerade die Perkolationsschwelle beschreibt.

Im Weiteren wählt man nun ein Gitter aus, besetzt es mit einer Besetzungswahrscheinlichkeit p und erhöht diesen Wert sukzessive, bis die Perkolationsschwelle überschritten wird.

Damit bleibt zu klären, ob man auf diese Weise tatsächlich einen Perkolationscluster finden kann! Denn das Verfahren spiegelt nicht die Definition für den Perkolationscluster wider!

Die Renormierung wird genau dann das richtige Ergebnis liefern, wenn der Perkolationsübergang sehr scharf ist! Das heißt, bei einer nur *geringfügigen* Änderung der Besetzungswahrscheinlichkeit findet man einen Perkolationscluster oder eben nicht!

Auf der Internetseite http://www.physics.buffalo.edu/gonsalves/ComPhys_1998/Java/Percolation.html ist für jedermann ein Programm zur Verfügung gestellt, mit welchem man für ein einfaches Rechteckgitter solche Perkolationsübergänge untersuchen kann. (Ich empfehle dem Leser, selbst einmal einige Rechnungen durchzuführen!) Mit diesem Programm wurden auch die in Abb. 9.21 bis 9.23 aufgeführten Rechnungen durchgeführt.

In Abb. 9.21 findet der Perkolationsübergang zwischen einer Besetzungswahrscheinlichkeit $p = 0{,}55$ und $p = 0{,}56$ statt. Erhöht man die Besetzungswahrscheinlichkeit auf einen Wert $p = 0{,}59$, dann nimmt die Zahl der Sites, die zu dem Perkolationscluster gehören, stark zu.

Im Fall von Abb. 9.22 und 9.23 sind die Gitter größer. Die Perkolationsschwelle liegt in beiden Fällen zwischen $p = 0{,}59$ und $p = 0{,}60$. Ist die Perkolationsschwelle überschritten, dann gehören fast alle besetzten Lagen bereits zu dem bzw. zu den Perkolationsclustern.

Man kann nun mit den erwähnten Programmen mehrfach die Gitter erzeugen und die Perkolationsschwellen durch Variation der Besetzungswahrscheinlichkeiten bestimmen. Man findet: Je kleiner das Gitter ist, desto breiter ist der Perkolations-

Abb. 9.21 Perkolationsübergang bei einem 20 × 20-Gitter

Abb. 9.22 Perkolationsübergang bei einem 40 × 40-Gitter

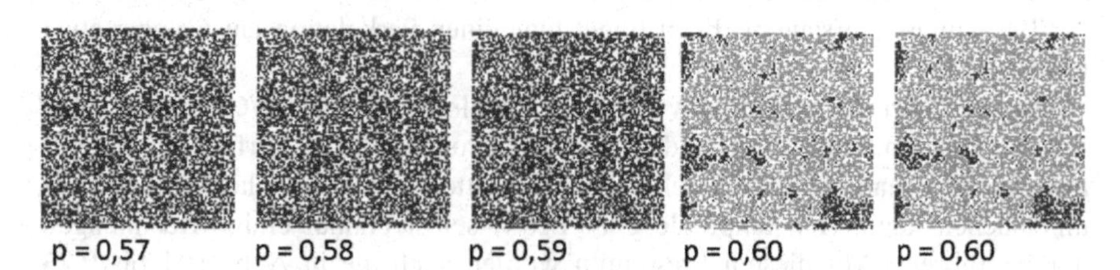

Abb. 9.23 Perkolationsübergang bei einem 99 × 99-Gitter

übergang, also der Bereich, in dem Perkolationscluster auftreten oder auch nicht. Je größer das Gitter ist, desto schmaler ist dieser Bereich.

Ein solches Verhalten ist statistisch auch zu erwarten: Bei zwei Münzwürfen ist die Wahrscheinlichkeit, dass beide Male Kopf oder beide Male Zahl erscheint, gerade $\frac{1}{2} \cdot \frac{1}{2} = \frac{1}{4}$. Erhöht man die Zahl der Münzwürfe, dann wird die Wahrscheinlichkeit, dass *immer* Zahl oder *immer* Kopf kommt, immer geringer. Mit der Anzahl an Versuchen steigt die Wahrscheinlichkeit, dass 50 % aller Würfe „Kopf" und 50 % aller Würfe „Zahl" ergeben; der Mittelwert wird immer genauer, die absolute Streubreite immer größer.

Tab. 9.1 Perkolationsschwellen für verschiedene zweidimensionale und dreidimensionale Gitter und verschiedene Koordinationszahlen (KZ)

Gitter	Dimension	KZ	p_c Site	p_c Bond
	1	2	1	1
Honigwabe	2	3	0,6970	0,65271
Quadrat	2	4	0,592746	0,500
Kubisch primitiv	3	6	0,3116	0,2492
Kubisch innenzentriert	3	8	0,2464	0,1785
Kubisch flächenzentriert	3	12	0,198	0,119

Damit ist auch in diesem Fall zu erwarten, dass mit größer werdendem Gitter der Perkolationsübergang immer schärfer wird! Im Idealfall des unendlich ausgedehnten Gitters sollte er gegen einen (von der Wahl des Gitters und der Dimension abhängigen) Grenzwert konvergieren.

Genau dies erkennt man bereits an den einfachen Rechnungen! Das Verfahren der Renormierung sollte damit in der Lage sein, den Perkolationsübergang zu finden, wenn das Gitter nur groß genug ist. Im Fall der Naturwissenschaften arbeitet man aber gerade mit großen Gittern! Zwar ist man auch hier nicht in der Lage, unendlich große Gitter zu generieren, aber die Ergebnisse sind genau genug, um sie im Experiment sicher prüfen zu können.

In zwei Dimensionen kann der Phasenübergang im Fall eines so einfachen Gitters exakt berechnet werden, und im Grenzfall unendlich ausgedehnter Gitter liegt er bei $p_c = 0{,}592746$. Andere Beispiele sind in Tab. 9.1 aufgeführt.

Betrachtet man die in Tab. 9.1 aufgeführten Zahlenwerte, fällt Folgendes auf:

- Die kritische Besetzungswahrscheinlichkeit sinkt stark mit steigender Dimension des Gitters.
- Die kritische Besetzungswahrscheinlichkeit sinkt stark mit steigender Koordinationszahl.

Dieses Ergebnis lässt sich aber leicht verstehen!

Damit ein Cluster klein bleibt, dürfen die unmittelbar an ihn angrenzenden Lagen nicht besetzt sein. In höheren Dimensionen und mit steigender Koordinationszahl steigt aber die Zahl möglicher Gitterplätze um einen herausgegriffenen Gitterplatz an! Alle Lagen werden aber mit gleicher Wahrscheinlichkeit besetzt. Daher steigt die Wahrscheinlichkeit, dass ein besetzter Gitterplatz einen besetzten Nachbarplatz besitzt, mit der Zahl solcher Nachbarplätze.

Dies ist bereits aus (9.50) $n_s = \sum_t g_{st} \cdot p^s \cdot (1-p)^t$ ersichtlich. Man erkennt hieraus, dass speziell in höheren Dimensionen aufgrund der Potenz t die Wahrscheinlich sehr gering ist, dass alle Sites um einen Cluster herum unbesetzt sind, wenn die Besetzungsdichte p ansteigt. Rein qualitativ erwarten wir somit einen sehr scharfen Übergang insbesondere bei hohen Koordinationszahlen und in Gittern höherer Dimension, was die Beispielrechnungen belegen!

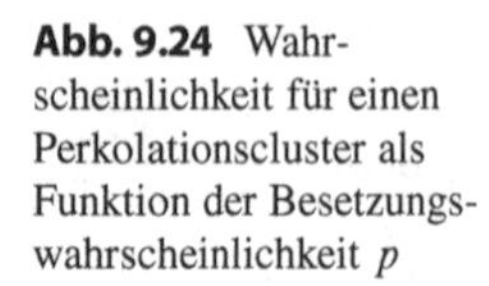

Abb. 9.24 Wahrscheinlichkeit für einen Perkolationscluster als Funktion der Besetzungswahrscheinlichkeit p

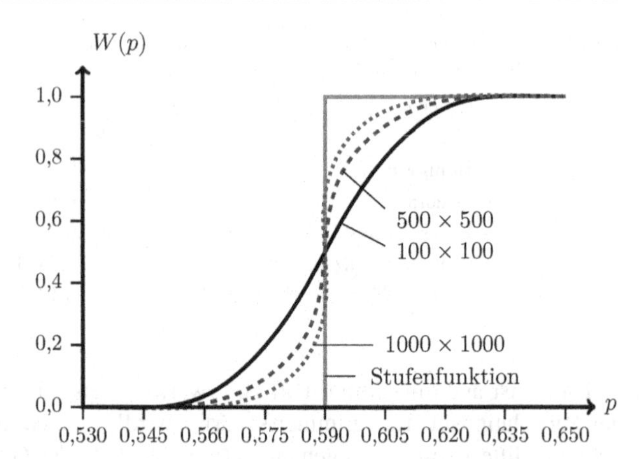

Wie scharf der Perkolationsübergang selbst bei einem zweidimensionalen quadratischen Gitter mit steigender Gittergröße wird, zeigt Abb. 9.24. Die Step-Funktion entspricht darin einem unendlich großen Gitter.

Eine weitere Quelle, mit welcher Perkolationscluster erzeugt und untersucht werden können, findet sich auf http://www.ibiblio.org/e-notes/Perc/perc640.htm. Hier kann man auch dreidimensionale Cluster berechnen, und diese lassen sich beliebig drehen, sodass sie von allen Seiten untersucht werden können. Die Besetzungswahrscheinlichkeiten müssen nahe an der Perkolationsschwelle gewählt werden, da ansonsten der gesamte Raum ausgefüllt ist und man recht wenig erkennt. Ein Beispiel für einen damit erzeugten Cluster ($p = 0,312$) zeigt Abb. 9.25.

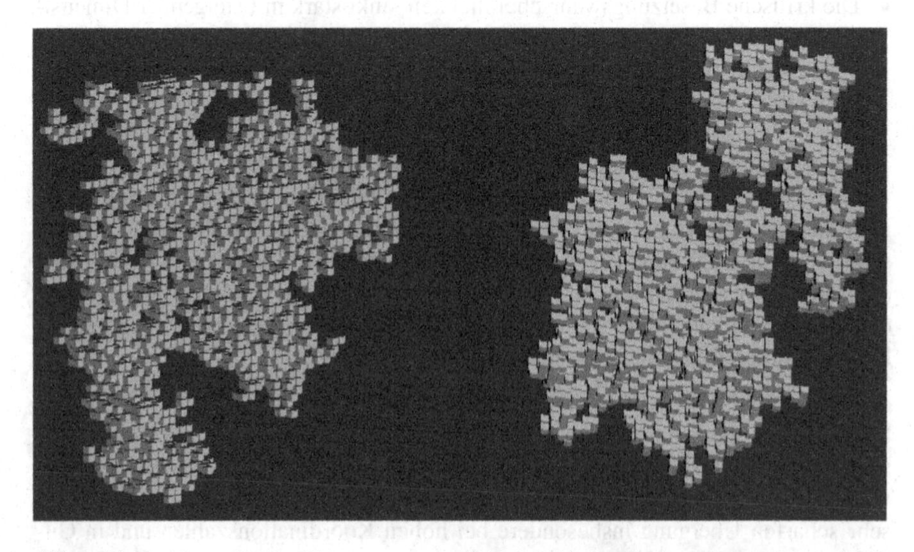

Abb. 9.25 Dreidimensionaler Cluster, erzeugt auf einem kubisch primitiven Gitter mit $p = 0{,}312$

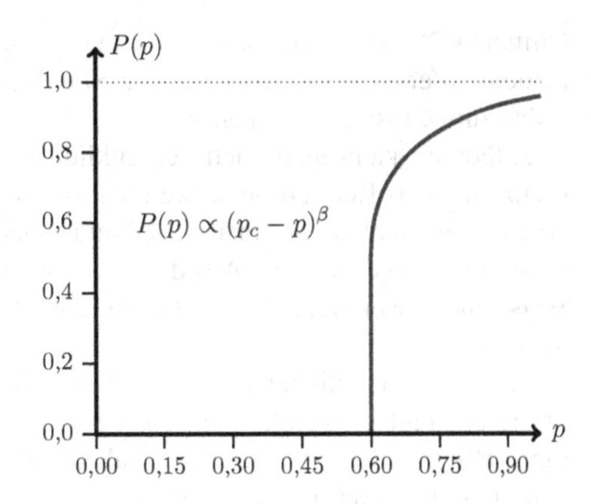

Abb. 9.26 Verlauf des Ordnungsparameters $P(p)$ als Funktion der Besetzungswahrscheinlichkeit p

Was später interessiert, ist weniger das Auftreten eines Perkolationsclusters als vielmehr die Änderung einer Systemeigenschaft als Folge dieses Perkolationsclusters, die Änderung also, die mit dem Auftreten eines solchen Perkolationsclusters einhergeht, sowie die Abhängigkeit dieser geänderten Systemeigenschaft von der Größe des Clusters, davon also, wie viele Lagen des Gitters im Fall des Auftretens des Perkolationsclusters zu diesem Cluster gehören. Um dies mathematisch zu erfassen, führt man einen sogenannten *Ordnungsparameter* $P(p)$ ein. Die geänderten Eigenschaften des Systems sollten dann eine Funktion dieses Ordnungsparameters sein:

$$P(p) \propto (p_c - p)^{\beta} \tag{9.51}$$

In Abb. 9.26 ist der prinzipielle Verlauf der Funktion $P(p)$ in Abhängigkeit der Besetzungswahrscheinlichkeit p gezeigt: Das System zeigt ein kritisches Verhalten; beginnend bei p_c ist der Ordnungsparameter proportional zu $(p_c - P)^{\beta}$. Es ist $\beta = \frac{5}{36}$ in zwei Dimensionen und $\beta = 0{,}41$ in drei Dimensionen.

Nützlich ist noch die Definition einer *Korrelationsfunktion* $g(r)$, welche die Wahrscheinlichkeit angibt, ob ausgehend von einer besetzten Lage eine Lage im Abstand r zum gleichen Cluster gehört. Im eindimensionalen Fall bedeutet dies, dass *jede* zwischen diesen Punkten befindliche Lage besetzt sein muss. Da die Wahrscheinlichkeit der Besetzung im eindimensionalen Fall proportional zu p^m ist, wobei m die Zahl der Lagen auf der Strecke r bedeutet, lässt sich die Korrelationsfunktion sofort angeben: $g(r) = p^r$.

Die Korrelationsfunktion läuft mit größer werdendem Abstand zwischen den betrachteten Lagen gegen null:

$$g(r) = \exp \frac{-r}{\xi} \tag{9.52}$$

ξ ist die sogenannte *Korrelationslänge*. Im eindimensionalen Fall ist die Korrelationslänge direkt proportional zur Größe des Clusters, in höheren Dimensionen ist auch hier die Situation komplizierter.

Zu den intrinsischen Eigenschaften eines Clusters zählt neben dessen Masse (das ist die Anzahl der Sites oder auch die Anzahl der Bonds des Clusters) auch dessen

Umfang (Clusteroberfläche), das ist die Anzahl der Punkte des den Cluster einbettenden Gitters, die jeweils zu einem Site des Clusters benachbart sind, aber nicht selbst zum Cluster selbst gehören.

Alternativ kann man auch den euklidischen Abstand zwischen den Clusterbegrenzungen als Kenngröße verwenden, sodass sich zwei verschiedene Definitionen ergeben, die auch als intrinsisch (Gitterabstand) bzw. extrinsisch (euklidischer Abstand) bezeichnet werden. Aus diesen beiden Definitionen ergeben sich auf gleiche Weise auch zwei verschiedene Definitionen für den Gyrationsradius eines Makromoleküls.

Für einen unendlichen Cluster ist dessen Größe bzw. Masse nicht mehr definiert. In diesem Fall verwendet man die *Clusterstärke* P zur sinnvollen Charakterisierung. P haben wir bereits definiert als die Wahrscheinlichkeit, dass ein beliebiger Gitterpunkt Teil des Clusters ist.

Betrachtet man mehrere Cluster, dann liefern die Clustermodelle eine *Clusterkonfiguration*, das heißt ein Ensemble von unzusammenhängenden Einzelclustern. Für ein solches Ensemble lassen sich *Verteilungsfunktionen* angeben, die sogenannten *Clusterzahlen* (zum Beispiel die Anzahl der Cluster mit Masse s pro Gitterpunkt oder auch die mittlere Clustergröße).

Die mathematische Theorie zur Perkolationstheorie ist noch lange nicht abgeschlossen! Wir wollen im Folgenden untersuchen, inwieweit sich Vorhersagen zu den Eigenschaften von Systemen als Funktion der Masse der Perkolationscluster erstellen lassen. Wir suchen somit nach Eigenschaften, deren mathematische Beschreibung im Wesentlichen dem Verlauf der Funktion des Ordnungsparameters folgen.

9.4.1 Der Sol-Gel-Phasenübergang

Wie bereits beschrieben entsteht ein Gel aus einem Sol dadurch, dass die fein verteilten kolloiden Teilchen des Sols Brücken untereinander ausbilden, die das gesamte zur Verfügung stehende Systemvolumen überdecken. Somit gewinnt das System völlig neue Eigenschaften, und man spricht nicht mehr von einem Sol, sondern von einem *Gel*.

Ein Gel ist also eine weiche Masse, die entsteht, wenn die Teilchen eines lyophilen Sols das gesamte vorhanden Lösungsmittel absorbieren. Wird speziell Wasser als Dispergiermedium verwendet, so bezeichnet man das Gel als *Hydrogel*. *Schleime* sind natürlich vorkommende Gele. Die Polymerkomponente ist meist nur in geringer Konzentration ($0{,}1 - 5\,\%$) vorhanden. Dabei nehmen Gele sowohl die Charakteristika der festen als auch der flüssigen Phase an. Damit sind Gele aus zwei Hauptkomponenten aufgebaut: dem Polymernetzwerk und dem Lösungsmittel.

Unter hydrostatischem Druck sind Gele nur wenig, durch Scheren jedoch leicht verformbar. Dabei zeigen Gele *thixotrope* Eigenschaften, das heißt, die Viskosität dieser Systeme nimmt bei mechanischer Dauerbeanspruchung ab; endet die mechanische Beanspruchung, dann nimmt die Viskosität wieder zu.

Abb. 9.27 Cayley-Baum

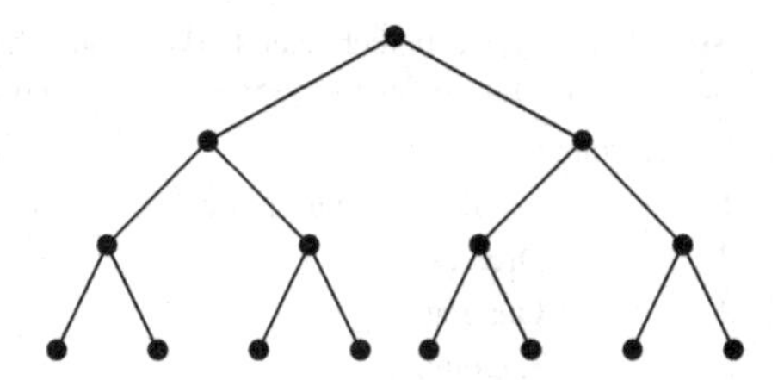

Die mit am meisten beachtete Eigenschaft von Gelen ist die *Quellung*. Beispielsweise kann Wasser durch polare Gruppen angezogen und an das Molekül gebunden werden. Die Art der Vernetzung bestimmt dabei die Elastizität des Polymers. Das Eintreten dieser speziellen Eigenschaften bzw. die Bedingungen für ihr Eintreten muss die Perkolationstheorie beschreiben können!

Damit eine (dreidimensionale) Raumnetzstruktur entstehen kann, müssen die Monomere mindestens trifunktional (allgemein z-funktional) sein: Zwei Funktionen werden für die Ausbildung endlos langer Ketten benötigt, eine Funktion für die Verbrückung der Ketten zu der Raumnetzstruktur. Die dreidimensionale Struktur wächst so wie die Äste eines Baumes.

Das mathematische Modell eines solchen „Baumes" wird als *Cayley-Baum* (Abb. 9.27) bezeichnet. An jeder Verzeigung existieren $(z - 1)$ Möglichkeiten, den Pfad fortzusetzen. Jeder Zweig des Baumes wächst in nur eine Richtung und führt so immer in ein neues Gebiet (die Bildung von Schleifen (Ringen) wird vernachlässigt).

Der *Gelpunkt* ist nun definiert als derjenige Punkt, bei dem die Äste des Baumes den gesamten Raum durchspannen (der *spanning cluster* gebildet ist) und *mindestens ein vollständiger Pfad durch das Volumen* existiert. Bei $p = p_c$ haben wir somit den Phasenübergang Sol/Gel.

Die Wahrscheinlichkeit, einen vollständig polymerisierten Knoten zu erreichen, beträgt $(z - 1) \cdot p$, wobei p wieder die Besetzungswahrscheinlichkeit einer Site ist. Für den Gelpunkt p_c gilt dann $(z - 1) \cdot p_c = 1$ und damit:

$$p_c = \frac{1}{1 - z} \tag{9.53}$$

Für Silicagel ($z = 4$) beispielsweise ergibt sich der Gelpunkt danach zu $p_c = \frac{1}{3}$; Gelbildung wird somit erwartet, wenn $\frac{1}{3}$ aller möglichen Siloxanbindungen gebildet sind!

Die Wahrscheinlichkeit, eine noch nicht abreagierte Bindungsstelle eines z-funktionellen Monomers in einem X-mer (Polymer, das aus X Monomeren aufgebaut ist) zu finden, findet man wie folgt:

- Ein X-mer besitzt $(x - 1)$ Bindungen, wobei jede mit der Wahrscheinlichkeit p besetzt ist.
- Ferner besitzt das X-mer $(z - 2) \cdot x + 1$ nicht ausgebildete Bindungen, jede mit der Wahrscheinlichkeit $(1 - p)$: S-X-X-X-X-X-X-X-X-X-

Tab. 9.2 Vergleich berechneter Perkolationsschwellen für verschiedene Gitter und Koordinationszahlen (KZ) nach der Flory-Stockmayer- und der Perkolationstheorie (Daten aus [Brinker90])

Dimension	Gittertyp	KZ	$p_{c,\text{Flory}}$	p_c^{Bond}	p_c^{Site}
1	Eindimensionale Kette	2	1	1	1
2	Dreieck	6	0,200	0,347	0,500
2	Quadrat	4	0,333	0,500	0,593
2	Kagomé	4	0,333	0,45	0,653
2	Honigwabe	3	0,500	0,653	0,698
3	Kubisch raumzentriert	12	0,091	0,119	0,198
3	Kubisch flächenzentriert	8	0,143	0,179	0,245
3	Kubisch primitiv	6	0,200	0,247	0,311
3	Diamantstruktur	4	0,333	0,388	0,428
3	Kufällige dichteste Kugelpackung	8	0,143	–	0,27
4	Kubisch primitiv	8	0,143	0,160	0,197
4	Kubisch raumzentriert	24	0,043	–	0,098
5	Kubisch primitiv	10	0,111	0,0118	0,141
5	Kubisch raumzentriert	40	0,026	–	0,054
6	Kubisch primitiv	12	0,091	0,094	0,107

- Die Wahrscheinlichkeit, ein X-mer mit einer bestimmten (vorgegebenen) Konfiguration zu finden, ergibt sich damit zu:

$$p^{x-1} \cdot (1-p)^{(z-2)\cdot x-1}$$

(Dabei ist vorausgesetzt, dass die freien Valenzen nicht zum Beispiel durch Lösungsmittelmoleküle besetzt sind.)

Wir haben bereits festgestellt, dass die Perkolationsschwelle stark vom Gittertyp abhängt. Die Gelbildung läuft aber nicht auf einem Gitter ab!

Damit die Perkolationstheorie auf den Gelbildungsprozess übertragen werden kann, betrachtet man die *Koordinationszahl des Gitters als die Anzahl der funktionellen Gruppen pro Monomer*; eine besetzte Lage kann in diesem Fall mit dem Monomer identifiziert werden. Wie beschrieben, kann man nun die Lagen statistisch besetzen und die Perkolationsgrenze numerisch berechnen.

Andererseits konnten Flory und Stockmayer den Gelprozess klassisch berechnen, sodass sich die Ergebnisse der Perkolationstheorie mit der klassischen Methode (deren Resultate gut mit dem Experiment übereinstimmen) vergleichen lassen. Tabelle 9.2 zeigt die Ergebnisse.

Vergleicht man die Resultate der klassischen Flory-Stockmayer-Theorie mit den Ergebnissen der Perkolationstheorie, dann findet man Abweichungen unterhalb einer Dimensionalität $d = 6$. Um die Ergebnisse anzugleichen, verwendet man eine Funktion in der Nähe des Gelpunktes für die mittlere Clustergröße $s_{av}(p)$ folgender Form:

$$s_{av} = c \cdot (p_c - p)^{-\gamma_0} + d \cdot (p_c - p_1)^{-\gamma_1} + e \cdot (p_c - p_2)^{-\gamma_2} + \dots \quad (9.54)$$

Tab. 9.3 Mittels Perkolationstheorie berechnete kritische Exponenten für verschiedene Eigenschaften und verschiedene Gitter und Dimensionen (Daten aus [Brinker90])

Eigenschaft	Skalierung nahe der Perkolationsschwelle	Exp.	Wert Exponent für $d = 2$	Wert Exponent für $d = 3$	Wert Exponent für $d = 6$
Gelanteil	$P(p) \sim (p - p_c)^\beta$	β	0,14	0,40	1
Leitfähigkeit	$\sigma(p) \sim (p - p_c)^t$	σ	1,1	1,65	3
Durchschnittliche Clustergröße	$s_{av}(p) \sim (p - p_c)^{-\gamma}$	γ	2,4	1,7	1
Überspannte Länge des Clusters	$l_{av}(p) \sim (p - p_c)^{-\nu}$	ν	1,35	0,85	0,5
Viskosität	$\eta(p) \sim (p - p_c)^{-x_{DL}}$	x_{DL}	–	0; 0,7; 1,3	–
Elastizitätsmodul	$G(p) \sim (p - p_c)^{-T}$	T	–	$t \leq T \leq 4$	3
Größenverteilung der Cluster ($s \to \infty$)	$n_S(s) \sim s^{-\tau}$	τ	2,06	2,2	2,5
Verteilung der überspannten Länge ($s \to \infty$)	$l(s) \sim s^{1/d_f}$	d_f	1,9	2,5	4

Dabei geht man davon aus, dass sich p von unten an p_c annähert. In diesem Fall gilt: $\gamma > \gamma_1 > \gamma_2 > \ldots$ Ist man ausreichend weit von p_c entfernt, dann ist der erste Term ausreichend für eine Beschreibung des Systems. γ heißt *kritischer Exponent*. Man kann zeigen, dass die kritischen Exponenten unabhängig vom Raumgitter sind.

Tabelle 9.3 zeigt einige der mit der Perkolationstheorie berechneten kritischen Exponenten für verschiedene Eigenschaften und unterschiedliche Gitter.

Beispielsweise liefert die klassische Theorie nach Flory und Stockmayer einen kritischen Exponenten für die durchschnittliche Clustergröße von $\gamma = 1$. Diesen Wert findet man in der Perkolationstheorie erst bei höheren Dimensionen!

Insgesamt findet man – entgegen der obigen Aussage, dass die kritischen Exponenten unabhängig vom Raumgitter sind – sehr wohl eine Abhängigkeit vom Raumgitter. Ähnliche Werte findet man nur für die kritischen Exponenten der Größenverteilung der Cluster τ ($\tau^{d=3} = 2{,}2$ und $\tau^{d=6} = 2{,}5$).

Die beiden am meisten untersuchten Eigenschaften gelbildender Systeme sind die Viskosität η und das Elastizitätsmodul G. Die theoretische Herleitung dieser dynamischen Größen aus der Perkolationstheorie ist nicht durchgängig möglich.

Nach Einstein gilt für die Viskosität eines Sols:

$$\eta = \eta_0 \cdot (1 + 2{,}5\phi + \ldots) \tag{9.55}$$

Dabei ist η_0 die Viskosität des Solvents und ϕ der Volumenanteil des Polymers.

Zur Beschreibung der Viskosität in der Nähe des Phasenübergangs setzen wir wieder eine Funktion:

$$\eta = (p_c - p)^{-x_{DL}} \quad \phi = \sum_s n_s R^3(s) \tag{9.56}$$

Abb. 9.28 Pierre-Gilles de Gennes

n_s bezeichnet die Anzahl Cluster mit s Monomeren und $R(s)$ den Radius eines Clusters mit s Monomeren.

n_s und $R(s)$ divergieren in der Nähe des Gelpunktes, und man erhält:

$$\begin{aligned} &\eta \propto \log(p_c - p) && \text{Perkolationstheorie} \\ &\eta \to \text{const.} && \text{Flory-Stockmayer-Theorie} \end{aligned} \tag{9.57}$$

Bei dieser Herleitung wurden die höheren Terme in der Näherung vernachlässigt, was in der Nähe des kritischen Punktes sicher nicht angebracht ist!

Ein ähnlicher Ansatz für die Elastizität stammt von Pierre-Gilles de Gennes[3] (Abb. 9.28):

$$E \propto (p_c - p)^{-T} \tag{9.58}$$

T ist der Elastizitätsexponent, der sich zu $T = 1{,}7$ ergibt.

Steigt aber die Besetzungswahrscheinlichkeit p weiter an, bilden sich neue, zusätzliche Verknüpfungen, und damit steigt bei einem zweiten kritischen Exponenten $T = 4{,}4$ die Elastizität noch einmal stark an.

9.4.2 Isolator-Leiter-Phasenübergang

Wir betrachten die Leitfähigkeit verdünnter, in Reinform nichtleitender Systeme, zum Beispiel Metall-Nichtmetall-Legierungen oder auch Polymer-Graphit-Mischungen. Ein Isolator-Leiter-Phasenübergang lässt sich mithilfe der Perkolationstheorie simulieren, wenn man ein Gitter betrachtet, bei welchem die besetzten Plätze elektrisch leitende Teilchen darstellen, die nicht besetzten Plätze repräsentieren Isolatorteilchen im Feststoff. Ein elektrischer Strom fließt nur dann durch die

---

[3] Pierre-Gilles de Gennes (* 24. Oktober 1932 in Paris; † 18. Mai 2007 in Orsay) war ein französischer Physiker. 1991 erhielt er den Nobelpreis für Physik. Zudem erhielt er zahlreiche Auszeichnungen für seine Arbeiten über Flüssigkristalle und zur Polymerphysik.

Quelle: http://de.wikipedia.org/wiki/Pierre"=Gilles_de_Gennes

Abb. 9.29 Zum Isolator-Leiter-Phasenübergang

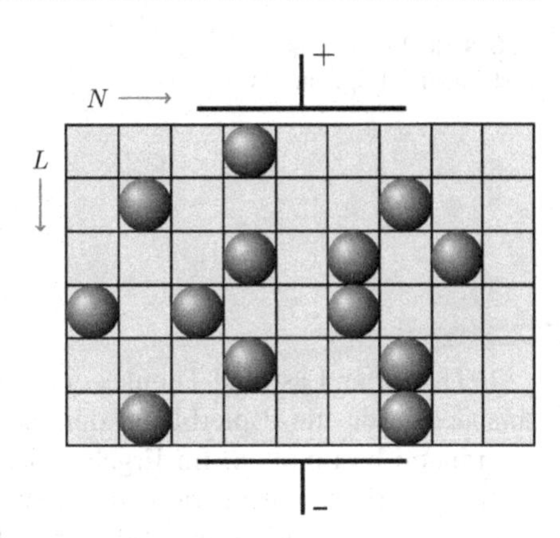

Anordnung, wenn sich mindestens ein Perkolationscluster ausbildet. Dazu müssen die Zellen des Perkolationsclusters wieder ausschließlich über gemeinsame Kanten miteinander verbunden sein! Eine solche Gitteranordnung ist in Abb. 9.29 gezeigt. Das Gitter sei N Zellen breit und L Zellen lang.

Wie viel Strom fließt durch das Gitter, wenn eine Spannung zwischen den Außenseiten anliegt (Leitfähigkeit der Konfiguration)?

Wären *alle* Zellen elektrisch leitend (zum Beispiel bei einem reinen Kupferleiter), dann gilt nach dem Ohm'schen Gesetz

$$I \propto L^{-1} \quad I \propto N \tag{9.59}$$

bzw. allgemein für ein d-dimensionales Gitter:

$$I \propto L^{-1} \quad I \propto N^{d-1} \quad \Rightarrow \quad I \propto \frac{N^{d-1}}{L} \quad \Rightarrow \quad I = \sum \cdot \frac{N^{d-1}}{L} \tag{9.60}$$

Dabei ist $\sum$ die spezifische elektrische Leitfähigkeit.
Für $L = N$ ist $\sum = I \cdot N^{2-d}$.
Welche Leitfähigkeit erwarten wir für diese Anordnung?

1.	$p < p_c$	$\rightarrow$	$\sum = 0$ (Es fließt kein Strom!)
2.	$p > p_c$	$\rightarrow$	$\sum \propto$ Konzentration leitfähiger Teilchen
		$\rightarrow$	$\sum \propto$ Anzahl besetzter Lagen
3.	$p = 1$	$\rightarrow$	$P = 1 \rightarrow \sum^{\infty} = \sum^{Cu}$ (reiner Cu-Leiter) Durch das Gitter fließt eine Stromeinheit, wenn eine Spannungseinheit an den gegenüberliegenden Seiten anliegt (der Gitterabstand L wird entsprechend normiert!).
4.			Wir erwarten (bzw. hoffen), dass diese Proportionalität zwischen der spezifischen Leitfähigkeit $\sum(p)$ und der Masse $P(p)$ (im Idealfall) über den gesamten p-Bereich besteht!

Ist die Theorie so richtig?

Abb. 9.30 Ergebnis des Last-Thoules-Experiments

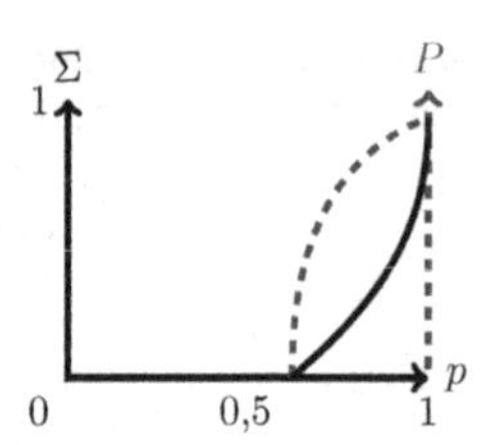

1971 führten Last und Thoules ein Experiment durch, indem sie leitende übereinander gestapelte Papierblätter durchlöcherten und jeweils die Leitfähigkeit der Anordnung bestimmten. Im Ergebnis ist die Proportionalität *nicht* gegeben! Die nach der Perkolationstheorie berechneten und die experimentell gefundenen Kurven (Abb. 9.30) starten und enden jeweils an gleicher Stelle, aber beide Größen „verschwinden" mit unterschiedlichen Exponenten!

► $\sum$ und P sind nicht proportional! Allerdings haben beide Größen die gleiche Schwelle p_c!

So ganz falsch kann die Theorie nicht sein! Aber woher kommen die Unterschiede im Verhalten von $\sum$ und p? Betrachten wir dazu die Leiterbahnen im Material!

Der Strom kann nur fließen, wenn die Leiterbahnen beide Enden des Gitters verbinden (Abb. 9.31). Betrachten wir somit anstelle der Site-Cluster die Bond-Cluster. Viele der Linien enden blind! Diese Sackgassen tragen *nicht* zum Stromtransport bei!

Entfernt man diese Sackgassen, dann verbleiben diejenigen Bahnen, die tatsächlich zum Stromtransport beitragen. Je höher die Besetzungswahrscheinlichkeit, desto weniger blinde Wege gibt es, und desto mehr gleichen sich Experiment und (einfache) Theorie an!

Wir erwarten auch in diesem Fall wieder einen Übergang, der beschrieben wird durch eine Gleichung der Form

$$\sum \propto (p - p_c)^{\nu} \tag{9.61}$$

(zuzüglich gegebenenfalls höherer Terme). μ ist wieder ein unabhängiger, fundamentaler Exponent (die Literaturangaben variieren zwischen $1 < \mu < 7$).

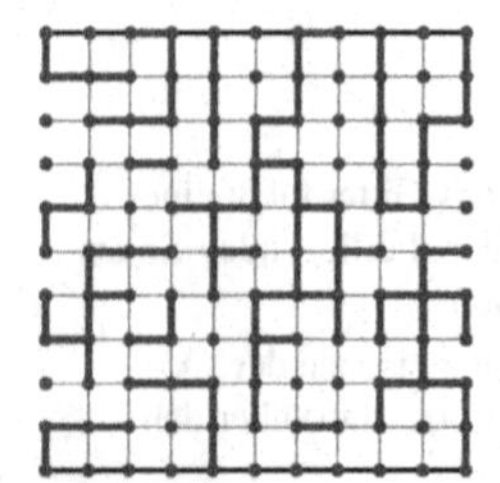

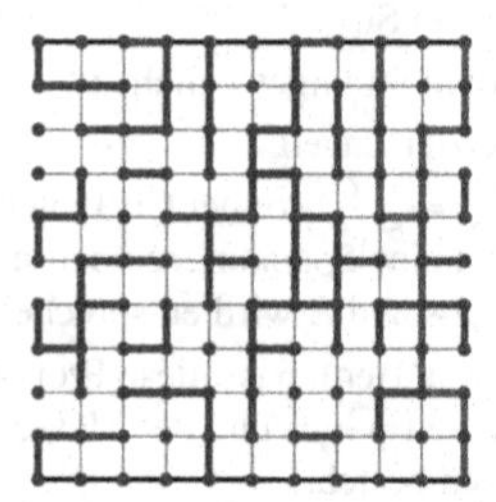

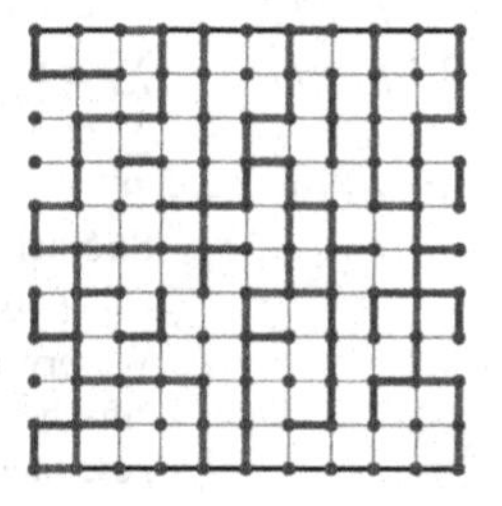

Abb. 9.31 Bei ansteigender Besetzungswahrscheinlichkeit p tragen nicht alle Bonds zur Leitfähigkeit bei, sondern nur diejenigen, die zu einem Perkolationscluster gehören. Leitfähigkeit setzt ab $p = p_c$ ein

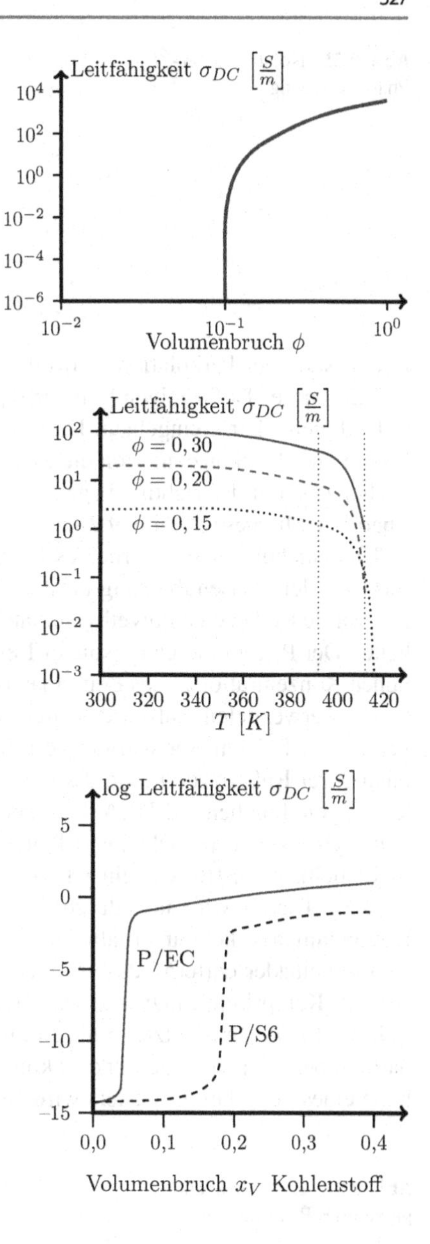

Abb. 9.32 Isolator-Leiter-Übergang erzeugt durch Rußzugabe zu einer Polyethylenmatrix

Abb. 9.33 Durch Erwärmung wird das Gitter aufgeweitet, und die Stromleitfähigkeit sinkt, da die Perkolationscluster abnehmen

Abb. 9.34 Rußsorte S6: Sakap 6, Carbochem, Polen; Rußsorte EC: Printex XE 2, Degussa, Frankfurt

Zahlreiche Experimente weisen darauf hin, dass Clusterbildung in Leiter-Isolator-Mischungen auftritt. Auch findet man einen scharfen Anstieg in der Stromleitfähigkeit, wenn der Volumenanteil an leitendem Material einen gewissen Füllgrad ϕ übersteigt (Abb. 9.32).

Mit steigender Temperatur nimmt die Leitfähigkeit deutlich ab, da das Gitter dabei auseinandergedrängt wird (Abb. 9.33). Gleiches findet man, wenn das Gitter aufgrund chemischer Einwirkung aufquillt! Besonders deutlich ist dieser Effekt

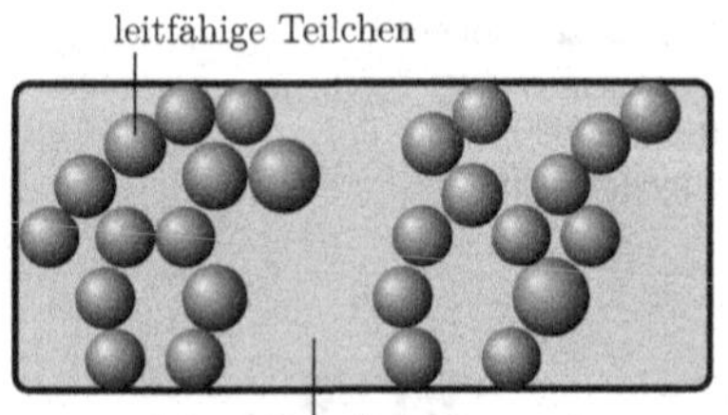

Abb. 9.35 Isolator-Leiter-Phasenübergang

in der Nähe der Perkolationsschwelle, wie Messungen von Hindermann-Bischoff und Ehrburger-Dolle zeigen [Hinder01]. Bei diesen Messungen wurde Ruß in eine Polyethylen-Matrix eingebaut. Die Messungen zeigen, dass wie erwartet ab einer bestimmten Rußkonzentration die Matrix stromleitend wird (Abb. 9.32); die Theorie liefert somit das richtige Ergebnis, und auch der Kurvenverlauf ist wie von der Theorie vorhergesagt (Abb. 9.26).

Untersuchungen von Garncarek et al. zeigen, dass auch die Rußsorte einen Einfluss auf den Phasenübergang besitzt (Abb. 9.34) [Garncarek02]. Auch in diesem Fall wurde Ruß in eine Polyethylenmatrix in unterschiedlicher Konzentration eingebettet. Der Phasenübergang Isolator/Leiter findet je nach Rußsorte bei unterschiedlichen Konzentrationen des Leitermaterials statt.

Die verwendeten Rußsorten unterscheiden sich in der jeweiligen Korngrößenverteilung. Bei feinerer Körnung erfolgt der Phasenübergang eher, das heißt, bei niedrigerer Rußkonzentration. Es kommt mithin in erster Linie auf die Anzahl an leitfähigen Teilchen an! Diese besetzen die verschiedenen Gitterplätze des Perkolationsgitters, und je mehr diese Plätze besetzt werden, desto höher ist die Wahrscheinlichkeit der Bildung eines Perkolationsclusters (Abb. 9.35).

Diese Theorie wird auch durch andere Befunde des Autors gestützt: In einer Polyethylenmatrix dicht unterhalb der Perkolationsschwelle sind die Teilchen noch so weit voneinader entfernt, dass es nicht zur Ausbildung eines Perkolationsclusters kommt. Komprimiert man aber das Gitter (die weiche Polyethylenmatrix), erhöht sich die *Dichte* an besetzten Plätzen im Gitter, die weniger komprimierbaren Rußpartikel berühren einander, und es kommt zum Phasenübergang: Durch die Entstehung eines Perkolationsclusters wird das Material stromleitend (Abb. 9.36).

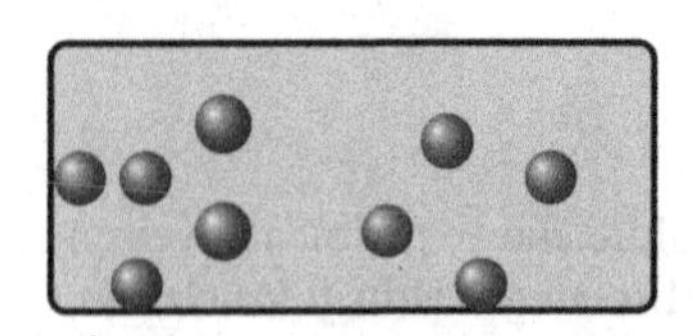

Abb. 9.36 Zur Druckabhängigkeit des Phasenübergangs

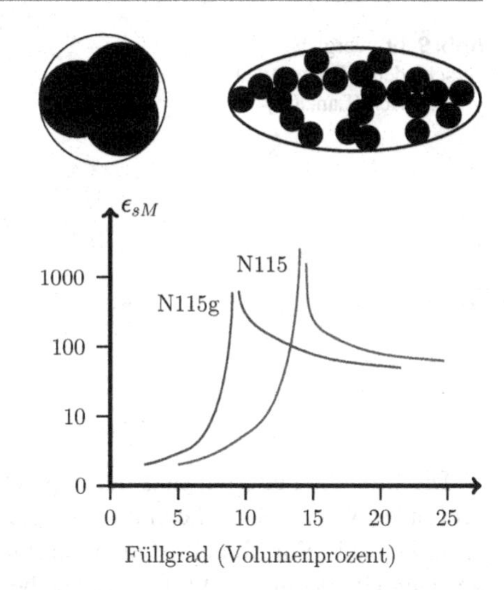

Abb. 9.37 Wechselwirkungen zwischen den Rußteilchen

Abb. 9.38 Vergleich geglätteter (Index g) und nicht geglätteter Ruß

Häufig kommt es durch das Herstellungsverfahren bei den Rußteilchen zu attraktiven Wechselwirkungen zwischen den Partikeln, sodass die Perkolationsschwelle verändert werden kann. Aggregationsprozesse führen bei großen Primärteilchen zu symmetrischeren Clustern, Cluster aus kleinen Teilchen haben vorwiegend ellipsoide Form (und damit einen höheren Volumenanteil, Abb. 9.37).

Auch die Oberflächenstruktur der Partikel hat einen Einfluss auf die Perkolationsschwelle: In einer an der Universität Regensburg durchgeführten Dissertation wurde zum einen geglätteter Ruß (Index g in Abb. 9.38), zum anderen der gleiche Ruß in nichtgeglätterter Form (ohne Index in Abb. 9.38) einer Polyethylenmatrix zugesetzt [Lanzl01]. Im Fall der geglätteten Teilchen wird die Wechselwirkung zwischen Ruß und Polymer deutlich geschwächt.

Mit größerem Teilchenradius verschiebt sich die Perkolationsschwelle zu höheren Füllgraden (Abb. 9.39). Im Rahmen der genannten Dissertation von Lanzl wurde die dielektrische Funktion $\epsilon(\omega)$ gemessen, deren oberes Plateau ebenfalls von der Teilchengröße abhängt. Die Dicke der Kautschukschichten *zwischen* den Rußteilchen nimmt nach den Messungen von kleinen zu größeren Primärrußpartikeln systematisch zu.

Zusammenfassend können wir somit folgendes feststellen: Die Perkolationstheorie ist ein vergleichsweise junges Forschungsfeld, bei dem man sich mit Clusterbildung, kritischen Phänomenen, Diffusion, Fraktalen, Phasenübergängen und ungeordneten Systemen beschäftigt. Aufgrund bislang noch nicht gelöster mathematischer Schwierigkeiten ist man auf den Einsatz von Rechnern angewiesen, mit denen sich Simulationsrechnungen aufgrund der heute zur Verfügung stehenden hohen Rechengeschwindigkeiten und der hohen Speicherkapazitäten schnell und problemlos durchführen lassen. Die Theorie liefert ein statistisches, quantitatives Modell zur Beschreibung oben genannter Phänomene, bei denen der Zufall eine Rolle spielt.

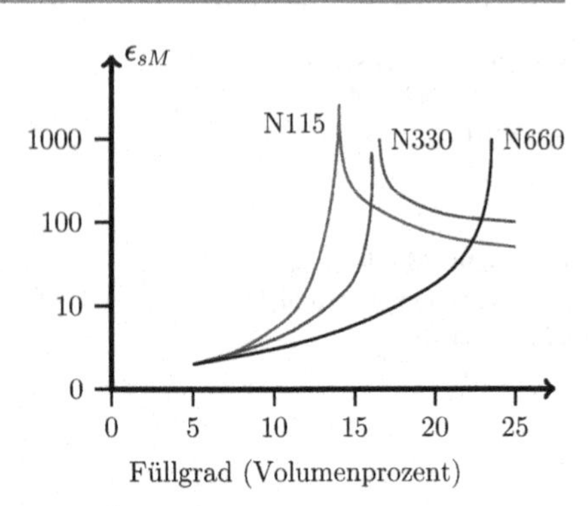

Abb. 9.39 Vergleich verschiedener Rußpartikelgrößen nach [Lanzl01]

Die Modelle bedürfen stets der experimentellen Überprüfung. Zudem ist meist profundes Wissen über diejenigen Vorgänge erforderlich, welche das Modell beschreiben soll. Ein Modell ist eine Vereinfachung der Realität, und es bedarf einer genauen Überlegung und Prüfung, welche Näherungen akzeptabel sind.

In den Naturwissenschaften wird stets eine *Universalität* der Gesetzmäßigkeiten angestrebt (zum Beispiel bei den kritischen Exponenten), dies ist aber im Rahmen der bei der Perkolationstheorie verwendeten Modelle häufig nicht gegeben. Die Aufgabe des Modells besteht dann darin, diese Abweichungen zu erklären. Dies wiederum führt häufig zu tiefen Einsichten in die zugrunde liegenden Mechanismen, sodass die Perkolationstheorie eine gute Ergänzung zu anderen Zugängen in die Thematiken bietet [Yilmaz04, Sotta03, Li06, Pisani08, Costa08, Jaeger01, Roldu00, Vysot99, Mamunya02, Vilca02, Kryu00, Kolarik00, Tongwen97, Caraballo97, Wool93, Rosche93, Carmona84, Carmona89, Charlaix84, Balberg82, Siegel89, Siegel90, Rafi88, Daoud86, Druger83, Barrett81, Agrawal79, Gordon78, Stauffer76, Hernan05, Jagur02].

10 Rheologische Eigenschaften kolloider Systeme

10.1 Einleitung und Begriffserläuterungen

Wirkt eine äußere Kraft, beispielsweise eine Scherkraft, auf einen Festkörper, wird dieser verformt. Wirkt eine solche Kraft auf Wasser oder eine ähnliche Flüssigkeit, wird diese, abgesehen von einer möglichen Kompression, translatorisch bewegt, und man bezeichnet dies allgemein als *Fließen*. Der Unterschied in der Reaktion auf solche äußere Kräfte liegt sicherlich in den unterschiedlichen Bindungen zwischen den Bestandteilen der verschiedenen Systeme: Während im Festkörper alle Moleküle bzw. Atome durch vergleichsweise starke chemische Kräfte gebunden sind und sich einer Änderung der regelmäßigen Ordnung durch entsprechende Rückstellkräfte widersetzen, sind in Flüssigkeiten die Teilchen schwach aneinandergebunden und können der äußeren Kraft ausweichen, indem sich die Teilchen gegeneinander verschieben. Innerhalb der Elastizitätsgrenzen reagieren die Festkörper entsprechend dem Hooke'schen Gesetz auf die äußeren Kräfte; im Fall des Wassers bezeichnet man das Fließen der Flüssigkeit als *Newton'sches Verhalten*.

Hooke'sches Verhalten und Newton'sches Verhalten können als ideale Grenzfälle der Response von Substanzen auf äußere Kräfte betrachtet werden. Kolloide in Lösung zeigen zum Teil ein davon abweichendes Verhalten, welches darauf zurückzuführen ist, dass diese Teilchen im Vergleich zu denen mit idealem Verhalten deutlich abweichende wechselwirkende Kräfte zwischen Teilchen und Teilchen bzw. Teilchen und Lösungsmittel zeigen. Dies bewirkt ein anderes Fließverhalten, welches in diesem Fall als *Nicht-Newton'sches Verhalten* bezeichnet wird, zum anderen bestehen beispielsweise bei den Gelen ausgedehnte Netzwerke, bei denen die Teilchen weniger fest aneinandergeknüpft sind als im Fall kristalliner Festkörper. Solche ausgedehnten Strukturen, die zum Teil auf Hauptvalenzbindungen, zum Teil auf Nebenvalenzbindungen und zum Teil auf einer Verschlaufung der Molekülketten beruhen, zeigen beim Fließen stark unterschiedliches Verhalten. Kolloide stehen somit auch in ihrem rheologischen Verhalten zwischen den Extremen des idealen Festkörpers und der idealen Flüssigkeit.

G.J. Lauth, J. Kowalczyk, *Einführung in die Physik und Chemie der Grenzflächen und Kolloide*, DOI 10.1007/978-3-662-47018-3_10

Der Teil der Wissenschaft, welcher sich mit dem Verformungs- und dem Fließverhalten der Substanzen beschäftigt, heißt *Rheologie*. Zur Rheologie gehören damit die *Elastizitätstheorie* (reversible Verformung aufgrund äußerer Krafteinwirkung), die *Plastizitätstheorie* (irreversible Verformung aufgrund äußerer Krafteinwirkung) und die *Strömungslehre*.

Zudem können rheologische Untersuchungen viel über die Natur des zugrunde liegenden Systems aussagen. Die Rheologie ist somit von außerordentlichem Interesse im Bereich der Polymere und der Kolloide, insbesondere vor dem Hintergrund, die mechanischen Eigenschaften dieser Substanzen auf Basis ihrer Struktur zu verstehen.

10.2 Newton'sche Flüssigkeiten

Wir betrachten ein Flüssigkeitsvolumen, welches sich in einer Flüssigkeit bewegt (Abb. 10.1). Gehen wir von einer nichtisotropen Strömung aus, dann hängt im Allgemeinen die Geschwindigkeit unseres Volumenelements sowohl vom Ort des Teilchens in der Strömung als auch von der Zeit ab, das heißt, es gilt für die Geschwindigkeit $\underline{V}_A$:

$$\underline{V}_A = V_A(\underline{r}, t) = \underline{V}_A\,(x_A(t), y_A(t), z_A(t), t) \tag{10.1}$$

Die Beschleunigung ist die totale Zeitableitung dieser Größe, das heißt, es ist:

$$\underline{a}(t) = \frac{\mathrm{d}V_A(\underline{r}, t)}{\mathrm{d}t} = \frac{\partial V_A}{\partial t} + \frac{\partial V_A}{\partial x} \cdot \frac{\partial x_A}{\partial t} + \frac{\partial V_A}{\partial y} \cdot \frac{\partial y_A}{\partial t} + \frac{\partial V_A}{\partial z} \cdot \frac{\partial z_A}{\partial t} \tag{10.2}$$

Man setzt die Geschwindigkeitskomponenten der Volumenelemente zu:

$$u_A = \frac{\partial x_A}{\partial t} \quad v_A = \frac{\partial y_A}{\partial t} \quad w_A = \frac{\partial z_A}{\partial t} \tag{10.3}$$

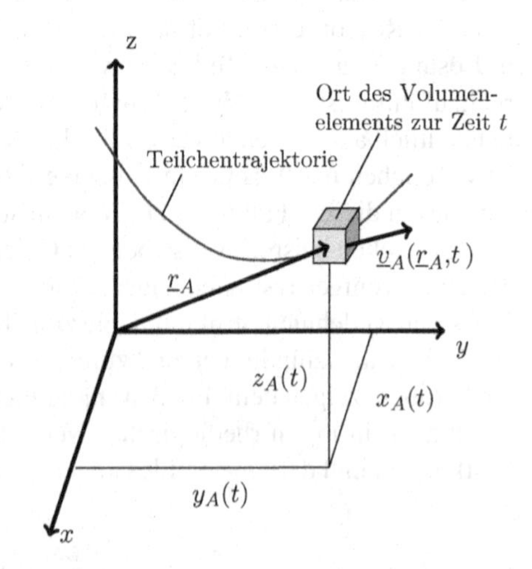

Abb. 10.1 Trajektorie eines Volumenelements in einer Strömung

Dann ist

$$\underline{a}(t) = \frac{\partial V_A}{\partial t} + u_A \frac{\partial V_A}{\partial x} + v_A \frac{\partial V_A}{\partial y} + w_A \frac{\partial V_A}{\partial z} \tag{10.4}$$

für ein beliebiges Volumenelement.

$\underline{a}$ ist eine Vektorgröße, und für deren Komponenten gilt:

$$\begin{aligned}
\underline{a}_x(t) &= \frac{\partial u}{\partial t} + u\frac{\partial u}{\partial x} + v\frac{\partial u}{\partial y} + w\frac{\partial u}{\partial z} \\
\underline{a}_y(t) &= \frac{\partial v}{\partial t} + u\frac{\partial v}{\partial x} + v\frac{\partial v}{\partial y} + w\frac{\partial v}{\partial z} \\
\underline{a}_z(t) &= \frac{\partial w}{\partial t} + u\frac{\partial w}{\partial x} + v\frac{\partial w}{\partial y} + w\frac{\partial w}{\partial z}
\end{aligned} \tag{10.5}$$

Zuweilen findet man in der Literatur folgende Notation:

$$\frac{D}{Dt} = \frac{\partial}{\partial t} + u\frac{\partial}{\partial x} + v\frac{\partial}{\partial y} + w\frac{\partial}{\partial z} = \frac{\partial}{\partial t} + (\underline{v} \cdot \underline{\nabla}) \tag{10.6}$$

Mit dieser Operatorschreibweise lässt sich (10.5) in folgender Kurzform schreiben:

$$\underline{a} = \frac{D\underline{V}}{Dt} \tag{10.7}$$

Mit den abgeleiteten Beziehungen für die Geschwindigkeit und die Beschleunigung eines (infinitesimalen) Volumenelements der Strömung lässt sich das gesamte Geschwindigkeitsfeld für sämtliche Orte und zu allen Zeiten beschreiben! Dies bedeutet, dass die Geschwindigkeit eines infinitesimalen Volumenelements abhängt vom Ort in dem Geschwindigkeitsfeld und von der Zeit, zu der sich das Volumenelement an diesem speziellen Ort befindet. Eine solche Art der Beschreibung der Strömung heißt *Euler-Methode*: Man betrachtet einen bestimmten Punkt im Strömungsfeld und gibt zu den verschiedenen Zeitpunkten für die interessierenden Orte die Geschwindigkeit an.

Eine andere Methode zur Beschreibung des Strömungszustands ist die *Lagrange-Methode*. Dabei setzt man sich als Beobachter (quasi) auf das Volumenelement und bewegt sich mit diesem mit der Zeit weiter. Hierbei werden somit die verschiedenen Stromlinien in dem Strömungsfeld einzeln betrachtet.

Betrachtet man nun ein solch (infinitesimales) Volumenelement, dann kann dies Bewegungen auf verschiedene Art und Weise ausführen. Die einfachste Art der Bewegung ist die der *Translation*. Dabei bewegt sich das Volumenelement innerhalb der Zeit δt um eine infinitesimale Strecke entlang der Stromlinie. Finden sich in der Strömung keinerlei Geschwindigkeitsgradienten, bewegt sich das Volumenelement schlicht von einer Position in eine andere, ohne dass andere Bewegungen als solche lineare Transformationen auftreten.

Solche Voraussetzungen sind aber nur in den seltensten Fällen gegeben! Sind Geschwindigkeitsgradienten in der Strömung vorhanden, dann wird bei der Bewegung das Volumenelement im Allgemeinen sowohl *deformiert* als auch *rotiert*.

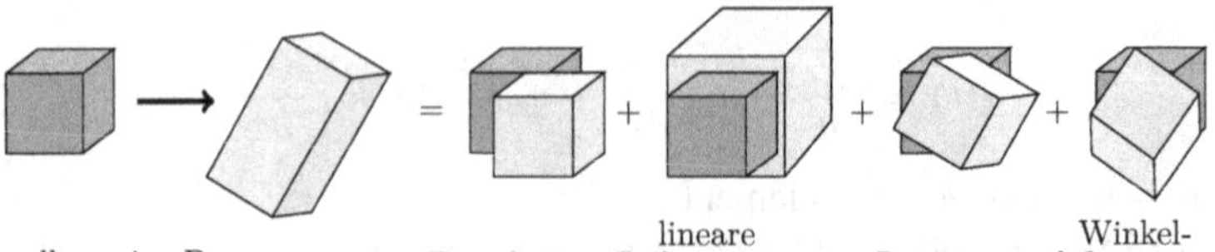

allgemeine Bewegung = Translation + lineare Deformation + Rotation + Winkeldeformation

Abb. 10.2 Die allgemeine Bewegung eines Volumenelements in einem Fluid setzt sich zusammen aus Translations-, Rotations- und Deformationskomponenten

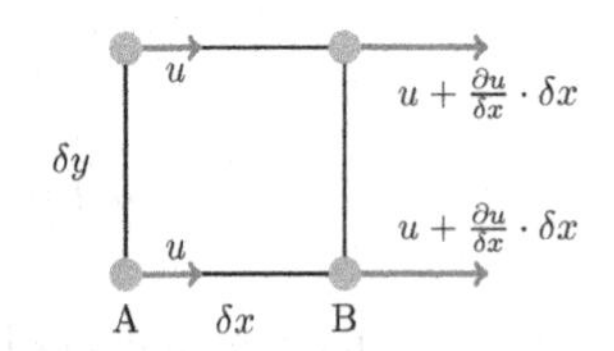

Abb. 10.3 Strömung eines Fluids mit Geschwindigkeitsgradient in x-Richtung

Das Ziel ist nun, diese einzelnen Bewegungen – Translation, Deformation und Rotation (Abb. 10.2) – eines solchen Volumenelements mathematisch zu fassen und zu beschreiben. Ist dies gelungen, nehmen wir die uns zur Verfügung stehenden bekannten Bewegungsgleichungen – dies ist die Newton'sche Bewegungsgleichung – und bauen diese gefundenen Ausdrücke darin ein. Damit erhalten wir eine allgemeine Bewegungsgleichung eines solchen Volumenelements eines Fluids entlang der Stromlinie. Auf diese Weise können wir letztlich mittels klassischer Gleichungen jedwede Bewegung eines Fluids beschreiben.

10.2.1 Volumendilatation

Betrachten wir den Fall eines strömenden Fluids, bei dem in x-Richtung ein Geschwindigkeitsgradient vorhanden ist (Abb. 10.3). Wir betrachten einen kleinen Würfel der Größe $\delta x \cdot \delta y \cdot \delta z$. Die x-Komponente der Geschwindigkeit sei u. Durch den vorhandenen Geschwindigkeitsgradienten bewegen sich benachbarte Volumenelemente entlang der x-Richtung mit leicht unterschiedlicher Geschwindigkeit; während die Teilchen in der Ebene A eine Geschwindigkeit u besitzen, ist die Geschwindigkeit in der Ebene B $u + \frac{\partial u}{\partial x} \cdot \delta x$. Die Differenz in den Geschwindigkeiten zwischen den beiden Orten beträgt $\frac{\partial u}{\partial x} \cdot \delta x$. Mit der Zeit führt diese Differenz zu einer Verzerrung in x-Richtung der Größe $\frac{\partial u}{\partial x} \cdot \delta x \cdot \delta t$ und dies schließlich zu einer Volumenvergrößerung $\delta V = \frac{\partial u}{\partial x} \cdot \delta t \cdot \delta x\, \delta y\, \delta z$. Die Änderungsrate, mit der diese Volumenänderung erfolgt, beträgt:

$$\frac{1}{\delta V} \cdot \frac{\mathrm{d}(\delta V)}{\mathrm{d}t} = \frac{\partial u}{\partial x} \tag{10.8}$$

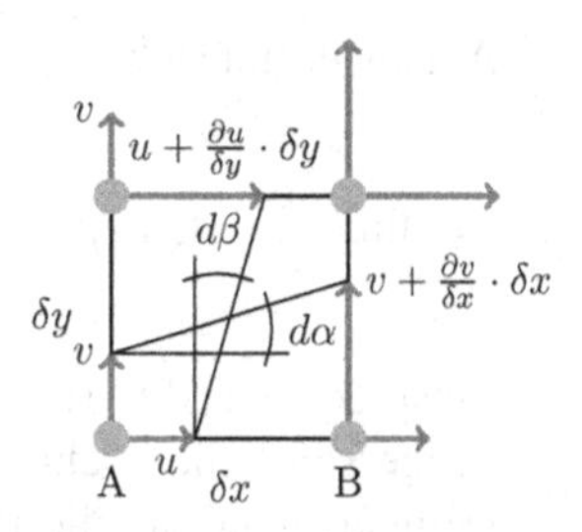

Abb. 10.4 Ebene Fluidströmung in der xy-Ebene mit einem Geschwindigkeitsgradienten in y-Richtung

Die gleiche Rechung lässt sich für die y- und z-Richtung durchführen. Damit gilt insgesamt:

$$\boxed{\frac{1}{\delta V} \cdot \frac{\mathrm{d}}{\mathrm{d}t} \underline{V} = \frac{\partial u}{\partial x} + \frac{\partial v}{\partial y} + \frac{\partial w}{\partial z} = \underline{\nabla} \cdot \underline{V}} \tag{10.9}$$

Die so berechnete Größe heißt *Volumendilatation*.

Bei der Bewegung des Fluids kann sich somit das Volumen ändern. Dies gilt vornehmlich für Gase; bei Flüssigkeiten kann man (bei moderaten Drücken bzw. Druckgradienten) davon ausgehen, dass die Dichte konstant bleibt. Wegen der Massenerhaltung ändert sich in diesem Fall aber auch das Volumen nicht, und man bezeichnet das Fluid als *inkompressibel*. Für inkompressible Fluide gilt damit: $\frac{1}{\delta V} \cdot \frac{\mathrm{d}}{\mathrm{d}t} \underline{V} = \frac{\partial u}{\partial x} + \frac{\partial v}{\partial y} + \frac{\partial w}{\partial z} = \underline{\nabla} \cdot \underline{V} = 0$.

10.2.2 Wirbelströmungen

Wir betrachten den Fall einer ebenen Strömung in xy-Richtung. Eine Rotation des Flüssigkeitselements tritt auf, wenn senkrecht zur Hauptströmungsrichtung Geschwindigkeitsgradienten auftreten, das heißt, wenn gemischte Ableitungen auftreten der Form $\frac{\partial u}{\partial y} + \frac{\partial v}{\partial x}$.

Betrachten wir hierzu Abb. 10.4. Das Fluid strömt in eine Richtung, wobei sich die Strömungsgeschwindigkeit in der betrachteten Ebene additiv aus den Vektoren $\underline{u} + \underline{v}$ zusammensetzt. Bei Fortschreiten in x-Richtung nimmt aber die Geschwindigkeitskomponente in y-Richtung zu und umgekehrt! Dies führt zu einer Rotation der Ebene AB und zu einer Verzerrung des Volumenelements und – abhängig von der Größe und Richtung der Differenzvektoren – zu einer Rotation. Die Winkelgeschwindigkeit der Rotation der Linie AB beträgt:

$$\omega_{AB} = \omega_\alpha \lim_{\delta t \to 0} \frac{\partial \alpha}{\partial t} \tag{10.10}$$

Für kleine Zeiten δt bzw. für kleine Winkel α gilt:

$$\tan \delta\alpha = \frac{\frac{\partial v}{\partial x} \cdot \delta x \cdot \delta t}{\delta x} = \frac{\partial v}{\partial x} \cdot \delta t \equiv \delta\alpha \quad \Rightarrow \quad \omega_\alpha = \lim_{\delta t \to 0} \left(\frac{\frac{\partial v}{\delta x} \cdot \delta t}{\delta t} \right) = \frac{\partial v}{\partial x} \tag{10.11}$$

Analog ergibt sich:

$$\omega_\beta = \lim_{\delta t \to 0} \frac{\delta\beta}{\delta t} \quad \tan\delta\beta = \frac{\frac{\partial u}{\partial y}\delta y \delta t}{\delta y} = \frac{\partial u}{\partial y}\delta t \equiv \delta\beta \Rightarrow \omega_\beta = \lim_{\delta t \to 0}\left(\frac{\frac{\partial u}{\partial y}\delta t}{\delta t}\right) = \frac{\partial u}{\partial y} \tag{10.12}$$

Entsprechend Abb. 10.4 ist die Drehung um den Winkel α positiv (entgegen dem Uhrzeigersinn), die Drehung um den Winkel β negativ (im Uhrzeigersinn).

Definiert man nun die Rotation um die z-Achse als den Mittelwert der beiden Winkelgeschwindigkeiten ω_α und ω_β, dann ist für die Rotation um die z-Achse:

$$\omega_z = \frac{1}{2}\cdot\left(\frac{\partial v}{\partial x} - \frac{\partial u}{\partial y}\right) \tag{10.13}$$

Analog erhält man:

$$\omega_x = \frac{1}{2}\cdot\left(\frac{\partial w}{\partial y} - \frac{\partial v}{\partial z}\right) \quad \omega_y = \frac{1}{2}\cdot\left(\frac{\partial u}{\partial z} - \frac{\partial w}{\partial x}\right) \tag{10.14}$$

Diese drei Größen sind die Komponenten eines Vektors, der Rotation des Geschwindigkeitsvektors $\underline{V}$. Damit ist:

$$\underline{\omega} = \omega_x\underline{\hat{i}} + \omega_y\underline{\hat{j}} + \omega_z\underline{\hat{k}} \tag{10.15}$$

$$\underline{\omega} = \frac{1}{2}\cdot\begin{vmatrix} \underline{\hat{i}} & \underline{\hat{j}} & \underline{\hat{k}} \\ \frac{\partial}{\partial x} & \frac{\partial}{\partial y} & \frac{\partial}{\partial z} \\ u & v & w \end{vmatrix} = \frac{1}{2}\cdot\left(\frac{\partial w}{\partial y} - \frac{\partial v}{\partial z}\right)\underline{\hat{i}} + \frac{1}{2}\cdot\left(\frac{\partial u}{\partial z} - \frac{\partial w}{\partial x}\right)\underline{\hat{j}} + \frac{1}{2}\cdot\left(\frac{\partial v}{\partial x} - \frac{\partial u}{\partial y}\right)\underline{\hat{k}} \tag{10.16}$$

Gleichung (10.16) lässt erkennen, dass für eine *reine Rotation* Bedingungen an die einzelnen Terme geknüpft sind. Für eine reine Rotation um die z-Achse beispielsweise muss $\frac{\partial v}{\partial x} = -\frac{\partial u}{\partial y}$ gelten. Andernfalls führt die Bewegung zu einer Deformation des Volumenelements. Gilt ferner $\frac{\partial v}{\partial x} = +\frac{\partial u}{\partial y}$, dann ist die Rotation um die z-Achse null. Gilt allgemein $\underline{\nabla} \times \underline{V} = 0$, bezeichnet man das Geschwindigkeitsfeld als rotationsfrei.

Betrachten wir noch einmal Abb. 10.4, dann tritt reine Rotation nur auf wenn $\mathrm{d}\alpha = -\mathrm{d}\beta$ gilt. Jede Abweichung von dieser Bedingung führt zu einer Deformation des Volumenelements, die man als *Scherung* bezeichnet. Diese kann beschrieben werden durch:

$$\delta\gamma = \delta\alpha + \delta\beta \tag{10.17}$$

Keine Scherung liegt somit vor bei isotropen Strömungen und bei einer reinen Rotation. $\delta\gamma$ ist gemäß Definition positiv, wenn der anfänglich rechte Winkel zwischen den Vektoren kleiner wird. Die Größe

$$\dot{\gamma} = \frac{\partial\gamma}{\partial t} = \lim_{\delta t \to 0}\left(\frac{\frac{\partial v}{\partial x}\cdot\delta t + \frac{\partial u}{\partial y}\cdot\delta t}{\delta t}\right) = \frac{\partial v}{\partial x} + \frac{\partial u}{\partial y} \tag{10.18}$$

Abb. 10.5 Kontrollvolumen

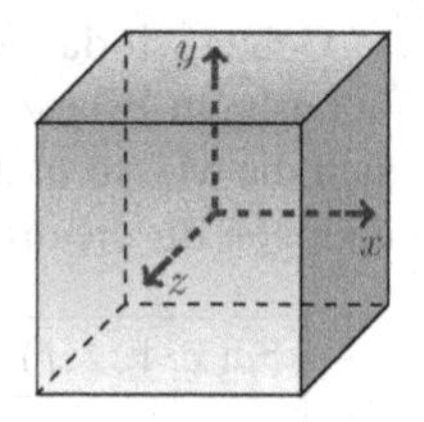

ist die *Scherrate* oder *Schergeschwindigkeit*. Diese Scherung führt zu einer Spannung, die letztlich zu der Formänderung des Volumenelements führt.

10.2.3 Die Kontinuitätsgleichung

Im Folgenden betrachten wir ein stationäres Kontrollvolumen, in dessen Zentrum das Fluid die Dichte ρ haben soll (Abb. 10.5). Die Geschwindigkeitskomponenten in x-, y- und z-Richtung seien wieder u, v, und w. Die Masse des Fluids innerhalb des Volumens ergibt sich zu:

$$M = \int \rho(x, y, z) \cdot \mathrm{d}x \, \mathrm{d}y \, \mathrm{d}z \tag{10.19}$$

Betrachten wir den Fluss durch das Volumenelement in x-Richtung. In diesem Fall strömt Masse durch die linke Begrenzungsfläche in das Bilanzvolumen hinein, und aus der rechten Begrenzungsfläche strömt Masse aus diesem heraus. Wir setzen nun den Ursprung des Koordinatensystems in das Zentrum des Würfels, wo die Massendichte gerade den Wert ρ besitzt. In diesem Fall ergibt sich für den Massenfluss durch die beiden betrachteten Flächen (linke und rechte Fläche des würfelförmigen Kontrollvolumens in Abb. 10.5):

$$\left[\rho u - \frac{\partial(\rho u)}{\partial x} \cdot \frac{\delta x}{2}\right] \cdot \delta y \, \delta z \quad \text{bzw.} \quad \left[\rho u + \frac{\partial(\rho u)}{\partial x} \cdot \frac{\delta x}{2}\right] \cdot \delta y \, \delta z \tag{10.20}$$

Damit ergibt sich ein Nettofluss durch diese beiden Flächen gemäß:

$$\left[\rho u - \frac{\partial(\rho u)}{\partial x} \cdot \frac{\delta x}{2}\right] \cdot \delta y \, \delta z - \left[\rho u + \frac{\partial(\rho u)}{\partial x} \cdot \frac{\delta x}{2}\right] \cdot \delta y \, \delta z = \frac{\partial(\rho u)}{\partial x} \cdot \delta x \, \delta y \, \delta z \tag{10.21}$$

Analoge Gleichungen ergeben sich für die y- und die z-Richtung:

$$\begin{aligned} \left[\rho v - \frac{\partial(\rho v)}{\partial y} \cdot \frac{\delta y}{2}\right] \cdot \delta x \, \delta z - \left[\rho v + \frac{\partial(\rho v)}{\partial y} \cdot \frac{\delta y}{2}\right] \cdot \delta x \, \delta z &= \frac{\partial(\rho v)}{\partial y} \cdot \delta x \, \delta y \, \delta z \\ \left[\rho w - \frac{\partial(\rho w)}{\partial z} \cdot \frac{\delta z}{2}\right] \cdot \delta x \, \delta y - \left[\rho w + \frac{\partial(\rho w)}{\partial z} \cdot \frac{\delta z}{2}\right] \cdot \delta x \, \delta y &= \frac{\partial(\rho w)}{\partial z} \cdot \delta x \, \delta y \, \delta z \end{aligned} \tag{10.22}$$

Gehen wir davon aus, dass Masse weder erzeugt noch vernichtet wird, das heißt, in unserem Bilanzvolumen sind weder Quellen noch Senken vorhanden, dann darf sich die Masse in diesem Volumen zeitlich nicht ändern. Fassen wir die drei Gleichungen für die drei Raumrichtungen zusammen, ergibt sich:

$$\boxed{\frac{\partial\rho(x,y,z,t)}{\partial t}+\frac{\partial(\rho u)}{\partial x}+\frac{\partial(\rho v)}{\partial y}+\frac{\partial(\rho w)}{\partial z}=0} \quad \text{Kontinuitätsgleichung} \tag{10.23}$$

Die Kontinuitätsgleichung ist *eine der fundamentalen Gleichungen der Fluiddynamik*, und sie gilt in allen Fällen, gleichgültig ob die Strömung kompressibel oder inkompressibel, stetig oder unstetig, laminar oder turbulent, Newton'sch oder viskos ist. In Vektornotation lautet sie

$$\boxed{\frac{\partial\rho(x,y,z,t)}{\partial t}+\underline{\nabla}\cdot\rho\,\underline{V}=0} \quad \text{Kontinuitätsgleichung} \tag{10.24}$$

Für *inkompressible Strömungen* gilt $\underline{\nabla}\times\underline{V}=0$; ist die Strömung *stationär*, gilt $\frac{\partial\rho}{\partial t}=0$.

10.2.4 Die Euler-Gleichung

Die Bewegung von Masseteilchen wird in der Mechanik beschrieben durch die Newton'sche Gleichung, wonach Kräfte für die Bewegung von Massenkörpern verantwortlich sind. Gleiches gilt auch für die Bewegung von Flüssigkeiten, und wir wollen nun die Newton'sche Gleichung auf Fluide anwenden. Wir gehen davon aus, dass eine Kraft auf ein Flüssigkeitselement wirkt, wobei die Kraft von Ort zu Ort verschieden sein kann. Für ein infinitesimal kleines Massenelement gilt $\mathrm{d}\underline{F}=\mathrm{d}m\cdot\underline{a}$ bzw. in Komponenten:

$$\mathrm{d}F_x=\mathrm{d}m\cdot g_x \quad \mathrm{d}F_y=\mathrm{d}m\cdot g_y \quad \mathrm{d}F_z=\mathrm{d}m\cdot g_z \tag{10.25}$$

Die Kraft $\underline{F}$ setzt sich aus zwei Anteilen zusammen (Abb. 10.6):

- Äußere Kräfte durch die Umgebung, zum Beispiel Druckkräfte
- Innere Kräfte, die im Volumen gleich verteilt sind, zum Beispiel Kräfte bedingt durch die Schwerkraft.

An inneren Kräften tritt gewöhnlich nur die Schwerkraft auf, bei geladenen Teilchen und Substanzen im elektrischen Feld können aber auch andere Kräfte wie elektrische Feldkräfte oder magnetische Kräfte auftreten. Wir betrachten im Weiteren allein die Gravitationskraft. Für die inneren Kräfte, auch Körperkraft F_b genannt, gilt dann mit der Erdbeschleunigung g: $\mathrm{d}\underline{F}_b=\mathrm{d}m\cdot\underline{g}$.

Die Oberflächenkräfte F_S (Abb. 10.7) stammen aus der Wechselwirkung des Massenelements mit der Umgebung. Diese Oberflächenkräfte können in eine beliebige Richtung wirken. Die Kraft F_n steht normal auf der Fläche und weist nach

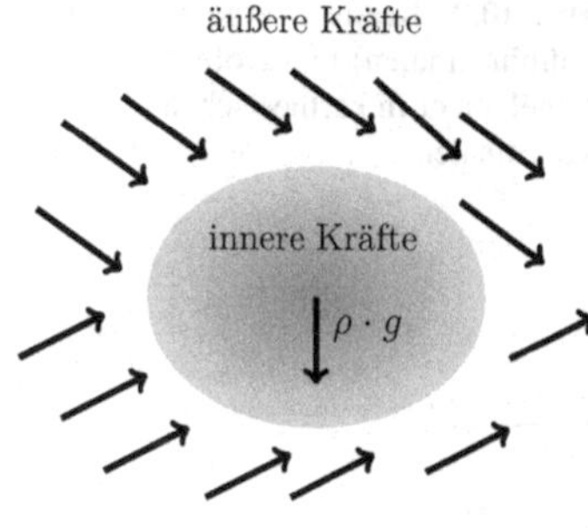

Abb. 10.6 Innere und äußere Kräfte

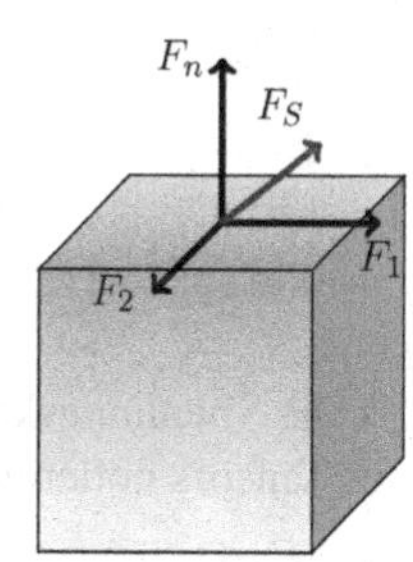

Abb. 10.7 Oberflächenkräfte

außen (positive Richtung), F_1 und F_2 sind Kräfte in der Ebene der Fläche. Die drei Kraftvektoren F_n, F_1 und F_2 sind orthogonal zueinander. Wir definieren nun die Normalspannung zu:

$$\boxed{\sigma_n = \lim_{\delta A \to 0} \frac{\delta F_n}{\delta A}} \quad \text{Normalspannung} \tag{10.26}$$

Analog definieren wir die Scherspannung zu:

$$\boxed{\tau_1 = \lim_{\delta A \to 0} \frac{\delta F_1}{\delta A} \qquad \tau_2 = \lim_{\delta A \to 0} \frac{\delta F_2}{\delta A}} \quad \text{Scherspannung} \tag{10.27}$$

Normalspannungen und Scherspannungen können nun an jeder Fläche auftreten. Daher ist es notwendig, sowohl die Fläche zu bezeichnen, an welcher die Spannung auftritt, als auch die Richtung, in welche die entsprechende Kraft wirkt. Betrachten wir den Würfel in Abb. 10.8. Wir können die Kanten des Würfels als Richtungen unseres Koordinatensystems ansehen, was die Beschreibung vereinfacht. Normalspannungen werden mit σ bezeichnet, Scherspannungen mit τ. Zudem verwenden wir zwei Subscripts: Das erste Subscript kennzeichnet die Normale der Fläche, auf welche die Kraft wirkt. Das zweite Subscript bezeichnet die Richtung, in welche die Kraft wirkt. σ_{xx} ist somit eine Normalspannung, welche auf die yz-Ebene wirkt, das heißt, die Normalenrichtung zeigt in x-Richtung, und wie es sich für diese Normalspannung gehört weist die Kraft in x-Richtung. τ_{xy} ist eine Scherspannung in der yz-Ebene, wobei die Kraft in y-Richtung weist. Analog ist τ_{xz} eine Scherspannung in der yz-Ebene, und die Kraft weist in z-Richtung. Normalspannungen haben somit stets gleiche Indizes, Scherspannungen haben stets unterschiedliche Indizes.

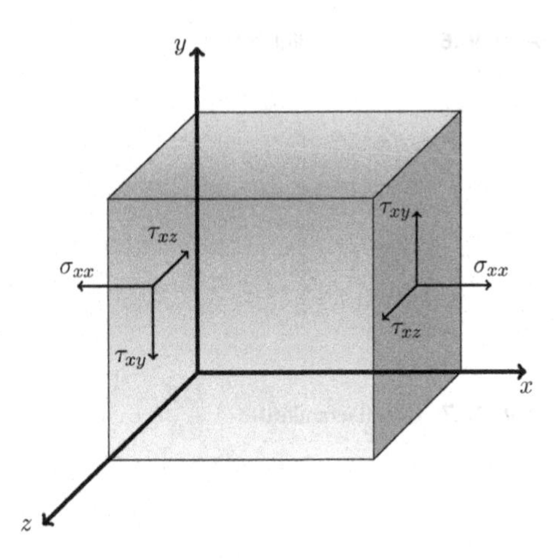

Abb. 10.8 Kräfte an einem (infinitesimalen) Fluidvolumenelement in karthesischen Koordinaten

Die Spannungskomponenten wie oben beschrieben lassen sich auch in Form eines Tensors notieren:

$$T = \begin{pmatrix} \sigma_{xx} & \tau_{xy} & \tau_{xz} \\ \tau_{yx} & \sigma_{yy} & \tau_{yz} \\ \tau_{zx} & \tau_{zy} & \sigma_{zz} \end{pmatrix} \tag{10.28}$$

Dieser Tensor heißt *Spannungstensor*. In Komponentenschreibweise lautet er:

$$\underline{\underline{\sigma}} = \sum \sigma^{ij} \underline{\hat{e}}_i \times \underline{\hat{e}}_j \tag{10.29}$$

Dabei bedeuten die $\underline{\hat{e}}_1, \underline{\hat{e}}_2, \underline{\hat{e}}_3$ die Basisvektoren des karthesischen Systems.

Die Flächennormale zeigt stets von dem Volumenelement nach außen. Zeigt die Normale in Richtung der jeweiligen positiven Achsrichtung und zeigen die Spannungsvektoren in die gleiche Richtung, dann ist deren Vorzeichen positiv. Die in Abb. 10.8 auf der rechten Würfelseite gezeigten Spannungen sind gemäß dieser Definition sämtlich positiv.

Zeigt die Flächennormale in die negative Koordinatenrichtung, dann werden die Spannungen als positiv betrachtet, wenn sie jeweils in die negative Koordinatenrichtung weisen. Gemäß dieser Definition sind auch die auf der linken Seite des Würfels in Abb. 10.8 gezeigten Spannungen sämtlich positiv.

An dieser Stelle sei bemerkt, dass lediglich bei einfacher Wahl des Koordinatensystems die Spannungen eine so einfache Form besitzen. Ist das Koordinatensystem beliebig orientiert oder die Flächen nicht so einfach orientiert, dann besitzt jeder dieser Spannungskomponenten wiederum Komponenten in allen Raumrichtungen, und die verschiedenen Größen werden durch einen Tensor beschrieben.

Wir betrachten weiterhin ein würfelförmiges Volumenelement und können nun die Spannungskomponenten, das heißt die Kraftkomponenten pro Flächeneinheit, als Funktion der Normalspannungen und Scherspannungen angeben. Wir gehen dabei davon aus, dass die Spannungen im Fluid ortsabhängige Funktionen sind. Daher

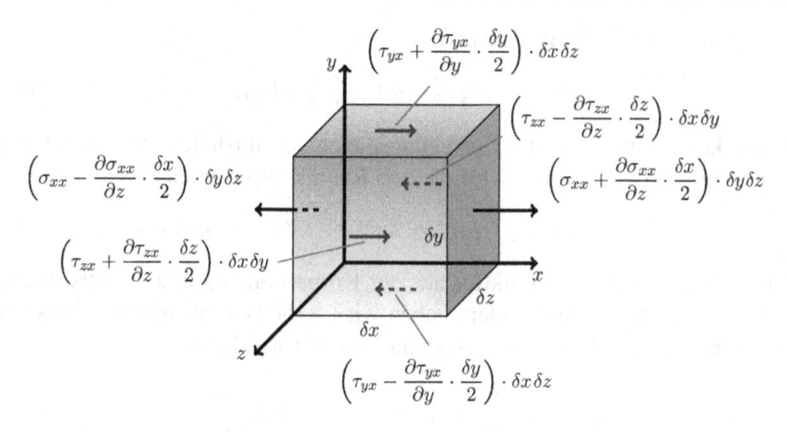

Abb. 10.9 Scher- und Normalspannungskräfte an einem (infinitesimalen) Fluidvolumenelement in karthesischen Koordinaten

beziehen wir uns wie bereits früher auf das Zentrum des Würfels und entwickeln die Spannungen in erster Ordnung in die drei Raumrichtungen. Die in x-Richtung wirkenden Spannungen errechnen sich wie folgt und sind in Abb. 10.9 gezeigt:

$$\begin{aligned}
&\text{Normalspannung:} && \left(\sigma_{xx} - \frac{\partial \sigma_{xx}}{\partial x} \cdot \frac{\delta x}{2}\right) \cdot \delta y\, \delta z && \left(\sigma_{xx} + \frac{\partial \sigma_{xx}}{\partial x} \cdot \frac{\delta x}{2}\right) \cdot \delta y\, \delta z \\
&\text{Scherspannung 1:} && \left(\tau_{yx} - \frac{\partial \tau_{yx}}{\partial y} \cdot \frac{\delta y}{2}\right) \cdot \delta x\, \delta z && \left(\tau_{yx} + \frac{\partial \tau_{yx}}{\partial y} \cdot \frac{\delta y}{2}\right) \cdot \delta x\, \delta z \\
&\text{Scherspannung 2:} && \left(\tau_{zx} - \frac{\partial \tau_{zx}}{\partial z} \cdot \frac{\delta z}{2}\right) \cdot \delta x\, \delta y && \left(\tau_{zx} + \frac{\partial \tau_{zx}}{\partial z} \cdot \frac{\delta z}{2}\right) \cdot \delta x\, \delta y
\end{aligned} \tag{10.30}$$

Zu beachten ist, dass zur Berechnung der *Kräfte* gemäß Definition der Normal- und Oberflächenspannung die entsprechende Größe der *Spannung* mit der entsprechenden Fläche multipliziert werden muss.

Addiert man die einzelnen Komponenten auf, erhält man im Ergebnis aus der Summe der in Abb. 10.9 gezeigten Spannungen für die Oberflächenkraft entlang der x-Richtung:

$$\delta F_{SX} = \left(\frac{\partial \sigma_{xx}}{\partial x} + \frac{\partial \tau_{yx}}{\partial y} + \frac{\partial \tau_{zx}}{\partial z}\right) \cdot \delta x\, \delta y\, \delta z \tag{10.31}$$

Ganz analog ergeben sich die Kräfte in Richtung der y-Achse und der z-Achse:

$$\begin{aligned}
\delta F_{SY} &= \left(\frac{\partial \tau_{xy}}{\partial x} + \frac{\partial \sigma_{yy}}{\partial y} + \frac{\partial \tau_{zy}}{\partial z}\right) \cdot \delta x\, \delta y\, \delta z \\
\delta F_{SZ} &= \left(\frac{\partial \tau_{xz}}{\partial x} + \frac{\partial \tau_{yz}}{\partial y} + \frac{\partial \sigma_{zz}}{\partial z}\right) \cdot \delta x\, \delta y\, \delta z
\end{aligned} \tag{10.32}$$

Die gesamte äußere Kraft ist damit:

$$\delta F_S = \delta F_{SX}\underline{\hat{\imath}} + \delta F_{SY}\underline{\hat{\jmath}} + \delta F_{SZ}\underline{\hat{k}} \quad (10.33)$$

Damit können wir nun die Bewegungsgleichung aufstellen. Wir wenden den Newton'schen Ansatz an, wobei für die drei Raumkomponenten gilt:

$$\delta F_X = \delta m \cdot a_X \quad \delta F_Y = \delta m \cdot a_Y \quad \delta F_Z = \delta m \cdot a_Z \quad (10.34)$$

Dabei setzt sich die Gesamtkraft aus der Körperkraft F_b und der Oberflächenkraft F_S additiv zusammen. Zudem haben wir für die Beschleunigung eines Volumenelements bereits die folgende Beziehung (10.5) abgeleitet:

$$\begin{aligned}
\underline{a}_x(t) &= \frac{\partial u}{\partial t} + u\,\frac{\partial u}{\partial x} + v\,\frac{\partial u}{\partial y} + w\,\frac{\partial u}{\partial z} \\
\underline{a}_y(t) &= \frac{\partial v}{\partial t} + u\,\frac{\partial v}{\partial x} + v\,\frac{\partial v}{\partial y} + w\,\frac{\partial v}{\partial z} \\
\underline{a}_z(t) &= \frac{\partial w}{\partial t} + u\,\frac{\partial w}{\partial x} + v\,\frac{\partial w}{\partial y} + w\,\frac{\partial w}{\partial z}
\end{aligned}$$

Setzen wir dann noch für die Masse m die Beziehung $\mathrm{d}m = \rho \cdot \mathrm{d}x\,\mathrm{d}y\,\mathrm{d}z$ ein, erhalten wir schließlich:

$$\boxed{\begin{aligned}
\rho \cdot g_x + \frac{\partial \sigma_{xx}}{\partial x} + \frac{\partial \tau_{yx}}{\partial y} + \frac{\partial \tau_{zx}}{\partial z} &= \rho \cdot \left(\frac{\partial u}{\partial t} + u\frac{\partial u}{\partial x} + v\frac{\partial u}{\partial y} + w\frac{\partial u}{\partial z}\right) \\
\rho \cdot g_y + \frac{\partial \tau_{xy}}{\partial x} + \frac{\partial \sigma_{yy}}{\partial y} + \frac{\partial \tau_{zy}}{\partial z} &= \rho \cdot \left(\frac{\partial v}{\partial t} + u\frac{\partial v}{\partial x} + v\frac{\partial v}{\partial y} + w\frac{\partial v}{\partial z}\right) \\
\rho \cdot g_z + \frac{\partial \tau_{xz}}{\partial x} + \frac{\partial \tau_{yz}}{\partial y} + \frac{\partial \sigma_{zz}}{\partial z} &= \rho \cdot \left(\frac{\partial w}{\partial t} + u\frac{\partial w}{\partial x} + v\frac{\partial w}{\partial y} + w\frac{\partial w}{\partial z}\right)
\end{aligned}} \quad (10.35)$$

Die Differenzialgleichungen (10.35) sind *allgemein* anwendbare Differenzialgleichungen für die Beschreibung der Dynamik eines Fluids und die *allgemeinen Bewegungsgleichungen* für Fluide. Sie sind anwendbar auf *jede* kontinuierliche Substanz, also auch auf einen Festkörper, gleichgültig ob in Bewegung oder in Ruhe.

Scherkräfte können in einem Fluid nur auftreten bei Vorhandensein von Viskosität. Für viele Substanzen, beispielsweise Wasser oder Luft, sind die Viskositäten gering. Oftmals kann man diese Kräfte vernachlässigen, und die Bewegungsgleichungen vereinfachen sich entsprechend. In diesen Fällen spricht man von *nichtviskosem* oder auch *reibungsfreiem* Fluss. Sämtliche Scherkräfte verschwinden, und übrig bleiben nur die Normalkräfte. Man erkennt sofort, dass in diesem Fall die Normalspannungen in alle Richtungen gleich sind, wenn man nur das Volumenelement auf einen infinitesimalen Punkt zusammenzieht. Man bezeichnet die Spannung dann nicht mehr als Spannung, sondern als den bekannten Druck p, und wir definieren:

$$-p = \sigma_{xx} = \sigma_{yy} = \sigma_{zz} \quad (10.36)$$

Das negative Vorzeichen wird gewählt, weil die Spannung, die durch den *von außen* auf das Volumenelement wirkenden Druck bewirkt wird, nach außen zeigen und dabei positives Vorzeichen haben soll.

Führen wir alle diese Näherungen ein, erhalten wir die *Euler-Gleichungen*:

$$\boxed{\begin{aligned} \rho \cdot g_x - \frac{\partial p}{\partial x} &= \rho \cdot \left(\frac{\partial u}{\partial t} + u\frac{\partial u}{\partial x} + v\frac{\partial u}{\partial y} + w\frac{\partial u}{\partial z} \right) \\ \rho \cdot g_y - \frac{\partial p}{\partial y} &= \rho \cdot \left(\frac{\partial v}{\partial t} + u\frac{\partial v}{\partial x} + v\frac{\partial v}{\partial y} + w\frac{\partial v}{\partial z} \right) \\ \rho \cdot g_z + \frac{\partial p}{\partial z} &= \rho \cdot \left(\frac{\partial w}{\partial t} + u\frac{\partial w}{\partial x} + v\frac{\partial w}{\partial y} + w\frac{\partial w}{\partial z} \right) \end{aligned}} \tag{10.37}$$

In Vektorschreibweise lauten die Euler-Gleichungen:

$$\boxed{\rho \cdot \underline{g} - \underline{\nabla} p = \rho \cdot \left[\frac{\partial \underline{V}}{\partial t} + (\underline{V} \cdot \underline{\nabla}) \cdot \underline{V} \right]} \quad \text{Euler-Gleichungen} \tag{10.38}$$

Die Euler-Gleichungen beschreiben das Verhalten idealer Fluide (nichtviskose, reibungsfreie Fluide). Sie enthalten somit keine Reibungsterme, das heißt, die Viskosität des Fluids ist nicht berücksichtigt. Dies ist ein Nachteil insbesondere für die Beschreibung kolloider Lösungen, zum Beispiel Polymerlösungen oder Polymerschmelzen; denn diese zeichnen sich häufig gerade durch eine hohe Viskosität aus!

Obwohl die Euler-Gleichungen wesentlich einfacher sind als die allgemeinen Bewegungsgleichungen, sind sie doch nicht trivial lösbar. Der Grund hierfür liegt in den nichtlinearen Termen wie $v\frac{\partial u}{\partial y}$; $w\frac{\partial u}{\partial z}$ usw. Es handelt sich bei den Euler-Gleichungen somit um nichtlineare partielle Differenzialgleichungen, zu deren Lösung es kein allgemein anwendbares Verfahren gibt. Trotzdem sind sie mit die wichtigsten Gleichungen bei der Lösung von Problemen der Fluiddynamik.

Im Prinzip ist durch die oben abgeleiteten Differenzialgleichungen (die allgemeinen Bewegungsgleichungen bzw. die Euler-Gleichungen im Fall idealer Fluide) die Bewegung eines Fluids vollständig beschrieben. Die Gleichungen enthalten Terme für die Spannungen und für die Geschwindigkeiten; das Problem ist, dass damit mehr Unbekannte enthalten als Gleichungen vorhanden sind – das Gleichungssystem ist unterbestimmt! Damit die Gleichungen verwendet werden können auch ohne dass zu viele Details über das System im Vorhinein bekannt sind, müssen Beziehungen geschaffen werden zwischen den verschiedenen Spannungen und den Schergeschwindigkeiten. Dies führt letztendlich zu den *Navier-Stokes-Gleichungen*, benannt nach Claude Louis Marie Henri Navier[1] (Abb. 10.10) und Sir George Gabriel Stokes (Abb. 6.9), die der Vollständigkeit halber im Folgenden angegeben werden.

---

[1] Claude Louis Marie Henri Navier (* 10. Februar 1785 in Dijon; † 21. August 1836 in Paris) war ein französischer Mathematiker und Physiker. Er gilt als Begründer der Baustatik
Quelle: http://de.wikipedia.org/wiki/Claude_Louis_Marie_Henri_Navier

Abb. 10.10 Claude Louis Marie Henri Navier

Für inkompressible Newton'sche Flüssigkeiten kann man ansetzen:

$$\begin{aligned}
\sigma_{xx} &= -p + 2\eta\frac{\partial u}{\partial x} \qquad \tau_{xy} = \tau_{yx} = \eta \cdot \left(\frac{\partial u}{\partial y} + \frac{\partial v}{\partial x}\right) \\
\sigma_{yy} &= -p + 2\eta\frac{\partial v}{\partial y} \qquad \tau_{yz} = \tau_{zy} = \eta \cdot \left(\frac{\partial v}{\partial z} + \frac{\partial w}{\partial y}\right) \\
\sigma_{zz} &= -p + 2\eta\frac{\partial w}{\partial z} \qquad \tau_{zx} = \tau_{xz} = \eta \cdot \left(\frac{\partial w}{\partial x} + \frac{\partial u}{\partial z}\right)
\end{aligned} \tag{10.39}$$

η ist eine Konstante, welche die Verringerung des Druckes infolge der Geschwindigkeitsänderung entlang der verschiedenen Koordinatenachsen beschreibt; sie heißt *dynamische Viskosität*. Diese Konstante wird somit als Proportionalitätskonstante zur Vereinfachung der Gleichungen eingeführt.

Es gilt für den *mittleren* Druck im Volumenelement:

$$-p = \frac{1}{3} \cdot (\sigma_{xx} + \sigma_{yy} + \sigma_{zz}) \tag{10.40}$$

Da in viskosen Fluiden der Druck nicht zwangsweise isotrop ist, ist p gerade der *mittlere* Druck im Volumenelement!

Mithilfe der Beziehungen aus (10.39) und (10.40) und mittels der Kontinuitätsgleichung (10.23) lassen sich die abgeleiteten Differenzialgleichungen (Bewegungsgleichungen (10.35)) vereinfachen zu:

$$\boxed{\begin{aligned}
-\frac{\partial p}{\partial x} + \rho g_x + \eta\left(\frac{\partial^2 u}{\partial x^2} + \frac{\partial^2 u}{\partial y^2} + \frac{\partial^2 u}{\partial z^2}\right) &= \rho\left(\frac{\partial u}{\partial t} + u\,\frac{\partial u}{\partial x} + v\,\frac{\partial u}{\partial y} + w\,\frac{\partial u}{\partial z}\right) \\
-\frac{\partial p}{\partial y} + \rho g_y + \eta\left(\frac{\partial^2 v}{\partial x^2} + \frac{\partial^2 v}{\partial y^2} + \frac{\partial^2 v}{\partial z^2}\right) &= \rho\left(\frac{\partial v}{\partial t} + u\,\frac{\partial v}{\partial x} + v\,\frac{\partial v}{\partial y} + w\,\frac{\partial v}{\partial z}\right) \\
-\frac{\partial p}{\partial z} + \rho g_z + \eta\left(\frac{\partial^2 w}{\partial x^2} + \frac{\partial^2 w}{\partial y^2} + \frac{\partial^2 w}{\partial z^2}\right) &= \rho\left(\frac{\partial w}{\partial t} + u\,\frac{\partial w}{\partial x} + v\,\frac{\partial w}{\partial y} + w\,\frac{\partial w}{\partial z}\right)
\end{aligned}} \tag{10.41}$$

Diese Gleichungen heißen *Navier-Stokes-Gleichungen*. Auf der rechten Seite der Gleichungen stehen die Beschleunigungen, auf der linken Seite die verschiedenen wirkenden Kräfte: mittlerer Druck, Gravitation und Reibung.

Die Gleichungen entsprechen damit voll und ganz den Newton'schen Gleichungen $\underline{F} = m \cdot \underline{a}$, geschrieben in Komponentenschreibweise!

Unter Hinzunahme der Kontinuitätsgleichung (10.23) hat man vier Gleichungen mit den Unbekannten u, v, w und p. Das Gleichungssystem ist somit bestimmt! Andererseits handelt es sich um nichtlineare partielle Differenzialgleichungen zweiter Ordnung, für die es kein geschlossenes Lösungsschema gibt. Die Berechnung erfolgt daher in der Regel numerisch. Durch diese Gleichungen ist aber die Strömung inkompressibler Newton'scher Flüssigkeiten (bis auf Prozesse der Wärmeleitung und Diffusion) vollständig beschrieben!

Betrachten wir zum Abschluss einige Rechenbeispiele!

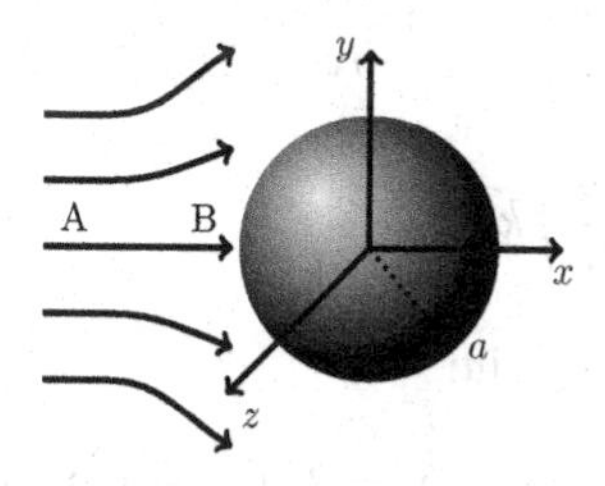

Beispiel 1: eine stationäre inkompressible Flüssigkeitsströmung um eine Kugel.

Die Strömungsgeschwindigkeit entlang der Stromlinie sei beschrieben durch:

$$v(x) = u(x)\,\hat{\underline{i}} = v_0 \cdot \left(1 + \frac{a^3}{x^3}\right)\hat{\underline{i}} \tag{10.42}$$

Wie groß ist die Beschleunigung, die ein Teilchen entlang einer Stromlinie auf dem Weg von A nach B erfährt?

Entlang der betrachteten Stromlinie ist $v = w = 0$. Die Geschwindigkeit hat damit nur eine Komponente. Damit gilt:

$$\underline{a}(t) = \frac{\partial V_A}{\partial t} + u\frac{\partial V_A}{\partial x} + v\frac{\partial V_A}{\partial y} + w\frac{\partial V_A}{\partial z} = \frac{\partial V_A}{\partial t} + u\frac{\partial V_A}{\partial x} = \left(\frac{\partial u}{\partial t} + u\frac{\partial u}{\partial t}\right)\hat{\underline{i}}$$

$$\Rightarrow \quad a_x = \frac{\partial u}{\partial t} + u\frac{\partial u}{\partial t} \quad a_y = 0 \quad a_z = 0 \tag{10.43}$$

Da die Strömung stationär ist, ist zudem $\frac{\partial u}{\partial t} = 0$. Mit der in der Aufgabenstellung gegebenen Geschwindigkeitsverteilung der Strömung ist:

$$a_x = u\frac{\partial u}{\partial x} = v_0 \cdot \left(1 + \frac{a^3}{x^3}\right) \cdot \left(-v_0 \cdot \frac{3a^3}{x^4}\right) = -\frac{3v_0^2}{a} \cdot \left(\frac{a}{x}\right)^4 \cdot \left(1 + \left(\frac{a}{x}\right)^3\right) \tag{10.44}$$

Die Beschleunigung ist negativ, das Flüssigkeitselement wird somit abgebremst. Würde man eine andere Stromlinie betrachten, dann wären alle drei Komponenten u, v, w zu berechnen.

Beispiel 2: Für ein zweidimensionales Strömungsfeld ist die Geschwindigkeit gegeben durch:

$$\underline{V} = 4xy\,\underline{\hat{\imath}} + 2 \cdot (x^2 - y^2)\,\underline{\hat{\jmath}} \tag{10.45}$$

Ist die Strömung wirbelfrei?
Für ein wirbelfreies Strömungsfeld gilt:

$$\begin{aligned}\underline{\omega} &= \omega_x \underline{\hat{\imath}} + \omega_y \underline{\hat{\jmath}} + \omega_z \underline{\hat{k}} = \frac{1}{2} \operatorname{rot} \underline{V} = \frac{1}{2} \underline{\nabla} \times \underline{V} = 0 \\ &= \frac{1}{2} \cdot \begin{vmatrix} \hat{\imath} & \hat{\jmath} & \hat{k} \\ \frac{\partial}{\partial x} & \frac{\partial}{\partial y} & \frac{\partial}{\partial z} \\ u & v & w \end{vmatrix} = \frac{1}{2}\left(\frac{\partial w}{\partial y} - \frac{\partial v}{\partial z}\right)\underline{\hat{\imath}} + \frac{1}{2}\left(\frac{\partial u}{\partial z} - \frac{\partial w}{\partial x}\right)\underline{\hat{\jmath}} \\ &+ \frac{1}{2}\left(\frac{\partial v}{\partial x} - \frac{\partial u}{\partial y}\right)\underline{\hat{k}}\end{aligned} \tag{10.46}$$

Gemäß Aufgabenstellung gilt:

$$u = 4xy \quad v = 2 \cdot (x^2 - y^2) \quad w = 0 \tag{10.47}$$

Damit ergibt sich:

$$\begin{aligned}\omega_x &= \frac{1}{2}\left(\frac{\partial w}{\partial y} - \frac{\partial v}{\partial z}\right) \quad \omega_y = \frac{1}{2}\left(\frac{\partial u}{\partial z} - \frac{\partial w}{\partial x}\right) \\ \omega_z &= \frac{1}{2}\left(\frac{\partial v}{\partial x} - \frac{\partial u}{\partial y}\right) = \frac{1}{2}(4x - 4x) = 0\end{aligned} \tag{10.48}$$

Die Strömung ist damit wirbelfrei!
Es sei an dieser Stelle bemerkt, dass bei einem zweidimensionalen Strömungsfeld in der xy-Ebene ω_x und ω_y *stets* null sind, da sowohl u als auch v nicht von z abhängen und zudem $w = 0$ gilt.

Beispiel 3: Die Geschwindigkeitskomponenten für eine inkompressible stationäre Strömung sind:

$$u = x^2 + y^2 + z^2 \quad v = xy + yz + z \tag{10.49}$$

Gesucht ist die w-Komponente der Strömung!
Da die Strömung stationär ist, ist die Zeitableitung der Geschwindigkeitskomponenten null. Damit ist aber eine der unabhängigen Variablen u, v, w, t bereits weggefallen, und es bleiben nur drei Variablen übrig.
Nach Aufgabenstellung sind zwei Bestimmungsgleichungen gegeben, es fehlt somit noch eine dritte, um das Problem eindeutig lösen zu können. Diese fehlende Gleichung ist die Kontinuitätsgleichung $\frac{\partial \rho}{\partial t} + \frac{\partial(\rho u)}{\partial x} + \frac{\partial(\rho v)}{\partial y} + \frac{\partial(\rho w)}{\partial z} = 0$.

Abb. 10.11 Strömung zwischen zwei ebenen Platten

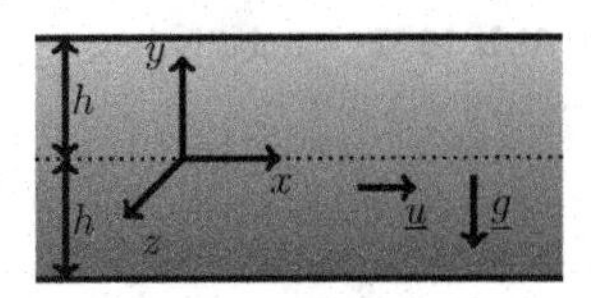

Für stationäre Strömungen ist $\frac{\partial \rho}{\partial t} = 0$, ferner ist das Fluid inkompressibel, die Dichte ρ ist somit überall konstant; also gilt:

$$\frac{\partial(\rho u)}{\partial x} + \frac{\partial(\rho v)}{\partial y} + \frac{\partial(\rho w)}{\partial z} = 0 \quad \rightarrow \quad 2\rho x + \rho(x+z) + \frac{\partial(\rho w)}{\partial z} = 0 \quad (10.50)$$

Damit folgt:

$$\frac{\partial w}{\partial z} = -2x - (x+z) = 3x - z \quad \rightarrow \quad w = -3xz - \frac{z^2}{2} + f(x,y) \quad (10.51)$$

w ist damit bis auf eine Funktion $f(x, y)$ bestimmt!

Beispiel 4: Wir betrachten die stationäre Strömung eines inkompressiblen Fluids zwischen zwei unendlich großen parallelen Platten, die sich im Abstand $2h$ zueinander befinden. Die Strömung sei in x-Richtung, senkrecht dazu in $-y$-Richtung wirke die Gravitation (Abb. 10.11). Wir wollen die Navier-Stokes-Gleichungen und die Kontinuitätsgleichung verwenden, um das Strömungsgeschwindigkeitsprofil zu berechnen.

Da die Strömung stationär ist, gilt: $\frac{\partial V(x,y,z)}{\partial t} = 0$.

Ferner liegt die einzige Geschwindigkeitskomponente in x-Richtung, das heißt, es gilt $v = w = 0$. Damit ist mit der Kontinuitätsgleichung:

$$\frac{\partial \rho}{\partial t} + \frac{\partial(\rho u)}{\partial x} + \frac{\partial(\rho v)}{\partial y} + \frac{\partial(\rho w)}{\partial z} = 0 \quad \rightarrow \quad \frac{\partial u}{\partial x} = 0 \quad \rightarrow \quad u = u_0 + u(y,z) \quad (10.52)$$

Nach Voraussetzung sind die beiden Platten unendlich ausgedehnt, das heißt, u kann *nicht* von der Koordinate z abhängen, und es gilt:

$$u = u_0 + u(y) \quad (10.53)$$

Damit erhält man für die Navier-Stokes-Gleichungen (10.41):

$$\begin{aligned} -\frac{\partial p}{\partial x} + \eta \frac{\partial^2 u}{\partial y^2} = 0 \quad &\rightarrow \quad \frac{1}{\eta}\frac{\partial p}{\partial x} = \frac{\partial^2 u}{\partial y^2} \\ -\frac{\partial p}{\partial y} - \rho g_y = 0 \quad &\rightarrow \quad p = -\rho g \cdot y + f_1(x) \\ -\frac{\partial p}{\partial z} = 0 \quad &\rightarrow \quad \partial p_z = 0 \end{aligned} \quad (10.54)$$

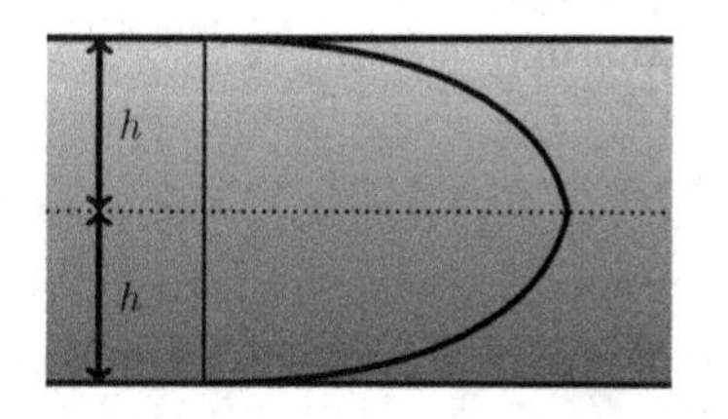

Abb. 10.12 Parabolisches Strömungsprofil

Der Druck variiert somit lediglich in y-Richtung!

Für die Integration gehen wir (näherungsweise) davon aus, dass $\frac{\partial p}{\partial x} = 0$ gilt. Dann folgt aus der ersten Gleichung (10.54):

$$\frac{1}{\eta}\frac{\partial p}{\partial x} = \frac{\partial^2 u}{\partial y^2} \quad \rightarrow \quad \frac{\partial u}{\partial y} = \frac{1}{\eta}\left(\frac{\partial p}{\partial x}\right) \cdot y + c_1 \quad \rightarrow \quad u = \frac{1}{2\eta}\left(\frac{\partial p}{\partial x}\right) \cdot y^2 + c_1 y + c_2 \tag{10.55}$$

Die Konstanten c_1 und c_2 müssen nun aus den Randbedingungen bestimmt werden.

Da die Platten nicht bewegt werden, gilt: $u = 0$ für $y = \pm h$. Daraus folgt sofort:

$$\begin{aligned} u &= \frac{1}{2\eta}\left(\frac{\partial p}{\partial x}\right) \cdot y^2 + c_1 y + c_2 \quad \rightarrow \\ u(y = h) &= \frac{1}{2\eta}\left(\frac{\partial p}{\partial x}\right) \cdot h^2 + c_1 h + c_2 = 0 \quad \text{und} \\ u(y = -h) &= \frac{1}{2\eta}\left(\frac{\partial p}{\partial x}\right) \cdot h^2 - c_1 h + c_2 = 0 \\ \text{erfüllt für} \quad c_1 &= 0 \quad \text{und} \quad c_2 = -\frac{1}{2\eta}\left(\frac{\partial p}{\partial x}\right) \cdot h^2 \end{aligned} \tag{10.56}$$

Damit ist:

$$u = \frac{1}{2\eta}\left(\frac{\partial p}{\partial x}\right) \cdot y^2 - \frac{1}{2\eta}\left(\frac{\partial p}{\partial x}\right) \cdot h^2 \quad \Rightarrow \quad \boxed{u = \frac{1}{2\eta}\left(\frac{\partial p}{\partial x}\right) \cdot (y^2 - h^2)} \tag{10.57}$$

Damit ist: $u \propto y^2$. Man erhält somit ein parabolisches Strömungsprofil (Abb. 10.12).

Welches Fluidvolumen fließt nun pro Zeiteinheit durch den Querschnitt?

Der Fluss berechnet sich gemäß:

$$q = \int_{-h}^{h} u \, \mathrm{d}y = \int_{-h}^{h} u \, \frac{1}{2\eta}\left(\frac{\partial p}{\partial x}\right) \cdot (y^2 - h^2) \, \mathrm{d}y$$

$$q = \frac{1}{2\eta}\left(\frac{\partial p}{\partial x}\right) \cdot \left[\frac{1}{3}y^3 - h^2 y\right]_{y=-h}^{y=h} = \frac{1}{2\eta}\left(\frac{\partial p}{\partial x}\right) \cdot \left[\frac{1}{3}h^3 - h^3 + \frac{1}{3}h^3 - h^3\right]$$

$$\Rightarrow \quad q = -\frac{2h^3}{3\eta}\left(\frac{\partial p}{\partial x}\right) \tag{10.58}$$

Aufgrund der Reibungsverluste kann der Druck in x-Richtung nur abnehmen, sodass $\frac{\partial p}{\partial x} < 0$ gilt; q ist somit positiv. Der Druckverlust Δp sei auf einer Strecke l konstant, dann ist:

$$\frac{\Delta p}{l} = -\frac{\partial p}{\partial x} \quad \rightarrow \quad \boxed{q = -\frac{2h^3}{3\eta} \cdot \frac{\Delta p}{l}} \tag{10.59}$$

Nun können wir noch fragen, an welcher Stelle zwischen den Platten die Strömungsgeschwindigkeit maximal und wie groß die Strömungsgeschwindigkeit an dieser Stelle ist!

Nach (10.57) gilt: $u = \frac{1}{2\eta}\left(\frac{\partial p}{\partial x}\right) \cdot (y^2 - h^2)$. y variiert zwischen $-h$ und h, und damit ist $u_{\max}$ bei $y = 0$, und es ist:

$$\boxed{u_{\max} = -\frac{h^2}{2\eta}\left(\frac{\partial p}{\partial x}\right)} \tag{10.60}$$

Zu berücksichtigen ist, dass $\frac{\partial p}{\partial x} < 0$ gilt, also ist $u_{\max} > 0$.

Wir führen nun eine mittlere Strömungsgeschwindigkeit V ein mit: $V = \frac{q}{2h}$. Dann ist:

$$q = -\frac{2h^3 \cdot \Delta p}{3\eta \cdot l} \quad \rightarrow \quad V = \frac{h^2 \cdot \Delta p}{3\eta\, l} \quad u_{\max} = -\frac{h^2}{2\eta}\left(\frac{\partial p}{\partial x}\right) = -\frac{h^2}{2\eta} \cdot \frac{\Delta p}{l} = \frac{3}{2} V \tag{10.61}$$

10.3 Nicht-Newton'sche Fluide

Wir haben bereits einiges über die Viskosität von Fluiden erwähnt, haben aber noch nicht definiert, was wir darunter präzise verstehen. Betrachten wir zwei Flüssigkeiten wie Öl und Wasser, dann haben beide annähernd gleiche Dichte, und beides sind Flüssigkeiten. Wirken auf diese Fluide die gleichen Kräfte, verhalten sie sich doch sehr unterschiedlich. Dieses unterschiedliche Verhalten wird zurückgeführt auf eine Eigenschaft, die wir *Viskosität* nennen.

Soweit die qualitative Beschreibung dieser Größe! Nun wollen wir diese Größe quantitativ beschreiben! Wir betrachten eine Versuchsanordnung wie in Abb. (10.13) gezeigt: Zwischen zwei Platten befindet sich eine Flüssigkeit. Bewegt man die Platten gegeneinander, stellt man experimentell fest, dass die dazu erforderliche Kraft von der Flüssigkeit zwischen den Platten abhängt und dass diese Kraft proportional ist zur Fläche O der Platten sowie proportional zur Geschwindigkeit v, mit der die Platten gegeneinander bewegt werden, und umgekehrt proportional zum Abstand h der Platten (siehe den ebenen Ausschnitt in Abb. 10.13). Daraus ergibt sich somit für die Kraft F:

$$F \propto \frac{O \cdot v}{h} \quad \rightarrow \quad F = \eta \cdot \frac{O \cdot v}{h} \quad [\eta] = \frac{\mathrm{N} \cdot \mathrm{s}}{\mathrm{m}^2} \tag{10.62}$$

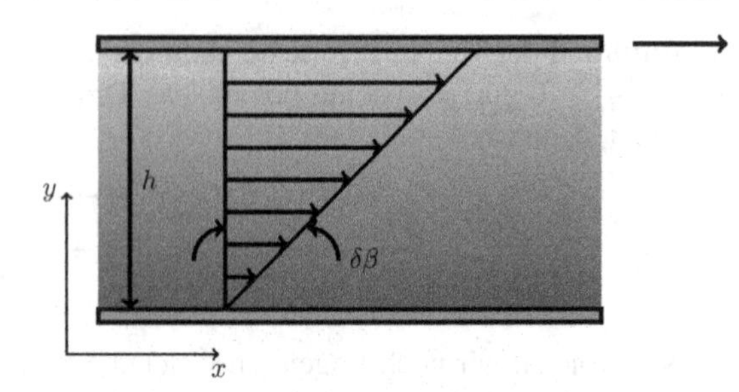

Abb. 10.13 Zwischen zwei Platten befindet sich ein Fluid. Im Idealfall findet man einen linearen Verlauf der Geschwindigkeit der Flüssigkeit senkrecht zu den Platten infolge der relativen Bewegung der Platten gegeneinander

Die Proportionalitätskonstante η heißt *Viskositätskonstante* oder genauer *dynamische Viskosität.*

Wir gehen davon aus, dass unmittelbar an den beiden Platten die Flüssigkeit (bedingt durch atomare bzw. molekulare Wechselwirkungskräfte) an diesen haften bleibt. Bewegen wir nun die beiden Platten gegeneinander, dann müssen sich wegen der Haftung des Fluids an den beiden Platten eine Scherkraft und ein Geschwindigkeitsprofil ausbilden. Im Idealfall verläuft dieses Geschwindigkeitsprofil linear wie in Abb. 10.13 gezeigt. *Liegt ein solcher linearer Geschwindigkeitsverlauf vor, bezeichnen wir das Fluid als Newton'sches Fluid.* In diesem Fall ist auch die Scherspannung linear über das Geschwindigkeitsprofil, und es gilt:

$$\tau = \eta \cdot \frac{\partial u}{\partial y} \tag{10.63}$$

Diese Gleichung *charakterisiert* mithin *Newton'sches Verhalten*. Zeigt das Fluid entgegen der Gleichung (10.63) nichtlineares Verhalten, bezeichnet man das Fluid als *nicht-Newton'sch.*

Die Größe der Viskosität η hängt vom jeweiligen Fluid und von der Temperatur ab. Je größer die Viskosität ist, umso größer ist die Kraft, um die Platten bei in Abb. 10.13 dargestellter Versuchsanordnung mit einer gegebenen Geschwindigkeit gegeneinander zu bewegen.

Da die Viskosität davon abhängt, wie stark die Teilchen im Fluid miteinander wechselwirken, ist eine starke Temperaturabhängigkeit der Viskosität zu erwarten: Ist die Temperatur so hoch, dass durch die thermische Energie bzw. die thermische Bewegung der Teilchen die Wechselwirkung zwischen den Teilchen nur noch schwach ist, sollte mit steigender Temperatur die Viskosität deutlich abnehmen! Genau dies findet man im Experiment! Trägt man somit in einem Diagramm τ über $\frac{\partial u}{\partial y}$ auf, erhält man Geraden, die mit steigender Temperatur immer flacher verlaufen.

Glücklicherweise sind die meisten Flüssigkeiten und Gase Newton'sche Fluide. Insbesondere wenn allzu genaue Messungen nicht erforderlich sind, kann man – zumindest bei hoher Temperatur – Newton'sches Verhalten voraussetzen.

Dies ändert sich, wenn man es mit hochpolymeren Substanzen oder kolloiden Lösungen zu tun hat. Hier findet man *häufig* Abweichungen vom Newton'schen Verhalten, und grundsätzlich können verschiedene Formen solcher Abweichungen

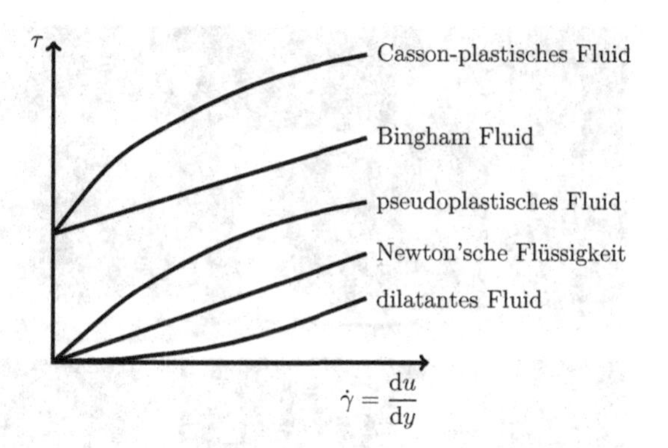

Abb. 10.14 Verschiedene Formen Nicht-Newton'schen Verhaltens

auftreten. Die gängigsten Formen eines solchen Nicht-Newton'schen Verhaltens sind in Abb. 10.14 gezeigt.

Dilatantes Verhalten (vom lateinischen *dilatus* für „verzögernd", „aufschiebend") ist die Eigenschaft eines Nicht-Newton'schen Fluids, bei höheren Scherkräften eine höhere Viskosität aufzuweisen. Bei stärkerem Rühren nimmt die Viskosität somit zu. Im Englischen nennt man ein dilatantes Fluid auch *shear-thickening*, also „scherverdickend" oder „scherverfestigend". Die Zunahme der Viskosität entsteht dadurch, dass die einzelnen Fluidpartikel durch eine Umorientierung während der Bewegung stärker miteinander wechselwirken und so schlechter aneinander vorbeigleiten. So kann es sein, dass sich durch die Bewegung langkettige Moleküle ineinander verhaken.

Flüssigkeiten mit Dilatanz können typischerweise durch ein Fließgesetz der Form

$$\tau = k \cdot \left(\frac{\partial u}{\partial y} \right)^n \quad (n > 1) \tag{10.64}$$

beschrieben werden. k heißt in diesem Fall *Konsistenzfaktor* und der Exponent $n > 1$ *Fließindex*.

Ein Beispiel für eine Substanz mit dilatantem Verhalten ist Stärke. Bewegt man einen Stab langsam durch den Brei, verhält sich dieser wie eine Flüssigkeit. Bewegt man den Stab schnell durch die Substanz, wirkt der Brei zäh, und der Stab hinterlässt eine Spur in dem Brei, die erst langsam wieder verschwindet.

Die Knetmasse Silly-Putty, die früher als Kinderspielzeug verkauft wurde, ist eine aus einem Silikonpolymer hergestellte ebenfalls dilatante und zugleich viskoelastische Masse (Abb. 10.15). Die Substanz lässt sich normal kneten. Wirft man sie auf den Boden, springt sie wie ein Gummiball zurück. Schlägt man mit dem Hammer darauf, zerspringt sie wie Glas in kleine Stücke.

Ein anderes Beispiel für ein solches Verhalten ist eine Sand-Wasser-Mischung. Bewegt man den Sand in der Mischung, dann verteilt er sich zu immer dichteren Packungen um, und das Rühren wird immer schwieriger. Daher benötigt man für das Betonmischen spezielle Mischer, die den Beton umwerfen und nicht verrühren, sodass die Sandkörner sich nicht ordnen und die Mischung nicht weiter verdichten können. Will man den Beton andererseits später *verdichten*, wird er gerüttelt.

Abb. 10.15 Fließverhalten von Silly-Putty

Dilatante Systeme werden als Protektormaterialien zum Beispiel bei der Motorradbekleidung eingesetzt. Bei langsamer Bewegung hat der Motorradfahrer seine übliche Bewegungsfreiheit. Bei einem Sturz und einer plötzlichen Scherbeanspruchung verhärtet sich die Substanz und schützt so den Fahrer vor Verletzungen beim Rutschen auf der Straße. Auf diese Weise werden zudem starke Kräfte auf eine größere Körperfläche verteilt.

Auch in Schutzwesten gegen die Einwirkung von Geschossen werden dilatante Materialien im Verbund mit Kevlargeweben (aromatische Polyamide) eingesetzt.

Pseudoplastisches Verhalten, auch *scherverdünnendes Verhalten* genannt, liegt vor, wenn bei stärkerer Scherbelastung die Viskosität immer mehr abnimmt. Flüssigkeiten mit pseudoplastischem Verhalten können durch ein Fließgesetz der Form

$$\tau = k \cdot \left(\frac{\partial u}{\partial y}\right)^n \quad (n < 1) \tag{10.65}$$

beschrieben werden. Pseudoplastisches Verhalten findet man bei vielen Polymerlösungen.

Eine *Bingham-Flüssigkeit* zeigt zwar ein lineares Fließverhalten, und es gilt die Gleichung:

$$\tau = \eta \cdot \frac{\partial u}{\partial y} + \tau_0 \tag{10.66}$$

Man bezeichnet das Fließverhalten aber trotzdem als nicht-Newton'sch, da unterhalb einer Fließgrenze, die durch den Parameter τ_0 beschrieben ist, das Fluid rein elastisches Verhalten zeigt und sich erst oberhalb dieser Scherspannung wie eine Flüssigkeit verhält.

Ein Beispiel für ein Bingham-Fluid ist Zahnpasta; drückt man leicht auf einen Strang Zahnpasta, federt die Masse bei geringer Kraft wieder in die ursprüngliche Form zurück. Werden die Kräfte zu groß, verformt sich die Masse irreversibel. Gleiches gilt für Hefeteig oder Ketchup, weshalb man die Ketchupflasche vor dem Ausgießen häufig erst schütteln muss.

Auch Farben sind Beispiele für ein Bingham-Fluid. Trägt man die Farbe mit dem Pinsel auf, sollte sie nicht vom Pinsel tropfen. Verstreicht man die Farbe andererseits auf der Oberfläche, soll sie sich leicht und gleichmäßig mit dem Pinsel verteilen lassen. Ist sie einmal verteilt, soll sie dort bleiben, wo sie ist, und nicht mehr verlaufen.

Casson-plastische Fluide zeigen wie die Bingham-Fluide unterhalb einer Fließgrenze elastisches Verhalten. Im Unterschied zu den Bingham-Fluiden zeigen sie aber *kein lineares Fließverhalten*. Die Fließeigenschaften können beschrieben werden durch einen Ansatz folgender Form:

$$\tau = k \cdot \left(\frac{\partial u}{\partial y}\right)^n + \tau_0 \quad (n > 1) \tag{10.67}$$

Beispiele für derartige Fluide sind Schmierfette oder Schokoladenmassen.

Außer von der Schergeschwindigkeit $\dot{\gamma}$ kann die Viskosität auch von der *Scherzeit* abhängen. Nimmt die Viskosität eines Fluids bei gegebener Schergeschwindigkeit mit der Zeit ab, so spricht man von *thixotropem Verhalten*. Bei *rheopexen Fluiden* nimmt die Viskosität bei konstanter Schergeschwindigkeit mit der Zeit zu. Es gibt hierfür nur wenige Beispiele. Vanadiumoxidsuspensionen, Seifensole, eine 40 %-ige Suspension von Gips in Wasser sowie eine 5 %-ige Polymethacrylsäurelösung in Wasser weisen dieses Fließverhalten auf.

Für Gase lässt sich die Viskosität abschätzen durch:

$$\eta = \frac{1}{3} n m v \lambda \tag{10.68}$$

Dabei bedeutet n die Teilchenzahldichte, m die Masse der Gasteilchen, v deren Geschwindigkeit und λ die freie Weglänge. Bis etwa 10 bar ist die Viskosität bei Gasen unabhängig vom Druck.

Die Temperaturabhängigkeit der Viskosität kann bei idealen Gasen, bei denen die Teilchenwechselwirkungen wie die Stöße harter Kugeln behandelt werden, nach der Gleichung von Hirschfelder abgeschätzt werden, nach der gilt:

$$\eta = \frac{5\sqrt{\pi m k_B T}}{16\pi\sigma^2} \tag{10.69}$$

Dabei ist m die Molekülmasse, k_B die Boltzmann-Konstante, T die Temperatur und σ ein Stoßparameter.

10.4 Nicht-Newton'sches Verhalten bei kolloiden Lösungen

Eine Reihe Beispiele für Nicht-Newton'sches Verhalten wurde bereits im vorangegangenen Abschnitt aufgeführt. Im Folgenden sollen noch einige sogenannte *Normalspannungseffekte* angesprochen werden. Dabei handelt es sich um Effekte, die aufgrund der Normalspannungen in Fluiden auftreten. Bei viskoelastischen Materialien, zum Beispiel bei vielen Polymeren, werden bei Scherung auch Normalspannungskomponenten hervorgerufen, die zusätzlich zum hydrostatischen Druck wirken und aufgrund ihrer Natur meist in die verschiedenen Raumrichtungen unterschiedlich wirken.

Bewirkt eine nach rechts wirkende Kraft die Verformung des schiefwinkligen Körpers zu einem quaderförmigen Körper, dann führt dies zu einer Dehnung bzw. zu einem Zug der Materialschichten in dem Körper bzw. zu einer Stauchung und zu einem zusätzlichen Druck (Abb. 10.16). Die scherinduzierten Spannungen verändern damit auch die Normalkomponenten der Spannungen. Dies führt in der Folge zu einer Anisotropie des Druckes im Fluid.

Wird die Kraft durch das strömende Fluid bewirkt, erkennt man an Abb. 10.16, dass in Strömungsrichtung ein Zug auf das Volumenelement entsteht und senkrecht dazu eine Druckbeanspruchung. Dies führt in beiden Richtungen zu einer in Strömungsrichtung positiven und senkrecht dazu negativen Differenz der Normalspannungen, wobei die Größenordnungen der dabei entstehenden Normalspannungen um Größenordnungen verschieden voneinander sein können. Diese Anisotropie der Drücke führt zu Eigenschaften, die bei Newton'schen Flüssigkeiten nicht bekannt sind. Einige davon sollen im Folgenden besprochen werden.

10.4.1 Weissenberg-Effekt

Als Weissenberg-Effekt, benannt nach Karl Weissenberg[2] (Abb. 10.17), wird das Verhalten mancher viskoser Flüssigkeiten bezeichnet, an einem rotierenden Stab hochzusteigen. Der Effekt ist zum Beispiel bekannt beim Rühren von Kuchenteig. Gleiches Verhalten zeigt Honig beim Rühren. Zu bemerken ist, dass das Fluid in der Mitte unabhängig davon hochsteigt, ob beim Rühren ein Stab in der Mitte vorhan-

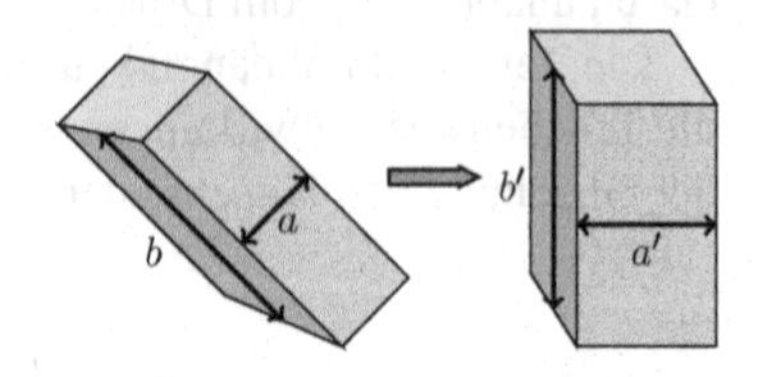

Abb. 10.16 Verformung eines Volumenelements in der Strömung

[2] Karl Weissenberg (* 11. Juni 1893 in Wien; † 6. April 1976 in Den Haag) war ein österreichischer Physiker und einer der ersten Rheologen.
Quelle: http://de.wikipedia.org/wiki/Karl_Weissenberg

Abb. 10.17 Karl Weissenberg

den ist oder nicht. Würde das Rühren mithilfe eines Magnetrührers erfolgen, wäre der gleiche Effekt vorhanden (Abb. 10.18).

Während bei Newton'schen Flüssigkeiten die Radialkräfte die Flüssigkeitsteilchen nach außen bewegen und dadurch zu einer Absenkung des Flüssigkeitsspiegels in der Mitte des Gefäßes führen, wird im Fall des Weissenberg-Effekts eine Zugspannung in Strömungsrichtung aufgebaut. Diese kann man sich aufgebaut denken wie die Zugspannung in einem Gummiring, wodurch eine resultierende Kraft in Richtung der Rotationsachse entsteht. Ist diese Kraft größer als die Radialkräfte, wird die Flüssigkeit nach innen in Richtung Drehachse gezogen, was zu einem Klettereffekt im Bereich der Drehachse führt.

In der Technik ist der Weissenberg-Effekt oft störend, da er bei Rührwerken zum Verkleben der Lager und der Motore führen kann [Melzner02, Odenbach99, Luo99, Siginer84].

Abb. 10.18 Weissenberg-Effekt

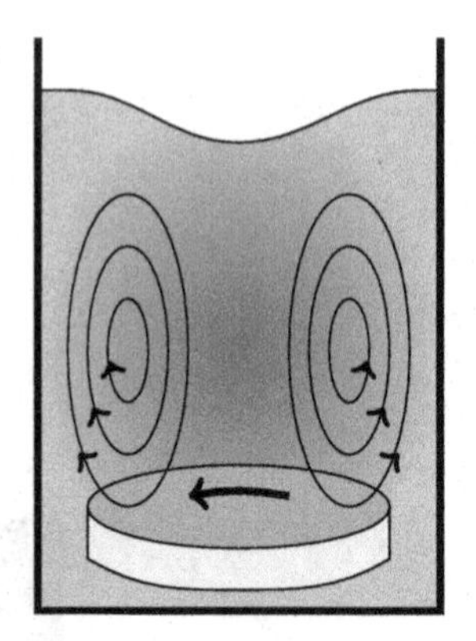
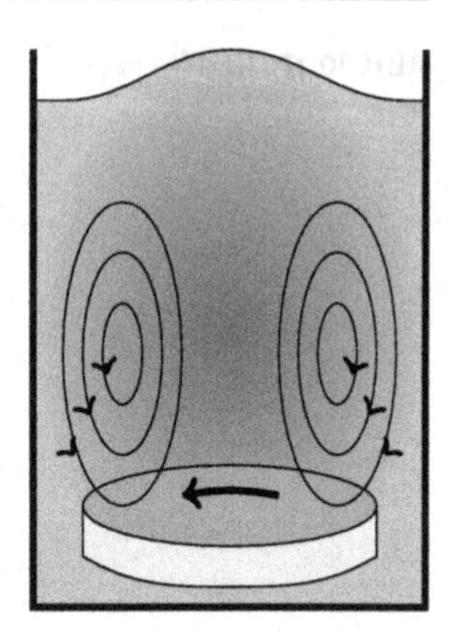

Abb. 10.19 Erläuterung zum Quelleffekt

10.4.2 Quelleffekt

Beim Weissenberg-Effekt haben wir bereits gesehen, dass es beim Rühren einer viskosen Flüssigkeit zur Ausbildung eines Druckgradienten in radialer Richtung kommt, der auf dem Gleichgewicht zwischen radialen Kraftkomponenten und Normalspannungen beruht. Erfolgt das Rühren mit einem bis zum Boden der Flüssigkeit eintauchenden Stab, kann der resultierende Druckgradient nur durch Strömungen an der Flüssigkeitsoberfläche ausgeglichen werden. Taucht der Stab nur teilweise ein oder erfolgt das Rühren mit einer Scheibe am Boden des Gefäßes, entstehen Strömungen, die sich der viskosen Strömung überlagern. Diese zusätzliche, der viskosen Strömung beim Weissenberg-Effekt überlagerte Strömung, wird *Sekundärströmung* genannt.

Auch in diesem Fall überlagern sich wieder radiale Kräfte und viskose Kräfte, die letztlich darüber entscheiden, ob die Sekundärströmung die Flüssigkeit nach außen oder nach innen bewegt. Dominiert die Normalspannung, führt eine am Boden rotierende Scheibe dazu, dass Material nach innen befördert wird und sich im Bereich der Drehachse auftürmt (Quelleffekt, Abb. 10.19). Im Gegensatz dazu ist in einer Newton'schen Flüssigkeit die klassische Trombenbildung mit einem nach außen zu den Gefäßwänden hin ansteigenden Flüssigkeitsspiegel zu beobachten.

10.4.3 Strangschwellen

Wir betrachten einen Freistrahl beim Austritt aus einem senkrechten, runden, nach unten offenen Rohr. Infolge der Schwerkraft wird das Fluid nach dem Austritt aus dem Rohr beschleunigt. Da die Masse erhalten bleibt und wir von inkompressiblen Flüssigkeiten ausgehen, wird bei der Beschleunigung durch die Oberflächenspannung der Strahl zusammengehalten und durch die Gravitation in die Länge gezogen (Abb. 10.20, linkes Bild). Dabei wird der Strahl dünner, bis er schließlich reißt und Tropfen gebildet werden.

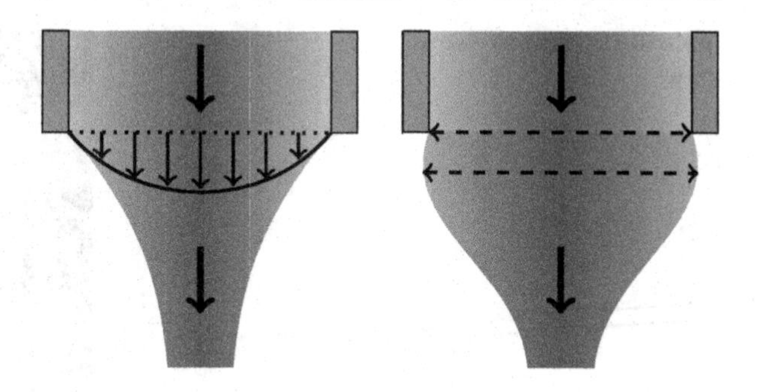

Abb. 10.20 Newton'scher Fluss und Strangschwellen

Bei einem viskoelastischen Fluid wirkt die Schwerkraft in gleicher Weise. Zusätzlich wirkt durch die Scherdeformation im Bereich des Düsenaustritts eine Zugspannung in Strömungsrichtung und quer dazu eine Druckspannung. Durch die Druckspannung kommt es zu einer Aufweitung des Strahles, und der Effekt wird als *Strang- oder Extrudatschwellen* und die resultierende Strangform als *Zwiebelbildung* bezeichnet (Abb. 10.20, rechtes Bild) [AlMus13, Ganvir11, Pauli13, Mits10, Qamar09, Arkhipov93, Mits85, LaMan83, LaMan84, Roma82, Afoakwa07, Akcasu94].

10.5 Messverfahren zur Bestimmung der Viskosität

Die Messung der Viskosität erfolgt in sogenannten *Viskosimetern* oder *Rheometern*, von denen es verschiedene Bauformen gibt. Die wichtigsten Viskosimetertypen werden im Folgenden kurz erörtert [Fritz55, Chris55, Krieger52, Lee57, Metzner57, Bird59, Chen14, Afonso12, Wang14, Frank13, Shin12, Kazys14, Zhao13, Jung13, Demi13, Balhoff12, Rossen11, Kolarik11, Koide10, Sochi10, Pearson02, Wu98, Wei09, Bron09, Cheng08, Pawl05, Huber14].

10.5.1 Kugelfallviskosimeter

Kugelfallviskosimeter dienen zur Messung der Viskosität bei durchsichtigen Gasen und Flüssigkeiten. Zur Konstanthaltung der Temperatur verfügen die Geräte über einen Umwälzthermostaten. Erfunden wurde das Kugelfallviskosimeter von dem Ingenieur und Chemiker Fritz Höppler[3], weshalb diese Geräte auch unter dem Namen *Höppler-Viskosimeter* bekannt sind (Abb. 10.21).

Zur Messung bewegt sich eine Kugel rollend und gleitend in einem geneigten zylindrischen Rohr, das mit dem zu prüfenden Fluid gefüllt ist. Gemessen wird die Zeit, welche die Kugel zum Durchlaufen einer festgelegten Strecke benötigt.

[3] Ernst Fritz Höppler (* 29. April 1897 in Cannewitz; † 16. Januar 1955 in Medingen, DDR) war Ingenieur, Chemiker und Erfinder auf dem Gebiet der rheologischen Messtechnik.
Quelle: http://de.wikipedia.org/wiki/Fritz_Höppler

Abb. 10.21 Höppler-Viskosimeter

Wichtige Voraussetzung für den Versuch ist, dass sich die Kugel nur langsam durch das Medium bewegt. In diesem Fall ist die durch das Medium auf einen Körper ausgeübte Reibungskraft proportional zu dessen Geschwindigkeit v und zu seiner Oberfläche O und proportional zu einem Term, der die viskosen Eigenschaften des Fluids beschreibt. Letzterer ist nach unserer Definition gerade die dynamische Viskosität η. Damit ist:

$$F_S = \text{const.} \cdot \eta v O \tag{10.70}$$

Die genaue Form der Gleichung lässt sich aus der Navier-Stokes-Gleichung ableiten. Nach längerer Rechnung ergibt sich das bekannte Stokes'sche Gesetz:

$$F_S = 6\pi\eta \cdot r \cdot v \tag{10.71}$$

(Wer sich für die Herleitung interessiert, kann diese zum Beispiel in [Landau91] nachlesen).

Zusätzlich wirken auf die Kugel eine Auftriebskraft

$$F_A = \frac{4}{3}\pi r^3 \cdot \rho_{\text{Fluid}} \cdot g \tag{10.72}$$

sowie die Gravitationskraft:

$$F_G = m \cdot g = \frac{4}{3}\pi r^3 \cdot \rho_{\text{Kugel}} \cdot g \tag{10.73}$$

Nachdem die Kugel in dem Medium ihre Endgeschwindigkeit erreicht hat, gilt für das Sedimentationsgleichgewicht:

$$F_G - F_S - F_A = 0$$
$$\frac{4\pi}{3} r^3 \cdot \rho_{\text{Kugel}} \cdot g = 6\pi\eta r \cdot v + \frac{4\pi}{3} r^3 \cdot \rho_{\text{Fluid}} \cdot g \quad \Leftrightarrow$$

$$\rho_{\text{Kugel}} - \rho_{\text{Fluid}} = \frac{9}{2gr^2} \cdot \eta \cdot v$$
$$\Rightarrow \quad \eta = \frac{2gr^2}{9v} \cdot (\rho_{\text{Kugel}} - \rho_{\text{Fluid}}) = \frac{2gr^2}{9 \cdot \Delta s} \cdot (\rho_{\text{Kugel}} - \rho_{\text{Fluid}}) \cdot \Delta t \tag{10.74}$$

Dabei ist Δs die Messstrecke und Δt die Durchlaufzeit der Kugel. Zu beachten ist, dass die obige Herleitung für eine senkrechte Aufstellung des Fallrohres gilt. Bei schräger Aufstellung ist die Gravitationskraft entsprechend zu korrigieren.

Ferner gilt die obige Herleitung für den Fall, dass das Fallgefäß groß ist im Vergleich zum Kugeldurchmesser. Für genaue Messungen muss die Formel korrigiert werden und lautet dann:

$$\begin{aligned} \eta &= \frac{2gr^2}{9v \cdot \left(1 + 2{,}4 \frac{r}{r_{\text{Gefäss}}}\right)} \cdot (\rho_{\text{Kugel}} - \rho_{\text{Fluid}}) \\ &= \frac{2gr^2}{9 \cdot \left(1 + 2{,}4 \frac{r}{r_{\text{Gefäss}}}\right) \cdot \Delta s} \cdot (\rho_{\text{Kugel}} - \rho_{\text{Fluid}}) \cdot \Delta t \end{aligned} \tag{10.75}$$

10.5.2 Kapillarviskosimeter

Beim Kapillarviskosimeter wird die Zeit gemessen, die ein festgelegtes Volumen des zu messenden Fluids bei konstantem Druck und vorgegebener Temperatur benötigt, um durch eine Kapillare mit bekanntem Durchmesser zu laufen. Die kinematische Viskosität wird berechnet, indem die Zeit in Sekunden mit der Konstante der Kapillare multipliziert wird. Die Kapillaren werden somit vorher kalibriert.

Grundlage für die Berechnung der auf diese Weise gemessenen Viskosität ist das Gesetz von Hagen-Poisseuille, benannt nach Gotthilf Heinrich Ludwig Hagen[4] (Abb. 10.22a) und Jean Louis Léonard Marie Poiseuille[5] (Abb. 10.22b). Das Gesetz gilt nur für laminare Strömungen, daher dürfen weder die Strömungsgeschwindigkeit noch der Rohrdurchmesser zu groß sein.

Bei der Definition der Viskosität haben wir die Kraft betrachtet, mit der eine ebene Platte gegen eine andere und gegen die Viskosität des dazwischen befindlichen Fluids bewegt werden kann. Danach gilt:

$$F = \eta \frac{O \cdot v}{b} \quad [\eta] = \frac{\text{N} \cdot \text{s}}{\text{m}^2} \tag{10.76}$$

[4] Gotthilf Heinrich Ludwig Hagen (* 3. März 1797 in Königsberg; † 3. Februar 1884 in Berlin) war ein deutscher Ingenieur.
Quelle: http://de.wikipedia.org/wiki/Gotthilf_Heinrich_Ludwig_Hagen

[5] Jean Louis Léonard Marie Poiseuille (* 2. April 1797 in Paris; † 26. Dezember 1869 in Paris) war ein französischer Physiologe und Physiker.
Quelle: http://de.wikipedia.org/wiki/Jean_Louis_Marie_Poiseuille

Abb. 10.22 **a** Gotthilf Heinrich Ludwig Hagen; **b** Jean Louis Léonard Marie Poiseuille

Betrachten wir die Strömung durch ein Rohr mit dem Radius r und dem Rohrquerschnitt $2\pi r^2$. Bedingt durch die Reibungskräfte wird sich ein durch die Eigenschaften des Fluids und durch den Rohrquerschnitt vorgegebenes Strömungsprofil einstellen. Die Kraft, welche die Flüssigkeit durch den Rohrquerschnitt presst, ist die Druckkraft:

$$F_p = \Delta p \cdot 4\pi r^2 \tag{10.77}$$

Die Wandfläche des Rohres, an der Reibung stattfindet, beträgt $O = 2\pi r \cdot l$, wobei l die Länge des Rohres ist. Die Reibungskraft ergibt sich damit zu:

$$F_p = 2\pi r^2 \cdot l \cdot \eta \cdot \frac{\mathrm{d}u}{\mathrm{d}r} \tag{10.78}$$

Im stationären Fall, wenn somit die Flüssigkeit nicht weiter beschleunigt wird, halten sich Druckkraft und Reibungskraft gerade die Waage. An der Rohrwand bleibt die Flüssigkeit entsprechend des zugrunde liegenden Modells haften, und die Geschwindigkeit nimmt zur Mitte hin gemäß des obigen Kraftgesetzes zu. Daher müssen wir über alle Geschwindigkeiten über den Radius integrieren, und wir erhalten:

$$\begin{aligned} F_p + F_R = 0 \quad &\Rightarrow \quad 2\pi r \cdot \eta \cdot l \cdot \frac{\mathrm{d}u}{\mathrm{d}r} = r^2\pi \cdot (p_1 - p_2) \\ \Leftrightarrow \quad \frac{\mathrm{d}u}{\mathrm{d}r} &= \frac{r^2\pi \cdot (p_1 - p_2)}{2\pi r \eta l} = \frac{r}{2\eta} \cdot \frac{(p_1 - p_2)}{l} \end{aligned} \tag{10.79}$$

$$\int_0^r \frac{1}{2\eta} \cdot \frac{(p_1 - p_2)}{l} r' \,\mathrm{d}r' = \int \mathrm{d}u \quad \rightarrow \quad u(R) = \frac{r^2}{4\eta} \cdot \frac{(p_1 - p_2)}{l} + c \tag{10.80}$$

Abb. 10.23 Strömungsprofil in einem Rohrquerschnitt bei viskosen Fluiden

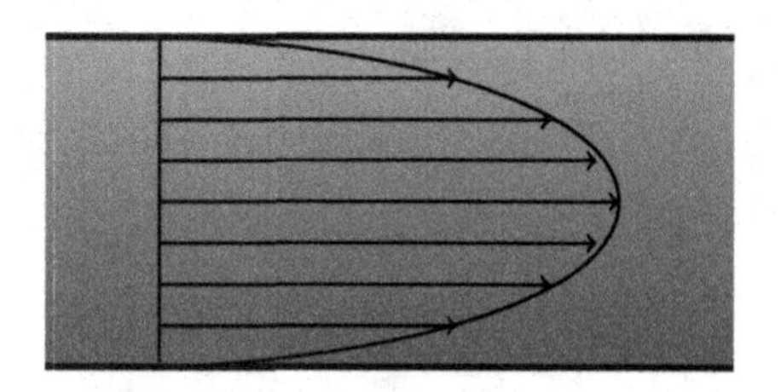

Aus der Randbedingung, dass an der Rohrwand die Strömungsgeschwindigkeit 0 beträgt, ergibt sich:

$$\begin{aligned} u(R) = 0 \quad &\rightarrow \quad 0 = \frac{R^2}{4\eta} \cdot \frac{(p_1 - p_2)}{l} + c \quad \Leftrightarrow \\ c = -\frac{R^2}{4\eta} \cdot \frac{(p_1 - p_2)}{l} \quad &\Rightarrow \quad u(R) = \frac{R^2 - r^2}{4\eta} \cdot \frac{\Delta p}{l} \end{aligned} \tag{10.81}$$

Aus (10.81) ist ersichtlich, dass das Strömungsprofil parabelförmig verläuft und in der Mitte des Rohres maximal ist (Abb. 10.23). Durch den Hohlzylinder strömt dabei in der Zeit t zwischen r und $r + \mathrm{d}r$ das Flüssigkeitsvolumen $\mathrm{d}V = 2\pi r \mathrm{d}r \cdot u(r) \cdot t$. Durch den gesamten Rohrquerschnitt strömt damit das Volumen:

$$\begin{aligned} V &= \int_0^R 2\pi r \cdot t \cdot u(r)\,\mathrm{d}r = 2\pi t \cdot \frac{\Delta p}{4\eta l} \cdot \int_0^R r \cdot (R^2 - r^2)\,\mathrm{d}r \\ &= 2\pi t \cdot \frac{\Delta p}{4\eta l} \cdot \left[\frac{1}{2} r^2 R^2 - \frac{1}{4} r^3\right]_{r=0}^{r=R} = \frac{\pi t \cdot R^4 \cdot \Delta p}{8\eta l} \end{aligned} \tag{10.82}$$

Die letzte Beziehung in (10.82) ist als *Hagen-Poiseuille-Gesetz* bekannt und ist die Grundlage für die Viskositätsmessung mit dem Kapillarviskosimeter. Bei bekannter Kapillargröße werden der Druck und das Flüssigkeitsvolumen vorgegeben, und es wird die Zeit gemessen, die vergeht, bis das vorgegebene Volumen durch die Kapillare gelaufen ist. Daraus lässt sich durch Umstellen der Hagen-Poiseuille-Gleichung die Viskosität berechnen.

Nach Leo Karl Eduard Ubbelohde[6] (Abb. 10.24) ist das Ubbelohde-Viskosimeter benannt. Eine Ausführungsform dieses Viskosimeters ist in Abb. 10.25 schematisch gezeigt. Die Kapillare wird entsprechend der Viskosität der zu vermessenden Flüssigkeit gewählt, sodass die Messzeiten nicht zu kurz und damit die Messungen nicht zu ungenau werden, andererseits sollen die Messungen aber nicht zu lange dauern. Zunächst wird die Apparatur über das Füllrohr mit einer ausreichenden Menge an Flüssigkeit befüllt. Anschließend wird das Entlüftungsrohr verschlossen und die

[6] Leo Karl Eduard Ubbelohde (* 4. Januar 1877 in Hannover; † 28. Februar 1964 in Düsseldorf) war ein deutscher Physikochemiker. Er wurde bekannt durch seine Forschungsarbeiten über Mineralöle, Kraftstoffe, Katalyse und Viskosität.
Quelle: http://de.wikipedia.org/wiki/Leo_Ubbelohde

Abb. 10.24 Leo Karl Eduard Ubbelohde

Flüssigkeit durch Erzeugen eines Unterdrucks bis über die obere Messmarke im linken Rohr gesaugt. Das Entlüftungsrohr wird geöffnet, sodass die überschüssige Flüssigkeit in die Vorratsvolumina zurückströmt. Nun lässt man die die Flüssigkeit unter der Wirkung der Schwerkraft durch die Kapillare strömen und misst die Zeit vom Passieren des Meniskus zwischen den beiden Messmarken. Daraus ergibt sich die Viskosität der Flüssigkeit nach dem Hagen-Poiseuille-Gesetz.

10.5.3 Rotationsrheometer

Bei den Rotationsrheometern unterscheidet man zwei verschiedene Anordnungen: Bei einem festen Außen- und einem rotierenden Innenzylinder spricht man von einem *Searle-System*, bei einem rotierenden Außenzylinder bei feststehendem Innenzylinder bezeichnet man das System als *Couette-Anordnung* (Abb. 10.26). Die Scherrate der Strömung im Spalt wird durch die Drehzahl n des jeweiligen Zylinders bestimmt. Die Schubspannung ergibt sich dann als messbares Drehmoment M.

Ist der Flüssigkeitsspalt zwischen den beiden Zylindern klein, kann man die Scherspannung in der Flüssigkeitsschicht als konstant betrachten. Zudem darf die Drehgeschwindigkeit der beiden Zylinder gegeneinander nicht zu hoch sein, da sich ansonsten Wirbel, sogenannte *Taylor-Wirbel* ausbilden (Abb. 10.27), die eine Viskositätsmessung nach diesem Verfahren unmöglich machen.

Wir betrachten einen Ausschnitt aus dem Zylinder. Ist der Ausschnitt ausreichend klein oder der Zylinder sehr groß, kann man die Anordnung als eben ansehen (Abb. 10.28). Bei einer solch einfachen Anordnung ergibt sich unter Annahme konstanter Scherspannung die Schergeschwindigkeit zu:

$$\dot{\gamma} = \frac{\partial u}{\partial z} = \frac{u_0}{h} = \frac{\omega \cdot R}{h} \tag{10.83}$$

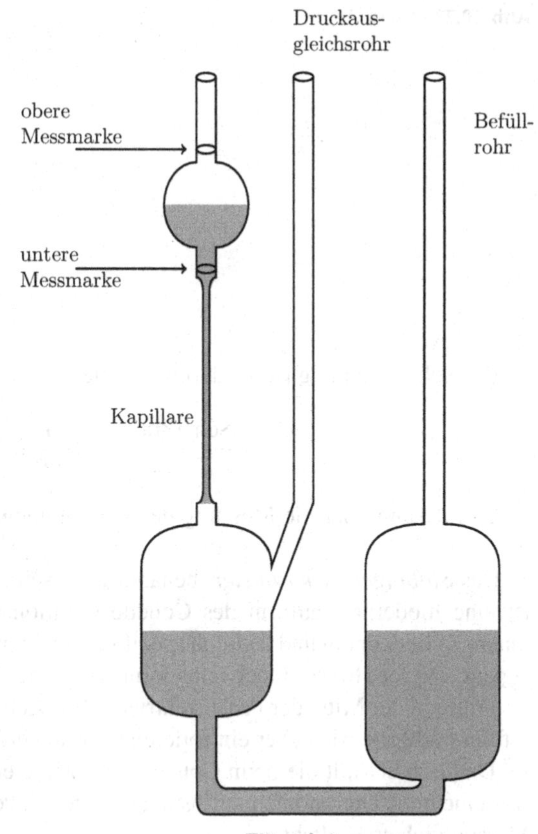

Abb. 10.25 Schema eines Viskosimeters nach Ubbelohde

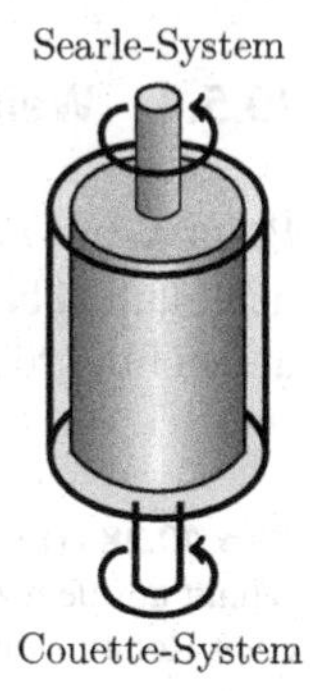

Abb. 10.26 Vergleich Searle- Couette-System

Dabei ist h die Schichtdicke der Flüssigkeit bzw. der (kleine) Abstand der Zylinder voneinander. Für die Scherspannung gilt damit:

$$\tau = \eta \frac{\mathrm{d}u}{\mathrm{d}z} = \eta \cdot \frac{\omega \cdot R}{h} \tag{10.84}$$

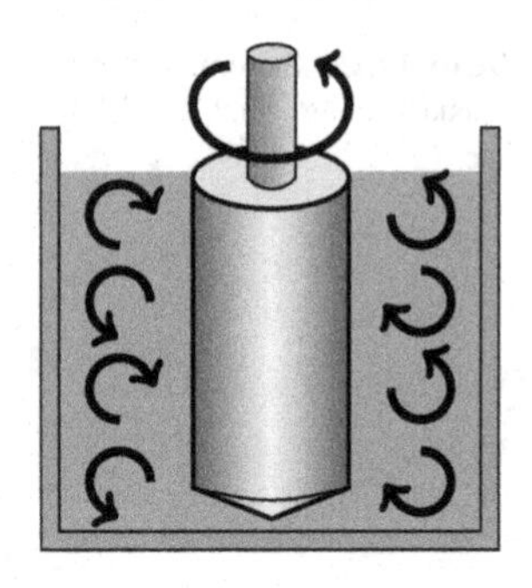

Abb. 10.27 Taylor-Wirbel

Die Scherspannung ist wiederum definiert als die Scherkraft pro Fläche:

$$\tau = \frac{\text{Scherkraft}}{\text{Fläche}} = \frac{F}{2\pi R \cdot l} = \eta \cdot \dot{\gamma} \tag{10.85}$$

Damit kann über die Messung des Drehmoments die Viskosität bestimmt werden.

Das *Stabinger-Viskosimeter*, benannt nach seinem Erfinder Dr. Hans Stabinger, ist eine moderne Bauform des Couette-Rotationsviskosimeters, bei welcher der innere Zylinder hohl und dadurch spezifisch leichter ist als die zu vermessende Flüssigkeit. Dieser Hohlzylinder schwimmt frei in der Probe und wird durch die Zentralkräfte in der Mitte der Probe zentriert. Die Drehmoment- und Drehzahlmessung erfolgt berührungslos über ein rotierendes Magnetfeld und eine Wirbelstrombremse. Dadurch entfällt die beim Couette-Viskosimeter unvermeidliche Lagerreibung, was eine hohe Drehmomentauflösung im Bereich von ca. 50 pNm und einen weiten Messbereich ermöglicht.

10.5.4 Weitere Viskosimeterformen

Beim *Kegel-Platte-System* (Abb. 10.29) befindet sich die Flüssigkeit auf einer ebenen Platte, über der sich ein Kegel dreht. Mit dem Radius wird die Kegelfläche nach außen hin größer, dafür wird aber auch der Spalt linear größer.

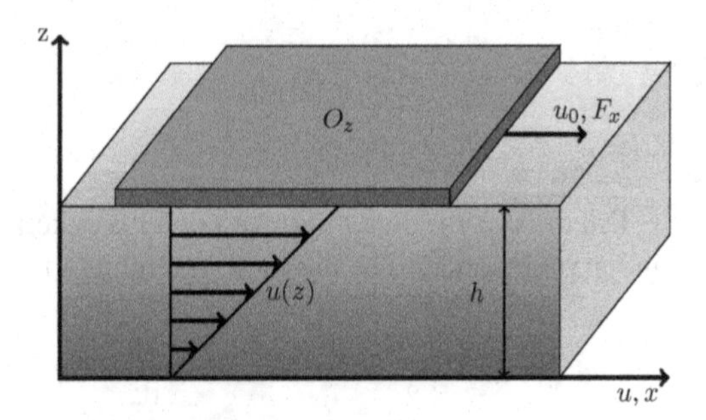

Abb. 10.28 (Ebener) Ausschnitt aus dem Zylinder eines Rotationsrheometers

Abb. 10.29 Kegel-Platte-System

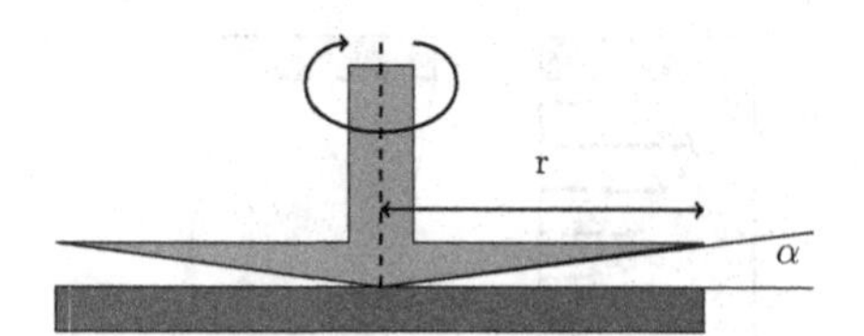

Beim *Platte-Platte-System* (Abb. 10.30) nimmt die Schergeschwindigkeit linear mit dem Radius zu, wobei der Spalt über den gesamten Radius konstant bleibt. In beiden Fällen wird das Drehmoment über der Drehgeschwindigkeit gemessen.

Betrachten wir das Beispiel des Platte-Platte-Systems. Unmittelbar an der unteren ruhenden Platte ist die Geschwindigkeit des Fluids entsprechend unserem Modell überall null und nimmt mit dem Abstand z von der unteren Platte und für $z > 0$ mit dem Radius zu. Das an die obere Platte angrenzende Fluid bewegt sich wieder mit der Rotationsgeschwindigkeit der oberen Platte $\omega \cdot r$. Damit ergibt sich für die Scherrate:

$$\dot{\gamma}(r) = \frac{\omega \cdot r}{h} \tag{10.86}$$

Gemäß der Definition für die Scherspannung ergibt sich daraus:

$$\tau = \eta \cdot \dot{\gamma}(r) = \eta \cdot \frac{\omega \cdot r}{h} \tag{10.87}$$

Diese Scherspannung wird durch den Antrieb der drehbaren Platte überwunden, welcher hierfür ein Drehmoment der Größe

$$M = \int_0^R \int_0^{2\pi} \tau \cdot 2\pi r \cdot r \, \mathrm{d}r \, \mathrm{d}\theta = \int_0^R \tau \cdot 4\pi^2 r^2 \, \mathrm{d}r \tag{10.88}$$

aufbringen muss. Die erste Integration kann vor Einsetzen des Ausdrucks für τ durchgeführt werden, da τ nicht von der Winkelvariablen θ abhängt. Gehen wir weiter davon aus, dass die Viskosität nicht von der Schergeschwindigkeit abhängt und somit über den gesamten Radius konstant ist (Newton'sches Fluid), können wir den obigen Ausdruck in (10.87) für die Scherspannung einsetzen und erhalten:

$$M = \int_0^R \eta \cdot \frac{\omega \cdot r}{h} \cdot 4\pi^2 r^2 \, \mathrm{d}r = \frac{\pi^2 \eta \cdot \omega}{h} \cdot R^4 \quad \Rightarrow \quad \eta = \frac{h}{R^4 \cdot \pi^2 \omega} \cdot M \tag{10.89}$$

Abb. 10.30 Platte-Platte-System

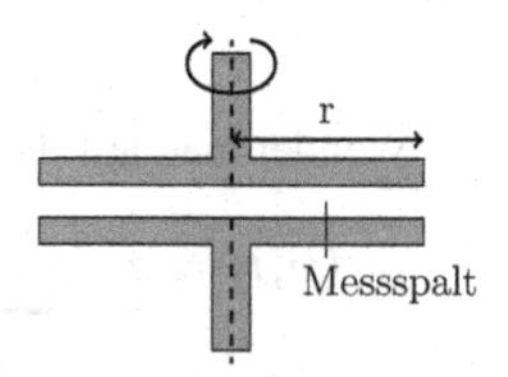

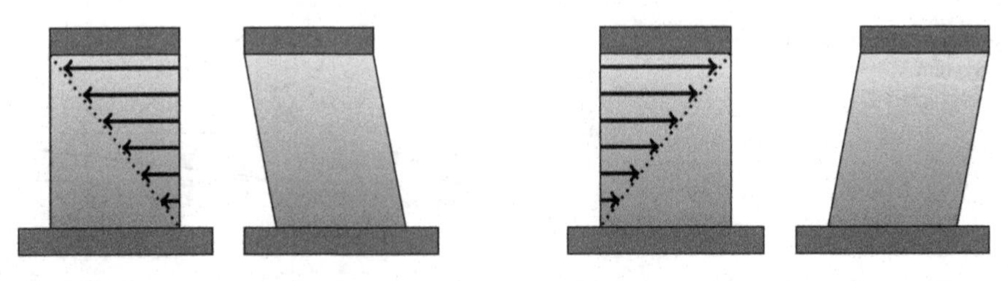

Abb. 10.31 Schwingungsanregung

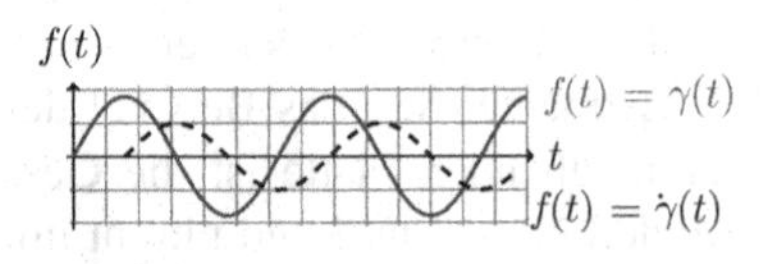

Abb. 10.32 Phasenverschobene Schwingungen

Auch bei dieser Messung muss gewährleistet sein, dass die Strömung laminar ist, und auch im Fall Nicht-Newton'scher Fluide erhält man in Abhängigkeit von der Kreisfrequenz ω unterschiedliche Viskositätswerte.

10.5.5 Oszillationsmessungen

Viskose und elastische Eigenschaften eines Materials lassen sich in einer Messung gemeinsam ermitteln, wenn diese unter oszillierender Beanspruchung (Schwingungsmessungen) der Substanzen durchgeführt wird (Abb. 10.31). Um im linearen viskoelastischen Bereich zu bleiben, wählt man stets eine periodische Deformation mit kleiner Amplitude [Yabuno14] [Mudry13] [Fujii05] [Matsu04] [Reeves65] [vanItter47].

Die Probe wird mittels einer sinusförmigen Kraft verschert, und es ist:

$$\gamma = \gamma_0 \cdot \sin \omega t \tag{10.90}$$

Bei linearem Verhalten erhält man als Antwort ein gleichfalls sinusförmiges Signal, welches gegebenenfalls um einen Phasenwinkel δ gegenüber der Anregung phasenverschoben ist:

$$\sigma = \sigma_0 \cdot \sin(\omega t + \delta) \tag{10.91}$$

Die Schergeschwindigkeit ergibt sich aus der Zeitableitung der Sinusfunktion. Durch die Ableitung erhält man anstelle der Sinusfunktion eine Kosinusfunktion, die gegenüber der ursprünglichen Funktion um 90° phasenverschoben ist (Abb. 10.32):

$$\dot{\gamma} = \omega \gamma_0 \cdot \cos \omega t \tag{10.92}$$

Wendet man auf die Antwortfunktion die Additionstheoreme an, erhält man:

$$\sigma(\omega, t) = \underbrace{\sigma_0(\omega, t) \cdot \cos \delta(\omega) \cdot \sin \omega t}_{\text{in Phase mit } \gamma(\omega, t)} + \underbrace{\sigma_0(\omega, t) \cdot \sin \delta(\omega) \cdot \cos \omega t}_{\text{in Phase mit } \dot{\gamma}(\omega, t)} \tag{10.93}$$

Der Vergleich mit (10.90) bzw. (10.92) zeigt, dass sich die Zugspannung zusammensetzt aus einem Anteil, der mit $\gamma(\omega, t)$ in Phase ist (Hooke'scher Anteil), und einem Anteil, der mit $\dot{\gamma}(\omega, t)$ in Phase ist (Newton'scher Anteil). Für $\delta = 0$ erhält man das ideal elastische Verhalten, bei dem σ proportional zu γ ist, bei einem Phasenwinkel $\delta = 90°$ erhält man das Verhalten für den ideal viskosen Körper.

Die Gleichungen für die Scherdeformation, Schergeschwindigkeit und die Zugspannung werden meist in Form einer komplexen Notation angegeben:

$$\begin{aligned} \gamma^*(\omega, t) &= -i\gamma_0 \cdot e^{i\omega t} \\ \dot{\gamma}^*(\omega, t) &= \omega\gamma_0 \cdot e^{i\omega t} \\ \sigma^*(\omega, t) &= -i\sigma_0(\omega) \cdot e^{i\delta} \cdot e^{i\omega t} \end{aligned} \tag{10.94}$$

Ein ideal elastisches Material folgt dem Hooke'schen Gesetz $\sigma = G \cdot \gamma$ und hat danach einen Widerstand proportional zur Scherung mit dem Proportionalitätsfaktor *Elastizitätsmodul* (bzw. *Schermodul*) G.

Mittels der oben angegebenen komplexen Beziehungen für Scherdeformation, Schergeschwindigkeit und Zugspannung lässt sich eine komplexe Gleichung für das Hooke'sche Gesetz formulieren:

$$\begin{aligned} G^*(\omega) &= \frac{\sigma^*(\omega, t)}{\gamma^*(\omega, t)} = \frac{\sigma_0(\omega)}{\gamma_0} \cdot e^{i\delta(\omega)} \\ &= \frac{\sigma_0(\omega)}{\gamma_0} \cdot \cos\delta(\omega) + i\,\frac{\sigma_0(\omega)}{\gamma_0} \cdot \sin\delta(\omega) \\ &:= G'(\omega) + iG''(\omega) \end{aligned} \tag{10.95}$$

Der Term G' in dieser komplexen Notation heißt *Speichermodul* und beschreibt den elastischen Anteil, der Term G'' wird als *Verlustmodul* bezeichnet und beschreibt den viskosen Anteil der Probe.

Ganz analog zum Hooke'schen Gesetz lässt sich eine Notation auch für ein komplexes Newton'sches Gesetz formulieren. Danach gilt:

$$\begin{aligned} \sigma = \eta \cdot \dot{\gamma} \quad \rightarrow \quad \eta^* &= \frac{\sigma^*(\omega, t)}{\dot{\gamma}(\omega, t)} = \frac{1}{i\omega} \cdot \frac{\sigma_0(\omega)}{\gamma_0} \cdot e^{i\delta(\omega)} \\ &= \frac{G^*(\omega)}{i\omega} = \frac{G''(\omega)}{\omega} + \frac{G'(\omega)}{i\omega} \\ &:= \eta'(\omega) - i\eta''(\omega) \end{aligned} \tag{10.96}$$

η' bezeichnet den viskosen Anteil der Probe, η'' den elastischen Anteil.

Die Antwort auf eine sinusförmige Deformation ist somit:

$$\begin{aligned} \text{elastisch: } \tau(t) &= G' \cdot \gamma(t) = G' \cdot \gamma_0 \cdot \sin\omega t \\ \text{viskos: } \tau(t) &= \eta \cdot \dot{\gamma}(t) = \eta \cdot \omega \cdot \gamma_0 \cdot \cos\omega t = G'' \cdot \gamma_0 \cdot \cos\omega t \\ \text{viskoelastisch: } \tau(t) &= G' \cdot \gamma_0 \cdot \sin\omega t + G'' \cdot \gamma_0 \cdot \cos\omega t \end{aligned} \tag{10.97}$$

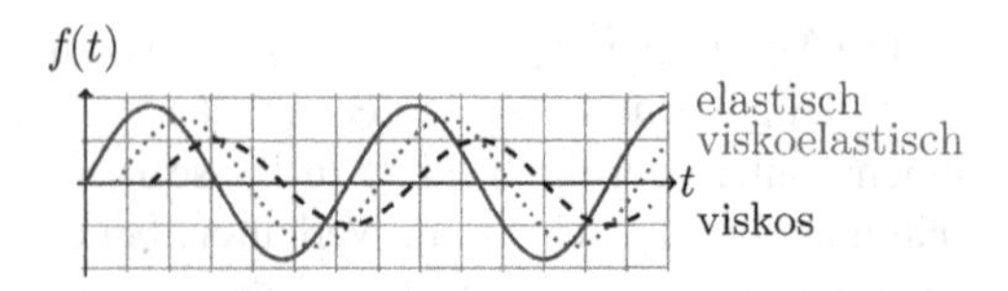

Abb. 10.33 Antwortfunktion bei elastischem, viskosen und viskoelastischem Verhalten

Im Unterschied zum ideal elastischen Material zeigt ein ideal viskoses Material einen Widerstand proportional zur Schergeschwindigkeit; der Proportionalitätsfaktor ist in diesem Fall die Viskosität, und der Term $\eta^*\omega$ wird wie oben beschrieben als *Verlustmodul* G'' bezeichnet.

Ein viskoelastisches Material mit sowohl elastischem als auch viskosem Verhalten zeigt wie zu erwarten eine Kombination der beiden Anteile. Für ein solches Fluid liegt die Phasenverschiebung δ zwischen 0° und 90°, wobei die Größe $\tan\delta = \frac{G''}{G'}$ ein Maß für die Anteile an elastischem und viskosen Verhalten darstellt (Abb. 10.33).

Bei sinusförmiger Anregung wird die Deformation durch eine Sinusfunktion beschrieben, die durch die Amplitude und die Kreisfrequenz ω charakterisiert ist. Die Kreisfrequenz ergibt sich aus der Frequenz der Schwingung f nach $\omega = 2\pi f$.

Der Betrag der komplexen Viskosität $|\eta^*|$ für eine Deformationsfrequenz ω entspricht der stationären Scherviskosität bei einer Schergeschwindigkeit von $\dot{\gamma} = \omega$:

$$|\eta^*(\omega)|_{\omega\to 0} = \eta(\dot{\gamma})|_{\omega\to 0} \quad \text{Cox-Merz-Beziehung} \tag{10.98}$$

Aufgrund dieser Beziehung kann die Viskosität $\eta(\dot{\gamma})$ einer Substanz aus Oszillationsmessungen ermittelt werden und umgekehrt die Viskosität $\eta(\omega)$ aus stationären Messdaten.

Die Module G' und G'' sind keineswegs konstante Größen, sondern eine Funktion von Amplitude und Frequenz der dem System aufgeprägten Deformationsfunktion. Mit der Frequenz und der Amplitude hat man bei oszillatorischen Messungen somit zwei linear unabhängige Vorgabegrößen, aus denen zwei linear unabhängige Antwortgrößen resultieren. Diese Antwortgrößen sind die Antwortamplitude und die Phasenverschiebung, die mathematisch als komplexe Zahl bestehend aus *Speichermodul* G' und *Verlustmodul* G'' dargestellt werden können. Der Speichermodul G' beschreibt die elastischen Anteile, der Verlustmodul G'' die reibungsbehafteten Anteile. Messungen werden in der Regel bei veränderlicher Amplitude (Amplitudensweep) oder veränderlicher Frequenz (Frequenzsweep) durchgeführt.

Betrachten wir den Verlauf von G' und G'' als Funktion der Amplituden, dann bedeutet eine kleine Amplitude eine geringe Kraft, und die Substanz verhält sich vorwiegend elastisch; man befindet sich bei den viskoelastischen Substanzen im sogenannten *linear-viskoelastischen Bereich*. Beim Übergang in den *nichtlinear-viskoelastischen Bereich* verändern sich die Module, sodass sich dieser Übergang anhand einer solchen Messung leicht identifizieren lässt.

Abbildungen 10.34 und 10.35 zeigen den typischen Messwertverlauf bei einem Frequenzsweep. Bei kleinen Frequenzen dominiert der viskose Widerstand entsprechend einem hohen Verlustmodul G''. Der Anstieg des Verlustmoduls $G''/\mathrm{d}\omega$ für

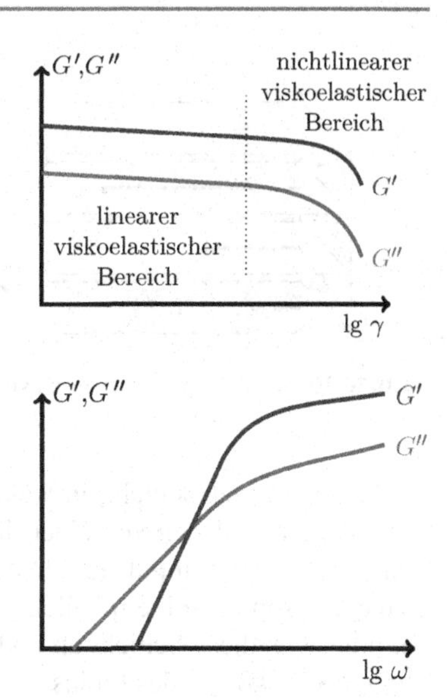

Abb. 10.34 Speichermodul und Verlustmodul als Funktion von lg γ

Abb. 10.35 Speichermodul und Verlustmodul als Funktion von lg ω

$\omega \to 0$ definiert die sogenannte *Nullviskosität* η_0, aus der auch die Molmasse der Substanz bestimmt werden kann. Der Speichermodul G' steigt mit steigender Frequenz schneller an und übersteigt ab einer gewissen Frequenz den Verlustmodul G''. Ab hier dominieren die elastischen Anteile am Widerstand.

10.6 Mikroskopische Modelle zur Viskosität

Es mangelt nicht an Versuchen, die Viskosität aus mikroskopischen Modellen heraus zu erklären. Vergleichsweise einfach gelingt dies im Fall der (idealen) Gase mithilfe der kinetischen Gastheorie [Lu14] [Chu99] [Adelman77].

Wir betrachten eine laminare Gasströmung in x-Richtung. Diese Gasströmung unterteilen wir in y-Richtung in verschiedene Schichten, wobei das Gas in jeder dieser Schichten mit unterschiedlicher Geschwindigkeit in x-Richtung strömen soll (Abb. 10.36). Solche unterschiedlichen Geschwindigkeiten kommen beispielsweise durch Reibung mit der Behälterwand zustande.

Auch Gase wie Luft oder Wasserstoff bei hoher Temperatur zeigen eine gewisse – wenn auch niedrige – Viskosität. Die Viskosität äußert sich in Form einer Deformation der Volumenelemente der Schichten in Strömungsrichtung, wie wir es bereits besprochen haben.

Wir gehen ferner von einem idealen Verhalten der Gase aus, dass heißt, dass Wechselwirkungen zwischen den Teilchen nur im Fall von Stößen erfolgen.

Durch Diffusion bewegen sich die Teilchen in alle Richtungen. Liegt eine Strömung des gesamten Gases in x-Richtung vor, dann haben die Teilchen eine bevorzugte Komponente in diese Richtung, was sich in einem Nettoimpuls der Teilchen in dieser Richtung bemerkbar macht. Dieser Nettoimpuls ist aber nach Voraussetzung

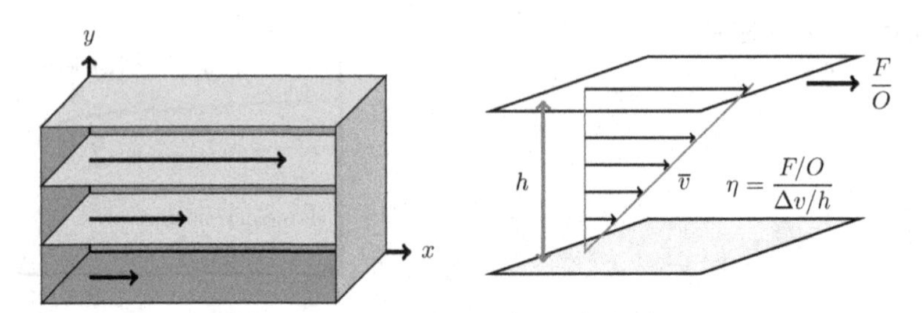

Abb. 10.36 Ideales Strömungsgeschwindigkeitprofil bei viskosen Gasen

abhängig von der Schicht, in welchem sich das Teilchen gerade befindet. Bewegt sich nun ein Teilchen von einer dieser Schichten in eine andere, nimmt es seinen (mittleren Netto-) Impuls mit. Durch Stoß überträgt es diesen dann an die jeweilige Schicht. Strömt somit ein Teilchen aus einer langsameren Schicht in eine schnellere, bremst es diese Schicht ab und umgekehrt. Die Impulsübertragung äußert sich somit als Viskosität des Fluids.

Diese Überlegungen müssen wir nun quantitativ fassen! Die Strömungsgeschwindigkeit des Gases in x-Richtung in den verschiedenen Schichten sei c_{xi}. Das Gas bestehe aus Teilchen der gleichen Art mit einheitlicher Masse m. Der Nettoimpuls in x-Richtung in jeder Schicht beträgt mithin $m \cdot c_{xi}$ pro Teilchen.

Abgesehen von der Nettoströmungsrichtung bewegen sich die Teilchen mit einer mittleren Geschwindigkeit $\overline{v}$ in alle Richtungen. Wir gehen von einer isotropen Geschwindigkeitsverteilung aus. In diesem Fall bewegen sich 1/3 aller Teilchen parallel zu den Achsen eines kartesischen Koordinatensystems, jeweils die Hälfte davon in positiver und in negativer Richtung. Damit bewegen sich 1/6 aller Teilchen der Schicht $(i-1)$ in Richtung der Schicht i, und ebenso bewegen sich 1/6 aller Teilchen aus der Schicht $(i+1)$ in Richtung der Schicht i. Diese übertragen ihren Impuls in x-Richtung an diese Schicht i, die somit zum einen abgebremst und zum anderen beschleunigt wird.

Sei n die mittlere Teilchendichte im Gas, wobei wir davon ausgehen, dass n über das gesamte Volumen konstant ist. Wenn sich alle Teilchen mit gleicher mittlerer Geschwindigkeit innerhalb einer betrachteten Schicht bewegen, wird innerhalb dieser Schicht kein Impuls ausgetauscht. Impulsaustausch findet damit nur zwischen den benachbarten Schichten statt. Bleibt zudem die Teilchendichte im Volumen konstant, dann muss für jedes Teilchen, welches die Schicht verlässt, ein Teilchen aus benachbarten Schichten hinzukommen. Für die Impulsbilanz brauchen wir somit lediglich den Nettoimpulsaustausch zwischen den Schichten betrachten.

Betrachten wir den Impulsaustausch zwischen der Ebene i und der Ebene $(i+1)$, dann beträgt die Zahl der Moleküle, die pro Zeiteinheit durch die Grenzfläche O in die Schicht i wechseln:

$$\frac{\text{Teilchen}}{\text{Zeit}} = n \cdot O \cdot \frac{c_y}{6} \tag{10.99}$$

Gleiches Resultat erhält man für die Teilchen, die pro Zeiteinheit von der Schicht $(i-1)$ in die Schicht i wechseln. Für den Impulsaustausch zwischen den benachbarten Schichten erhält man damit:

$$\begin{aligned}
\text{Ebene } (i+1) \rightarrow i: \quad \Delta I_1 &= \frac{\text{Teilchen}}{\text{Zeit}} \cdot m(c_{x,(i+1)} - c_{x,i}) \\
&= n \cdot O \cdot \frac{c_y}{6} \cdot m(c_{x,(i+1)} - c_{x,i}) \\
\text{Ebene } (i-1) \rightarrow i: \quad \Delta I_2 &= \frac{\text{Teilchen}}{\text{Zeit}} \cdot m(c_{x,(i-1)} - c_{x,i}) \\
&= n \cdot O \cdot \frac{c_y}{6} \cdot m(c_{x,(i-1)} - c_{x,i})
\end{aligned} \tag{10.100}$$

Die Differenz der beiden Impulsströme beträgt:

$$\Delta I = n \cdot O \cdot \frac{c_y}{6} \cdot m(c_{x,(i-1)} - c_{x,(i+1)}) \tag{10.101}$$

Ihre mittlere Geschwindigkeit in den Schichten haben die Teilchen durch Stöße mit anderen Teilchen erlangt, wobei abhängig von der Dichte des Gases der letzte Stoß (im Mittel) vor der Zeit τ und in einem Abstand λ von der jeweiligen benachbarten Schicht stattgefunden hat. Wir legen nun den Abstand zwischen den Schichten so, dass er gerade gleich der mittleren freien Weglänge λ ist. Wir gehen ferner davon aus, dass sich die mittlere Geschwindigkeit in x-Richtung nur um geringe Beträge unterscheidet, sodass wir die Größen $c_{x,(i+1)}$ bzw. $c_{x,(i-1)}$ in eine Taylor-Reihe entwickeln können. Dies liefert:

$$\begin{aligned}
c_{x,(i+1)} &= c_x(y) + \lambda \frac{\partial c_x(y)}{\partial y} + \ldots + \frac{\lambda^n}{n!} \frac{\partial^n c_x(y)}{\partial y^n} \\
c_{x,(i-1)} &= c_x(y) - \lambda \frac{\partial c_x(y)}{\partial y} + \ldots - \frac{\lambda^n}{n!} \frac{\partial^n c_x(y)}{\partial y^n}
\end{aligned} \tag{10.102}$$

Damit erhalten wir in erster Ordnung für die Scherspannung:

$$F = \frac{\mathrm{d}p}{\mathrm{d}t} \quad \rightarrow \quad \frac{F}{O} = \tau = \frac{\mathrm{d}p}{O \cdot \mathrm{d}t} = -\frac{nmc_y}{6} \cdot 2\lambda \cdot \frac{\partial c_y(y)}{\partial y} \tag{10.103}$$

Die Masse m der Teilchen und die Teilchenzahldichte sind über die Dichte miteinander verknüpft, das heißt, es gilt:

$$\rho = n \cdot m \tag{10.104}$$

Damit erhält man:

$$\tau = \eta \cdot \dot{\gamma} = \eta \cdot \frac{\mathrm{d}c_x(y)}{\mathrm{d}y} = \frac{nmc_y}{3} \cdot \lambda \cdot \frac{\mathrm{d}c_x(y)}{\mathrm{d}y} \quad \Rightarrow \quad \eta = \frac{nmc_y}{3} \cdot \lambda = \frac{\rho c_y}{3} \cdot \lambda \tag{10.105}$$

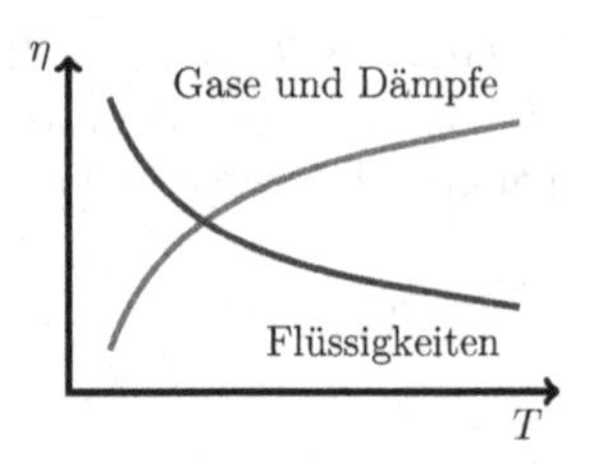

Abb. 10.37 Temperaturabhängiger Verlauf der Viskosität

Mittels der kinetischen Gastheorie und der Maxwell'schen Geschwindigkeitsverteilung der Gase lässt sich weiter ableiten, dass gilt:

$$\lambda = \frac{1}{\sqrt{2} \cdot \pi d^2 \cdot n} \qquad c_y = \overline{v} = \sqrt{\frac{8k_B T}{\pi m}} \tag{10.106}$$

In diesen Gleichungen ist d der Teilchendurchmesser, n die Teilchendichte, m die Teilchenmasse und T die Temperatur. Setzt man diese Größen ein, erhält man:

$$\eta = \frac{nmc_y}{3} \cdot \lambda = \frac{nm}{3} \cdot \sqrt{\frac{8k_B T}{\pi m}} \cdot \frac{1}{\sqrt{2} \cdot \pi d^2 \cdot n} = \frac{2}{3d^2}\sqrt{\frac{mk_B T}{\pi^3}} \tag{10.107}$$

Es sei bemerkt, dass (10.107) eine Abschätzung ist. Beispielsweise hätte man beim Impulsübertrag an die Schicht über alle Winkel integrieren müssen, unter dem die Teilchen in die betrachtete Schicht hineinfliegen. Für ideale Gase stimmen die Berechnungen mit dieser Gleichung recht gut mit dem Experiment überein. Man erkennt zudem, dass sich aus dieser Gleichung die Teilchendurchmesser d über eine Viskositätsmessung bestimmen lassen. Zudem lässt sich die mittlere freie Weglänge λ über die Viskositätsmessung bestimmen.

Man erkennt, dass die Viskosität der Gase proportional mit $\sqrt{T}$ zunimmt. Die experimentell gefundene Temperaturabhängigkeit der Viskosität für Gase und Flüssigkeiten ist schematisch in Abb. 10.37 gezeigt. Gleichung (10.107) beschreibt somit das Temperaturverhalten der Viskosität für Gase und Dämpfe, Flüssigkeiten zeigen ein gegenläufiges Verhalten.

Für Flüssigkeiten ist das Modell somit eindeutig falsch! Hierzu gibt es eine Vielzahl von Ansätzen, die aber alle mehr oder weniger fehlerbehaftet sind (zum Beispiel [Iida93]).

10.7 Anwendungen von Viskositätsmessungen in der Polymerwissenschaft

Die Viskosimetrie stellt eine der grundlegenden analytischen Methoden zur Untersuchung von Struktur und Eigenschaften von Polymeren in Lösung dar. Aus ihr lassen sich Rückschlüsse ziehen auf

- die Struktur der Lösung selbst,
- die Konformation des einzelnen Polymers in der Lösung,
- dessen Größe sowie auf
- die Wechselwirkung des Polymers mit dem Lösungsmittel.

Erwähnt wurde bereits, dass sich daraus auch auf die Molmasse des Polymers schließen lässt. In der Technik ist die Viskosität eine wichtige Überwachungsgröße während des Herstellungsprozesses, zumal die Viskosität des Produktes oftmals entscheidend für dessen Anwendung und den Einsatzbereich ist. Die Viskosität der Polymerlösung wird außer durch das Molekulargewicht bestimmt durch die Konzentration, das Lösungsmittel und die Temperatur.

Oftmals existieren wohldefinierte physikalische Beziehungen, die wiederum Rückschlüsse auf die oben genannten Eigenschaften von Polymer und Lösungsmittel gestatten, zum Beispiel Größe der Solvathülle, Kettensteifigkeit, Raumerfüllung des Polymerknäuels (Trägheitsradius) und intermolekulare Wechselwirkungen.

Auch Polymere in Lösung zeigen bei geringen Schergeschwindigkeiten Newton'sches Verhalten. Ab einer kritischen Schergeschwindigkeit tritt oft pseudoplastisches Verhalten auf, das heißt, mit steigender Schergeschwindigkeit nimmt die Viskosität ab. In Einzelfällen wird auch dilatantes Verhalten gefunden, bei dem die Viskosität mit der Schergeschwindigkeit zunimmt.

10.7.1 Relative und spezifische Viskosität

Linear aufgebaute Polymere haben eine fadenförmige Struktur, die in verdünnten Lösungen als *statistisches Fadenknäuel* vorliegen. Durch die Wechselwirkungen der Knäuel sowohl untereinander als auch mit dem Lösungsmittel wird die Viskosität η der Lösung gegenüber der des reinen Lösungsmittels η_S erhöht. Der Anstieg der Viskosität kann beschrieben werden durch Einführen der *relativen Viskosität* η_r:

$$\eta_r = \frac{\eta}{\eta_S} \tag{10.108}$$

In erster Näherung kann man ansetzen, dass sich die Viskosität η der Lösung zusammensetzt aus einem Viskositätsanteil hervorgerufen durch das Lösungsmittel η_S und einen Anteil η_P, der durch das Polymer verursacht wird (Abb. 10.38), das heißt, es gilt:

$$\eta = \eta_S + \eta_P \tag{10.109}$$

In diesem Fall erhält man für die relative Viskosität:

$$\eta_r = \frac{\eta}{\eta_S} = \frac{\eta S + \eta_P}{\eta_S} = 1 + \frac{\eta_P}{\eta_S} = 1 + \eta_{\text{spez}} \tag{10.110}$$

η_{spez} ist die *spezifische Viskosität*, die das Verhältnis der Viskosität, verursacht durch das Polymer, zu derjenigen verursacht durch das Lösungsmittel, beschreibt.

Abb. 10.38 Beiträge zur Viskosität stammen vom Lösungsmittel und von den Kolloiden

Geht man von stark verdünnten Lösungen aus, hängt η_{spez} von dem Volumenbruch ϕ des Polymers ab – das ist das Volumen der gelösten Polymermoleküle zum Gesamtvolumen der Lösung:

$$\phi = \frac{\text{Volumen der gelösten Polymermoleküle}}{\text{Volumen der Lösung}} = \frac{m/\rho_{\text{äqu}}}{V} = \frac{c}{\rho_{\text{äqu}}} \tag{10.111}$$

Dabei ist ϕ der Volumenanteil des Polymerknäuels, m die Masse des Polymerfadens, $\rho_{\text{äqu}}$ die Dichte des (leeren) Polymerknäuels (ohne Lösungsmittel) und c die Polymerkonzentration.

Man erwartet somit einen linearen Anstieg der Viskosität mit der Polymerkonzentration, und man findet für kugelförmige dispergierte bzw. gelöste Teilchen:

$$\eta_{spez} = 2{,}5 \cdot \phi = 2{,}5 \cdot \frac{c}{\rho_{\text{äqu}}} \tag{10.112}$$

Die Viskosität der Lösung ist danach umgekehrt proportional zur Dichte des Polymerknäuels! Diese Polymerknäueldichte ist die interessante Größe, die es zu bestimmen gilt!

Je höher das Molekulargewicht des Polymers, desto mehr Volumen wird es einnehmen, dass heißt, desto größer ist das Knäuelvolumen. Da dieses Knäuel nicht dicht mit dem Polymer ausgefüllt ist, wird die Knäueldichte mit dem Molekulargewicht abnehmen!

Die obigen Überlegungen schließen nicht ein, dass sich die Polymerknäuel in Lösung auch beeinflussen und dadurch die Viskosität einen nichtlinearen Verlauf in Abhängigkeit von der Konzentration erhält. *Damit gelten diese Überlegungen nur für unendlich verdünnte Lösungen*, bei denen lediglich Wechselwirkungen der Polymerknäuel mit dem Lösungsmittel bestehen. Bei höheren Konzentrationen können die Wechselwirkungen der Polymerknäuel untereinander durch eine Potenzreihenentwicklung berücksichtigt werden:

$$\eta_{\text{spez}} = 2{,}5 \cdot \frac{c}{\rho_{\text{äqu}}} + k_1 \cdot \left(\frac{c}{\rho_{\text{äqu}}}\right)^2 + k_2 \cdot \left(\frac{c}{\rho_{\text{äqu}}}\right)^3 + \ldots \tag{10.113}$$

Man arbeitet allerdings stets in einer Verdünnung, in der kubische und höhere Terme vernachlässigt werden können.

10.7.2 Der Staudinger-Index

Bei ausreichend niedriger Konzentration an Polymer kann die obige Entwicklung wie folgt geschrieben werden:

$$\frac{\eta_{\text{spez}}}{c} = \frac{2{,}5}{\rho_{\text{äqu}}} + k_1 \cdot \frac{c}{\rho_{\text{äqu}}^2} \tag{10.114}$$

Trägt man die Werte $\frac{\eta_{\text{spez}}}{c}$ gegen die Polymerkonzentration c auf, erhält man eine Gerade, deren Achsenabschnitt den Wert $\frac{2{,}5}{\rho_{\text{äqu}}}$ besitzt.

Extrapoliert man die so gefundene Gerade auf den Wert $c \to 0$, erhält man einen Wert, der als Staudinger-Index (benannt nach Hermann Staudinger[7]; Abb. 10.39) $[\eta]$ bezeichnet wird:

$$\boxed{\lim_{c \to 0} \frac{\eta_{\text{spez}}}{c} = [\eta]} \tag{10.115}$$

Der Staudinger-Index ist wie die Polymerknäueldichte ein Maß für die Volumenbeanspruchung des ungestörten Polymermoleküls. η besitzt die Einheit [Volumen/Masse] und damit die Einheit einer reziproken Dichte.

Auch die Beziehungsgleichung für den Staudinger-Index lässt sich wieder zu einer Potenzreihe entwickeln. Zwei verschiedene Darstellungen sind:

$$\begin{aligned} &\text{Huggins} && \frac{\eta_{\text{spez}}}{c} = [\eta] + k_H \cdot [\eta]^2 \cdot c \\ &\text{Schulz-Blaschke} && \frac{\eta_{\text{spez}}}{c} = [\eta] + k_{SB} \cdot [\eta] \cdot \eta_{\text{spez}} \end{aligned} \tag{10.116}$$

k_H ist der sogenannte *Huggins-Koeffizient*, welcher eine für jedes System Lösungsmittel/Polymer charakteristische Größe darstellt. Gleiches gilt für den *Schulz-Blaschke-Koeffizient* k_{SB}. Beide Koeffizienten sind Funktionen von Druck, Temperatur und Kettenlänge des Polymers.

---

[7] Hermann Staudinger (* 23. März 1881 in Worms; † 8. September 1965 in Freiburg im Breisgau) war ein deutscher Chemiker und gilt als Begründer der makromolekularen Chemie. Er leistete wichtige Beiträge zur Strukturaufklärung von Cellulose, Stärke, Kautschuk und Polystyrol und entdeckte die Stoffgruppe der Ketene. 1953 erhielt er für seine Arbeiten auf dem Gebiet der Makromoleküle den Nobelpreis für Chemie.

Quelle: http://de.wikipedia.org/wiki/Hermann_Staudinger

Abb. 10.39 Hermann Staudinger

Von welchen Faktoren hängt der Staudinger-Index ab?

- *Art des Lösungsmittels:* Beim Löseprozess reagiert das Lösungsmittel mit den Polymerkomponenten. Wechselwirkungen, die intramolekular zwischen verschiedenen Teilen des Makromoleküls bestanden, werden ersetzt durch Wechselwirkungen mit dem Lösungsmittel. Je besser das Lösungsmittel ist, desto besser ist die Wechselwirkung mit dem Polymer. Dies führt letztlich dazu, dass Lösungsmittel in das Polymerknäuel eindringt und dieses dabei aufweitet; die Dichte des reinen Polymerknäuels nimmt ab und der Gyrationsradius des Moleküls zu. Dies führt zu einer Zunahme des Staudinger-Index.
- *Kettenverzweigung:* Gehen wir von zwei Makromolekülen mit gleichem Molekulargewicht aus, dann kann sich in einem guten Lösungsmittel bei starker Kettenverzweigung das Molekül nicht über einen gleich großen Bereich ausdehnen wie ein lineares Kettenmolekül. Der Staudinger-Index und damit die Knäueldichte werden bei verzweigten Molekülen oder gar quervernetzten Molekülen bei gleichem Molekulargewicht niedriger sein. Ein sehr hoher Verzweigungsgrad kann sogar dazu führen, dass die Knäueldichte vom Molekulargewicht unabhängig ist.
- *Temperatur:* Mit steigender Temperatur nimmt auch die thermische Bewegung der Teilchen zu. Dies führt dazu, dass sich ein Knäuel mehr aufweitet, und dies resultiert in einer Zunahme des Staudinger-Index.
- *Funktionelle Gruppen:* Intramolekulare Wechselwirkungen werden sicherlich die Knäueldichte sehr stark beeinflussen. Bei starken intramolekularen Wechselwirkungen wird immer weniger Lösungsmittel in das Polymerknäuel eindringen können, und der Staudinger-Index ist niedrig, da die Knäueldichte hoch bleibt. Umgekehrt kann bei Dissoziation durch gleich geladene Gruppen im Molekül die abstoßende Wechselwirkung sehr groß werden, und das Makromolekül weitet sich drastisch auf; in der Folge nimmt der Staudinger-Index stark ab. Durch Zugabe von Elektrolyten können diese Effekte kompensiert werden, sodass auch

die Zusammensetzung der Lösung massiv die Knäueldichte und damit den Staudinger-Index beeinflusst.

- *Molmassenverteilung:* In der Regel haben wir es mit polydispersen Systemen zu tun, insbesondere wenn technische Polymere vorliegen. Diese Molmassenverteilung beeinflusst die Ergebnisse bei der Viskositätsmessung, über die der Staudinger-Index bestimmt wird.

Staudinger untersuchte ursprünglich den Zusammenhang zwischen der Größe $\lim\limits_{c\to 0} \frac{\eta_{\text{spez}}}{c} = [\eta]$ (dem Staudinger-Index) und dem Molekulargewicht des Polymers, weshalb diese Größe auch den Namen Staudinger-Index erhalten hat. Für lineare Moleküle fand er folgenden Zusammenhang:

$$[\eta] = k_{\text{eta}} \cdot M \tag{10.117}$$

Dieser wurde später auf die Beziehung

$$[\eta] = k_\eta \cdot M^a \quad \text{Mark-Houwink-Beziehung} \tag{10.118}$$

erweitert, die den Namen *Mark-Houwink-Beziehung* trägt. Die Zahlenwerte von k_η und a müssen experimentell ermittelt werden. Während die Konstante k_η von der Molmassenverteilung abhängt, liefert a Informationen über die Struktur des Polymers. Für $a = 0$ ist der Staudinger-Index unabhängig von der Molmasse; es liegen mehr oder weniger starre Kugeln vor. Bis zu einem Wert von $a = 0,5$ spricht man von *pseudoidealen Knäueln*, die nur wenig von Lösungsmittel durchdrungen werden. Bei einem Wert $a > 1$ sind die Knäuel vom Lösungsmittel durchspült, das Knäuel wird aufgeweitet, und man findet eine starke Abhängigkeit der Knäueldichte von der Molmasse.

Bei einem Wert $a = 2$ liegen starre Stäbchen in der Lösung vor. Dies findet man beispielsweise bei Polyelektrolyten, bei denen durch die Ladungsabstoßung die Struktur maximal aufgeweitet ist.

Bei $a = 0{,}5$, das heißt beim pseudoidealen Zustand, spricht man von einem θ-Lösungsmittel. In diesem Zustand sind die intramolekularen Kräfte zwischen den Kettensegmenten genauso groß wie die Wechselwirkungen mit dem Lösungsmittel, und die Polymermoleküle verhalten sich gerade so, als würde sich die Kette statistisch frei bewegen. Dieser Zustand dient als Referenzzustand für viele Untersuchungen an Polymeren. Je besser das Lösungsmittel wird, desto mehr sind die Polymerketten aufgeweitet, und desto geringer ist die Knäueldichte, was zu einer starken Erhöhung der Viskosität führt.

Da die Knäueldichte wie oben erörtert auch mit der Temperatur abnimmt, liegt ein θ-Lösungsmittel für ein bestimmtes Polymer bei einer definierten Temperatur vor. Bei Schmiermitteln soll die Viskosität häufig über einen großen Temperaturbereich konstant gehalten werden, weshalb man zum Beispiel Motorölen unterschiedliche Polymere zusetzt.

Mittels des Staudinger-Index lassen sich zum Beispiel die folgenden Größen bestimmen:

$$\begin{aligned}
\text{Knäueldichte: } \rho_{\text{äqu}} &= \frac{2{,}5}{[\eta]} = \frac{\text{m}}{V} = \frac{6 \cdot M/N_A}{\pi \cdot d_{\text{äqu}}^3} \\
\text{Knäueldurchmesser: } d_{\text{äqu}} &= \sqrt{3}\,\frac{6M \cdot [\eta]}{2{,}5\pi \cdot N_A} \\
\text{Knäuelvolumen: } V_{\text{Knäuel}} &= \frac{1}{6}\pi \cdot d_{\text{äqu}}^3
\end{aligned} \tag{10.119}$$

Multipliziert man die Polymerkonzentration c mit dem Staudinger-Index $[\eta]$, erhält man den Volumenanteil der Lösung, der von den Polymerknäueln ausgefüllt wird. Ist dieser Wert 1 entsprechend 100 %, dann ist die kritische Konzentration $c^*_{[\eta]}$ erreicht. Oberhalb dieser kritischen Konzentration müssen sich die Polymerknäuel zwangsläufig berühren. Es sei aber bemerkt, dass die aus Viskositätsmessungen ermittelte kritische Polymerkonzentration häufig abweicht von der über andere Messmethoden, zum Beispiel über Lichtstreumethoden ermittelten kritischen Polymerkonzentration [Marx59] [Altgelt59] [Elias62].

Teil II
Anwendungsbeispiele

Grenzflächenaktive Substanzen 11

11.1 Chemischer Aufbau, Eigenschaften und Anwendungen von Tensiden

Grenzflächenaktive Substanzen werden als *Tenside* (vom lateinischen *tensus* für „gespannt“) oder auch als *Detergentien* oder *Surfactants* bezeichnet. Diese Substanzen haben die Eigenschaft, die Grenzflächenspannung zwischen zwei Phasen herabzusetzen. Sie wirken dadurch als *Lösungsvermittler* und ermöglichen die Bildung von Dispersionen. Durch den Einsatz von Tensiden lassen sich zum Beispiel zwei im Prinzip nicht mischbare Flüssigkeiten wie Öl und Wasser oder auch Feststoffe in einer Flüssigkeit fein vermengen.

Aufgrund dieser Eigenschaft finden Tenside in der Technik weitreichende Anwendungen: In der Waschmittelindustrie dienen sie dazu, Schmutzteilchen von festen Materialien (Gewebefasern, Haaren, Geschirr, Metallen usw.) abzulösen und in die flüssige Phase zu bringen, wo sie dann entfernt werden. In der Lebensmitteltechnik werden Tenside auch als *Emulgatoren* bezeichnet. Eine weitere bedeutende Anwendung ist die *Flotation*, bei welcher der zu gewinnende Wertstoff aus dem Gemisch mit dem Bergematerial spezifisch abgetrennt wird.

Die ersten bekannten Tenside waren die *Seifen*, die bereits 2500 v. Chr. bei den Sumerern durch Verkochen von Ölivenöl mit Holzasche gewonnen wurden. Noch im Mittelalter wurden seifenartige Produkte aus natürlichen Fetten und Holzasche hergestellt, und erst durch die synthetische Herstellung von Soda nach dem Leblanc-Verfahren konnte Seife preisgünstig hergestellt werden. Auch heute noch sind Seifen mit acht Millionen Jahrestonnen die wichtigsten Tenside. Etwa 40 % der Tenside gehen in den Wasch- und Reinigungssektor, der Rest in den Kosmetikbereich, in die Pharmazie, in die Herstellung von Farben und Lacken, in die Nahrungsmittelindustrie, den Bergbau, die tertiäre Erdölförderung und in die Papierindustrie.

Heute ist die Tensidchemie ein eigener Zweig der Chemie und der Kolloidchemie. Das erste Waschmittel auf Seifenbasis kam 1907 unter dem Namen *Persil* auf den Markt. In einem modernen Vollwaschmittel sind zum Teil mehr als 15 ver-

G.J. Lauth, J. Kowalczyk, *Einführung in die Physik und Chemie der Grenzflächen und Kolloide*, DOI 10.1007/978-3-662-47018-3_11

$R-SO_2-OH$

Sulfonsäure
R: organischer Rest

Quelle: http://www.test.de/themen/haus-garten/test/Vollwaschmittel-Billig-waescht-besser-1240600-1240884/

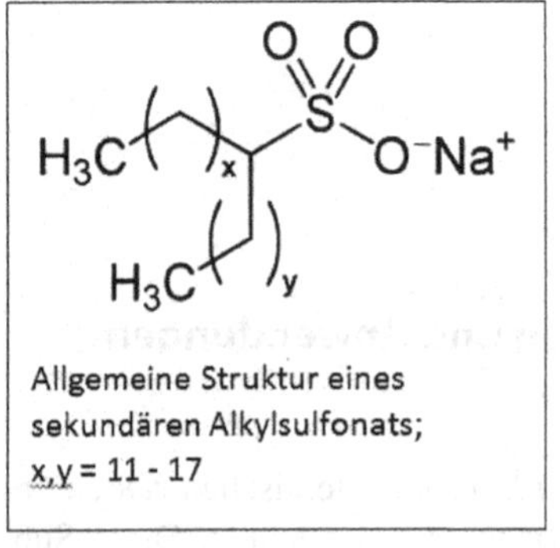

Allgemeine Struktur eines sekundären Alkylsulfonats; x,y = 11 - 17

Tetrapropylenbenzolsulfonat (TPS)

Natriumdodecylbenzolsulfonat

Abb. 11.1 Schaumberge auf Flüssen bedingt durch Tenside auf Sulfonsäurebasis im Abwasser

schiedene waschaktive Komponenten enthalten, wobei die Rezepturen auch heute noch *empirisch* ermittelt werden. Der Waschprozess ist immer noch nicht in allen Einzelheiten verstanden!

Gesucht werden neue Tenside und Tensidgemische, die bei möglichst geringer Temperatur eine hohe Waschwirkung zeigen. Daneben sind vor allem Umweltverträglichkeit und biologische Abbaubarkeit von Relevanz.

Bis in die 1960er Jahre wurde Tetrapropylenbenzolsulfonat (TPS) in großem Maße als Waschmitteltensid eingesetzt (65 % des Tensidbedarfs der westlichen Welt; Sulfonsäuren sind organische Schwefelverbindungen mit der allgemeinen Struktur $R-SO_2-OH$). Die Verbindung war schlecht biologisch abbaubar und führte zu Schaumbergen im Abwasser und auf den Flüssen (Abb. 11.1). Ab 1964 wurden sekundäre Alkylbenzolsulfonate entwickelt, die besser biologisch abbaubar sind.

Die Schaumberge auf den Flüssen sind heute weitgehend verschwunden.

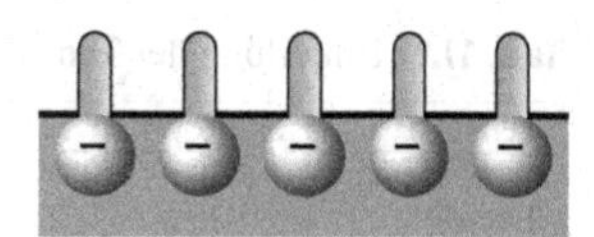

Abb. 11.2 Amphiphile an der Grenzschicht

Tenside sind *amphiphile* Substanzen, das heißt, sie bestehen aus einer hydrophilen (wasserliebenden) Kopfgruppe und einem hydrophoben (wasserabstoßenden) Rest. In der Regel schwimmt das Tensid auf dem Wasser auf, da es eine geringere Dichte als das Wasser besitzt. Bei einer monomolekularen Schicht ragen die hydrophoben Molekülteile aus dem Wasser heraus und gruppieren sich in Richtung der anderen Grenzfläche, zum Beispiel Luft, während die hydrophilen Kopfgruppen im Bereich der Wasseroberfläche bleiben (Abb. 11.2).

Somit bildet sich auf der Flüssigkeitsoberfläche eine dünne Schicht an Tensid. Zwischen den Wassermolekülen besteht aufgrund der Wasserstoffbrückenbindungen eine starke Wechselwirkung, die sich in einer hohen Oberflächenspannung bemerkbar macht. Durch die Tensidmoleküle auf der Oberfläche wird diese Grenzflächenspannung herabgesetzt, wodurch die Tenside ihren Namen erhalten haben. Es ist zum Beispiel möglich, auf die Wasseroberfläche eine trockene Büroklammer aufzulegen, ohne dass diese trotz weitaus höheren spezifischen Gewichts untergeht. Das Metallstück wird getragen durch die schlechte Benetzbarkeit aufgrund der hohen Oberflächenspannung! Genau den gleichen Trick verwendet der Wasserläufer, wenn er auf der Wasseroberfläche läuft!

Bringt man eine geringe Menge Tensid auf das Wasser auf, wird die Oberflächenspannung herabgesetzt, das Metall wird benetzt und sinkt aufgrund der hohen Dichte zu Boden.

Von *Netzmitteln* spricht man, wenn insbesondere die Herabsetzung der Oberflächenspannung Ziel der Technik ist. Es bilden sich dann keine Tropfen mehr, sondern das Wasser fließt von dem Werkstück – beispielsweise vom Geschirr – ab und bildet somit keine Wasserflecken.

11.1.1 Einteilung der Tenside

Die klassischen Alkaliseifen waren langkettige Natrium- (Kernseife, handelsübliche Körperseife) oder Kaliumsalze (zum Beispiel Schmierseife) der Fettsäuren, die durch Verseifen natürlich vorkommender Fette dargestellt wurden. Als Waschmittel für Textilien haben sie heute keine Bedeutung mehr, da sie mit der als Härte im Wasser enthaltenen Salze schwerlösliche Calcium- und Magnesiumsalze bilden, die sogenannten Kalkseifen. Fettsäuresalze anderer Metalle, die sogenannten Metallseifen, werden auch heute noch in manchen Bereichen der Industrie zu Reinigungszwecken verwendet.

Alle Tenside bestehen aus einem unpolaren Molekülteil (hydrophober Teil) und einem polaren Teil (hydrophile Kopfgruppe). Der hydrophobe Teil besteht in der Regel aus einem Alkylrest, der polare Teil ist je nach Substanz verschiedenartig

Tab. 11.1 Einteilung der Tenside

Tensid	Hydrophiler Teil		Hydrophil – hydrophob
Nichtionische Tenside (Niotenside)	$—OH$ $—O—$ $—CH_2—CH_2—OH$ $—COOR$ $—CONHR$ $—SO_2NHR$ $—CH{=}CH—$	Alkohole Ether Ethoxylate Carbonsäureester Carbenamid Sulfonamid Alkene	
Anionische Tenside	$—COO^-$ $—SO_3^-$ $—OSO_3^-$ $—OPO_3^{2-}$	Carboyxylate Sulfonate Sulfate Orthophosphor-säureester	−
Kationische Tenside	RNH_3^+ $R_2NH_2^+$ R_3NH^+ R_4N^+	Primäre Amine Sekundäre Amine Tertiäre Amine Quartäre Amine	+
Amphotere Tenside	$—COO^-$ R_4N^+	Carboxylate Quartäre Ammoniumverbindungen	− +

aufgebaut. Eine Einteilung der Tenside nach der Art des polaren Rests gibt Tab. 11.1 wieder.

Was geschieht, wenn man ein Tensid in Wasser auflöst? Zunächst bilden sich bei geringer Tensidkonzentration Einzelmoleküle in der Lösung, die sich aufgrund ihrer Amphiphilie vorzugsweise an Grenzflächen, zum Beispiel an der Grenzfläche Flüssigkeit/Luft, anlagern. Die polaren Kopfgruppen befinden sich dabei in der wässrigen Phase, die apolaren Gruppen in der jeweils anderen Phase. Befinden sich ausreichend Luftblasen in der wässrigen Phase, kommt es zur Bildung von Schäumen, was zum Beispiel bei der Flotation ausgenutzt wird [Pugh96, Rogo06].

Erhöht sich die Konzentration an Tensid in der Lösung, dann sind irgendwann die Grenzflächen vollständig unimolekular mit Tensid belegt. Eine weitere Erhöhung der Konzentration würde die Energie des Systems erhöhen, da die elektrostatischen Wechselwirkungen zwischen den polaren Wassermolekülen durch die apolaren Molekülteile des Tensids unterbunden würden. Für das System ist es günstiger, neue Grenzflächen auszubilden, und die Tensidmoleküle vereinen sich zu *Mizellen* (Abb. 11.3). Dieser Konzentrationsbereich ist von Bedeutung für die Wasch- und Reinigungseigenschaften, da sich innerhalb der Mizellen apolare Substanzen wie Schmutzpartikel einlagern (lösen) können, die dann mit der Waschlauge abgeführt werden. Für die Flotation ist dieser Konzentrationsbereich ungeeignet, da die Wertstoffe in der Lösung suspendiert würden, anstatt sich im Schaum an der Oberfläche anzureichern.

Steigt die Konzentration weiter an, bilden sich sogenannte *lyotrope Flüssigkristalle*. Dabei bilden sich aufgrund der hohen Mizellkonzentration zwischen den Mizellen Wechselwirken aus, die zu einer symmetrischen Anordnung führen, das heißt zu einer Phase, die sich wie eine *Flüssigkeit* verhält und dabei *weitreichende Ordnung* aufweist, ähnlich der in einem kristallinen Festkörper. Man spricht in diesem Zusammenhang bei Flüssigkristallen allgemein auch von *Mesophasen*

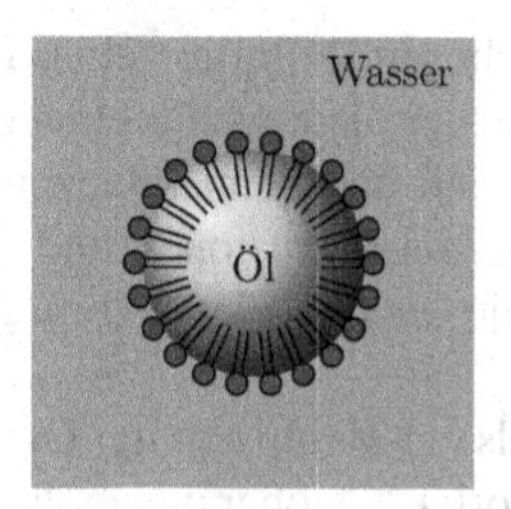

Abb. 11.3 Mizelle

Tab. 11.2 Anwendungsbereiche von Tensiden in Abhängigkeit vom HLB-Wert.

HLB-Wert	Verwendung	Mischbarkeit mit H_2O
1,5–3	Antischaummittel	Unlöslich
3–8	Wasser/Öl-Emulgator	Milchig beim Rühren
7–9	Netzmittel	
8–18	Öl/Wasser-Emulgator	Stabile Emulsion
13–15	waschaktive Tenside	Klare Emulsion/Lösung
12–18	Lösungsvermittler für wässrige Systeme	Klare Emulsion/Lösung

– Phasen, die in ihren Eigenschaften zwischen denen der Flüssigkeit und denen des kristallinen Festkörpers anzusiedeln sind.

Es gibt Versuche, die Tensideigenschaften eines Moleküls zu quantifizieren (Tab. 11.2). Die hierbei bekannteste Größe ist der *HLB-Wert* (*hydrophilic-lipophilic balance*), der 1954 von W. C. Griffin vorgeschlagen wurde [Griffin49, Harusawa82]. Hierbei handelt es sich um eine empirisch aufgestellte Formel, welche den Zweck hat, den hydrophilen und lipophilen Molekülanteil anzugeben.

Bezeichnet M_g das Molekulargewicht des Tensids, M_h das Molekulargewicht der hydrophilen Kopfgruppe und M_l das der lipophilen Restgruppe, dann gilt:

$$M_g = M_h + M_l \Leftrightarrow = \frac{M_h}{M_g} + \frac{M_l}{M_g} \Leftrightarrow \frac{M_h}{M_g} = 1 - \frac{M_l}{M_g} \rightarrow \text{HLB} = 20 \cdot \left(1 - \frac{M_l}{M_g}\right) \tag{11.1}$$

Der Faktor 20 wurde von Griffin aus Gründen der Skalierung gewählt, sodass sich für den HLB-Wert eine Skala von 1 bis 20 ergibt. Ein HLB-Wert von 1 entspricht dann einer vorwiegend lipophilen Verbindung, ein HLB-Wert von 20 einer rein hydrophilen Verbindung. Damit lässt sich abschätzen, dass Tenside mit einem HLB-Wert $0 \leq \text{HLB} \leq 9$ vorwiegend in unpolaren Lösungsmitteln löslich sind, Tenside mit einem HLB-Wert $11 \leq \text{HLB} \leq 20$ vorwiegend in polaren Lösungsmitteln.

Es ist klar, dass das Lösungsmittel einen entscheidenden Einfluss auf die Tensidwirkung hat. Der HLB-Wert kann aber auch benutzt werden, um die Verwendbarkeit der Tenside einzuschätzen, insbesondere wenn man sich dabei auf das Lösungsmittel Wasser bezieht.

Es gibt auch andere Versuche zur Definition eines HLB-Wertes, die aber weniger gebräuchlich sind und auf die hier nicht weiter eingegangen werden soll.

Im pharmazeutischen Bereich und beim Pflanzenschutz sind Tenside wichtige Hilfsmittel zur Stabilisierung von Emulsionen und Dispersionen. Die hier eingesetzten Tenside werden – wie auch in der Nahrungsmittelindustrie – häufig als *Stabilisatoren* bezeichnet.

Emulsionen neigen oftmals zur Entmischung. Die Tenside werden an den Feststoffen bzw. Öltröpfchen adsorbiert, wobei die apolaren Enden in die Ölphase weisen bzw. an den Feststoff adsorbiert werden, während die hydrophilen Enden in die wässrige Phase weisen. Ohne Tensidzusatz würden sich die Substanzen häufig erst gar nicht mischen.

11.2 Waschmittel und der Waschprozess

11.2.1 Entwicklung und Zusammensetzung der Waschmittel

Bereits Homer beschreibt in der Odyssee, wie Nausikaa, die Tochter des Königs Alkinoos, bei der Heimkehr von Odysseus mit anderen Mädchen am Strand die Wäsche wäscht und zum Bleichen in die Sonne legt. Von den Sumerern existiert ein in Keilschrift geschriebenes altes Rezept, nach dem Holzasche und Öl miteinander vermischt werden müssen, um eine reinigende Substanz zu gewinnen, die besonders in der Kosmetik verwendet wurde. Der griechisch-römische Arzt Galenos von Pergamon (129 bis ca. 200 n. Chr.) wies schließlich auf die Reinigungswirkung von Seife hin.

Durch Karl den Großen (747–814 n. Chr.) wurde das Handwerk des Seifensieders im Fränkischen Reich gefördert, die Seife war aber stets ein Luxusartikel. Erst die technische Darstellung von Soda nach dem Leblanc- und dem Solvay-Verfahren, welches für die Verseifung von Fetten eingesetzt wird, machte Seife zu einem für die breite Schicht erschwinglichen Artikel.

Seit Beginn des 20. Jahrhunderts bestehen die Waschmittel nicht mehr nur aus „Seife", vielmehr werden *Mehrkomponentensysteme* eingesetzt, die vor allem die aufwendige *Rasenbleiche* überflüssig machen. Neben der Seife enthalten diese ersten Mittel vor allem Soda (Natriumcarbonat) und Wasserglas (Natriumsilikat), sogenannte *Builder* oder *Gerüststoffe*, welche die Wasserhärte senken, und Natriumperborat als *Bleichmittel*. Der Markenname *Persil*, ein von der Firma Henkel 1907 eingeführtes Produkt, erinnert durch seinen Namen an diese Substanzen: *Per* von Natriumperborat und *Sil* von Silikat.

1932 wurde mit dem Waschmittel *Fewa* durch die Firma Henkel das erste Waschmittel ohne Seifenzusatz auf den Markt gebracht (Abb. 11.4). Fettalkoholsulfate dienten hier als Tenside, und in den 1950er Jahren waren klassische Seifen durch synthetische Tenside, die auf Erdölbasis hergestellt wurden, vollständig verdrängt. Vor allem das bereits erwähnte Tetrapropylenbenzolsulfonat wurde weit verbreitet eingesetzt, welches später bedingt durch starke Schaumbildung im Abwasser durch sekundäre Alkylbenzolsulfonate abgelöst wurde.

Abb. 11.4 Waschmittel Fewa der Firma Henkel

Ab 1960 wurde kaum noch von Hand gewaschen, und auch die Waschmittel wurden auf Maschinenwäsche umgestellt. Daher musste vor allem die Wasserhärte weiter vermindert werden, da die Bildung von Kalkseifen den Waschprozess verschlechtert, die Wäsche hart werden lässt, und die Gewebe schneller verschleißen.

Der Name „Tenside" für grenzflächenaktive Substanzen wurde 1964 von dem Chemiker E. Götte vorgeschlagen, der bei der Firma Henkel arbeitete. Ab 1964 wurden zudem neue Hilfsstoffe entwickelt, welche die Effektivität des Waschprozesses steigern sollten. Die Verwendung löslicher Phosphate führte zu einer Eutrophierung (einem erhöhten Nährstoffeintrag) der Oberflächengewässer und damit zu einer Überdüngung bzw. Überernährung der Pflanzen, insbesondere der Wasserpflanzen und anderer photosynthetisch aktiver Lebewesen wie Cyanobakterien und Algen. Das vermehrte Wachstum an Sauerstoffproduzenten ist zunächst nicht schädlich! Allerdings steigt mit der pflanzlichen Biomasse die Population an Pflanzenfressern und damit die Menge an Verdauungsrückständen, die zu Boden sinken und ihrerseits wieder von Bakterien zersetzt werden. Durch den mikrobiellen Abbau der organischen Substanz steigt dann der Sauerstoffverbrauch im Wasser an. Sinkt die Sauerstoffkonzentration im Wasser, dann erfolgt ab einer Konzentration von unter 1 mg O_2/l eine weitere Phosphatfreisetzung aus dem Sediment und damit eine weitere Eutrophierung des Systems. Der verminderte Sauerstoffgehalt in den Gewässern führt zu einem Absterben der Fische und dadurch zu einer weiteren Vermehrung der Pflanzen – das Gewässer kippt!

1986 kam das erste Markenwaschmittel auf Zeolithbasis, einem anorganischen Ionenaustauscher, auf den Markt. Seit 1990 werden keine phosphathaltigen Waschmittel mehr eingesetzt.

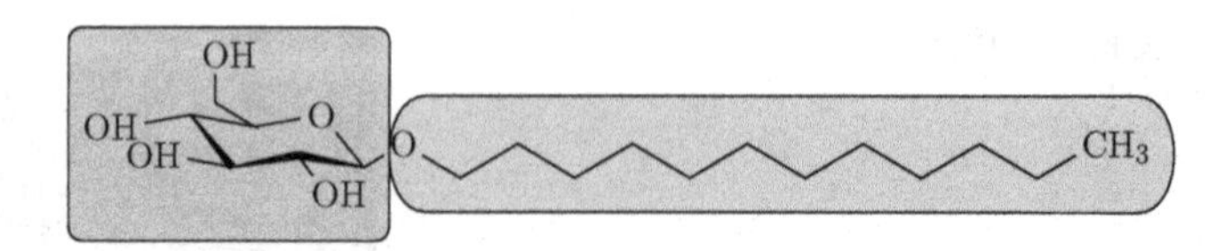

Abb. 11.5 Beispiel eines Zuckertensids: D-Glucose und Laurylalkohol als Fettalkohol

Neuere Entwicklung zur Vermeidung ökologischer Problem zielen auf einen vermehrten Einsatz von *Enzymen*, die aber nur organische Anhaftungen entfernen. Die Entwicklung hierzu begann bereits 1968.

Heute gibt es die verschiedensten Typen von Waschmitteln:

- *Vollwaschmittel* (*Kochwaschmittel*) sind für Temperaturbereiche von 20–95 °C entwickelt und für die meisten Textilien und Waschverfahren geeignet.
- *Buntwaschmittel* (*Colorwaschmittel*) sind für Waschtemperaturen von 20–60 °C geeignet.
- *Feinwaschmittel* sind für eine Waschtemperatur von 30 °C und für Handwäsche geeignet. Sie enthalten keine Bleichmittel und keine optischen Aufheller, dafür aber mehr Enzyme und Seife. Feinwaschmittel dürfen nicht bei höheren Temperaturen eingesetzt werden, da dadurch die Enzyme zerstört würden.
- *Spezialwaschmittel* für Wolle, Seide und weitere Textilien werden ebenfalls meist bei niedriger Temperatur eingesetzt.
- *Baukastenwaschmittel* bestehen aus den einzelnen Komponenten eines Vollwaschmittels, wobei Enthärter, Basiswaschmittel und Bleichmittel individuell dosiert werden.

Insbesondere bei Handwaschmitteln muss auf eine ausreichende Hautverträglichkeit geachtet werden. Diese Voraussetzung erfüllen zum Beispiel Zuckertenside, die zudem meist gut biologisch abbaubar sind. Ein Beispiel für ein Zuckertensid zeigt Abb. 11.5. Die Emulgatorwirkung kommt vor allem durch die starken Wasserstoffbrückenbindungen zwischen den Hydroxygruppen des Zuckers und den Wassermolekülen zustande.

Alle Waschmittel enthalten die folgenden Komponenten:

- *Tenside* sind der waschaktive Hauptbestandteil von Waschmitteln und machen – je nach Waschmittel – einen Anteil von ca. 20–30 % aus. Verwendung finden anionische Tenside wie die bereits erwähnten linearen Alkylbenzolsulfonate (LAS) und nichtionische Tenside, zum Beispiel Zuckertenside, bei denen Kohlenhydrate den hydrophilen Molekülanteil bilden (Abb. 11.5).
- *Wasserenthärter* sorgen für weiches Wasser. Durch die Unterdrückung der Bildung von Kalkseifen können die Tenside ihre Wirksamkeit besser entfalten. Verwendet werden insbesondere Zeolith A, Schichtsilikate und Citrate. Sogenannte *Builder* unterstützen (neben anderen Funktionen) diese mineralischen Enthärter. Zudem verhindern Wasserenthärter Kalkablagerungen in der Waschmaschine.

Zusätzliche Wasserenthärter sind bei Verwendung handelsüblicher Waschmittel nicht erforderlich!

- *Waschalkalien* erhöhen den pH-Wert der Waschlauge. Damit quellen die Fasern auf, und der Schmutz lässt sich leichter ablösen.
- *Enzyme* entfernen organische Anschmutzungen wie Eiweiß, Stärke, Obstflecke usw. Sie wirken unterschiedlich gut bei niedrigen und/oder mittleren Waschtemperaturen und werden bei hohen Temperaturen zerstört (denaturiert). Amylasen spalten Stärke, Lipasen die Fette, Proteasen die Eiweiße und Cellulasen die Cellulose, um die Rauigkeit von Baumwolltextilien zu vermindern.
- *Schmutzträger* halten den abgelösten Schmutz in der Schwebe oder verhindern, dass sich dieser wieder auf der Wäsche niederlegt. Carboxymethylcellulose beschichtet Baumwollfasern gegen Schmutz.
- Kernseifen und Silikone regulieren die Schaumentwicklung als *Entschäumer*.
- *Duftstoffe* überdecken den Eigengeruch.
- *Stellmittel*, wie Natriumsulfat, halten pulverförmige Waschmittel während der Lagerung pulverförmig und dienen als kostengünstiges Streckmittel. Waschmittel mit der Bezeichnung „Konzentrat“ enthalten weniger Streckmittel. Die Wirkstoffe sind weniger verdünnt.
- *Bleichmittel* entfernen nicht auswaschbare, farbige Verschmutzungen, zum Beispiel von Früchten oder Blut.
- *Bleichaktivatoren* erhöhen die Wirksamkeit der Bleichmittel bei niedrigen Temperaturen.
- *Optische Aufheller* sind fluoreszierende Stoffe, die Weißes weißer erscheinen lassen. Bei farbigen Textilien kann sich durch die Aufheller der Farbeindruck verändern.
- *Bleichstabilisatoren* verhindern den unkontrollierten Zerfall der Bleichmittel während der Lagerung und beim Einsatz des Waschmittels. Spuren von Schwermetallen fördern die schnelle Freisetzung des Sauerstoffs. *Phosphonate* können die Schwermetalle binden.
- Konservierungsmittel sind in der Regel nicht nötig, da mikrobakterieller Befall des pulverförmigen Waschmittels wegen Wassermangel kaum vorkommt.

Neben den oben erwähnten Inhaltsstoffen werden in *flüssigen Vollwaschmitteln* auch andere Stoffe verwendet:

- *Alkohole* verstärken reinigungswirksame Substanzen und ermöglichen bei flüssigen Waschmitteln, dass die Tenside gelöst werden können; sie wirken teilweise auch als Konservierungsmittel.
- *Konservierungsmittel* schützen vor mikrobiellem Befall.
- Als *Wasserenthärter* dienen *Komplexbildner* wie Phosphonate und Ethylendiamintetraessigsäure (EDTA), die in dem flüssigen Waschmittel löslich sind.

Über die normalen Inhaltsstoffe eines Waschmittels hinaus enthalten *Buntwaschmittel*:

- *Farbübertragungsinhibitoren* zum Schutz der Farbe der Textilien. Sie vermeiden das Abfärben auf andere Textilien während des Waschvorgangs.

Im Gegensatz zu Vollwaschmitteln sind *in Buntwaschmitteln* folgende Substanzen in der Regel *nicht* vorhanden:

- Bleichmittel
- Bleichaktivatoren
- Bleichstabilisatoren
- Optische Aufheller (bei farbigen Textilien kann sich durch die Aufheller der Farbeindruck verändern).

Feinwaschmittel für empfindliche Stoffe enthalten, im Gegensatz zu Vollwaschmitteln, keine Aufheller und Bleichmittel. Einige Feinwaschmittel wirken ohne Enzyme wie beispielsweise Cellulase, die vermieden werden sollten, wenn man dunkle Kleidung aus Baumwolle, Viskose oder Lyocell möglichst lange wie neu aussehen lassen möchte.

11.2.2 Der Waschprozess

Der Waschprozess beginnt mit dem Auflösen der Tenside und der Waschmittelhilfsstoffe in der Lösung. Im *ersten Schritt* wird dabei das Wasser enthärtet, sodass die Tenside nicht als Kalkseifen gebunden werden und dadurch ihre Waschwirkung verlieren.

Im *zweiten Schritt* erfolgt die Adsorption des Tensids an die verschmutzte Faser. Im *dritten Schritt* werden die Schmutzteilchen vom Gewebe abgelöst und durch Umordnung der Tensidmoleküle solubilisiert.

Die Schmutzpartikel lösen sich nur dann spontan von der Feststoffoberfläche und gehen in die Lösung, wenn dies energetisch günstiger ist. Genauer muss die Gibbs'sche Freie Energie für diesen Prozess negativ sein! Bei diesem Vorgang wird die Oberfläche Schmutz-Feststoff (Index DS) ersetzt durch die Oberflächen Schmutz-Flüssigkeit (Index DL) und Feststoff-Flüssigkeit (Index SL), sodass für die Änderung der Gibbs'schen Freien Energie ΔG gilt

$$\Delta G = O \cdot (\gamma_{DL} + \gamma_{SL} - \gamma_{SD}) \leq 0 \tag{11.2}$$

wobei O die Oberfläche des Gewebes bedeutet. Aus (11.2) folgt, dass für den Waschprozess gelten muss

$$\gamma_{DL} + \gamma_{SL} \leq \gamma_{SD} \tag{11.3}$$

Daraus folgt, dass ein gutes Tensid γ_{DL} und γ_{SL} verringern sollte ohne gleichzeitig γ_{SD} (zu stark) zu erniedrigen. Offensichtlich bindet das Tensid an die Schmutzteilchen und hält sie in Lösung! Die Reinigungswirkung setzt bereits unterhalb der kritischen Mizellbildungskonzentration *cmc* ein, sodass Mizellbildung allein nicht die Reinigungswirkung nicht erklärt.

Wegen der guten Wascheigenschaften, der guten biologischen Abbaubarkeit und der günstigen Kosten sind heute lineare Alkylbenzolsulfonate (chemische Formel $C_nH_{2n+1} - C_6H_4 - SO_3^-Na^+$), die *Leittenside*, von denen das bereits erwähnte Tetrapropylenbenzolsulfonat (TBS) bis in die 1960er Jahre der wichtigste Vertreter war. Daneben kommen Alkansulfonate $R–SO_2OH$ zum Einsatz.

Der *vierte Schritt* besteht im Abtransport des Solubilisats.

Bei den genannten Reaktionen handelt es sich stets um Gleichgewichte, das heißt, der Schmutz kann wieder auf die Faser aufziehen. Dabei werden vor allem diejenigen Schmutzbestandteile gebunden, die eine vergleichsweise feste Bindung mit der Faser eingehen. Wenn dies geschieht, wird der Schmutz meist so fest gebunden, dass er durch handelsübliche Tenside nicht wieder abgelöst werden kann. Die Wäsche *vergraut*.

Um dies zu verhindern erfolgt im *fünften Schritt* die Addition von Vergrauungsinhibitoren. Diese erhöhen die Abstoßungskräfte zwischen dem Schmutz und der Faser und stabilisieren so die Schmutzpartikel in der Lösung (Sekundärwaschvermögen). Hierzu werden wasserlösliche Polyester eingesetzt.

Im *sechsten Schritt* wird die Wäsche – insbesondere Weißwäsche – gebleicht. Für diese Textilveredelung werden vor allem NaOCl und Peroxide verwendet. Die Bleiche bewirkt, dass farbige Anschmutzungen wie Obstflecke, die während des Waschvorgangs nicht entfernt wurden, zum Teil oxidativ zerstört werden.

Früher wurde zu diesem Zweck die sogenannte Rasenbleiche durchgeführt. Dazu wurde die Wäsche auf dem Rasen ausgebreitet – durch die UV-Strahlung von der Sonne wird der Sauerstoff der Luft aufgebrochen, und der aktivierte Sauerstoff bewirkt die Oxidation der organischen Bestandteile. Als erstes Bleichmittel wurde 1907 in dem Waschmittel Persil $NaBO_4 \cdot 4\,H_2O$ eingesetzt, welches gemäß der Reaktion

$$2\,H_2O + 2\,Na^{\oplus} + (HO)_2B^{\ominus}(O{-}O)_2B^{\ominus}(OH)_2 \longrightarrow 2\,H_2O_2 + 2\,H_2BO_3^{\ominus} + 2\,Na^{\oplus}$$

H_2O_2 freisetzt, welches die Bleiche bewirkt. In alkalischer Lösung erfolgt dabei folgende Reaktion:

$$H_2O_2 + OH^- \rightleftharpoons H_2O + HO_2^-$$

HO_2^- greift die konjugierte Doppelbindung der Farbstoffe an und zerstört diese. Dabei entstehen wasserlösliche Produkte, die mit der Waschlauge abgespült werden können.

Ein dabei auftretendes Problem besteht in der möglichen Schädigung der Faser und in einer verstärkten Korrosion an den Maschinen. Zudem setzt die oben dargestellte Reaktion des H_2O_2 merklich erst ab Temperaturen von ca. 60 °C ein. Daher werden dem Waschmittel *Kaltbleichoxidatoren* zugesetzt, welche eine Oxidation der organischen Verunreinigungen bereits ab 35 °C aufzeigen. Ein Beispiel hierzu ist die Reaktion von Tetraacetylethylendiamin (TAED) mit H_2O_2 zu Diacetylethy-

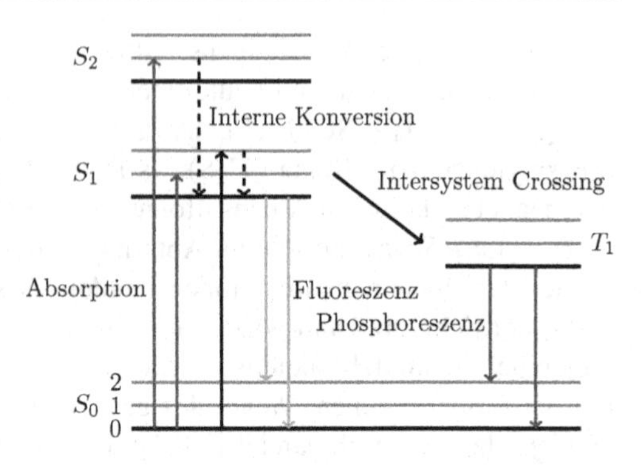

Abb. 11.6 Fluoreszenz und Phosphoreszenz als mögliche Strahlungsübergänge in Molekülen

lendiamin (DAED) und Peressigsäure nach dem folgenden Reaktionsschema:

$$(CH_3CO)_2N{-}CH_2CH_2{-}N(COCH_3)_2 \xrightleftharpoons{+H_2O_2} (HCO)(CH_3CO)N{-}CH_2CH_2{-}N(COCH_3)(CHO) + 2\,CH_3{-}C(=O){-}O{-}OH$$

TAED DAED Peressigsäure

Die Bleichwirkung verbessert sich durch den Zusatz der *Bleichaktivatoren* erheblich! Ein weiterer Vorteil ist, dass man weniger Bleichmittel benötigt.

Früher wurde auch Natriumhypochlorit als Bleichmittel verwendet:

$$NaOCl \rightarrow HCl + O$$

In diesem Fall muss die Bleiche getrennt erfolgen, da die Hypochlorige Säure auch das Tensid sowie die Zusatzstoffe angreift, wodurch sowohl die Waschwirkung als auch die Bleichwirkung deutlich vermindert werden.

Im *siebten Schritt* des Waschvorgangs, der *Weißtönung*, erfolgt die Adsorption von Aufhellern auf die Faser. Bei diesen Verbindungen handelt es sich um Farbstoffe, die auf die Faser aufziehen und Licht im UV-Bereich absorbieren. Durch strahlungslose Übergänge fällt das System auf ein niedrigeres Energieniveau ab, von wo es dann durch einen Strahlungsübergang in das Grundniveau zurückkehrt (Abb. 11.6). Diese Emission findet im sichtbaren Frequenzbereich statt (blaue Fluoreszenz) und bewirkt, dass die Wäsche weiß erscheint.

Woher kommt der Gelbstich der Wäsche? Vor allem Leinenfasern und Baumwolle absorbieren im blauen Frequenzbereich. Diese absorbierten Frequenzen fehlen somit im reflektierten Licht, und das Auge sieht die Komplementärfarbe gelb.

Um dies zu vermeiden wurde früher im letzten Spülgang Ultramarin zu der Wäsche gegeben, ein Farbstoff, der ebenfalls im blauen Frequenzbereich emittiert und damit den Weißeindruck verstärkt. Ab 1950 wurden die ersten optischen Aufheller erprobt, und heute wird dem Waschmittel meist ein Gemisch verschiedener Aufheller zugesetzt (Abb. 11.7). Fluoreszenzstoffe, die bei 400–480 nm, möglichst bei

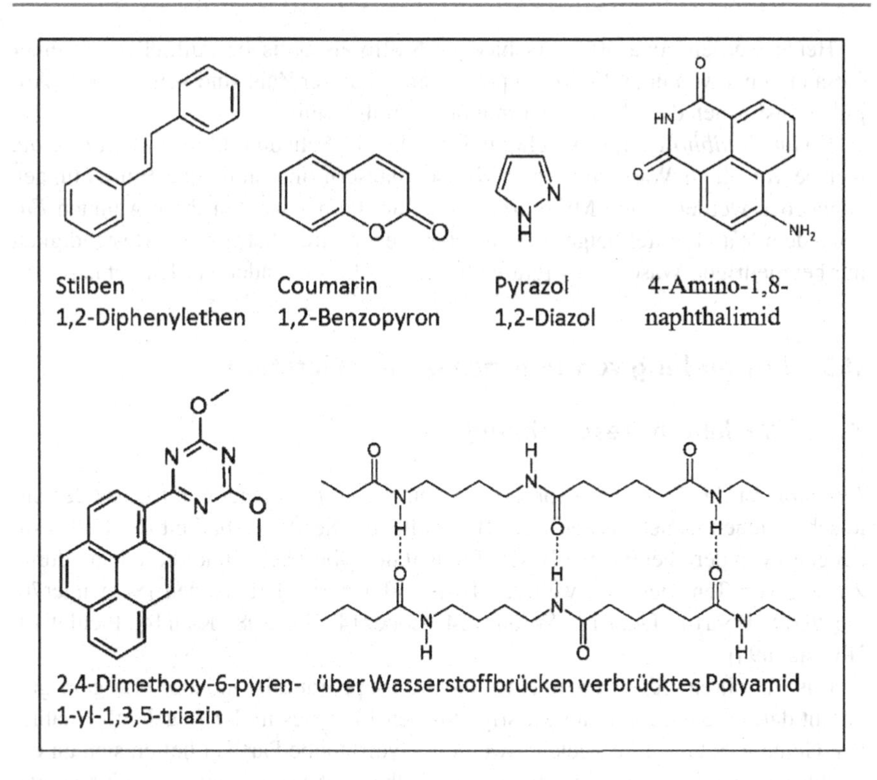

Abb. 11.7 Die verschiedenen Typen optischer Aufheller

430–440 nm emittieren, sind am geeignetsten. Bei hohem UV-Anteil, zum Beispiel im Freien bei klarer Sonne, wirkt das Weiß dann weißer, da durch die zusätzliche Emission von blauem Licht die Reemission auf über 100 % ansteigt und zudem die Gelbtöne und der Grauschleier überdeckt werden.

Die verwendeten optischen Aufheller lassen sich in sechs Gruppen einteilen:

- *Stilbenverbindungen* (etwa 80 % aller produzierten optischen Aufheller, für Zellulose und Polyamide geeignet)
- *Ethylenderivate*, die zwei heteroaromatische Reste enthalten (hydrophob, als Zusätze in Schmelzspinnverfahren)
- *Coumarinderivate* (werden heute nicht mehr verwendet)
- *1,3-Diphenyl-2-pyrazoline* (zur optischen Aufhellung von Proteinfasern, Zelluloseacetat und Polyamiden)
- *Naphthalimide* (wichtigster Vertreter N-Methyl-4-methoxy-naphthalimid, sehr stabil)
- *Verbindungen, bei denen ein kondensierter Aromat direkt mit einem Heteroaromaten verbunden ist* (zum Beispiel das 2,4-Dimethoxy-6-(1'-pyrenyl)-1,3,5-triazin).

Heute werden etwa 400 verschiedene Stoffe als optische Aufheller mit einer Gesamtmenge von über 33.000 t/a produziert. In dieser Zahl sind verschiedene Applikationsformen des gleichen Grundkörpers mitgezählt.

Schauminhibitoren im Waschmittel regeln die Schaumbildung, *Mikrobiozide*, welche vor allem Waschmitteln in Krankenhäusern und ähnlichen Einrichtungen zugegeben werden, töten Mikroorganismen ab. Ferner werden die erwähnten *Enzyme* dem Waschmittel beigesetzt, die aber wegen ihrer thermischen Beständigkeit nur bei niedrigen Waschtemperaturen bis ca. 35 °C verwendet werden können.

11.3 Anwendung von Tensiden bei der Flotation

11.3.1 Verfahrensbeschreibung

Flotation ist die Trennung (Sortierung) von Feststoffgemengen auf Basis der unterschiedlichen Benetzbarkeit ihrer Bestandteile. Die Benetzbarkeit der Feststoffe hängt ab von der chemischen Beschaffenheit der Oberfläche, und diese kann durch Zusätze von Tensiden und weiteren Hilfsstoffen verändert werden [Schwuger70, Goette69, Bera14, Jacob13, Voronov14, Lopez14, Perez08, Kaur14, Piculell13, Hoffmann94].

Das Verfahren – das Prinzip eines Flotationsapparates ist in Abb. 11.8 gezeigt – beruht darauf, dass durch die wässrige Suspension eines in der Regel aufgemahlenen Gemenges Gasblasen geleitet werden. Hydrophobe Partikel heften sich an die Gasblasen an und steigen mit ihnen an die Oberfläche der sogenannten Trübe, wo sie mit dem Schaum als Konzentrat abgestrichen werden. Die hydrophilen Teilchen verbleiben in der Trübe.

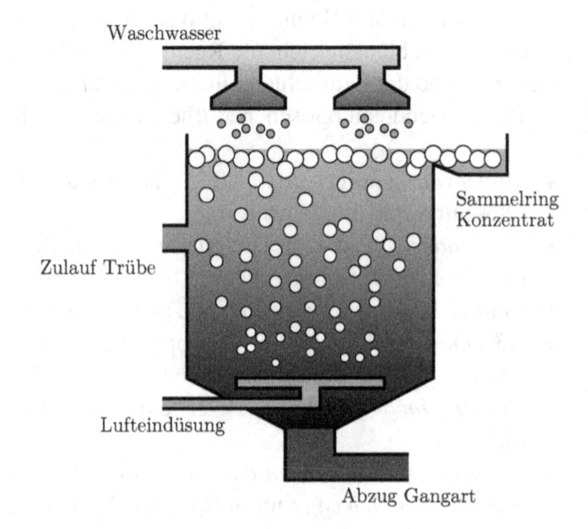

Abb. 11.8 Prinzipieller Aufbau eines Flotationsapparates

Abb. 11.9 Teilchen auf einer Flüssigkeitsoberfläche

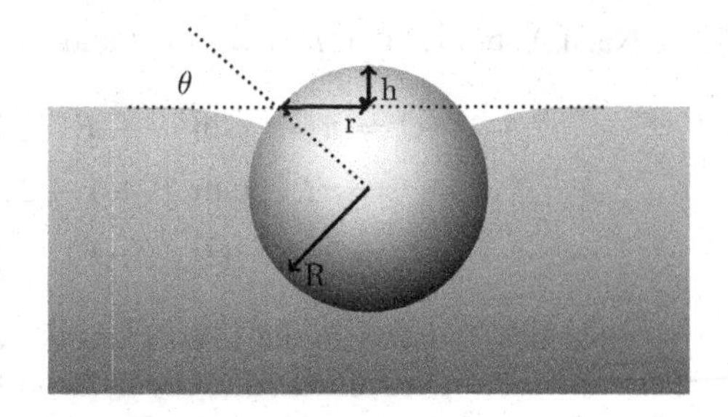

Meist wird die Flotation aufgrund des preislichen Vorteils und der besseren Umweltverträglichkeit in wässrigen Suspensionen durchgeführt. Die zugesetzten Flotationshilfsstoffe erfüllen dabei die folgenden Aufgaben:

- *Sammler* hydrophobieren die abzutrennenden Partikel (Wertstoffe).
- *Schäumer* zerteilen die in die Suspension eingeblasene Luft in möglichst viele kleine Bläschen und stabilisieren den gebildeten Schaum.
- *Aktivatoren* begünstigen die Sorption der Sammler an den abzutrennenden Partikeln.
- *Drücker* oder *Passivatoren* verhindern die Bildung von Sammlerfilmen auf Materialien, die in der Trübe verbleiben sollen, und finden vor allem bei der selektiven Trennung von mehreren Erzen Verwendung.
- Vorbereitende Reagenzien beseitigen die flotationsstörenden Ionen in der Trübe, verhindern durch Bildung von Schutzkolloiden die Flockung und stellen den für die optimale Wirkung der Sammler und Schäumer günstigen pH-Wert ein.

Damit die abzutrennenden Wertstoffe mit dem Schaum ausgetragen werden können, müssen diese in der Flüssigkeit-Gas-Grenzfläche gebunden werden. Dies ist nur möglich, wenn der Kontaktwinkel zwischen Flüssigkeit und Teilchen nicht null beträgt! Wir betrachten ein kugelförmiges Teilchen, welches in der Grenzfläche auf der Oberfläche einer Flüssigkeit schwimmt.

Durch die Masse des Teilchens und das damit verbundene Gewicht ist die Oberfläche in der Umgebung des Teilchens verformt, was aber bei kleinen Teilchen mit geringer Masse vernachlässigt werden kann. Wir gehen daher im Folgenden von einer ebenen, nicht durch das Teilchen verformten Oberfläche aus.

Das Teilchen soll im Schaum aufschwimmen und nicht zurück in die Flüssigkeit sinken. Wir fragen daher nach der Arbeit, die aufzuwenden ist, um das Teilchen aus der Oberfläche (aus seiner Gleichgewichtslage) in das innere der Flüssigkeit zu transportieren und berechnen dazu die Änderung in der Gibbs'schen Enthalpie für einen solchen Prozess. Dazu benötigen wir zunächst die Oberfläche des (kugelförmigen) Teilchens, welche der Gasphase ausgesetzt ist. Für diese Fläche O gilt

$$O = \pi(r^2 + h^2) \tag{11.4}$$

Nach Abb. 11.9 gilt: $r = R \cdot \sin\theta$ und $h = R - R \cdot \cos\theta$ und damit

$$\begin{aligned} O &= \pi(R^2 \cdot \sin^2\theta + R^2 - 2R^2 \cdot \cos\theta + \cos^2\theta) \\ &= \pi R^2 \cdot (\sin^2\theta + 1 - 2\cos\theta + \cos^2\theta) \\ &= 2\pi R^2 \cdot (1 - \cos\theta) \end{aligned} \tag{11.5}$$

Sinkt das Teilchen in die Flüssigkeit ab, dann vergrößert sich die Grenzfläche Feststoff-Flüssigkeit sowie die Grenzfläche Flüssigkeit-Gas, während die Grenzfläche Feststoff-Gas verschwindet. Damit folgt für die Änderung der Gibbs'schen Enthalpie

$$\Delta G = 2\pi R^2 \cdot (1 - \cos\theta) \cdot (\gamma_{SL} - \gamma_S) + \pi R^2 \cdot \sin^2\theta \cdot \gamma_L \tag{11.6}$$

Mithilfe der Young-Gleichung (4.111) $(\gamma_{SL} - \gamma_S) = \gamma_L \cdot \cos\theta$ erhält man daraus

$$\begin{aligned} \Delta G &= -2\pi R^2 \cdot (1 - \cos\theta) \cdot \gamma_L \cdot \cos\theta + \pi R^2 \cdot \sin^2\theta \cdot \gamma_L \\ &= \pi R^2 \cdot \gamma_L \cdot (\sin^2\theta - 2\cos\theta + 2\cos^2\theta) \\ &= \pi R^2 \cdot \gamma_L \cdot (\cos^2\theta - 2\cos\theta + 1) \\ &= \pi R^2 \cdot \gamma_L \cdot (\cos\theta - 1)^2 \end{aligned} \tag{11.7}$$

Für die Kraft F, die erforderlich ist, um das Teilchen aus der Grenzfläche zu entfernen, gilt $F \approx \frac{\Delta G}{R}$. Ist diese Kraft größer als die Gravitationskraft $F_{\text{grav.}} = \frac{4\pi}{3} R^3 \cdot \rho \cdot g$, dann verbleibt das Teilchen im Schaum in der Grenzfläche und kann durch Flotation aus dem Gemisch abgetrennt werden.

11.3.2 Flotationshilfsstoffe

Sammler

Nahezu alle Substanzen sind hydrophil, wenn sie – wie zur Vorbereitung der Flotation üblich – nassvermahlen sind. Um sie zu hydrophobieren, müssen dem Gemenge Tenside zugeführt werden. Diese werden an der Oberfläche der Feststoffpartikel sorbiert. Bei genügender Beladung ist das Mineralteilchen von einem Film von Tensiden umgeben, deren Kohlenwasserstoffteil nach außen zeigt und dadurch die Partikeloberfläche hydrophob und damit schwer benetzbar macht. Die hydrophoben Molekülreste haften dann an Grenzflächen, zum Beispiel Gasblasen, an.

Die Sammler werden nach ihren aktiven (polaren) Gruppen eingeteilt, und es wird zwischen anionen- und kationenaktiven Sammlern unterschieden (Abb. 11.10). Wichtige *anionenaktive Sammler* sind Xanthogenate (Salze von O-Alkylestern der Dithiokohlensäure), Dialkyldithiophosphate (Natriumdithiophosphat, $Na_3PS_2O_2$, auch bekannt als Nokes-Reagenz, wird bei der Flotation bei der Abtrennung von Molybdänmineralien verwendet), Alkylsulfate, Alkysulfonate und Carboxylate. Hauptsächlich werden sie zur Aufbereitung sulfidischer (zum Beispiel Zinkblende) und oxidischer Erze (zum Beispiel Apatit) verwendet.

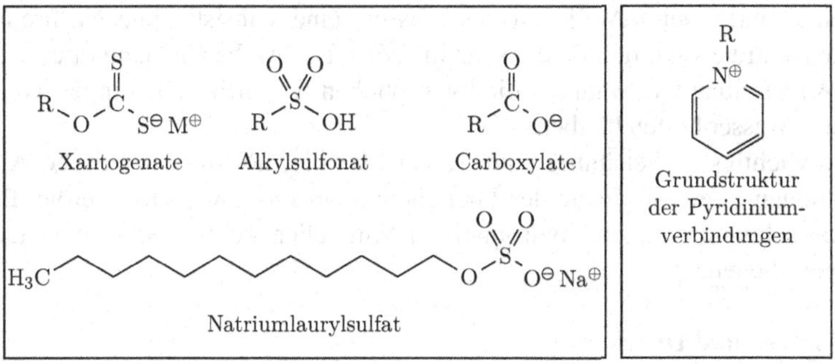

Xantogenate Alkylsulfonat Carboxylate

Natriumlaurylsulfat

Grundstruktur der Pyridiniumverbindungen

Abb. 11.10 Anion- und kationenaktive Sammler

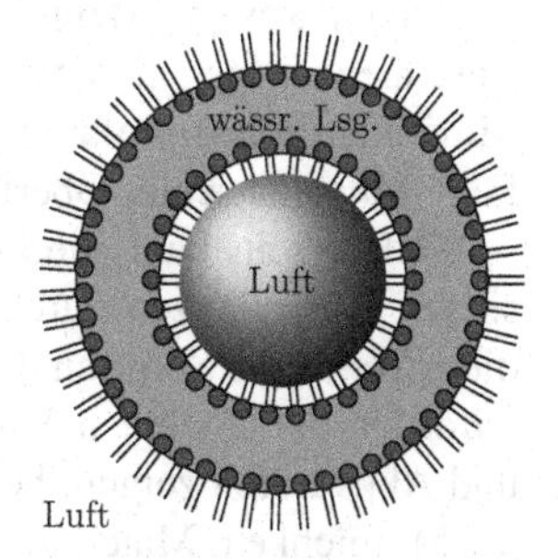

Abb. 11.11 Luftblase in der Trübe

Die zweite wichtige Sammlergruppe sind die *kationenaktiven Sammler*, zum Beispiel die Ammoniumsalze (meist Chloride) primärer, sekundärer und tertiärer Alkylamine und Alkyl-Pyridiniumsalze. Diese Sammler sind im Allgemeinen gleichzeitig *Schäumer*. Sie dienen hauptsächlich zur Aufbereitung von Kalisalzen (Sylvin).

Damit die Teilchen mit dem Schaum aufschwimmen, dürfen die Teilchendurchmesser nicht größer als ca. 5000 μm sein.

Schäumer

Die Schäumer sollen die Bildung eines kleinblasigen Schaumes mit großer Oberfläche bewirken und den gebildeten Schaum stabilisieren. Auch hierzu werden heteropolare Verbindungen eingesetzt, wobei der heteropolare Charakter weniger ausgeprägt ist als bei den Sammlern. Sie reichern sich an der Grenzfläche Wasser/Luft an, wodurch die Oberflächenspannung der Flüssigkeit erniedrigt und die Bildung vieler kleiner Bläschen ermöglicht wird (Abb. 11.11).

Kommen die stärker polaren Sammler mit den Luftbläschen in Berührung, dann bauen sich die stärker polaren Sammler unter Verdrängung der weniger polaren Schäumermoleküle in die Luftblase ein. Erreichen solche Blasen die Oberfläche, so entsteht aus ihnen eine Schaumschicht. Die mechanische Festigkeit dieser Schaumlamellen hängt von der Löslichkeit der polaren Gruppen in der wässrigen Phase und der Länge der Kohlenwasserstoffketten der Schäumermoleküle ab. In diesen

Lamellen findet beim Abfließen des Wassers eine selbstständige Nachreinigung der Konzentrate statt, da mitgerissene im Wasser schwebende Gangartteilchen mit dem Wasser ablaufen, während die hydrophoben Erzpartikelchen in der Grenzfläche Luft/Wasser haften bleiben.

Die wichtigsten Schäumer sind Terpenalkohole, höhere aliphatische Alkohole, Kationenseifen, Sulfonate des Phenols und Kresols sowie Holzteeröle. Bei besonders schwimmfähigen (hydrophoben) Mineralien können Schäumer auch als Sammler dienen.

Aktivatoren und Drücker

Die Oberflächeneigenschaften mancher Mineralien lassen es nicht zu, dass die Sammlerionen adsorbiert werden. Adsorbiert man an der Oberfläche solcher Partikel mehrwertige Metallionen (Aktivatoren), so ziehen diese Ionen mit ihren Restvalenzen negative Sammlerionen stark an und machen die vorher passiven Mineralien schwimmfähig. Auf diese Weise lässt sich sogar Quarz flotieren, wenn Fe^{2+}-Ionen an seiner Oberfläche adsorbiert werden.

Andererseits kann die Flotierbarkeit dadurch unterdrückt werden, dass ihre positiven Restvalenzen durch negative Ionen (Drücker) abgesättigt werden und auf diese Weise die Sorption der ebenfalls negativ geladenen Sammlerionen verhindert wird. Da die einzelnen Materialien verschieden starke Affinität zu den Drückern und Aktivatoren zeigen, besteht durch den Zusatz von Aktivatoren bzw. Drückern die Möglichkeit, Materialien selektiv durch Flotation zu trennen.

Vorbereitende Reagenzien

Lösliche Schwermetalle in der Trübe stören oft den Flotationsprozess empfindlich, da die Metallionen negative Sammlerionen binden. In solchen Fällen werden Reagenzien, zum Beispiel Komplexbildner, zugesetzt, die diesen Effekt verhindern.

Eine entscheidende Rolle spielt bei der Flotation der pH-Wert. Meist wird in neutraler Lösung oder schwach alkalischer Trübe gearbeitet. Die Trüben sulfidischer Erze reagieren meistens sauer und werden vor der Flotation durch Zugabe von $Ca(OH)_2$ oder Na_2CO_3 auf den optimalen pH-Wert eingestellt. Der störende Einfluss kolloider Schlämme beispielsweise durch mitgeschleppte Tone würde einen unnötig hohen Verbrauch an Flotationschemikalien bedingen und wird durch Zugabe von Alkalisilikaten oder organischen Schutzkolloiden (zum Beispiel Pflanzenschleimen) unterdrückt.

Flotationsgas

Meist wird Luft als Flotationsgas verwendet. Versuche mit anderen Gasen ergaben keine wesentliche Verbesserung.

Nachdem der Wertstoff abgetrennt ist, muss der Schaum zur weiteren Aufarbeitung der Stoffe möglichst schnell zusammenbrechen. Dazu werden *Antischaummittel* zugesetzt.

Mizellkolloide

12

Mizellen, auch *Assoziationskolloide* genannt, sind thermodynamisch stabile Assoziate aus amphiphilen Molekülen, die sich in einem Dispersionsmedium spontan zusammenlagern (Selbstassemblierung). Der Mizellbildungsprozess ist durch den amphiphilen Molekülaufbau bedingt und wird daher nur von Tensiden realisiert.

Betrachten wir als Beispiel die Messung der elektrischen Leitfähigkeit der Lösung einer typischen Alkaliseife. Der Verlauf einer solchen Messung als Funktion der Tensidkonzentration ist in Abb. 12.1 gezeigt.

Betrachtet man Abb. 12.1, dann können drei Bereiche unterschieden werden:

- *Der lineare Anfangsbereich I* des Kurvenverlaufs entspricht dem eines vollständig dissoziierenden (starken) 1,1-Elektrolyten und folgt dem Kohlrausch'schen Quadratwurzelgesetz, benannt nach Friedrich Kohlrausch[1] (Abb. 12.2):

$$\Lambda_c = \Lambda_0 - A\sqrt{c}$$

  Dieser Verlauf kann mittels der Debye-Hückel-Onsager-Theorie auch theoretisch abgeleitet werden.
- *Im mittleren Bereich II* fällt ab einer bestimmten Konzentration c_K des Tensids die Leitfähigkeit plötzlich steil ab und nähert sich schließlich einem Grenzwert. In diesem Bereich lagern sich die Tensidmoleküle plötzlich zusammen und bilden Mizellen. Der Knickpunkt beschreibt die *kritische Mizellbildungskonzen-*

[1] Friedrich Wilhelm Georg Kohlrausch (* 14. Oktober 1840 in Rinteln; † 17. Januar 1910 in Marburg) war ein deutscher Physiker und Physikochemiker. Er konzentrierte seine Forschung unter anderem auf das neu entwickelte Gebiet der Physikalischen Chemie, insbesondere der Lösungen und deren elektrische Leitfähigkeit (Leitvermögen), die Bestimmung des Ionenprodukts des Wassers, die Entwicklung des ersten Konduktometers für die Leitfähigkeitsmessung von Elektrolyten, die Ermittlung des Löslichkeitsprodukts von schwerlöslichen Salzen, die Bestimmung der Leitfähigkeitsänderung in Abhängigkeit von der Temperatur, die Bestimmung der Wanderungsgeschwindigkeiten von Ionen aus der Grenzleitfähigkeit bei der Elektrolyse sowie auf die Thermoelektrizität und Wärmeleitung, die Totalreflexion des Lichts und die Elastizität.

Quelle: http://de.wikipedia.org/wiki/Friedrich_Kohlrausch_(Physiker)

G.J. Lauth, J. Kowalczyk, *Einführung in die Physik und Chemie der Grenzflächen und Kolloide*, DOI 10.1007/978-3-662-47018-3_12

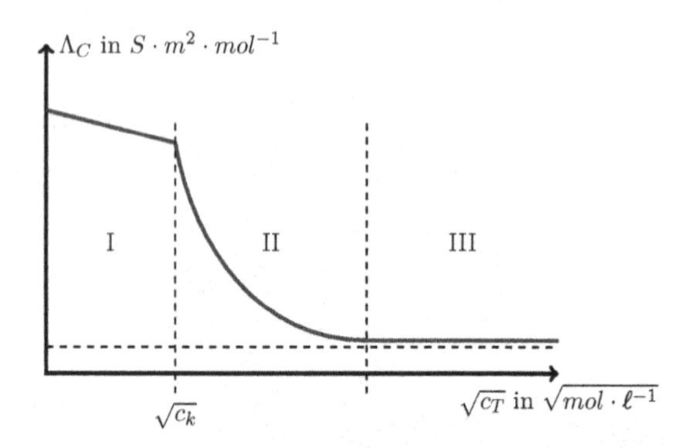

Abb. 12.1 Elektrische Leitfähigkeit aufgetragen über der Tensidkonzentration

Abb. 12.2 Friedrich Kohlrausch

tration c_K des entsprechenden Tensids. Der starke Abfall der Kurve ist begründet in einer deutlich verringerten Beweglichkeit der großen Mizellen in der Lösung.

- *Der horizontal verlaufende Bereich III* der Kurve ist der Bereich, in welchem die Konzentration an freiem Tensid in der Lösung konstant ist; lediglich die Zahl der Mizellen nimmt zu.

Bei der kritischen Mizellbildungskonzentration c_K zeigen auch andere Eigenschaften der Lösung eine Diskontinuität, beispielsweise der osmotische Druck, die Oberflächenspannung, der Viskositätskoeffizient, der Brechungsindex, die Dichte, die Lichtstreuung, die Ultraschallabsorption und das spektrale Verhalten der Lösung.

Bei niedriger Konzentration lagern sich die Tensidmoleküle zunächst an den Grenzflächen, zum Beispiel der Grenzfläche Flüssigkeit/Luft, an. Dies geht so lange, bis sich eine geschlossene, unimolekulare Schicht gebildet hat. An dieser Stelle ist die kritische Mizellbildungskonzentration erreicht. Erhöht man die Tensidkonzentration weiter, dann lagern sich die Tensidmoleküle spontan zu Aggregten, den

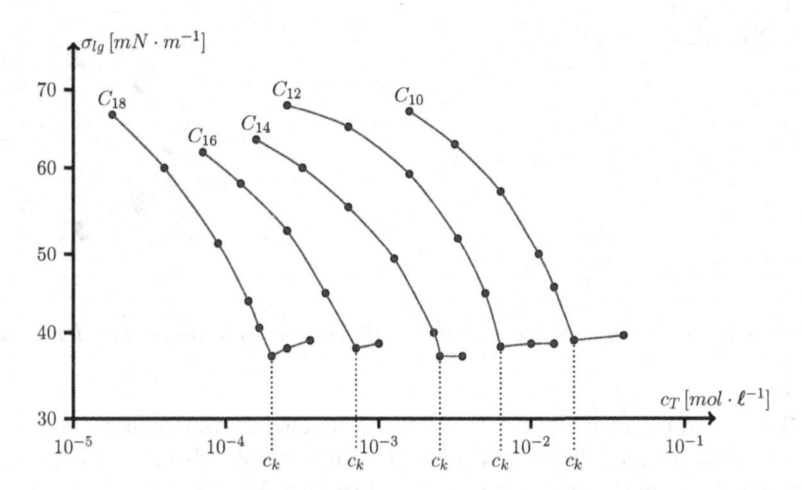

Abb. 12.3 Oberflächenspannung über der kritischen Mizellbildungskonzentration für verschiedene Substanzen

Mizellen, zusammen, wobei die polaren Kopfgruppen in die Lösung weisen, während die apolaren Molekülreste in das Innere der Mizelle gerichtet sind.

Ist diese Theorie richtig, dann würde man Folgendes erwarten: Je länger der apolare Rest ist, desto früher wird eine unimolekulare Schicht auf der Oberfläche der polaren Flüssigkeit gebildet, und desto niedriger ist die kritische Mizellbildungskonzentration – und genau dieses Verhalten findet man im Experiment!

In Abb. 12.3 ist die Oberflächenspannung über der kritischen Mizellbildungskonzentration aufgetragen. Man findet das gleiche Verhalten wie im Fall der Leitfähigkeit, wobei die Knicke in den Kurven jeweils an den gleichen Stellen auftreten. Man erkennt: Je länger die Kohlenstoffkette bei den homologen Verbindungen ist, desto niedriger ist die kritische Mizellbildungskonzentration.

Thermodynamisch ist die Bildung der Mizellen damit zu erklären, dass im Fall einzelner Tensidmoleküle diese Wassermoleküle an sich binden, damit die Tenside überhaupt in der Lösung verteilt werden können. Durch die Bildung der Mizellen wird ein großer Teil der Wassermoleküle freigesetzt, sodass sich die Entropie des Systems insgesamt erhöht. *Damit ist die Mizellbildung ein entropiegetriebener Prozess!*

► *Der Ursprung der hydrophoben Wechselwirkung und damit die Bildung von selbstorganisierten Strukturen wie den Mizellen ist in der polaren Natur des Wassers begründet. Nur durch solche Selbstorganisationsprozesse, getrieben durch entropische Prozesse und Wechselwirkungen der besprochenen Art, ist die Bildung komplexer Strukturen und die Entwicklung von Leben überhaupt möglich! Auch wenn diese komplexen Strukturen auf den ersten Blick dem zweiten Hauptsatz der Thermodynamik zu widersprechen scheinen, sind sie in Einklang mit den Gesetzen, und der augenscheinliche Entropieverlust, der mit der Bildung solch komplexer*

Abb. 12.4 Geladenes Tensid

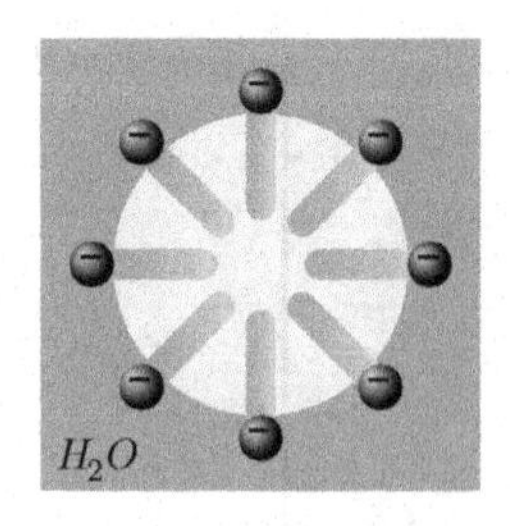

Strukturen einhergeht, wird ausgeglichen durch den Entropiegewinn der Umgebung.

Bei den *Niotensiden* sind die die c_K-Werte um ein bis zwei Zehnerpotenzen geringer als bei den ionischen Tensiden. Der Grund liegt wahrscheinlich in der starken Abstoßung der geladenen Kopfgruppen der ionischen Tenside.

Bei geladenen Tensiden (Abb. 12.4) baut sich zudem eine elektrolytische Doppelschicht um die Mizelle auf, die zu geringeren Aggregationszahlen von Einzelmolekülen in der Mizelle führt. Während die Aggregationszahlen bei ionischen Tensiden im Bereich $z_A = 10\text{–}200$ liegen, liegen diese bei den Niotensiden im Bereich von 30–10.500.

Daraus folgt aber auch, dass es sich bei mizellaren Systemen um *polydisperse Systeme* handelt; man kann somit stets nur eine mittlere Mizellgröße und eine entsprechende Verteilung angeben, die zum Beispiel mithilfe von Streumethoden bestimmt werden können.

Die kritische Mizellbildungskonzetration hängt ab von:

- der Art des Dispersionsmittels,
- der Art der hydrophilen Kopfgruppe,
- der Länge und der Konfiguration der hydrophoben Gruppe,
- der Temperatur.

Es gibt empirische Gleichungen, mit denen sich die kritische Mizellbildungskonzentration abschätzen lässt. Diese sind für ionische und nichtionische Tenside unterschiedlich und im Wesentlichen nur für Anwender interessant. Hier soll nicht weiter darauf eingegangen werden (zum Beispiel [Doerfler02]).

Wie oben erwähnt, besitzt auch die Temperatur einen Einfluss auf die kritische Mizellbildungskonzentration. Trägt man die Grenzkurven bezüglich der Mizellbildung über der Temperatur auf, erhält man ein Diagramm, welches ähnlich dem eines Phasendiagramms eines einkomponentigen Systems ist (Abb. 12.5). Daher spricht man auch in diesem Fall von einem *Phasendiagramm der Mizellbildung*.

Beginnen wir in der rechten Hälfte des Diagramms im Bereich der „Monomere in Lösung“ und halten die Temperatur konstant. Erhöhen wir die Konzentration an Tensid, erreichen wir irgendwann die Linie der kritischen Mizellbildungskonkonzentration, und es bilden sich Mizellen in der Lösung.

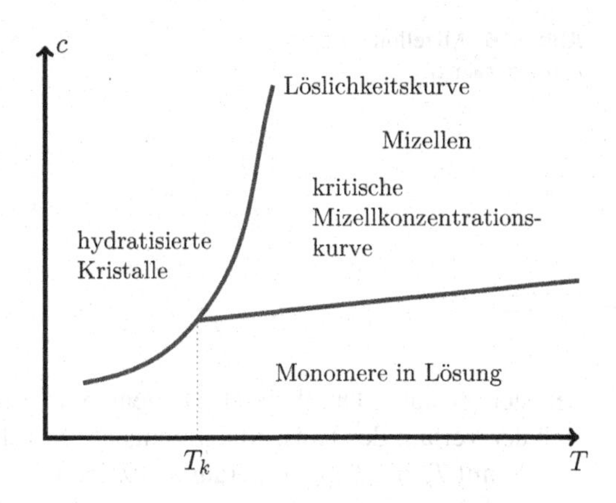

Abb. 12.5 Kritische Mizellbildungskonzentration aufgetragen über der Temperatur

Wir starten bei ausreichend hoher Temperatur im Bereich der „hydratisierten Kristalle". Betrachten wir nun das chemische Potenzial der Tenside. Nach Definition des chemischen Potenzials gilt:

$$d\mu = v\,dp - s\,dT \tag{12.1}$$

Dabei bedeutet v das molares Volumen und s die molare Entropie.

Nun fragen wir nach der Temperaturabhängigkeit des chemischen Potenzials. Aus der Definitionsgleichung geht unmittelbar hervor, dass gilt:

$$\left(\frac{\partial \mu}{\partial T}\right)_p = -s \tag{12.2}$$

Das Experiment liefert, dass bei ausreichend niedriger Temperatur das Tensid in der Lösung als (nicht aufgelöster) Feststoff vorliegt. Erst bei höherer Temperatur geht das Tensid in die gelöste Phase über.

Im Feststoff ist die Entropie des Tensids sicherlich niedriger als in Lösung. Zudem ist die Entropie nach dem dritten Hauptsatz der Thermodynamik $s > 0$ für reale Systeme. Das bedeutet aber, dass die Steigung $\left(\frac{\partial \mu}{\partial T}\right)_p = -s$ stets negativ ist, und zwar umso mehr negativ, je größer s ist. Damit ist aber:

$$\left(\frac{\partial \mu}{\partial T}\right)_p^{\text{fest}} < \left(\frac{\partial \mu}{\partial T}\right)_p^{\text{Lösung}} \tag{12.3}$$

Tragen wir das Ergebnis in einem Diagramm auf (Abb. 12.6), dann ergibt sich folgendes Bild: Bei niedriger Temperatur ist das chemische Potenzial des ungelösten, kristallin vorliegenden Tensids niedriger als das der gelösten Verbindung. Diese Aussage ist richtig bis zum Erreichen der kritischen Mizellbildungstemperatur T_k. Da das System versucht, stets ein Minimum des chemischen Potenzials und damit auch der Gibbs'schen freien Energie einzunehmen, wechselt das Tensid in den

Abb. 12.6 Mizellbildung und Kraftpunkt

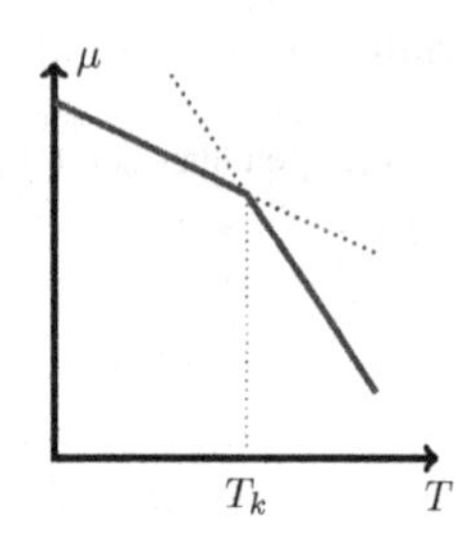

gelösten Zustand. Durch derart elementare thermodynamische Betrachtungen lässt sich der Verlauf des Phasendiagramms der Mizellbildung verstehen.

Der mit T_k im Phasendiagramm bezeichnete Schnittpunkt der Löslichkeitskurve mit der kritischen Mizellkonzentrationskurve in Abb. 12.5 heißt *Krafft-Punkt* (nach Friedrich Krafft[2]). Da der Krafft-Punkt relativ scharf ist entsteht der Eindruck, dass das Tensid bei Erreichen dieser Temperatur aufschmilzt, was in der Literatur zu einem Vergleich mit dem Schmelzpunkt in einem Einkomponenten-Phasendiagramm geführt hat. Dieser Eindruck wird zudem dadurch verstärkt, dass Verunreinigungen die Krafft-Temperatur – wie beim gewöhnlichen Schmelzpunkt auch – erniedrigen.

Anstelle des Aufschmelzens tritt bei Niotensiden eine *Trübung* in der Lösung ein, die oberhalb eines Temperaturintervalls verschwindet. Anstelle des Krafft-Punktes spricht man hier bei Erreichen der Trübung vom *Cloud-Punkt* bzw. der *Cloud-Temperatur*.

Oberhalb des Cloud-Punktes besteht das System aus einer nahezu mizellfreien Lösung mit einer Tensidkonzentration, die der kritischen Mizellkonzentration entspricht, sowie einer tensidreichen zweiten Phase. Da sich hierbei die im Vergleich zu den Lösungsmittelmolekülen großen Mizellen mit Ausdehnungen im Bereich der Wellenlängen des sichtbaren Lichtes bilden, erscheint durch die starke Streuung die Lösung trübe. Wie bei der Krafft-Temperatur hängt die Cloud-Temperatur von der chemischen Struktur der Tenside ab.

Gehen wir von einem Gleichgewicht aus, dann stehen die Tensidmoleküle in der Lösung im Gleichgewicht mit der Mizellphase. Bei Erreichen der mizellaren Grenzkonzentration schließen sich die einzelnen Tensidmoleküle somit im Sinne einer chemischen Reaktion zu den Aggregaten zusammen. Ausgehend von dieser Modellvorstellung können wir das Massenwirkungsgesetz anwenden, und wir erhalten einen Ansatz für die Reaktion einzelner Tensidmoleküle zu den Mizellen in folgender Form:

$$jA_1 \rightleftharpoons A_j \quad K_j = \frac{[A_j]}{[A_1]^j} = e^{-\frac{\Delta G}{RT}} \tag{12.4}$$

[2] Friedrich Krafft (* 21. Februar 1852 in Bonn; † 3. Juni 1923 in Heidelberg) war ein deutscher Chemiker. Sein Interesse galt den Fettsäuren, den aromatischen Sulfonsäuren und dem stufenweisen Abbau der Carbonsäuren (Krafft'scher Carbonsäureabbau). Er synthetisierte aromatische Selen- und Tellurverbindungen und bestimmte den Siedepunkt der Edelmetalle.

Quelle: http://de.wikipedia.org/wiki/Friedrich_Krafft_(Chemiker)

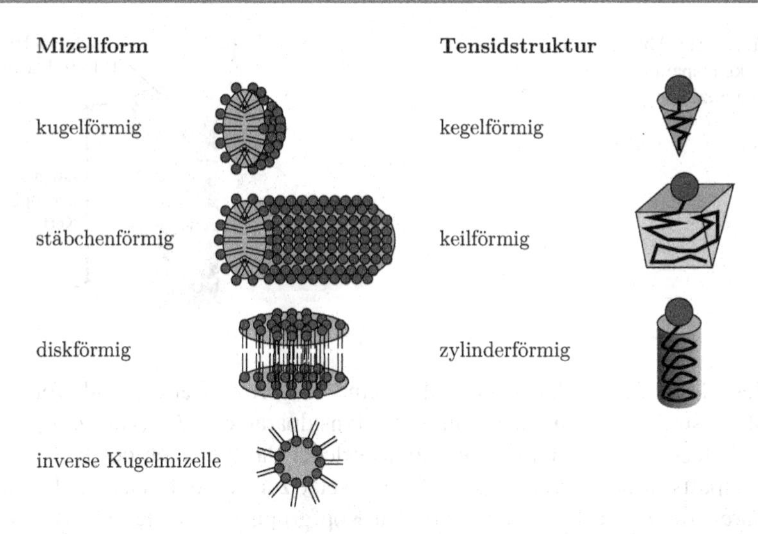

Abb. 12.7 Mizellformen in Abhängigkeit der Struktur der Tensidmoleküle

$[A_1]$ bedeutet die Konzentration der Einzeltensidmoleküle in der Lösung bedeutet, $[A_j]$ die Konzentration des Reaktionsprodukts „Mizelle". Dabei ist klar, dass die Reaktion zum Endprodukt ein Mehrstufenprozess ist, bei dem sich immer mehr Tensidmoleküle zu einer Mizelle zusammenlagern, wobei die einzelnen Mizellen unterschiedliche Größen aufweisen. Diese unterschiedlich großen Mizellen stehen im Gleichgewicht miteinander, und wir können lediglich Aussagen über die jeweiligen Mittelwerte tätigen.

Nicht nur, dass die Mizellen unterschiedliche Größe aufweisen, sie bilden zudem unterschiedliche Formen (Abb. 12.7). Grundsätzlich bestimmen die Struktur des Tensids und dessen Konzentration in der Lösung, welche Art von Mizelle gebildet wird:

- Kugelförmige Mizellen werden vorzugsweise von kegelförmigen Tensiden ausgebildet,
- stäbchenförmige Mizellen von keilförmigen Monomeren und
- diskenförmige Mizellen von zylinderförmigen Tensidmolekülen.
- Daneben existieren inverse Mizellen, bei denen die polaren Gruppen nach innen, die unpolaren nach außen weisen.

In der Lösung findet man häufig alle Strukturen vor, das heißt, die Lösungen sind nicht nur polydispers, sondern zudem *polyform*.

Man kann aber davon ausgehen, dass die Mizelloberfläche mehr oder weniger vollständig mit den hydrophilen Kopfgruppen bedeckt ist. Zudem stoßen sich bei geladenen Kopfgruppen diese aufgrund der elektrostatischen Abstoßung stärker ab als polare Kopfgruppen. Bei geladenen Tensiden ist daher der Abstand der Kopfgruppen auf der Oberfläche größer als bei Niotensiden. Ferner müssen die hydrophoben Molekülreste im Inneren der Mizelle vollständig mischbar sein.

Abb. 12.8 Zur Abschätzung des Packungsparameters bei Stäbchenmizellen

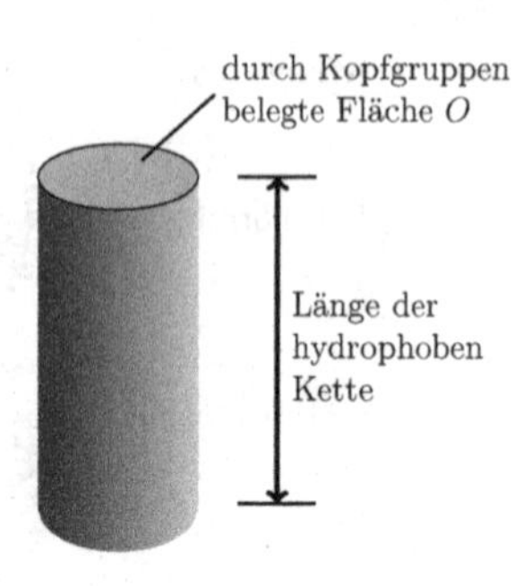

Diese Modellvorstellungen erlauben eine weitere Näherung und Vorhersage der Mizellstruktur. Dazu kann man einen Tensidparameter P_T (*Packungsparameter* nach Jacob Israelachvili[3]) einführen, welcher das Volumen des hydrophoben Molekülparts in der Mizelle ins Verhältnis setzt zum Produkt aus der Länge der unpolaren Kette mit der von den polaren Kopfgruppen besetzten Oberfläche. Zu beachten ist, dass dabei die Hydrathüllen der Kopfgruppen einen erheblichen Platzbedarf haben, da sie bei der Mizellbildung nur teilweise abgebaut werden. Ist der Platzbedarf von Kopfgruppe und Schwanz unterschiedlich, dann resultiert daraus eine Krümmung der Grenzfläche zwischen dem Aggregat und der umgebenden Lösung. Somit ist zu erwarten, dass große Kopfgruppen, beispielsweise ionische Tenside mit kurzer aliphatischer Kette, zu Kugelmizellen führen. Ist umgekehrt der aliphatische Teil weit größer als die polare Kopfgruppe, kann dies – insbesondere bei geeignetem Dispersionsmittel – zu inversen Mizellen führen.

Bei der *Kugelmizelle* ist die Kugeloberfläche mit den polaren Kopfgruppen besetzt, das Innere der Kugel ist ausgefüllt durch die apolaren Reste. Damit ergibt sich für die Kugel ein P_T-Wert von:

$$P_T = \frac{\text{Mizellvolumen } \overline{V}}{\text{Länge } L_c \cdot \text{Oberfläche polarer Kopf } A} = \frac{\frac{4\pi}{3} r^3}{L_c \cdot 4\pi r^2} = \frac{1}{3} \cdot \frac{r}{L_c} = \frac{1}{3} \quad (12.5)$$

Im Fall der *Stäbchenmizelle* ist die Mantelfläche des Zylinders mit den Kopfgruppen belegt (Abb. 12.8), und unter Vernachlässigung der Stirnflächen ergibt sich ein Verhältnis von:

$$P_T = \frac{\text{Mizellvolumen } \overline{V}}{\text{Länge } L_c \cdot \text{Oberfläche polarer Kopf } O} = \frac{L_c \cdot r^2 \pi}{L_c \cdot 2\pi r \cdot r} = \frac{1}{2} \quad (12.6)$$

Da die Mizellbildung auch vom Dispersionsmittel und von der Temperatur abhängt, erhält man durch eine Abschätzung der Mizellform mit (12.5) und (12.6)

[3] Jacob Israelachvili ist Professor für Chemieingenieurwesen und Materialien an der University of California, Santa Barbara. Seine Forschungsergebnisse haben wesentlich zum Verständnis kolloidaler Dispersionen, biologischer Systeme und zur technischen Anwendung von Polymeren beigetragen. In seiner Arbeitsgruppe wurden zahlreiche Messmethoden zur Untersuchung von Oberflächen entwickelt.
Quelle: http://en.wikipedia.org/wiki/Jacob_Israelachvili

keine verlässlichen Aussagen, sondern lediglich eine grobe Schätzung. Man findet zudem, dass in Lösung abhängig von der Temperatur Phasen gebildet werden, bei denen Übergänge von der einen in die andere Form stattfinden.

Die Mizellen sind ferner in der Lage, andere Moleküle in sich aufzunehmen: *Dies ist gerade die Grundlage der Zellbildung und damit allen Lebens!* Auch der Waschprozess basiert auf dieser Eigenschaft. Die Mizellen haben eine begrenzte Aufnahmekapazität für solche Fremdmoleküle, und oftmals ist der Einbau anderer Substanzen mit einer Änderung der Mizellstruktur verbunden. Dies wirkt sich auch auf die kritische Mizellbildungskonzentration aus. Oftmals werden beim Einbau von Fremdmolekülen aus den Stäbchenmizellen wegen der geringeren spezifischen Oberfläche Kugelmizellen.

Diese Eigenschaft des möglichen Einbaus weiterer Substanzen in die Mizellen ist fundamental für die Strukturbildung bei Flüssigkristallen, mit denen wir uns im folgenden Abschnitt beschäftigen.

Weitere Informationen zu Mizellkolloiden finden sich zum Beispiel in [Loh14, Lin12, Efth11, Ma06, Wright06, Hong07, Liu06, Malfi28, Almgren00, Chen05, Fromherz81, Luc64, Lucy64, Lutz05, Ma05, Oaken77, Tiddy80, Wenner79, Zhao07].

Flüssigkristalle 13

Ein *Flüssigkristall* ist eine Substanz, die zum einen flüssig ist wie eine Flüssigkeit, andererseits anisotrope physikalische Eigenschaften aufweist wie ein Kristall. Bereits 1889 beschrieb Otto Lehmann[1] (Abb. 13.1) aufgrund eines an ihn gerichteten Schreibens von Friederich Reinitzer die Eigenschaften der „fließenden Kristalle" und führte diese unter dem Namen „flüssige Kristalle" ein. Lehmann hatte beobachtet, dass kristallines Cholesterylbenzoat bei 145 °C zunächst in eine trübe Flüssigkeit übergeht und bei einer Temperatur von 178 °C eine klare Flüssigkeit bildet. Er untersuchte die Substanz mit einem Polarisationsmikroskop und stellte fest, dass sich zwischen der flüssigen und festen Phase eine heute als Mesophase bezeichnete Zwischenphase bildet, die unter anderem eine starke Doppelbrechung zeigt.

$$\text{Festkörper} \xleftrightarrow{T_m} \text{polymorphe Flüssigkristalle} \xleftrightarrow{T_K} \text{Flüssigkeit}$$

Dabei ist T_m die Schmelztemperatur und T_K die Klärtemperatur.

Am Schmelzpunkt bricht die im Festkörper vorliegende Fernordnung der Moleküle nicht vollständig zusammen. Im Bereich der polymorphen Flüssigkristalle liegt quasi eine kristalline Flüssigkeit vor, bei der im Nahbereich die kristalline Ordnung bestehen bleibt. Erst im Gebiet der isotropen Flüssigkeit verschwindet auch diese Nahordnung.

1906 entdeckte der niederländische Chemiker Jaeger mittels polarisationsmikroskopischer Versuche die grundlegenden Strukturen der flüssigkristallinen Phasen: die nematische, cholesterische und die smektische Phase. Der Chemiker Daniel Vorländer[2] fand verschiedene smektische Strukturen bei synthetischen Verbindungen

[1] Otto Lehmann (* 13. Januar 1855 in Konstanz; † 17. Juni 1922 in Karlsruhe) war ein deutscher Physiker und gilt als Begründer der Flüssigkristallforschung. Er wurde mehrfach für den Nobelpreis vorgeschlagen, ohne ihn je zu erhalten.

Quelle: http://de.wikipedia.org/wiki/Otto_Lehmann_(Physiker)

[2] Daniel Vorländer (* 11. Juni 1867 in Eupen; † 8. Juni 1941 in Halle) war ein deutscher Chemiker. Er forschte hauptsächlich auf dem Gebiet kristalliner Flüssigkeiten.

Quelle: http://de.wikipedia.org/wiki/Daniel_Vorläder

G.J. Lauth, J. Kowalczyk, *Einführung in die Physik und Chemie der Grenzflächen und Kolloide*, DOI 10.1007/978-3-662-47018-3_13

Abb. 13.1 Otto Lehmann

und entdeckte, dass ein langgestreckter Molekülbau Voraussetzung für die Entstehung flüssigkristalliner Phasen ist.

Der *elektrooptische Effekt* – die Grundlage der Flüssigkristalldisplays – wurde bereits 1918 von Björnstall entdeckt. Da sich die technische Bedeutung dieser Beobachtungen damals nicht abzeichnete, wurde der Effekt nicht weiter erwähnt und erst in den 1960er Jahren durch Heilmeyer[3] wiederentdeckt und vermarktet.

1973 entdeckte George Gray[4] Flüssigkristalle (Cyano-Biphenyle), die bei Raumtemperatur in einer stabile nematische Phase vorliegen und sich somit für den Bau von TN-Zellen (*twisted nematic cell*; nematisch verdrillte Zelle) eignen. Bis zu dieser Entdeckung lag die Betriebstemperatur der ersten Displays bei etwa 80 °C.

Flüssigkristalle verbinden Eigenschaften von Flüssigkeiten, zum Beispiel das Fließverhalten, mit den elektrischen und optischen Eigenschaften von kristallinen Feststoffen. Bei *thermotropen Flüssigkristallen* geschieht die Phasenumwandlung zwischen Kristall, Flüssigkristall und isotroper Flüssigkeit unter Temperaturerhöhung.

Im Unterschied zu thermotropen Flüssigkristallen ist die Bildung von *lyotropen Flüssigkristallen* sowohl von der Temperatur als auch von der Tensidkonzentration abhängig. Eine klare Abgrenzung zwischen lyotropen und thermotropen Flüssigkristallen ist allerdings nicht möglich, da auch lyotrope Flüssigkristalle thermisch induzierte Phasenumwandlungen aufweisen. Daher werden Systeme mit starkem lyotropen und thermotropen Verhalten auch als *amphotrop* bezeichnet.

---

[3] George Harry Heilmeier (* 22. Mai 1936 in Philadelphia, Pennsylvania; † 21. April 2014 in Plano, Texas) war ein US-amerikanischer Elektroingenieur und Manager, der maßgeblich zur Entwicklung von Flüssigkristallanzeigen beigetragen hat.
http://de.wikipedia.org/wiki/George_H._Heilmeier

[4] George William Gray (* 4. September 1926 in Denny, Schottland; † 13. Mai 2013) war ein britischer Chemiker, der wichtige Beiträge zur Materialwissenschaft von Flüssigkristallen leistete. Er war Professor für organische Chemie an der University of Hull.
Quelle: http://de.wikipedia.org/wiki/George_William_Gray

Die Bildung lyotroper Flüssigkristalle verläuft wie bei allen Mizellbildungsvorgängen und wie bereits bei der Mizellbildung beschrieben schrittweise unter sukzessiver Anlagerung von einzelnen Tensidmolekülen in einem Lösungsmittel (meist Wasser) zu lyotrop-flüssigkristallinen Mischphasen. Bei der Bildung der Mizellen mit geometrischen Abmessungen im Bereich der Wellenlänge des sichtbaren Lichtes entsteht auch hier wieder eine deutliche Trübung aufgrund der intensiven Lichtstreuung, die beim Auflösen der Mizellen bei höherer Temperatur, das heißt beim Phasenübergang zur isotropen Flüssigkeit, wieder verschwindet.

Die meisten Flüssigkristalle sind aus stäbchenförmigen (kalamitischen) Molekülen oder aus scheibenförmigen (discotischen) Molekülen aufgebaut. Nachdem sich die ersten Mizellen gebildet haben, entstehen daraus hoch geordnete Systeme, deren Struktur unter anderem von der Mizellkonzentration abhängt.

Anders als die thermotropen Flüssigkristalle lassen sich die lyotropen Flüssigkristalle eher mit der Nahordnungsstruktur von Flüssigkeiten beschreiben. Dies ermöglicht einerseits die Unterscheidung zwischen den beiden Typen von Flüssigkristallen, zum anderen lassen sich an den lyotropen Flüssigkristallen das Bestreben zur Selbstorganisation und die dabei ablaufenden kinetischen Vorgänge untersuchen.

Abbildung 13.2 zeigt schematisch den Ablauf der Selbstorganisation beginnend vom monomeren Tensid in der Lösung über die Bildung der verschiedenen Mizellstrukturen und deren Ordnung hin zu größeren Strukturen. Die Ausrichtung der flüssigkristallinen Struktureinheiten wird durch einen Einheitsvektor, den sogenannten *Director*, beschrieben, der die (mittlere) Richtung der Achsen der Mizellen in der flüssigkristallinen Struktur angibt. Bei weiter ansteigender Konzentration bilden sich verschiedene Phasen, die sich in ihrer Ordnung und Ordnungsstruktur unterscheiden und bei denen die Mizellen unterschiedlich gepackt sind wie bei kristallinen Festkörpern.

Die Beschreibung des lyotropen flüssigkristallinen Zustands erfolgt durch Zustandsdiagramme binärer, ternärer oder quaternärer Systeme, die recht kompliziert sein können. Auch kettensteife lang gestreckte Makromoleküle können in Lösung lyotrope Flüssigkristalle bilden, wodurch die damit verbundenen Anwendungen zu einem interessanten Gebiet der Polymerchemie geworden sind.

Die thermotropen kalamitischen (stäbchenförmigen) Flüssigkristalle werden in drei verschiedene Phasen eingeteilt,

- die nematische (vom griechischen *nema* für „Faden"),
- die cholesterische (abgeleitet von den zugrunde liegenden Cholesterolester-Molekülen) und
- die smektische (vom griechischen *smega* für „Seife", abgeleitet von der Textur der Seifen).

Häufig finden zwischen diesen Strukturen Phasenübergänge statt, sodass Flüssigkristalle temperaturabhängig verschiedene dieser Phasen einnehmen können, zum Teil auch die gleiche Phase mehrfach bei jeweils unterschiedlicher Temperatur (Abb. 13.3).

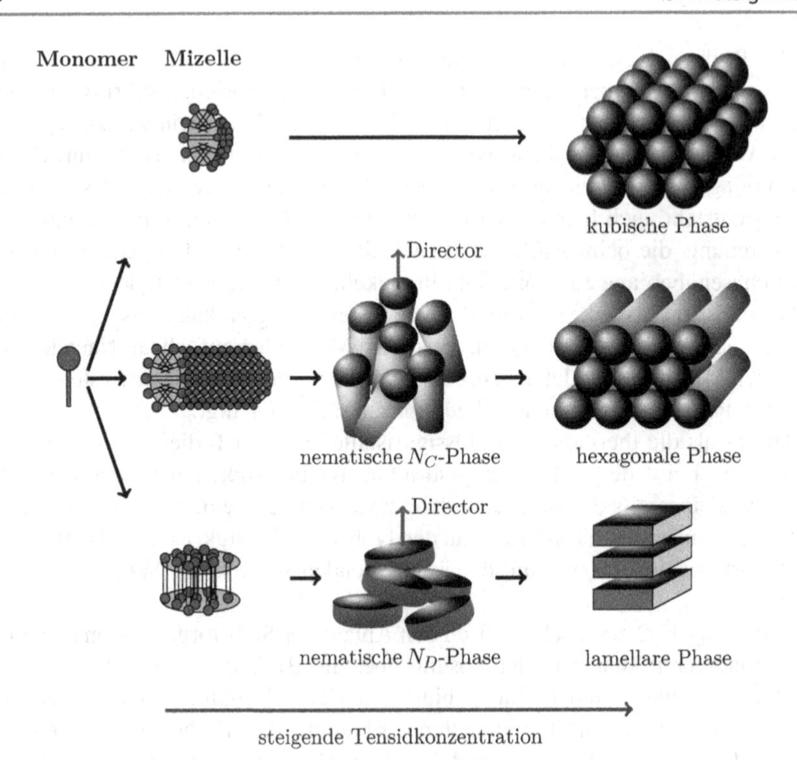

Abb. 13.2 Selbstorganisation der Monomere zu Strukturen

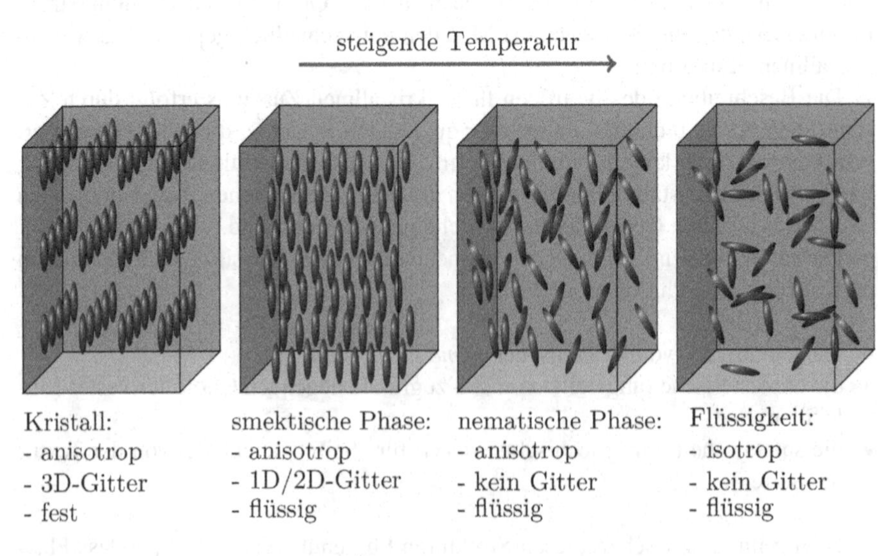

Abb. 13.3 Ordnungsübergänge beim Übergang vom Kristall zur Flüssigkeit

Abb. 13.4 Nematische Phase

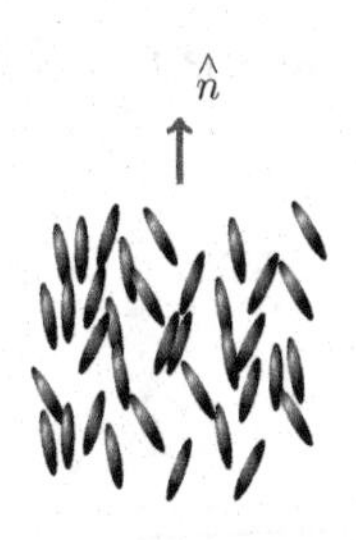

Allgemein nimmt vom Kristall über die smektische und nematische Phase zur Flüssigkeit hin die Ordnung immer weiter ab. Es ist zudem zu erwarten, dass die ungeordneten Phasen bei jeweils höheren Temperaturen entstehen.

Die *nematische Phase* (Abb. 13.4) ist dadurch charakterisiert, dass die Längsachsen der Moleküle eine Vorzugsrichtung aufweisen, die wiederum durch den Director beschrieben wird. Dabei weist der Director und somit die Orientierung der Moleküle parallel zur Richtung der optischen Achse, und die Moleküle sind in der Längsrichtung frei verschiebbar.

Auch bei den *smektischen Phasen* (Abb. 13.5) zeigen die Moleküle in eine Vorzugsrichtung, gleichzeitig sind sie in Schichten geordnet. Unterphasen ergeben sich dadurch, dass der Director entweder senkrecht auf der Ebene stehen kann oder einen Winkel zu dieser Ebene besitzt. Weitere Unterteilungen ergeben sich dadurch, dass innerhalb der Schichten eine zusätzliche Ordnung auftreten kann, beispielsweise eine hexagonale Struktur (smektisch B). Hinsichtlich dieser Bezeichnungen gibt es keine Systematik, die Bezeichnungen ergeben sich schlicht aus der Reihenfolge ihrer Entdeckung.

Cholesterische Phasen (Abb. 13.6) zeigen die komplizierteste Struktur. Auch hier sind die Moleküle wie in der smektischen Phase in Schichten geordnet, aller-

Abb. 13.5 Smektische Phase

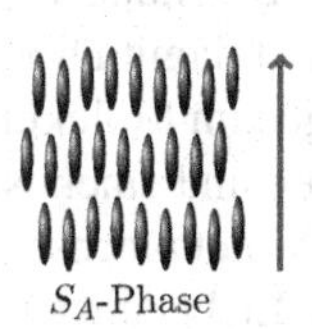

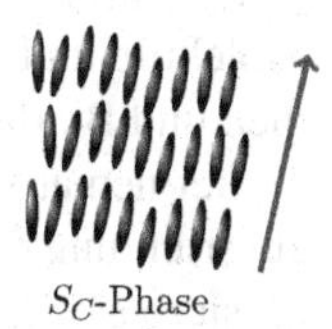

Abb. 13.6 Cholesterische Phase

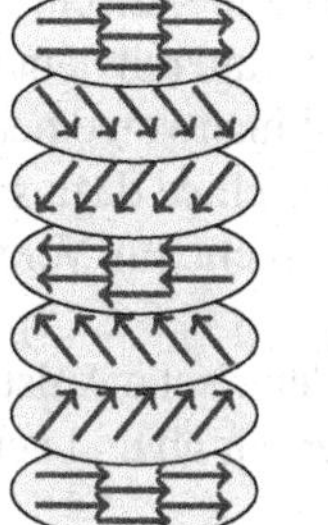

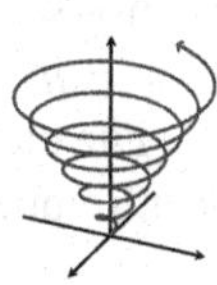

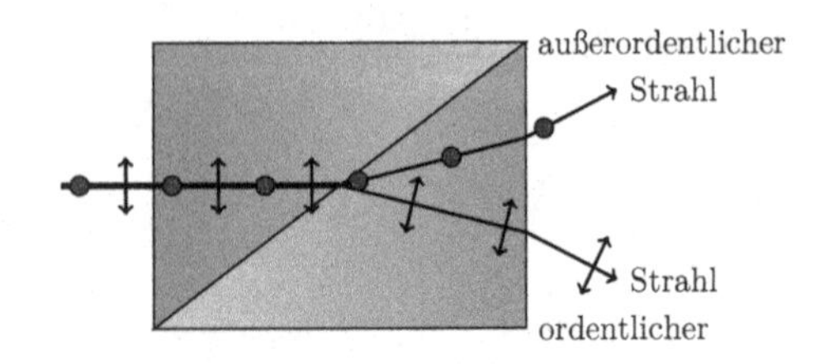

Abb. 13.7 Doppelbrechung

dings liegen die Molekülachsen in der Schichtebene, das heißt, der Richtungspfeil in der Ebene ist gegenüber dem Director der S_A-Phase der smektischen Flüssigkristalle um 90° verkippt. Ferner weist der Richtungspfeil in jeder Ebene nicht in die gleiche Richtung, sondern ist von Ebene zu Ebene jeweils um einen bestimmten Winkel verdreht. Die Richtungspfeile der Ebene liegen somit auf einer Helix wie in Abb. 13.6 gezeigt.

Bisher konnten über 65.000 Verbindungen isoliert werden, die flüssigkristalline Phasen bilden. Nur Verbindungen, die eine langgestreckte Molekülgestalt haben, sind in der Lage, solche flüssigkristalline Phasen zu bilden. Voraussetzung ist somit eine Formanisotropie der Moleküle, die bewirkt, dass viele der Moleküleigenschaften richtungsabhängig sind. Insbesondere die optische und dielektrische Anisotropie haben wichtige Konsequenzen für die technische Nutzung dieser Substanzklasse.

Optische Anisotropie äußert sich primär in der Doppelbrechung des Materials bei einem quer zur Vorzugsrichtung einfallenden Lichtstrahl, welcher dadurch in zwei zueinander senkrecht polarisierte Strahlen aufspaltet, die sich unterschiedlich schnell ausbreiten und somit auch zwei verschiedene Brechungsindizes haben (Abb. 13.7). Die Differenz der beiden Brechungsindizes – gemessen bei einer bestimmten Temperatur und Wellenlänge – dient als Maß für die Doppelbrechung von flüssigen Kristallen.

Die Größe des Brechungsindex wird bestimmt durch die Polarisierbarkeit der Moleküle und hängt damit ab von der Ladungsverteilung und somit von den Atomen und Bindungen im Molekül.

Bei nematischen und smektischen Phasen fällt die optische Achse mit der Vorzugsrichtung der Molekülachsen zusammen, die zugleich die Richtung größter Polarisierbarkeit ist. Licht mit einem elektrischer Feldvektor parallel zur optischen Achse (außerordentlicher Strahl mit Brechungsindex n_e) wird stärker gebrochen als Licht, dessen elektrischer Feldvektor senkrecht zur optischen Achse schwingt (ordentlicher Strahl mit dem Brechungsindex n_0). Da in diesem Fall $\Delta n = n_e - n_0 > 0$ gilt, spricht man von einer *positiven Doppelbrechung*.

Im Unterschied dazu steht bei den cholesterischen Flüssigkristallen die optische Achse senkrecht zur Vorzugsrichtung der Molekülllängsachsen. Da in diesem Fall $\Delta n = n_e - n_0 < 0$ ist, spricht man von *negativer Doppelbrechung*.

Die dielektrische Anistropie und damit die Doppelbrechung nehmen mit steigender Temperatur ab und verschwinden beim Übergang in die flüssige Phase.

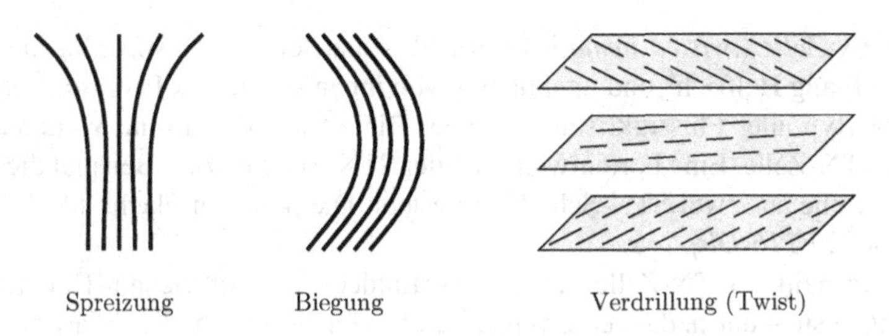

Abb. 13.8 Elastische Eigenschaften von Flüssigkristallen

Viele stäbchenförmige Flüssigkristalle besitzen ein permanentes Dipolmoment in Richtung der Moleküllängsachse und orientieren sich mit ihrer Längsachse nahezu parallel zum elektrischen Feld. Die Stärke der Wechselwirkung mit dem elektrischen Feld hängt von der dielektrischen Anisotropie ab, und je größer die Polarisation ist, desto schneller erfolgt die Ausrichtung der Flüssigkristallmoleküle beim Anlegen eines elektrischen Feldes. Die schnelle Ausrichtung von nematischen Flüssigkristallen im elektrischen Feld ist entscheidend für deren Anwendung bei LCD-Anzeigen.

Ferroelektrische Flüssigkristalle sind flüssigkristalline Substanzen, die ein permanentes elektrisches Dipolmoment und eine damit verbundene makroskopische elektrische Polarisation besitzen. Dieses makroskopische Moment wird als ferroelektrische Polarisation bezeichnet. Ferroelektrische Flüssigkristalle werden unter anderem in Flüssigkristalldisplays verwendet.

Die Substanzen zeigen eine elektrische Polarisation, ohne dass ein externes elektrisches Feld angelegt ist. Die Polarisation kann durch ein externes Feld umorientiert werden, woraus sich die Möglichkeit ergibt, durch ein von außen angelegtes Feld zwischen zwei stabilen Zuständen zu schalten. Dabei orientieren sich die gleichgerichteten Moleküldipole in Feldrichtung. Diese Eigenschaft kann für die Informationsspeicherung genutzt werden. Außerdem sind Flüssigkristalle für neue elektrooptische Technologien von Interesse.

Die Eigenschaften der Flüssigkristalle sind auch durch ihr *elastisches Verhalten* bestimmt (Abb. 13.8). Es gibt drei Grundtypen der Verbiegung des Directorfeldes, auch Deformation genannt, mit jeweils einer zugehörigen elastischen Konstante: die Spreizung, die Biegung und die Verdrillung. Durch diese Grundformen der Verformung kann die Orientierungselastizität flüssigkristalliner Phasen vollständig beschrieben werden.

Die ersten Anwendungen von Flüssigkristallen bestanden in der Messung von Temperaturen, wobei die Farbänderung cholesterischer Flüssigkristalle in Abhängigkeit von der Temperatur bedingt durch die mit der Temperaturänderung verbundenen Änderung der Länge der Helix ausgenutzt wird. Heute besteht die wichtigste technische Anwendung von Flüssigkristallen in deren Verwendung in Anzeigegeräten und Flachbildschirmen.

Die *TN-Zelle* (*twisted nematic*; verdrillt nematisch), 1971 von Martin Schadt[5] und Wolfgang Helfrich[6] und unabhängig von ihnen von James Fergason[7] entdeckt, ist der Urtyp aller Flüssigkristallanzeigen. Die *STN-Zelle* ist eine Weiterentwicklung der TN-Zelle. Eine Fortentwicklung der STN-Zelle ist zum Beispiel die *DSTN-Zelle*, welche aus zwei STN-Schichten besteht. Die heutigen Flachbildschirme basieren auf *TFT16-Displays*.

Das Prinzip der TN-Zelle, nach ihren Entdeckern auch Schadt-Helfrich-Zelle genannt, besteht darin, dass eine verdrillte Flüssigkeitsschicht die Polarisationsebene von Licht dreht (Abb. 13.9). Die Flüssigkristallmoleküle bilden im elektrisch spannungsfreien Zustand eine kontinuierliche Verschraubung von 90° aus. Linear polarisiertes Licht, welches in die Zelle eintritt, wird mit den Flüssigkristallmolekülen in seiner Richtung gedreht und kann die Zelle passieren. Ist der zweite Polarisator senkrecht zum ersten angeordnet, kann das Licht die Zelle im spannungsfreien Zustand durchqueren – die Zelle ist transparent. Diese Betriebsart wird als *normally white mode* bezeichnet.

Erhöht man die Spannung über der Flüssigkristallschicht, richten sich die Flüssigkristallmoleküle zunehmend parallel zum angelegten elektrischen Feld aus. Damit nimmt aber die Rotation der Polarisationsrichtung ab, und es erfolgt eine zunehmende Absorption des Lichtes im zweiten (senkrecht zum ersten ausgerichteten) Polarisator. Die Transparenz der Zelle nimmt mit zunehmender Spannung somit kontinuierlich ab.

Die TN-Zelle besteht aus einer ca. 5 μm dicken nematischen Schicht zwischen zwei ebenen Glasplatten, auf die jeweils eine elektrisch leitende transparente Elektrode aufgedampft ist. Zwischen diesen Elektroden und der flüssigkristallinen Schicht befindet sich eine ebenfalls transparente Orientierungsschicht, die meist aus Polyimid besteht und die Aufgabe hat, durch Oberflächenkräfte die Längsachsen der benachbarten flüssigkristallinen Moleküle in eine Vorzugsrichtung zu drehen. Die Orientierungsschichten sind dabei so angebracht, dass die Längsachsen der

---

[5] Martin Schadt (* 16. August 1938 in Liestal) ist ein Schweizer Physiker und Pionier auf dem Gebiet der Flüssigkristallanzeigen. 1970, kurz nach der Erfindung des TN-Effektes, entwickelte Schadt die erste kommerzielle Flüssigkristallmischung mit positiver dielektrischer Anisotropie, die bei Raumtemperatur flüssigkristallin war und in den ersten japanischen TN-LCD-Quarz-Uhren eingesetzt wurde.

Quelle: http://de.wikipedia.org/wiki/Martin_Schadt

[6] Wolfgang Helfrich (* 25. März 1932 in München) ist ein deutscher Physiker. Er fand 1970 das theoretische Konzept für das erste technisch und kommerziell revolutionäre Flüssigkristalldisplay, die TN-Zelle, in Europa auch bekannt als Schadt-Helfrich-Zelle. Sein Kollege Martin Schadt baute daraufhin das erste Muster einer solchen Anzeige. Das Patent wurde vom Münchner Patentamt nicht erteilt, weil die Entdeckung und Entwicklung keine Erfindungshöhe hätte, da es Vorveröffentlichungen von James Fergason aus den USA gab. Heute wird das Prinzip der Schadt-Helfrich-Zelle weltweit in Millionen von Produkten eingesetzt. http://de.wikipedia.org/wiki/Wolfgang_Helfrich

[7] James Fergason (* 12. Januar 1934 in Wakenda, Missouri; † 9. Dezember 2008) war ein US-amerikanischer Physiker der im Bereich der Flüssigkristalle (LC) und deren Anwendungen forschte. Er erhielt 1963 ein Patent (US 3,114,836) für Einrichtungen zur bildgebenden Temperaturmessung mit cholesterischen Flüssigkristallen (*Thermal imaging devices utilizing a cholesteric liquid crystalline phase*). http://de.wikipedia.org/wiki/James_Fergason

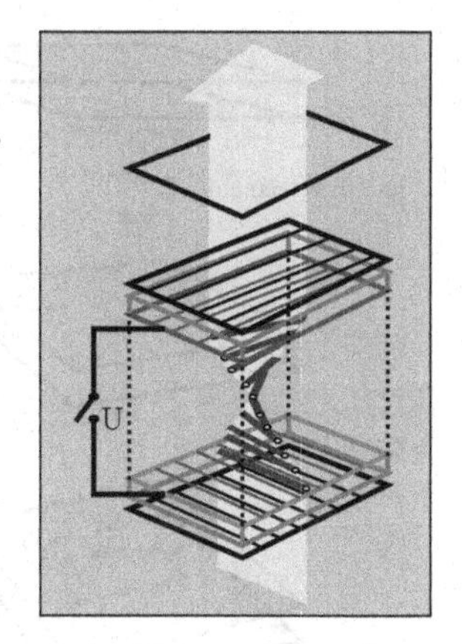

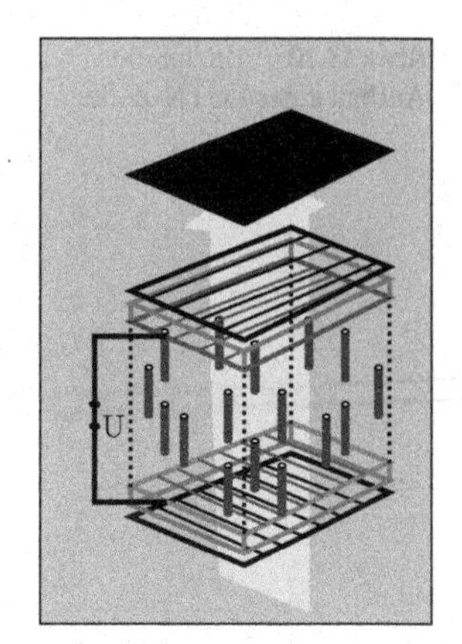

Abb. 13.9 Prinzip der Schadt-Helfrich-Zelle (TN-Zelle): *links*: ohne Spannung, AUS-Zustand; *rechts*: Mit Spannung, EIN-Zustand

Moleküle an der oberen und unteren Glasfläche im ausgeschalteten Zustand gegeneinander um die gewünschten 90° gedreht sind.

Die Schadt-Helfrich-Zelle bildet die Grundlage für die Anwendung von LCDs in tragbaren batteriebetriebenen Geräten, zum Beispiel Taschenrechnern und Armbanduhren; fast alle LCD-Displays in Digitaluhren oder Taschenrechnern beruhen auf dem Prinzip der reflektiv (hinter dem zweiten Polarisator befindet sich ein Reflektor) betriebenen TN-Zelle. Liegt keine Spannung an, fällt Licht durch die Zelle auf den Spiegel, wird reflektiert und tritt wieder aus der Zelle aus, die dann silbrig aussieht. Bei eingeschalteter Spannung kann das Licht den zweiten Polarisator nicht passieren und den Spiegel somit nicht erreichen, die Zelle erscheint dunkel. Werden die Elektroden in Form von Segmenten gestaltet, kann ein alphanumerisches Display konstruiert werden.

Passive Anzeigen wie diese funktionieren ausschließlich im Hellen. Die LCD-Anzeigen sollen zudem in einem möglichst breiten Temperaturbereich einsetzbar sein, das heißt, der Temperaturabstand zwischen der Schmelztemperatur und der Klärtemperatur sollte möglichst groß sein und in einem Bereich liegen, der in der Technik verwendet wird.

Zu erwähnen sind die niedrige Steuerspannung (wenige Volt) und eine nahezu leistungslose Ansteuerung, da kein Stromfluss zum Betrieb erforderlich ist. Je größer die dielektrische Anisotropie ist, desto niedriger ist die Schaltspannung. Der Spannungsbereich zum Schalten der Zelle sollte zudem nicht zu klein sein, denn bei Batteriebetrieb ändert sich die Batteriespannung mit dem Ladungszustand, und die Batterien sollten möglichst lange halten.

Bei *STN-Displays* (*super-twisted-nematic*) wird der Verdrillwinkel der Moleküle auf 180°–270° erhöht. In der konventionellen TN- oder STN-Zelle erhält man nach dem Durchgang linear polarisierten Lichtes genau betrachtet nicht einfach linear polarisiertes Licht mit verdrehter Schwingungsebene, sondern elliptisch (oder zirkular) polarisiertes Licht: Die Spitze des elektrischen Feldvektors beschreibt eine Ellipse oder einen Kreis. Derartige Substanzen zeigen meist aber auch sogenannten Dichroismus, was bedeutet, dass Licht unterschiedlich stark absorbiert wird,

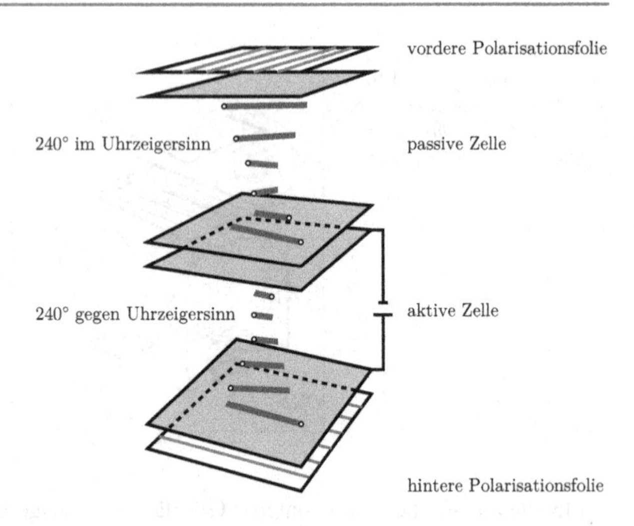

Abb. 13.10 Prinzipieller Aufbau einer DSTN-Zelle

je nachdem welche Richtung der elektrische Feldvektor der Strahlung zu den optischen Achsen besitzt; in der Folge erhält man eine (unerwünschte) Farbaufspaltung, die abhängig ist von der Polarisation und der Folienorientierung am Strahlaustritt und zu farbigem Licht führt.

Beim *DSTN-Display* (doppelte Zelle = DSTN-Zelle) werden zum Beispiel zwei STN-Zellen hintereinandergeschaltet (Abb. 13.10). Es liegen nun zwei STN-Schichten vor. Beide Zellen sind so zueinander gedreht, dass die Orientierung der Stäbchen an der Eingangsseite senkrecht zu der an der Ausgangsseite ist. Die Polarisationsfolien sind ebenfalls um 90° gegeneinander gedreht.

Fällt weißes Licht auf den ersten Polarisator, dann wird es linear polarisiert. Das linear polarisierte Licht gelangt in die aktive STN-Zelle, die (ohne Feld) zirkular polarisiertes Licht daraus erzeugt. Dieses Licht ist – wie bei der herkömmlichen STN-Zelle – durch Dichroismus verändert. Die anschließende passive Zelle enthält das gleiche flüssigkristalline Material wie die aktive Zelle, aber in entgegengesetzter Richtung verdreht. Die Phasendifferenz wird gleich null und die Farbaufspaltung der ersten Zelle gerade kompensiert. Man erhält im Ergebnis wieder linear polarisiertes Licht mit der gleichen Schwingungsebene wie zuvor nach dem Passieren der ersten Polarisationsfolie.

Weil aber der vordere Polarisator um 90° verdreht ist, lässt er kein Licht durch: Der Bildschirm ist an dieser Stelle schwarz.

Liegt an der aktiven Zelle ein elektrisches Feld an, dann geht das linear polarisierte Licht aus dem hinteren Polarisator dort unverändert hindurch. Erst in der passiven Zelle erfolgt zirkulare Polarisation. Weil aber zirkular polarisiertes Licht von Polarisatoren nicht zurückgehalten wird, ist der Bildschirm an dieser Stelle hell. Durch Anpassen sowohl des verwendeten Materials als auch der Zellenabmessungen wird das durchgelassene Licht weiß. Man erhält auf diese Weise Displays, die ein Schwarz-Weiß-Bild mit einem Kontrastverhältnis von bis zu 15:1 besitzen.

Es gibt auch *TSTN-Zellen* (*triple super twisted nematic*), bei denen die Farbfehler zum Teil mit Folien kompensiert werden. Auf diese wie auch auf weitere Techniken soll an dieser Stelle nicht eingegangen werden.

Flüssigkristalle spielen in vielen Anwendungsbereichen eine wichtige, oft unterschätzte Rolle. In der medizinischen Forschung werden lyotrope Flüssigkristalle immer wichtiger, zum Beispiel bei der In-vitro-Wirkstofffreigabe von hydrophilen Arzneistoffen. Im Bereich der retardierten Wirkstofffreigabe senken lyotrope Flüssigkristalle die Freisetzung von gelösten Pharmaka um das 1000-fache und eignen sich damit für die Verwendung von Chemotherapeutika und Antibiotika [Kuehne05, Tschier02, Demus89, LiZ14, Puttewar14, Tomczyk13, Garcia14, Gospo14, Zhang14, Bisoyi14, Dier14, Mederos14, Si14, Bha13, Nelson14, Liu14, LiW14, Gleeson14, Alam14, Koning14, Redler11, Dolg13, Lager14, Mukh13, Mukh14, Lavr13, Cho14, Soule13, Miller14, Bayon13, Bremer13, Tschier13, Chand72, Miller13, Kim12, Zogr12, Stenull06, Vana05, Bool05, Berche05, Onuki03, Grelet03, Kara04].

14 Emulsionen

Eine Emulsion ist ein fein verteiltes Gemisch zweier normalerweise nicht mischbarer Flüssigkeiten ohne sichtbare Entmischung, beispielsweise Milch oder Mayonnaise (Abb. 14.1). Dabei bildet die eine Phase feine Tröpfchen, die in der anderen Phase verteilt sind. Die tröpfchenbildende Phase bezeichnet man als die *innere Phase* oder auch als *dispergierte Phase*, die zusammenhängende zweite Phase, in welcher die Tröpfchen verteilt sind, heißt *äußere Phase* oder *kontinuierliche Phase* oder einfach *Dispersionsmittel*. Von den echten Lösungen unterscheiden sich die Dispersionen aufgrund der großen Teilchen und der Lichtstreuung an diesen Teilchen im Bereich optischer Frequenzen häufig dadurch, dass sie trüber erscheinen.

Aufgrund der Unterscheidung zwischen dispergierter Phase und dem Dispersionsmittel unterteilt man daher zum Beispiel bei dem System Öl/Wasser zwischen Wasser-in-Öl-Emulsionen und Öl-in-Wasser-Emulsionen.

Thermodynamisch ist ein solches System nicht stabil! Zur Herstellung und Stabilisierung einer Emulsion sind daher grenzflächenaktive Substanzen (Tenside) erforderlich, die in diesem Fall auch als *Emulgatoren* bezeichnet werden.

Die Größe der Tröpfchen ist in einer Emulsion nicht einheitlich, und die Emulsionen sind polydispers. Durch die Verteilung der Tropfengröße und die Anzahl der Tröpfchen pro Volumeneinheit lässt sich die jeweilige Emulsion charakterisieren. Wegen dieser unterschiedlichen Teilchengrößen können in extremen Fällen, das heißt, wenn die Teilchen nicht vorher koagulieren, in einer Emulsion höhere Raumausfüllungen erreicht werden, als dies zum Beispiel in Festkörpern in einer dichten Kugelpackung möglich ist, da die Zwischenräume zwischen den größeren Tropfen in diesem Fall mit kleineren Tröpfchen aufgefüllt werden können.

Der mittlere Teilchendurchmesser in Emulsionen liegt zwischen 100 nm und 1 mm. Je größer der mittlere Teilchendurchmesser ist, desto intensiver ist die milchig-weiße Trübung der Emulsion, da die Teilchengröße in diesem Fall im Bereich der Wellenlänge des sichtbaren Lichtes liegt. Werden die Tröpfchen kleiner, dann wird auch die Streuung des Lichts zu kleineren Wellenlängen verschoben und ist häufig nicht mehr sichtbar. Liegen somit die Tropfengrößen im Nanometerbereich, sind die Lösungen klar.

G.J. Lauth, J. Kowalczyk, *Einführung in die Physik und Chemie der Grenzflächen und Kolloide*, DOI 10.1007/978-3-662-47018-3_14

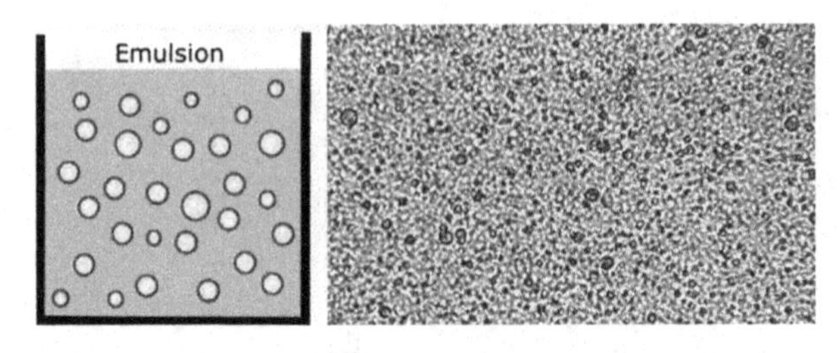

Abb. 14.1 Schematische Darstellung einer Emulsion und lichtmikroskopische Aufnahme von Milch

Bei der Herstellung von Emulsionen müssen neue Grenzflächen geschaffen werden. Dies gelingt durch Schütteln, Rühren, turbulente Durchmischung, Ultraschallbehandlung und andere Verfahren. Je geringer die Grenzflächenspannung ist, umso einfacher ist die Herstellung der Emulsion. Auf jeden Fall muss Grenzflächenenergie aufgewendet werden, um die Emulsion zu erzeugen.

Da das System bestrebt ist, einen Zustand möglichst geringer Energie einzunehmen, neigen Emulsionen zur Entmischung, falls die Emulsion nicht stabilisiert wird.

Oftmals ist es auch wünschenswert, eine Emulsion zu *brechen*. Beispielsweise erhält man bei der tertiären Erdölförderung eine Emulsion, aus der das Erdöl abgeschieden werden muss.

Zur Stabilisierung der Emulsion werden unter anderem Tenside und grenzflächenaktive Polymere eingesetzt, die dann auch als *Schutzkolloide* bezeichnet werden. Die Mechanismen, die zur Stabilisierung führen (elektrostatische Stabilisierung, sterische Stabilisierung, Stabilisierung durch Erhöhen der Viskosität des Dispersionsmittels), wurden bereits besprochen.

Erfolgt eine Emulgierung zweier nicht mischbarer Flüssigkeiten, dann wird die Phase mit der höheren Oberflächenspannung in Tröpfchenform in der anderen Phase dispergiert. Nach der *Regel von Bancroft*[1] (Abb. 14.2) übernimmt bei Zugabe eines Emulgators diejenige Phase die Rolle des Dispersionsmittels, in welcher sich der Emulgator besser löst. Wasserlösliche Emulgatoren bilden somit bevorzugt Öl-in-Wasser-Emulsionen. Der Emulgator steht dabei mit der Adsorptionsschicht um das Tröpfchen im Gleichgewicht. Die Regel von Bancroft hilft somit bei der Planung für die Herstellung einer Emulsion. Die Art der Phase hängt neben der Wahl des Emulgators aber auch von anderen Einflüssen ab, zum Beispiel von der Zusammensetzung, dem Phasenvolumenverhältnis, der Temperatur und selbst von der Reihenfolge, in welcher die Komponenten vermischt werden. Die Optimierung der Mischungen müssen daher empirisch ermittelt werden.

[1] Wilder Dwight Bancroft (* 1. Oktober 1867 in Middletown, Rhode Island; † 7. Februar 1953 in Ithaca (New York)) war ein amerikanischer Physikochemiker. Er arbeitete unter anderem auf dem Gebiet der Kolloid-Chemie und wurde bekannt für die nach ihm benannte Bancroft'sche Regel, nach der ein vorwiegend hydrophiler Emulgator eine Öl–in–Wasser–Emulsion stabilisiert, während ein vorwiegend hydrophober Emulgator eine Wasser–in–Öl–Emulsion stabilisiert. http://de.wikipedia.org/wiki/Wilder_Dwight_Bancroft

Abb. 14.2 Wilder Dwight Bancroft

Das Volumenverhältnis zwischen dispergierter Phase und Dispersionsmittel beeinflusst maßgeblich die Eigenschaften der Emulsion. Ist das relative Volumen der dispergierten Phase klein, dann beeinflussen sich die dispergierten Teilchen wenig, und die Eigenschaften des Dispersionsmittels dominieren das System. Übersteigt das relative Volumen des dispergierten Stoffes ca. 30 Vol.-%, dann treten verstärkt Wechselwirkungen zwischen den dispergierten Tröpfchen auf. Dies führt dazu, dass Nicht-Newton'sches Fließverhalten auftreten kann, was bedeutet, dass ein nichtlineares Verhalten zwischen Schubspannung und Schergeschwindigkeit vorliegt:

$$\frac{\text{Kraft}}{\text{Fläche}} \neq \eta \cdot \frac{\Delta v}{\text{Abstand}}$$

Während bei den Emulsionen zwei flüssige Phasen ineinander verteilt sind, liegt bei den *Dispersionskolloiden* (in der älteren Literatur auch als *Sole* bezeichnet) eine feste Phase dispergiert in einer flüssigen Phase vor. Beim Zerfall einer *Dispersion* spricht man von *Agglomeration*, beim Zerfall einer *Emulsion* von *Koaleszenz*.

14.1 Technische Anwendungen von Emulsionen

Emulsionen finden Anwendung in den verschiedensten Bereichen:

- Da die Eigenschaften von Emulsionen nicht nur durch das Dispersionsmittel, das Tensid und durch die Temperatur, sondern darüber hinaus auch durch den Zusatz sogenannter Co-Tenside beeinflusst werden, lassen sich die thermodynamischen Eigenschaften der Systeme in weiten Bereichen steuern. Daher eignen sich Emulsionen auch für Anwendungen als Reaktionsmedien in der chemischen Reaktionstechnik. Die hohe Spezifität dieser Reaktionsräume zeigt sich zum Beispiel bei den Zellen. Durch kleine Änderungen etwa im pH-Wert kann die Kinetik der Reaktionen in weiten Bereichen beeinflusst werden.

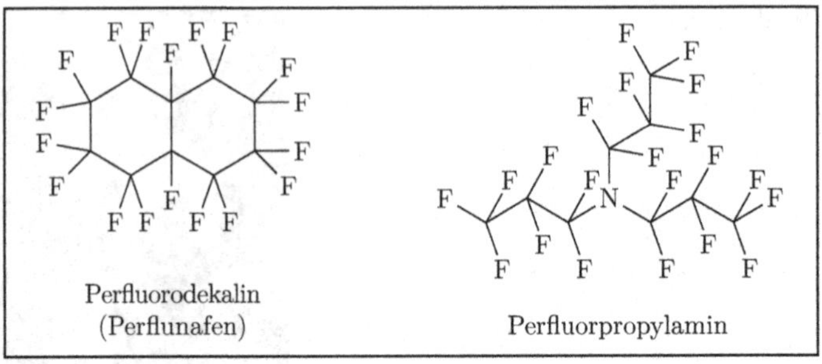

Perfluorodekalin
(Perflunafen)

Perfluorpropylamin

Abb. 14.3 Blutersatzstoffe auf Basis von Emulsionen

- Durch das begrenzte Reaktionsvolumen in den Tröpfchen kann man bei Polymerisationsreaktionen kleine Teilchenradien bei den Reaktionsprodukten erzielen.
- Durch gezielte Variation der Zusammensetzung der dispergierten Phase lassen sich die Löslichkeiten der Reaktanden steuern.
- Für den Fall, dass sich das Reaktionsprodukt nur im Dispersionsmittel löst, hat man in der dispergierten Phase während der gesamten Reaktionsdauer nahezu konstante Reaktionsbedingungen.
- Durch den Einschluss von pharmazeutisch aktiven Substanzen in das Kolloid können Wirkstoffe bis an ihren Bestimmungsort transportiert werden, ohne dass im Idealfall vorher eine Reaktion der Substanz stattfindet. Damit lassen sich spezifische Wirkungen der Pharmaka erzielen mit vernachlässigbaren Nebenwirkungen, und die Dosierung der Medikamente kann auf ein Minimum beschränkt werden. Idealerweise koppelt das Kolloid an die zu behandelnden Bereiche und setzt erst dann das Medikament frei.
- Mikroemulsionen werden bereits heute als Blutersatz verwendet. Synthetisch hergestellte Perfluorcarbone (Abb. 14.3) wie Perfluordekalin (Perflunafen) lösen sowohl Sauerstoff als auch Kohlendioxid und sind körperverträglich und chemisch inert. Die von den Perfluorcarbonen gebundene Menge an Sauerstoff ist proportional zum Sauerstoffpartialdruck. Sie sind nicht mit Wasser mischbar und müssen daher unter Hinzunahme eines Emulgators in Wasser dispergiert werden. Zur Einstellung des erforderlichen osmotischen Druckes im Blut werden unter anderem Salze zugesetzt. Unter diesen Voraussetzungen kann die Emulsion dem natürlichen Blut zugesetzt werden und dieses partiell ersetzen. Solche Emulsionen sind körperverträglich und werden vom Organismus über die Lunge wieder ausgeschieden. Zudem binden perfluorierte Kohlenwasserstoffe in thermodynamisch stabilen Mikroemulsionen in etwa die dreifache Menge Sauerstoff wie normales Blut. Derartige Mikroemulsionen bilden die Basis für die Entwicklung künstlicher Lungen.

Ein Nachteil der Perfluorcarbonemulsionen ist, dass es zu Störungen der Immunabwehr kommen kann. Das in den USA und einigen wenigen europäischen Ländern einzig bislang zugelassene Mittel Fluosol wurde 1994 vom Hersteller wieder vom

Markt genommen. In der Entwicklung sind Perfluorcarbonemulsionen der zweiten Generation, die besser verträgliche Emulgatoren enthalten und eine günstige chemisch-physikalische Stabilität aufweisen. Sie enthalten im Vergleich zu den älteren Entwicklungen wesentlich höhere Konzentrationen an Perfluorcarbonen, wobei das zyklische Perflunafen zudem durch Verbindungen mit einem höheren Gaslösungsvermögen ersetzt wurde, wie etwa dem linearen bromhaltigen Perflubron (1-Bromperfluoroktan, im Handel unter dem Namen Oxygent^{TM}). Als Emulgator fungieren Substanzen biologischen Ursprungs wie Phospholipide.

Ein weiterer Nachteil ist, dass alle Perfluorcarbone, ähnlich wie die Fluorchlorkohlenwasserstoffe, wegen ihrer langen mittleren Verweilzeit in der Atmosphäre ein hohes Treibhauspotenzial besitzen. Perfluorcarbone wurden zudem bereits als Dopingmittel beim Sport verwendet.

Mizellare Lösungen können als Modellsystem für Reaktionen in Zellen bzw. als Modellsystem für molekulare Reaktoren verwendet werden.

Etwa die Hälfte der gesamten Erdölmenge verbleibt in der Lagerstätte und kann nur durch sogenannte tertiäre Fördermaßnahmen gewonnen werden. Allgemein erfolgt die Förderung des Erdöls in folgenden Phasen:

1. Das Rohöl wird bei Anbohren der Lagerstätte durch den Druck des in der Regel gleichzeitig vorhandenen Erdgases nach oben gedrückt, oder es wird durch „Verpumpen" an die Oberfläche gefördert (*primary oil recovery*).
2. Wasser oder Gas werden in die Lagerstätte gepumpt (Wasserfluten, Gasinjektion), um damit weiteres Öl aus der Lagerstätte auszuwaschen (*secondary oil recovery*).
3. Dampf, Polymere, CO_2 oder Mikroben werden eingespritzt, mit denen die Effizienz der Lagerstätte weiter angehoben werden kann (*tertiary oil recovery*).

Abhängig von der Konsistenz und Zusammensetzung des Erdöls können in der ersten Phase 10–30 % des Öls aus der Lagerstätte gefördert werden. Durch Sekundärmaßnahmen kann die Ausbeute um weitere 10–30 % gesteigert werden. Bei einer weiteren Verknappung der Ölreserven wird die Gewinnung mithilfe von Tensiden wirtschaftlich interessant [Domian15, Varka12, Degner14, Taka14, Tu13, Destri13, Evans13, Lam13, Li13, Glasse13, Ushi14, Drehlich10, SanM12, Kang11, Kraft10, Derkach09, Robins02, Pal11, Mason99, Salari11, Nour08, Sacanna07, Pichot10, Ma10, Aveyard03, Delga11, Schubert03, Schubert04, Voorst06, Becht00, ElJaby10, Morb06, Schiller09, Schork05, Schork08, Udagama09].

Dispersionskolloide 15

Bei flüssiger kontinuierlicher Phase kennen wir Schäume, Emulsionen und Suspensionen. Da es sich in allen drei Fällen um flüssige Systeme handelt, bezeichnet man diese zuweilen auch als *komplexe Fluide*.

Von *Dispersionskolloiden* (in der älteren Literatur auch als *Sol* bezeichnet) spricht man, wenn Feststoffe in einem Dispersionsmittel dispergiert werden. Wie im Fall der Emulsionen zerfallen die Dispersionen mit der Zeit, wenn sie nicht stabilisiert werden. Während man – wie bereits erwähnt – bei dem Zerfall von *Emulsionen* von *Koaleszenz* spricht, bezeichnet man den Zerfall einer *Dispersion* als *Koagulation*.

Die stabilisierenden Faktoren bzw. destabilisierenden Faktoren eines solchen kolloidalen Systems sind in beiden Fällen die gleichen.

Hergestellt werden Dispersionen entweder durch Fällung der festen Substanzen aus der Lösung oder durch Aufmahlen und anschließendes Aufschlämmen der Teilchen, wobei der Mahlvorgang mit speziellen Mühlen vorgenommen werden muss wie Schwingmühlen, Kugelmühlen oder Düsenmühlen, um eine so feine Aufmahlung sicherzustellen, wie es zur Herstellung einer Suspension erforderlich ist [Kroupa14, Silbert11, Pool10, McClem05, Hsu99, Xu97, Xu98, Wasan04, Hirtzel85, Ash74, Hazel47].

Tab. 15.1 Stabilisierende und destabilisierende Faktoren bei Dispersionskolloiden

Stabilisierende Faktoren	Destabilisierende Faktoren
Abstoßende Oberflächenkräfte	Anziehende Oberflächenkräfte
Thermische Bewegung der Teilchen	Faktoren, welche die abstoßenden Kräfte zwischen den Teilchen unterdrücken
Hohe Oberflächenspannung bzw. hohe Oberflächenelastizität der dispergierten Teilchen	Geringe Oberflächenspannung bzw. geringe Oberflächenelastizität derdispergierten Teilchen
Hydrodynamischer Widerstand (hohe Zähigkeit bzw. Viskosität der Lösung)	

G.J. Lauth, J. Kowalczyk, *Einführung in die Physik und Chemie der Grenzflächen und Kolloide*, DOI 10.1007/978-3-662-47018-3_15

16 Gele: Hydrogele und Aerogele

Götterspeise, Zahnpasta und Marmelade sind Beispiele für gelartige Substanzen, und auch das Innere der Zellen besitzt eine gelartige Struktur. Mit der Entwicklung der Polymerchemie setzte eine neue Phase bei der Erforschung der Gele ein, da man in der Lage war, Struktur und Eigenschaften der Substanzen gezielt zu steuern.

Gele sind grundsätzlich elastisch und charakterisiert durch ihre netzartigen Strukturen, deren Hohlräume mit Lösemittel (Hydrogele) oder Luft (Aerogele) gefüllt sind. Bei den Gelen durchdringen sich diese Phasen vollständig und mehr oder weniger gleichmäßig. Diffundiert Lösemittel in die Struktur, dann quillt diese auf. Das Strukturgerüst ist dabei makromolekular aufgebaut.

Je nach den äußeren Bedingungen können die physikalischen Eigenschaften eines Gels in weiten Bereichen variieren. Der Aufbau der Gele ist maßgeblich von den Eigenschaften der Komponenten abhängig, aus denen das Gel besteht.

Bei den *Nebenvalenzgelen* wird das Gelgerüst durch Dipol-Dipol-Wechselwirkungen oder durch Wasserstoffbrückenbindungen aufgebaut. Die Hohlräume zwischen den Teilchen sind durch das Lösemittel oder durch Luft aufgefüllt. Bei langkettigen Molekülen kann die Gerüststruktur auch durch Verschlaufung der fadenförmigen Moleküle bedingt sein.

Bei den *Hauptvalenzgelen* wird das Gerüst durch chemische Bindungen aufgebaut. Die Grundstruktur des Gels ist in diesem Fall durch die chemische Struktur bzw. die chemischen Eigenschaften des Gerüstbildners vorgegeben.

Nebenvalenzgele und Hauptvalenzgele unterscheiden sich aufgrund der unterschiedlichen Festigkeiten der Bindungen des Gerüsts in ihrem physikalischen Verhalten. Bei den Nebenvalenzgelen sind die Bindungen zwischen den einzelnen Molekülen schwächer als bei den Hauptvalenzgelen und können gegebenenfalls durch Temperaturerhöhung aufgebrochen werden. Aus dem Gel wird dann eine viskose Flüssigkeit. Zudem können die schwachen Nebenvalenzkräfte durch mechanische Einwirkungen aufgebrochen und umstrukturiert werden, sodass sich Nicht-Newton'sches Fließverhalten ergibt. Die Fließeigenschaften solcher Systeme hängen somit von mehreren Parametern wie der Temperatur und der Konzentration der Komponenten ab: Je höher die Konzentration an Polymer in der Struktur ist, desto

G.J. Lauth, J. Kowalczyk, *Einführung in die Physik und Chemie der Grenzflächen und Kolloide*, DOI 10.1007/978-3-662-47018-3_16

wahrscheinlicher sind Bindungen zwischen den Teilchen und desto später bricht die Gelstruktur bei thermischer oder mechanischer Belastung auf.

Die Gele können somit auch danach unterschieden werden, ob die Gelstruktur bei Belastung erhalten bleibt oder nicht. Bei festen Bindungen zwischen den Teilchen wird bei mechanischer Druckbelastung Flüssigkeit aus dem Netzwerk herausgepresst, die Struktur bleibt aber erhalten, und bei Nachlassen des Druckes dehnt sich das Gerüst wieder aus und nimmt die ausgeschiedene Flüssigkeit wieder auf.

Bei *thixotropen* Substanzen erfolgt eine Verflüssigung der Substanz unter mechanischer Belastung, beispielsweise durch Rühren. Dabei brechen die Bindungen im Gerüst auf, und es dauert eine gewisse Zeit, bis sich nach Beenden des Rührvorgangs die Teilchen durch Diffusion wieder so orientiert haben, dass erneut Bindungen gebildet werden, die das Gelgerüst wieder entstehen lassen.

Der umgekehrte Vorgang, die Verfestigung des Gels durch mechanische Behandlung, bezeichnet man als *Rheopexie*. Durch das Rühren wird der Diffusionsprozess beschleunigt, und es kommt zur Ausbildung von Bindungen zu einem dreidimensionalen festen Netzwerk.

Wie bereits erläutert, wurde der Begriff „Gel" bereits durch Thomas Graham eingeführt und geht zurück auf den Begriff „Gelatine". *Eine einheitlich anerkannte Definition für Gel existiert nicht!* Gemäß den oben aufgeführten Erläuterungen bezeichnet man als *Gel* ein feindisperses System aus mindestens einer festen und einer fluiden Phase. Die feste Phase bildet dabei ein dreidimensionales Netzwerk, dessen Poren durch eine Flüssigkeit (Lyogel) oder auch durch ein Gas (Xerogel) ausgefüllt sind.

Lyogele sind formbeständig und elastisch und besitzen eine Fließ- und Bruchgrenze; bei geringen Kräften ist das Gel elastisch, bei Erreichen der Fließgrenze brechen die Nebenvalenzkräfte auf, und die Substanz beginnt zu fließen und verhält sich wie eine viskose Flüssigkeit. Analog brechen bei den Hauptvalenzgelen bei Erreichen der Bruchgrenze die chemischen Bindungen auf, und die dreidimensionale Raumnetzstruktur wird zerstört.

Die *Xerogele* entstehen aus den Lyogelen durch Abgabe der Flüssigkeit. Sind die Poren des porösen dreidimensionalen Netzwerkes durch Luft ausgefüllt, bezeichnet man das Gel auch als *Aerogel*.

Bei den *Hydrogelen* besteht das dreidimensionale Netzwerk aus einem wasserunlöslichen Polymer, welches durch Haupt- (kovalente oder ionische Bindungen) oder Nebenvalenzen (van der Waals-Bindungen, Dipol-Dipol-Bindungen) oder durch Verschlaufen der Polymerketten aufgebaut ist. In die Hohlräume dieses Netzwerkes ist Wasser eingelagert. Hydrophile Gruppen der Polymermoleküle führen zum Aufquellen des Netzwerkes, was meist eine beträchtliche Volumenzunahme zur Folge hat. Daneben wird die Bezeichnung „Hydrogel" auch für wässrige Gele (Gallerte) verwendet, die sich bei Ausübung mechanischer Kräfte wie zum Beispiel Rühren verflüssigen. Derartige Systeme bestehen aus zwei oder mehr Komponenten, einem zumeist festen Stoff (Gelier- oder Verdickungsmittel) und Wasser als Dispersionsmittel.

Hydrogele besitzen eine hohe Biokompatibilität und gewebeähnliche mechanische Eigenschaften und gewinnen dadurch zunehmend an Bedeutung in der Biomedizin, zum Beispiel für Kontaktlinsen und Implantate.

Bedingt durch ihre Aktor-Sensor-Eigenschaften sind sogenannte *smarte Hydrogele* von steigendem technischen Interesse. Unter smartem Verhalten versteht man die Fähigkeit bestimmter Polymernetzwerke, mit definierter Volumenänderung auf Gradienten physikalischer Messgrößen wie Temperatur oder Ionenkonzentration zu reagieren. Solche Substanzen lassen sich damit sowohl als Sensor als auch als Aktor einsetzen, und dies ist der Grund, warum smarte Hydrogele zuweilen als *chemomechanische Aktoren* bezeichnet werden. Anwendungen werden vor allem in der Mikrosystemtechnik, in der Sensorik und der Medizintechnik erwartet.

16.1 Der Sol-Gel-Prozess

Aerogele werden in der Regel durch Gefriertrocknung eines Gels oder über den sogenannten *Sol-Gel-Prozess* hergestellt, der auf Stanislas Teichner zurückgeht. In beiden Fällen wird verhindert, dass die beim Entfernen der Flüssigkeit aus dem Gel entstehenden Kapillarkräfte die Gelstruktur verformen.

Der Sol-Gel-Prozess beginnt mit geeigneten Ausgangssubstanzen, den sogenannten *Präkursoren*, die zunächst gelöst und in der Lösung gleichmäßig verteilt sind. Durch Hydrolyse der Präkursoren und anschließende Kondensationsreaktionen entstehen dispergierte Feststoffe, und es bildet sich ein Sol (kolloide Dispersion) aus Teilchen im Nanometerbereich. Bei den Präkursoren handelt es sich häufig um Alkoholate. Hydrolyse und anschließende Kondensation verlaufen wie folgt:

- *Hydrolyse:* $M(OR)_n + H_2O \rightarrow M(OR)_{n-1}OH + ROH$
- *Kondensation:* $(RO)_mM - OH + HO - M(OR)_m \rightarrow (RO)_mM - O - M(OR)_m + H_2O$

Die Kinetik der Reaktionen hat entscheidenden Einfluss auf die Eigenschaften der Produkte, sodass eine möglichste gute Reaktionskontrolle erforderlich ist. Beeinflussen lässt sich die Reaktion zum Beispiel durch die Wahl des Lösungsmittels (alkoholische Sole oder Hydrosole), durch die Temperatur, durch die Art der Zugabe der Reaktanden und die Konzentration.

Mit der Zeit bildet sich ein Netzwerk aus Solpartikeln, und die Lösung wird zunehmend viskoser. Diesen Prozess bezeichnet man als *Gelierung*. Ist der gesamte Reaktionsraum von dem gebildeten dreidimensionalen Netzwerk durchsetzt, ist ein viskoelastischer Festkörper entstanden. Das Gel besteht nun aus dem Gelgerüst und dem von diesem eingeschlossenen Lösungsmittel, wobei alle Poren miteinander verbunden sind, das heißt, es bestehen keine in sich abgeschlossene Hohlräume. Man bezeichnet ein solches Netzwerk als *interpenetrierendes Netzwerk* oder als *bikohärentes System*.

Anschließend wird das Gel getrocknet. Geschieht dies bei Normaldruck, schrumpft das Gel gewöhnlich um bis zu 50 % seines anfänglichen Volumens zusammen. Der Grund für diesen Schrumpfungsprozess besteht darin, dass die Flüssigkeit in den Poren starke Kapillarkräfte ausübt; und wenn durch die Trocknung Flüssigkeit aus der Struktur herausgezogen wird, zieht die restliche Flüssigkeit das Netzwerk näher an sich heran. Während der Trocknung kann es zudem zu weiteren Kondensationsreaktionen kommen, wenn die Teilchen im Netzwerk näher zusammenrücken. Dadurch kann sich das Netzwerk strukturell verändern.

Findet die Trocknung unter hohem Druck statt und ist dieser äußere Druck stark genug, um die Kapillarkräfte zu kompensieren, dann hat die Flüssigkeit ihre Oberflächenspannung verloren. Dies ist genau dann der Fall, wenn sich die Flüssigkeit im überkritischen Zustand befindet, sodass zwischen Gas und Flüssigkeit nicht mehr unterschieden werden kann. Bei der Trocknung entweicht das Lösungsmittel, ohne dass in diesem Fall Kapillarkräfte wirksam sind, und das Gel behält seine Struktur bei; die Schrumpfung beträgt nunmehr ca. 10 %, das heißt, 90 % des anfänglichen Volumens bleiben erhalten. Reduziert man den Druck im Anschluss wieder auf Normaldruck, bleibt ein sogenanntes *Aerogel* zurück.

Nachteilig ist, dass durch den erhöhten Druck auch die Trocknungstemperatur angehoben werden muss. Diese erhöhte Temperatur kann gegebenenfalls zu weiteren chemischen Reaktionen im Netzwerk führen, welches dadurch verändert werden kann.

Anschließend wird die Substanz gegebenenfalls einer weiteren Wärmebehandlung unterzogen. Die Prozessschritte beim Sol-Gel-Prozess sind in Abb. 16.1 noch einmal aufgezeigt.

Besonders gut untersucht sind die Strukturen von Siliciumgelen. Als Prekursormaterialien werden häufig Tetramethylorthosilikat (TMOS, $Si(OCH_3)_4$), Tetraethylorthosilikat (TEOS, $Si(OC_2H_5)_4$) und Tetraisopropylorthosilikat (TPOS, $Si(OC_3H_7)_4$) eingesetzt. Werden eine oder mehrere der Alkoholatgruppen Si–OR durch einen Kohlenwasserstoffrest Si–R ersetzt, erhält man Alkoxysilane. Die Si–C-Bindung unterliegt nicht der Hydrolyse, sodass sich auf diese Weise unpolare Seitenketten in das Gerüst einbauen lassen. Trägt andererseits die Seitenkette funktionale Gruppen, die Polymerisationsreaktion eingehen können, lassen sich *Hybridpolymere* herstellen. Auf diese Weise lassen sich zahlreiche unterschiedliche Eigenschaften der Gele realisieren, und das Einsatzgebiet solcher Gele ist entsprechend groß.

Außer Silicium werden auch andere Metalle und Übergangsmetalle im Sol-Gel-Prozess eingesetzt, zum Beispiel Aluminium (Aluminium-(2-propylat), Aluminium-(2-butylat)), Zirkon (Zirkonpropylat) oder Titan (Titanethylat, Titan-(2-propylat)). Diese Verbindungen sind hydrolyseempfindlicher als die Siliciumalkoxide. Durch Komplexierung mit 2,4-Diketonen (β-Diketonen) kann diese Reaktivität deutlich gesenkt werden, wodurch sogar eine gemeinsame Verwendung von Prekursoren unterschiedlicher Metalle ermöglicht wird. Zudem wird dadurch die Beständigkeit von Solen gegen Luftfeuchtigkeit verbessert. Neben den Alkoholaten werden auch Carboxylate wie Acetate und Propionate verwendet, wobei stets die Löslichkeit der Verbindungen im verwendeten Lösungsmittel eine wichtige Rolle spielt.

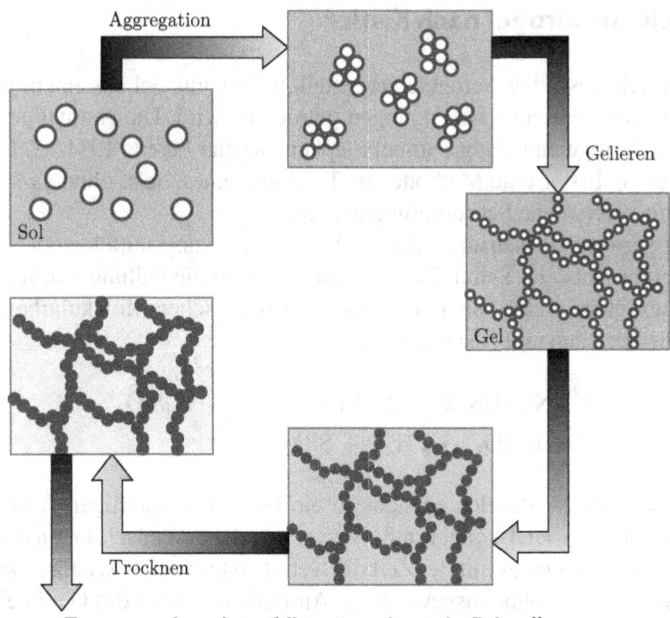

Abb. 16.1 Sol-Gel-Prozess

Aerogele sind hochporös, bis zu 99,98 % des Volumens bestehen aus Poren. Aerogele zeigen zudem eine stark dendritische Struktur mit fraktalen Dimensionen. Die Porengröße kann mehr als 1000 m^2 pro Gramm betragen. Aufgrund dieser Eigenschaft werden Aerogele als Isolier- und Filtermaterialien eingesetzt. Zudem können andere Moleküle oder auch ganze Zellen in die Struktur eingelagert werden. Es ist zu erwarten, dass die technische Nutzung dieser Gele in Zukunft weit größer werden wird.

Aerogele zeigen eine hohe optische Transparenz bei einer Brechzahl von 1,007 bis 1,24, wodurch Aerogele auch in optischer Hinsicht interessant sind. Die Wärmeleitfähigkeit von Silikat-Aerogelen in Luft bei 300 K ist mit 0,017–0,021 $\frac{W}{m \cdot K}$ und einem typischen Wert von 0,02 $\frac{W}{m \cdot K}$ gering. Zudem zeigen diese Verbindungen eine hohe Temperaturstabilität (der Schmelzpunkt liegt bei etwa 1200 °C), sie sind nicht brennbar und nicht giftig und chemisch relativ inert. Daher gehören Silikat-Aerogele zu den besten Wärmeisolatoren.

Ein anderes Phänomen, das bei Aerogelen beobachtet wird, ist, dass diese bei ca. 1 kHz mechanisch – zum Beispiel durch einen Schlag – angeregt werden können. Die Frequenz ist abhängig von der Art der Anregung. Diese Schwingung ist als Brummen hörbar, weshalb diese Gele auch als *Brummgele* bezeichnet werden. Der Effekt basiert auf akustischen Scherwellen, die beim Anschlagen des Gels angeregt werden.

16.2 Silikat-Aerogel nach Kistler

Wie beschrieben werden Aerogele hergestellt, indem ein Gel aus einem gallertartigem Stoff unter extremen Bedingungen getrocknet wird. Die erstmalige Synthese von Silikat-Aerogelen gelang Samuel Stephens Kistler bereits 1931/32. Damit entwickelte er als Erster eine Methode zur Trockung eines Gels, ohne dass dabei die sonst damit verbundene Schrumpfung auftritt.

Kistler verwendete Natriumsilikat in Wasser als Lösungsmittel, wobei sogenanntes Wasserglas entsteht. Durch Zugabe von HCl wird die Fällung von Kieselsäureteilchen ausgelöst, welche sich aufgrund der Brown'schen Molekularbewegung in der Lösung verteilen und zusammenstoßen:

$$Na_2H_2SiO_4 + 2\,HCl \rightarrow 2\,NaCl + H_4SiO_4$$
$$H_4SiO_4 \rightarrow 2\,H_2O + SiO_2$$

Innerhalb von 24 Stunden entsteht so ein Gel mit raumartiger Struktur. NaCl und überschüssiges HCl können mit Wasser aus dem Gemisch herausgelöst werden. Das Wasser, welches mit der Zeit die Netzstruktur wieder zerstören kann, wird anschließend mit Alkohol ausgewaschen. Anschließend wird das Gel in einem Autoklaven oberhalb der kritischen Temperatur des Alkohols getrocknet (überkritische Trocknung), um zu verhindern, dass das Gel durch die sonst auftretenden kapillaren Kräfte schrumpft. Wie bereits beschrieben, gibt es bei überkritischer Trocknung keine Phasengrenze zwischen Gas und Flüssigkeit, und die Oberflächen- und Kapillarkräfte, die üblicherweise zur Ausbildung von Menisken führen, verschwinden. Der Alkohol wird dann aus dem Autoklaven abgeblasen.

Stanislas Teichner versuchte in den 1960er Jahren Kistlers Verfahren zu reproduzieren, wobei er Wochen benötigte, um kleinere Aerogelproben herzustellen. Daraufhin entwickelte er 1968 den heute als Standardverfahren verwendeten beschriebenen Sol-Gel-Prozess. Ausgangsstoff war Tetramethylorthosilikat, welches nach der Reaktionsgleichung

$$Si(O–CH_3)_4 + 4\,H_2O \rightarrow H_4SiO_4 + 4\,CH_3OH$$

mithilfe eines Katalysators langsam zu Orthokieselsäure und Methanol hydrolysiert. Aus der Kieselsäure spaltet sich nachfolgend Wasser ab, und es entstehen dreidimensional vernetzte SiO_2-Tetraeder.

Die Trocknung des so entstandenen Alkogels erfolgt wiederum gleich zum Verfahren Kistlers, wobei das Methanol kritische Werte von 239,4 °C und 80,9 bar aufweist. Die Eigenschaften wie Struktur und Dichte des Aerogels können durch die Wahl des Katalysators, des pH-Wertes oder des Mengenverhältnisses der eingesetzten Substanzen, insbesondere des Methanols, gesteuert werden.

16.3 Weitere Verfahren

Andere Verfahren verwenden CO_2 als Lösungsmittel. Von Vorteil ist die mit 31 °C niedrige kritische Temperatur des CO_2 und der wesentlich einfachere Trocknungsprozess.

Ein weiteres Verfahren wurde bei der BASF in Ludwigshafen entwickelt, bei dem man Schwefelsäure und Natriumsilikat zur Reaktion bringt, indem man sie mit einer Mischdüse auf einen Kolben aufsprüht. Dabei bilden sich Alkalisalze, die ausgewaschen werden müssen.

Kohlenstoff-Aerogele werden vorwiegend durch die Pyrolyse von Resorcin-Formaldehyd-Aerogelen erzeugt. Bei der Herstellung der Resorcin-Formaldehyd-Aerogele kann anstelle der überkritischen Trocknung auch die billigere Lufttrocknung verwendet werden.

16.4 Beispiele für die Verwendung von Hydrogelen und Aerogelen

Aufgrund der hohen Porosität erforschte man Aerogele zunächst im Hinblick auf die Möglichkeit der Speicherung von Gasen, wegen ihrer guten chemischen und thermischen Eigenschaften später auch als Speichermedium für flüssige Raketentreibstoffe.

Da die Brechzahl der Aerogele in einem Bereich liegt, der weder durch Gase noch durch Flüssigkeiten oder konventionelle Festkörper erreichbar ist, spielen sie eine wichtige Rolle als optische Bauelemente. Beispielsweise werden durch abwechselnde Beschichtungen aus niedrigbrechendem Siliciumdioxid und hochbrechendem Titandioxid Interferenzfilter für optische Anwendungen hergestellt. Derartige Schichten dienen ferner zur Entspiegelung und zur Erzeugung von Farbeffekten zum Beispiel in der Beleuchtungsindustrie.

Besonders Silikat-Aerogele zeigen eine sehr geringe Wärmeleitfähigkeit und werden als Wärmedämmstoff verwendet.

Kohlenstoff-Aerogele mit hoher elektrischer Leitfähigkeit und Stabilität spielen eine große Rolle in der Materialforschung für Elektrodenmaterial in Primär- und Brennstoffzellen, Fahrzeugkatalysatoren sowie in Superkondensatoren.

Durch ihre Feinstruktur sind Aerogele auch als Auffangmatrix für kleinste Staubpartikel einsetzbar. Sie wurden deshalb auch an Bord der „Kometenstaub-Raumsonde“ Stardust verwendet. Die eingefangenen Staubpartikel und Moleküle werden so langsam abgebremst, dass sie thermisch nicht zerstört werden. So gelang es unter anderem das erste Mal, unbeschadet Material eines Kometen zur Erde zu bringen.

Mithilfe des Sol-Gel-Prozesses lassen sich auch faserartige Strukturen herstellen. Hierbei geht man von sogenannten Spinmassen aus, die im Vakuum bei erhöhter Temperatur eingeengt werden. Dabei muss sichergestellt werden, dass sich kein Netzwerk mit kovalenten Bindungen ausbildet! Kühlt man eine solche Masse ab, erstarrt das Material glasartig. Eine solche Masse lässt sich wieder aufschmelzen und durch Düsen pressen, wobei die Moleküle ausgerichtet werden und das restliche Lösungsmittel verdampft. Dabei bilden sich kovalente Bindungen zwischen den Molekülen aus, und es bildet sich ein dreidimensionales faserartiges Netzwerk, welches sich nicht mehr aufschmelzen lässt. Man erhält auf diese Weise anorganische Fasern (keramische Fasern), aus denen sich gegebenenfalls organische Reste durch thermische Pyrolyse entfernen lassen. Durch Sintern kann das Material zusätzlich verfestigt und verdichtet werden.

Neben keramischen Oxidfasern aus Aluminiumoxid, Blei-Zirkonat-Titanat oder Yttrium-Aluminium-Granat lassen sich so auch nichtoxidische Fasern wie Siliciumcarbid und oxidische nichtkristalline Substanzen wie Kieselgelfasern herstellen.

Durch nasschemische Beschichtungsverfahren wie dem oben erwähnten Sprühverfahren der BASF, der Tauchbeschichtung und anderen lassen sich aus Solen Beschichtungen herstellen. Durch die Auswahl geeigneter Hybridpolymere lassen sich derartige Beschichtungen auch auf thermisch empfindlichen Materialien anbringen. Hybridpolymere beispielsweise werden unter der Reflexschicht von Brillengläsern als Kratzschutz für die Kunststofflinsen verwendet. Oftmals erlauben die erforderlichen hohen Temperaturen bei der Herstellung lediglich Beschichtungen auf Metallen, Keramik oder Glas [Burger97, Malfatti11, Pandey11, Chowd10, Farr00, Wen96, Yoldas93, Jones06, Pajonk97, Pajonk99, Fricke97, Fricke04, Hrubesh98, Dorcheh08, Schmidt98, Camci13, Gachon86, Spiller08, Ghugare10, Hara07, Can07, Tanaka05, Samch11, Buwalda14, Gomez14, Tronci14, Jagur10, Ta09, Tan09, Dai09, Shi09].

Anhang 17

17.1 Die Debye-Hückel-Theorie

17.1.1 Berechnung des Potenzials um solvatisierte Ionen

Die Debye-Hückel-Theorie, benannt nach Peter Debye (Abb. 17.1a) und Erich Hückel[1] (Abb. 17.1b), liefert ein Modell für die Beschreibung der elektrostatischen Wechselwirkung von Ionen in einer Elektrolytlösung. Die elektrostatischen Anziehungs- bzw. Abstoßungskräfte zwischen den geladenen Teilchen einerseits und polaren Solvenzmolekülen andererseits führen zu einer Nahordnung im Bereich der Ionen, sodass sich entgegengesetzt geladene Teilchen umeinander gruppieren und dadurch die Raumladungsdichte möglichst gering halten. Gleichzeitig bewirken die Lösungsmittelmoleküle eine Abschirmung der Ionen. Dieser durch die elektrostatische Wechselwirkung bedingten Ordnung der Ionen in der Lösung wirkt die thermische Bewegung der Atome und Moleküle entgegen. Aus diesen beiden Effekten – der elektrostatischen Anziehung entgegengesetzt geladener Teilchen und der damit verbundenen Ordnung der Teilchen einerseits und der thermischen Bewegung der Teilchen andererseits – ergibt sich ein mittleres Potenzial um das Ion, dessen Stärke und dessen Reichweite berechnet werden sollen.

Wir betrachten den Ladungstransport in einer Elektrolytlösung. Legt man an die Elektroden einer Elektrolysezelle eine Spannung U an, dann entsteht in der Lösung ein elektrisches Feld und eine Spannungsdifferenz. Für die Kraft zwischen zwei

[1] Erich Armand Arthur Joseph Hückel (* 9. August 1896 in Berlin; † 16. Februar 1980 in Marburg) war ein deutscher Chemiker und Physiker. Er gilt als Pionier der Quantenchemie. Zu seinen wichtigsten wissenschaftlichen Leistungen zählen die quantentheoretische Deutung der thermodynamischen Eigenschaften des Benzols und damit zusammenhängend die Formulierung der nach ihm benannten Hückel-Näherung, aus der die Hückel-Regel zur Definition des aromatischen Zustandes folgt. Außerdem arbeitete er im Bereich der Elektrochemie, wobei insbesondere die Debye-Hückel-Theorie entstand.
Quelle: http://de.wikipedia.org/wiki/Erich_Hückel

G.J. Lauth, J. Kowalczyk, *Einführung in die Physik und Chemie der Grenzflächen und Kolloide*, DOI 10.1007/978-3-662-47018-3_17

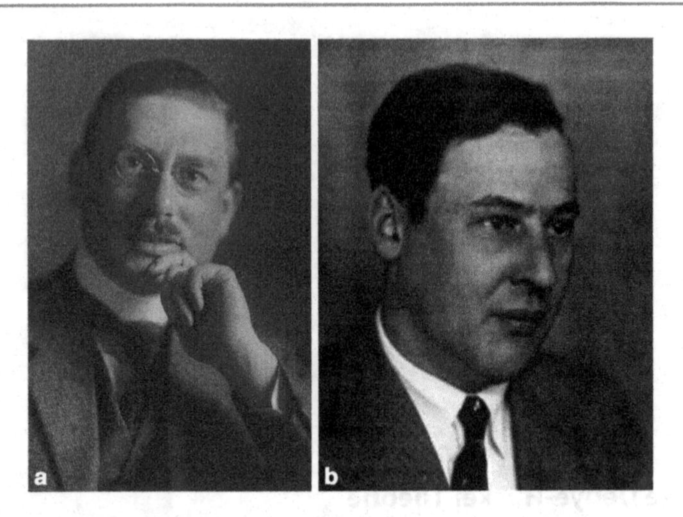

Abb. 17.1 **a** Peter Debye; **b** Erich Armand Arthur Joseph Hückel

Ladungen gilt das Coulomb'sche Gesetz:

$$\begin{aligned} \underline{F} &= \frac{1}{4\pi\epsilon\epsilon_0} \cdot \frac{q_1 q_2}{r^2} \cdot \frac{\underline{r}}{|\underline{r}|} \qquad \underline{E} = \frac{\underline{F}}{q_1} = \frac{1}{4\pi\epsilon\epsilon_0} \cdot \frac{q_2}{r^2} \cdot \frac{\underline{r}}{|\underline{r}|} \\ U &= \int \underline{F}\,\mathrm{d}\underline{r} = -\frac{1}{4\pi\epsilon\epsilon_0} \frac{q_2}{|\underline{r}|} \quad \rightarrow \quad |\underline{E}| = \frac{U}{l} \end{aligned} \tag{17.1}$$

Dabei bedeutet l den Elektrodenabstand.

Für die Kraft auf ein Teilchen (durch das elektrische Feld) in der Lösung gilt:

$$\underline{F}_E = q\underline{E} = z_i e \underline{E} \tag{17.2}$$

Bei der Wanderung durch die Lösung wirken auf die Teilchen Reibungskräfte. Setzt man zu deren Berechnung die Stokes-Reibung an, dann gilt:

$$\underline{F}_R = -6\pi\eta r_i \cdot \underline{v}_i \tag{17.3}$$

Dabei ist r_i der Radius des Ions inklusive der mitgeführten Lösungsmittelwolke. η ist die dynamische Viskosität des Lösungsmittels.

Im Gleichgewicht sind die beiden Kräfte gleich:

$$\underline{F}_E + \underline{F}_R = 0 \quad \rightarrow \quad z_i e|\underline{E}| = 6\pi\eta r_i \cdot |\underline{v}_i| \quad \Rightarrow \quad |\underline{v}_i| = \frac{z_i e|\underline{E}|}{6\pi\eta r_i} \tag{17.4}$$

mit den radiusabhängigen Teilchengeschwindigkeiten $\underline{v}_i$.

Man definiert nun als die (elektrische) Beweglichkeit:

$$u_i = \frac{|\underline{v}_i|}{|\underline{E}|} = \frac{z_i e}{6\pi\eta \cdot r_i} \quad \text{Beweglichkeit} \tag{17.5}$$

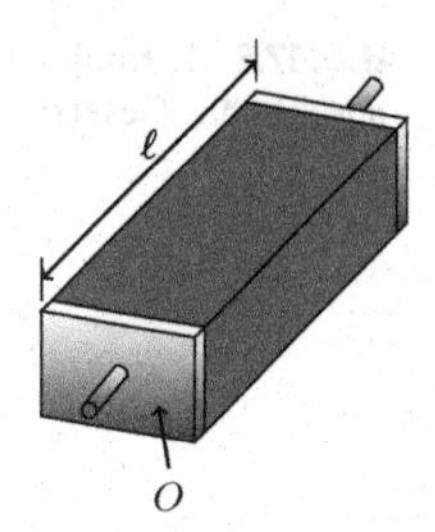

Abb. 17.2 Elektrischer Leiter

Wir betrachten im Folgenden einen starken 1,1-Elektrolyten mit der Konzentration $c_i = \frac{n_i}{V}$. Legen wir eine Spannung an die Elektroden, dann fließt durch die Lösung der Strom

$$I = \frac{1}{t}\sum_i q_i = \frac{1}{t}(q^+ + q^-) = \nu^+ \cdot c \cdot \underbrace{O \cdot |v^+|}_{=\frac{v}{t}} + \nu^- \cdot c \cdot \underbrace{O \cdot |v^-|}_{=\frac{v}{t}} \tag{17.6}$$

Mit der Faraday-Konstante $F = N_A \cdot e$ ist:

$$I = F \cdot O \cdot (\nu^+ \cdot c \cdot z^+ \cdot v^+ \nu^- \cdot c \cdot z^- \cdot v^-) \tag{17.7}$$

Ersetzen wir in dieser Gleichung $v_i = u_i \cdot E$, dann ist mit $E = \frac{U}{l}$:

$$I = \frac{F \cdot O}{l} \cdot (\nu^+ \cdot c \cdot z^+ \cdot u^+ + \nu^- \cdot c \cdot z^- \cdot u^-) \cdot U \tag{17.8}$$

Vergleich mit dem Ohm'schen Gesetz $U = RI$ liefert:

$$\frac{F \cdot O}{l} \cdot (\nu^+ \cdot c \cdot z^+ \cdot u^+ + \nu^- \cdot c \cdot z^- \cdot u^-) = \frac{1}{R} \tag{17.9}$$

Gleichung (17.9) liefert nur dann den richtigen Wert, wenn die Messung bei Wechselstrom durchgeführt wird. Gleichstrom führt zu einer Polarisation der Elektroden und damit zu sogenannten Überspannungen.

Wir führen den spezifischen Widerstand ρ ein mit:

$$\rho = R \cdot \frac{O}{l} \quad \text{spezifischer Widerstand} \tag{17.10}$$

Dabei ist O die Querschnittsfläche des Leiters und l dessen Länge (Abb. 17.2). Der Kehrwert des spezifischen Widerstandes ist die spezifische Leitfähigkeit κ. Damit ist dann:

$$\frac{1}{\rho} = \kappa = F \cdot c \cdot (\nu^+ \cdot z^+ \cdot u^+ + \nu^- \cdot z^- \cdot u^-) \tag{17.11}$$

Damit haben wir bis auf die Konzentration c nur noch stoffspezifische Konstanten in der Gleichung. Um auch noch die Systemgröße $c = \frac{n}{V}$ aus der Gleichung zu

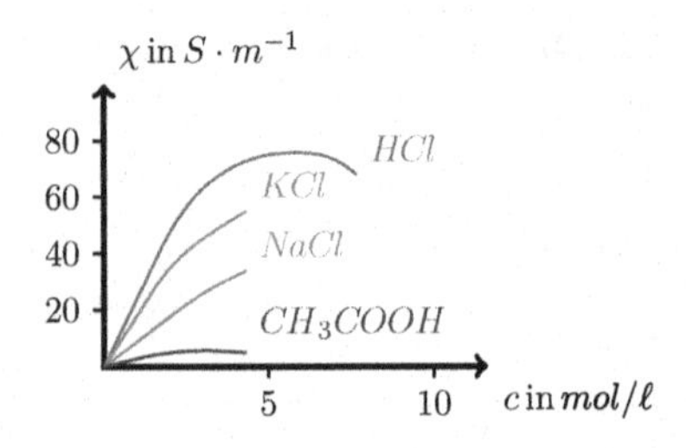

Abb. 17.3 1. Kohlrausch'sches Gesetz

eliminieren, führen wir eine weitere Größe Λ, die *molare Leitfähigkeit*, ein:

$$\Lambda = \frac{\kappa}{c} \quad \text{molare Leitfähigkeit} \tag{17.12}$$

Damit ergibt sich schließlich:

$$\Lambda = F \cdot (\nu^+ \cdot z^+ \cdot u^+ + \nu^- \cdot z^- \cdot u^-) \tag{17.13}$$

Gemäß dieser Gleichung setzt sich die molare Leitfähigkeit additiv aus den in der Lösung enthaltenen verschieden geladenen Teilchen zusammen – das sind die molaren Leitfähigkeiten der Kationen und der Anionen. Wir bezeichnen mit Λ^+ die molare Leitfähigkeit des Kations und mit Λ^- die molare Leitfähigkeit des Anions. Damit ist dann:

$$\boxed{\Lambda = \nu^+\Lambda^+ + \nu^-\Lambda^-} \tag{17.14}$$

Dieses Ergebnis ist unter dem Namen *Kohlrausch'sches Gesetz der unabhängigen Ionenwanderung* bekannt. Gemäß diesem Gesetz sollte die Leitfähigkeit proportional zur Konzentration zunehmen, und die molare Leitfähigkeit Λ sollte unabhängig von der Konzentration c sein, wobei angenommen ist, dass die Beweglichkeit u der Ionen nicht von der Konzentration abhängt. Das Experiment zeigt allerdings, dass (17.14) nur im Grenzfall unendlicher Verdünnung $c \to 0$ gilt (Abb. 17.3)!

Auf empirischem Weg fand Kohlrausch dann das nach ihm benannte Quardratwurzelgesetz:

$$\boxed{\Lambda_C = \Lambda_0 - k\sqrt{c}} \quad \text{Kohlrausch'sches Quadratwurzelgesetz} \tag{17.15}$$

Dabei ist Λ_C die molare Leitfähigkeit bei molarer Konzentration c und Λ_0 die molare Leitfähigkeit für $c \to 0$.

Für alle starken Elektrolyte ist die Konstante k nahezu gleich (Abb. 17.4). Je höher die Wertigkeit ist, desto steiler sind die Geraden. Das experimentelle Ergebnis legt den Schluss nahe, dass die Beweglichkeiten u_i keine Stoffkonstanten sind, sondern von den Konzentrationen c_i abhängen!

Nun gilt:

$$u_i = \frac{z_i e}{6\pi\eta r_i} \quad \Lambda = F \cdot (\nu^+ \cdot z^+ \cdot u^+ + \nu^- \cdot z^- \cdot u^-) \quad \to \quad \Lambda^\pm \propto \frac{1}{r_i} \tag{17.16}$$

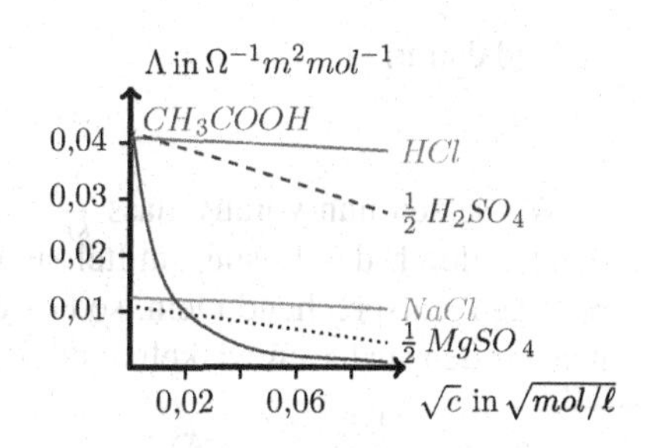

Abb. 17.4 Kohlrausch'sches Quadratwurzelgesetz

Das Ion liegt in Lösung nicht isoliert, sondern solvatisiert vor! Bei der Wanderung durch die Lösung nimmt das Ion zumindest einen Teil seiner Solvathülle mit, sodass der Radius des Ions unbestimmt, das heißt nicht gleich dem Ionenradius im Kristall, ist! Benötigt wird somit eine Theorie, die diesen Effekt der Hydrathülle und den dadurch bedingten Radius des wandernden Teilchens und die Abschirmung der Ladung durch die Solvathülle mit berücksichtigt.

Im Folgenden betrachten wir starke Elektrolyte, das heißt solche, die in einer wässrigen Lösung vollständig dissoziieren. Ziel ist es, ein realistischeres Modell der Elektrolytlösung aufzustellen.

17.1.2 Theorie der Elektrolyte

In der Lösung sind sowohl positive als auch negative Ionen vorhanden. Jedes dieser Ionen erzeugt um sich herum ein elektrisches Feld, welches die geladenen Teilchen in der Umgebung beeinflusst: Gleich geladene Ionen werden abgestoßen, entgegengesetzt geladene Ionen werden angezogen. Es wirkt aber nicht nur das elektrische Feld!

Die thermische Bewegung der Teilchen wirkt einer Ordnung bzw. geordneten Ausrichtung der Teilchen entgegen. Eine solche thermische Bewegung kann mithilfe eines Boltzmann-Ansatzes beschrieben werden. Für die Häufigkeit positiver bzw. negativer Teilchen in einem gegebenen Potenzial erhält man danach:

$$n^+ \mathrm{d}V \approx n \cdot \exp\left(-\frac{e\phi}{k_B T}\right) \mathrm{d}V \quad n^- \mathrm{d}V \approx n \cdot \exp\left(+\frac{e\phi}{k_B T}\right) \mathrm{d}V \tag{17.17}$$

Dabei ist $e\phi$ die Energie der geladenen Teilchen – in diesem Fall von Teilchen mit *einer* Elementarladung – im Feld und $n = \frac{N}{V}$ die Zahl der Ionen pro Volumeneinheit. Mit diesem Ansatz ergibt sich eine Ladungsdichte ρ:

$$\rho = (n^+ - n^-) \cdot e \approx ne \cdot \left[\exp\left(-\frac{e\phi}{k_B T}\right) - \exp\left(+\frac{e\phi}{k_B T}\right)\right] \tag{17.18}$$

Andererseits gilt folgende Reihenentwicklung:

$$\sin \mathrm{h} x = \frac{e^x - e^{-x}}{2} \tag{17.19}$$

Und damit:

$$\rho = -2ne \cdot \sin\mathrm{h}\frac{e\phi}{k_B T} \tag{17.20}$$

Wir setzen nun voraus, dass $\frac{e\phi}{k_B T} \ll 1$ gilt. Durch die Abschirmungen der Ladungen durch das Lösungsmittel sind die Potenziale, in denen sich die Teilchen bewegen, entsprechend klein, sodass diese Näherung gerechtfertigt ist. Dann können wir den $\sin\mathrm{h}x$ entwickeln, und wir erhalten:

$$\begin{aligned} \sin\mathrm{h}x &= \frac{1}{2} \cdot (e^x - e^{-x}) \\ &= \frac{1}{2} \cdot \left(\left[1 + x + \frac{x^2}{2!} + \frac{x^3}{3!} + \ldots \right] - \left[1 - x + \frac{x^2}{2!} - \frac{x^3}{3!} + - \ldots \right] \right) \\ &= x + O(x^3) \end{aligned} \tag{17.21}$$

Und damit:

$$\rho = -2ne \cdot \frac{e\phi}{k_B T} \tag{17.22}$$

Für kontinuierliche Ladungsverteilungen gilt die Poisson-Gleichung, die wir bereits aus dem Gauss'schen Gesetz der Elektrostatik und der Definition des elektrischen Potenzials hergeleitet haben:

$$\mathrm{div}\, E = \underline{\nabla} \cdot \underline{E} = \frac{\rho}{\epsilon_0} \quad \underline{E} = -\mathrm{grad}\, \phi = -\underline{\nabla}\phi \quad \rightarrow \quad \mathrm{div}\, \mathrm{grad}\phi = \nabla^2\phi = -\frac{\rho}{\epsilon_0} \tag{17.23}$$

Setzt man die obige Näherung für die Ladungsdichte ein, erhält man:

$$\nabla^2\phi = -\frac{\rho}{\epsilon_0} = \frac{2ne}{\epsilon_0} \cdot \frac{e\phi}{k_B T} = x_{DL}^2 \phi \quad \text{mit: } x_{DL} := \sqrt{\frac{2ne^2}{\epsilon_0 k_B T}} \tag{17.24}$$

Die Größe

$$\boxed{l := \frac{1}{x_{DL}} = \sqrt{\frac{\epsilon_0 k_B T}{2ne^2}}} \quad \text{Debye-Länge} \tag{17.25}$$

hat die Dimension einer Länge, und man nennt sie auch *Abschirmlänge*, *Debye-Länge* oder auch *Debye-Hückel-Parameter*.

Experimente zeigen, dass die Debye-Hückel-Theorie bei einem starken 1,1-Elektrolyten bis zu Konzentrationen von etwa $10^{-3}\,\frac{\mathrm{mol}}{\mathrm{l}}$ recht gut erfüllt ist, eine 0,1 m Lösung ist allerdings zu konzentriert.

Die Debye-Hückel-Theorie wurde durch Lars Onsager[2] (Abb. 17.5) [Kauf01] erweitert, sodass sie auch auf die Messung der Leitfähigkeit angewendet werden

[2] Lars Onsager (* 27. November 1903 in Kristiania, heute Oslo; † 5. Oktober 1976 in Coral Gables (Florida) in der Nähe von Miami) war ein norwegischer Physikochemiker und Physiker. Er arbeitete unter anderem auf dem Gebiet der Leitfähigkeit von Lösungen, der Elektrolyte, der Thermodynamik und statistischen Mechanik, der Theorie der Turbulenz und stellte eine Theorie zur Isotopentrennung auf, die auch Anwendung im Manhattan-Projekt fand. Eine seiner besonderen Leistungen war die analytische Beschreibung und exakte Lösung des zweidimensionalen Ising-Modells, eines wichtigen Modellsystems der statistischen Mechanik.
Quelle: http://en.wikipedia.org/wiki/Lars_Onsager

Abb. 17.5 Lars Onsager

kann. Die entgegengesetzt geladene Ionenwolke um das Zentralion bremst die Driftgeschwindigkeit des Zentralions, wobei die Viskosität des Lösungsmittels die Stärke der Reibung bei der Wanderung wesentlich bestimmt. Bei der Bewegung im elektrischen Feld tritt zudem eine Störung der Symmetrie der Ionenwolke auf. Die Zeit, bis zu der sich die Ionen wieder neu ordnen, heißt *Relaxationszeit*; die durch die Bewegung des Zentralions entstehende Asymmetrie bedingt durch die Reibung heißt *Relaxationseffekt*.

Die *Debye-Hückel-Onsager-Theorie* erklärt, warum die Ionenbeweglichkeit und die Äquivalentleitfähigkeit konzentrationsabhängig sind. Verbesserungen der Theorie kamen durch Ansätze von E. Wickie und M. Eigen, sodass mit diesen Modellen die Debye-Hückel-Onsager-Theorie auf höher konzentrierte Lösungen (bis ca. 1 mol/l) anwendbar ist.

Welche Lösung liefert uns nun die Poisson-Gleichung

$$\nabla^2 \phi = x_{DL}^2 \phi \quad \text{mit: } x_{DL} = \sqrt{\frac{2ne^2}{\epsilon_0 k_B T}} \tag{17.26}$$

für unser Problem?

Wir haben es zu tun mit einer linearen homogenen Differenzialgleichung zweiter Ordnung in ϕ. Für den Laplace-Operator gilt:

$$\Delta = \nabla^2 = \frac{\partial^2}{\partial x^2} + \frac{\partial^2}{\partial y^2} + \frac{\partial^2}{\partial z^2} \tag{17.27}$$

Im Fall der Ionen haben wir im idealerweise Radialsymmetrie vorliegen, und es empfiehlt sich, auch den Laplace-Operator in Kugelkoordinaten auszudrücken. Für

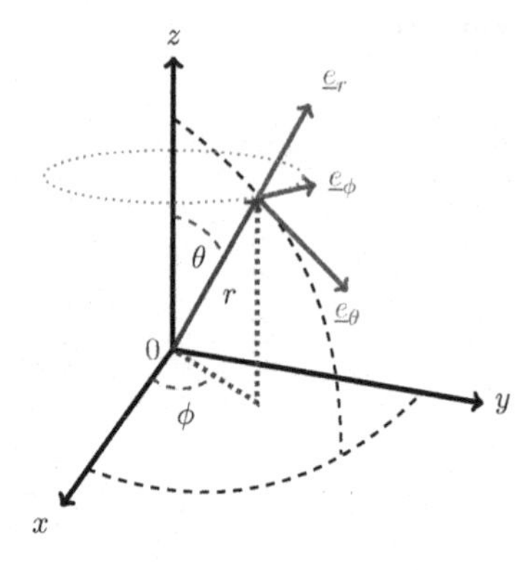

Abb. 17.6 Kugelkoordinaten

die Kugelkoordinaten gilt (Abb. 17.6):

$$\begin{aligned} x &= r \cdot \sin\theta \cdot \cos\phi \\ y &= r \cdot \sin\theta \cdot \sin\phi \\ z &= r \cdot \cos\phi \end{aligned} \tag{17.28}$$

Um die Einheitsvektoren der sphärischen Koordinaten zu erhalten, muss diese Parametrisierung nach den Koordinaten r, θ und ϕ abgeleitet und anschließend auf 1 normiert werden. Man erhält:

$$e_r = \begin{pmatrix} \sin\theta \cdot \cos\phi \\ \sin\theta \cdot \sin\phi \\ \cos\theta \end{pmatrix} \quad e_\theta = \begin{pmatrix} \cos\theta \cdot \cos\phi \\ \cos\theta \cdot \sin\phi \\ -\sin\theta \end{pmatrix} \quad e_\phi = \begin{pmatrix} -\sin\phi \\ \cos\phi \\ 0 \end{pmatrix} \tag{17.29}$$

Eine etwas längere Rechnung liefert schließlich:

$$\Delta = \nabla^2 = \frac{\partial^2}{\partial r^2} + \frac{2}{r}\frac{\partial}{\partial r} + \frac{1}{r^2}\frac{\partial^2}{\partial \theta^2} + \frac{1}{r^2}\frac{\cos\theta}{\sin\theta}\frac{\partial}{\partial\theta} + \frac{1}{r^2\sin^2\theta}\frac{\partial^2}{\partial\phi^2} \tag{17.30}$$

Man könnte nun die Rechnung auf geradem Weg mithilfe der obigen Gleichungen durchführen. Wir können aber aus Symmetriegründen die Rechnung etwas vereinfachen!

In unserem Fall gibt es aus Symmetriegründen keine Abhängigkeit von den Winkeln, und wir brauchen nur den Radialanteil zu betrachten. Es ist:

$$r^2 = x^2 + y^2 + z^2 \quad \rightarrow \quad r\,\mathrm{d}r = x\,\mathrm{d}x + y\,\mathrm{d}y + z\,\mathrm{d}z \tag{17.31}$$

$$\frac{\partial\phi}{\partial x} = \frac{\partial\phi}{\partial r}\frac{\partial r}{\partial x} = \frac{\partial\phi}{\partial r}\frac{x}{r} \quad \frac{\partial\phi}{\partial y} = \frac{\partial\phi}{\partial r}\frac{\partial r}{\partial y} = \frac{\partial\phi}{\partial r}\frac{y}{r} \quad \frac{\partial\phi}{\partial z} = \frac{\partial\phi}{\partial r}\frac{\partial r}{\partial z} = \frac{\partial\phi}{\partial r}\frac{z}{r} \tag{17.32}$$

$$\begin{aligned}\frac{\partial^2\phi}{\partial x^2} &= \frac{\partial^2\phi}{\partial r^2}\left(\frac{x}{r}\right)^2 + \frac{1}{r}\frac{\partial\phi}{\partial r} - \frac{x}{r^2}\frac{\partial r}{\partial x}\frac{\partial\phi}{\partial r}\\ &= \frac{\partial^2\phi}{\partial r^2}\left(\frac{x}{r}\right)^2 + \frac{1}{r}\frac{\partial\phi}{\partial r} - \frac{x}{r^2}\frac{x}{r}\frac{\partial\phi}{\partial r}\\ &= \frac{\partial^2\phi}{\partial r^2}\left(\frac{x}{r}\right)^2 + \frac{1}{r}\frac{\partial\phi}{\partial r} - \frac{x^2}{r^3}\frac{\partial\phi}{\partial r}\end{aligned} \tag{17.33}$$

und analog für $\frac{\partial^2\phi}{\partial y^2}$ und $\frac{\partial^2\phi}{\partial z^2}$.

Damit ist:

$$\Delta\phi = \frac{\partial^2\phi}{\partial x^2} + \frac{\partial^2\phi}{\partial y^2} + \frac{\partial^2\phi}{\partial z^2} = \frac{\partial^2\phi}{\partial r^2}\left(\frac{x}{r}\right)^2 + \frac{2}{r}\frac{\partial\phi}{\partial r} = \frac{1}{r}\frac{\partial^2}{\partial r^2}(r\phi) \tag{17.34}$$

Damit ist also:

$$\Delta\phi = \frac{1}{r}\frac{\partial^2}{\partial r^2}(r\phi) = x_{DL}^2\phi \quad \Leftrightarrow \quad \frac{\partial^2}{\partial r^2}(r\phi) = x_{DL}^2 r\phi \tag{17.35}$$

Setzen wir in (17.35) $r\phi = \Psi$, erhalten wir:

$$\frac{\partial^2\Psi}{\partial r^2} = x_{DL}^2\Psi \tag{17.36}$$

Dies ist eine wohl bekannte Differenzialgleichung, die gelöst wird durch folgenden Ansatz:

$$\Psi = \Psi_0 \cdot \exp(\pm x_{DL} r) \tag{17.37}$$

Man erhält somit folgende allgemeine Lösung:

$$\Psi = \frac{1}{r}\cdot(A\cdot e^{-x_{DL}r} + B\cdot e^{x_{DL}r}) \tag{17.38}$$

Damit das Potenzial endlich bleibt, muss $B = 0$ gelten. Damit ist:

$$\Psi = \frac{1}{r}A\cdot e^{-x_{DL}r} \quad \rightarrow \quad \frac{\partial^2\Psi}{\partial r^2} = x_{DL}^2\Psi \tag{17.39}$$

$$\rho = -\epsilon_0\Psi = -\epsilon_0 x_{DL}^2\Psi = -\epsilon_0 x_{DL}^2\cdot\frac{A\cdot e^{-x_{DL}r}}{r} \tag{17.40}$$

Setzt man Elektroneutralität voraus, dann muss die Gesamtladung der Ladungswolke um das Zentralion gleich dem Negativen der Ladung des Zentralions sein, das heißt, es gilt:

$$\int_0^\infty 4\pi\rho r^2\,\mathrm{d}r = ze = -4\pi A\epsilon_0 x_{DL}^2 \int_0^\infty e^{-x_{DL}r} r\,\mathrm{d}r$$

$$= -4\pi A\epsilon_0 x_{DL}^2 \cdot \left(\left[\frac{1}{x_{DL}} \frac{r}{e^{x_{DL}r}} \right]_0^\infty + \int_0^\infty \frac{1}{\chi} e^{-x_{DL}r}\mathrm{d}r \right) = 4\pi A\epsilon_0$$

$$\rightarrow ze = 4\pi A\epsilon_0 \quad \Leftrightarrow \quad A = \frac{ze}{4\pi\epsilon_0} \tag{17.41}$$

Damit erhält man schließlich für die Ladungsdichte um ein Zentralion:

$$\boxed{\rho = -\frac{x_{DL}^2 e}{4\pi} \cdot \frac{\exp(-x_{DL}r)}{r}} \tag{17.42}$$

17.2 Die Clausius-Mossotti-Beziehung

Bringt man einen Leiter in ein statisches elektrisches Feld, dann werden Ladungsträger so verschoben, dass das Innere des Leiters feldfrei bleibt. Auf der Oberfläche eines Metalls sammeln sich so viele Ladungen, dass im Inneren des Metalls ein Gegenfeld erzeugt wird, welches das äußere Feld gerade kompensiert.

In einem Dielektrikum sind die Ladungen miteinander elastisch verbunden und nicht frei beweglich. Sie werden daher in einem elektrischen Feld lediglich proportional zur Feldstärke verschoben. Dies führt zu einer Schwächung des Feldes im Dielektrikum, das Feld wird aber nicht null wie im Fall des Metalls! Die Verschiebung der Ladungen führt zu einer makroskopischen Polarisation $\underline{P}$, die sich aus der Summe aller mikroskopischen Dipole ergibt.

Die Clausius-Mossotti-Gleichung, benannt nach Rudolf Julius Emanuel Clausius[3] (Abb. 17.7a) und Ottaviano Fabrizio Mossotti[4] (Abb. 17.7b), verknüpft die Permittivitätszahl ϵ als makroskopisch messbare Größe mit der mikroskopischen (molekularen) Größe elektrische Polarisierbarkeit α. Die Gleichung gilt für nichtpolare Stoffe (kein permanentes Dipolmoment), das heißt, es gibt *nur induzierte Dipole* (Verschiebungspolarisation). Für Stoffe mit permanenten Dipolen wird die Debye-Gleichung verwendet, die neben der Verschiebungspolarisation auch die Orientierungspolarisation berücksichtigt.

[3] Rudolf Julius Emanuel Clausius (* 2. Januar 1822 in Köslin; † 24. August 1888 in Bonn) war ein deutscher Physiker. Clausius gilt als Entdecker des zweiten Hauptsatzes der Thermodynamik und als Schöpfer des Begriffs Entropie.

Quelle: http://de.wikipedia.org/wiki/Rudolf_Clausius

[4] Ottaviano Fabrizio Mossotti (* 18. April 1791 in Novara; † 20. März 1863 in Pisa) war ein italienischer Physiker und Astronom.

Quelle: http://de.wikipedia.org/wiki/Ottaviano_Fabrizio_Mossotti

Abb. 17.7 **a** Rudolf Julius Emanuel Clausius; **b** Ottaviano Fabrizio Mossotti

Werden zwei entgegengesetzte Ladungen der Größe q um die Strecke r gegeneinander verschoben, dann entsteht ein Dipolmoment $\underline{\mu}$:

$$\underline{\mu} = q \cdot \underline{r} \tag{17.43}$$

Wir betrachten einen idealen Plattenkondensator, in welchem sich ein solches Dielektrikum befindet. Nach dem Gauss'schen Gesetz der Elektrostatik gilt für den Fluss durch die Platten mit der Fläche O:

$$\phi = E \cdot O = \frac{q}{\epsilon_0} \tag{17.44}$$

Für die Potenzialdifferenz zwischen den Platten gilt:

$$U = E \cdot d = \frac{q}{\epsilon_0 \cdot O} \cdot d \tag{17.45}$$

Und für die Kapazität C ist:

$$C = \frac{q}{U} = \frac{\epsilon_0 \cdot O}{d} \tag{17.46}$$

Dabei ist d der Abstand der Platten, U die angelegte Spannung und q die Ladung.

Das Dielektrikum erzeugt nun im Kondensator ein Gegenfeld und schwächt somit das ursprüngliche Feld ab. Am Kondensator liegt aber die gleiche Spannung an,

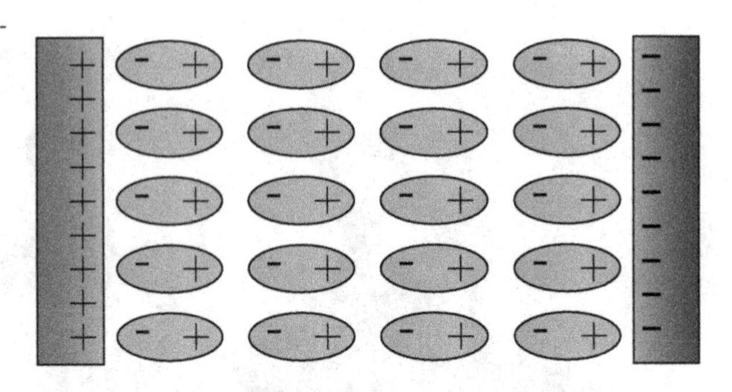

Abb. 17.8 Dipole im elektrischen Feld

sodass der Kondensator durch das Dielektrikum mehr Ladung aufnehmen kann. Es ist:

$$q = C \cdot U \quad C = \epsilon\epsilon_0 \cdot \frac{O}{d} \quad \text{mit: } \epsilon = \frac{\mathrm{C}}{\mathrm{C}_{\text{Vakuum}}} \tag{17.47}$$

ϵ ist die relative Dielektrizitätszahl.

Bei gegebener Ladung q_{Vakuum} sind Spannung und Feld im Vakuum:

$$E_{\text{Vakuum}} = \frac{U_{\text{Vakuum}}}{d} \tag{17.48}$$

Im Dielektrikum sind Spannung und Feld verringert:

$$E = \frac{E_{\text{Vakuum}}}{\epsilon} \quad U = \frac{U_{\text{Vakuum}}}{\epsilon} \tag{17.49}$$

In Abb. 17.8 sind schematisch Dipole (die das Dielektrikum bilden) zwischen den Kondensatorplatten im elektrischen Feld eines Kondensators gezeigt. Man erkennt, dass sich im Dielektrikum die Felder durch die Ausrichtung der Dipole aufheben. Lediglich an den beiden Randschichten verbleibt eine Ladung, die das Feld im Inneren schwächt. Diese an der Oberfläche des Dielektrikums verbleibenden Ladungen heißen *Polarisationsladungen*. Durch diese Ladungen verbleibt am Kondensator nur eine effektive Ladung q:

$$q = \frac{q_{\text{Vakuum}}}{\epsilon} \tag{17.50}$$

Die Differenz zwischen q_{Vakuum} und q sind gerade die Polarisationsladungen q_P:

$$\begin{aligned} q &= q_{\text{Vakuum}} - p_P = \frac{q_{\text{Vakuum}}}{\epsilon} \\ \Rightarrow \quad q_P &= q_{\text{Vakuum}} - q = q_{\text{Vakuum}} - \frac{q_{\text{Vakuum}}}{\epsilon} = q_{\text{Vakuum}}\left(1 - \frac{1}{\epsilon}\right) \end{aligned} \tag{17.51}$$

Nach dem Gauss'schen Gesetz der Elektrostatik ist $E \cdot O = \frac{q}{\epsilon_0}$ und damit:

$$q_P = q_{\text{Vakuum}}\left(1 - \frac{1}{\epsilon}\right) = E_{\text{Vakuum}} \cdot \epsilon_0 \cdot O \cdot \left(1 - \frac{1}{\epsilon}\right) \tag{17.52}$$

Betrachten wir nun ein Volumenelement im Inneren des Dielektrikums. Jedes Volumenelement hat Flächenladungen an seinen Stirnflächen, die ihm ein Dipolmoment verleihen. Das Volumenelement ist gegeben durch $\mathrm{d}V = \mathrm{d}O \cdot \mathrm{d}l$. Dann gilt für das (mikroskopische) Dipolmoment:

$$\mathrm{d}p = \mathrm{d}q_P \cdot \mathrm{d}l = \epsilon_0 E_{\text{Vakuum}} \cdot \left(1 - \frac{1}{\epsilon}\right) \cdot \mathrm{d}O \cdot \mathrm{d}l = \epsilon_0 E_{\text{Vakuum}} \cdot \frac{\epsilon - 1}{\epsilon} \cdot \mathrm{d}V \quad (17.53)$$

Gemäß Definition ist die Polarisation P das Dipolmoment pro Volumeneinheit:

$$\boxed{P = \frac{\mathrm{d}p}{\mathrm{d}V} = \epsilon_0 E_{\text{Vakuum}} \cdot \frac{\epsilon - 1}{\epsilon}} \quad (17.54)$$

Mit dem im Dielektrikum herrschenden Feld $\underline{E} = \frac{\underline{E}_{\text{Vakuum}}}{\epsilon}$ erhält man:

$$\underline{P} = \epsilon_0(\epsilon - 1) \cdot \underline{E} \quad (17.55)$$

Bei der Herleitung bis zu dieser Stelle haben wir mit den *scheinbaren Ladungen* argumentiert. Um zwischen den scheinbaren und den wahren Ladungen zu unterscheiden, führen wir die *dielektrische Verschiebung* ein:

► *Die dielektrische Verschiebung (in einem Dielektrikum) ist das Feld, dessen Quellen nur die wahren Ladungen sind:*

$$\underline{D} = \epsilon\epsilon_0 \cdot \underline{E}$$

Mit $\underline{P} = \epsilon_0(\epsilon - 1) \cdot \underline{E} = \epsilon\epsilon_0 \cdot \underline{E} - \epsilon_0 \underline{E}$ erhält man:

$$\underline{D} = \epsilon\epsilon_0 \cdot \underline{E} = \epsilon_0 \underline{E} + \underline{P} \quad (17.56)$$

Wir betrachten ein molekulares Bild der Verschiebungspolarisation. Die Elektronen im Atom sind elastisch an den Kern gebunden. Eine Auslenkung um die Strecke $\underline{r}$ in einem Feld $\underline{E}$ führt zu einer rücktreibenden Kraft $\underline{F}$:

$$\underline{F} = k\underline{r} = q\underline{E} \quad \Rightarrow \quad r = \frac{q \cdot E}{k} \quad (17.57)$$

Dabei ist k die Kraftkonstante.

Aus dieser Verschiebung resultiert ein Dipolmoment:

$$p = qr = q \cdot \frac{qE}{k} = \frac{q^2}{k} \cdot E =: \alpha E \quad (17.58)$$

Durch diese Gleichung ist die Polarisierbarkeit α definiert: $\alpha = \frac{q^2}{k}$.

Aus (17.57) folgt für die Kraftkonstante k:

$$k = \left|\frac{\mathrm{d}F}{\mathrm{d}r}\right|_{r=r_0} \tag{17.59}$$

Setzt man für die Kraft F die Coulomb-Kraft an, dann ist:

$$F = \frac{1}{4\pi\epsilon_0} \cdot \frac{q^2}{r^2} \quad \Rightarrow \quad k = \left|\frac{\mathrm{d}F}{\mathrm{d}r}\right|_{r=r_0} = \frac{1}{2\pi\epsilon_0} \cdot \frac{q^2}{r_0^3} \tag{17.60}$$

Mit unserer Definition $\alpha = \frac{q^2}{k}$ folgt damit:

$$\boxed{\alpha = 2\pi\epsilon_0 \cdot r - 0^3} \quad \Rightarrow \quad \boxed{\alpha \propto V_{\text{Atom}}} \tag{17.61}$$

Im Falle eines Ensembles von Molekülen ergibt sich das Gesamtdipolmoment:

$$\underline{p}^{\text{ges}} = \sum \underline{p}_i = N\,\underline{p} \tag{17.62}$$

Für die Polarisation folgt damit:

$$\underline{P} = \frac{\underline{p}^{\text{ges}}}{V} = \frac{\text{N}}{V} \cdot \underline{p} = \rho \cdot \underline{p} = \rho \cdot \alpha \cdot \underline{E} \tag{17.63}$$

Mit $\underline{P} = \epsilon_0 \cdot (\epsilon - 1) \cdot \underline{E}$ folgt daraus: $\epsilon_0 \cdot (\epsilon - 1) = \rho \cdot \alpha$.
Führen wir die Massendichte δ und die Molmasse M ein, dann ergibt sich:

$$\rho = \frac{\text{N}}{V} = \frac{N_A}{M} \cdot \delta \quad \text{und damit:} \quad \epsilon_0 \cdot (\epsilon - 1) \cdot \frac{M}{\delta} = N_A \cdot \alpha \tag{17.64}$$

Hat man mehr als nur eine Teilchensorte, dann ist:

$$\boxed{\begin{aligned} \epsilon_0 \cdot (\epsilon - 1) \cdot \frac{M}{\delta} &= N_A \cdot \sum_k x_k \alpha_k \\ \underline{P} = \epsilon_0 \cdot (\epsilon - 1) \cdot \underline{E} &= \sum_k \rho_k \alpha_k \underline{E}_k \end{aligned}} \tag{17.65}$$

Nach diesen Vorüberlegungen betrachten wir nun das Feld im Inneren eines Dielektrikums. Dieses ist sicher verschieden von dem äußeren makroskopischen Feld $\underline{E}$ und entsteht gerade durch Überlagerung des Feldes im Kondensator $\underline{E}$ (Maxwell-Feld) mit weiteren Feldern, die im Inneren des Dilelektrikums vorhanden sind. Es ist gerade das lokale Feld E_{loc}, welches die Polarisation im Dielektrikum bewirkt. Dieses lokale Feld E_{loc} setzt sich damit zusammen aus:

$$\underline{E}_{\text{loc}} = \underline{E} + \underline{E}_i + \underline{E}_P \tag{17.66}$$

Abb. 17.9 Hendrik Antoon Lorentz

Dabei ist $\underline{E}$ das mittleres äußeres Feld (Maxwell-Feld), $\underline{E}_i$ das Feld durch die Wechselwirkungen zwischen benachbarten Molekülen und $\underline{E}_p$ das Feld bedingt durch die Polarisation der Moleküle.

In Gasen, in denen der mittlere Abstand der Moleküle groß ist, ist das lokale Feld $\underline{E}_{\text{loc}}$ im Wesentlichen gleich dem äußeren mittleren Feld $\underline{E}$. Das Feld $\underline{E}_p$ durch die Polarisation der Moleküle heißt *Lorentz-Feld*, benannt nach Hendrik Antoon Lorentz[5] (Abb. 17.9).

Um das Feld $\underline{E}_p$ zu berechnen, betrachten wir die Oberfläche eines kugelförmigen Raumes mit dem Radius $\underline{r}$ des Dielektrikums. Der Radius der Kugel sei groß im Vergleich zu den molekularen Abständen. Wie wir bereits gesehen haben, sitzen im Fall leitfähiger Kugeln die einzig resultierenden Ladungen auf der Oberfläche. Wir können also alle Moleküle im Inneren der Kugel entfernen und somit das Innere der Kugel als Kontinuum ansehen. Die Polarisationsladung an der Oberfläche der so entstandenen Hohlkugel erzeugt am Molekülort das Feld $\underline{E}_p$.

Da im Außenraum der Hohlkugel in Richtung der z-Achse die Feldstärke $\underline{E}$ herrscht, erzeugt diese eine zu ihr parallel gerichtete Polarisation $\underline{P}$. Der Polarisationsvektor $\underline{P}$ beschreibt die Verschiebung von Ladungen in einem Isolator bei Anlegen eines äußeren Feldes, wobei gemäß Konvention positive Ladungen in Richtung des Feldvektors verschoben werden, negative Ladungen entgegen der Richtung des Feldvektors (Abb. 17.10). Jedes Teilchen wird dabei zu einem elek-

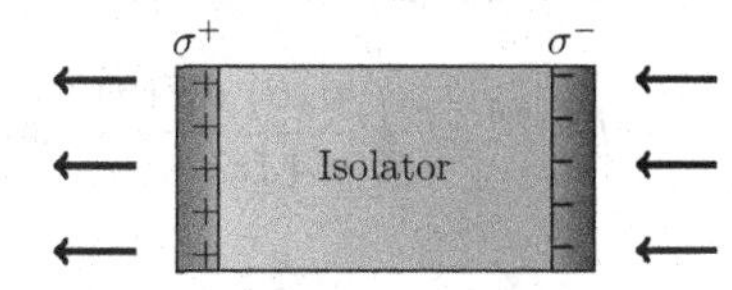

Abb. 17.10 Isolator im elektrischen Feld

[5] Hendrik Antoon Lorentz (* 18. Juli 1853 in Arnheim; † 4. Februar 1928 in Haarlem) war ein niederländischer Mathematiker und Physiker. Er entwickelte die mathematischen Grundlagen, auf denen die Spezielle Relativitätstheorie Albert Einsteins aufgebaut wurde. Begriffe wie Lorentz-Kraft und Lorentz-Transformation wurden nach ihm benannt.

Quelle: http://de.wikipedia.org/wiki/Hendrik_Antoon_Lorentz

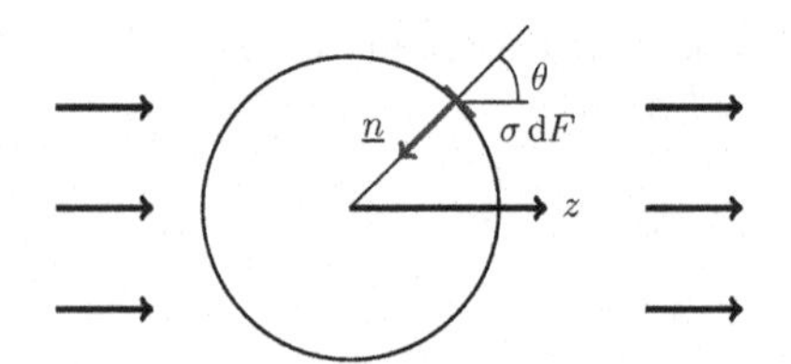

Abb. 17.11 Hohlkugel im elektrischen Feld

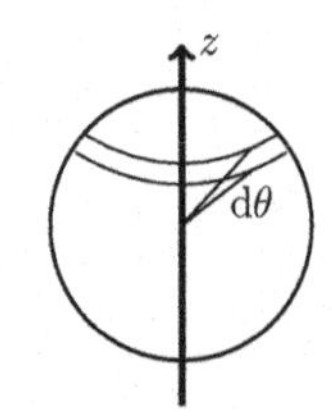

Abb. 17.12 Integration über Kreisringe

trischen Dipol. Daher erscheint die Polarisation als elektrisches Dipolmoment pro Volumeneinheit, das heißt als *Dipoldichte*.

Ist V das Volumen und l die Kantenlänge, dann ist das gesamte Dipolmoment:

$$|\underline{P}| \cdot V = q \cdot l = \sigma \cdot |\underline{O}| \cdot l = \sigma \cdot V \;\Rightarrow\; |\underline{P}| = \sigma \tag{17.67}$$

Das heißt, die Dipoldichte $|\underline{P}|$ ist gleich der Flächenladungsdichte σ.

Betrachten wir nun unsere herausgegriffene Hohlkugel im elektrischen Feld (Abb. 17.11). Der Normalenvektor $\underline{n}$ weist radial nach innen, denn das Innere der Hohlkugel ist der Außenraum des Dielektrikums der Molekülumgebung. Damit ist:

$$\sigma = \underline{P} \cdot \underline{n} = -P \cos\theta \tag{17.68}$$

Die Flächenladung $\sigma\, \mathrm{d}O$ fügt nach dem Coulomb'schen Gesetz zum Maxwell-Feld $\underline{E}$ noch ein weiteres Feld hinzu:

$$E_{p,z} = \frac{\sigma\, \mathrm{d}O}{4\pi\epsilon_0 \cdot r^2} \cos\theta \tag{17.69}$$

Die x- und y-Komponenten des Feldes verschwinden aus Symmetriegründen. Das gesamte Feld ergibt sich durch Integration über die Kugelfläche. Dazu betrachten wir die Ladung auf Kreisringsegmenten und integrieren über diese Kreisringsegmente (Abb. 17.12). Für die Fläche der Kreisringsegmente ergibt sich:

$$\mathrm{d}O = 2\pi r \cdot r \,\sin\theta\, \mathrm{d}\theta \tag{17.70}$$

Damit ist nun:

$$\begin{aligned} E^{\text{Kugel}} &= \int\limits_0^\pi \frac{\sigma(\theta)\, \mathrm{d}F(\theta)}{4\pi\epsilon_0 \cdot r^2} \cdot \cos\theta = \frac{1}{4\pi\epsilon_0} \int\limits_0^\pi \frac{2\pi r^2 \cdot \sin\theta\, \mathrm{d}\theta \cdot \sigma(\theta)}{r^2} \cdot \cos\theta \\ &= \frac{1}{2\epsilon_0} \int\limits_0^\pi \sin\theta\, \mathrm{d}\theta \cdot (-P\, \cos\theta) \cdot \cos\theta = -\frac{P}{2\epsilon_0} \int\limits_0^\pi \cos^2\theta\, \sin\theta\, \mathrm{d}\theta \end{aligned} \tag{17.71}$$

Substitution $\cos\theta = u \quad \rightarrow \quad \sin\theta\, \mathrm{d}\theta = \mathrm{d}u$ liefert:

$$E^{\text{Kugel}} = -\frac{P}{2\epsilon_0}\int_0^{\pi} \cos^2\theta\, \sin\theta\, \mathrm{d}\theta = \frac{P}{2\epsilon_0}\int_{u=\cos 0}^{u=\cos\pi} u^2\, \mathrm{d}u = \frac{P}{2\epsilon_0}\cdot\frac{1}{3}u\Big|_{u=1}^{u=-1} = -\frac{P}{3\epsilon_0} \tag{17.72}$$

Mit $\underline{P} = \epsilon_0 \cdot (\epsilon - 1) \cdot \underline{E}$ folgt daraus:

$$\begin{aligned} E^{\text{Kugel}} &= -\frac{\epsilon - 1}{3}\cdot E \\ E^{\text{Lorentz}} &= E^{\text{Maxwell}} + E^{\text{Kugel}} = E^{\text{Maxwell}} + \left(1 - \frac{\epsilon - 1}{3}\right) = \frac{\epsilon + 2}{3}\cdot E^{\text{Maxwell}} \end{aligned} \tag{17.73}$$

Damit haben wir insgesamt:

$$\begin{aligned} \underline{P} &= (\epsilon - 1)\cdot\epsilon\cdot\underline{E} = \sum_k \rho_k \alpha_k \underline{E}_k^i \\ E_k^i &= E^{\text{Lorentz}} = \frac{\epsilon + 2}{3}\cdot E^{\text{Maxwell}} \\ \rho\cdot\frac{\mathrm{N}}{V} &= \frac{N_A\cdot\delta}{\overline{M}} \end{aligned} \tag{17.74}$$

Dabei bezeichnet δ die Massendichte. Damit ist:

$$\sum_k \rho_k \alpha_k \underline{E}_k^i = \frac{N_A\cdot\delta}{\overline{M}} \sum_k x_k \alpha_k \cdot \frac{\epsilon + 2}{3}\cdot\underline{E} = (\epsilon - 1)\cdot\epsilon_0\cdot\underline{E} \tag{17.75}$$

$$\Rightarrow \quad \boxed{\frac{N_A}{3\epsilon_0}\sum_k x_k \alpha_k = \frac{\epsilon - 1}{\epsilon + 2}\cdot\frac{\overline{M}}{\delta}} \tag{17.76}$$

Dies ist die *Clausius-Mossotti-Gleichung*. Im Vakuum ist $\epsilon = 1$, denn dort gibt es keine Moleküle und daher auch keine Polarisationsladungen. Damit ist auch die Polarisierbarkeit null.

► Die Messung der relativen Dielektrizitätskonstanten ϵ erlaubt bei bekannter Dichte (Teilchenzahl pro Volumeneinheit) die Bestimmung der molekularen Polarisierbarkeit.

Am besten gilt die Clausius-Mossotti-Beziehung für Gase, schlechter erfüllt ist sie für Flüssigkeiten und Festkörper, was darauf zurückzuführen ist, dass bei großem ϵ nichtlineare Effekte eine größere Rolle spielen und der Tensorcharakter der Felder berücksichtigt werden muss [Iwam85, Lo01, Mahan80, Vino97].

17.3 Die Debye-Gleichung

Nicht berücksichtigt in der Clausius-Mossotti-Gleichung ist die sogenannte *Orientierungspolarisation*, das heißt die Ausrichtung permanenter Dipole im elektrischen Feld, weshalb die Clausius-Mossotti-Beziehung für *permanente* Dipole *nicht* gilt! Die *Debye-Gleichung* verknüpft die makroskopisch messbare Größe Dielektrizitätskonstante ϵ mit den mikroskopischen (molekularen) Größen elektrische Polarisierbarkeit α und permanentes Dipolmoment μ.

Die Polarisierbarkeit kann – wie bereits beschrieben – in drei Anteile aufgespalten werden:

- *Elektronenpolarisierbarkeit:* Im elektrischen Feld wird die Elektronenhülle gegen den Atomrumpf verschoben.
- *Atompolarisierbarkeit:* Atome im Molekül tragen unterschiedliche Ladung und werden im elektrischen Feld als Ganzes verschoben (zum Beispiel bei Ionenkristallen).
- *Orientierungspolarisierbarkeit:* Permanente Dipole werden im elektrischen Feld ausgerichtet.

$$\boxed{\alpha = \alpha_{\text{Elektron}} + \alpha_{\text{Atom}} + \alpha_{\text{Orientierung}}} \tag{17.77}$$

Die Orientierungspolarisation zeigt eine starke Temperaturabhängigkeit, da die Wärmebewegung der Ausrichtung der Moleküle entgegenwirkt.

Bildet die Achse des permanenten Dipols μ mit dem Feld $\underline{E}$ den Winkel β, dann hat der Dipol im Feld folgende potenzielle Energie:

$$E_{\text{pot}} = -|\underline{\mu}| \cdot |\underline{E}| \cdot \cos\beta \tag{17.78}$$

Dabei ist der Nullpunkt der potenziellen Energie bei $\beta = 90°$ festgelegt.

Nach Boltzmann beträgt die Wahrscheinlichkeit W, dass im thermischen Gleichgewicht ein Dipol den Winkel β zur Feldrichtung einnimmt:

$$W \propto \exp\left(-\frac{E_{\text{pot.}}}{k_B T}\right) = \exp\left(\frac{\mu \cdot E \cdot \cos\beta}{k_B T}\right) \tag{17.79}$$

Daraus ergibt sich schließlich ein mittleres Moment $<\mu>$:

$$<\mu> = \frac{\mu^2}{3k_B T} \cdot E \tag{17.80}$$

Mit $\mu = \alpha \cdot E$ folgt daraus: $\alpha_{\text{Orientierung}} = \frac{\mu^2}{3k_B T}$.

Um genau diesen Betrag muss die Clausius-Mossotti-Beziehung erweitert werden, um die Orientierungspolarisation und damit die Ausrichtung permanenter

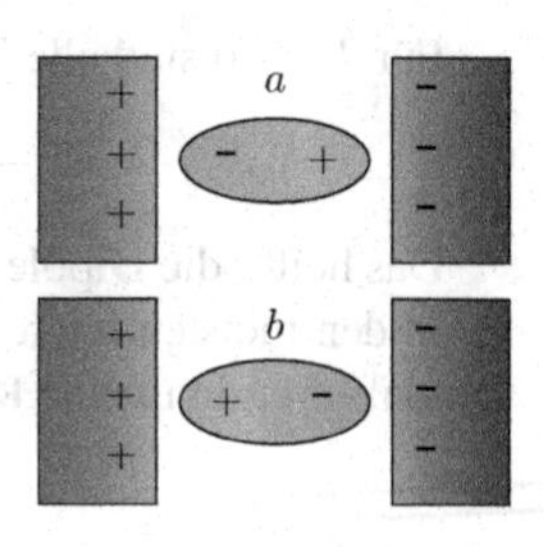

Abb. 17.13 Dipolorientierungen im elektrischen Feld

Dipole im elektrischen Feld mit zu erfassen. Man erhält die sogenannte *Debye-Gleichung*:

$$\frac{N_A}{3\epsilon_0} \cdot \left(\sum_k x_k \alpha_k + \frac{\mu^2}{3k_B T} \right) = \frac{\epsilon - 1}{\epsilon + 2} \cdot \frac{\overline{M}}{\delta} \tag{17.81}$$

Im Folgenden wird die Herleitung des zusätzlichen Terms näher erläutert. Wir betrachten zwei extreme Orientierungen eines Dipols in einem elektrischen Feld (Abb. 17.13) und beschränken uns dabei auf die x-Richtung. Im Fall a ist die Energie des Dipols niedriger als im Fall b. Die Energiedifferenz der Dipole im elektrischen Feld beträgt:

$$\Delta\zeta = 2q \cdot d \cdot E = 2\mu_{\text{perm}} \cdot E \tag{17.82}$$

Für die Verteilung der beiden Dipole auf die beiden möglichen Orientierungen a und b ergibt sich nach Boltzmann:

$$\frac{N_b}{N_a} = e^{\frac{\Delta\zeta}{k_B T}} = e^{-\frac{2\mu E}{k_B T}} \equiv \beta \tag{17.83}$$

Das Gesamtdipolmoment θ aller N Dipole ergibt sich als Differenz der Dipolmomente in den Orientierungen a und b:

$$\begin{aligned} \theta_{\text{perm}} &= N_a \cdot \mu_{\text{perm}} - N_b \cdot \mu_{\text{perm}} = \mu_{\text{perm}}(N_a - N_b) \\ \frac{N_b}{N_a} &= \beta \quad \Rightarrow \quad N_b = N_a \cdot \beta \quad N_a + N_b = N \\ \rightarrow \quad N - N_a &= N_a \cdot \beta \quad N_a = \frac{\text{N}}{1+\beta} \quad N_b = N \cdot \left(1 - \frac{1}{1+\beta}\right) \\ N_a - N_b &= N \cdot \left(\frac{1}{1+\beta} - 1 + \frac{1}{1+\beta} \right) = N \cdot \frac{1-\beta}{1+\beta} \end{aligned} \tag{17.84}$$

Damit ist:

$$\theta_{\text{perm}} = \mu_{\text{perm}}(N_a - N_b) = \mu_{\text{perm}} N \cdot \frac{1 - \exp\left(-\frac{2\mu\zeta}{k_B T}\right)}{1 + \exp\left(-\frac{2\mu\zeta}{k_B T}\right)} \tag{17.85}$$

Für $T \to 0$ sind alle Dipole orientiert, und es ist:

$$T \to 0 \quad \Rightarrow \quad \theta_{\text{perm}} \to \mu_{\text{perm}} \cdot N \cdot 0 = 0 \tag{17.86}$$

Das heißt, die Dipole sind gleichmäßig orientiert!

In den meisten interessierenden Fällen ist $\frac{2\mu\zeta}{k_B T} \ll 1$, und wir können die Exponentialfunktion in eine Reihe entwickeln:

$$\begin{aligned} \theta_{\text{perm}} &\approx \mu_{\text{perm}} N \cdot \frac{1 - \left(1 - \frac{2\mu_{\text{perm}}\zeta}{k_B T}\right)}{1 + \left(1 - \frac{2\mu_{\text{perm}}\zeta}{k_B T}\right)} = \mu_{\text{perm}} N \cdot \frac{\frac{2\mu_{\text{perm}}\zeta}{k_B T}}{2 - \frac{2\mu_{\text{perm}}\zeta}{k_B T}} \\ &\approx \mu_{\text{perm}} N \cdot \frac{\frac{2\mu_{\text{perm}}\zeta}{k_B T}}{2} = \frac{\mu_{\text{perm}}^2}{k_B T} \cdot \zeta \cdot N \end{aligned} \tag{17.87}$$

Also:

$$\boxed{\theta_{\text{perm}} = \frac{\mu_{\text{perm}}^2}{k_B T} \cdot \zeta \cdot N} \tag{17.88}$$

Lässt man eine Orientierung der Dipole in alle drei Raumrichtungen zu, wird sich (im Mittel) 1/3 der Dipole in die jeweilige Richtung orientieren. Betrachtet man zudem die *molare* Polarisierbarkeit, erhält man den gewünschten Ausdruck.

17.4 Die Lorentz-Lorenz-Gleichung

Die Lorentz-Lorenz-Gleichung, benannt nach Hendrik Antoon Lorentz und Ludvig Valentin Lorenz[6] (Abb. 17.14), verbindet den Brechungsindex einer Substanz mit der Polarisierbarkeit.

In einem elektrischen Wechselfeld kann aufgrund der Trägheit der Teilchen ab einer bestimmten Frequenz die Polarisation dem Feld nicht mehr folgen. Sei das Feld beschrieben durch

$$\underline{E} = \underline{E}_0 \cos \omega t \tag{17.89}$$

Mit dem Feld variiert auch die dielektrische Verschiebung $\underline{D}$ periodisch mit der Zeit, allerdings nicht notwendig in Phase mit dem Feld $\underline{E}$, sondern phasenverschoben um den Winkel δ:

$$D = D_0 \cdot \cos(\omega t - d) = D' \cos \omega t + D'' \sin \omega t \tag{17.90}$$

Das Verhältnis D_0/E_0 hängt im Allgemeinen von der Frequenz ab. Wir führen daher zwei Dielektrizitätskonstanten ϵ' und ϵ'' ein, die beide Funktionen der Frequenz sind:

$$D' = \epsilon' \epsilon_0 \cdot E \quad D'' = \epsilon'' \epsilon_0 \cdot E \tag{17.91}$$

[6] Ludvig Valentin Lorenz (* 18. Januar 1829 in Helsingør; † 9. Juni 1891 in Frederiksberg) war ein dänischer Physiker. Nach ihm ist die Lorenz-Mie-Theorie und die Lorenz-Eichung benannt. Unabhängig von Maxwell gab er die Gleichungen für elektromagnetische Wellen und Licht an. Quelle: http://de.wikipedia.org/wiki/Ludvig_Lorenz

Abb. 17.14 Ludvig Valentin Lorenz

Auf diese Weise können wir eine komplexe Dielektrizitätskonstante

$$\epsilon^x = \epsilon' + i\epsilon'' \tag{17.92}$$

und eine komplexe Funktion für das $\underline{E}$-Feld einführen:

$$E = E_0 \cdot e^{-i\omega t} \tag{17.93}$$

Mit der Definition

$$D = \epsilon^x \epsilon_0 \cdot E \tag{17.94}$$

wird dann im statischen Fall $\omega \to 0 \quad \epsilon \to \epsilon' \quad \epsilon'' \to 0$.

In weiten Frequenzbereichen ist $\epsilon' = \text{const.}$ und $\epsilon'' = 0$, dazwischen liegen die *Dispersionsgebiete*, in denen ϵ' abfällt und ϵ'' ein Maximum annimmt. Die Dispersionsgebiete liegen im Bereich der Resonanz der Systeme.

Im Bereich des sichtbaren Lichtes wird nur die Elektronenpolarisation durch das elektrische Feld der Lichtwelle angeregt. Für den Brechungsindex gilt nach der Maxwell-Theorie:

$$n = \sqrt{\epsilon \cdot \mu} \quad \Rightarrow \quad \epsilon = \frac{n^2}{\mu} \tag{17.95}$$

Hier ist μ die *magnetische Permeabilität.*

Setzt man diese Beziehung in die Clausius-Mossotti-Beziehung ein, dann erhält man

$$\boxed{\frac{N_A}{3\epsilon_0}\sum_k x_k\alpha_k = \frac{\epsilon - 1}{\epsilon + 2}\cdot\frac{\overline{M}}{\delta}} \quad \text{Clausius-Mossotti-Beziehung} \tag{17.96}$$

$$\boxed{\frac{N_A}{3\epsilon_0}\sum_k x_k\alpha_k = \frac{\frac{n^2}{\mu} - 1}{\frac{n^2}{\mu} + 2}\cdot\frac{\overline{M}}{\delta}} \quad \text{Lorentz-Lorenz-Gleichung} \tag{17.97}$$

Für viele Dielektrika ist $\mu \approx 1$. Man setzt zudem:

$$\frac{n^2 - 1}{n^2 + 2} \cdot \frac{\overline{M}}{\delta} := R_M \tag{17.98}$$

Dabei ist R_M die Molrefraktion. Mittels dieser Beziehung lässt sich über die Messung des Brechungsindex die Polarisierbarkeit der Substanz bestimmen.

Durch Messung der Temperatur- und Frequenzabhängigkeit von ϵ' erhält man Informationen über die lokale Beweglichkeit einzelner Atomgruppen von Polymeren bzw. kollektiver Bewegungen von Molekülen, soweit diese ein permanentes Dipolmoment besitzen. Auf diese Weise lassen sich über die Messung des Brechungsindex somit auch Diffusionskonstanten bestimmen.

17.5 Ein wenig Funktionentheorie und die Kramers-Kronig-Relationen

17.5.1 Die Ableitung komplexer Funktionen

Gegeben sei eine Funktion $w = f(z)$ mit $z \in \mathbb{C}; z \in \mathbb{G}$. Wir betrachten folgenden Ausdruck:

$$\frac{f(z + \Delta z) - f(z)}{\Delta z} \tag{17.99}$$

Im Unterschied zu reellen Funktionen $f(x)$, $(x \in \mathbb{R})$ kann man sich im Komplexen dem Grenzwert $\Delta z \to 0$ aus beliebig vielen Richtungen in der komplexen Ebene annähern. Gilt

$$f'(z) \equiv \lim_{\Delta z \to 0} \frac{f(z + \Delta z) - f(z)}{\Delta z} \tag{17.100}$$

unabhängig von der Richtung, aus der man sich dem Grenzwert nähert, dann existiert die Ableitung, und $f(z)$ ist differenzierbar in z bzw. *analytisch* in $\mathbb{G}$ oder *regulär* in $\mathbb{G}$.

Die Forderung, dass $f'(z)$ gilt unabhängig von der Richtung, aus der man sich dem Grenzwert nähert, hat wichtige Konsequenzen!

Wir betrachten nochmals die Funktion $f(z)$ und zerlegen sie in einen Realteil $u(x, y)$ und einen Imaginärteil $v(x, y)$. Ist $f(z)$ an einer Stelle (x, y) differenzierbar, dann gelten die *Cauchy-Riemann'sche Differenzialgleichungen*, benannt nach Augustin Louis Cauchy[7] (Abb. 17.15a) und Georg Friedrich Bernhard Riemann[8]

---

[7] Augustin Louis Cauchy (* 21. August 1789 in Paris; † 23. Mai 1857 in Sceaux) war ein französischer Mathematiker. Seine fast 800 Publikationen decken im Großen und Ganzen die komplette Bandbreite der damaligen Mathematik ab.

Quelle: http://de.wikipedia.org/wiki/Augustin_Louis_Cauchy

[8] Georg Friedrich Bernhard Riemann (* 17. September 1826 in Breselenz bei Dannenberg (Elbe); † 20. Juli 1866 in Selasca bei Verbania am Lago Maggiore) war ein deutscher Mathematiker.

Abb. 17.15 **a** Augustin Louis Cauchy; **b** Georg Friedrich Bernhard Riemann

(Abb. 17.15b):

$$\boxed{\begin{aligned} &f(z) = u(x,y) + i \cdot v(x,y) \text{ und } f(z) \text{ differenzierbar im Intervall } I \in (x,y) \\ &\Rightarrow \quad \frac{\partial u}{\partial x} = \frac{\partial v}{\partial y} \quad \frac{\partial u}{\partial y} = -\frac{\partial v}{\partial x} \\ &\Rightarrow \quad f'(z) = \frac{\partial u}{\partial x} + i\frac{\partial v}{\partial x} = \frac{1}{i}\frac{\partial u}{\partial y} + \frac{\partial v}{\partial y} \end{aligned}} \tag{17.101}$$

Zur Ableitung dieser Beziehungen betrachten wir die Ableitungen $f'(z)$ und gehen davon aus, dass der Grenzwert existiert, unabhängig von der Richtung, aus der wir ihm uns nähern.

Nähern wir uns entlang der reellen Achse, dann gilt:

$$\begin{aligned} &\Delta z = \Delta x \quad \wedge \quad \Delta y = 0 \\ F'(z) &= \lim_{\Delta \to 0} \frac{F(z+\Delta z) - f(z)}{\Delta z} = \lim_{\Delta \to 0} \frac{f(x+\Delta x+iy) - f(x+iy)}{\Delta x} \\ &= \lim_{\Delta \to 0} \frac{u(x+\Delta x+iy) + iv(x+\Delta x+iy) - u(x+iy) - iv(x+iy)}{\Delta x} \\ &= \lim_{\Delta \to 0} \left(\frac{u(x+\Delta x+iy) - u(x+iy)}{\Delta x} + i\frac{v(x+\Delta x+iy) - v(x+iy)}{\Delta x} \right) \\ &= \frac{\partial u}{\partial x} + i\frac{\partial v}{\partial x} \end{aligned} \tag{17.102}$$

Er gilt als einer der bedeutendsten Mathematiker und leistete auf vielen Gebieten der Analysis, Differentialgeometrie, mathematischen Physik und der analytischen Zahlentheorie bahnbrechends.

Quelle: http://de.wikipedia.org/wiki/Bernhard_Riemann

Analog weist man für die Annäherung entlang der imaginären Achse nach, dass gilt:

$$f'(z) = \frac{1}{i}\frac{\partial u}{\partial y} + \frac{\partial v}{\partial y} \tag{17.103}$$

Damit hat man:

$$\begin{aligned} f'(z) &= \frac{\partial u}{\partial x} + i\frac{\partial v}{\partial x} = \frac{1}{i}\frac{\partial u}{\partial y} + \frac{\partial v}{\partial y} = \frac{i}{i^2}\frac{\partial u}{\partial y} + \frac{\partial v}{\partial y} \\ \Rightarrow \quad & \frac{\partial u}{\partial x} + i\frac{\partial v}{\partial x} = -i\frac{\partial u}{\partial y} + \frac{\partial v}{\partial y} \quad \Rightarrow \quad \frac{\partial u}{\partial x} = \frac{\partial v}{\partial y} \quad \wedge \quad \frac{\partial v}{\partial x} = -\frac{\partial u}{\partial y} \end{aligned} \tag{17.104}$$

► *Ist* $f(z) = u(x, y) + i v(x, y) \quad (z \in \mathbb{C}; z \in \mathbb{G})$, *existieren ferner die partiellen Ableitungen* u_x, u_y, v_x, v_y *in* $\mathbb{G}$ *und sind die Cauchy-Riemann'schen Differenzialgleichungen erfüllt, dann ist* $f(z)$ *in* $\mathbb{G}$ *analytisch.*

Wie im Reellen gelten im Komplexen für die Ableitungen die Kettenregel sowie die Summen- und Produktregel. Weiterhin gilt:

$$\frac{\partial u}{\partial x} = \frac{\partial v}{\partial y} \quad \wedge \quad \frac{\partial v}{\partial x} = -\frac{\partial u}{\partial y} \quad \rightarrow \quad \frac{\partial^2 u}{\partial x^2} = \frac{\partial^2 v}{\partial x \partial y} \quad \wedge \quad \frac{\partial^2 u}{\partial y^2} = -\frac{\partial^2 v}{\partial x \partial y} \tag{17.105}$$

Addition der letzten beiden Gleichungen liefert die *Laplace'schen Differenzialgleichungen*:

$$\boxed{u_{xx} + u_{yy} = 0 \quad v_{xx} + v_{yy} = 0} \tag{17.106}$$

Dabei verläuft die Herleitung der zweiten Gleichung völlig analog.

17.5.2 Singuläre Stellen

Ist $f(z)$ an der Stelle $z = z_0$ nicht differenzierbar, so heißt $f(z)$ bei $z = z_0$ *singulär*. Die Gründe dafür, dass $f'(z)$ in z_0 nicht existiert, können im Fall komplexer Zahlen vielschichtiger sein als im Reellen:

1. Es ist möglich, dass der Grenzwert je nachdem, aus welcher Richtung man sich z_0 nähert, unterschiedlich ist. Man bezeichnet z_0 dann als *wesentliche Singularität*.
2. Ist $\lim\limits_{\Delta z \to 0} f(z) = \infty$, spricht man von einer *außerwesentlichen Singularität* oder einem *Pol*.
3. Ist $\lim\limits_{\Delta z \to 0} f(z) \neq f(z_0)$, spricht man von einer *hebbaren Unstetigkeit*.

17.5.3 Integration im Komplexen

Wir betrachten wieder eine Funktion $f(z)$ mit $z \in \mathbb{C}; z \in \mathbb{G}$. Die Werte, welche die Variable z durchlaufen kann, liegen stets auf einer Kurve in der komplexen Zahlenebene, das heißt, Integrale von Funktionen komplexer Variablen sind stets Kurvenintegrale.

Wir betrachten eine stetige Funktion $f(z)$ auf einer Kurve C in der komplexen Ebene und unterteilen die Kurve in Intervalle wie in Abb. 17.16 gezeigt. Das Integral ist dann gegeben durch:

$$\int_C f(z)\,\mathrm{d}z = \lim_{n\to\infty} \sum_{k=1}^{n} f(z_k)(z_k - z_{k-1}) \tag{17.107}$$

Wir wollen nun das komplexe Integral auf reelle Integrale zurückführen und setzen dazu:

$$\begin{aligned} f(z) &= u(x,y) + i\,v(x,y) \\ z_k - z_{k-1} &= (x_k - i\,y_k) - (x_{k-1} + i\,y_{k-1}) = \Delta x_k + i\,\Delta y_k \end{aligned} \tag{17.108}$$

Und damit:

$$\begin{aligned} \int_C f(z)\,\mathrm{d}z &= \lim_{n\to\infty} \sum_{k=1}^{n} f(z_k)\cdot(z_k - z_{k-1}) \\ &= \lim_{n\to\infty} \sum_{k=1}^{n} [u(x_k,y_k) + i\,v(x_k,y_k)]\cdot[\Delta x_k + i\,\Delta y_k] \\ &= \lim_{n\to\infty} \sum_{k=1}^{n} [u(x_k,y_k)\Delta x_k - v(x_k,y_k)\Delta y_k] + i\,[u(x_k,y_k)\Delta y_k \\ &\quad - v(x_k,y_k)\Delta x_k] \\ &= \int_C (u\mathrm{d}x - v\mathrm{d}y) + i \int_C (v\mathrm{d}x + u\mathrm{d}y) \end{aligned} \tag{17.109}$$

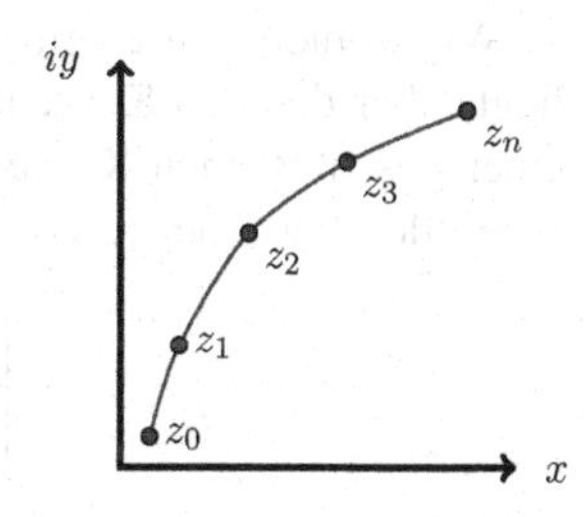

Abb. 17.16 Kurve in der komplexen Ebene

Das identische Ergebnis erhält man mit der Substitution $\mathrm{d}z = \mathrm{d}x + i\mathrm{d}y$:

$$\int\limits_C f(z)\,\mathrm{d}z = \int\limits_C (u+iy)(\mathrm{d}x+i\mathrm{d}y) = \int\limits_C (u\mathrm{d}x-v\mathrm{d}y)+i\int\limits_C (v\mathrm{d}x+u\mathrm{d}y) \quad (17.110)$$

In Parameterform ist:

$$x = x(t) \quad y = y(t) \quad \rightarrow \quad z = z(t) = x(t) + i\,y(t) \quad \mathrm{d}zz'(t)\,\mathrm{d}t$$

$$\Rightarrow \quad \int\limits_C f(z)\,\mathrm{d}z = \int\limits_{t_A}^{t_B} f\,(z(t))\;z'(t)\,\mathrm{d}t \quad (17.111)$$

▶ *Ist $f(z)$ in einem einfach zusammenhängenden Gebiet $\mathbb{G}$ analytisch, dann ist das Integral über $f(z)$ in $\mathbb{G}$ vom Integrationsweg unabhängig.*

Längs einer geschlossenen Kurve in $\mathbb{G}$ ist das Integral somit null! Ist somit $f(\zeta)$ analytisch in $\mathbb{G}$, dann ist

$$\int\limits_0^z f(\zeta)\,\mathrm{d}\zeta = F(z) \quad (17.112)$$

nur eine Funktion der oberen Grenze. $F(z)$ heißt daher *Stammfunktion* von $f(z)$ (wie im Reellen auch), und es ist:

$$F'(z) = f(z) \quad \text{und} \quad \int\limits_C f(z)\,\mathrm{d}z = F(z_B) - F(z_A) \quad (17.113)$$

Dabei ist z_A derAnfangspunkt von C und z_B der Endpunkt von C.

17.5.4 Residuum

Die Funktion $f(z)$ habe in $\mathbb{G}$ eine oder mehrere singuläre Punkte $z_1, z_2, \ldots$ Wir machen nun $\mathbb{G}$ so klein, dass $\mathbb{G}$ nur eine einzige Singularität enthält. Das Integral längs eines geschlossenen Weges um die Singularität herum ist nun im Allgemeinen nicht mehr null!

Wir wählen nun einen geschlossenen Weg so, dass z_1 außerhalb des Bereichs liegt, über den das Kurvenintegral gebildet wird (Abb. 17.17). Das Integral längs einer geschlossenen Kurve um die singuläre Stelle herum ist unabhängig von der speziellen Form der Kurve. Man nennt

$$\boxed{\mathrm{Res}(z_1) = \frac{1}{2\pi i}\oint f(z)\,\mathrm{d}z} \quad (17.114)$$

das Residuum von $f(z)$ an der Stelle z_1.

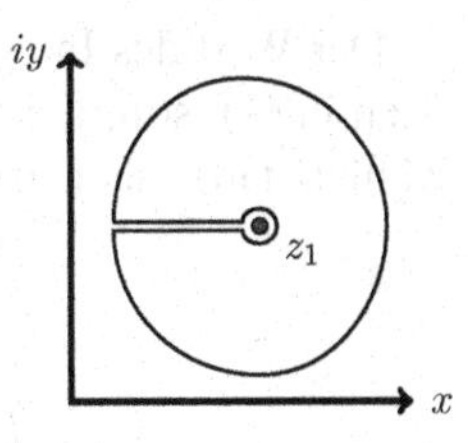

Abb. 17.17 Geschlossener Integrationsweg

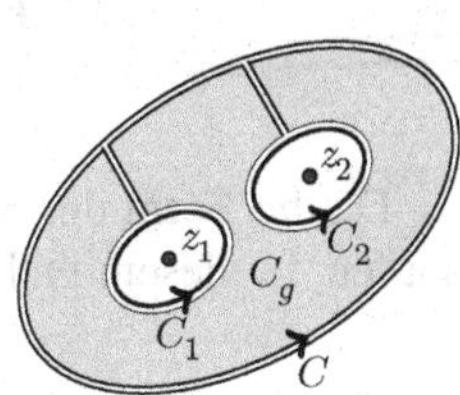

Abb. 17.18 Gebiet mit zwei singulären Stellen

Für alle Punkte z, für die $f(z)$ analytisch ist, ist somit Res $(z) = 0$.

Hat andererseits die Funktion $f(z)$ in $\mathbb{G}$ n singuläre Punkte $z_1, z_2, \ldots, z_n$ (Abb. 17.18), dann hat das Integral längs einer geschlossenen Kurve C unabhängig von der Form der Kurve folgenden Wert:

$$\boxed{\oint f(z)\,\mathrm{d}z = 2\pi i \cdot \sum_{k=1}^{n} \mathrm{Res}(z_k)} \tag{17.115}$$

Es ist:

$$0 = \oint_{C_g} f(z)\,\mathrm{d}z = \int_C f(z)\,\mathrm{d}z - \int_{C_1} f(z)\,\mathrm{d}z - \int_{C_2} f(z)\,\mathrm{d}z$$

$$\Rightarrow \quad \int_C f(z)\,\mathrm{d}z = \sum_{k=1}^{n} \oint_{C_k} f(z)\,\mathrm{d}z = 2\pi i \cdot \sum_{k=1}^{n} \mathrm{Res}(z_k) \tag{17.116}$$

17.5.5 Cauchy'sche Integralformel

Gegeben sei $f(z)$ in einem einfach zusammenhängenden Gebiet $\mathbb{G}$. Ferner sei $f(z)$ analytisch in $\mathbb{G}$. Wir betrachten folgenden Ausdruck:

$$\frac{f(z)}{z - z_0} \tag{17.117}$$

Da $f(z)$ analytisch ist in $\mathbb{G}$, ist auch der obige Ausdruck analytisch in $\mathbb{G}$ mit Ausnahme des Punktes $z = z_0$. Wegen dieser Singularität ist im Allgemeinen

$$\oint_C \frac{f(z)}{z - z_0}\,\mathrm{d}t \neq 0 \tag{17.118}$$

längs einer geschlossenen Kurve C um z_0.

Der Wert des Integrals ist unabhängig von der Form der Kurve (da $f(z)$ analytisch in $\mathbb{G}$), sofern $z = z_0$ innerhalb der Kurve liegt und nicht auf dem Rand. Wir wählen daher als Kurve einen Kreis mit Radius R um z_0 als Mittelpunkt:

$$z = z_0 + Re^{it} \quad \rightarrow \quad \mathrm{d}z = i\, Re^{it}\, \mathrm{d}t$$

$$\Rightarrow \quad \int_C \frac{f(z)}{z - z_0} \mathrm{d}z = \int_0^{2\pi} \frac{f(z_0 + Re^{it})}{z_0 + Re^{it} - z_0}\, i\, Re^{it}\, \mathrm{d}t \tag{17.119}$$

Da die Form der Kurve den Wert des Integrals nicht beeinflusst, kann $R \rightarrow 0$ laufen. In diesem Fall ist:

$$\oint_C \frac{f(z)}{z - z_0}\, \mathrm{d}z = i \int_0^{2\pi} f(z_0)\, \mathrm{d}t = 2\pi i \cdot f(z_0) \tag{17.120}$$

Setzt man $z \rightarrow \zeta$ und $z_0 \rightarrow z$, erhält man die *Cauchy'sche Integralformel*:

$$\boxed{f(z) = \frac{1}{2\pi i} \oint_C \frac{f(\zeta)}{\zeta - z}\, \mathrm{d}\zeta} \tag{17.121}$$

► *Ist $f(z)$ analytisch in einem Gebiet $\mathbb{G}$, dann ist $f(z)$ bestimmt durch die Werte, die $f(z)$ auf dem Rand annimmt.*

Ableiten der Cauchy'schen Integralformel liefert:

$$\begin{aligned} f'(z) &= \frac{1}{2\pi i} \frac{\partial}{\partial z} \oint_C \frac{f(\zeta)}{\zeta - z}\, \mathrm{d}\zeta = \frac{1}{2\pi i} \oint_C \frac{\partial}{\partial z} \frac{f(\zeta)}{\zeta - z}\, \mathrm{d}\zeta \\ &= \frac{1}{2\pi i} \oint_C \frac{f(\zeta)}{(\zeta - z)^2}\, \mathrm{d}\zeta \\ \rightarrow \quad f^{(n)}(z) &= \frac{n!}{2\pi i} \oint_C \frac{f(\zeta)}{(\zeta - z)^n}\, \mathrm{d}\zeta \end{aligned} \tag{17.122}$$

► Ist $f(z)$ analytisch, dann ist $f(z)$ beliebig oft differenzierbar.

17.5.6 Cauchy'scher Hauptwert

Wir betrachten eine Funktion $f(z)$ in der oberen komplexen Halbebene. $f(z)$ habe Polstellen, und wir wählen den Integrationsweg γ_r so, dass wir uns entlang eines

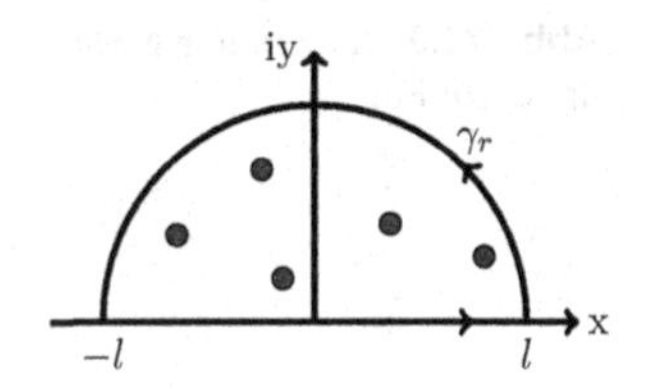

Abb. 17.19 Geschlossener Integrationsweg in der komplexen Halbebene

Halbkreises um die Polstellen herum bewegen (Abb. 17.19). Dann ist offensichtlich:

$$\oint_C f(z)\,\mathrm{d}z = \int_{-r}^{r} f(z_0)\mathrm{d}z + \oint_{\gamma_r} f(z)\,\mathrm{d}z = 2\pi i \cdot \sum_{Im(z)>0} \operatorname{Res} f(z) \tag{17.123}$$

Der Grenzwert

$$\boxed{CH \int_{-\infty}^{\infty} g(t)\mathrm{d}t := \int_{-R}^{R} g(t)\mathrm{d}t} \tag{17.124}$$

heißt *Cauchy'scher Hauptwert* des uneigentlichen Integrals. Der Cauchy'sche Hauptwert kann existieren, auch wenn das uneigentliche Integral divergiert. Konvergiert das uneigentliche Integral, dann stimmt es mit dem Cauchy'schen Hauptwert überein.

Ist die Funktion $f(z)$ bis auf endlich viele Punkte in einem Intervall stetig, gilt die folgende Definition: Sei $a < z_0 < b$ und $f(z)$ stetig auf $[a,b] \setminus z_0$. Dann wird der Cauchy'sche Hauptwert des uneigentlichen Integrals von $f(z)$ über $[a,b]$ definiert als der Grenzwert:

$$CH \int_a^b f(z)\,\mathrm{d}z = \lim_{\epsilon\to 0}\left(\int_a^{X_0-\epsilon} f(z)\,\mathrm{d}z + \int_{X_0+\epsilon}^{b} f(z)\,\mathrm{d}z\right) \tag{17.125}$$

Die Methode des Cauchy'schen Hauptwertes kann benutzt werden, um die Cauchy'sche Integralformel auf den Fall zu verallgemeinern, wo der auszuwertende Punkt auf dem Integrationsweg liegt. Es gilt:

$$z_0 \in |\gamma| \quad \Rightarrow \quad \frac{1}{\pi i} CH \int_\gamma \frac{f(z)}{z - z_0}\,\mathrm{d}z = f(z_0) \tag{17.126}$$

Der Beweis für diese Aussage läuft wie folgt:

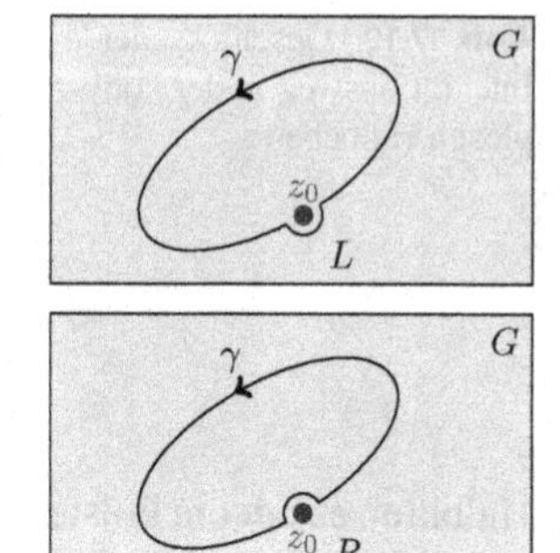

Abb. 17.20 Integrationswege um einen Pol

Sei γ auf $[a,b]$ definiert sowie $a < z_0 < b$ und $\gamma(z_0) = z_0$. Für den Cauchy'schen Hauptwert gilt dann:

$$CH\int_a^b \frac{f(z)}{z-z_0}\,\mathrm{d}z = \lim_{\epsilon\to 0}\left(\int_{\gamma_{\epsilon-}} \frac{f(z)}{z-z_0}\,\mathrm{d}z + \int_{\gamma_{\epsilon+}} \frac{f(z)}{z-z_0}\,\mathrm{d}z\right) \tag{17.127}$$

Lassen wir den Pol links des Integrationsweges liegen (Abb. 17.20), dann ist:

$$L\int_\gamma \frac{f(z)}{z-z_0}\,\mathrm{d}z = 2\pi i\cdot f(z_0) \tag{17.128}$$

Wird der Integrationsweg so gelegt, dass der Pol außerhalb des durch diesen Integrationsweg umschriebenen Gebiets liegt (Abb. 17.20), dann ist:

$$R\int_\gamma \frac{f(z)}{z-z_0}\,\mathrm{d}z = 0 \tag{17.129}$$

Damit ist:

$$CH\int_\gamma \frac{f(z)}{z-z_0}\,\mathrm{d}z = \frac{1}{2}\cdot\left(L\int_\gamma \frac{f(z)}{z-z_0}\,\mathrm{d}z + R\int_\gamma \frac{f(z)}{z-z_0}\,\mathrm{d}z\right) = \pi i\cdot f(z_0) \tag{17.130}$$

17.5.7 Kramers-Kronig-Relation

Im Folgenden werden die *Kramers-Kronig - Relationen*, benannt nach Hendrik Anthony Kramers[9] (Abb. 17.21a) und Ralph Kronig[10] (Abb. 17.21b), auf Basis der

[9] Hendrik Anthony Kramers (* 17. Dezember 1894 in Rotterdam; † 24. April 1952 in Oegstgeest) war ein niederländischer Physiker.
Quelle: http://de.wikipedia.org/wiki/Hendrik_Anthony_Kramers

[10] Ralph Kronig (* 10. März 1904 in Dresden; † 16. November 1995) war ein deutsch-US-amerikanischer theoretischer Physiker. Er entdeckte den Teilchenspin vor Uhlenbeck und

Abb. 17.21 **a** Hendrik Anthony Kramers; **b** Ralph Kronig

Abb. 17.22 Integrationsweg

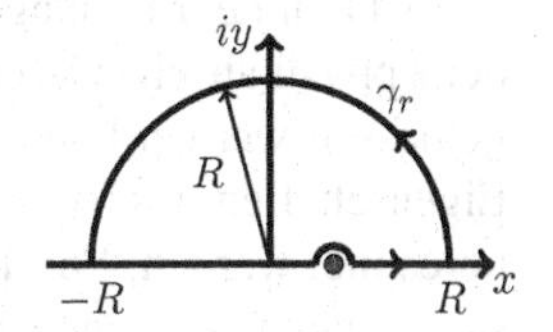

bisher gemachten Erörterungen auf mathematischem Weg abgeleitet. Anschließend wird zusätzlich eine auf physikalischer Betrachtung basierende Ableitung gezeigt, die das Verständnis im Hinblick auf mögliche Anwendungen erleichtern soll.

Wir betrachten einen Integrationsweg wie in Abb. 17.22 gezeigt: Der Integrationsweg besteht aus dem Intervall $[-R, R]$ auf der reellen Achse und dem durch

$$\gamma_r(t) := Re^{it} \quad (0 \leq t \leq \pi) \tag{17.131}$$

parametrisierten Halbkreis mit Radius R.

$x_0 \in \mathbb{R}$ sei eine Polstelle von f mit:

$$-R < x_0 < R$$

Dann ist:

$$\oint \frac{f(z)}{z - z_0} \mathrm{d}z = CH \int_{-\infty}^{\infty} \frac{f(z)}{z - z_0} \mathrm{d}z - \pi i \cdot f(z_0) \quad \Rightarrow$$

Goudsmit, veröffentlichte dies aber nicht. Das Kronig-Penney-Modell und die Kramers-Kronig-Relation gehen mit auf ihn zurück.

Quelle: http://de.wikipedia.org/wiki/Ralph_Kronig

$$f(z_0) = \frac{1}{\pi i} CH \int_{-\infty}^{\infty} \frac{f(z)}{z - z_0} \mathrm{d}z$$
$$= -i\,\frac{1}{\pi} CH \int_{-\infty}^{\infty} \frac{\mathrm{Re}\,(f(z))}{z - z_0} \mathrm{d}z + \frac{1}{\pi} CH \int_{-\infty}^{\infty} \frac{\mathrm{Im}\,(f(z))}{z - z_0} \mathrm{d}z \qquad (17.132)$$

Damit ist aber:

$$\boxed{\mathrm{Re} f(z_0) = \frac{1}{\pi} CH \int_{-\infty}^{\infty} \frac{\mathrm{Im}\,(f(z))}{z - z_0} \mathrm{d}z \quad \mathrm{Im} f(z_0) = -\frac{1}{\pi} CH \int_{-\infty}^{\infty} \frac{\mathrm{Re}\,(f(z))}{z - z_0} \mathrm{d}z} \qquad (17.133)$$

Diese Beziehungen heißen *Kramers-Kronig Relationen* oder auch *Dispersionsrelationen.*

Es kann bei Messungen vorkommen, dass Re $f(z)$ und Im $f(z)$ zwei verschiedene physikalische Gesetzmäßigkeiten repräsentieren, die unabhängig voneinander gemessen werden können. Durch die Kramers-Kronig-Relationen sind die beiden Eigenschaften des Systems miteinander verknüpft: Die eine kann aus der anderen berechnet werden. Vor der Anwendung der Gleichungen muss man sich allerdings stets davon überzeugen, dass die betrachtete Größe durch eine analytische Funktion beschrieben wird, die in der oberen Halbebene für große Argumente vernachlässigt werden kann.

Der Übergang zwischen Re $f(z)$ und Im $f(z)$ mittels der obigen Integrale stellt eine spezielle Form der *Hilbert-Transformation*, benannt nach David Hilbert[11] (Abb. 17.23) dar.

17.5.8 Kramers-Kronig-Relation – Physikalisch basierte Herleitung

Wir betrachten ein lineares System, das heißt die Antwort $y(t)$ eines Systems auf eine externe Anregung. Das externe Feld – das ist die Anregung – sei repräsentiert durch die Funktion $f(t)$. $f(t)$ wirke auf die Funktion $K(t - t')$. Die Response des Systems ist dann allgemein gegeben durch:

$$y(t) = \int_{-\infty}^{\infty} \mathrm{d}t' \cdot K(t - t')\, f(t') \qquad (17.134)$$

[11] David Hilbert (* 23. Januar 1862 in Königsberg; † 14. Februar 1943 in Göttingen) war einer der bedeutendsten Mathematiker der Neuzeit.
Quelle: http://de.wikipedia.org/wiki/David_Hilbert

Abb. 17.23 David Hilbert

Die Form der Funktion $K = K(t - t')$ besagt, dass das System invariant unter Zeittranslatationen ist. Definiert man: $\tau = t - t'$, dann ist:

$$y(t) = \int_{-\infty}^{\infty} \mathrm{d}\tau \cdot K(\tau)\, f(t - \tau) \tag{17.135}$$

Neben der *Linearität des Systems* fordern wir zusätzlich *Kausalität*! Wenn nun $f(t - \tau)$ die Stimulation ist, die auf die Funktion $K(\tau)$ wirkt, kann bei Kausalität erst dann eine Response einsetzen, wenn $\tau > 0$ ist, das heißt, eine Wirkung tritt erst auf, wenn eine Ursache für diese Wirkung vorhanden ist. Aus diesem Grund ist:

$$y(t) = \int_{-\infty}^{\infty} \mathrm{d}\tau \cdot K(\tau)\, f(t - \tau) = \int_{0}^{\infty} \mathrm{d}\tau \cdot K(\tau)\, f(t - \tau) \tag{17.136}$$

Weiterhin gehen wir davon aus, dass sowohl K als auch f eine physikalische Größe repräsentieren, und damit müssen beide Funktionen reell sein.

Welche Bedeutung hat K? Um diese Frage zu beantworten, sei $f(t - \tau) = \delta(t - \tau)$, das heißt, f sei ein kurzer Impuls zum Zeitpunkt $t = \tau$. Unter dieser Anregung ist:

$$y(t) = \int_{-\infty}^{\infty} \mathrm{d}\tau \cdot K(\tau)\, f(t - \tau) = K(t) \tag{17.137}$$

Also gilt: K ist die Antwort des Systems unter der Wirkung einer Impulsanregung $\delta(t - \tau)$!

Das Integral $y(t) = \int_{-\infty}^{\infty} \mathrm{d}\tau \cdot K(\tau)\, f(t - \tau)$ stellt somit eine Summe über δ-Funktionen dar.

Betrachten wir nun die Fourier-Transformation von $f(t)$:

$$f(t) = \int_{-\infty}^{\infty} \mathrm{d}\omega \cdot f(\omega) e^{-i\omega t} \qquad f(\omega) = \frac{1}{2\pi} \int_{-\infty}^{\infty} \mathrm{d}t \cdot f(t) e^{-i\omega t} \tag{17.138}$$

An dieser Stelle sei vermerkt, dass die Konvention hinsichtlich der Vorfaktoren bei der Fourier-Transformation nicht ganz einheitlich ist! Bei Wahl eines Vorfaktors $\frac{1}{\sqrt{2\pi}}$ ist die Transformation symmetrisch.

Setzt man die Fourier-Transformierte in das ursprüngliche Integral ein, erhält man:

$$\begin{aligned} y(t) &= \int_{-\infty}^{\infty} \mathrm{d}\tau \cdot K(\tau) f(t-\tau) = \int_{-\infty}^{\infty} \mathrm{d}\tau \cdot K(\tau) \int_{-\infty}^{\infty} \mathrm{d}\omega \cdot f(\omega) e^{-i\omega(t-\tau)} \\ &= \int_{-\infty}^{\infty} \mathrm{d}\tau \cdot K(\tau) e^{i\omega t} \int_{-\infty}^{\infty} \mathrm{d}\omega \cdot f(\omega) e^{-i\omega t} \end{aligned} \tag{17.139}$$

Wir setzen:

$$\chi(\omega) = \int_{-\infty}^{\infty} \mathrm{d}\tau \cdot K(\tau) e^{i\omega t} \tag{17.140}$$

Das heißt, es ist: $\chi = \chi(\omega)$.

Ferner erkennt man aus (17.140), dass $\chi(\omega)$ die Fourier-Transformierte der Funktion $K(\tau)$ ist und umgekehrt.

Damit ist:

$$y(t) = \int_{-\infty}^{\infty} \mathrm{d}\omega \cdot \chi(\omega t) f(\omega) e^{-i\omega t} \tag{17.141}$$

Diese Gleichung wiederum bedeutet, dass

$$y(\omega) = \chi(\omega) \cdot f(\omega) \tag{17.142}$$

die Fourier-Transformierte von $y(t)$ ist.

Wir haben ferner angesetzt: $K(\tau) \in \mathbb{R}$.

Damit folgt:

$$\chi(\omega) = \int_{-\infty}^{\infty} \mathrm{d}\tau \cdot K(\tau) e^{i\omega\tau} \quad \rightarrow \quad \chi^*(\omega) = (-\omega) \tag{17.143}$$

Wir zerlegen χ nun in den Real- und Imaginärteil:

$$\left.\begin{aligned}\chi(\omega) &= \chi'(\omega) + i\,\chi''(\omega)\\ \chi^*(\omega) &= \chi'(\omega) - i\,\chi''(\omega)\end{aligned}\right\} \quad \Rightarrow \quad \chi^*(\omega) = \chi(-\omega)$$
$$\Rightarrow \quad \underbrace{\chi'(\omega) = \chi'(-\omega)}_{\text{gerade Funktion}} \quad \underbrace{\chi''(\omega) = -\chi''(-\omega)}_{\text{ungerade Funktion}} \tag{17.144}$$

In physikalischen Versuchen ist auch ω eine reelle Größe, häufig wird ω allerdings aufgrund mathematischer Gründe als komplexe Größe dargestellt.

Sei also $\omega' = \omega_r' + i\,\omega_i'$ (Index r: reell, Index i: imaginär).

Damit ist:

$$\chi(\omega') = \int_{-\infty}^{\infty} \mathrm{d}\tau \cdot K(\tau) e^{i\omega t} = \int_{-\infty}^{\infty} \mathrm{d}\tau \cdot K(\tau) e^{i\omega_r'\tau - \omega_i'\tau} \tag{17.145}$$

$K(\tau)$ war als reell vorausgesetzt. Damit ist mit $\chi^*(\omega) = \chi(-\omega)$:

$$\begin{aligned}\chi(\omega') &= \int_{-\infty}^{\infty} \mathrm{d}\tau \cdot K(\tau) e^{-i\omega_r'\tau - \omega_i'\tau} = \int_{-\infty}^{\infty} \mathrm{d}\tau \cdot K(\tau) e^{-i\omega_r'\tau + \omega_i'\tau} = \chi^*(-\omega)\\ &= \int_{-\infty}^{\infty} \mathrm{d}\tau \cdot K(\tau) e^{i(-\omega_r'\tau + i\omega_i'\tau)}\end{aligned} \tag{17.146}$$

Dabei wurde in dem ersten Integral das konjugiert komplexe der ursprünglichen Funktion eingesetzt und im zweiten Integral die Beziehung $\chi^*(\omega) = \chi(-\omega)$ verwendet.

Weiterhin haben wir Kausalität vorausgesetzt, das heißt $\chi(\omega') = 0$ für $\tau < 0$ wegen $K(\tau < 0) = 0$ und:

$$\chi(\omega') = \int_{-\infty}^{\infty} \mathrm{d}\tau \cdot K(\tau) e^{-i\omega t} = \int_{-\infty}^{\infty} \mathrm{d}\tau \cdot K(\tau) e^{i\omega_r'\tau - \omega_i'\tau} \tag{17.147}$$

Aus der rechten Seite von (17.147) ist ferner ersichtlich, dass $\omega_i' > 0$, da ansonsten das Integral divergiert. Damit ist klar: $\omega_i' > 0 \Leftrightarrow \omega_i'$ verläuft in der oberen Hälfte der komplexen Zahlenebene! In Summe haben wir somit: $\tau > 0$ und $\omega_i' > 0$.

Zu zeigen bleibt, dass χ' und χ'' nicht unabhängig voneinander sind! Dazu betrachten wir folgendes Integral:

$$\oint_{-\infty}^{\infty} \mathrm{d}\omega' \, \frac{\chi(\omega')}{\omega' - \omega} \tag{17.148}$$

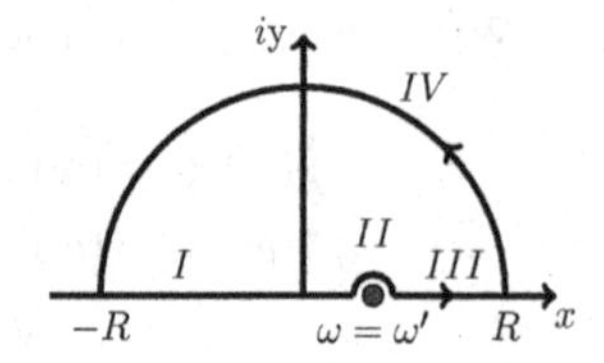

Abb. 17.24 Integrationsweg

Wir integrieren über den in Abb. 17.24 gezeigten Weg: Für den Fall, dass der Integrationsweg keine Singularität enthält, ist das Integral null.

Wir zerlegen nun das Integral in mehrere Teilintegrale:

$$\oint_{-\infty}^{\infty} \mathrm{d}\omega' \, \frac{\chi(\omega')}{\omega' - \omega} = \int_{\mathrm{I}} + \int_{\mathrm{II}} + \int_{\mathrm{III}} + \int_{\mathrm{IV}} = 0 \tag{17.149}$$

Betrachten wir zunächst das Integral IV: Damit eine physikalische Lösung existiert, muss das Integral über die zu integrierende Variable konvergieren. Damit muss das Integral im Unendlichen, das heißt bei $-\infty$ und bei $+\infty$, jeweils verschwinden. Da die Kurve beliebig gewählt werden kann, lassen wir die Integrationsgrenzen gegen $-\infty$ und $+\infty$ laufen, und damit ist:

$$\int_{\mathrm{IV}} = \lim_{\substack{R\to\infty \\ \epsilon\to 0}} \int_{\mathrm{IV}} \mathrm{d}\omega' \cdot \frac{\chi(\omega')}{\omega' - \omega} = 0 \tag{17.150}$$

Das heißt, $|\chi(\omega')|$ geht schneller gegen null als $|1/\omega'|$ für $\omega \to \infty$.

Die Integration um die Polstelle erfolgt auf dem Halbkreis $\omega' = \omega + \epsilon e^{i\phi}$ mit ω im Kreismittelpunkt und Radius ϵ. Damit ist:

$$\omega' = \omega + \epsilon \cdot e^{i\phi} \quad \to \quad \mathrm{d}\omega' = i\epsilon \cdot e^{i\phi}\,\mathrm{d}\phi \quad \omega' - \omega = \epsilon \cdot e^{i\phi} \tag{17.151}$$

Und somit:

$$\begin{aligned} \int_{\mathrm{II}} &= \lim_{\substack{R\to\infty \\ \epsilon\to 0}} \int_{\mathrm{II}} \mathrm{d}\omega' \cdot \frac{\chi(\omega')}{\omega' - \omega} \\ &= \lim_{\substack{R\to\infty \\ \epsilon\to 0}} \int_{\mathrm{II}} \mathrm{d}\omega' \cdot \frac{\chi(\omega + \epsilon \cdot e^{i\phi})}{\epsilon \cdot e^{i\phi}} \cdot i\epsilon \cdot e^{ihi}\mathrm{d}\phi = -i\pi \cdot \chi(\omega) \end{aligned} \tag{17.152}$$

Damit verbleiben noch die Integrale I und III. Es ist:

$$\int_{\mathrm{I}} + \int_{\mathrm{II}} + \int_{\mathrm{III}} + \int_{\mathrm{IV}} = 0 \quad \to \quad \int_{\mathrm{I}} + \int_{\mathrm{III}} = -\int_{\mathrm{II}} = -i\pi \cdot \chi(\omega) \tag{17.153}$$

$$\oint_{-\infty}^{\infty} d\omega' \, \frac{\chi(\omega')}{\omega' - \omega} = \lim_{\substack{R\to\infty \\ \epsilon\to 0}} \left(\int_{-R}^{\omega-\epsilon} + \int_{\omega+\epsilon}^{R} \right) = i\pi \cdot \chi(\omega) \equiv i\pi \cdot (\chi(\omega') + i\,\chi(\omega'')) \tag{17.154}$$

Daraus erhält man schließlich die *Kramers-Kronig-Relationen*:

$$\boxed{\chi'(\omega) = \frac{1}{\pi} CH \int_{-\infty}^{\infty} d\omega' \cdot \frac{\chi''(\omega')}{\omega' - \omega} \quad \chi''(\omega) = -\frac{1}{\pi} CH \int_{-\infty}^{\infty} d\omega' \cdot \frac{\chi'(\omega')}{\omega' - \omega}} \tag{17.155}$$

[Abdu97, Alvarez08, Bayer13, Bonse84, Cham65, Chan89, Debiais89, Delin99, Evan13, Fano08, Gorges95, Hickey10, Jarosz81, Johari12, Kircheva94, Kreibig70, Liu08, Lovell74, Luca03, Lucar03, Lucar07, Lucas12, Marteau91, Mosco61, Peip05, Peip09, Piriou68, Rocq06, Saslow70, Sen87, Shi99, Shtrauss06, Sun89, Tan05, Tanak05, Wu10, Yama97, Yum10, Zellouf96].

Bildnachweise

Thomas Graham: public domain
http://de.wikipedia.org/wiki/Thomas_Graham_(Chemiker)#/media/File:Graham_Thomas_full.jpg

Johannes Diderik van der Waals: public domain
http://de.wikipedia.org/wiki/Johannes_Diderik_van_der_Waals#/media/File:Johannes_Diderik_van_der_Waals.jpg

Willem Hendrik Keesom: public domain
http://www.quazoo.com/q/Willem_Hendrik_Keesom

Max Born: public domain
http://commons.wikimedia.org/wiki/File:Max_Born.jpg

Wolfgang Ernst Pauli: public domain
http://commons.wikimedia.org/wiki/File:Wolfgang_Pauli_ETH-Bib_Portr_01042.jpg

Friedrich Hund: GNU Free Documentation License
http://commons.wikimedia.org/wiki/File:Friedrich_Hund1.jpg

Sir John Edward Lennard-Jones: public domain
http://commons.wikimedia.org/wiki/File:Lennard-jones.jpg

Boris Vladimirovich Derjaguin: Eigentumsrechte bei Verlag Springer entnommen aus *Colloid Journal, Vol. 64, No. 5, 2002, pp. 648*

Lew Dawidowitsch Landau: GNU Free Documentation License
http://media-1.web.britannica.com/eb-media/38/21038-004-89BEEE01.jpg

G.J. Lauth, J. Kowalczyk, *Einführung in die Physik und Chemie der Grenzflächen und Kolloide*, DOI 10.1007/978-3-662-47018-3

Loránd Eötvös: public domain
http://upload.wikimedia.org/wikipedia/commons/4/4b/Roland_Eotvos.jpg

Thomas Young: public domain
http://de.wikipedia.org/wiki/Datei:Young_Thomas_Dibner_collection_Smithsonian_SIL14-Y001-01a.jpg

Pierre-Simon (Marquis de) Laplace: public domain
http://commons.wikimedia.org/wiki/File:Pierre-Simon_Laplace.jpg

Henry Louis Le Chatelier: public domain
http://commons.wikimedia.org/wiki/File:Lechatelier.jpg

Karl Ferdinand Braun: public domain
http://www.nndb.com/people/438/000099141/

Irving Langmuir: public domain
http://americanhistory.si.edu/lighting/IMAGES/lang2.jpg

Paul Hugh Emmett: https://paulingblog.files.wordpress.com/2009/05/emmett001.jpg

Edward Teller: GNU Free Documentation License
http://commons.wikimedia.org/wiki/File:Edward_Teller_After_Dark_3rd_July_1987.JPG

Herbert Max Finlay Freundlich: public domain
http://www.spektrum.de/lexika/images/bio/f2f3142_w.jpg

Mikhail Isaakovich Temkin: Eigentumsrechte bei Verlag Springer entnommen aus *Russian Journal of Electrochemistry, 2009, Vol. 45, No. 9, pp. 957*
http://www.webcitation.org/5kmWa92gx

Adolf Eugen Fick: public domain
http://commons.wikimedia.org/wiki/File:Adolf_Fick_8bit_korr_klein1.jpg

Johann Carl Friedrich Gauß: public domain
http://de.wikipedia.org/wiki/Carl_Friedrich_Gau\T1\ss#/media/File:Bendixen_-_Carl_Friedrich_Gau\T1\ss,_1828.jpg

Albert Einstein: Creative Commons Attribution-Share Alike 3.0 Germany license
Bundesarchiv, Bild 102-10447 / CC-BY-SA
http://commons.wikimedia.org/wiki/File:Bundesarchiv_Bild_102-10447_Albert_Einstein.jpg

Walther Hermann Nerst: public domain
http://commons.wikimedia.org/wiki/File:Walther_Nernst.jpg

Georg Simon Ohm: public domain
http://commons.wikimedia.org/wiki/File:Georg_Simon_Ohm3.jpg

Sir George Gabriel Stokes: public domain
http://commons.wikimedia.org/wiki/File:Gstokes.jpg

Marian von Smoluchowski: public domain
http://commons.wikimedia.org/wiki/File:Marian_Smoluchowski.jpg

Svante August Arrhenius: public domain
http://upload.wikimedia.org/wikipedia/commons/6/6c/Arrhenius2.jpg
http://engineering.wayne.edu/assets/fame/97_kirkendall.jpeg

Robert Brown: public domain
http://commons.wikimedia.org/wiki/File:Robert_brown_botaniker.jpg

Jean-Baptiste Perrin: public domain
http://commons.wikimedia.org/wiki/File:Jean_Perrin_1926.jpg

Paul Langevin: public domain
http://commons.wikimedia.org/wiki/File:Langevin.jpg

Andrei Andrejewitsch Markow: public domain
http://commons.wikimedia.org/wiki/File:AAMarkov.jpg

Ludwig Eduard Boltzmann: public domain
http://commons.wikimedia.org/wiki/File:Boltzmann2.jpg

Sir Joseph Larmor: public domain
http://apprendre-math.info/history/photos/Larmor.jpeg

John William Strutt, 3. Baron Rayleigh: public domain
http://commons.wikimedia.org/wiki/File:John_William_Strutt.jpg

Samuel Earnshaw: public domain
http://mediasvc.ancestry.com/image/6148650e-63f9-409b-bd40-473566e3ddd7.
jpg?Client=MCCManager&NamespaceID=1093&MaxSize=160

Luigi Galvani: public domain
http://commons.wikimedia.org/wiki/File:Luigi_Galvani,_oil-painting.jpg

Alessandro Giuseppe Antonio Anastasio Graf von Volta: public domain
http://commons.wikimedia.org/wiki/File:Alessandro_Volta.jpeg

Hermann Ludwig Ferdinand von Helmholtz: public domain
http://commons.wikimedia.org/wiki/File:Hermann_von_Helmholtz.jpg

Louis Georges Gouy: public domain
http://commons.wikimedia.org/wiki/File:Louis_georges_gouy.jpg

David Leonard Chapman: public domain
http://paperzz.com/doc/3976093/david-leonard-chapman.-1869-1958

Otto Stern: public domain
http://www.nobelprize.org/nobel_prizes/physics/laureates/1943/stern-bio.html
http://www.nndb.com/people/598/000100298/paul-j-flory-1-sized.jpg
http://belchetz-swenson.com/portraits/stocky.jpg

Pierre-Gilles de Gennes: Creative Commons Attribution-Share Alike 2.5 Generic, 2.0 Generic and 1.0 Generic license.
http://commons.wikimedia.org/wiki/File:Pierre-Gilles_Rice_University.jpg

Claude Louis Marie Henri Navier: public domain
http://commons.wikimedia.org/wiki/File:Claude-Louis_Navier.jpg

Karl Weissenberg: Eigentumsrechte bei Verlag Springer aus Rheologica Acta 15 (1976) 281-282

Gotthilf Heinrich Ludwig Hagen: public domain
http://commons.wikimedia.org/wiki/File:Gotthilf_Hagen.jpg

Jean Léonard Marie Poiseuille: public domain
http://commons.wikimedia.org/wiki/File:Poiseuille.jpg

Leo Karl Eduard Ubbelohde: This is a press photograph from the George Grantham Bain collection, which was purchased by the Library of Congress in 1948. According to the library, there are no known restrictions on the use of these photos.
http://commons.wikimedia.org/wiki/File:Leo_Ubbelohde.jpg

Hermann Staudinger: Creative Commons Attribution-Share Alike 3.0 Unported license
http://commons.wikimedia.org/wiki/File:Hermann_Staudinger_ETH-Bib_Portr_14419-3.jpg

Friedrich Wilhelm Georg Kohlrausch: public domain
http://commons.wikimedia.org/wiki/File:Friedrich_Kohlrausch.jpg

Otto Lehmann: public domain
http://commons.wikimedia.org/wiki/File:Otto_Lehmann.jpg

Wilder Dwight Bancroft: public domain
http://commons.wikimedia.org/wiki/File:WP_Wilder_Dwight_Bancroft.jpg

Peter Debye: Creative Commons Attribution-Share Alike 3.0 Unported license
http://commons.wikimedia.org/wiki/File:Peter_Debye_ETH-Bib_Portr_00836.jpg

Erich Armand Arthur Joseph Hückel: public domain
http://commons.wikimedia.org/wiki/File:Hueckel.jpg

Lars Onsager: This is Onsager's standard photo on public domain brochures and talk announcements. It is a cropped low-res version and constitutes fair use within an article on Onsager.
http://upload.wikimedia.org/wikipedia/en/f/f9/Lars_Onsager2.jpg

Rudolf Julius Emanuel Clausius: public domain
http://commons.wikimedia.org/wiki/File:Clausius-1.jpg

Ottaviano Fabrizio Mossotti: public domain
http://commons.wikimedia.org/wiki/File:O_F_Mossotti.jpg

Hendrik Antoon Lorentz: public domain
http://upload.wikimedia.org/wikipedia/commons/3/33/Hendrik_Antoon_Lorentz.jpg

Ludvig Valentin Lorenz: Free Art License
http://commons.wikimedia.org/wiki/File:Ludvig_Valentin_Lorenz.jpg

Augustin-Louis Cauchy: public domain
http://commons.wikimedia.org/wiki/File:Cauchy_Augustin_Louis_dibner_coll_SIL14-C2-03a.jpg

Georg Friedrich Bernhard Riemann: public domain
http://commons.wikimedia.org/wiki/File:Georg_Friedrich_Bernhard_Riemann.jpeg

Hendrik Anthony Kramers: public domain
http://commons.wikimedia.org/wiki/File:UhlenbeckKramersGoudsmit.jpg

Ralph Kronig: public domain
http://commons.wikimedia.org/wiki/File:Ralph_de_Laer_Kronig.jpg

David Hilbert: public domain
http://www-history.mcs.st-and.ac.uk/BigPictures/Hilbert_1932.jpeg

Literatur

Abdu97. A.H. Abdullah, W.F. Sherman; Kramers-Kronig type analysis of short spectral range reflection spectra; Vibrational Spectroscopy 13 (1997) 133–142

Adachi95. Y. Adachi; Dynamic Aspects of Coagulation and Flocculation; Advances in Colloid and Interface Science 56 (1995) 1–31

Adamczyk99. Z. Adamczyk, P. Weronski; Application of the DLVO theory for particle deposition problems; Advances in Colloid and Interface Science 83 (1999) 137–226

Adelman77. S. A. Adelman, K. F. Freed; Microscopic theory of polymer internal viscosity: Mode coupling approximation for the Rouse model; The Journal of Chemical Physics 67 (1977) 1380–1393

Afoakwa07. E. O. Afoakwa, A. Paterson, M. Fowler; Factors influencing rheological and textural qualities in chocolate - a review; Trends in Food Science and Technology 18 (2007) 290–298

Afonso12. A. M. Afonso, F. T. Pinho, M.A. Alves; Electro-osmosis of viscoelastic fluids and prediction of electro-elastic flow; Journal of Non-Newtonian Fluid Mechanics 179–180 (2012) 55–68 instabilities in a cross slot using a finite-volume method

Agel09. T. Agelakopoulou, F. Roubani-Kalantzopoulou; Chromatographic Analysis of Adsorption: Chemisorption and/or Physisorption; Chromatographia 69 (2009) 243–255

Agrawal79. P. Agrawal, S. Redner, P. J. Reynolds, H. E. Stanley; Site-bond percolation: a low-density series study of the uncorrelated limit; J. Phys. A: Math. Gen. 12 (11) (1979) 2073–2085

Agui92. F. Aguilera-Granja, R. Kikuchi; Polymer statistics III. Polymer adsorption on a solid surface; Physica A 189 (1992) 81–107

Aguil92. F. Aguilera-Granja, R. Kikuchi; Polymer statistics IV. Simulation of adsorption of polymers and polyelectrolytes on surfaces; Physica A 189 (1992) 108–126

Ahmad71. M. S . Ahmad, D. E. Barrow, E. A. Little, Z. C. Szkopiak; Computer analysis of complex relaxation spectra; J. Phys, D: Appl. Phys. 4 (1971) 1460–1469

Ahmad01. N. Ahmad, K.M. Khan; Subsurface oxygen in monomer-dimer catalytic reaction: Influence of second and third nearest neighbourhood; Chemical Physics 263 (2001) 339–346

Akcasu94. A. Z. Akcasu, R. Klein, C. H. Wang; Microscopic Theory of Viscoelasticity in Binary Polymer Mixtures; Macromolecules 27 (1994) 2736–2743

Alam14. M. M. Alam, K. Aramaki; Liquid Crystal-Based Emulsions: Progress and Prospects; Journal of Oleo Sience 63 (2014) 97–108

Albano91. E. V. Albano; On the self-poisoning of small particles upon island formation of the reactants in a model for a heterogeneously catalyzed reaction; J. Chem. Phys. 94 (2) (1991) 1499–1504

Alkh70. V. I. Alkhimov; The Fokker-Planck equation in the excluded-volume problem of linear polymer chains; Chem. Phys. Lett. 7 (1970) 581–582

Almgren00. M. Almgren; Mixed micelles and other structures in the solubilization of bilayer lipid membranes by surfactants; Biochimica et Biophysica Acta 1508 (2000) 146–163

AlMus13. A. Al-Muslimawi, H. R. Tamaddon-ahromi, M.F. Webster; Simulation of viscoelastic and viscoelastoplastic die-swell flows; Journal of Non-Newtonian Fluid Mechanics 191 (2013) 45–56

Altgelt59. K. Altgelt, G. V. Schulz; Bestimmung der molekularen Konstanten von Naturkautschak. II. Viscositatszahl (Staudinger-Index), Sedimentation und Diffusion in Cyclohexan; Die Molekulare Chemie 32 (1959) 66–78

Alvarez08. F. J. Alvarez, R. Kuc; Dispersion relation for air via Kramers-Kronig analysis; J. Acoust. Soc. Am. 124 (2008) EL57-EL61

Ammar10. A. Ammar; Lattice Boltzmann method for polymer kinetic theory; J. Non-Newtonian Fluid Mech. 165 (2010) 1082–1092

Amir13. S. Amiri, H. Shokrollahi; The role of cobalt ferrite magnetic nanoparticles in medical science; Mat. Sci. Eng. C 33 (2013) 1–8

An09. K. An, T. Hyeon; Synthesis and biomedical applications of hollow nanostructures; Nano Today 4 (2009) 359–373

Anan95. A. Anandarajah, J. Chen; Single Correction Function for Computing Retarded van der Waals Attraction; J. Colloid Interface Sci. 176 (1995) 293–300

Anga01. J.K. Angarska, E.D. Manev; Effect of surface forces and surfactant adsorption on the thinning and critical thickness of foam films; Colloids and Surfaces A: Physicochem. Eng. Aspects 190 (2001) 117–127

Arde00. I. Ardelean, R. Kimmich; Demagnetizing field effects on the Hahn echo; Chemical Physics Letters 320 (2000) 81–86 und Erratum to 'Demagnetizing field effects on the Hahn echo' [Chem. Phys. Lett. 320 (2000) 81]; Chemical Physics Letters 332 (2000) 624–625

Arjmandi12. N. Arjmandi, W. Van Roy, L. Lagae, G. Borghs; Measuring the Electric Charge and Zeta Potential of Nanometer-Sized Objects Using Pyramidal-Shaped Nanopores; Anal. Chem. 84 (2012) 8490–8496

Arkhipov93. V. M. Arkhipov , N. G. Paverman, N. V. Shakirov; Description of Jet Swelling; International Journal of Polymeric Materials and Polymeric Biomaterials 21 (1993) 75–78

Ash74. S. G. Ash; Stability of Colloidal Dispersions; J. Chem. Soc., Faraday Trans. 2 (1974) 895–909

Aveyard03. R. Aveyard, B. P. Binks, J. H. Clint; Emulsions stabilised solely by colloidal particles; Advances in Colloid and Interface Science 100–102 (2003) 503–546

Baal71. C. M. van Baal; Theory of the Zener Relaxation Strength I; Physica 52 (1971) 410–421

Babch12. A. J. Babchin, L. L. Schramm; Osmotic repulsion force due to adsorbed surfactants; Colloids and Surfaces B: Biointerfaces 91 (2012) 137–143

Bai12. C. Bai, M. Liu; Implantation of nanomaterials and nanostructures on surface and their applications; Nano Today 7 (2012) 258–281

Bajzer08. Z. Bajzer, M. Huzak, K. L. Neff, F. G. Prendergast; Mathematical analysis of models for reaction kinetics in intracellular environments; Mathematical Biosciences 215 (2008) 35–47

Bakh09. V. I. Bakhmutov; On Hahn-echo measurements of short $^{29}Si\ T_2$ times in some silica-based materials; Solid State Nuclear Magnetic Resonance 36 (2009) 164–166

Bala78. V. Balakrishnan; Theory of the Gorsky effect for low interstitial concentrations; Pramana 11 (4) (1978) 389–409

Bala81. V. Balakrishnan, S. Dattagupta; Gorsky Relaxation in the Presence of Traps; Z. Phys. B - Condensed Matter 42 (1981) 13–21

Balberg82. I. Balberg, S. Bozowski; Percolation in a Composite of Random Stick-Like Conducting Particles; Solid State Commumcations 44 (4) (1982) 551–554

Bald05. A. Baldassarri, A. Barrat, G. D'Anna, V. Loreto, P. Mayor, A. Puglisi; What is the temperature of a granular medium?; arXiv:0501488v1

Balhoff12. M. Balhoff, D. Sanchez-Rivera, A. Kwok, Y. Mehmani, M. Prodanovic; Numerical Algorithms for Network Modeling of Yield Stress and other Non-Newtonian Fluids in Porous Media; Transp. Porous Med. 93 (2012) 363–379

Barghi14. S. H. Barghi, T. T. Tsotsis, M. Sahimi; Chemisorption, physisorption and hysteresis during hydrogen storage in carbon nanotubes; Int. J. Hydrogen Energy 39 (2014) 1390–1397

Barr06. J. C. Barrett; Some estimates of the surface tension of curved surfaces using density functional theory; J. Chem. Phys. 124 (2006) 144705

Barrett81. T.W. Barrett; Site Bond Correlated Percolation Theory of Polymer Gelation Applied to a Polymer with Differential Binding at Two Disparate Sites; Phys. Lett. 87A (1981) 78–80

Bayer13. M. H. Bayer, I. A. Schneider; Application of the Kramers Kronig relations to locally resolved impedance data of polymer electrolyte fuel cells; Journal of Electroanalytical Chemistry 689 (2013) 42–45

Bayon13. R. Bayon, E. Rojas; Liquid crystals: a new approach for latent heat storage; Int. J. Energy Res. 37 (2013) 1737–1742

Bearden13. S. Bearden, G. Zhang; The effects of the electrical double layer on giant ionic currents through single-walled carbon nanotubes; Nanotechnology 24 (2013) 125204

Becht00. Polymerisation in Miniemulsion; Dissertation Universität Potsdam (2000)

Benco03. L. Benco, J. Hafner, F. Hutschka, H. Toulhoat; Physisorption and Chemisorption of Some n-Hydrocarbons at the Bronsted Acid Site in Zeolites 12-Membered Ring Main Channels: Ab Initio Study of the Gmelinite Structure; J. Phys. Chem. B 107 (2003) 9756–9762

Bera14. A. Bera, A. Mandal; Microemulsions: a novel approach to enhanced oil recovery: a review; J. Petrol. Explor. Prod. Technol. (2014) ISSN: 2190–0566

Berche05. B. Berche, R. Paredes; Nematic phase transitions in two-dimensional systems; arXiv: 0512194

Berg96. L. Bergström, A. Meurk, H. Arwin, D. J. Rowcliffe; Estimation of Hamaker Constants of Ceramic Materials from Optical Data Using Lifshitz Theory; J. Am. Ceram. Soc. 79 (2) (1996) 339–348

Berg97. L. Bergström; Hamaker constants of inorganic materials; Advances in Colloid and Interface Science 70 (1997) 125–169

Bergh11. L.G. Bergh, J.B. Yianatos; The long way toward multivariate predictive control of flotation processes; Journal of Process Control 21 (2011) 226–234

Bert02. E. Bertrand, D. Bonn, D. Broseta, H. Dobbs, J.O. Indekeu; Wetting of alkanes on water; Journal of Petroleum Science and Engineering 33 (2002) 217–222 J. Meunier a, K. Ragil b, N. Shahidzadeh

Bha13. S. S. Bhattacharyya, Y. Galerne; Elongation of discotic liquid crystal strands and lubricant effects; Chem. Phys. Chem. 15 (2013) 1432

Bhak97. A. Bhakta, E. Ruckenstein; Decay of standing foams: drainage, coalescence and collaps; Advances in Colloid and Interface Science 70 (1997) 1–124

Bhakta97. A. Bhakta, E. Ruckenstein; Drainage and Coalescence in Standing Foams; Journal of Colloid and Interface Science 191 (1997) 184–201

Bhatt08. S. Bhattacharya, A. Milchev, V.G. Rostiashvili, A.Y. Grosberg, T.A. Vilgis; Adsorption Kinetics of a Single Polymer on a Solid Plane; arXiv: 0803.2688v1

Bird59. R. R. Bird; Zur Theorie des Wärmeübergangs an nicht-Newtonsche Flüssigkeiten bei laminarer Rohrströmung; Chemie-Ing.-Techn. 31 (1959) 569–572

Bisoyi14. H. K. Bisoyi, Q. Li; Light-Directing Chiral Liquid Crystal Nanostructures: From 1D to 3D; Acc. Chem. Res. (2014)

Block10. I. D. Block, F. Scheffold; Modulated 3D cross-correlation light scattering: improving turbid sample characterization; arXiv:1008.0615v1

Bonse84. U. Bonse, I. Hartmann-Lotsch; Kramers-Kronig Correlation of Measured f'(E) and f"(E) Values; Nuclear Instruments and Methods in Physics Research 222 (1984) 185–188

Bool05. P. Boolchand, G. Lucovsky, J. C. Phillips, M. F. Thorpe; Self-Organization and the Physics of Glassy Networks; arXiv: 0502312

Boro12. M. Borowko, S. Sokolowski, and T. Staszewski; Adsorption from Oligomer-Monomer Solutions on the Surfaces Modified with End-Grafted Chains; J. Phys. Chem. B 116 (2012) 12842–12849

Bran12. R. H. Brandenberger; The Promise of String Cosmology; arXiv: 0103156v1

Bremer13. M. Bremer, P. Kirsch, M. Klasen-Memmer, K. Tarumi; The TV in Your Pocket: Development of Liquid-Crystal Materials for the New Millennium; Angew. Chem. Int. Ed. 52 (2013) 8880–8896

Brey78. J. J. Brey; On the derivation of the Fokker-Planck equation from generalized kinetic equations; Physica 90A (1978) 574–586

Brinker90. C. J. Brinker, G. W. Scherer; Sol-Gel Science - The Physics and Chemistry of Sol-Gel Processing, Kapitel 5, Academic Press Inc., San Diego, 1990

Brodbent57. S. R. Broadbent, J. M. Hammersley; Percolation processes I. Crystals and mazes; Proceedings of the Cambridge Philosophical Society 53 (1957) 629–641

Bron09. L. Broniarz-Press, K. Pralat; Thermal conductivity of Newtonian and non-Newtonian liquids; International Journal of Heat and Mass Transfer 52 (2009) 4701–4710

Brun38. S. Brunauer, P. H. Emmett, E. Teller; Adsorption of Gases in Multimolecular Layers; J. A. Chem. Soc. 60 (1938) 309–319

Buisson04. L. Buisson, M. Ciccotti, L. Bellon, S. Ciliberto; Electrical noise properties in aging materials; arXiv: 0403294v1

Burger97. T. Burger, A. Emmerling, J. Fricke, M. Weth; Aerogels - Production, Properties and Applications; KONA 15 (1997) 32–42

Buwalda14. S. J. Buwalda, K. W. M. Boere, P. J. Dijkstra, J. Feijen, T. Vermonden, W. E. Hennink; Hydrogels in a historical perspective: From simple networks to smart materials; Journal of Controlled Release 190 (2014) 254–273

Cala97. J. Carreira Goncalves Calado, A. F. Simoes Dos Santos Mendoca, B. de Jesus Vieira Saramago, V. A. Meira Soares; Surface Tension of Mixtures of Molecular Fluids: Comparison between the Experimental and Theoretical Study of CH_4 + Kr, Kr + NO, and CH_4 + NO; Journal of Colloid and Interface Science 185 (1997) 68–76

Calad97. J. Carreira Goncalves Calado, A. F. Simoes Dos Santos Mendoca, B. de Jesus Vieira Saramago, V. A. Meira Soares; Surface Tension of Nitric Oxide and Its Binary Mixtures with Krypton, Methane, and Ethene; Journal of Colloid and Interface Science 189 (1997) 273–282

Camci13. G. Camci-Unal, D. Cuttica, N. Annabi, D. Demarchi, A. Khademhosseini; Synthesis and Characterization of Hybrid Hyaluronic Acid-Gelatin Hydrogels; Biomacromolecules 14 (2013) 1085–1092

Can07. V. Can, S. Abdurrahmanoglu, O. Okay; Unusual swelling behavior of polymer-clay nanocomposite hydrogels; Polymer 48 (2007) 5016–5023

Cante69. R. Cantelli,F . M. Mazzolai, M. Nuovo; Internal Friction due to Long-Range Diffusion of Hydrogen in Niobium (Gorsky Effect); Phys. Stat. Sol. 34 (1969) 597–600

Caraballo97. I. Caraballo, M. A. Holgado, M. Fernandez-Arevalo, M. Millan, A. M. Rabasco; Application of Percolation Theory to Characterize the Release Behavior of Carteolol Matrix Systems; Drug Development and Industrial Pharmacy, 23 (1) (1997) 1–8

Carb10. L. Carbone, P. Davide Cozzoli; Colloidal heterostructured nanocrystals: Synthesis and growth mechanisms; Nano Today 5 (2010) 449–493

Carmona84. F. Carmona, P. Prudhon, F. Barreau; Percolation in Short Fibres Epoxy Resign Composites: Conductivity Behaviour and Finite Size Effects near Threshold; Solid State Communications 51 (4) (1984) 255–257

Carmona89. F. Carmona; Conducting Filled polymers; Physica A 157 (1989) 461–469

Cast12. R. Castaneda-Priego, P. Castro-Villarreal, S. Estrada-Jimenez, J. M. Mendez-Alcaraz; Brownian motion of free particles on curved surfaces; arXiv: 1211.5799v1

Cham65. J. E. Chamberlain; On a Relation between Absorption Strenth and Refractive Index; Infrared Physics 5 (1965) 175–178

Chan89. P. J. Chandley, M. B. Dolan; Using the Kramers-Kronig Dispersion Relations to Find the Optical Constants of Liquids in the IR; DIGOL; Infrared Phys. 29 (6) (1989) 997–1003

Chand72. S. Chandrasekhar, N. V. Madhusudana; Spectroscopy of Liquid Crystals; Applied Spectroscopy Reviews 6 (1972) 189–311

Charlaix84. E. Charlaix, E. Guyon, N. Rivier; A Criterion for Percolation Threshold in a Random Array of Plates; Solid State Communications 50 (11) (1984) 999–1002

Chat14. K. Chatterjee, S. Sarkar, K. J. Rao, S. Paria; Core/shell nanoparticles in biomedical applications; Advances in Colloid and Interface Science 209 (2014) 8–39

Chau04. Cedric Chauviere, A. Lozinski; Simulation of dilute polymer solutions using a Fokker-Planck equation; Computers and Fluids 33 (2004) 687–696

Chauv04. C. Chauviere, A. Lozinski; Simulation of complex viscoelastic flows using the Fokker-Planck equation: 3D FENE model; J. Non-Newtonian Fluid Mech. 122 (2004) 201–214

Chen96. J. Chen, A. Anandarajah; Van der Waals Attraction between Spherical Particles; J. Colloid Interface Sci. 180 (1996) 519–523

Chen97. Chen Jie-Rong; T. Wakida, Studies on the Surface Free Energy and Surface Structure of PTFE Film Treated with Low Temperature Plasma; Appl. Poly. Sci 63,13 (1997) 1733–1739

Chen05. D. Chen, M. Jiang; Strategies for Constructing Polymeric Micelles and Hollow Spheres in Solution via Specific Intermolecular Interactions; Acc. Chem. Res. 38 (2005) 494–502

Chen14. S. Chen, X. He, V. Bertola, M. Wang; Electro-osmosis of non-Newtonian fluids in porous media using lattice Poisson-Boltzmann method; Journal of Colloid and Interface Science 436 (2014) 186–193

Cheng08. C. H. A. Cheng, L. H. Kellogg, S. Shkoller, D. L. Turcotte; A liquid-crystal model for friction; PNAS 105 (2008) 7930–7935

Cho14. B.-K. Cho; Nanostructured organic electrolytes; RSC Adv. 4 (2014) 395–405

Chou02. T. Chou; Physics of Cellular Materials: Biomembranes; Dept. of Biomathematics, UCLA, Los Angeles, CA 90095–1766 (2002)

Chowd10. A. Chowdhury, J. Bould, M. G. S. Londesborough, S. J. Milne; Fundamental Issues in the Synthesis of Ferroelectric $Na_{0.5}K_{0.5}NbO_3$ Thin Films by Sol-Gel Processing; Chem. Mater. 22 (2010) 3862–3874

Chris55. E. B. Christiansen, N. W. Ryan, W. E. Stevens; Pipe-line Design for Non-Newtonian Fluids in Streamline Flow; AIChE Journal 1 (1955) 544–548

Chu99. L.-H. Chu, W.-Y. Chiu, C.-H. Chen, H.-C. Tseng; A Modified Rheological Model of Viscosities for BR-SBS Blends; Journal of Applied Polymer Science 71 (1999) 39–46

Chun12. J. H. Chun; Determination of the Frumkin and Temkin Adsorption Isotherms of Hydrogen at Nickel/Acidic and Alkaline Aqueous Solution Interfaces Using the Phase-Shift Method and Correlation Constants; Journal of the Korean Electrochemical Society 15 (2012) 54–66

Chun13. J. Chun, S. K. Jeon, J. H. Chun; Determination of the Frumkin and Temkin Adsorption Isotherms of Underpotentially Deposited Hydrogen at Pt Group Metal Interfaces Using the Standard Gibbs Energy of Adsorption and Correlation Constants; Journal of the Korean Electrochemical Society 16 (2013) 211–216

Colu92. B. Coluzzi, B. Sobha, A Biscarini, F.M. Mazzolai, R.A. McNicholl; A Study of Diffusion of Deuterium in α'-Pd Deuteride by Gorsky Relaxation; Solid State Communications 83 (8) (1992) 643–647

Cook96. J.C. Cook, E.M. McCash; Reversible phase formation for chemisorption/physisorption of CO on Cu(100); Surface Science 356 (1996) L445-L449

Costa08. P. Costamagna, S. Grosso, R. Di Felice; Percolative model of proton conductivity of Nafion membranes; Journal of Power Sources 178 (2008) 537–546

Csem88. F. Csempesz, S. Rohrsetzer, K. Marton; The effect of Polymer Bridging on the Flocculation Kinetics of Silver Iodide SOL; Materials Science Forum 25–26 (1988) 393–396

Dabr01. A. Dabrowski; Adsorption - from theory to practice; Advances in Colloid and Interface Science 93 (2001) 135–224

Daga00. R. R. Dagastine, D. C. Prieve, L. R. White; The Dielectric Function for Water and Its Application to van der Waals Forces;Journal of Colloid and Interface Science 231 (2000) 351–358

Daga02. R. R. Dagastine, D. C. Prieve, L. R. White; Calculations of van der Waals Forces in 2-Dimensionally Anisotropic Materials and Its Application to Carbon Black; Journal of Colloid and Interface Science 249 (2002) 78–83

Dai09. T. Dai, X. Qing, Y. Lu, Y. Xia; Conducting hydrogels with enhanced mechanical strength; Polymer 50 (2009) 5236–5241

Dai12. J. Dai, J. Yuan; Physisorption to chemisorption transition of NO_2 on graphene induced by the interplay of SiO_2 substrate and van der Waals forces: A first principles study; Chem. Phys. 405 (2012) 161–166

Danner12. E. W. Danner, Y. Kan, M. U. Hammer, J. N. Israelachvili, J. H. Waite; Adhesion of Mussel Foot Protein Mefp-5 to Mica: An Underwater Superglue; Biochemistry 51 (2012) 6511–6518

Danov06. K. D. Danov, P. A. Kralchevsky, K. P. Ananthapadmanabhan, A. Lips; Influence of electrolytes on the dynamic surface tension of ionic surfactant solutions: Expanding and immobile interfaces; Journal of Colloid and Interface Science 303(2006) 56–68

Daoud86. M. Daoud, E. Bouchaud, G. Jannink; Swelling of Polymer Gels; Macromolecules 19 (1986) 1955–1960

Das13. S. Das; Nanosuspension: An Assuring Novel Drug Delivery System; Int. J. Pharm. Sci. Rev. Res., 20(1) (2013)228–231

DasS13. S. Das, S. Chary, J. Yu, J. Tamelier, K. L. Turner, J. N. Israelachvili; JKR Theory for the Stick?Slip Peeling and Adhesion Hysteresis of Gecko Mimetic Patterned Surfaces with a Smooth Glass Surface; Langmuir 29 (2013) 15006–15012

Davr09. T. Davran-Candan, A. E. Aksoylu, R. Yildirim; Reaction pathway analysis for CO oxidation over anionic gold hexamers using DFT; Journal of Molecular Catalysis A: Chemical 306 (2009) 118–122

Debiais89. G. Debiais, J.-L. Dejardin; Application of Kramer-Kronigs Relations to Electric Birefringence; Physica A 158 (1989) 589–606

Degner14. B. M. Degner, C. Chung, V. Schlegel, R. Hutkins, D. J. McClements; Factors Influencing the Freeze-Thaw Stability of Emulsion-Based Foods; Comprehensive Reviews in Food Science and Food Safety 13 (2014) 98–113

Delga11. A. S. M. Delgadillo; Pickering Emulsions as Templates for Smart Colloidosomes; Dissertation Georgia Institute of Technology (2011)

Delgado05. A.V. Delgado, F. Gonzalez-Caballero, R.J. Hunter, L.K. Koopal, J. Lyklema; Measurement and interpretation of electrokinetic phenomena (IUPAC Technical Report); Pure Appl. Chem. 77 (10) (2005) 1753–1805

Delgado07. A. V. Delgado, F. Gonzales-Caballero, R.J. Hunter, L.K. Koopal, J. Lyklema; Measurement and interpretation of electrokinetic phenomena; Journal of Colloid and Interface Science 309 (2007) 194–224

Delin99. A. Delin; Relation between broadening and Kramers-Kronig transformation of calculated optical spectra; Optics Communications 167 (1999) 105–109

Demi13. A. Y. Demianov, A. N. Doludenko, N. A. Inogamov, E. E. Son; The turbulent mixing of non-Newtonian fluids; Phys. Scr. T155 (2013) 014019

DeMoor09. B. A. De Moor, M.-F. Reyniers, G. B. Marin; Physisorption and chemisorption of alkanes and alkenes in H-FAU: a combined ab initio-statistical thermodynamics study; Phys. Chem. Chem. Phys. 11 (2009) 2939–2958

Demus89. D. Demus; Plenary Lecture: One hundred years of liquid-crystal chemistry: thermotropic liquid crystals with conventional and unconventional molecular structure; Liquid Crystals 5 (1) (1989) 75–110

Derjaguin54. B. V. Derjaguin, A. S. Titijevskaja, I. I. Abricossova, A. D. Malkina; Investigation of the Forces of Interaction of Surfaces in Different Media and their Application to the Problem of Colloid Stability; Disscuss. Faraday Soc. 18 (1954) 24–41

Derkach09. S. R. Derkach; Rheology of emulsions; Advances in Colloid and Interface Science 151 (2009) 1–23

Destri13. M. Destribats, M. Wolfs, F. Pinaud, V. Lapeyre, E. Sellier, V. Schmitt, V. Ravaine; Pickering Emulsions Stabilized by Soft Microgels: Influence of the Emulsification Process on Particle Interfacial Organization and Emulsion Properties; Langmuir 29 (2013) 12367–12374

Dey10. K. K. Dey, J. T. Ash, N. M. Trease, P. J. Grandinetti; Trading sensitivity for information: Carr-Purcell-Meiboom-Gill acquisition in solid state NMR; J. Chem. Phys. 133 (2010) 054501

Dier14. I. Dierking; A Review of Polymer-Stabilized Ferroelectric Liquid Crystals; Materials 7 (2014) 3568–3587

Diuk11. F. Diuk de Andrade, A. Marchi Netto, L. A. Colnago; Qualitative analysis by online nuclear magnetic resonance using Carr-Purcell-Meiboom-Gill sequence with low refocusing flip angles; Talanta 84 (2011) 84–88

Diuk12. F. Diuk de Andrade, A. Marchi Netto, L. A. Colnago; Use of Carr-Purcell pulse sequence with low refocusing flip angle to measure T_1 and T_2 in a single experiment; Journal of Magnetic Resonance 214 (2012) 184–188

Doerfler02. H.-D. Dörfler; Grenzflächen und kolloid-disperse Systeme; Springer (2002)

Dolg13. P.V. Dolganov, E.I. Kats; Landau theory description of polar smectic structures; Liquid Crystals Reviews 1 (2) (2013) 127–149

Domian15. E. Domian, A. Brynda-Kopytowska, K. Oleksza; Rheological properties and physical stability of o/w emulsions stabilized by OSA starch with trehalose; Food Hydrocolloids 44 (2015) 49–58

Dong10. J. Dong, D. S. Corti, E. I. Franses; Colloidal Dispersion Stability of CuPc Aqueous Dispersions and Comparisons to Predictions of the DLVO Theory for Spheres and Parallel Face-to-Face Cubes; Langmuir 26(10) (2010) 6995–7006

Donley95. J. P. Donley, J. J. Rajasekaran, J. D. McCoy, J. G. Curro; Microscopic approach to inhomogeneous polymeric liquids; The Journal of Chemical Physics 103 (1995) 5061–5069

Door00. C. Doornkamp, V. Ponec; The universal character of the Mars and Van Krevelen mechanism; Journal of Molecular Catalysis A: Chemical 162 (2000) 19–32

Dorcheh08. A. S. Dorcheh, M.H. Abbasi; Silica aerogel; synthesis, properties and characterization; Journal of Materials Processing Technology 199 (2008) 10–26

Dragon87. N. Dragon, U. Ellwanger, M. G. Schmidt; Supersymmetry and Supergravity; Prog. Part. Nucl. Phys. 18 (1987) 1–91

Drehlich10. A. Drelich, F. Gomez, D. Clausse, I. Pezron; Evolution of water-in-oil emulsions stabilized with solid particles Influence of added emulsifier; Colloids and Surfaces A: Physicochem. Eng. Aspects 365 (2010) 171–177

Druger83. S. D. Druger, A. Nitzan, M. A. Ratner; Dynamic bond percolation theory: A microscopic model for diffusion in dynamically disordered systems. I. Definition and onedimensional case; J. Chem. Phys. 79 (1983) 3133–3142

Drum96. C. J. Drummond, G. Georgaklis, D. Y. C. Chan; Fluorocarbons: Surface Free Energies and van der Waals Interaction; Langmuir 12 (11) (1996) 2617–2621

Drum97. C. J. Drummond, D. Y. C. Chan; van der Waals Interaction, Surface Free Energies, and Contact Angles: Dispersive Polymers and Liquids; Langmuir 13 (1997) 3890–3895

Edwards72. S. F. Edwards, A. G. Goodyear; The dynamics of a polymer molecule; J. Phys. A: Gen. Phys. 5 (1972) 965–980

Edwards84. S. F. Edwards, M. Muthukumart; Brownian Dynamics of Polymer Solutions; Macromolecules 17 (1984) 586–596

Efre12. I. Efremenko, R. Neumann; Computational Insight into the Initial Steps of the Mars-van Krevelen Mechanism: Electron Transfer and Surface Defects in the Reduction of Polyoxometalates; J. Am. Chem. Soc. 134 (2012) 20669–20680

Efth11. E. K. Efthimiadou, C. Tapeinos, P. Bilalis, G. Kordas; New approach in synthesis, characterization and release study of pH-sensitive polymeric micelles, based on PLA-Lys-b-PEGm, conjugated with doxorubicin; J. Nanopart. Res. 13 (2011) 6725–6736

Einstein05. A. Einstein; Über die von der molekularkinetischen Theorie der Wärme geforderten Bewegung von in ruhenden Flüssigkeiten suspendierten Teilchen; Annalen der Physik, IV. Folge, Bd. 17 (1905) 549–560

Elias62. H.-G. Elias; Konstitution und Lösungseigenschaften von Makromolekülen. III. Zur Bestimmung des Molekulargewichtes aus STAUDINGER-Index und Konstitution; Die Makromolekulare Chemie 54 (1962) 78–94

ElJaby10. U. El-Jaby; Advanced Applications of Miniemulsion Technology - Development of a Viable Emulsification process; Dissertation Queen's University, Kingston, Ontario, Canada (2010)

Elter11. P. Elter, R. Lange, U. Beck; Electrostatic and Dispersion Interactions during Protein Adsorption on Topographic Nanostructures; Langmuir 27 (2011) 8767–8775

Erickson00. D. Erickson, D. Li, C. Werner; An Improved Method of Determining the Zeta-Potential and Surface Conductance; Journal of Colloid and Interface Science 232 (2000) 186–197

Este14. M.-C. Estevez, M. A. Otte, B. Sepulveda, L. M. Lechuga; Trends and challenges of refractometric nanoplasmonic biosensors: A review; Analytica Chimica Acta 806 (2014) 55–73

Evan13. L. R. Evangelista, E. Kaminski Lenzi, G. Barbero; The Kramers-Kronig relations for usual and anomalous Poisson-Nernst-Planck models; J. Phys.: Condens. Matter 25 (2013) 465104

Evans79. R. Evans; The nature of the liquid-vapour interface and other topics in the statistical mechanics of non-uniform, classical fluids; Advances in Phys. 28 (2) (1979) 143–200

Evans13. M. Evans, I. Ratcliffe, P.A. Williams; Emulsion stabilisation using polysaccharide-protein complexes; Current Opinion in Colloid and Interface Science 18 (2013) 272–282

Ever98. D. Everett; Thermodynamic stability in disperse systems; Colloids and Surfaces A: Pysicochem. and Eng. Aspects 141 (1998) 279–286

Faet95. G. M. Faeth, L.-P. Hsiang, P.-K. Wu; Structure and Breakup Properties of Sprays; Int. J. Multiphase Flow 21 (1995) 99–127

Fang05. J. Fang, R. G. Owens; New constitutive equations derived from a kinetic model for melts and concentrated solutions of linear polymers; Rheol Acta 44 (2005) 577–590

Fano08. W. G. Fano, S. Boggia, A. C. Razzitte; Causality study and numerical response of the magnetic permeability as a function of the frequency of ferrites using Kramers-Kronig relations; Physica B 403 (2008) 526–530

Farr00. D. Farrusseng, A. Julbe, M. Lopez, C. Guizard; Investigation of sol-gel methods for the synthesis of VPO membrane materials adapted to the partial oxidation of n-butane; Catalysis Today 56 (2000) 211–220

Fatk12. N. Fatkullin, A. Gubaidullin, C. Mattea, S. Stapf; On the theory of the proton free induction decay and Hahn echo in polymer systems: The role of intermolecular magnetic dipole-dipole interactions and the modified Anderson-Weiss approximation; J. Chem. Phys. 137 (2012) 224907

Faure11. B. Faure, G. Salazar-Alvarez, L. Bergström; Hamaker Constants of Iron Oxide Nanoparticles; Langmuir 27 (2011) 8659–8664

Filip09. X. Filip, C. Tripon, S. P. Brown, C. Filip; Increasing the accuracy of structural investigations by MAS spin-echo solid-state NMR experiments; Journal of Physics: Conference Series 182 (2009) 012025

Firth20. J. B. Firth; Surface Tension of Mixtures of Water and Alcohol; J. Chem. Soc., Trans. 117 (1920) 268–271

Fleer10. G. J. Fleer; Polymers at interfaces and in colloidal dispersions; Advances in Colloid and Interface Science 159 (2010) 99–116

Flood08. C. Flood, T. Cosgrove, Y. Espidel, E. Welfare, I. Howell, P. Revell; Fourier-Transform Carr-Purcell-Meiboom-Gill NMR Experiments on Polymers in Colloidal Dispersions: How Many Polymer Molecules per Particle?; Langmuir 24 (2008) 7875–7880

Ford88. G. W. Ford, J. T. Lewis, R. F. O'Connell; Quantum Langevin Equation; Phys. Rev. A 37 (11) (1988) 4419–4428

Fowk64. F. M. Fowkes, Attractive Forces at Interfaces. In: Industrial and Engineering Chemistry 56,12 (1964) 40–52

Frank13. X. Frank, J.-C. Charpentier, F. Canneviere, N. Midoux, H. Z. Li; Bubbles in Non-Newtonian Fluids: A Multiscale Modeling; Oil and Gas Science and Technology - Rev. IFP Energies nouvelles 68 (2013) 1059–1072

Freitas98. C. Freitas, R. H. Mueller; Effect of light and temperature on zeta potential and physical stability in solid lipid nanoparticle (SLN^{TM}) dispersions; International Journal of Pharmaceutics 168 (1998) 221–229

French95. R.H. French, R.M. Cannon, L.K. DeNoyer, Y.-M. Chiang; Full spectral calculation of non-retarded Hamaker constants for ceramic systems from interband transition strengths; Solid State Ionics 75 (1995) 13–33

French00. R. H. French; Origins and applications of London dispersion forces and Hamaker constants in ceramics; Journal of the American Ceramic Society 83 (2000) 00027820

Freund14. H.-J. Freund, N. Nilius,T. Risse, S. Schauermann; A fresh look at an old nanotechnology: catalysis; Phys.Chem.Chem.Phys 16 (2014) 8148–8167

Fricke97. J. Fricke, T. Tillotson; Aerogels: production, characterization, and applications; Thin Solid Films 297 (1997) 212–223

Fricke04. J. Fricke, A. Emmerling; Aerogels; Adv. Mater. 3 (1991) 504–506

Fried14. E. Fried, M. Jabbour; Sessile drops: spreading versus evaporation-condensation; Z. Angew. Math. Phys. (2014)

Fritz55. W. Fritz, H. Kroepelin; Bemerkungen zum Problem der Viskositätsmessungen bei nicht-Newtonschen Flüssigkeiten; Kolloid-Zeitschrift 140 (1955) 149–157

Fromherz81. P. Fromherz; Micelle Structure: A Surfactant-Block Model; Chem. Phys. Lett. 77 (1981) 460–466

Fujii05. H. Fujii, T. Matsumoto, T. Ueda, K. Nogi; A new method for simultaneous measurement of surface tension and viscosity; Journal of Materials Science 40 (2005) 2161–2166

Gachon86. A. M. Gachon, T. Bilbault, B. Dastugue; Protein Migration through Hydrogels: A Tool for Measuring Porosity-Application to Hydrogels Used as Contact Lenses; Analytical Biochemistry 157 (1986) 249–255

Ganvir11. V. Ganvir, B. P. Gautham, H. Pol, M. Saad Bhamla, L. Sclesi, R. Thaokar, A. Lele, M. Mackley; Extrudate swell of linear and branched polyethylenes: ALE simulations and comparison with experiments; J. Non-Newtonian Fluid Mech. 166 (2011) 12–24

Garcia14. A. R. Garcia-Maarquez, B. Heinrich, N. Beyer, D. Guillon, B. Donnio; Mesomorphism and Shape-Memory Behavior of Main-Chain Liquid-Crystalline Co-Elastomers: Modulation by the Chemical Composition; Macromolecules 47 (2014) 5198–5210

Garncarek02. Z. Garncarek, R. Piasecki, J. Borecki, A. Maj M. Sudol; Effective conductivity in association with model structure and spatial inhomogeneity of polymer/carbon black composites; www.arxiv.org/pdf/cond-mat/0204057

Ghugare10. S. V. Ghugare, E. Chiessi, M. T. F. Telling, A. Deriu, Y. Gerelli, J. Wuttke, G. Paradossi; Structure and Dynamics of a Thermoresponsive Microgel around Its Volume Phase Transition Temperature; J. Phys. Chem. B 114 (2010) 10285–10293

Ging72. D. Gingell, V. A. Parsegian; Computation of van der Waais Interactions in Aqueous Systems Using Reflectivity Data; J. theor. Biol. 36 (1972) 41–52

Giri60. Girifalco, L. A., Good, R. J., J. Phys.Chem., (1957), 61, S.904; ibid.,(1960) 64,.561

Gitt98. M.R. Gittings, D.A. Saville; The determination of hydrodynamic size and zeta potential from electrophoretic mobility and light scattering measurements; Colloids and Surfaces A: Physicochemical and Engineering Aspects 141 (1998) 111–117

Glasse13. B. Glasse, C. Assenhaimer, R. Guardani, U. Fritsching; Analysis of the Stability of Metal Working Fluid Emulsions by Turbidity Spectra; Chem. Eng. Technol. 36 (7) (2013) 1202–1208

Gleeson14. H. F. Gleeson, S. Kaur, V. Görtz, A. Belaissaoui, S. Cowling, J. W. Goodby; The Nematic Phases of Bent-Core Liquid Crystals; Chem. Phys. Chem. 15 (2014) 1251–1260

Godb10. R. M. Godbole; The Heart of Matter; arXiv: 1006.5884v1

Goette69. E. Götte; Konstitution und Eigenschaften von Tensiden; Fette, Seifen, Anstrichmittel 71 (1969) 219–223

Golo06. I.S. Golovin, A. Riviere; Mechanical spectroscopy of the Zener relaxation in Fe-22Al and Fe-26Al alloys; Intermetallics 14 (2006) 570–577

Gomez14. L. G. Gomez-Mascaraque, J. Alberto Mendez, M. Fernandez-Gutierrez, B. Vazquez, J. San Roman; Oxidized dextrins as alternative crosslinking agents for polysaccharides: Application to hydrogels of agarose-chitosan; Acta Biomaterialia 10 (2014) 798–811

Good92. R. J. Good; C. J. van Oss, The Modern Theory of Contact Angles and the Hydrogen bond Components of Surface Energies. G. I. Loeb; M. E. Schrader (Hrg.): Modern approaches to wettability. (1992) 1–27

Good93. R. J. Good, Contact Angle, Wetting and Adhesion: a Critical Review. K. L. Mittal (Hrg.): Contact Angle, Wettability and Adhesion. Festschrift in Honor of Professor Robert J. Good. Utrecht (1993) 3–36

Gordon78. J. M. Gordon; The calculation of critical percolation probabilities with an application to hard-sphere packing experiments; J. Phys. C: Solid State Phys. 11 (1978) L445-L447

Gorges95. E. Gorges, P. Grosse, W. Theiß; The Kramers-Kronig-Relation of effective dielectric functions; Z. Phys. B 97 (1995) 49–54

Gospo14. N. Gospodinova, E. Tomsik,O. Omelchenko; J-Like Liquid-Crystalline and Crystalline States of Polyaniline Revealed by Thin, Highly Crystalline, and Strongly Oriented Films; J. Phys. Chem. B 118 (2014) 8901–8904

Gotho96. K. Gotoh , R. Kohsaka , K. Abe, M. Tagawa; Estimation of the Hamaker constant from flocculation in the secondary minimum and its experimental verification in particle adhesion; Journal of Adhesion Science and Technology 10 (12) (1996) 1359–1370

Greenwood03. R.Greenwood; Review of the measurement of zeta potentials in concentrated aqueous suspensions using electroacoustics; Advances in Colloid and Interface Science 106 (2003) 55–81

Grelet03. E. Grelet; The liquid-crystalline smectic blue phases; arXiv: 0310285v2

Griffin49. W. C. Griffin; Classification of surface-active agents by „HLB“; J. Soc. Cosmet. Chem. 1 (1949) 311–26

Griffin07. J. M. Griffin, C. Tripon, A. Samoson, C. Filip, S. P. Brown; Low-load rotor-synchronised Hahn-echo pulse train (RS-HEPT) ^{1}H decoupling in solid-state NMR: factors affecting MAS spin-echo dephasing times; Magn. Reson. Chem. 45 (2007) 198–208

Gunko01. V. M. Gun'ko, V. I. Zarko, R. Leboda, E. Chibowski; Aqueous suspension of fumed oxides: particle size distribution and zeta potential; Advances in Colloid and Interface Science 91 (2001) 1–112

Guzm11. E. Guzman, F. Ortega, M. G. Prolongo, V. M. Starovc R. G. Rubio; Influence of the molecular architecture on the adsorption onto solid surfaces: comb-like polymers; Phys. Chem. Chem. Phys. 13 (2011) 16416–16423

Guzma11. E. Guzman, F. Ortega, N. Baghdadli, C. Cazeneuve, G. S. Luengo, R. G. Rubio; Adsorption of Conditioning Polymers on Solid Substrates with Different Charge Density; ACS Appl. Mater. Interfaces 3 (2011) 3181–3188

Ha13. D.-H. Ha, L. M. Moreau, S. Honrao, R. G. Hennig, R. D. Robinson; The Oxidation of Cobalt Nanoparticles into Kirkendall-Hollowed CoO and Co_3O_4: The Diffusion Mechanisms and Atomic Structural Transformations; J. Phys. Chem. C 117 (2013) 14303–14312

Haase93. J. Haase, E. Oldfield; Spin-Echo Behaviour of Nonintegral-Spin Quadrupolar Nuclei in Inorganic Solids; Journal of Magnetic Resonance A 101 (1993) 30–40

Hahn50. E.L. Hahn; Spin Echoes; Phys. Rev. 80 (1950) 580–594

Hama37. H. C. Hamaker; The London-van der Waals attraction between sherical particles; Physica IV 10 (1937) 1058–1072

Hane00. G. Haneczok; The Snoek relaxation; Journal of Molecular Liquids 86 (2000) 273–277

Haqu13. F. Haque, J. Li, H.-C. Wu, X.-J. Liang, P. Guo; Solid-state and biological nanopore for real-time sensing of single chemical and sequencing of DNA; Nano Today 8 (2013) 56–74

Hara07. K. Haraguchi; Nanocomposite hydrogels; Current Opinion in Solid State and Materials Science 11 (2007) 47–54

Hark20. W. D. Harkins, G. L. Clark, L. E. Roberts; The Orientation of Molecules in Surfaces, Surface Energxy, Adsorption, and Surface Catalysis. V: The Adhesional Work between Organic Liquids and Water.; J. Am. Chem. Soc. 42 (1920) 700–712

Harusawa82. F. Harusawa, H. Nakajima, M. Tanaka; The Hydrophile-Lipophile Balance of Mixed Nonionic Surfactance; J. Soc. Cosmet. Chem. 33 (1982) 115–129

Haupt93. G. Hauptmann, W. Ulfert, H. Kronmüller; Bardoni Relaxation and Hydrogen in Deformed Pd Single Crystals; Mat. Sci. Forum 119–121 (1993) 171–176

Haustein03. E. Haustein, P. Schwille; Ultrasensitive investigations of biological systems by fluorescence correlation spectroscopy; Methods 29 (2003) 153–166

Hazel47. F. Hazel; Effect of Freezing on the Stability of Colloidal Dispersions; Journal of Physical and Colloid Chemistry 51 (1947) 415–425

Heid99. J. Heidberg, H. Henseler; The physisorption of CO_2 and the stepwise chemisorption of SO_2 on the CsF(100) single crystal surface; Surface Science 427–428 (1999) 439–445

Hejda10. F. Hejda, P. Solar, J. Kousal; Surface Free Energy Determination by Contact Angle Measurements - A Comparison of Various Approaches; WDS'10 Proceedings of Contributed Papers, Part III (2010) 25–30

Herm52. J. J. Hermans, M. S. Klamkin, R. Ullman; The Excluded Volume of Polymer Chains; J. Chem. Phys. 20 (1952) 1360–1368

Hernan05. G. Hernandez-Perni, A. Stengele, H. Leuenberger; Detection of percolation phenomena in binary polar liquids by broadband dielectric spectroscopy; International Journal of Pharmaceutics 291 (2005) 197–209

Hess78. W. Hess, R. Klein; Dynamical Properties of Dynamical Systems I. Derivation of stochastic transport equations; Physica 94 A (1978) 71–90

Hess79. W. Hess, R. Klein; Dynamical Properties of Dynamical Systems II. Correlation- and response functions; Physica 99 A (1979) 463–493

Hess81. W. Hess, R. Klein; Dynamical Properties of Dynamical Systems III. Collective and self-diffusion of interacting charged particles; Physica 105 A (1981) 552–576

Hickey10. M. C. Hickey, A. Akyurtlu, A.-G. Kussow; Relationship between the Kramers-Kronig relations and negative index of refraction; arXiv: 1007.0377v1

Hidalgo96. R. Hidalgo-Alvarez*, A. Martin, A. Fernandez, D. Bastos, F. Martinez, F.J. de las Nieves; Electrokinetic properties, colloidal stability and aggregation kinetics of polymer colloids; Advances in Colloid and Interface Science 67 (1996) 1–118

Hijar12. H. Hijar, D. M. de Hoyos; Pattern formation from consistent dynamical closures of uniaxial nematic liquid crystals; arXiv: 1205.7047v1

Hill01. T. L. Hill; A Different Approach to Nanothermodynamics; Nano Lett. 1(5) (2001) 273–275

Hinder01. M. Hindermann-Bischoff, F. Ehrburger-Dolle; Carbon 39 (2001) 375–382

Hinze99. F. Hinze, S. Ripperger, M. Stintz; Praxisrelevante Zetapotentialmessung mit unterschiedlichen Meßtechniken; Chem. Ing. Techn. 71 (1999) 338–347

Hirtzel85. C. S. Hirtzel, R. Rajagopalan; Stability of Colloidal Dispersions; Chem. Eng. Commun. 33 (1985) 301–324

Hoffmann94. H. Hoffmann; Fascinating Phenomena in Surfactant Chemistry; Adv. Mater. 6 (1994) 116–129

Hoggard05. J. D. Hoggard, P. J. Sides, D. C. Prieve; Measurement of the Streaming Potential and Streaming Current near a Rotating Disk to Determine Its Zeta Potential; Langmuir 21 (2005) 7433–7438

Hong07. H. Hong, Y. Mai, Y. Zhou, D. Yan, J. Cui; Self-Assembly of Large Multimolecular Micelles from Hyperbranched Star Copolymers; Macromol. Rapid Commun. 28 (2007) 591–596

Hrubesh98. L. W. Hrubesh; Aerogel applications; Journal of Non-Crystalline Solids 225 (1998) 335–342

Hsu99. J.-P. Hsu, B.-T. Liu; Stability of Colloidal Dispersions: Charge Regulation/Adsorption Model; Langmuir 15 (1999) 5219–5226

Hsu10. H.-P. Hsu, W. Paul, K. Binder; Conformational studies of bottle-brush polymers absorbed on a flat solid surface; J. Chem. Phys. 133 (2010) 134902

Huber14. B. Huber, M. Harasim, B. Wunderlich, M. Kroger, A. R. Bausch; Microscopic Origin of the Non-Newtonian Viscosity of Semiflexible Polymer Solutions in the Semidilute Regime; ACS Macro Lett. 3 (2014) 136–140

Huerl01. M. D. Hürlimann; Carr-Purcell Sequences with Composite Pulses; Journal of Magnetic Resonance 152 (2001) 109–123

Huerli01. M. D. Hürlimann; Optimization of timing in the Carr-Purcell-Meiboom-Gill sequence; Magnetic Resonance Imaging 19 (2001) 375–378

Hung04. I. Hung, A. J. Rossini, R. W. Schurko; Application of the Carr-Purcell Meiboom-Gill Pulse Sequence for the Acquisition of Solid-State NMR Spectra of Spin-1/2 Nuclei; J. Phys. Chem. A 108 (2004) 7112–7120

Hunter98. R. J. Hunter; Review: Recent developments in the electroacoustic characterisation of colloidal suspensions and emulsions; Colloids and Surfaces A: Physicochemical and Engineering Aspects 141 (1998) 37–65

Hwang. N. Hwang, A. R. Barron; BET Surface Area Analysis of Nanoparticles; http://cnx.org/content/m38278/1.1/

Iida93. T. Iida, R. I. L. Guthrie; The Physical Properties of Liquid Metals; Oxford University Press (1993)

Ito92. K. Ito, Y.-P. Gunji; Self-organization toward criticality in the Game of Life; BioSystems 26 (1992) 135–138

Ito94. K. Ito, Y.-P. Gunji; Self-organisation of living systems towards criticality at the edge of chaos; BioSystems 33 (1994) 17–24

Ito05. A. Ito, M. Shinkai, H. Honda, T. Kobayashi; Medical Application of Functionalized Magnetic Nanoparticles; Journal of Bioscience and Bioengineering 100 (2005) 1–11

vanItter47. A. van Itterbeek, O. van Paemel, J. van Lierde; Measurements on the Viscosity of Gas Mixtures; Physica XIII (1947) 88–96

Iwam85. M. Iwamatsu; The Clausius-Mossotti relation for insulators; J. Phys. C: Solid State Phys. 18 (1985) 3065–3071.

Iwam98. M. Iwamatsu; A Molecular Theory of Solvation Force Oscillations in Nonpolar Liquids; J. Colloid Interface Sci 204 (1998) 374–388

Jacob13. A Review on Surfactants as Edge Activators in Ultradeformable Vesicles for Enhanced Skin Delivery; International Journal of Pharma and Bio Sciences 4 (2014) 337–344

Jaeger01. K.-M. Jäger, D. H. McQueen, I. A. Tchmutin, N. G. Ryvkina, M. Klüppel; Electron transport and ac electrical properties of carbon black polymer composites; J. Phys. D: Appl. Phys. 34 (2001) 2699–2707

Jagur02. J. Jagur-Grodzinski; Electronically Conductive Polymers; Polym. Adv.Technol. 13 (2002) 615–625

Jagur10. J. Jagur-Grodzinski; Polymeric gels and hydrogels for biomedical and pharmaceutical applications; Polym. Adv. Technol. 21 (2010) 27–47

Jansse90. J. J. M. Janssen, J. J. M. Baltussen, A. P. van Gelder, J. A. A. J. Perenboom; Kinetics of magnetic flocculation. I: Flocculation of colloidal particles; J. Phys. D: Appl. Phys. 23 (1990) 1447–1454

Janssen90. J. J. M. Janssen, J. J. M. Baltussen, A. P. van Gelder, J. A. A. J. Perenboom; Kinetics of magnetic flocculation. II: Flocculation of coarse particles; J. Phys. D: Appl. Phys. 23 (1990) 1455–1460

Jarosz81. J. Jarosz; The Application of Kramers-Kronig Relations to the Analysis of the Resonance Lines of Metallic Samples in ESR Spectroscopy; Phys. Stat. Sol. (b) 105 (1981) 155–160

Jee12. J.-P. Jee, J. H. Na, S. Lee, S. H. Kim, K. Choi, Y. Yeo, I. C. Kwon; Cancer targeting strategies in nanomedicine: Design and application of chitosan nanoparticles; Current Opinion in Solid State and Materials Science 16 (2012) 333–342

Johari12. G. P. Johari; Electrode-spacer and other effects on the validity of the Kramers-Kronig relations and the fittings to the permittivity and electrical modulus spectra; Thermochimica Acta 547 (2012) 47–52

Jones06. S. M. Jones; Aerogel: Space exploration applications; J. Sol-Gel Sci. Techn. 40 (2006) 351–357

Jung13. J. M. Jung, D. H. Lee, Y. I. Cho; Non-Newtonian standard viscosity fluids; International Communications in Heat and Mass Transfer 49 (2013) 1–4

Kabza00. K. Kabza, J. E. Gestwicki, J. L. McGrath; Contact Angle Goniometry as a Tool for Surface Tension Measurements of Solids, Using Zisman Plot Method; J. Chem. Ed. 77 (2000) 63–65

Kael70. D. H. Kaelble, Dispersion-Polar Surface Tension Properties of Organic Solids. J. Adhesion 2 (1970) 66–81

Kala11. A. Kalantarian, R. David, J. Chen, A. W. Neumann; Simultaneous Measurement of Contact Angle and Surface Tension Using Axisymmetric Drop-Shape Analysis-No Apex (ADSA-NA); Langmuir 27 (2011) 3485–3495

Kang02. H. S. Kang, S.-S. Kwon, Y.-S. Nam, S.-H. Han, Ih-S. Chang; Determination of Zeta Potentials of Polymeric Nanoparticles by the Conductivity Variation Method; Journal of Colloid and Interface Science 255 (2002) 352–355

Kang11. W. Kang, B. Xu, Y. Wang, Y. Li, X. Shan, F. An, J. Liu; Stability mechanism of W/O crude oil emulsion stabilized by polymer and surfactant; Colloids and Surfaces A: Physicochem. Eng. Aspects 384 (2011) 555–560

Kara04. P. K. Karahaliou, A. G. Vanakaras, D. J. Photinos; On the molecular theory of dimer liquid crystals; arXiv: 0410350

Kari13. Z. Karimi, L. Karimi, H. Shokrollahi; Nano-magnetic particles used in biomedicine: Core and coating materials; Materials Science and Engineering C33 (2013) 2465–2475

Kasz92. S. Kasztelan; Rate of Heterogeneous Catalytic Reactions Involving Ionic Intermediates; Ind. Eng. Chem. Res. 31 (1992) 2497–2502

Kauf01. G. B. Kauffman; Lars Onsager (1903-1976), Chemist-Physicist, on the Silver Anniversary of His Death; Chem. Educator 6 (2001) 255-260

Kauf05. G. B. Kauffman; Thomas Graham: Father of Collid Chemistry - On the 200th anniversary of his birth; Chemical Educator 10(6) (2005) 457–462

Kaur14. R. Kaur, S.K. Mehta; Self aggregating metal surfactant complexes: Precursors for nanostructures; Coordination Chemistry Reviews 262 (2014) 37–54

Kautt08. J. Kauttonen, J. Merikoski; Polymer dynamics in time-dependent periodic potentials; arXiv: 0806.3846v1

Kazys14. R. Kazys, L. Mazeika, R. Sliteris, R. Raisutis; Measurement of viscosity of highly viscous non-Newtonian fluids; Ultrasonics 54 (2014) 1104–1112 by means of ultrasonic guided waves

Kim03. S. A Kim, P. Schwille; Intracellular applications of fluorescence correlation spectroscopy: prospects for neuroscience; Current Opinion in Neurobiology 13 (2003) 583–590

Kim05. S. A. Kim, K. G. Heinze, K. Bacia, M. N. Waxham, P. Schwille; Two-Photon Cross-Correlation Analysis of Intracellular Reactions with Variable Stoichiometry; Biophysical Journal 88 (2005) 4319–4336

Kim12. E.-A. Kim, M. J. Lawler; Electronic liquid crystal physics of underdoped cuprates; Physica C 481 (2012) 168–177

Kim14. J. W. Kim, H.-S. Shim, J. G. Lee, W. B. Kim; The facile synthesis of CdSe hollow nanoparticles and necklacelike nanowires from a CdO sacrificial template via chemical reaction in aqueous solution; J. Mater. Sci. 49 (2014) 2912–2918

Kircheva94. Kramers-Kronig relations in FWM spectroscopy; J. Phys. B: At. Mol. Opt. Phys. 27 (1994) 3781–3793

Kirsch03. V.A. Kirsch; Calculation of the van der Waals force between a spherical particle and an infinite cylinder; Advances in Colloid and Interface Science 104 (2003) 311–324

Ko71. M. Koiwa; Theory of the Snoek Effect in Ternary B.C.C. Alloys I. General Theory; Philosophical Magazine 24 (1971) 81–106

Koi71. M. Koiwa; Theory of the Snoek Effect in Ternary B.C.C. Alloys II. Simplified Treatment; Philosophical Magazine 24 (1971) 107–122

Koide10. T. Koide; Non-Newtonian Properties of Relativistic Fluids; arXiv: 1009.4643v1

Koiw71. M. Koiwa; Theory of the Snoek Effect in Ternary B.C.C. Alloys III. Hydrostatic Relaxation; Philosohical Magazine 24 (1971) 539–554

Koiwa71. M. Koiwa; Theory of the Snoek Effect in Ternary B.C.C. Alloys IV. CsCl Type Lattice; Philosophical Magazine24 (1971)799–814

Koiwa72. M. Koiwa; Theory of the Snoek Effect in Ternary B.C.C. Alloys V. Effect of Pairing of Substitutional Solute Atoms; Philosophical Magazine 25 (1972) 701–714

Koiwa04. M. Koiwa; A note on Dr. J.L. Snoek; Materials Science and Engineering A 370 (2004) 9–11

Kolarik00. J. Kolarik; Prediction of the Gas Permeability of Heterogeneous Polymer Blends; Polymer Engineering and Science 40 (2000) 127–131

Kolarik11. R. Kolarik, M. Zatloukal; Modeling of Nonisothermal Film Blowing Process for Non-Newtonian Fluids by Using Variational Principles; Journal of Applied Polymer Science 122 (2011) 2807–2820

Koning14. V. Koning, V. Vitelli; Crystals and liquid crystals confined to curved geometries; arXiv: 1401.4957v1

Koskela03. H. Koskela, I. Kilpeläinen, S. Heikkinen; LR-CAHSQC: an application of a Carr-Purcell-Meiboom-Gill-type sequence to heteronuclear multiple bond correlation spectroscopy; Journal of Magnetic Resonance 164 (2003) 228–232

Kroupa14. M. Kroupa, M. Vonka, J. Kosek; Modeling the Mechanism of Coagulum Formation in Dispersions; Langmuir 30 (2014) 2693–2702

Kozak12. D. Kozak, W. Anderson, R. Vogel, S. Chen, F. Antaw, M. Trau; Simultaneous Size and Zeta Potential Measurements of Individual Nanoparticles in Dispersion Using Size-Tunable Pore Sensors; ACS Nano 6 (8) (2012) 6990–6997

Kraft10. D. J. Kraft, J. W. J. de Folter, B. Luigjes, S. I. R. Castillo, S. Sacanna, A. P. Philipse, W. K. Kegel; Conditions for Equilibrium Solid-Stabilized Emulsions; J. Phys. Chem. B 114 (2010) 10347–10356

Kral94. P. A. Kralchevsky, J. C. Eriksson, S. Ljunggren; Theory of Curved Interfaces and Membranes: Mechanical and Thermodynamical Approaches; Advances in Colloid and Interface Science 48 (1994) 19–59

Kreibig70. U. Kreibig; Kramers Kronig Analysis of the Optical Properties of Small Silver Particles; Z. Physik 234 (1970) 307–318

Krieger52. I. M. Krieger, S. H. Maron; Direct Determination of the Flow Curves of NonNewtonian Fluids; Journal of Applied Physics 23 (1952) 147–149

Krup09. R.P. Krupitzer, C.J. Szczepanski, R. Gibala; Effects of preferred orientation on Snoek phenomena in commercial steels; Materials Science and Engineering A 521–522 (2009) 43–46

Kryu00. Y. N. Kryuchkov; Percolation Estimation of the Conductivity and Elasticity of Heterogeneous Two-Phase Systems; Theoretical Foundations of Chemical Engineering 34 (3) (2000) 281–285

Kudr09. Y. V. Kudryavtsev, E. Gelinck, H. R. Fischer; Theoretical investigation of van der Waals forces between solid surfaces at nanoscales; Surface Science 603 (2009) 2580–2587

Kuehne05. D. Kühne; ICR-Spektrometrische Untersuchungen zur Ionenchemie von Flüssigkristallen; Dissertation Universität Bremen (2005)

Kuzn07. T. Kuzniatsova, Y. Kim, K. Shqau, P. K. Dutta, H. Verweij; Zeta potential measurements of zeolite Y: Application in homogeneous deposition of particle coatings; Microporous and Mesoporous Materials 103 (2007) 102–107

Labi07. J. Labidi, M. A. Pelach, X. Turon, P. Mutje; Predicting flotation efficiency using neural networks; Chemical Engineering and Processing 46 (2007) 314–322

Lager14. J. P. F. Lagerwall, C. Schütz, M. Salajkova, J. H. Noh, J. H. Park, G. Scalia, L. Bergström; Cellulose nanocrystal-based materials: from liquid crystal self-assembly and glass formation to multifunctional thin films; NPG Asia Materials 6 (2014) 1–12

Laib65. R. B. Laibowitz, R. W. Dreyfus; Zener Relaxation in NaCl:KCl; J. Appl. Phys. 36 (1965) 2779–2782

Lam13. R. S.H. Lam, M. T. Nickerson; Food proteins: A review on their emulsifying properties using a structure-function approach; Food Chemistry 141 (2013) 975–984

LaMan83. F. P. La Mantia, A. Valenza, D. Acierno; A comprehensive experimental study of the rheological behaviour of HDPE. II. Die-swell and normal stresses; Rheol. Acta 22 (1983) 308–312

LaMan84. F. P. La Mantia, D. Curto, D. Acierno; The rheological behaviour of HDPE/LDPE blends II. Die swell and normal stresses; Acta Polymerica 35 (1984) 71–73

Landau91. L. D. Landau, E. M. Lifschitz; Lehrbuch der Theoretischen Physik Bd. VI, Hydrodynamik, Akademie-Verlag Berlin (1991)

Lang16. I. Langmuir; The Condensation Pump: An Improved Form of High Vacuum Pump; Journal of the Franklin Institute 182 (1916) 719–743

Lang33. I. Langmuir; Oberflächenchemie; Angewandte Chemie 46 (1933) 719–738

Lang34. I. Langmuir; Mechanical prperties of monomelecular films; Journal of the Franklin Institute 218 (1934) 143–171

Lang39. I. Langmuir; Molecular layers; Proc. Roy. Soc. London A 170 (1939) 1–39

Lang40. I. Langmuir; Monolayers on Solids; J. Chem. Soc. (1940) 511–543

Lanzl01. T. Lanzl; Charakterisierung von Ruß-Kautschuk-Mischungen mittels dielektrischer Spektroskopie; Dissertation Uni Regensburg 2001

Lavr98. D. J. Lavrich, S. M. Wetterer, S. L. Bernasek, G. Scoles; Physisorption and Chemisorption of Alkanethiols and Alkyl Sulfides on Au(111); J. Phys. Chem. B 102 (1998) 3456–3465

Lavr13. O. D. Lavrentovich; Transport of Particles in Liquid Crystals; arXiv: 1311.6846

Lee57. R. E. Lee, C. R. Finch, J. D. Wooledge; Mixing of High Viscosity Newtonian and Non-Newtonian Fluids; Industrial and Engineering Chemistry 49 (1957) 1849–1854

Lee93. L.-H. Lee; Roles of molecular intertactions in adhesion, adsorption, contact angle and wettability; J. Adhesion Sci. Technol. 7(6) (1993) 583–634

Lee08. K.S. Lee, N. Ivanova, V.M. Starov, N. Hilal, V. Dutschk; Kinetics of wetting and spreading by aqueous surfactant solutions; Advances in Colloid and Interface Science 144 (2008) 54–65

Leong03. Y.K. Leonga, B.C. Ong; Critical zeta potential and the Hamaker constant of oxides in water; Powder Technology 134 (2003) 249–254

Li06. Y.-J. Li, M. Xu, J.-Q. Feng, Z.-M. Dang; Dielectric behavior of a metal-polymer composite with low percolation threshold; Applied Physics Letters 89 (2006) 072902

Li07. Y. Li, Z. Zhou, J. Zhao; Transformation from chemisorption to physisorption with tube diameter and gas concentration: Computational studies on NH_3 adsorption in BN nanotubes; J. Chem. Phys. 127 (2007) 184705

Li13. C. Li, Y. Li, P. Sun, C. Yang; Pickering emulsions stabilized by native starch granules; Colloids and Surfaces A: Physicochem. Eng. Aspects 431 (2013) 142–149

Li14. Y. Li, H. Fu, Y. Zhang, Z. Wang, X. Li; Kirkendall Effect Induced One-Step Fabrication of Tubular Ag/MnO_x Nanocomposites for Supercapacitor Application; J. Phys. Chem. C 118 (2014) 6604–6611

Liang07. Y. Liang, N. Hilal, P. Langston, V. Starov; Interaction forces between colloidal particles in liquid: Theory and experiment;Advances in Colloid and Interface Science 134–135 (2007) 151–166

Liao09. D.L. Liao, G.S.Wu, B.Q. Liao; Zeta potential of shape-controlled TiO_2 nanoparticles with surfactants; Colloids and Surfaces A: Physicochem. Eng. Aspects 348 (2009) 270–275

Lin07. Q. Lin, D. Gourdon, C. Sun, N. Holten-Andersen, T. H. Anderson, J. H. Waite, J. N. Israelachvili; Adhesion mechanisms of the mussel foot proteins mfp-1 and mfp-3; PNAS 104 (10) (2007) 3782–3786

Lin12. T.-Y. Lin, H. Zhang, J. Luo, Y. Li, T. Gao, P. N L. Jr, R. de Vere White, K. S Lam, C.-X. Pan; Multifunctional targeting micelle nanocarriers with both imaging and therapeutic potential for bladder cancer; International Journal of Nanomedicine 7 (2012) 2793–2804

Ling11. W. Y. L. Ling, T. W. Ng, A. Neild; Pendant Bubble Method for an Accurate Characterization of Superhydrophobic Surfaces; Langmuir 27 (2011) 13978–13982

Liu06. X. Liu, M. Jiang; Optical Switching of Self-Assembly: Micellization and Micelle-Hollow-Sphere Transition of Hydrogen-Bonded Polymers; Angew. Chem. Int. Ed. 45 (2006) 3846–3850

Liu08. D. Liu, S. Zhang; Kramers-Kronig relation of graphene conductivity; J. Phys.: Condens. Matter 20 (2008) 175222

Liu12. L.Liu, G. Yang, M. Yu; Simulation for Sludge Flocculation I: Brownian Dynamic Simulation for Perikinetic Flocculation of Charged Particle; Mathematical Problems in Engineering (2012) Article ID 527384

Liu14. D. Liu, D. J. Broer; Liquid Crystal Polymer Networks: Preparation, Properties, and Applications of Films with Patterned Molecular Alignment; Langmuir (2014)

LiW14. W. Li, L. Wu; Liquid crystals from star-like clusto-supramolecular macromolecules; Polym. Int. 63 (2014) 1750–1764

LiZ14. Z. Li, Z. Zhou, S. R. Armstrong, E. Baer, D. R. Paul, C. J. Ellison; Multilayer coextrusion of rheologically modified main chain liquid crystalline polymers and resulting orientational order; Polymer 55 (2014) 4966–4975

Lo98. W.Y. Lo, K.Y. Chan, M. Lee, K.L. Mok; Molecular simulation of electrolytes in nanopores; Journal of Electroanalytical Chemistry 450 (1998) 265–272

Lo01. C.K. Lo, J. T.K. Wan, K.W. Yu; Geometric anisotropic effects on local field distribution: Generalized Clausius-Mossotti relation; Computer Physics Communications 142 (2001) 453–456

Loebb00. M. Loebbus, H. P. van Leeuwen, J. Lyklema; Streaming potentials and conductivities of latex plugs. Influence of the valency of the counterion; Colloids and Surfaces A: Physicochemical and Engineering Aspects 161 (2000) 103–113

Loebbus00. Ma. Loebbus, J. Sonnfeld, H. P. van Leeuwen, W. Vogelsberger, J. Lyklema; An Improved Method for Calculating Zeta-Potentials from Measurements of the Electrokinetic Sonic Amplitude; Journal of Colloid and Interface Science 229 (2000) 174–183

Loh14. X. J. Loh; Supramolecular host-guest polymeric materials for biomedical applications; Mater. Horiz. 1 (2014) 185–195

Lopez94. J. L. Lopez, D. V. Nanopoulos, A. Zichichi; Status of the Superworld from Theory to Experiment; Prog. Part. Nucl. Phys.33 (1994) 303–395

Lopez12. L. Lopez-Flores, L. L Yeomans-Reyna, M. Chavez-Paez; M. Medina-Noyola; The overdamped van Hove function of atomic liquids; J. Phys.: Condens. Matter 24 (2012) 375107

Lopez14. E. Lopez-Rodriguez, J. Perez-Gil; Structure-function relationships in pulmonary surfactant membranes: From biophysics to therapy; Biochimica et Biophysica Acta 1838 (2014) 1568–1585

Lovell74. R. Lovell; Application of Kramers-Kronig relations to the interpretation of dielectric data; J. Phys. C: Solid State Phys. 7 (1974) 4378–4384

Lozin03. A. Lozinski, C. Chauviere; A fast solver for Fokker-Planck equation applied to viscoelastic flows calculations: 2D FENE model; Journal of Computational Physics 189 (2003) 607–625

Lu14. G. Lu, Y.-Y. Duan, X.-D. Wang; Surface tension, viscosity, and rheology of water-based nanofluids: a microscopic interpretation on the molecular level; J. Nanopart. Res. 16 (2014) 2564

Luc64. J. A. Lucy, A. M. Glaubert; Structure and Assembly of Macromolecular Lipid Complexes composed of Globular Micelles; J. Mol. Biol. 8 (1964) 727–748

Luca03. V. Lucarini, J. J. Saarinen, K.-E. Peiponen; Multiply subtractive generalized Kramers-Kronig relations: Application on third-harmonic generation susceptibility on polysilane; J. Chem. Phys. 119 (2003) 11095–11098

Lucar03. V. Lucarini, K.-E. Peiponen; Verification of generalized Kramers-Kronig relations and sum rules on experimental data of third harmonic generation susceptibility on polymer; J. Chem. Phys. 119 (2003) 620–627

Lucar07. V. Lucarini; Response Theory for Equilibrium and Non-Equilibrium Statistical Mechanics: Causality and Generalized Kramers-Kronig relations; arXiv: 0710.0958v1

Lucas12. J. Lucas, E. Geron, T. Ditchi, S. Hole; A fast Fourier transform implementation of the Kramers-Kronig relations: Application to anomalous and left handed propagation; AIP Advances 2 (2012) 032144

Lucy64. J. A. Lucy; Globular Lipid Micelles and Cell Membranes; J. Theoret. Biol. 7 (1964) 360–373

Luo99. X.-L. Luo; Numerical simulation of Weissenberg phenomena - the rod-climbing of viscoelastic fluids; Comput. Methods Appl. Mech. Engrg. 180 (1999) 393–412

Lutz05. J.-F. Lutz, A. Laschewsky; Multicompartment Micelles: Has the Long-Standing Dream Become a Reality?; Macromol. Chem. Phys. 206 (2005) 813–817

Lyklema99. J. Lyklema, H.P. van Leeuwen, M. Minor; DLVO-theory, a dynamic re-interpretation; Advances in Colloid and Interface Science 83 (1999) 33–69

Ma95. P. P. Man; Mathematical Analysis of Electric-Quadrupole and Heteronuclear Magnetic-Dipole Interactions on Spin-5/2 Hahn-Echo Amplitudes in Solids; Journal of Magnetic Resonance A 114 (1995) 59–69

Ma05. N. Ma, H. Zhang, B. Song, Z. Wang, X. Zhang; Polymer Micelles as Building Blocks for Layer-by-Layer Assembly: An Approach for Incorporation and Controlled Release of Water-Insoluble Dyes; Chem. Mater. 17 (2005) 5065–5069

Ma06. N. Ma, Y. Wang, Z. Wang, X. Zhang; Polymer Micelles as Building Blocks for the Incorporation of Azobenzene: Enhancing the Photochromic Properties in Layer-by-Layer Films; Langmuir 22 (2006) 3906–3909

Ma10. H. Ma, M. Luo, S. Sanyal, K. Rege, L. L. Dai; The One-Step Pickering Emulsion Polymerization Route for Synthesizing Organic-Inorganic Nanocomposite Particles; Materials 3 (2010) 1186–1202

Maes13. C. Maes; On the second fluctuation-dissipation theorem for nonequilibrium baths; arXiv: 1309.3160v1

Maggi08. C. Maggi, R. di Leonardo, J. C. Dyre, G. Ruocco; Direct Demonstration of Fluctuation-Dissipation Theorem Violation in an Off-Equilibrium Colloidal Solution.; arXiv: 0812.0740v1

Maggi10. C. Maggi, R. di Leonardo, J. C. Dyre, G. Ruocco; Generalized fluctuation-dissipation relation and effective temperature in off-equilibrium colloids; Phys. Rev. B 81 (2010) 104201

Maha98. A. R. Mahadeshwar, S. G. Dixit; Effect of Interaction between Surfactants, HLB and Zeta Potential in Emulsification; Journal of Dispersion Science and Technology 19 (1998) 43–61

Mahan80. G. D. Mahan; Octupole Modifications of the Clausius-Mossotti Relation; Solid State Communications 33 (1980) 797–800

Male12. H. Maleki, A.Simchi M.Imani, B.F.O.Costa; Size-controlled synthesis of superparamagnetic iron oxid nanoparticles and their surface coating by gold for biomedical applications; Journal of Magnetism and Magnetic Materials 324 (2012)3997–4005

Malfatti11. L. Malfatti, P. Innocenzi; Sol-gel chemistry: from self-assembly to complex materials; J. Sol-Gel Sci. Technol. 60 (2011) 226–235

Malfeit08. W.J. Malfait, W.E. Halter; Increased ^{29}Si NMR sensitivity in glasses with a Carr-Purcell-Meiboom-Gill echotrain; Journal of Non-Crystalline Solids 354 (2008) 4107–4114

Malfi28. O. Malfitano, M. Catoire; Zum Mizellarzustand der Stärke, (Bemerkungen zum Buche von M. Samec, „Kolloidchemie der Stärke“.); Kolloid-Zeitschrift 46 (1928) 3–11

Mali12. A. Malijevsky; A perspective on the interfacial properties of nanoscopic liquid drops; arXiv: 1211.2149v1

Maly95. K. Malysa, P. Warszynski; Dynamic effects in the stability of disbersed systems; Advances in Colloid and Interface Science 56 (1995) 105–139

Mamunya02. Y. P. Mamunya, V. V. Davydenko, P. Pissis, E.V. Lebedev; Electrical and thermal conductivity of polymers filled with metal powders; European Polymer Journal 38 (2002) 1887–1897

Man95. P. P. Man, E. Duprey, J. Fraissard, P. Tougne, J.-B. d'Espinose; Spin-5/2 Hahn echoes in solids; Solid State Nuclear Magnetic Resonance 5 (1995) 181–188

March11. A. Marchand, J. H. Weijs, J. H. Snoeijer, B. Andreotti; Why is surface tension a force parallel to the interface?; Am. J. Phys. 79 (2011) 999–1011

Marconi08. U. M. B. Marconi, A. Puglisi, L. Rondoni, A. Vulpiani; Fluctuation-Dissipation: Response Theory in Statistical Physics; arXiv: 0803.0719v1

Marteau91. P. Marteau, G. Montixi, J. Obriot, T. K. Bose, J. M. S. Arnaud; An accurate method for the refractive index measurements of liquids: Application of the Kramers-Kronig relation in the liquid phase; Review of Scientific Instruments 62 (1991) 42–46

Marx59. M. Marx, G. V. Schulz; Methodisches zur Bestimmung der Viskositatszahl (Staudinger-Index) von Cellulosen und Cellulosenitraten; Die Makromolekulare Chemie 31 (1959) 140–153

Mason99. T.G. Mason; New fundamental concepts in emulsion rheology; Current Opinion in Colloid and Interface Science 4 (1999) 231–238

Matsu04. T. Matsumoto, H. Fujii, T. Ueda, M. Kamai, K. Nogi; Oscillating drop method using a falling droplet; Review of Scientific Instruments 75 (2004) 1219–1221

Matt13. B. Mattson, W. Foster, J. Greimann, T. Hoette, N. Le, A. Mirich, S. Wankum, A. Cabri, C. Reichenbacher, E. Schwanke; Heterogeneous Catalysis: The Horiuti?Polanyi Mechanism and Alkene Hydrogenation; J. Chem. Educ. 90 (2013) 613–619

Mazz85. F. M. Mazzolai, F. A. Lewis; Elastic energy dissipation in the palladium-silver-hydrogen(deuterium) system. II: Zener effects; J. Phys. F: Met. Phys. 15 (1985) 1261–1277.

McClem05. D. J. McClements; Theoretical Analysis of Factors Affecting the Formation and Stability of Multilayered Colloidal Dispersions; Langmuir 21 (2005) 9777–9785

Mederos14. L. Mederos, E. Velasco, Y. Martinez-Raton; Hard-body models of bulk liquid crystals; arXiv: 1408.1048v1

Medo00. V. Medout-Mariere; A Simple Experimental Way of Measuring the Hamaker Constant A_{11} of Divided Solids by Immersion Calorimetry in Apolar Liquids; J Colloid Interface Sci. 228 (2000) 434–437

Meichsner03. G. Meichsner, T. G. Mezger, J. Schröder; Lackeigenschaften messen und steuern; Coatings Compendium, Vincentz (2003) 107

Melzner02. K.Melzner, S.Odenbach; Investigation of the Weissenberg effect in ferrofluids under microgravity conditions; Journal of Magnetism and Magnetic Materials 252 (2002) 250–252

Merhav13. N. Merhav; Statistical Physics: A Short Course for Electrical Engineering Students; arXiv:1307.5137v1

Metzner57. A. B. Metzner, R. D. Vaughn, G. L. Houghton; Heat Transfer to Non-Newtonian Fluids; AIChE Journal 3 (1957) 92–100

Miller13. D. S. Miller, R. J. Carlton, P. C. Mushenheim, N. L. Abbott; Introduction to Optical Methods for Characterizing Liquid Crystals at Interfaces; Langmuir 29 (2013) 3154–3169

Miller14. D. S. Miller, X. Wang, N. L. Abbott; Design of Functional Materials Based on Liquid Crystalline Droplets; Chem. Mater. 26 (2014) 496–506

Missana00. T. Missana, Andres Adell; On the Applicability of DLVO Theory to the Prediction of Clay Colloids Stability; Journal of Colloid and Interface Science 230 (2000) 150–156

Miszta14. K. Miszta, R. Brescia, M. Prato, G. Bertoni, S. Marras, Y. Xie, S. Ghosh, M. R. Kim, L. Manna; Hollow and Concave Nanoparticles via Preferential Oxidation of the Core in Colloidal Core/Shell Nanocrystals; J. Am. Chem. Soc. 136 (2014) 9061–9069

Mits85. E. Mitsoulis, J. Vlachopoulos; A Numerical Study of the Effect of Normal Stresses and Elongational Viscosity on Entry Vortex Growth and Extrudate Swell; Polymer Engineering and Science 25 (11) (1985) 677–689

Mits10. E. Mitsoulis; Extrudate swell of Boger fluids; J. Non-Newtonian Fluid Mech. 165 (2010) 812–824

Moc11. J. Moc; Physisorption and dissociative chemisorption of H_2 on sub-nanosized Al_{13}^- anion cluster: ab initio study; Eur. Phys. J. D 61 (2011) 397–402

Mond10. F. Mondaini, L. Moriconi; Markov Chain Modeling of Polymer Translocation Through Pores; arXiv: 1005.5731v1

Morb06. M. Morbidelle; Study of the Emulsion and the Miniemulsion Polymerization of Styrene in the Presence of a Chain Transfer Agent; Eidgenössische Technische Hochschule Zürich, Departement of Chemistry and Applied Biosciences, Institute for Chemical and Bioengineering (2006)

Mosco61. A. Moscowitz; Some Applications of the Kronig-Kramers Theorem to Optical Activity; Tetrahedron 13 (1961) 48–56

Mudry13. S. Mudry, A. Korolyshyn, V. Vus, A. Yakymovych; Viscosity and structure of liquid Cu-In alloys; Journal of Molecular Liquids 179 (2013) 94–97

Mueller. M. Müller; Polymers at interfaces and surfaces and in confined geometries; Chapter for „Comprehensive Polymer Science " edited by Kris Matyjaszewski and Martin Möller, Vol. 1 „Basic Concepts and Polymer Properties" edited by Ludwik Leibler and Alexei Khokhlov, Elsevier

Mugi06. T. Mugishima, M. Yamada, O. Yoshinari; Study of hydrogen diffusion in Nb-Ta alloys by Gorsky effect measurement; Materials Science and Engineering A 442 (2006) 119–123

Mukh13. P. K. Mukherjee; Isotropic micellar to tilted lamellar phase transition in lyotropic liquid crystals; Journal of Molecular Liquids 187 (2013) 90–93

Mukh14. P. K. Mukherjee; Isotropic to smectic-A phase transition: A review; Journal of Molecular Liquids 190 (2014) 99–111

Murr07. B. S. Murray; Stabilization of bubbles and foams;Current Opinion in Colloid and Interface Science 12 (2007) 232–241

Murzin10. D. Y. Murzin; Size-dependent heterogeneous catalytic kinetics; Journal of Molecular Catalysis A: Chemical 315 (2010) 226–230

Nason06. J. A. Nason; Particle Aspects of Precipitative Softening: Experimental Measurement and Mathematical Modeling of Simultaneous Precipitation and Flocculation; Dissertation The University of Texas at Austin (2006)

Nava77. G. Navascues, M. V. Berry; Thje statistical mechanics of wetting; Molecular Phys. 34 (3) (1977) 649–664

Nduna14. M. K. Nduna, A.E. Lewis, P. Nortier; A model for the zeta potential of copper sulphide; Colloids and Surfaces A: Physicochem. Eng. Aspects 441 (2014) 643–652

Nelson14. P. N. Nelson, R. A. Taylor; Theories and experimental investigations of the structural and thermotropic mesomorphic phase behaviors of metal carboxylates; Appl. Petrochem. Res. 4 (2014) 253–285

Netz01. R.R. Netz; Static van der Waals interactions in electrolytes; Eur. Phys. J. E 5 (2001) 189–205

Nguy11. C. M. Nguyen, B. A. De Moor, M.-F. Reyniers, G. B. Marin; Physisorption and Chemisorption of Linear Alkenes in Zeolites: A Combined QM-Pot(MP2//B3LYP:GULP) - Statistical Thermodynamics Study; J. Phys. Chem. C 115 (2011) 23831–23847

Nich12. J. W. Nichols, Y. H. Bae; Odyssey of a cancer nanoparticle: From injection site to site of action; Nano Today 7 (2012) 606–618

Niko04. A.D. Nikolov, D.T. Wasan; A novel method to study particle-air/liquid surface interactions; Colloids and Surfaces A: Physicochem. Eng. Aspects 250 (2004) 89–95

Nikol05. V. Nikolakis; Understanding interactions in zeolite colloidal suspensions: A review; Current Opinion in Colloid and Interface Science 10 (2005) 203–210

Ninham70. B. W. Ninham, V. A. Parsegian; Van der Waals Forces: Special Characteristics in Lipid-Water Systems and a General Method of Calculation Based on the Lifshitz Theory; Biophysical Journal 10 (7) (1970) 646–663

Ninham97. B. W. Ninham, V. Yaminsky; Ion Binding and Ion Specificity: The Hofmeister Effect and Onsager and Lifshitz Theories; Langmuir 13 (1997) 2097–2108

Nish14. Y. Nishimura, A. Hasegawa, Y. Nagasaka; High-precision instrument for measuring the surface tension, viscosity and surface viscoelasticity of liquids using ripplon surface laser-light scattering with tunable wavelength selection; Rev. Sci. Instrm. 85 (2014) 044904/1–044904/11

Noh14. J. D. Noh; Fluctuations and correlations in nonequilibrium systems; arXiv: 1402.0193v1

Nosk13. S. Noskova, C. Scherer, M. Maskos; Determination of Hamaker constants of polymeric nanoparticles in organic solvents by asymmetrical flow field-flow fractionation; Journal of Chromatography A 1274 (2013) 151–158

Nour08. A. H. Nour, A. Suliman, M. M. Hadow; Stabilazation Mechanisms of Water-in-Crude Oil Emulsions; Journal of Applied Sciences 8 (8) (2008) 1571–1575

Numa95. H. Numakura, G. Yotsui and M. Koiwa; Calculation of the Strength of Snoek Relaxation in Dilute Ternary B.C.C Alloys; Acta metall, mater. 43, (2) (1995) 705–714

Oaken77. D. G. Oakenfull, L. R. Fisher; The Role of Hydrogen Bonding in the Formation of Bile Salt Micelles; The Journal of Physical Chemistry 81 (19) 1977 1838–1841

OBrien88. R. W. O'Brien; Electro-acoustic effects in a dilute suspension of spherical particles; J. Fluid Mech. 190 (1988) 71–86

OBrien90. R. W. O'Brien; The electroacoustic equations for a colloidal suspension; J. Fluid Mech. 212 (1990) 81–93

OBrien94. R. W. O'Brien, P. Garside, R. J. Hunter; The Electroacoustic Reciprocal Relation; Langmuir 10 (1994) 931–935

OBrien95. R. W. O'Brien, D. W. Cannon, W. N. Rowlands; Electroacoustic Determination of Particle Size and Zeta Potential; Journal of Colloid and Interface Science 173 (1995) 406–418

Odenbach99. S. Odenbach, T. Rylewicz, H. Rath; Investigation of the Weissenberg effect in suspensions of magnetic nanoparticles; Physics of Fluids 11 (10) (1999) 2901–2905

Ofir07. E. Ofira, Y. Orenb, A. Adina; Electroflocculation: the effect of zeta-potential on particle size; Desalination 204 (2007) 33–38

Onuki03. A. Onuki; Liquid Crystals in Electric Field; arXiv: 0309643v1

Ortega96. J. L. Ortega-Vinuesa, A. Martin-Rodriguez, R. Hidalgo-Alvarez; Colloidal Stability of Polymer Colloids with Different Interfacial Properties: Mechanisms; Journal of Colloid and Interface Science 184 (1996) 259–267

Oss88. C. J. van Oss; M. K. Chaudhury; R. J. Good, Interfacial Lifschitz-van der Waals and Polar Interactions in Macroscopic Systems. In: J. Chem. Rev. 88 (1988) 927–941

Ostwald11. W. Ostwald; Grundriss der Kolloidchemie; Steinkopf Verlag, 2. Aufl. 1911

Ouadah13. N. Ouadah, T. Doussineau, T. Hamada, P. Dugourd, C. Bordes, R. Antoine; Correlation between the Charge of Polymer Particles in Solution and in the Gas Phase Investigated by Zeta-Potential Measurements and Electrospray Ionization Mass Spectrometry.; Langmuir 29 (2013) 14074–14081

Owens69. D. Owens; R. Wendt, Estimation of the Surface Free Energy of Polymers. In: J. Appl. Polym. Sci 13 (1969) 1741–1747

Owens78. N. F. Owens, P. Richmond; Hamaker Constants and Combining Rules; J. Chem. Soc., Faraday Trans. 2, 74 (1978) 691–695

Otten10. R. Otten, J. Villali, D. Kern, F. A. A. Mulder; Probing Microsecond Time Scale Dynamics in Proteins by Methyl ^{1}H Carr-Purcell-Meiboom-Gill Relaxation Dispersion NMR Measurements. Application to Activation of the Signaling Protein NtrC^r; J. Am. Chem. Soc. 132 (2010) 17004–17014

Pajonk97. G.M. Pajonk; Catalytic aerogels; Catalysis Today 35 (1997) 319–337

Pajonk99. G.M. Pajonk; Some catalytic applications of aerogels for environmental purposes; Catalysis Today 52 (1999) 3–13

Pal11. R. Pal; Rheology of simple and multiple emulsions; Current Opinion in Colloid and Interface Science 16 (2011) 41–60

Pal14. M. Pal, S. Ghosh, I. Bose; Deterministic and Stochastic Routes to Cell Differentiation; arXiv:1405.1206v1

Pandey11. S. Pandey, S. B. Mishra; Sol-gel derived organic-inorganic hybrid materials: synthesis, characterizations and applications; J. Sol-Gel Sci. Technol. 59 (2011) 73–94

Papa09. M.M. Papari, R. Khordadb, Z. Akbari; Further property of Lennard-Jones fluid: Thermal conductivity; Physica A 388 (2009) 585–592

Para03. G. Para, E. Jarek, P. Warszynski, Z. Adamczyk; Effect of electrolytes on surface tension of ionic surfactant solutions; Colloids and Surfaces A: Physicochem. Eng. Aspects 222 (2003) 213–222

Para06. G. Para, E. Jarek, P. Warszynski; The Hofmeister series effect in adsorption of cationic surfactants-theoretical description and experimental results; Advances in Colloid and Interface Science 122 (2006) 39–55

Park10. Y. Park, R. Huang, D. S. Corti, E. I. Franses; Colloidal dispersion stability of unilamellar DPPC vesicles in aqueous electrolyte solutions and comparisons to predictions of the DLVO theory; Journal of Colloid and Interface Science 342 (2010) 300–310

Park11. H.M. Park, H.S. Sohn; Measurement of zeta potential of macroscopic surfaces with Navier velocity slip exploiting electrokinetic flows in a microchannel; International Journal of Heat and Mass Transfer 54 (2011) 3466–3475

Park12. H. M. Park; Zeta Potential and Slip Coefficient Measurements of Hydrophobic Polymer Surfaces Exploiting a Microchannel; Ind. Eng. Chem. Res. 51 (2012) 6731–6744

Pars70. V. A. Parsegian, B. W. Ninham; Temperature-Dependent van der Waals Forces; Biophysical Journal 10 (7) (1970) 664–674

Pauli13. L. Pauli, M. Behr, S. Elgeti; Towards shape optimization of profile extrusion dies with respect to homogeneous die swell; Journal of Non-Newtonian Fluid Mechanics 200 (2013) 79–87

Pawl05. J. Pawlowski; Zur ähnlichkeitstheoretischen Diskussion von Transportvorgängen in nicht-Newtonschen Fluiden; Chemie Ingenieur Technik 77 (2005) 1910–1914

Pearson02. J. R. A. Pearson, P. M. J. Tardy; Models for flow of non-Newtonian and complex fluids through porous media; J. Non-Newtonian Fluid Mech. 102 (2002) 447–473

Peip05. K.-E. Peiponen; Multiply subtractive Kramers-Kronig relations for impedance function of concrete; Cement and Concrete Research 35 (2005) 1435–1437

Peip09. K.-E. Peiponen, J. J. Saarinen; Generalized Kramers-Kronig relations in nonlinear optical- and THz-spectroscopy; Rep. Prog. Phys. 72 (2009) 056401

Pell09. R. J.-M. Pellenq, B. Coasne, R. O. Denoyel, O. Coussy; Simple Phenomenological Model for Phase Transitions in Confined Geometry. 2. Capillary Condensation/Evaporation in Cylindrical Mesopores; Langmuir 25 (2009) 1393–1402

Penf01. J. Penfold; The structure of the surface of pure liquids; Rep. Prog. Phys. 64 (2001) 777–814

Perez08. J. Perez-Gil; Structure of pulmonary surfactant membranes and films: The role of proteins and lipid-protein interactions; Biochimica et Biophysica Acta 1778 (2008) 1676–1695

Peula97. J. M. Peula, A. Fernandez-Barbero, R. Hidalgo-Alvarez, F. J. de las Nieves; Comparative Study on the Colloidal Stability Mechanisms of Sulfonate Latexes; Langmuir 13 (1997) 3938–3943

Pham98. D. Thanh-Khac Pham, G. J. Hirasaki; Wettability / spreading of alkanes at the water-gas interface at elevated temperatures and pressures; Journal of Petroleum Science and Engineering 20 (1998) 239–246

Pham07. T. N. Pham, J. M. Griffin, S. Masiero, S. Lena, G. Gottarelli, P. Hodgkinson, C. Filipe, S. P. Brown; Quantifying hydrogen-bonding strength: the measurement of $^{2h}J_{NN}$ couplings in self-assembled guanosines by solid-state ^{15}N spin-echo MAS NMR; Phys. Chem. Chem. Phys. 9 (2007) 3416–3423

Phian03. A. Phianmongkhol, J. Varley; Zeta potential measurement for air bubbles in protein solutions; Journal of Colloid and Interface Science 260 (2003) 332–338

Pichot10. R. Pichot; Stability and Characterisation of Emulsions in the presence of Colloidal Particles and Surfactants; Dissertation University of Birmingham (2010)

Piculell13. L. Piculell; Understanding and Exploiting the Phase Behavior of Mixtures of Oppositely Charged Polymers and Surfactants in Water; Langmuir 29 (2013) 10313–10329

Pinc12. A. O. Pinchuk; Size-Dependent Hamaker Constant for Silver Nanoparticles; J. Phys. Chem. C 116 (2012) 20099–20102

Piriou68. B. Piriou, F. Cabannes; Validite de la methode de Kramers-Kronig et application a la dispersion infrarouge de la magnesie; Optica Acta 15 (3) (1968) 271–286

Pisani08. L. Pisani, M. Valentini, D.H. Hofmann, L.N. Kuleshova, B. D'Aguanno; An analytical model for the conductivity of polymeric sulfonated membranes; Solid State Ionics 179 (2008) 465–476

Pomeau13. Y. Pomeau; Surface tension: from fundamental principles to applications in liquids and in solids; University of Arizona, Department of Mathematics, Tucson, USA (2013)

Pool10. R. Pool, P. G. Bolhuis; The influence of micelle formation on the stability of colloid surfactant mixtures; Phys. Chem. Chem. Phys. 12 (2010) 14789–14797

Pottier04. N. Pottier; Out of equilibrium generalized Stokes-Einstein relation: determination of the effective temperature of an aging medium; arXiv: 0404613v1

Povo84. F. Povolo; Anisotropy of the Zener relaxation in Cu_3Au; Philosophical Magazine A 49 (1984) 865–872

Prak13. M. Prakash, N. Sakhavand, R. Shahsavari; H_2, N_2 and CH_4 Gas Adsorption in Zeolitic Imidazolate Framework-95 and -100: Ab Initio Based Grand Canonical Monte Carlo Simulations; J. Phys. Chem. C 117 (2013) 24407–24416

Pugh96. R. J. Pugh; Foaming, foam films, antifoaming and defoaming; Advances in Colloid and Interface Science 64 (1996) 67–142

Puttewar14. T. Y. Puttewar, A. A. Shinde, R. Y. Patil; A Review on Liquid Crystals - A Novel Drug Delivery System; Advance Research in Pharmaceuticals and Biologicals 4 (2014) 571–575

Qamar09. S. Z. Qamar, S. A. Al-Hiddabi, T. Pervez, F. Marketz; Mechanical Testing and Characterization of a Swelling Elastomer; Journal of Elastomers and Plastics 41 (2009) 415–431

Rabel71. W. Rabel, Einige Aspekte der Benetzungstheorie und ihre Anwendung auf die Untersuchung und Veränderung der Oberflächeneigenschaften von Polymeren. In: Farbe und Lack 77,10 (1971) 997–1005

Rafi88. F. Rafi, M. Tirrell; Percolation in Catalytic Porous Media with Application to Polymerization; AIChE Journal 34 (1988) 698–701

Ragil98. K. Ragil, D. Bonn, D. Broseta, J. Indekeu, F. Kalaydjian, J. Meunier; The wetting behavior of alkanes on water; Journal of Petroleum Science and Engineering 20 (1998) 177–183

Raja06. G. Rajasekaran; From Atoms to Quarks and Beyond: A Historical Panorama; arXiv: 060213v1

Rama11. A. Ramachandran, T. H. Anderson, L. G. Leal, J. N. Israelachvili; Adhesive Interactions between Vesicles in the Strong Adhesion Limit; Langmuir 27(1) (2011) 59–73

Redler11. A. Redler; Herstellung und Untersuchung polymereingebetteter Flüssigkristallsysteme mithilfe der Holografie; Dissertation Universität Paderborn (2011)

Reeves65. R. D. Reeves, G. J. Janz; Viscosity Measurements on Fused Salts: Part 1 .-Theoretical Principles of the Oscillating Hollow Cylinder Method; Transactions of the Faraday Society 61 (1965) 2300–2304

Reischl06. M. Reischl, K. Stana-Kleinschek, V. Ribitsch; Adsorption of Surfactants on Polymer Surfaces Investigated with a Novel zeta-Potential Measurement System; Materials Science Forum 514–516 (2006) 1374–1378

Robins02. M. M. Robins, A. D. Watson, P. J. Wilde; Emulsions-creaming and rheology; Current Opinion in Colloid and Interface Science 7 (2002) 419–425

Rocq06. X. Rocquefelte, S. Jobic, M.-H. Whangbo; On the Volume-Dependence of the Index of Refraction from the Viewpoint of the Complex Dielectric Function and the Kramers-Kronig Relation; J. Phys. Chem. B 110 (2006) 2511–2514

Rodriguez03. M.A. Rodriguez-Valverde, M.A. Cabrerizo-Vilchez, A. Paez-Duenas, R. Hidalgo-Alvarez; Stability of highly charged particles: bitumen-in-water dispersions; Colloids and Surfaces A: Physicochem. Eng. Aspects 222 (2003) 233–251

Rogo06. R. Rogowska; Surface Free Energy of Thin-Layer Coatings Deposited by Means of the Arc-Vakuum Method; Maintenance Problems 2 (2006) 193–203

Roldu00. V.I. Roldughin, V.V. Vysotskii; Review: Percolation properties of metal-filled polymer films, structure and mechanisms of conductivity; Progress in Organic Coatings 39 (2000) 81–100

Roma82. D. Romanini, G. Pezzin; Relation between extrudate swelling of polypropylene and molecular weight; Rheol. Acta 21 (1982) 699–704

Romero93. V. Romero-Rochin, C. Varea; Stress tensor of curved interfaces; Molecular Phys. 80 (4) (1993) 821–332

Romero98. M. S. Romero-Cano, A. Martin-Rodriguez, G. Chauveteau, F. J. de las Nieves; Colloidal Stabilization of Polystyrene Particles by Adsorption of Nonionic Surfactants; Journal of Colloid and Interfaces Sience 198 (1998) 266–272

RomeroC98. M. S. Romero-Cano, A. Martin-Rodriguez, G. Chauveteau, F. J. de las Nieves; Colloidal Stabilization of Polystyrene Particles by Adsorption of Nonionic Surfactants I. Adsorption Study; Journal of Colloid and Interface Science 198 (1998) 273–281

Ronveaux80. A. Ronveaux, A. Magnus; Van der Waals Energy between Voids and Prticles. From Asymptotic to Close Contact; Solid State Communications 34 (1980) 695–698

Rosche93. M. Rosche, M. Schulz; Gelation as a percolation problem with finite diffusion; Makromol. Chem., Theory Simul. 2 (1993) 361–369

Rossen11. W. R. Rossen, A. Venkatraman, R. T. Johns, K. R. Kibodeaux, H. Lai, N. Moradi Tehrani; Fractional Flow Theory Applicable to Non-Newtonian Behavior in EOR Processes; Transp. Porous Med. 89 (2011) 213–236

Roth96. C. M. Roth, A. N. Lenhoff; Improved Parametric Representation of Water Dielectric Data for Lifshitz Theory Calculations; Journal of Colloid and Interface Science 179 (1996) 637–639

Roze13. B.A. Rozenberg, R. Tenne; Polymer-assisted fabrication of nanoparticles and nanocomposites; Prog. Polym. Sc. 33 (2008) 40–112

Saad11. S. M.I. Saad, Z. Policova, A. W. Neumann; Design and accuracy of pendant drop methods for surface tension measurement; Colloids and Surfaces A: Physicochem. Eng. Aspects 384 (2011) 442–452

Sacanna07. S. Sacanna, W. K. Kegel, A. P. Philipse; Thermodynamically Stable Pickering Emulsions; Phys. Rev. Lett. 98 (2007) 158301

Salari11. J. W. O. Salari; Pickering emulsions, colloidosomes and micro-encapsulation; Dissertation University of Eindhoven (2011)

Salmi89. T. Salmi; Modeling and Simulation of Stationary Catalytic Processes; International Journal of Chemical Kinetics 21 (1989) 885–908

Samch11. Y. Samchenko, Z. Ulberg, O. Korotych; Multipurpose smart hydrogel systems; Advances in Colloid and Interface Science 168 (2011) 247–262

Samin14. S. Samin, M. Hod, E. Melamed, M. Gottlieb, Y. Tsori; Experimental Demonstration of the Stabilization of Colloids by Addition of Salt; arXiv: 1409.3557v1

SanM12. A. San-Miguel, S. H. Behrens; Influence of Nanoscale Particle Roughness on the Stability of Pickering Emulsions; Langmuir 28 (2012) 12038–12043

Saslow70. W. M. Saslow; Two Classes of Kramers-Kronig Sum Rules;Phys. Lett. 33A (1970) 157–158

Scar00. R. Scarfone, H.-R. Sinning; A mechanical spectroscopy study of the $Zr_{69.5}Cu_{12}Ni_{11}Al_{7.5}$ alloy; Journal of Alloys and Compounds 310 (2000) 229–232

Schiller09. R. E. Schiller; Synthese von mesoporösen anorganischen Oxid-Nanopartikeln in Miniemulsion; Dissertation Universität Ulm (2009)

Schmidt98. M. Schmidt, F. Schwertfeger; Applications for silica aerogel products; Journal of Non-Crystalline Solids 225 (1998) 364–368

Schn14. D. Schnoerr, G. Sanguinetti, R. Grima; The complex chemical Langevin equation; arXiv: 1406.2502v1

Schork05. F. J. Schork, Y. Luo, W. Smulders, J. P. Russum, A. Butte, K. Fontenot; Miniemulsion Polymerization; Adv. Polym. Sci. 175 (2005) 129–255

Schork08. F. J. Schork, J. Guo; Continuous Miniemulsion Polymerization; Macromol. React. Eng. 2 (2008) 287–303

Schubert03. H. Schubert, K. Ax, O. Behrend; Product engineering of dispersed systems; Trends in Food Science and Technology 14 (2003) 9–16

Schubert04. H. Schubert, R. Engel; Product and Formulation Engineering of Emulsions; Trans IChemE Part A 82(A9) (2004) 1137–1143

Schweizer89. K. S. Schweizer; Microscopic theory of the dynamics of polymeric liquids: General formulation of a mode-modecoupling approach; The Journal of Chemical Physics 91 (1989) 5802–5821

Schwuger70. M. J. Schwuger; Überlegungen und Experimente zur Tensidadsorption mit Aktivkohle im Bereich geringer Tensidkonzentrationen; Fette, Seifen, Anstrichmittel 72 (1970) 25–31

Seeger79. A. Seeger; A Theory of the Snoek-Koster Relaxation (Cold-Work Peak) in Metals; Phys. Stat. Sol. 55 (1979) 457–468

Seif12. U. Seifert; Stochastic thermodynamics, fluctuation theorems, and molecular machines; arXiv: 1205.4176v1

Sen87. P. Sen, P. K. Sen; Kramers-Kronig type of dispersion relation in nonlinear optics; Pramania - J. Phys. 28 (6) (1987) 661–667

Sen05. S. Sen, A. Seyrankaya, Y. Cilingir; Coal-oil assisted flotation for the gold recovery; Minerals Engineering 18 (2005) 1086–1092

Serg12. N. A. Sergeev, A. M. Panich; Hahn-echo decay for exchange-coupled nuclear spins in solids; Solid State Nuclear Magnetic Resonance 43–44 (2012) 51–55

Sevi00. J.P.K. Seville, C.D. Willett, P.C. Knight; Interparticle forces in fluidisation: a review; Powder Technology 113 (2000) 261–268

Shar10. R. S. Sharafiddinov; The United Forces in the Nature of Matter; arXiv: 0401230v2

Shi99. M. Shi, Z. Chen, J. Sun; Kramers-Kronig transform used as stability criterion of concrete; Cement and Concrete Research 29 (1999) 1685–1688

Shi08. D. Shi, G. Gao, D. Li, J. Dong, L. Wang; New device for fast measuring surface tension, density and viscosity of liquids; Fluid Phase Equilibria 273 (2008) 87–91

Shi09. X. Shi, S. Xu, J. Lin, S. Feng, J. Wang; Synthesis of SiO_2-polyacrylic acid hybrid hydrogel with high mechanical properties and salt tolerance using sodium silicate precursor through sol-gel process; Materials Letters 63 (2009) 527–529

Shi10. X. Shi, R. Q. Zhang, C. Minot, K. Hermann, M. A. Van Hove, W. Wang, N. Lin; Complex Molecules on a Flat Metal Surface: Large Distortions Induced by Chemisorption Can Make Physisorption Energetically More Favorable; J. Phys. Chem. Lett. 1 (2010) 2974–2979

Shin12. J. H. Shin, I. Lee, H. Kim, J. Koo; Spray Atomization and Structure of Supersonic Liquid Jet with Various Viscosities of Non-Newtonian Fluids; Open Journal of Fluid Dynamics 2 (2012) 297–304

Shtrauss06. V. Shtrauss; FIR Kramers-Kronig transformers for relaxation data conversion; Signal Processing 86 (2006) 2887–2900

Si14. G. Si, Y. Zhao, E. S. P. Leong, Y. J. Liu; Liquid-Crystal-Enabled Active Plasmonics: A Review; Materials 7 (2014) 1296–1317

Sides04. P. J. Sides, J. D. Hoggard; Measurement of the Zeta Potential of Planar Solid Surfaces by Means of a Rotating Disk; Langmuir 20 (2004) 11493–11498

Siegel89. R. A. Siegel, J. Kost, R. Langer; Mechanistic Studies of Macromolecular Drug Release from Macroporous Polymers. I. Experiments and Preliminary Theory Concerning Completeness of Drug Release; Journal of Controlled Release 8 (1989) 223–236

Siegel90. R. A. Siegel, R. Langer; Mechanistic Studies of Macromolecular Drug Release from Macroporous Polymers. II. Models for the Slow Kinetics of Drug Release; Journal of Controlled Release 14 (1990) 153–167

Siegel05. R. Siegel, T. T. Nakashima, R. E. Wasylishen; Signal-to-Noise Enhancement of NMR Spectra of Solids Using Multiple-Pulse Spin-Echo Experiments; Concepts in Magnetic Resonance Part A 26A(2) (2005) 62–77

Siginer84. A. Siginer; General Weissenberg effect in free surface rheometry part II: experiments; Journal of Applied Mathematics and Physics 35 (1984) 618–633

Silbert11. G. Silbert, D. Ben-Yaakov, Y. Dror, S. Perkin, N. Kampf, J. Klein; Long-ranged attraction between disordered heterogeneous surfaces; arXiv: 1109.4715

Sinn00. H.-R. Sinning; Local structure of metallic glasses as seen by mechanical hydrogen relaxation; Journal of Alloys and Compounds 310 (2000) 224–228

Sinn04. H.-R. Sinning; The intercrystalline Gorsky effect; Materials Science and Engineering A 370 (2004) 109–113

Siri93. W. A. Sirignano; Fluid Dynamics of Sprays - 1992 Freeman Scholar Lecture; J. Fluids Eng. 115(3) (1993) 345–378

Slater91. G. W. Slater, Jaan Noolandi; Radius of Gyration of Charged Reptating Chains in Electric Fields; Macromolecules 24 (1991) 6715–6720

Soch10. T. Sochi; Non-Newtonian flow in porous media; Polymer 51 (2010) 5007–5023

Sochi10. T. Sochi; Flow of Non-Newtonian Fluids in Porous Media; Journal of Polymer Science: Part B: Polymer Physics 48 (2010) 2437–2767

Song14. Y. Song, K. Zhao, J. Wang, X. Wu, X. Pan, Y. Sun, D. Li; An induced current method for measuring zeta potential of electrolyte solution-air interface; Journal of Colloid and Interface Science 416 (2014) 101–104

Sonne01. J. Sonnefeld, M. Loebbus, W. Vogelsberger; Determination of electric double layer parameters for spherical silica particles under application of the triple layer model using surface charge density data and results of electrokinetic sonic amplitude measurements; Colloids and Surfaces A: Physicochemical and Engineering Aspects 195 (2001) 215–225

Sonntag75. H. Sonntag; Lehrbuch der Kolloidwissenschaft, VEB-Verlag (1975) S. 32

Sotta03. P. Sotta, D. Long; The crossover from 2D to 3D percolation and its relationship to glass transition in thin films. Theory and numerical simulations; arXiv: 0301112v1

Soule13. E. R. Soule, A. D. Rey; Modeling Complex Liquid Crystals Mixtures: From Polymer Dispersed Mesophase to Nematic Nanocolloids; arXiv: 1310.8645v1

Speck09. T. Speck, U. Seifert; Extended Fluctuation-Dissipation Theorem for Soft Matter in Stationary Flow; arXiv: 0903.4885v1

Speck10. T. Speck; Driven Soft Matter: Entropy Production and the Fluctuation-Dissipation Theorem; arXiv: 1004.1621v1

Spiller08. K. L. Spiller, S. J. Laurencin, D. Charlton, S. A. Maher, A. M. Lowman; Superporous hydrogels for cartilage repair: Evaluation of the morphological and mechanical properties; Acta Biomaterialia 4 (2008) 17–25

Staben05. M. E. Staben, R. H. Davis; Particle transport in Poiseuille flow in narrow channels; International Journal of Multiphase Flow 31 (2005) 529–547

Staple11. D. B. Staple, M. Geisler, T. Hugel, L. Kreplak, H. J. Kreuzer; Forced desorption of polymers from interfaces; New Journal of Physics 13 (2011) 013025

Stauffer76. D. Stauffer; Gelation in Concentrated Critically Branched Polymer Solutions; Percolation Scaling Theory of Intramolecular Bond Cycles; J. Chem. Soc., Faraday Trans. 2 (1976) 1354–1363

Stelzer05. J. B. Stelzer, R. Nitzsche, J. Caro; Zeta Potential Measurement in Catalyst Preparations; Chem. Eng. Technol. 28 (2) (2005) 182–186

Sten10. J. Stenhammar, P. Linse, Hakan Wennerström, G. Karlström; An Exact Calculation of the van der Waals Interaction between Two Spheres of Classical Dipolar Fluid; J. Phys. Chem. B 114 (2010) 13372–13380

Stenull06. O. Stenull; T. C. Lubensky; Dynamics of smectic elastomers; arXiv: 0611425v1

Stolte13. J. Stolte, L. Özkan, P.C. Thüne, J.W. Niemantsverdriet, A.C.P.M. Backx; Pulsed activation in heterogeneous catalysis; Applied Thermal Engineering 57 (2013) 180–187

Stri12. A. Striolo; Surface adsorption of colloidal brushes at good solvents conditions; J. Chem. Phys. 137 (2012) 104703

Subedi01. D. P. Subedi; Contact Angle Measurement for The Surface Characterization of Solids; Department of Natural Sciences, School of Science, Kathmandu University, Dhulikhel, Kavre (2001)

Sun89. J. G. Sun, A. Puri; Kramers-Kronig Relations in Media with Spatial Dispersion; Optics Communications 70 (1989) 33–37

Swain98. P. S. Swain, R. Lipowsky; Contact Angles on Heterogeneous Surfaces: A New Look at Cassie's and Wenzel's Laws; Langmuir 14 (1998) 6772–6780

Sze03. A. Sze, D. Erickson, L. Ren, D. Li; Zeta-potential measurement using the Smoluchowski equation and the slope of the current-time relationship in electroosmotic flow; Journal of Colloid and Interface Science 261 (2003) 402–410

Ta09. Q. Tang, X. Sun, Q. Li, J. Wu, J. Lin; A simple route to interpenetrating network hydrogel with high mechanical strength; Journal of Colloid and Interface Science 339 (2009) 45–52

Taka14. Y. Takahashi, K. Fukuyasu, T. Horiuchi, Y. Kondo, P. Stroeve; Photoinduced Demulsification of Emulsions Using a Photoresponsive Gemini Surfactant; Langmuir 30 (2014) 41–47

Tan05. G.L. Tan, L.K. De Noyer, R.H. French, M. J. Guittet, M. Gautier-Soyer; Kramers-Kronig transform for the surface energy loss function; Journal of Electron Spectroscopy and Related Phenomena 142 (2005) 97–103

Tan09. Q. Tang, X. Sun, Q. Li, J. Wu, J. Lin; Fabrication of a high-strength hydrogel with an interpenetrating network structure; Colloids and Surfaces A: Physicochem. Eng. Aspects 346 (2009) 91–98

Tanak05. K. Tanaka, N. Minamikawa; Optical nonlinearity in PbO–SiO_2 glass: Kramers-Kronig analyses; App. Phys. Lett. 86 (2005) 121112

Tanaka05. Y. Tanaka, J. Ping Gong, Y. Osada; Novel hydrogels with excellent mechanical performance; Prog. Polym. Sci. 30 (2005) 1–9

Tang13. S. C.N. Tang, I. M.C. Lo; Magnetic nanoparticles: Essential factors for sustainable environmental applications; Water Research 47 (2013) 2613–2632

Tantra10. R. Tantra, P. Schulze, P. Quincey; Effect of nanoparticle concentration on zeta-potential measurement results and reproducibility; Particuology 8 (2010) 279–285

Teh10. E-J. Teh, Y.K. Leong, Y. Liu, B.C. Ong, C.C. Berndt, S.B. Chen; Yield stress and zeta potential of washed and highly spherical oxide dispersions - Critical zeta potential and Hamaker constant; Powder Technology 198 (2010) 114–119

tenH12. E.S. ten Have, G. Vdovina; Novel method for measuring surface tension; Sensors and Actuators A 173 (2012) 90–96

Teus06. S.M. Teus, V.N. Shyvanyuk, V.G. Gavriljuk; On a mechanism of Snoek-like relaxation caused by C, N and H in fcc iron-based alloys; Acta Materialia 54 (2006) 3773–3778

Thorn94. M. Thorn, H.-P. Breuer, F. Petruccione, J. Honerkamp; A master equation investigation of coagulation reactions: sol-gel transition; Macromol. Theory Simul. 3 (1994) 585–599

Tian11. Y. Tian, M. M. Martinez, D. Pappas; Fluorescence Correlation Spectroscopy: A Review of Biochemical and Microfluidic Applications; Appl. Spectroscopy 65 (2011) 115A-124A

Tiddy80. G. J. T. Tiddy; Surfactant-Water Liquid Crystal Phases; Physics Reports (Rev. Section of Phys. Lett.) 57 (1980) 1–46

Tomczyk13. W. Tomczyk, M. Marzec, E. Juszynska, R. Dabrowski, D. Ziobro, S. Wrobel, M. Massalska-Arodz; Studies of New Antiferroelectric Liquid Crystal Based on Quantum-Chemical Model; Acta Physica Polonica A 124 (2013) 949–953

Tongwen97. X. Tongwen, H. Binglin; Percolation phenomena in diffusion-controlled polymer matrix systems; Science in China B 40 (1997) 624–633

Tronci14. G. Tronci, H. Ajiro, S. J. Russell, D. J. Wood, M. Akashi; Tunable drug-loading capability of chitosan hydrogels with varied network architectures; Acta Biomaterialia 10 (2014) 821–830

Tschier02. C. Tschierske; Liquid crystals stack up; Nature 419 (2002) 681–683

Tschier13. C. Tschierske; Development of Structural Complexity by Liquid-Crystal Self-assembly; Angew. Chem. Int. Ed. 52 (2013) 8828–8878

Tu13. F. Tu, B. J. Park, D. Lee; Thermodynamically Stable Emulsions Using Janus Dumbbells as Colloid Surfactants; Langmuir 29 (2013) 12679–12687

Turner68. T. J. Turner, C. M. Dozier, G. P. Williams, Jr.; Activation Energies for Zener Relaxation in α-AgCd; Phys. Stat. Sol. 30 (1968) 87–91

Udagama09. R. Udagama; Synthesis of polymer-polymer hybrids by miniemulsion polymerisation and characterisation of hybrid latex; Dissertation Universite Claude Bernard - Lyon I; https://tel.archives-ouvertes.fr/tel-00916670 (2009)

Uller66. P. Ullersma; An exactly solvable model for Brownian motion; Physica 32 (1966) 56–73

Ushi14. F.Y. Ushikubo, R.L. Cunha; Stability mechanisms of liquid water-in-oil emulsions; Food Hydrocolloids 34 (2014) 145–153

Uskovic11. V. Uskokovic, R. Odsinada, S. Djordjevic, S. Habelitz; Dynamic light scattering and zeta potential of colloidal mixtures of amelogenin and hydroxyapatite in calcium and phosphate rich ionic milieus; Archieves of Oral Biolopgy 56 (2011) 521–532

Utecht14. M. Utecht, T. Pan, T. Klamroth, R. E. Palmer; Quantum Chemical Cluster Models for Chemi- and Physisorption of Chlorobenzene on Si(111)-7x7; J. Phys. Chem. A 118 (2014) 6699–6704

Vaka98. E.Vakarin, Y. Dude, M.F. Holovko; Polymers near a solid surface. Fused hard sphere chain model; Journal of Molecular Liquids 75 (1998) 77–95

Vakili. G. R. Vakili-Nezhaad; Nanothermodynamics; Nanoscience and Nanotechnologies

Vana05. A. G. Vanakaras, D. J. Photinos; Molecular Theory of Dendritic Liquid Crystals: Self Organization and Phase Transitions; arXiv: 0501184

Varka12. E.-M. Varka, E. Tsatsaroni, N. Xristoforidou, A.-M. Darda; Stability Study of O/W Cosmetic Emulsions Using Rosmarinus officinalis and Calendula officinalis Extracts; Open Journal of Applied Sciences 2 (2012) 139–145

Vice07. L. Vicente, F. Vidal Caballero; Modeling of surface explosion of NO + H_2 reaction on Pt(1 0 0): Mean-field analysis and dynamic Monte Carlo simulations; Journal of Molecular Catalysis A: Chemical 272 (2007) 118–127

Vilca02. J. Vilcakova, P. Saha, O. Quadrat; Electrical conductivity of carbon fibres/polyester resin composites in the percolation threshold region; European Polymer Journal 38 (2002) 2343–2347

Vile09. S. A. Vilekar, I. Fishtik, R. Datta; The steady-state kinetics of a catalytic reaction sequence; Chemical Engineering Science 64 (2009) 1968–1979

Vile10. S. A. Vilekar, I. Fishtik, R. Datta; The steady-state kinetics of parallel reaction networks; Chemical Engineering Science 65 (2010) 2921–2933

Vilgis94. T. A. Vilgis, P. Haronska; Microscopic Theory of Polymer Chains Containing Attractive Units: Copolymers, Ionomers, and Complex Formation; Macromolecules 27 (1994) 6466–6472

Vino97. A. P. Vinogradov; On the Clausius-Mossotti-Lorenz-Lorentz formula; PhysicaA 241 (1997) 216–222

Vlas03. A.V. Vlasov, G.N. Zalogin, B. A. Zemlyanskii, V.B. Knot'ko; Methods and Results of an Experimental Determination of the Catalytic Activity of Materials at High Temperatures; Fluid Dynamics 38 (5) (2003) 815–825

Voorst06. F. van Voorst Vader; Die Stabilitat von Emulsionen und Schaumen; Fette, Seifen, Anstrichmittel 66 (2006) 47–50

Voronov14. S. Voronov, A. Kohut, I. Tarnavchyk, A. Voronov; Advances in reactive polymeric surfactants for interface modification; Current Opinion in Colloid and Interface Science 19 (2014) 95–121

Vysot99. V.V. Vysotsky, V.I. Roldughin; Aggregate structure and percolation properties of metal-filled polymer films; Colloids and Surfaces A: Physicochemical and Engineering Aspects 160 (1999) 171–180

Wade99. Wadewitz, Tino: Flüssige Grenzphasensysteme: Struktur, optische und Grenzflächeneigenschaften; Dissertation Martin-Luther-Universität Halle-Wittenberg 1999; online unter http://sundoc.bibliothek.uni-halle.de/diss-online/99/00H049/

Wang09. P. Wang, A. A. Keller; Natural and Engineered Nano and Colloidal Transport: Role of Zeta Potential in Prediction of Particle Deposition; Langmuir 25(12) (2009) 6856–6862

Wang14. X. Wang, X. Feng, C. Yang, Z.-S. Mao; Energy Dissipation Rates of Newtonian and Non-Newtonian Fluids in a Stirred Vessel; Chem. Eng. Technol. 37 (9) (2014) 1575–1582

Ware71. B. R. Ware, W. H. Flygare; The Simultaneous Measurement of the Electrophoretic Mobility and Diffusion Coefficient in Bovine Serum Albumin Solutions by Light Scattering; Chem. Phys. Lett. 12 (1971) 81–85

Warren02. W. S. Warren, S. Y. Huang, S. Ahn, Y. Y. Lin; Understanding third-order dipolar effects in solution nuclear magnetic resonance: Hahn echo decays and intermolecular triple-quantum coherences; J. Chem. Phys. 116 (2002) 2075–2084

Wasan04. D.T. Wasan, A.D. Nikolov, F. Aimetti; Texture and stability of emulsions and suspensions: role of oscillatory structural forces; Advances in Colloid and Interface Science 108–109 (2004) 187–195

Webber80. S. E. Webber; A Master Equation Theory of Excitonic Annihilation Phenomena for Finite Lattices of Low Dimensionality; Chemical Physics 49 (1980) 231–240

Wei09. Y. Wei, E. Rame, L. M. Walker, S. Garoff; Dynamic wetting with viscous Newtonian and non-Newtonian fluids; J. Phys.: Condens. Matter 21 (2009) 464126

Weiss03. V. C. Weiss, J. O. Indekeu; Transition temperatures and contact angles in the sequential-wetting scenario of n-alkanes on (salt) water; arXiv: 0305077v1

Weisz70. P. B. Weisz; Heterogeneous Catalysis; Annu. Rev. Phys. Chem. 21 (1970) 175–196

Welch67. D. O. Welch, A. D. Le Claire; Theory of Mechanical Relaxation due to Changes in Short-range Order in Alloys produced by Stress (Zener Relaxation); Philosophical Magazine 16 (1967) 981–1008

Wen96. J. Wen, G. L. Wilkes; Organic/Inorganic Hybrid Network Materials by the Sol-Gel Approach; Chem. Mater. 8 (1996) 1667–1681

Wenner79. H. Wennerström, B. Lindman; Micelles. Physical Chemistry of Surfactant Association; Physics Reports (Review Section of Physics Letters) 52 (1) (1979) 1–86

Werner13. E. Wernersson, P. Linse; Spreading and Brush Formation by End-Grafted Bottle-Brush Polymers with Adsorbing Side Chains; Langmuir 29 (2013) 10455–10462

Wipf96. H. Wipf, B. Kappesser; A lattice gas model for the Zener relaxation; J. Phys.: Condens. Matter 8 (1996) 7233–7247

Wisn09. J. Wisniak; William Henry: His Achievements and His Law; Chem. Educator 6 (2001) 62-68

Wisn12. Malgorzata Wisniewska; The temperature effect on the adsorption mechanism of polyacrylamide on the silica surface and its stability; Applied Surface Science 258 (2012) 3094–3101

Wool93. R., P. Wool, J. M. Long; Fractal Structure of Polymer Interfaces; Macromolecules 26 (1993) 5227–5239

Wright06. A. Wright, J. Gabaldon, D. B. Burckel, Y.-B. Jiang, Z. R. Tian, J. Liu, C. J. Brinker, H. Fan; Hierarchically Organized Nanoparticle Mesostructure Arrays Formed through Hydrothermal Self-Assembly; Chem. Mater. 18 (2006) 3034–3038

Wu71. S. Wu, Calculation of Interfacial Tensions in Polymer Systems. In: J. Polym. Sci. 43 (1971) 19–30

Wu98. Y.-S. Wu, K. Pruess; A numerical method for simulating non-Newtonian fluid flow and displacement in porous media; Advances in Water Resources 21 (1998) 351–362

Wu10. C.-C. Wu, T.-M. Liu, T.-Y. Wei, L. Xin, Y.-C. Li, L.-S. Lee, C.-K. Chang, J.-L. Tang, S. S. Yang, T.-H. Wei; Kramers-Kronig relation between nonlinear absorption and refraction of C_{60} and C_{70}; Optics Express 18 (2010) 22637–22650

Xie97. H.-Y. Xie; The role of interparticle forces in the fluidization of fine panicles; Powder Technology 94 (1997) 99–108

Xie13. F. Xie, T. Nylander, L. Piculell, S. Utsel, L. Wagberg, T. Akesson, J. Forsman; Polyelectrolyte Adsorption on Solid Surfaces: Theoretical Predictions and Experimental Measurements; Langmuir 29 (2013) 12421–12431

Xu97. W. Xu, A. Nikolov, D. T. Wasan, A. Gonsalves, R. P. Borwankar; Particle Structure and Stability of Colloidal Dispersions as Probed by the Kossel Diffraction Technique; Journal of Colloid and Interface Science 191 (1997) 471–481

Xu98. W. Xu, A. Nikolov, D. T. Wasan; The Effect of Many-Body Interactions on the Sedimentation of Monodisperse Particle Dispersions; Journal of Colloid and Interface Science 197 (1998) 160–169

Xu08. R. Xu; Progress in nanoparticles characterization: Sizing and zeta potential measurement; Particuology 6 (2008) 112–115

Y14. S Yang, Y. Fu, Y. Liao, S. Xiong, Z. Qu, N. Yanc, J. Li; Competition of selective catalytic reduction and non selective catalytic reduction over MnO_x/TiO_2 for NO removal: the relationship between gaseous NO concentration and N_2O selectivity; Catal. Sci. Technol. 4 (2014) 224–232

Ya14. S. Yang, Y. Liao, S. Xiong, F. Qi, H. Dang, X. Xiao, J. Li; N_2 Selectivity of NO Reduction by NH_3 over MnO_xCeO_2: Mechanism and Key Factors; J. Phys. Chem. C 118 (2014) 21500–21508

Yabuno14. H. Yabuno, K. Higashino, M. Kuroda, Y. Yamamoto; Self-excited vibrational viscometer for high-viscosity sensing; Journal of Applied Physics 116 (2014) 124305

Yadava14. R.D.S. Yadava, Vivek K. Verma; A diffusion limited sorption-desorption noise model for polymercoated SAW chemical sensors; Sensors and Actuators B 195 (2014) 590–602

Yama74. H. Yamakawa, G. Tanaka, W. H. Stockmayer; Correlation function formalism for the intrinsic viscosity of polymers; J. Chem. Phys. 61 (1974) 4535–4539

Yama97. K. Yamamoto, H. Ishida; Kramers-Kronig analysis applied to reflection-absorption spectroscopy; Vibrational Spectroscopy 15 (1997) 27–36

Yan14. S. Yang, S. Xiong, Y. Liao, X. Xiao, F. Qi, Y. Peng, Y. Fu, W. Shan, J. Li; Mechanism of N_2O Formation during the Low-Temperature Selective Catalytic Reduction of NO with NH_3 over Mn–Fe Spinel; Environ. Sci. Technol. 48 (2014) 0354–10362

Yang01. C. Yang, T. Dabros, D. Li, J. Czarnecki, J. H. Masliyah; Measurement of the Zeta Potential of Gas Bubbles in Aqueous Solutions by Microelectrophoresis Method; Journal of Colloid and Interface Science 243 (2001) 128–135

Yang13. Z. Yang, H. Yang, Z. Jiang, X. Huang, H. Li, A. Li, R. Cheng; A new method for calculation of flocculation kinetics combining Smoluchowski model with fractal theory; Colloids and Surfaces A: Physicochem. Eng. Aspects 423 (2013) 11–19

Yang13a. Z. Yang, H. Yang, Z. Jiang, T. Cai, H. Li, H. Li, A. Li, R. Cheng; Flocculation of both anionic and cationic dyes in aqueous solutions by the amphoteric grafting flocculant carboxymethyl chitosan-graft-polyacrylamide; Journal of Hazardous Materials 254- 255 (2013) 36–45

Yang14. B. Yang, R. Burch, C. Hardacre, G. Headdock, P. Hu; Understanding the Optimal Adsorption Energies for Catalyst Screening in Heterogeneous Catalysis; ACS Catal. 4 (2014) 182–186

Yanno13. V. Yannopapas; Fluctuational-Electrodynamics Calculations of the van der Waals Potential in Nanoparticle Superlattices; J. Phys. Chem. C 117 (2013) 15342–15346

Yeung05. C. Yeung, B. Friedman; Cyclization of Rouse chains at long- and short-time scales; J. Chem. Phy. 122 (2005) 214909

Yilmaz04. Y. Yilmaz, D. Kaya, O. Pekcan; Can the glass transition in bulk polymers be modeled by percolation picture?; Eur. Phys. J. E 15 (2004) 19–25

Yoldas93. B. E. Yoldas; Technological Significance of Sol-Gel Process and Process-Induced Variations in Sol-Gel Materials and Coatings; Journal of Sol-Gel Science and Technology 1 (1993) 65–77

Yoshida13. H. Yoshida, T. Tatekawa, K. Fukui, T. Yamamoto, K. Takai, M. Matuzawa; A new method of zeta-potential measurement by the use of the sedimentation balance method; Powder Technology 237 (2013) 303–308

Young05. Young, T., Phil.Trans.Roy.Soc. 95 (1805) 65

Yu96. X. Yu, P. Somasundaran; Role of Polymer Conformation in Interparticle-Bridging Dominated Flocculation; Journal of Colloid and Interface Science 177 (1996) 283–287

Yum10. H. Yum, M. S. Shahriar; Pump-probe model for the Kramers-Kronig relations in a laser; arXiv: 1003.3686

Zellouf96. D. Zellouf, Y. Jayet, N. Saint-Pierre, J. Tatibouet, J. C. Baboux; Ultrasonic spectroscopy in polymeric materials. Application of the Kramers-Kronig relations; J. Appl. Phys. 80 (5) (1996) 2728–2732

Zhai08. H.-J. Zhai, L.-L. Pan, B. Dai, B. Kiran, J. Li, L.-S. Wang; Chemisorption-induced Structural Changes and Transition from Chemisorption to Physisorption in $Au_6(CO)_n^-$ (n = 4 – 9); J. Phys. Chem. C 112 (2008) 11920–11928

Zhang13. S. Zhang, L. Nguyen, Y. Zhu, S. Zhan, C.-K. (F.) Tsung, F. (F.) Tao; In-Situ Studies of Nanocatalysis; Accounts of Chemical Research 46 (2013) 1731–1739

Zhang14. J. Zhang, H. Guo; Transferability of Coarse-Grained Force Field for nCB Liquid Crystal Systems; J. Phys. Chem. B 118 (2014) 4647–4660

Zhao07. N. Zhao, X. Zhang, X. Zhang, J. Xu; Simultaneous Tuning of Chemical Composition and Topography of Copolymer Surfaces: Micelles as Building Blocks; Chem. Phys. Chem. 8 (2007) 1108–1114

Zhao10. Y. Zhao, H. T. Ng, E. Hanson, J. Dong, D. S. Corti, E. I. Franses; Computation of Nonretarded London Dispersion Coefficients and Hamaker Constants of Copper Phthalocyanine; J. Chem. Theory Comput. 6 (2) (2010) 491–498

Zhao13. M. Zhao, B. Hu, Z. Gu, K.-I. Joo, P. Wang, Y. Tang; Degradable polymeric nanocapsule for efficient intracellular delivery of a high molecular weight tumor-selective protein complex; Nano Today 8 (2013) 11–20

Zheng11. H. Zheng, G. Zhu, S. Jiang, T. Tshukudu, X. Xiang, P. Zhang, Q. He; Investigations of coagulation-flocculation process by performance optimization, model prediction and fractal structure of flocs; Desalination 269 (2011) 148–156

Zia09. R. K. P. Zia, E. F. Redish, S. R. McKay; Making sense of the Legendre transform; A. J. Phys. 77 (7) (2009) 614–622

Zogr12. D. C. Zografopoulos, R. Asquini, E. E. Kriezis, A. d'Alessandro, R. Beccherelli; Guided-wave liquid-crystal photonics; Lab Chip 12 (2012) 3598–3610

Sachverzeichnis

T

Printed in the United States
By Bookmasters